中国水论坛 No.15

面向全球变化的水系统创新研究

邱国玉　曹烨　李瑞利　主编

中国水利水电出版社
www.waterpub.com.cn
·北京·

内 容 提 要

本书为第十五届中国水论坛论文集，全书共分 4 个部分，即生态水文与蒸散发研究、变化环境下的水文过程及其水文水资源响应、水资源安全与管理和农业水资源。全书汇集了63 篇论文，百余位水资源等领域专家学者就"面向全球变化的水系统创新研究"进行了探讨和成果展示，为水科学前沿与我国水安全问题的解决提供了具有重要参考和借鉴价值的理论方法、实践措施和对策建议。本书中涉及的理论、方法、措施和对策等在一定程度上反映了国内相关方面的最新研究动态和进展，可以为我国经济社会可持续发展和生态文明建设的水安全保障提供科技支撑，具有一定的学术和实践价值。

本书适合从事水文水资源、气候变化与水资源、水生态与水环境、自然地理、水利工程等方面教学与科研的专家、学者及工程技术人员参考。

图书在版编目（CIP）数据

面向全球变化的水系统创新研究／邱国玉，曹烨，
李瑞利主编. —— 北京：中国水利水电出版社，2018.12
（中国水论坛：15）
ISBN 978-7-5170-7315-4

Ⅰ．①面… Ⅱ．①邱…②曹…③李… Ⅲ．①水资源
－学术会议－文集 Ⅳ．①TV213-53

中国版本图书馆 CIP 数据核字(2018)第 297985 号

书　　名	中国水论坛 No.15 面向全球变化的水系统创新研究 MIANXIANG QUANQIU BIANHUA DE SHUIXITONG CHUANGXIN YANJIU
作　　者	邱国玉　曹　烨　李瑞利　主编
出版发行	中国水利水电出版社 （北京市海淀区玉渊潭南路 1 号 D 座　100038） 网址：www.waterpub.com.cn E-mail：sales@waterpub.com.cn 电话：（010）68367658（营销中心）
经　　售	北京科水图书销售中心（零售） 电话：（010）88383994、63202643、68545874 全国各地新华书店和相关出版物销售网点
排　　版	北京图语包装设计有限公司
印　　刷	北京九州迅驰传媒文化有限公司
规　　格	184mm×260mm　16 开本　28.75 印张　932 千字
版　　次	2018 年 12 月第 1 版　2018 年 12 月第 1 次印刷
定　　价	138.00 元

第十五届中国水论坛论文集
《面向全球变化的水系统创新研究》
编委会

顾问：刘昌明　夏　军　左其亭

主编：邱国玉　曹　烨　李瑞利

委员：（按姓氏拼音顺序）

　　第十五届中国水论坛及本书的出版得到了深圳市太阳能与风能海水淡化关键技术工程实验室、深圳市技术创新计划技术攻关项目（JSGG20150813172407669），以及中国科协-学会能力提升专项优秀科技社团奖项目的资助。

前　言

　　水资源是无法替代的资源。如何确保足够、安全的水资源供应一直是人类社会面临的重大挑战。从远古至今，人类在不同的历史阶段研发了大量的水资源保护、水资源供应和水污染防治和净化的理论和技术，极大地保障和促进了人类社会的稳定、和谐和发展。但是，在步入 21 世纪的今天，在人口激增、自然资源枯竭、快速城市化和全球气候变化等的多重压力下，建立在传统的水资源供应理论和水环境保护技术之上的水系统已经难负重荷，需要从指导思想、法律政策、基础理论和核心技术等方面做出重大创新，才能满足未来社会的需求。

　　为此，2017 年 11 月 10—12 日，由北京大学深圳研究生院、中国科学院水资源研究中心、深圳北研环境与能源创新研究院、清华大学深圳研究生院、哈尔滨工业大学（深圳）、南方科技大学、香港中文大学等单位承办，深圳国家高技术产业创新中心、中山大学、中国水利水电出版社等单位协办的第十五届中国水论坛在深圳市召开。来自全国高校、科研机构及相关企事业单位的 800 余名专家、学者参加了此次水科学领域的盛会，其中包括来自莫纳什大学（澳大利亚）、香港大学、香港中文大学、香港浸会大学的专家。

　　第十五届中国水论坛以"面向全球变化的水系统创新研究"为主题，围绕海绵城市建设的水科学理论、方法与实践，全球与区域水资源不确定性及其对策，新型的水环境水处理技术与管理技术，变化环境下的水文过程及其水文水资源响应，水资源安全与管理，生态水文与城市生态水文，全球变化下的蒸散发观测、模拟与挑战，土壤水与地下水科学与管理、极端气候与洪旱灾害，农业水资源与氮磷循环及效应、富营养化水体与黑臭水体修复理论与技术，遥感水文等 12 个议题进行交流与讨论。武汉大学夏军教授（院士）、北京大学邱国玉教授、莫纳什大学（澳大利亚）邱顺添教授、香港中文大学陈永勤教授、香港大学陈骥教授、遥感科学国家重点实验室施建成教授、北京师范大学李小雁教授、郑州大学左其亭教授等 12 位国内外知名学者作了大会特邀报告，257 位专家、学者在 8 个分会场报告了各自的最新研究成果，深入研讨了当前水科学领域研究的学科前沿以及我国面临的诸多水安全问题及解决对策建议，为我国经济社会可持续发展和生态文明建设的水安全保障提供科技支撑。

会议共收到参会论文和摘要 300 多篇，其中通过会议报告与专家组评议，评选出 10 篇优秀青年论文，由中国自然资源学会颁发证书，中国水利水电出版社颁发奖金，并筛选出 63 篇优秀论文由中国水利水电出版社结集出版。在此感谢中国水利水电出版社的编辑为本次论文集出版付出的辛勤工作！

由于编者水平有限，论文集难免存在疏漏之处，敬请广大专家、读者不吝赐教。

编　者

2017 年 12 月

目　　录

水资源安全与管理

农业水资源

生态水文与蒸散发研究

二元水循环下的湖南四水流域生态需水量质联合评价*

毛德华[1]，王金丽[1]，宋平[2]，廖小红[2]，黎昔春[2]

（1. 湖南师范大学资源与环境科学学院，长沙 410081；

2. 湖南省水利水电勘测设计研究总院，长沙 410007）

摘　要：利用湖南"四水"（湘江、资水、沅江、澧水）代表水文站 2000—2015 年水文、水质监测数据和国民经济统计资料，开展了湖南四水流域生态需水量质联合评价。研究结果表明：湖南"四水"流域（湘江、资水、沅江和澧水流域）生态需水（包括河流基本生态环境需水和汛期输沙需水）分别为 341.62 亿 m^3、76.44 亿 m^3、201.37 亿 m^3 和 25.92 亿 m^3。二元水循环下的湖南"四水"生态需水量质联合评价结果显示"四水"均不达标。

关键词：生态需水；水量水质联合评价；"四水"流域

1　二元水循环下的河流生态需水评价模型

所谓二元水循环，是指"自然-社会"二元水循环过程。本文采用王西琴等提出的二元水循环下的河流流域生态需水量质联合评价方法[1]，在水资源供需平衡下建立评价模型，评价河流流域生态需水的水量和水质是否满足要求。以下详细阐述生态需水量质联合评价的建模过程和原理。

1.1　水量计算模型

假设水资源总量不变，地表径流与经济社会取用水、回归水以及生态环境需水间便形成一个平衡关系，将流域水资源量当作一个整体（本文设定为 100%），根据水量平衡，具有以下关系：

$$Q_t = Q_{ae} + (Q_R - Q_r) \tag{1}$$

式中：Q_t 为地表径流量；Q_{ae} 为生态需水量；Q_R 为取水量；Q_r 为回归水量。

在输水过程中，有一部分水资源经过蒸发或者土壤吸收而被消耗，还有一部分水资源在用水部门利用时被产品带走或经居民和牲畜饮用等形式被耗损。总之，这部分水资源最终无法回归到地表或者河道中，将这部分水资源量称之为用水消耗量。式（1）中，$(Q_R - Q_r)$ 即为用水消耗量，用水消耗量在用水中所占的比例即为通常所说的耗水率。于是，式（1）也可表示为

$$Q_{ae} = Q_t - Q_R\left(1 - \frac{Q_r}{Q_R}\right) \tag{2}$$

式中：$1 - \frac{Q_r}{Q_R}$ 为水资源消耗率，用 k 表示；$\frac{Q_r}{Q_R}$ 为水资源回归系数，用 r 表示。

若将式（2）左右两边同时除以 Q_t，可得到生态需水所占比例 E_{ae} 关系式，即

$$E_{ae} = 1 - \frac{Q_R}{Q_t}(1 - r) = 1 - \frac{Q_R}{Q_t}k \tag{3}$$

*基金项目：湖南省水利科技重大项目（湘水科计〔2016〕194-13，湘水科计〔2015〕13-22）；湖南省教育厅重点项目（15A114）。

第一作者简介：毛德华（1964—），男，湖南益阳人，博士，教授，博士生导师，主要从事流域水资源与水环境、洪旱灾害研究。Email:850276407@qq.com

式中：$\dfrac{Q_R}{Q_t}$ 为用水总量占水资源总量的比例，即水资源开发利用率，用 u 表示。

因此，在水资源供需平衡条件下，生态需水量所占比例可用回归系数 r 和水资源开发利用率 u 表示如下：

$$E_{ae} = 1 - u(1 - r) \tag{4}$$

1.2　水质计算模型

取用后的水资源经过社会经济系统，一部分水会携带一定浓度的污染物回归到河道中，作为河流水体的一部分，回归水的存在使得河流水体的某些污染物浓度增加，污染物浓度增加到一定水平后，就会出现生态环境问题。在研究生态需水过程中，人们基于水环境污染负荷原理，提出了生态需水污染负荷量（W）的概念：

$$W = C_1(Q_t - Q_R) + C_2 Q_r \tag{5}$$

式中：C_1 为河流水体的背景值，即不考虑社会经济系统对河流影响，天然状态下水体污染物浓度；C_2 为回归水的污染物浓度。

对于我国大部分河流流域来说，降雨呈现年内分配不均特点，洪水期常常发生暴雨径流，暴雨径流一旦产生会携带农田、城市等非点源污染物进入河流。洪水期的水资源更多的是作为弃水而存在，那么这些非点源污染在河道中停留的时间不会太长。此外，河流径流量在枯水期相对较少，非点源污染物对自然水循环过程影响也较小。因此，C_1 作为自然水循环系统下的河流水体本底质量，非点源污染物在洪水期和枯水期均不会对 C_1 产生太大影响，C_1 更多的是代表着天然水体的本底水平。于是，水环境更多地受社会经济系统影响，随着经济社会发展和人口增加，对水资源的需求量与河流流域生态环境间的矛盾日渐凸显。针对水资源相对丰富地区来说，生态需水供需矛盾主要发生在枯水期，其水质状况主要取决于社会经济系统的污水排放量及其浓度 C_2。鉴于以上分析认为，生态需水的水质状况取决于社会经济系统，式（5）可简化为

$$W \approx C_2 Q_r \tag{6}$$

污水排放回归到河道中，重新作为自然水循环系统的一部分，水体的质量与回归水污染物浓度和自然水系统的容量之间便建立了密切关系。因此，若已知生态需水污染负荷量，生态需水的水质（C_{ae}）可表示为

$$C_{ae} = \dfrac{W}{Q_{ae}} = \dfrac{C_2 r Q_R}{Q_{ae}} = \dfrac{C_2 r u}{1 - uk} \tag{7}$$

式中：C_2 为污水排放浓度；k 为水资源消耗率；r 为水资源回归系数；u 为水资源开发利用率。

由式（7）看出，生态需水的水质状况与水资源利用率、消耗系数、回归系数、污水排放浓度密切相关，是质与量的统一体。本文对湖南四水流域生态需水开展量质联合评价，其中的水资源利用率（u）、消耗系数（k）可通过水资源公报获得，如果排放浓度 C_2 实测确定的话，即可计算出河流生态需水的水质浓度。同理，如果根据相关专项规划或者参考环境治理过程中给定的生态需水水质标准，可通过调整水资源利用结构，提高或者降低水资源利用率，调整水资源回归系数，从而确定生态需水所允许的污水排放标准，为水资源合理配置提供科学依据。

2　河流生态需水量质联合评价模型

2.1　生态需水量的评价

由式（4）可以看出，生态需水量所占比例与水资源开发利用率、污水排放回归系数存在密切关系，即当水资源开发利用率一定时，生态需水比例与回归系数呈正相关；当回归系数一定时，生态需水与水资源开发利用率呈负相关。若已知流域的水资源开发利用率和耗水情况，即可对该流域生态需水的量进行客观评价，分析是否存在生态需水量被挤占，为流域水资源的合理配置提供理论依据。据有关研究可知，为维持生态环境的持续健康发展，生态需水在量上必须不能低于某一值，由前面的分析可知，要保证生态需水在量上的需求时，水资源开发利用率和回归系数之间要维持一定的平衡关系，该计算方法的

准确性和实用性，王西琴、刘昌明等在研究我国辽河流域、西北地区的水资源配置和生态环境建设中已得到了很好的验证[1-2]。

对某一河流流域来说，显然，水资源开发利用率一定时，回流到河道中的水越多，生态需水的量就会越多；回流水一定时，经济社会取用水越多，生态需水的量就会越少。依据国际地表水资源开发利用上限标准，结合国内相关研究成果认为，水资源配置中地表水开发遵循不超过 40%的原则，即自然生态系统中生态环境用水需维持在 60%以上，于是本文在对湖南四水生态需水进行"量"的评价时，将生态需水所占比例标准设定为 $E_{ae} \geqslant 60\%$。结合我国现阶段发展作为第一要务的基本国情，以及南方大多数河流水资源开发利用率还可提高的事实，湖南四水流域的水资源开发利用率在未来一段时间内会有所提高，为保证生态需水比例 $E_{ae} \geqslant 60\%$，就要求取用水后使回归水应尽可能多的回流到河道中，即社会经济系统的耗水量要下降，降耗的结果也切合现阶段政府部门所倡导的科学发展和可持续发展。从水资源"质"的角度来看，回归水的质量已不同于自然水体，这部分水是否可以作为生态用水需要进一步分析，下面介绍生态需水质的评价。

2.2 生态需水质的评价

关于生态需水质的评价，本文采用污径比（b_w）作为评价水质状况的指标，污径比是指一定污水排放量与径流量的比值[1]。根据定义，污径比的计算公式为

$$b_w = \frac{Q_r}{Q_{ae}} = \frac{ur}{1-u(1-r)} \tag{8}$$

污水排入河道中，会自然而然地成为整个水体的一部分，势必也会成为生态环境需水的一部分，污水中携带的某些污染物会对整个水体的质量状况产生影响。生态需水是生态系统用以维护自身环境不会恶化或者逐渐改善所需要的水资源，因此，生态需水在质量上必须达到生态功能所需水资源的要求。根据国家标准，用以保护生态系统的水资源，应达到一定级别的水质标准，将该水质标准定义为 C_o，前已述及，生态需水的水质主要取决于社会经济系统的污水排放量及其浓度 C_2，按照国家有关污水排放制度，污水允许排入地表或河道的前提是水中污染物浓度应低于国家污水排放标准（C_{GB}）。于是，根据式（7），河流生态需水水质与水质标准就存在以下关系：

$$\frac{C_2 r Q_R}{Q_{ae}} = C_{ae} \leqslant \frac{C_{GB} r Q_R}{Q_{ae}} \leqslant C_o \tag{9}$$

由式（8）和式（9）可得出污径比的关系式：

$$b_w \leqslant \frac{C_o}{C_{GB}} \tag{10}$$

式中：$\dfrac{C_o}{C_{GB}}$ 为生态需水的水质标准与污水排放标准的比值，即地表水质标准与污水排放标准的比值，该比值作为二元水循环下生态需水在质上的评价标准，将其定义为 C_{aeo}。

2.3 生态需水量质联合评价

综上所述，开展河流生态需水量质联合评价，需同时满足 2 个条件，即生态需水量质联合评价模型为

$$\begin{cases} E_{ae} \geqslant 60\% \\ b_w \leqslant C_{aeo} \end{cases} \tag{11}$$

其中，关于水质评价标准 C_{aeo}，考虑到我国大部分地区选取的水环境评价指标是 COD，本文将 COD 作为生态需水水质评价的指标。依据我国《污水综合排放标准》（GB 8978—1996）和《地表水环境质量标准》（GB 3838—2002）中关于污水排放和水质标准的相关规定，当污水达到一级排放标准时，污染物允许排放 COD 的最高浓度为 100 mg/L，地表水质为Ⅲ类时，COD 的浓度为 20 mg/L。所以，水质评价标准为

$$b_w \leqslant \frac{C_{o-COD}}{C_{GB-COD}} = \frac{20}{100} = \frac{1}{5} \tag{12}$$

3 湖南"四水"流域生态需水量质联合评价

3.1 湖南"四水"流域生态需水量估算

河流生态需水按存在空间可分为河道外和河道内两种，其中河道内生态需水又分为河流、湖泊、湿地等生态需水，本文以湖南"四水"流域（湘江、资水、沅江和澧水流域）为研究对象，其生态需水主要指的是河道内生态需水。河道内生态需水的研究起步较早，应用广泛，且方法成熟。生态需水研究方法较多，如：水文学方法中的7Q10法、Tennant法、Texas法、NGPRP法、基本流量法；水力学方法中的湿周法和R2-Cross法；水文-生物分析法中的RCHARC和Basque法、生境模拟法和综合法中的BBM法等。其中水文学方法最具代表性，7Q10法传入我国后经众多学者的改进，一般采用最近10年最枯月平均流量法或90%保证率下最枯月平均流量法来计算，但该方法更适用于缺水地区；Tennant法较简单，将平均流量的百分数作为河流推荐基流，但该方法未充分考虑河流的季节变化特点。

利用"四水"代表水文站湘潭站、桃江站、桃源站、石门站2000—2015年月平均径流泥沙数据，分析流域径流泥沙的年内分配情况（表1）。由表1可知，四水流域年内径流量主要集中在3—8月，3—8月径流量所占比例均为60%~70%，连续最大4个月径流量基本出现在4—7月，枯水季节水量较小；汛期输沙量均超过80%，石门两站汛期输沙量更是占到95%左右，说明流域径流、泥沙具有明显的季节分配不均特点。对于一条河流来说，一旦出现断流或者流量低于某一水平，输水输沙功能无法维持，生态环境就会遭到破坏。为保证河流正常的输运功能，避免生态功能遭到破坏，河流不但不能断流还应维持一个基本水量。

考虑到"四水"流域径流泥沙年内分配特点，以及河流需维持基本生态功能的要求，本文研究湖南"四水"的生态需水主要是指河道内生态需水，包括河流基本生态环境需水和河流汛期输沙需水两方面。

表1 湖南"四水"代表水文站径流量、输沙量年内分配百分比

项目	水文站	1月	2月	3月	4月	5月	6月	7月	8月	9月	10月	11月	12月	汛期	枯期
径流量/%	湘潭	4.45	5.49	8.74	11.66	15.90	18.03	9.31	7.55	5.11	3.82	5.53	4.40	71.19	28.81
	桃江	5.18	6.60	8.83	10.65	14.50	16.07	11.04	7.40	5.69	4.09	5.72	4.22	68.49	31.51
	桃源	3.78	4.08	7.18	9.29	16.16	19.82	14.23	7.56	5.83	4.00	4.64	3.41	74.24	25.76
	石门	2.80	3.60	4.10	8.34	15.80	18.42	24.42	8.52	4.70	3.80	3.40	2.10	79.60	20.40
输沙量/%	湘潭	0.90	3.10	4.20	10.80	17.10	32.40	15.90	8.50	2.20	1.50	2.30	1.10	86.90	13.10
	桃江	0.40	2.30	0.40	6.60	12.30	36.50	22.10	4.10	0.40	0.50	12.80	0.60	82.50	17.50
	桃源	0.10	0.30	0.80	1.60	13.20	23.80	54.90	1.80	0.30	0.10	2.90	0.20	95.60	4.40
	石门	0.10	0.30	0.50	3.40	8.90	16.70	53.70	8.20	3.30	2.70	2.10	0.10	94.20	5.80

本文分别采用枯水季节最小月平均流量法和Tennant法估算河流基本生态环境需水量。Tennant法取年天然径流的百分比作为河流生态需水的推荐值，一般取多年平均径流量的10%作为最小生态需水量。枯水期最小月平均流量法即以河流最小月平均实测径流量的多年平均值来计算，计算公式为

$$W_B = \frac{T\sum\limits_{i}^{n}\min(Q_{ij})}{n} \tag{13}$$

式中：W_B为河流基本生态需水量；Q_{ij}为第i年第j月的平均流量；n为统计年数；T为换算系数，值为31.5336×10^6 s。

河流汛期输沙需水，采用汛期最小输沙水量计算，其计算公式为

$$W_s = \frac{S_i}{C_{max}} \tag{14}$$

$$C_{max} = \frac{1}{n}\sum_i^n \max C_{ij}$$

式中：W_s 为汛期输沙需水量；S_i 为多年平均年输沙量；C_{max} 为多年最大月平均含沙量；C_{ij} 为第 i 年第 j 月平均含沙量；n 为统计年数。

根据式（13）和式（14），计算湘、资、沅、澧"四水"的河流基本生态环境需水量和汛期输沙需水量，结果见表2。

表2　湖南"四水"流域生态需水量计算结果

河流名称	代表水文站	汛期输沙需水量 /亿 m³	河流基本生态环境需水量/亿 m³	
			Tennant 法	最小月平均流量法
湘江	湘潭	144.94	71.89	196.68
资水	桃江	9.37	22.66	67.07
沅江	桃源	43.35	41.32	158.02
澧水	石门	8.93	13.21	16.99

Tennant 法将平均流量的百分数作为河流推荐基流，方法简单，但该方法未充分考虑河流的季节变化特点。湖南"四水"流域地处我国南方丰水区，流域径流、泥沙具有明显的季节分配不均特点，水资源相对丰富，相比于北方缺水地区来说，"四水"流域生态需水不仅是满足最小的生态环境需要，还要求用以维持水生生物的正常生长，以及满足部分的排盐、入渗补给、污染自净等方面的要求。因此，本文以河流最小月平均实测径流量的多年平均值作为河流的基本生态环境需水量，以汛期最小输沙水量作为河流的输沙需水量，并按 Tennant 法推荐的平均流量的百分比来评价湖南四水流域的生态需水量，评价结果见表3。

表3　湖南"四水"流域生态需水评价结果

河流名称	多年平均 径流量/亿 m³	河流基本生态 环境需水量/亿 m³	汛期输沙 需水量/亿 m³	生态需水 总量/亿 m³	生态需水 比例/%	评价 结果
湘江	718.91	196.68	144.94	341.62	47.52	非常好
资水	226.56	67.07	9.37	76.44	33.74	好
沅江	413.16	158.02	43.35	201.37	48.74	非常好
澧水	132.14	16.99	8.93	25.92	19.61	中

由结果表3可知：湘江多年平均年径流量为718.91亿 m³，其中，汛期径流量占全年的71.19%，年径流量最大值为1059.6亿 m³（2002年），最小值465.1亿 m³（2011年），多年平均输沙量为534.21万 t，年输沙量最大为1150万 t（2002年），最小为127万 t（2011年）。河流基本生态环境需水量为196.68亿 m³，汛期输沙需水量为144.94亿 m³，流域生态需水总量为341.62亿 m³，占多年平均径流量的47.52%。

资水多年平均年径流量为226.56亿 m³，其中，汛期径流量占全年的68.49%，年径流量最大值为609.5亿 m³（2002年），最小值268.4亿 m³（2011年），多年平均年输沙量为129.28万 t，年输沙量最大为384万 t（2004年），最小为10.3万 t（2007年）。河流基本生态环境需水量为67.07亿 m³，汛期输沙需水量为9.37亿 m³，流域生态需水总量为76.44亿 m³，占多年平均径流量的33.74%。

沅江多年平均年径流量为413.16亿 m³，其中汛期径流量占全年的74.24%，年径流量最大值为319.96亿 m³（2002年），最小值137.3亿 m³（2011年），多年平均年输沙量为43.86万 t，年输沙量最大为140万 t（2004年），最小为10.3万 t（2006年）。河流基本生态环境需水量为158.02亿 m³，汛期输沙需水量为 43.35 亿 m³，流域生态需水总量为 201.37 亿 m³，占多年平均径流量的 48.74%。

澧水多年平均年径流量为 132.14 亿 m³，其中汛期径流量占全年的 79.60%，年径流量最大值为 203.8 亿 m³（2003 年），最小值 86 亿 m³（2006 年），多年平均年输沙量为 183.05 万 t，年输沙量最大为 1110 万 t（2003 年），最小为 23.4 万 t（2005 年）。河流基本生态环境需水量为 16.99 亿 m³，汛期输沙需水量为 8.93 亿 m³，流域生态需水总量为 25.92 亿 m³，占多年平均径流量的 19.61%。

自 2000 年以来，分析湘、资、沅、澧"四水"径流泥沙极值出现的年份可知，径流量和泥沙量具有很强的相关性，表现为径流量大、输沙量大，径流量小、输沙量小的特点。湘江和沅江生态需水所占比例较大，均超过 40%，若不考虑汛期输沙用水量，湘江和沅江的生态需水比例分别为 27.36%、38.25%，说明湖南"四水"汛期输沙水量对于流域生态环境的作用巨大，所以分析生态需水的构成时需充分考虑汛期输沙需水量。如果按 Tennant 法推荐的平均流量的百分比对计算的生态需水进行评价，结果是：湖南"四水"中除澧水属于"中"等级外，湘江、资水、沅江均属于"好"等级及以上。因此，一元水循环下，湖南四水流域生态需水均达标，能够满足河流生态系统保护目标要求。

3.2 湖南生态需水量质联合评价

在一元水循环下，从"量"的角度估算生态需水得出，湖南"四水"流域生态需水均达标，但评价过程并未考虑到生态需水"质"的属性。对水资源开展客观公正评价，必须同时考虑量与质两个方面，生态需水也不例外。利用二元水循环下的河流生态需水量质联合评价方法，对"四水"流域生态需水进行评价，结果见表 4。

表 4　二元水循环下湖南四水流域生态需水量质联合评价结果

河流名称	水资源开发利用率/%	耗水率/%	E_{ae}		b_w		联合评价结果
			比例/%	评价结果	污径比值	评价结果	
湘江	52.48	42.78	77.55	达标	0.39	不达标	不达标
资水	66.21	44.38	70.62	达标	0.52	不达标	不达标
沅江	51.26	45.71	76.57	达标	0.36	不达标	不达标
澧水	80.39	43.97	64.65	达标	0.70	不达标	不达标

注：水资源开发利用率是与一元水循环下生态需水相对应的值。

由计算结果表 4 可知，在二元水循环下，湘江、资水、沅江、澧水生态需水量所占比例（E_{ae}）分别是：77.55%、70.62%、76.57%、64.65%，比例均大于 60% 的评价标准，水量评价结果均为达标。湘江、资水、沅江、澧水生态需水的污径比（b_w）分别是：0.39、0.52、0.36、0.70，湘、资、沅、澧"四水"的污径比均大于水质评价标准 C_{aeo}（0.2），水质评价结果为不达标。综上所述，生态需水量质联合评价的结果是：湘江、资水、沅江、澧水生态需水达不到评价标准即为不达标。此外，湖南"四水"生态需水在量上均达到要求，但从质的角度评价，湖南"四水"均达不到标准，说明对生态需水进行评价必须考虑水量和水质两个方面，且水质在一定程度上可能是影响流域生态需水是否满足生态系统需求的主要因素。

比较一元水循环下的结果与二元水循环下的结果发现，一元水循环下计算所得的生态需水比例低于二元水循环下的计算结果。例如，一元水循环下湘江流域生态需水比例仅为 47.52%，而二元水循环下计算的结果是 77.55%，远大于评价标准值。分析其原因是：二元水循环下计算的生态需水考虑到回归水的存在，回流到河道中的水增加了生态需水的水量。二元水循环下生态需水量质联合评价的水资源开发利用率是与一元水循环下生态需水相对应的值，但实际四水流域的水资源开发利用率低于 40%。由式（4）可以看出，生态需水量所占比例与水资源开发利用率、污水排放回归系数存在密切关系，为使污径比降低至标准值以下，在现状年耗水率的条件下，必须降低水资源开发利用率。通过计算得出，若使污径比降至 0.2 以下，湖南四水流域的水资源开发利用率均应不大于 30%，近 10 年"四水"流域的水资源开发利用率平均值分别是湘江 25.66%、资水 19.28%、沅江 10.19%、澧水 12.74%，均小于 30%，计算得出实际污径比分别是湘江 0.16、资水 0.12、沅江 0.06、澧水 0.08，均小于 0.2。"四水"中湘江的水资源开发利用率最大，污径比接近标准值 0.2，由此得出湘江流域水环境状况较差。

生态需水研究是水资源配置的重要依据，水资源回流到河道中，除了水量增加，更重要的是污染物进入了河道，使水体水质发生变化，水质不达标的结果即是回归水直接带来的影响。如果在水资源配置中不考虑回归水的存在，仅从量的角度分析生态需水是否满足需求，势必对各用水部门的资源配置产生影响，进而影响水资源的可持续利用。因此，进行水资源配置时必须重视生态需水，生态需水评价必须考虑水量和水质两个方面。

4　结语

以湖南"四水"流域为研究对象，开展生态需水量质联合评价，主要研究结论如下：

（1）在确定湖南"四水"流域生态需水类型的基础上，估算湖南四水流域生态需水量，结果为：湘江、资水、沅江和澧水流域河流生态需水总量分别为 341.62 亿 m^3、76.44 亿 m^3、201.37 亿 m^3 和 25.92 亿 m^3。

（2）一元水循环下湖南"四水"流域生态需水所占比例分别是 47.52%、33.74%、48.74% 和 19.61%，除澧水属于"中"等级外，湘江、资水、沅江均属于"好"等级及以上。

（3）二元水循环下湖南"四水"流域生态需水所占比例分别是：77.55%、70.62%、76.57% 和 64.65%，生态需水的污径比分别是：0.39、0.52、0.39 和 0.70。二元水循环下的湖南"四水"生态需水量质联合评价结果是：湘江、资水、沅江、澧水均不达标。

参考文献

[1] 王西琴，刘昌明，张远. 基于二元水循环的河流生态需水水量与水质综合评价方法[J]. 地理学报，2006, 60(11):1132-1140.

[2] 刘昌明. 西北地区水资源配置生态环境建设和可持续发展战略研究（生态环境卷）[M]. 北京：科学出版社，2004.

漓江桂林水文站径流变化分析*

许景璇[1,2]，代俊峰[1,3]

（1. 桂林理工大学 广西环境污染控制理论与技术重点实验室，广西桂林　541004；

2. 桂林市水文水资源局，广西桂林　541001；

3. 桂林理工大学 岩溶地区水污染控制与用水安全保障协同创新中心，广西桂林　541004）

摘　要：本文利用漓江桂林水文站1954—2016年实测径流，采用统计分析法、Mann-Kendall法、5年滑动平均值法、线性趋势法和频率分析法等，分析计算了径流的年内分配特征、年际变化特征、丰枯特征、变化趋势以及突变特征，为深入研究漓江流域的水文情势、水资源合理开发利用及防汛抗旱等提供了依据。

关键词：径流变化；统计分析；年内分配；年际变化；趋势分析

1　流域概况

漓江，属珠江流域西江水系，为西江支流桂江上游河段的通称，位于广西东北部，发源于广西兴安县华江乡猫儿山东北面海拔1732 m（黄海基面）的老山界南侧，自北向南，流经兴安、灵川、桂林、阳朔、平乐等县、市[1]。漓江自北向南穿过桂林市城区，下游不远有桂林水文站。

桂林水文站位于桂林市七星区穿山乡渡头村桂江上游河段漓江左岸，东经110°18′39.6″，北纬25°14′7.1″，始建于1915年12月，属国家重要水文站，是珠江流域西江水系桂江的重要控制水文站。桂林水文站站址上距河源105km，下距西江河口326 km，集水面积2762 km²，占桂江流域面积的14.7%，承担桂江上游漓江河段的水文监测任务，主要测验项目有水位、流量、水质、降水量、蒸发、岸温、泥沙和水温等[2]。

漓江为雨源型河流，河道径流由流域降雨补给，汛期为每年的3—8月，其降雨量占全年降雨量的70%左右，枯季（9月至翌年2月）降雨稀少，枯季径流主要靠流域内地下水补给[3]。桂林水文站建站以来24h实测最大降雨量238mm，实测最大流速为3.63m/s，实测最大流量为5890m³/s，实测最高水位为147.70m。桂林水文站设立得比较早，是全流域资料观测系列最长的站，而且资料精度较高，质量好，代表性好。

2　变化特征分析

2.1　径流年内分配特征

图1为桂林水文站径流年内分配图，由此可以看出桂林水文站多年月平均流量大小以及所占年径流总量的百分比。由图1可知，桂林水文站的径流主要集中在夏季，最大径流量出现在5月和6月，两月径流量之和占年径流总量的40.72%；而最小径流量则出现在1月和12月，所占比例分别为2.28%和2.27%。桂林水文站年内各月流量分配呈不对称单峰型变化，径流年内分配极不均匀。径流的年内分配不均匀特

*基金项目：国家自然科学基金（51569007），广西自然科学基金（2015GXNSFCA139004），国际岩溶研究中心国际合作项目开放课题（KDL201601），广西高等学校高水平创新团队项目（002401013001）。

第一作者简介：许景璇（1993—），女，广西桂林人，硕士研究生，从事水文学及水资源研究。Email:xujingxuan01@163.com

通讯作者：代俊峰（1980—），男，博士，河南许昌人，教授，从事水资源高效利用与水环境研究。Email:whudjf@163.com

性直接造成了漓江汛期洪水泛滥,而枯水期径流量不足。

运用统计分析法,采用不均匀系数 C_n、完全调节系数 C_r、集中度 C_d、变化幅度 C_m 等指标来分析桂林水文站径流年内变化规律[4-6]。可得出,桂林水文站 1954—2016 年的年平均径流量的不均匀系数 C_n 为 0.78,完全调节系数 C_r 为 0.34,集中度 C_d 为 0.60,变化幅度 C_m 为 9.37。

桂林水文站径流年内分配特征指标值的各年代计算结果见表 1。由表 1 中可以看出,各年代的不均匀系数 C_n、完全调节系数 C_r 增减趋势始终保持一致,其中,20 世纪 80 年代的 C_n、C_r 最小,表明该年代径流年内分配最为缓和,即径流较为均匀;而 20 世纪 70 年代的 C_n、C_r 最大,表明该年代年内分配最不均匀,年内变化大。各年代的集中度 C_d 为 0.55~0.68,其中 20 世纪 50 年代最大,说明该年代径流量的年内分配最为集中,即径流年内分配最不均匀;而 2010 年代 C_d 值最小,说明该年代的径流较为分散,即径流年内分配较均匀。各年代的变化幅度 C_m 的范围为 6.43~17.39,且 C_m 值在年代之间呈现"减少""增加"交替的特性。

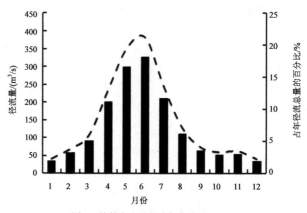

图 1　桂林水文站径流年内分配

表 1　桂林水文站径流各年代年内分配特征指标值

各年代及多年平均	年份	不均匀系数 C_n	完全调节系数 C_r	集中度 C_d	变化幅度 C_m
20 世纪 50 年代	1954—1959	0.91	0.39	0.68	17.39
20 世纪 60 年代	1960—1969	0.71	0.32	0.57	6.43
20 世纪 70 年代	1970—1979	0.92	0.41	0.65	14.43
20 世纪 80 年代	1980—1989	0.69	0.29	0.56	10.73
20 世纪 90 年代	1990—1999	0.80	0.33	0.59	10.63
21 世纪初	2000—2009	0.85	0.35	0.60	12.17
21 世纪 10 年代	2010—2016	0.80	0.33	0.55	8.12
多年平均	1954—2016	0.78	0.34	0.60	9.37

2.2　径流年际变化特征

桂林水文站年径流距平图如图 2 所示。由图 2 可以看出,桂林水文站 1954—2016 年的平均径流量为 127.62m³/s,年径流量最丰年为 1998 年,径流量为 194.48m³/s;其次为 1994 年的 186.83 m³/s;年径流量最枯年为 1963 年,径流量为 73.72m³/s。经统计分析,桂林水文站年径流量的变差系数 C_V 值为 0.21,年极值比 K 为 2.64。

桂林水文站各年代径流量统计结果见表 2。由表 2 可以看出,20 世纪 70 年代、90 年代和 21 世纪 10 年代的径流量均值均大于整个序列的多年平均值,其中 20 世纪 90 年代的径流量均值最大,为

145.60 m³/s，其次为 21 世纪 10 年代，为 134.95 m³/s；21 世纪初的径流量均值最小，为 118.14 m³/s。桂林水文站 1954—2016 年的最大年径流量为 194.48 m³/s，出现在 20 世纪 90 年代的 1998 年，其次为 21 世纪 10 年代 2015 年的 181.40 m³/s；最小年径流量为 73.72 m³/s，出现在 20 世纪 60 年代的 1963 年，最大年径流量与最小年径流量相差 120.76 m³/s。各年代年径流量变差系数 C_V 值的范围为 0.15~0.28，其中 20 世纪 50 年代最大，说明该年代径流年际变化最为明显；极值比 K 的范围为 1.67~2.42，其中 20 世纪 60 年代最大。

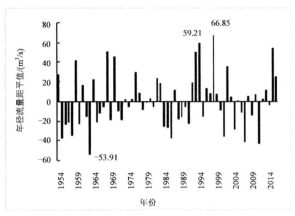

图 2　桂林水文站年径流量距平图

表 2　桂林水文站各年代径流量统计

各年代及全系列	年份	均值	年际最大值		年际最小值		C_V	K
		径流量/(m³/s)	径流量/(m³/s)	年份	径流量/(m³/s)	年份		
20 世纪 50 年代	1954—1959	119.70	168.84	1959	90.07	1955	0.28	1.87
20 世纪 60 年代	1960—1969	121.78	178.34	1968	73.72	1963	0.24	2.42
20 世纪 70 年代	1970—1979	132.06	172.67	1970	109.09	1972	0.15	1.58
20 世纪 80 年代	1980—1989	120.15	150.72	1982	90.08	1986	0.17	1.67
20 世纪 90 年代	1990—1999	145.60	194.48	1998	105.47	1991	0.21	1.84
21 世纪初	2000—2009	118.14	163.01	2002	85.83	2007	0.19	1.90
21 世纪 10 年代	2010—2016	134.95	181.40	2015	84.52	2011	0.22	2.15
全系列	1954—2016	127.62	194.48	1998	73.72	1963	0.21	2.64

2.3　径流丰枯变化特征

径流系列一般服从 P-III 型概率分布，因此本文采用频率分析法划分径流量的丰枯水年，即丰水年相应频率 $P_丰$<37.5%、枯水年相应频率 $P_枯$> 62.5%[7-8]。对桂林水文站 63 年径流资料进行丰枯划分，并分别计算连丰年和连枯年的时段均值及其与整个序列多年均值的模比系数值 $K_丰$、$K_枯$，分析结果见表 3。由表 3 可以看出，桂林水文站在 1954—2016 年之间出现了 5 次连丰年，持续时间为 2~4 年，其中 1996—1999 年连续丰水年的时间最长；$K_丰$ 值的范围为 1.15~1.33，其中 1992—1993 年的 $K_丰$ 值最大，说明该年份段的径流量偏丰最多。桂林水文站在 1954—2016 年之间出现了 6 次连枯年，持续时间为 2~4 年，其中 1955—1958 年连续枯水年的时间最长；$K_枯$ 值的范围为 0.73~0.87，其中 1962—1963 年的 $K_枯$ 值最小。

表3　桂林水文站径流量连丰年和连枯年分析

连续丰水年				连续枯水年			
年份	年数	均值/(m³/s)	$K_丰$	年份	年数	均值/(m³/s)	$K_枯$
1976—1977	2	146.59	1.15	1962—1963	2	92.95	0.73
1982—1983	2	148.00	1.16	1965—1966	2	111.61	0.87
2015—2016	2	166.81	1.31	1988—1989	2	110.61	0.87
1992—1993	3	170.25	1.33	2006—2007	2	101.00	0.79
1996—1999	4	151.35	1.19	1984—1986	3	97.81	0.77
				1955—1958	4	98.65	0.77

2.4　径流变化趋势分析

桂林水文站年径流量变化过程图如图3所示。通过线性趋势法分析得出，桂林水文站 1954—2016 年的年径流量变化呈上升趋势，斜率 k 为 0.1795。由 5 年滑动平均曲线可以看出，桂林水文站径流在 1983 年之前呈小幅波动形式，而在 1983—1988 年呈明显下降趋势，1988—1997 年呈明显上升趋势，1997—2011 年又呈下降趋势，而 2011 年之后转为上升趋势。

采用 Mann-Kendall 检验方法，对漓江流域上游年径流序列进行非参数统计检验[9-12]。结果表明，桂林水文站 1954—2016 年的年径流量的统计量 Z 为 1.28，其值大于 0，但小于 1.65，即未通过置信度90% 的显著性检验，说明桂林水文站 1954—2016 年的年径流量序列有上升趋势，但趋势不明显。

综合上述两个方法的分析结果，桂林水文站 1954—2016 年的年径流量整体上呈现出略微上升的趋势。

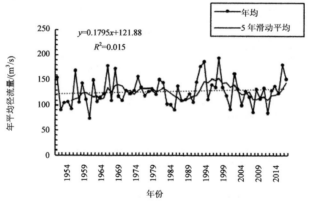

图3　桂林水文站年径流量变化过程图

2.5　年际突变特征

本文应用 Mann-Kendall 突变检验方法对桂林水文站 1954—2016 年的年径流序列进行突变分析，即将 $UF(k)$ 和 $UB(k)$ 两条统计量序列曲线和 $UF_{0.05} = \pm 1.96$ 两条直线绘制在同一张图上，如果 $UF(k)$ 和 $UB(k)$ 两条曲线在两条临界线 $UF_{0.05} = \pm 1.96$ 之间相交，则说明该序列发生了突变，交点对应的时刻便是突变开始的时间。

图 4 中显示了 0.05 显著性水平下漓江桂林水文站年径流的变化趋势及突变特征。从图 4 中可以看出，桂林水文站的 $UF(k)$ 和 $UB(k)$ 曲线有交叉点位于信度线之间，表明桂林水文站年径流序列存在显著的变化趋势，即桂林水文站的年径流序列在 1990—1993 年前后发生突变。

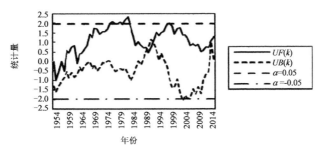

图 4　桂林水文站 Mann-Kendall 突变检验结果

3　结语

本文采用统计分析法、Mann-Kendall 法、5 年滑动平均值法、线性趋势线法、频率分析法等方法对桂林水文站的径流序列进行年内分配、年际变化、丰枯特征、趋势性以及突变性进行分析，得到以下结论：

（1）桂林水文站径流年内分配极不均匀，径流主要集中在夏季，最大径流量出现在 5 月、6 月，最小径流量则出现在 1 月和 12 月。

（2）桂林水文站 1954—2016 年的平均径流量为 127.62m³/s，年径流量最丰年为 1998 年，径流量为 194.48m³/s，最枯年为 1963 年的 73.72m³/s，年径流量的变差系数 C_V 值为 0.21，年极值比 K 为 2.64。

（3）桂林水文站在 1954—2016 年之间出现了 5 次连丰年，持续时间为 2~4 年，$K_丰$值的范围为 1.15~1.33；出现了 6 次连枯年，持续时间为 2~4 年，$K_枯$值的范围为 0.73~0.87。

（4）采用线性趋势法和 Mann-Kendall 检验方法分析可知，桂林水文站 1954—2016 年的年径流量整体上呈现出上升的趋势，但趋势不明显。

（5）应用 Mann-Kendall 法进行突变特性检验显示，桂林水文站年径流序列存在显著的变化趋势，在 1990—1993 年前后发生了突变。

参考文献

[1] 刘文丽. 上游水库调蓄对桂林水文站洪水预报的影响分析[J]. 广西水利水电, 2016(2): 5-9.

[2] 孙湘艳, 杨禄记. 桂林水文站径流年内分配变化规律分析[J]. 人民珠江, 2017, 38(2): 46-48.

[3] 王庆婵. 漓江桂林以上流域水资源变化趋势探讨[J]. 人民珠江, 2013, 2(4): 13-16.

[4] 麦尔旦·阿不拉, 麦麦提吐尔逊·艾则孜, 海米提·依米提, 等.1964—2012 年艾比湖流域径流变化特征分析[J]. 中国农学通报, 2016, 132(8): 67-73.

[5] 张营营, 胡亚朋, 张范平. 黄河上游天然径流变化特性分析[J]. 干旱区资源与环境, 2017, 31(2): 104-109.

[6] 崔同, 许新发, 刘凌, 等. 鄱阳湖流域年际径流及丰枯变化分析[J]. 水电能源科学, 2014, 32(8): 22-25.

[7] 周淑瑾. 湟水上游河川径流丰枯分析[J]. 西北水资源与水工程, 2003, 14(3):29-32.

[8] 蓝永超, 沈永平, 林纾, 等. 黄河上游径流丰枯变化特征及其环流背景[J]. 冰川冻土, 2006, 28(6): 950-955.

[9] 蔺学东, 张镱锂, 姚治君, 等. 拉萨河流域近 50 年来径流变化趋势分析[J]. 地理科学进展, 2007, 26(3): 58-67.

[10] 曹建廷, 秦大河, 罗勇, 等. 长江源区 1956—2000 年径流量变化分析[J]. 水科学进展, 2007, 18(1): 29-33.

[11] 秦年秀, 姜彤, 许崇育. 长江流域径流趋势变化及突变分析[J]. 长江流域资源与环境, 2005, 14(5): 589-594.

[12] 赵军凯, 李九发, 戴志军, 等. 长江宜昌站径流变化过程分析[J]. 资源科学, 2012, 34(12): 2306-2315.

[13] 张敬平, 黄强, 赵雪花. 漳泽水库径流时间序列变化特征与突变分析[J]. 干旱区资源与环境, 2014, 28(1) : 131-135.

[14] 徐东霞, 章光新, 尹雄锐. 近 50 年嫩江流域径流变化及影响因素分析[J]. 水利科学进展, 2009, 20(3): 416-421.

[15] 金成浩, 韩京龙. 基于 Mann-Kendall 检验的嘎呀河流域降水变化趋势及突变分析[J]. 吉林水利, 2013, 12(7): 62-66.

国内外城市水土保持经验谈*

刘万青[2]，宋进喜[1]，彭小刚[2]，徐凌云[2]，王涛[1]，张悦[1]

（1. 西北大学城市与环境学院，西安 710127；2. 陕西省水土保持局，西安 710003）

摘　要： 在广泛搜集相关研究资料基础上，对国内外城市水土保持的先进理念、成功经验、科学方法和技术手段进行评述，对于指导我国当前海绵城市建设、城市水土保持与生态建设事业具有一定参考价值。

关键词： 城市水土保持；最佳管理实践；低影响开发；海绵城市

城市化进程的加快，深刻影响着流域的产汇流机制，在强降雨事件作用下，市区雨洪径流量远远超过传统排水系统的设计标准，常引发低洼地段严重积水，导致城市内涝，成为制约社会经济可持续发展的顽疾之一。城市开发区大规模建设、生产建设项目密集布局，均无可避免地扰动地表、破坏植被及水系等的水土保持设施，引发严重水土流失，高含沙量水流轻易突破水土流失防治责任区，损害市容，污染环境，造成市政管渠淤塞，排水能力下降，甚至功能丧失。同时，建筑施工造就的临时堆土弃渣若不加以有效防护，不仅在雨天会引发强度水土流失，而且在旱季强风日也可能导致严重扬尘，增加雾霾频次。可见，依据国家和地方水土保持法律法规要求，切实做好以蓄水保土、生态修复、人居环境美化为核心的城市水土保持工作，对于贯彻国家新型城镇化发展战略，维持城市社会经济的可持续发展均具有十分重要的意义[1-3]。

"他山之石，可以攻玉。"本文在广泛搜集国内外相关参考资料基础上，经对比分析，遴选出一批具有代表性的城市水土保持先进案例加以评述，相信这些案例所蕴含的先进理念、经验、科学方法和技术手段，对于指导我国新形势下的海绵城市水土保持生态建设工作大有裨益。

1　城市水土保持的内涵

传统意义上的水土保持，一般是以广大农村为对象，以防治水土流失，保护、改良与合理利用水土资源，维护和提高土地生产力为中心任务。其核心内涵是"保持水土"，即以表层土壤为重心，通过采取科学的工程措施、生物措施和农业技术措施，以达到减少水土流失、固持土壤、增加土墒，提高农产品产量和农业经济效益的目的。

城市水土保持，是以城市水土为对象，因其土地利用性质已由大农业转变为工商业，建筑与小区、道路与广场等硬化地面占比极高，取代了乡村地带广泛分布的疏松土壤，下垫面性质的明显转变，使城区雨水产汇流机制发生了根本性的改变。因此，城市水保的任务也随之发生转变，主要集中于对城市雨洪的集蓄与利用以及渣土的有效防护两个方面。

1.1　城市雨洪的调控与利用

城市雨洪的调控是城市水土保持的主要内容之一，良好的管控措施，不仅能够起到削减雨洪峰值及径流总量、缓解水资源短缺、改善城市小气候、降低市政管渠排水压力、减少排水设施投资及日常维护费用的作用，而且对于减轻城区面源污染、美化和改善水环境、获得可观的社会、经济和生态效益，乃

*基金项目：陕西省水土保持局重点项目资金，农村内涝疏导与雨水资源化利用技术研究，1601。

第一作者简介：刘万青（1965—），男，陕西渭南人，副教授，研究方向为地理学及水土保持学。Email: liuwqing@nwu.edu.cn

至实现节水型社会低碳环保目标等均具有十分重要的意义[4]。

实践证明，随着我国社会经济的持续稳定增长，一线、二线城市体量不断增大，传统的城市雨洪管控模式已无法满足市区排水的要求，急需在城市总体规划、详细规划和工程建设中适时引入海绵城市、低影响开发等先进雨洪管控理念。

1.2　城市临时堆土弃渣的防护

除雨洪管控外，市区临时堆土弃渣的管控属城市水土保持的另一项重要内容。从城市雨水产汇流及水土流失机理角度分析，对城区基础设施建设和生产建设项目产生的临时堆土弃渣的有效防护，是减轻人为水土流失、阻隔扬尘源头、降低雾霾频次的根本途径，对于绿化美化市域环境同样具有无可替代的作用。

2　国外城市水保的先进理念、成功经验与做法

"罗马不是一天建成的"，这句话可用以形象地概括西方工业文明社会相对漫长的崛起过程。古代历史时期的罗马、雅典，以及近代"后起之秀"纽约、伦敦、巴黎、柏林、悉尼、东京等国际大都市，均拥有百年以上的建成史。这些城市从一开始就十分重视城市排水设施的规划建设，因此城市很少发生严重的雨洪灾害。长期渐进式的规划建设，产生了一批对城市雨洪管控与利用十分有用的先进理念、成功经验和做法。

2.1　先进理念

国际上有关城市雨洪管控的最先进的理念当属美国实施的"最佳管理实践"（Best Management Practice，BMP）和"低影响开发"（Low Impact Development，LID）[5]。

BMP是以非点源污染控制和雨洪径流量管理为核心理念，利用一系列结构性和非结构性的措施达到径流量控制及水质改善的目的。美国第一代BMP于1983年出台，第二代BMP于2003年出台，技术上更加严格。BMP技术体系更强调工程措施与非工程措施的结合，注重雨水径流源头调控、自然与生态措施结合。从功能模块上区分，BMP由存储/渗透类和渠道类组成。前者主导功能是雨水储存和渗透，包括滞留池、湿地、渗透沟、渗透性路面、雨水收集装置等设施；后者主导功能是雨水转输，包括植草沟、植物过滤带等设施。BMP各单项设施的主要功能及其适配地类对象见表1。

表1　BMP各单项设施的主要功能及其适配地类对象

BMP设施→ 主要功能→		绿色屋顶 滞蓄	砂滤池 净渗	透水铺装 渗	渗透沟 渗	雨水花园 渗蓄净	滞留塘/下凹绿地/下渗植被 滞渗蓄	植草沟 渗排	干塘 渗蓄
实践层面↓	用地类型↓				适配与否↓				
流域层面	绿地								S
街道层面	道路		S	S			S		
建筑与小区	商业金融	S		S			S	S	
	经营性办公	S		S			S		
	居住兼容公建	S		S		S	S	S	
	公建及兼容居住	S		S			S		
	体育			S		S			
	托儿所幼儿园			S					
	中小学	S		S			S		
市政设施	城市绿地					S		S	
	生产防护绿地					S		S	
	社会停车场库		S	S			S		
	供电			S	S				
	公共交通			S	S				
	其他交通			S	S				

注：表中，S是英文Suitable的缩写，意为"适配"；空白项则表示"不适配"。

美国的第二代 BMP,以提高雨水入渗能力为核心目标,更强调在城市景观设计中融入生态设计理念,形成了"屋顶蓄水+地表回灌"组合系统,可大大减轻区域排水管道的排水压力。在 BMP 基础上,美国进一步发展了最佳管理实践决策支持系统(BMPDSS),适用于小尺度场地或大尺度流域层面的决策支持系统,不仅支持流域水文/水质模拟与分析,还能够对多种最佳管理措施(BMP)进行类型确定、选址、实施效果模拟及优化布局,最终提供最经济、有效的雨洪管理与控制方案。此外,SUSTAIN 是一款用于评估 BMP 措施在城市暴雨径流中的作用效果的实用模拟模型,不仅可用于模拟径流量的变化,而且还能模拟 BMP 措施的面源污染控制效果。

LID 是以分散式暴雨源头控制为理念,由微观尺度的 BMP 发展而来的雨洪管理体系,20 世纪 90 年代在美国马里兰州开始实施。它强调通过源头分散的小型控制设施,维持和保护场地自然水文功能,从而有效缓解因不透水面积增加而导致的洪峰流量和径流系数增大、面源污染加重。LID 主要通过生物滞留设施、屋顶绿化、植被浅沟、雨水利用等措施来维持开发前原有的水文条件,控制径流污染,减少污染排放,实现开发区域可持续水循环。

2.2 成功经验与做法

2.2.1 政策法规

德国是最早将城市雨水径流看作是污水的国家。1996 年提出了"水的可持续利用"的理念,强调"排水零增长",要求城市开发区开发后的雨水径流须经过处理达标后排放或重新利用。在雨洪管控法律体系方面,通过联邦水法、建设法规和地区法规,强化了自然环境的保护和雨水资源的可持续利用,要求城市生产建设项目必须设计雨水利用设施。其中,《室外排水沟和排水管道标准》《建设规划导则》《环保条例》《自然能源法规》均具有开展城市水土保持的相关条款。1972 年颁布的《清洁水法》(CWA),明确要求对雨水径流及其污染物进行系统调控。

美国多个州分别制定了《地方雨洪利用条例》或《雨水管理手册》,规定新开发区的暴雨洪水峰值流量不应超过开发前的水平。与德国联邦水法相似,美国的地方法规也要求对新开发区实施"就地滞洪蓄水"策略。

英国 2004 年颁布了《可持续城市排水系统》,简称 SUDS,以维持良好水循环作为 SUDS 的核心理念,注重雨水径流的"蓄、滞、渗"。采取"储水箱、渗水坑、蓄水池、人工湿地"等途径"消化雨水";用等级制度推行雨水回收;同时加大用水限制,倒逼雨水回用。提出了"生态社区"的新概念,为每家安装一种小型的污水处理设备——"生活机器",实现了节约用水、低碳环保的目标。

日本于 20 世纪 80 年代初开始推行"雨水渗透计划",接着于 1992 年颁布了《第二代城市下水总体规划》,为城市雨洪调控奠定了法律基础。期间尤其重视对开发建设行为的法律约束,以"申请水土保持许可"为中心,不断提高设计规范,完善许可审查标准,明确许可审批权限,加大雨水利用政府补助力度[6]。

2.2.2 经济手段

美国和德国依据相关法律法规,通过征收雨水排放费、雨水管道使用费来确保社区配套雨水调蓄利用设施。有些地区收费标准要么按照"等效居住单元"计收,要么按照雨水排放总量和水质等级计收。在德国,强制征收雨洪排放费是促进雨洪管控的最重要决策,为此采取了一系列具体的经济手段,对于能够主动配置和使用雨水利用设施和技术的用户,一般会给予一定的"雨水利用补助"。例如,将屋顶绿化纳入法律体系,对于配套有屋顶草坪的小区减收其 50%的排水费;如果业主通过增设雨水利用设施,且其排放单元满足了雨水排放标准,则停止征收其雨水排放费。在雨洪管控政策与经济杠杆作用下,至2002 年底,德国共建造雨水池 3.8 万座,年雨水收集总量达 4000 万 m^3。除了征收雨水排放费外,美国有些州还通过提供经济激励制度(如补贴、降低税费或免税、政府投资、绿色建筑认证等)支持城市雨水调控和利用,甚至对于城市居民安装集雨桶、植树种草等行为,政府也会给予一定现金补助。

法国运用流量计费的办法限制雨水的排放量,规定每公顷城市用地向市政管网的排水量不大于3.0L/s,否则相关责任单位就要承担"超额排水费"。

1996 年,日本东京建立了"雨水利用补助金制度",规定对于设置集雨装置的单位和个人实行资金补助,对于修建蓄水池的项目按水池容量补助 40~120 美元/m^3,配置雨水净化装置的补助标准为设备价的

1/2~2/3[7]。

2.2.3 技术手段

德国大概是世界上雨水利用技术最发达的国家。1989 年即颁布了《雨水利用设施标准》，后来随着技术水平不断提高，技术系统不断完善，最终实现标准化和产业化，城市雨洪利用方式主要集中于屋面雨水集蓄、雨水截污与渗透、生态小区雨洪利用等三大系统。其中，"洼地-渗渠系统""屋面雨水集蓄系统""大中型地下雨水贮存系统"的大力推广，就是这类系统的具体体现。通过配置小型分散型雨水集蓄利用装置和对旧城区传统地面设施的提升改造，产生了良好的社会效益和生态效益。

英国对城市雨水管控的最大技术亮点是推广"Topmix 透水混凝土"，使城市道路具有很好的吸水渗水功能。法国巴黎的特色是构建"城市雨洪监测预警系统"，在其"大巴黎计划"中，注重雨水径流的源头整治、中段管理和末端治理，不断完善监控与预警网络，旨在高效地管控城市雨洪。

新西兰 2004 年制定了雨水处置政策，要求开展雨水限制区域分等定级，并在不同等级类型区分别采取最大径流量调控、峰值流量调控、水质调控等调控方式或其组合。

日本在雨水集蓄利用技术上的最大特点是"空中花园"和"蓄洪池"的高低搭配。20 世纪 80 年代开始运用地下储水体来应对集中降雨，一些容易积水的地段均配有地下多功能蓄水体。1992 年颁布的《第二代城市下水总体规划》，强调要将雨水渗沟、渗塘、透水地面纳入总体规划。以东京为例，通过全面实行城市雨污分流，全市地下排水管道长达 1.58 万 km，其中包括一条处于地下 50m 深，全长 6.3km，直径 10.6m 的地下排水隧道。这类设施与地上河川配合，发挥着排涝泄洪的重要作用。

3 国内城市水保的先进理念、成功经验与做法

我国是人口和农业大国，雨水资源化利用有着悠久的历史，主要体现在"蓄水保墒、改良土壤"方面，属传统水土保持的业务范畴。20 世纪末才真正将雨洪管理经验与相关技术应用于城市水土保持专业领域，其直接推动因素当属我国世纪之交快速推进的城市化。

与发达国家相比，我国的城市化有两大显著特点：一是时间上的集中性，表现在多数一线、二线城市的迅速成长与崛起几乎均集中于最近二三十年；二是空间上的爆发性，表现在各大城市建设规模均呈现出前所未有的"摊大饼式"极速增长，城市的体量与 20 年前相比，增长了几倍甚至十几倍。天津、广州、深圳、武汉、成都和重庆等 6 大城市的人口规模陆续超过了长期占据世界第一位的城市——纽约。然而，随着我国经济快速崛起、城市化急速推进，诸如城市内涝、交通拥塞、高温热岛、雾霾肆虐、生态退化等环境问题日渐突显，逐步演变为严重的"城市病"，亟待治理，这给我国城市的可持续发展带来了严峻挑战。

在寻求上述问题的根本解决之道时，通过加强城市水土保持生态建设，或多或少地产生了正面效果。尤其是内涝、雾霾、生态等三大环境问题，直接与城市水土保持密切关联。近几年来，部分城市通过率先试点，取得了一些显著进展，积累了部分成功经验。

3.1 先进理念

与国际流行的 BMP、LID 等先进理念相比，"海绵城市"可谓是我国在城市雨洪管理方面的一次理念创新，现已成为推进新型城镇化，实施城市更新的核心理念之一[8]。

海绵城市是指城市能够像海绵一样，在适应环境变化和应对自然灾害等方面具有良好的"弹性"，下雨时吸水、蓄水、渗水、净水，需要时将蓄存的水"释放"并加以利用，有效提升城市生态系统功能和减少城市洪涝灾害的发生。

海绵城市建设作为我国城市水土保持的重要内容，正在全国逐步展开。基本方针是采取多种技术措施相结合的手段，致力于有效调控和削减城市雨洪，实现雨水资源化利用。LID 技术目前在国内的应用较少，但其基本理念已被纳入住房建设部 2014 年 10 月发布的《海绵城市建设技术指南——低影响开发雨水系统构建（试行）》中，而且"海绵城市低影响开发雨水系统关键技术"还被列入国家"十二五"水专项重大课题进行研究。符合我国国情的海绵城市低影响开发雨水系统构建可采用的诸多单项水保设施见表 2。

表 2　海绵城市低影响开发雨水系统单项设施功能及比选方案[9]

技术类型 （按主要功能）	单项设施	用地类型			
		建筑与小区	城市道路	绿地与广场	城市水系
渗透技术	透水砖铺装	●	●	●	◎
	透水水泥混凝土	◎	◎	◎	◎
	透水沥青混凝土	◎	◎	◎	◎
	绿色屋顶	●	○	○	○
	下凹式绿地	●	●	●	◎
	简易型生物滞留设施	●	●	●	◎
	复杂型生物滞留设施	●	●	◎	◎
	渗透塘	●	◎	●	○
	渗井	●	●	●	○
储存技术	湿塘	●	◎	●	●
	雨水湿地	●	●	●	●
	蓄水池	◎	○	◎	◎
	雨水罐	●	○	●	●
调节技术	调节塘	●	●	●	◎
	调节池	◎	◎	◎	○
转输技术	转输型植草沟	●	●	●	●
	干式植草沟	●	●	●	◎
	湿式植草沟	●	●	●	◎
	渗管/渠	●	●	●	○
截污净化技术	植被缓冲带	●	●	●	●
	初期雨水弃流设施	●	◎	◎	◎
	人工土壤渗滤	◎	◎	◎	◎

注：●为宜选用；◎为可选用；○为不宜选用。

3.2　成功经验与做法

深圳自 20 世纪 90 年代即启动城市水土保持工作，是我国最早开展此项工作的城市，长期的工作实践，积累了丰富的经验。包括将水土保持方案审批纳入项目规划报建程序；注重城市水保持行业管理；首创政府委托水保监测、购买服务模式；建立城市水保监管机制；加强取土、弃土等水土流失源头管理等。结合当地实际，在城市水保工作实践中贯彻"理顺水系、周边控制、固坡绿化、平台恢复"理念[4,9]。

北京市也是我国开展城市水土保持较早的城市之一。2003 年确立了"生态修复、生态治理、生态保护"的水保三道防线，并使得"生态清洁小流域建设"成为全市水土保持的工作方针和显著特色。2016 年《北京市水土保持条例》正式颁布实施，水土保持补偿费也同步征收，并覆盖全市所有生产建设项目。通过落实生产建设项目水土保持方案报批制度，严格水保方案技术要求，强化项目建设过程监管，建立以"促渗减排、滞留净化"为核心的新型雨水系统，多措并举，大大推进了全市的水土保持工作[10]。

西安市是我国西部地区最早开展城市水土保持的城市。多年来，全市秉承"生态自然、人水合一"的理念，使城市水景观的建设规模、用水量与本地水资源、水环境承载力相适应，确保城市水保工作取得显著成绩。主要表现在：水保监督执法逐步走上法制化、规范化和科学化道路；实施"大水大绿"工程，改善了市域生态环境；大力宣传水保法律法规，提高了广大市民的水保意识；水保重点工程引领，追求示范效应。《陕西省生产建设项目水土保持方案技术导则》《西安市房地产建设项目水土保持方案技术导则》《西安市城市水土保持规划（2016—2030 年）》的批准实施，以及西咸新区国家海绵城市示范项目的扎实推进，为未来大西安全面推进城市水保工作奠定了良好基础[11]。

武汉市是我国中部地区开展城市水土保持的先进城市，2016 年，武汉市水务局发布《武汉市海绵城市建设试点工作实施方案》，2017 年正在加紧制定《武汉市海绵城市建设管理暂行办法》《武汉市海绵城市规划技术导则》和《武汉市海绵城市建设技术指南》，以及建筑工程、建筑小区、城区道路等方面的技术标准。在其推行的海绵城市试点建设探索中，开创性地提出了"2+N"模式，其中"2"代表一新一旧两处示范区（即四新示范区和青山示范区），"N"代表全市所有的新建项目。

福州市近两年来积极开展海绵城市建设探索。一方面，注重规划先行策略，编制完成了《福州市海绵城市专项规划》等 17 项相关规划；另一方面，坚持科研支撑战略，启动了《福州绿色生态城区低影响开发关键技术研究》等 12 个课题的科学研究。《福建省水土保持条例》颁布实施以来，"普查、宣传、落实责任、严格执法"便成为全市狠抓城市水保的显著特点，严格遵循省水保条例，切实贯彻"预防为主、保护优先、全面规划、综合治理、因地制宜、突出重点、科学管理、注重效益"的工作方针，从全市生态格局入手，合理布局生态绿地网络，并针对城市水体、园林、道路、小区、市政设施等分别制定了海绵城市建设方略，构建"山、水、城、绿"相融合的海绵城市生态格局，扎实推进城市水土保持工作，效果显著。

4　结语

4.1　小结

国外城市水土保持的三条宝贵经验：①从 BMP 到 LID，不断更新城市水土保持理念，提升技术水平；②通过征收雨水排放费倒逼城市水土保持，效果良好；③注重采取分散式雨水"蓄、净、用"措施，提高城市雨洪调控效率。

国内城市水土保持的四条先进经验：①将海绵城市建设作为开展城市水土保持的抓手或突破口；②基于海绵城市理念的城市雨洪调控思路清楚，方法明确；③部分城市已将建设项目弃土弃渣的管理作为城市水土保持的重点内容；④个别城市还建立了生产建设项目表及信息发布平台。

4.2　建议

基于上述分析结论[12]，鉴于我国城市水土保持存在的主要问题是缺乏系统的理论方法指导，工作思路不明，重点不突出，缺乏宏观战略和工作章法，本文提出如下建议：

（1）因地制宜，制定城市水土保持宏观战略，包括海绵城市低影响开发雨水系统建设战略和生产建设项目弃土弃渣管控策略。

（2）各地方水务部门、水土保持职能部门应从自身情况出发，在水土保持宏观战略支持下，在广泛调查研究基础上，制定并贯彻执行符合地方实际的城市水土保持路线图。

（3）各地应重视水土保持科学技术研究在推动城市水土保持中的重要作用，进一步加强海绵城市基础理论研究、建筑渣土有效管控策略研究，不断提升科技水平，服务于生产实践。

（4）城市水土保持影响因子繁多，各地应重视信息系统在高效管理海量信息方面的核心作用，在专业化水土保持信息系统支持下，借助互联网+，构建城市水土资源交易平台，促进城市区水土资源的动态平衡以及水土资源的高效利用。

（5）在城市水土保持工程技术层面，应侧重各单项水土保持措施的适用性研究，注重集成创新。只有从城市水土流失源头调控入手，以适用型单项措施为基础，进一步研发组合式或集成式技术系统，才能在实践中取得事半功倍的效果。

参考文献

[1] 刘翔. 城市雨洪关系分析与模拟[D]. 南京：河海大学，2005.

[2] 冯平，刘伟，罗莎. 雨水资源的利用问题及其实验研究[J]. 天津大学学报，2006, 39(3): 316-321.

[3] 张泽中，杨东东，翁常东. 节能环保型城市雨水集蓄系统设计[J]. 人民黄河，2010(7): 49-50.

[4] 全新峰，张克峰，李秀芝. 国内外城市雨水利用现状及趋势[J]. 能源与环境，2006, 8(1): 19-21.

[5] 沈乐，单延功，陈文权，等. 国内外海绵城市建设经验及研究成果浅谈[J]. 人民长江，2017, 48(15): 21-24.

[6] 潘安君，张书涵，陈建刚，等. 城市雨水综合利用技术研究与应用[M]. 北京：中国水利水电出版社，2010.

[7] 张泽中，王海潮，刘广柱. 城市雨洪调控利用与管理[M]. 北京：中国水利水电出版社，2013.

[8] 王海潮，尚静石，陈建刚，等. 雨水调控利用在城市雨水排水系统中的重要作用分析[J]. 给水排水，2013, 39(5): 125-129.

[9] 董建克，刘松波，孙羽，等. 北方城市雨洪利用探索[J]. 海河水利，2009(5): 5-8.

[10] 张书涵，王海潮，臧敏，等. 北京城市雨水利用发展思路[J]. 北京水务，2011(5): 1-3, 21.

[11] 张康年. 西安市雨水综合利用技术与雨水资源化研究[D]. 西安：西安建筑科技大学，2008.

[12] 任杨俊，李建牢，赵俊侠. 国内外雨水资源利用研究综述[J]. 水土保持学报，2000, 14(l): 88-92.

海绵城市建设与管理国外经验借鉴*

王涛，刘万青，刘春春，张悦

（西北大学城市与环境学院，西安 710127）

摘　要：本文通过梳理国外海绵城市建设的巨大成就与先进经验和我国提出的时代背景，探究国外雨洪治理在"滞、渗、净、蓄、用、排"方面的先进理念与方法，为我国因地制宜地开展海绵城市建设提供相应的参考。

关键词：海绵城市；城市雨洪管理；经验方法

近年来，气候变化对城市人居环境的影响越来越明显，加剧了雨水时间与空间分布的剧变，加之新时期我国城镇化不断推进，城市不断外延，硬化地面持续快速扩展，短时间强降水事件愈发频繁，进而对全球尤其是我国城市的雨洪调蓄能力造成了愈来愈严重的冲击。据国家防汛抗旱指挥部统计，2010 年以来，平均每年都有上百个城市发生内涝灾害[1]。频繁的城市内涝，一方面带来巨大的经济损失，自 2010 年来年均经济损失高达千亿元以上，其中内涝最严重的 2011 年的经济损失更是达到惊人的 4000 亿元；另一方面，短期突发的城市雨洪随着强度的提升和时间的持续，已经开始严重威胁人民的生命财产安全，2010 年以来，全国城乡年均受灾人数达到 1 亿左右[2]，雨洪治理，迫在眉睫。城市内涝从表象看是由于城市落后老旧的地下排水设施跟不上城市建设的步伐，以及气候变化导致极端降水事件增加而导致，但究其根源在于城市快速增加的硬化不透水地面在极端降水事件下，硬化地表相比原始地表，径流能够快速的聚集，短时间大量汇聚的地表径流极大地增加了城市地下管网的排水压力。但是，城市雨洪是由各方面的因素共同作用而形成的，单一的改造和扩大排水管网的尺寸，关注单一的排水，无法彻底解决雨洪灾害和城市水生态安全以及水资源问题，针对城市管网，一方面由于我国的城市建设相比西方发达国家起步晚，经验不足，且早期不合理的城市管网建设业已成现实，出于经济考量的情况下，不可能大范围改造；另一方面由于我国地处温带大陆性季风气候区，年降水分布十分不均匀，旱涝干湿分明，只注重排泄，是对城市紧缺水资源的严重浪费。因此对城市雨洪的防治不能简单的零和思想，是需要一系列完整的理念与方法进行贯通。在这方面上，欧美发达国家走在了最前沿，先后提出了城市雨洪治理的"低影响开发（LID）""最佳管理实践（BMP）""可持续排水系统（SUDS）"以及"水敏感性城市设计（WSUD）"等先进的城市雨洪治理理念[3]。我国住建部 2014 年 10 月也正式发布了《海绵城市建设技术指南——低影响开发雨水系统构建（试行）》明确了我国海绵城市的概念、基本原则等，提出了海绵城市建设的核心，也拉开了我国海绵城市建设的序幕。海绵城市是指城市能够像海绵一样，在适应环境变化和应对自然灾害等方面具有良好的"弹性"，下雨时吸水、蓄水、渗水、净水，需要时将蓄存的水"释放"并加以利用。以"海绵"来比喻一个富有弹性，具有自然积存、自然渗透、自然净化为特征的生态型城市，是对工业化时代的机械城市建设理念，及其对水资源和水系统的片面认识的反思，包含着深刻的哲理，是一种完全的生态系统价值观。然而我国海绵城市建设相较于欧美发达国家来讲，具有起步晚、理论经验匮乏等不足，而像德国、美国、英国以及日本等发达国家很早就开展了低影响开发与雨水资源化

*基金项目：陕西省水土保持局，农村内涝疏导与雨水资源化利用技术研究，1601。

第一作者简介：王涛（1988—），男，河南信阳人，硕士研究生。研究方向为水土保持学。Email: 799809555@qq.com

通讯作者：刘万青（1965—），男，陕西渭南人，副教授，研究方向为水土保持学。Email: liuwqing@nwu.edu.cn

管理，在该方面拥有很多值得学习与借鉴的宝贝经验，因而认真学习国外先进经验并加以消化吸收，总结出符合中国特色社会主义国情的理论、经验与技术，其意义重大。

1 国外先进经验与方法总结

1.1 立法强制与技术引导

与我国相比，欧美发达国家拥有十分完善的法律体系，针对低影响开发与雨水资源化利用，西方发达国家都制定了大量相关的法律法规文件，用最严格的法律手段，保障城市水生态环境的底线[4]。如在德国，《联邦水法》是水资源管理的基本法。该法的政策导向是优化生态环境、保持生态平衡，对自然环境的保护和水的可持续利用提出明晰的要求，是德国以及各州涉水法律的总框架和基础。1986 年的修改版明确提出将供水技术的可靠性和卫生安全性列为重点。1989 年颁布了《雨水利用设施标准》，详尽地介绍各设施的设计标准与规范。该标准也是德国"第一代"雨水利用技术成熟的标志，之后于 1992 年和 21世纪初相继形成了成熟的"第二代"和"第三代"雨水利用技术及相关的标准。1995 年德国又颁布了《室外排水沟和排水管道标准》，提出利用雨水收集系统来尽可能地降低公共地区建筑物底层发生洪水的危险性。1996 年，在联邦水法的补充条款中增加了"水的可持续利用"理念，强调"为了保证水的利用效率，要避免排水量增加"，实现"排水量零增长"。2002 年，德国根据《欧盟水框架指令》的要求对《联邦水法》进行了第七次修订，进一步强调了雨水资源化。在此背景下，德国建设规划导则明确规定"在建设项目的用地规划中，要确保雨水下渗的用地，并通过法规进一步落实。虽然各州的具体落实方式不同，但都规定除了特定情况外，降水不能排放到公共管网中这一条例；促使新建项目的业主必须对雨水进行处置和利用，倒逼建设单位采取各种措施进行雨水资源化利用，以减少雨水超排的惩罚。

英国于 2004 年发布了《可持续城市排水系统（sustainable urban drainage system，SUDS）的过渡期实践规范》，由传统的以排放为核心的排放系统上升到维持良好水循环的可持续排水系统。英国的可持续发展排水系统（SUDS）侧重"蓄、滞、渗"，提出了 4 种途径"消化"雨水（储水箱、渗水坑、蓄水池、人工湿地），以减轻城市排水系统压力。通过《住房建筑管理规定》等法律规定，进一步促进家庭雨水回收系统的普及。在 2006—2015 年间，英国政府针对新建房屋设立 1~6 级的评估体系，要求所有的新建房屋至少达到 3 级以上的可持续利用标准才能获得开工许可，而其中最重要的提升等级方式之一就是建立雨水回收系统。2015 年之后，英国政府为更有针对性地控制水资源利用效率，要求单一住房单元的居民每天设计用水量不超过 125L，这使得居民建立雨水回收系统的积极性大幅提升。此套可持续排放体系在雨洪调节中发挥了重要作用，雨水排放在地区发展规划中被严格定量，一方面作为地区规划部门颁发规划许可的审核条件，另一方面也为开发商的投资建设施加了法律强制力。

美国则更系统的针对雨水资源化和雨污控制进行立法。1972 年的《联邦水污染控制法（FWPCA）》，1976 年的《城区分流制雨水排放系统许可证（Municipal Separate Storm Sewer System，MS4）》，1987 年的《水质法案（WQA）》和 1997 年的《清洁水法（CWA）》均强调了对雨水径流及其污染的控制，规定了雨水排放许可要求，确立雨水许可证制度，包括对城市、建设场地、工业场地的三种降雨带来的污染。美国 1989 年发布了 CSO 控制战略，1994 年制定和发布了 CSO 控制政策；对暴雨，美国 1990 年发布了《城市分流制雨水系统（M4）》的雨水排放规范。工业源包括直接排放的工艺废水或非工艺废水，以及来自工业源的暴雨径流，所有与工业活动相关的暴雨径流排放，不管是通过城市分流制雨水系统排放还是直接排放到水体，均须持有 NPDES 许可证。在对地表扰动的生产建设项目上，美国和德国采取的措施相似，美国联邦法律明确要求所有开发项目区实施"就地滞洪蓄水"，即要求所有开发建设项目建成后的雨水排放量不得超过开发前水平，进而保证了雨水的资源化利用。

1.2 经济杠杆加速海绵城市推广

与法律法规的强制性不同，经济调控是最容易获得社会效益并长效的手段之一。为了实现排水管网入网径流量零增长的目标与愿景，各国在法律法规以及技术规范和导则的指引下，纷纷施加了经济杠杆进行海绵城市总体实施以及雨水资源化的推广。如德国各城市根据该国的《水法》《生态法》《地方行政费用管理》等相关法规，将雨水径流直接定义为污水，并且制定了各州自己的雨水排放费用（也称为管道使用费）征收标准。并结合各地降水状况、业主所拥有的不透水地面面积，由地方行政主管部门核算并收取业主应缴纳的雨水排放费。此项资金主要用于雨水项目的投资补贴，以鼓励雨水利用项目的建设，此外德国还根据《自然能源法规》第 5 章中的规定，推广实施居民个人环保账号，业主采用对自然环境长期有积极作用的非义务措施，政府将会给其"环保账户"以相应奖励，此外账户上的"环保点数"还可以交易，以此来提高居民环保的积极性。法国城市雨水管理部门规定在对雨水进行初级净化和截污后，每公顷的城市用地向市政雨水的排水速率不能超过 3L/s，否则该用地的相关责任单位就要承担相应的超额排水费。日本对雨水利用实行补助金制度，各个地区和城市的补助政策不一。1995 年 10 月，墨田区实施了给家庭和公司利用雨水提供补贴的制度，1m³ 以下的雨水罐可补贴一半费用（上限是 4 万日元），地下大规模储水槽最高补贴 100 万日元，中等规模的储水槽可补贴 30 万日元。1996 年该区又开始建立促进雨水利用补助金制度，对地下储雨装置、中型储雨装置和小型储雨装置给予一定的补助，水池补 40~120 美元/m³，雨水净化器补 1/3~2/3 的设备价，以此促进雨水利用技术的应用以及雨水资源化。与德国和日本单一的经济补助和罚款手段不同，美国联邦和各州通过总税收控制、发行义务债券、联邦和州给予补贴与贷款等一系列的经济手段来鼓励雨水的合理处理及资源化利用。1999 年美国开始实施第二阶段的雨水管理，规定市政当局必须制定雨水管理计划。美国实行雨水管理制度，截至 2009 年美国共有 500 多个县（市）在收取雨水管理费，而且近年来收取雨水费的城市越来越多，如华盛顿特区设有不透水面积费和雨水费。强有力的补贴和收费措施加速了海绵城市雨水滞、渗、蓄和用等方面的推广，使得城市人居以及水生态环境发生了巨变。

1.3 技术引领、意识超前

1.3.1 超前理念思想

目前国际上雨洪治理以及雨水资源化利用方面最先进的理念分别为美国的"最佳管理实践（BMP）"、"低影响开发（LID）"、澳大利亚的"水敏感性城市设计（WSUD）"、英国的"可持续发展排水系统（SUDS）"和日本的"城市泄洪系统和雨水地下储存系统（LID）"[5]。各个理念尽管侧重点有所不同，但最根本的目的和愿景都是推进城市海绵化设计，改善城市人居环境以及水生态安全，将雨洪管理、供水和污水管理一体化[6]。把雨水、供水、污水（中水）管理视为各个环节，相互联系、相互影响、统筹考虑，打破了传统的单一模式，同时兼顾景观和生态环境[7]。

1.3.2 高蓄渗、强排涝系统

除此之外德国在城市雨水资源化建设方面也有自己独特的方法与经验，目前德国主要的城市雨水利用方式有三种：一是屋面雨水集蓄系统，收集的雨水经简单处理后，达到杂用水水质标准，主要用于家庭、公共场所和企业的非饮用水，如街区公寓的厕所冲洗和庭院浇洒。二是雨水截污与渗透系统，道路雨洪通过下水道排入沿途大型蓄水池或通过渗透补充地下水。德国城市街道雨洪管道口均设有截污挂篮，以拦截雨洪径流携带的污染物。城市地面使用可渗透地砖，以减小径流。三是生态小区雨水利用系统，小区沿着排水道修建可渗透浅沟，表面植有草皮，供雨水径流下渗。超过渗透能力的雨水则进入雨洪池或人工湿地，作为水景或继续下渗。在雨水的排蓄方面，早在 1852 年，巴黎的城市排水系统就被纳入建设规划之中；1859 年，伦敦地下排水系统工程动工，6 年后完工，全长 2000km。美国在 1972 年以前没有内涝防治体系，之后因为合流制的污染和城市内涝等，开始规划建设大排水系统[8]。澳大利亚因为 1974 年发生大洪水，1975 年便开始规划建设城市内涝体系；日本东京于 1992 年开始建造"地下神庙"，历时 15 年，耗资 30 亿美元，终于建成堪称世界上最先进的下水道排水系统。德国的公共排水管道已达 54 万 km，大约可以环绕地球 13 圈半，专门的雨水排水管道长 6.6 万 km。德国综合性的排水系统，每年可以处理 100 多亿 m³ 的污水和雨水。

1.3.3 大绿地/公园观念

城市绿地面积与数量是城市人居环境优劣的重要指标，是城市对外形象展示的重要名片，欧美发达国家在城市绿地与公园建设的数量与规模上的相似之处就是突出公园规模的大，例如德国在城市绿地与公园的修建理念上，特别倾向于巨型公园对城市气候调节、水土保持、地下水蓄积以及防洪减涝的巨大作用，在实际的运用中，优先将停用或废弃后的大型建筑物合理规划成城市绿地或公园。2017 年，德国政府还出台白皮书，详细介绍城市绿地建设的具体措施与标准，并明确指明海绵公园是城市公园的最佳形式。日本也制定了详细的政策。日本的"绿地覆盖率"为 66%，东京的公园绿地就有地区公园、近邻公园、街区公园、运动公园、广域公园、综合公园、特殊公园等，数量达 2795 处，总面积 1969hm^2，人均绿地面积 3m^2 以上。为稳固这一成果，日本出台了一大批相关法规，形成了完整而长期的绿地保护体制。这些措施在净化空气的同时，也大大促进了地面水分的涵养。

2 结语

综上所述，海绵城市建设遵循生态优先等原则，将自然途径与人工措施相结合，在确保城市排水防涝安全的前提下，最大限度地实现雨水在城市区域的积存、渗透和净化，促进雨水资源的利用和生态环境的保护[9]。海绵城市建设应统筹低影响开发雨水系统、城市雨水管渠系统及超标雨水径流排放系统。低影响开发雨水系统可以通过对雨水的渗透、储存、调节、转输与截污净化等功能，有效控制径流总量、径流峰值和径流污染[10]；城市雨水管渠系统即传统排水系统，应与低影响开发雨水系统共同组织径流雨水的收集、转输与排放；超标雨水径流排放系统，用来应对超过雨水管渠系统设计标准的雨水径流，一般通过综合选择自然水体、多功能调蓄水体、行泄通道、调蓄池、深层隧道等自然途径或人工设施构建。总结来说我们需要学习借鉴国外以下先进经验：

（1）完善的法律制度体系，强调技术保障的先导性。结合不同等级城市的特点，因地制宜的制定出符合自身特点的法律法规、技术规程和建立奖惩机制，真正做到海绵城市建设有法可依、有例可循，以制度来促进海绵城市建设的标准化。

（2）制定适宜的奖惩制度，利用经济手段来促进政策以及城市海绵化建设步伐，真正地将海绵城市建设当做一项事业，一个行业，用经济手段去驱动更多的个人、企业在该领域内健康运转，实现互利双赢。

（3）海绵城市是一项系统性的工程。应该学习西方国家的权利集中，简政放权的做法，除此之外还应在市政、水利、环保、气象、林业和住建等相关职能部门联动机制的前提下，促进设计部门、建设部门和管理等部门的通力合作以及统筹协调，落实海绵城市建设的目标责任制，并明确责任主体。

（4）加强城市水科学研究。我国海绵城市建设必须因地制宜地开展符合我国国情和城市现状的模式探索，不能完全照搬西方国家的成功经验，要引进消化再吸收，加强自主方法研究工作，因而需要加大城市雨洪的产汇流机制、雨污水质净化、城市水生态环境演变规律等方面的科学研究。进而促进科技创新，为中国特色社会主义海绵城市建设提供理论和技术支持[10]。

参考文献

[1] 柴逸扉，侯冰琪，刘康，等."海绵城市"关闭"雨后看海"模式[N]. 人民日报海外版，2015-08-07(08).

[2] 吴丹洁，詹圣泽，李友华，等. 中国特色海绵城市的新兴趋势与实践研究[J]. 中国软科学，2016(1):79-97.

[3] 沈乐，单延功，陈文权，等. 国内外海绵城市建设经验及研究成果浅谈[J]. 人民长江，2017,48(15):21-24.

[4] 余良谋，朱鸿德，马慧，等. 城市雨水资源化技术研究进展[J]. 昆明冶金高等专科学校学报，2010,26(1): 61-61.

[5] 夏镜朗，崔浩. 澳大利亚水敏性城市设计经验对我国海绵城市建设的启示[J]. 中国市政工程，2016(4):36-40.

[6] 田闯. 发达国家海绵城市建设经验及启示[J]. 黄河科技大学学报，2015,17(5):64-70.

[7] 任杨俊，李建牢，赵俊侠. 国内外雨水资源利用研究综述[J]. 水土保持学报，2000, 14(1):88-92.

[8] 张丹明. 美国城市雨洪管理的演变及其对我国的启示[J]. 国际城市规划，2010(6):83-86.

[9] 车伍，吕放放，李俊奇，等. 发达国家典型雨洪管理体系及启示[J]. 中国给水排水，2009(20):12-17.

[10] 胡灿伟. 海绵城市重构城市水生态[J]. 生态经济，2015(7):10-13.

珠江片水生态文明城市建设效果评估*

马兴华[1,2]，董延军[1]，李兴拼[1]，李胜华[1]，钱树芹[1]

（1. 珠江水利委员会珠江水利科学研究院，广州 510611；

2. 华南农业大学水利与土木工程学院，广州 510642）

摘　要： 根据《水利部关于加快开展全国水生态文明城市建设试点工作的通知》（水资源函〔2013〕233 号），珠江片列入全国第一批水生态文明建设的试点城市有南宁市、广州市、东莞市、普洱市、长汀县、黔西南州、琼海市共 7 个，建设试点期为期 3 年，2016 年底各试点城市已基本完成试点期的建设任务，2017 年 10 月前已完成了技术评估工作，现就各试点城市的建设效果进行评估，分别从最严格水资源管理制度落实情况、人民群众生活生产用水安全、生态系统稳定性和人居环境、水资源监督管理能力、城市水生态格局、生态文明意识、水生态文明建设长效机制、不同区域水生态文明建设模式、示范带动作用等方面的效果进行评估。

关键词： 水生态文明；城市建设；效果评估；珠江片

1　引言

党的十八大把生态文明建设纳入中国特色社会主义事业"五位一体"总体布局，首次把"美丽中国"作为生态文明建设的宏伟目标。十八大审议通过的《中国共产党章程（修正案）》，将"中国共产党领导人民建设社会主义生态文明"写入党章，作为行动纲领。十八届三中全会提出加快建立系统完整的生态文明制度体系。十八届四中全会要求用严格的法律制度保护生态环境。

水是生态系统最为活跃的控制性因素[1]，水生态文明建设是生态文明建设的基础和保障[1-2]，是以科学发展观为指导，倡导人与自然和谐相处，遵循人、水、自然、社会和谐发展，是人工环境与自然环境的协调发展、物理空间与文化空间的有机融合[3]。《水利部关于加快推进水生态文明建设工作的意见》（水资源〔2013〕1 号）提出把水生态文明建设工作放在当前最重要的位置，加大推进力度，落实保障措施。《水利部关于加快开展全国水生态文明城市建设试点工作的通知》（水资源函〔2013〕233 号），在全国范围内确定了 45 个城市作为第一批水生态文明试点城市，其中珠江片共有 7 个：南宁市、广州市、东莞市、普洱市、长汀县、黔西南州、琼海市。

水生态文明城市建设试点周期 3 年，2016 年底各试点城市已基本完成试点期的建设任务，2017 年 10 月前已完成了技术评估工作，现就各试点城市的建设效果进行评估，分别从最严格水资源管理制度落实情况、人民群众生活生产用水安全、生态系统稳定性和人居环境、水资源监督管理能力、城市水生态格局、生态文明意识、水生态文明建设长效机制、不同区域水生态文明建设模式、示范带动作用等方面的效果进行总结评估。

---

*基金项目： 广西壮族自治区水利厅科技项目（201619）；广西壮族自治区科技厅重点研发项目（桂科 AB16380309）。

第一作者简介： 马兴华（1983—），男，广西南宁人，高级工程师，主要从事水文学及水资源研究。Email: maxinghua2012@163.com

2 最严格水资源管理制度得到有效落实

各试点城市积极推进最严格水资源管理制度的落实，明确将"三条红线"指标作为试点建设约束性指标，纳入政府绩效考核体系。在经济社会发展过程中不断调整产业结构，持续完善城市水生态空间功能定位和建设格局，逐步实现以水定城、以水定产，水的控制性要素功能得到较好体现。试点城市"四项指标"（水功能区水质达标率、用水总量、农田灌溉水有效利用系数、万元工业增加值用水量）达标情况明显优于全国水平。

2.1 水功能区水质达标率得到有效提升

珠江片第一批 7 个试点城市水功能区水质总体达标率为 91%，高于 73.4% 的全国总体达标率，试点期末所有试点城市水功能区水质达标率均在 70% 以上；其中 5 个城市水功能区水质达标率高于 90%，南宁市、琼海市水功能区水质达标率达到了 100%；5 个城市水功能区水质达标率较试点前的提升速度高于全国水平（全国 2016 年比 2013 年提升了 10.4 个百分点，见图 1 和图 2）。

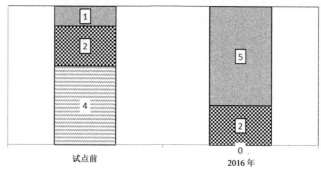

图 1　珠江片试点城市水功能区水质达标率试点前后对比图

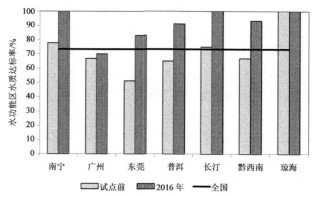

图 2　珠江片试点城市水功能区水质达标率情况

2.2 用水总量明显下降

第一批 7 个试点城市中，有 6 个城市在保障经济社会稳步发展条件下，用水总量较试点前有明显下降，平均降幅为 14.7%，远远高于全国水平（全国用水总量 2016 年比 2013 年下降了 2.32 个百分点，见图 3），唯一用水总量比试点前增加的是黔西南州，由试点前的 6.90 亿 m^3 增加到 2016 年的 7.87 亿 m^3。

2.3 农田灌溉水有效利用系数

珠江片第一批 6 个试点城市农田灌溉水有效利用系数平均值为 0.517（东莞市由于城镇化水平高，基本上无农业和农村人口，因此没有统计该市指标）低于 0.542 的全国平均水平（图 4），但是，试点城市农田灌溉水有效利用系数较试点前的提升幅度均高于全国水平（全国农田灌溉水有效利用系数 2016 年比 2013 年提高了 0.019）。

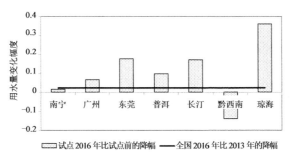

图 3　珠江片试点城市用水总量 2016 年度与试点前变化情况

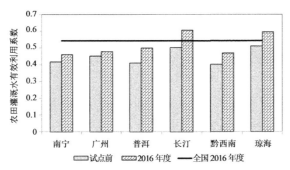

图 4　珠江片试点城市农田灌溉水有效利用系数试点前后变化情况

2.4　万元工业增加值用水量降幅显著

珠江片第一批试点城市万元工业增加值用水量平均值为 53.1m³，略高于全国平均值 52.8m³，其中 6 个城市万元工业增加值用水量较试点前的降幅大于全国水平（全国万元工业增加值用水量 2016 年比 2013 年下降了 21.19%）（见图 5），降幅低于全国平均水平的是广州市。

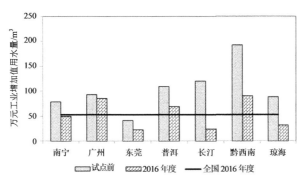

图 5　珠江片试点城市万元工业增加值用水量试点前变化情况

3　人民群众生活生产用水安全得到有效保障

各试点城市优先解决民生需求，采取"开源与节流并重、兴利与除害统筹、城乡保障与生态保护并行"举措，保护了人民群众生命财产安全。

3.1　人民群众饮水安全得到有效保障

截至 2016 年底（下同），珠江片第一批 6 个（东莞市没有统计）试点城市集中式饮用水水源地安全保障达标率较试点前提升 10.2%，由试点前的 89.8% 提高到了 100%，所有试点城市集中式饮用水水源地安全保障达标率均达到了 100%，有力保障了人民群众饮水安全（见图 6）。

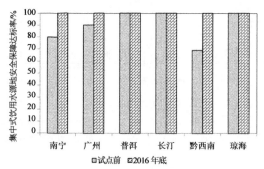

图 6　珠江片试点城市集中式饮用水水源地达标率试点前后对比图

3.2　防洪排涝水平得到较大提升

珠江片第一批 7 个试点城中，有 3 个城市试点范围内 90% 以上的防洪堤已达到相关规划要求的防洪标准，较试点前提高 5.4%；同时排涝达标率较试点前上升 23.9%，有力保障了人民群众生命财产安全。

4　生态系统稳定性和人居环境得到明显改善

各试点城市通过水生态保护与修复、生态补水、控源截污的措施，严格水资源保护与水污染防治，特别是通过江河湖库水系连通项目的带动，有效增强了水系完整性，保障了河湖生态用水，促进了区域河湖水网格局的构建，促进了水资源和水环境承载力的提高，促进了生态系统的抗干扰能力的提升，促进了人民群众的生活环境的改善。

4.1　江河水质明显改善

珠江片第一批 7 个试点城市中，有 4 个城市 I～III 类水质河长比例平均值为 96.7%，超过 76.9% 的全国平均水平；南宁市 I～III 类水质河长比例较试点前的提高速度高于全国水平（全国 I～III 类水质河长比例 2016 年比 2013 年提高了 8.3 个百分点，见图 7）。

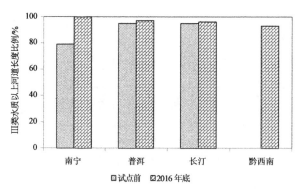

图 7　珠江片试点城市 I～III 类水质河长比例试点前后对比图

4.2　水域保护面积显著增加

与试点前相比，珠江片第一批 7 个试点城通过各项有效措施新增、恢复水域或湿地面积 824.4km²；试点城市水域空间率较试点前有不同程度增加，其中普洱、长汀提升最为显著（见图 8）。

4.3 水生态系统得到有效修复

珠江片第一批 7 个试点城市已对 465.8km 的河道开展了保护与修复工程，其中，4 个城市试点范围内的河湖生态护岸比例超过 60%，3 个城市比例超过 80%，长汀、广州较试点前河湖生态护岸比例明显提高（见图 9）；南宁、长汀、黔西南州全国水土流失治理程度显著提高。

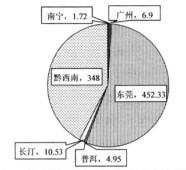

图 8　珠江片试点城市分新增、恢复水域或湿地面积比例图（单位：km²）

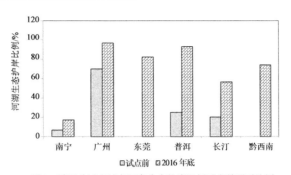

图 9　珠江片试点城市河湖生态护岸比例试点前后对比图

4.4 黑臭水体得到初步治理

与试点前相比，南宁市与广州市黑臭水体治理率分别提高了 46.3% 和 10.7%，普洱和长汀无黑臭水体。

5 水资源监督管理能力得到较大提升

各试点城市按照最严格水资源管理制度的要求，不断规范管理，加强监管，全面提升水资源监督管理能力和水平，适应面临的新形势新要求。

5.1 监督监测范围不断扩大

珠江片第一批 7 个试点城市入河排污口监测率显著提高，平均监测率为 60.3%，比试点前提升了 31.7 个百分点（见图 10）。

珠江片第一批 7 个试点城市水功能区水质监测率都保持了较高的水平。所有城市按水质监测规范要求，实现了试点范围内国家或省级人民政府批复的水功能区水质的全覆盖监测，除黔西南州外，其他城市水功能区水质检测率均达到了 100%。

5.2 取水计量能力不断提升

珠江片第一批 7 个试点城市中，有 6 个城市实现了对区域 80% 以上的取用水量的计量，较试点前增加了 4 个（见图 11）；有 6 个城市实现了非农业用水户取水许可证发放率超过 80%，其中南宁、广州、东莞、长汀非农业用水户取水许可证发放率达到了 100%（见图 12）。

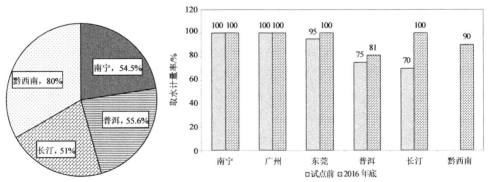

图 10　2016 年底珠江片试点城市入河排污口监测率　　　图 11　珠江片试点城市取水计量率试点前后对比情况

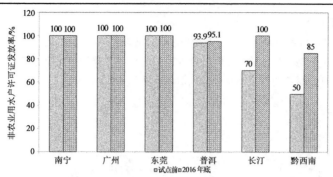

图 12　珠江片试点城市非农业用水户许可证发放率试点前后对比情况

6　节水优先方针得到有效执行

各试点城市全面实施《全民节水行动计划》，推进工业节水增效、农业节水增产、城镇节水降损等行动，不断加大非常规水源开发利用力度。

6.1　生产生活节水普及范围不断扩大

试点城市高耗水企业节水减排方案的制定实施率显著提高，其中，南宁市、黔西南州、长汀县开展了高耗水企业节水减排方案制定实施工作，南宁市、黔西南州高耗水企业节水减排方案实施率达到了100%，长汀达到了83.5%（见图13）；试点城市生活节水器具普及率得到显著提高，5个城市生活节水器具普及率高于80%（见图14）。

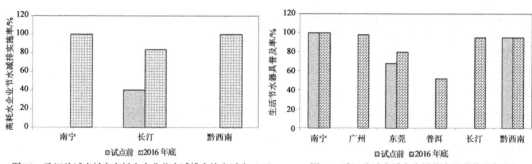

图 13　珠江片试点城市高耗水企业节水减排实施率试点（%）　　图 14　珠江片试点城市生活节水器具普及率试点
　　　　　　　　前后对比　　　　　　　　　　　　　　　　　　　　　　前后对比

6.2　非常规水源利用能力不断增强

珠江片第一批7个试点城市中，有4个城市开展了非常规水利用，利用率不断提升；通过开源节流等措施，试点城市新增可利用水资源量超过2.57亿 m^3（见图15和图16）。

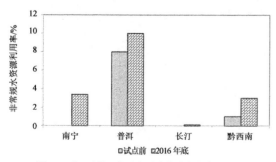

图 15　珠江片第一批试点城市非常规水资源利用率试点
前后对比

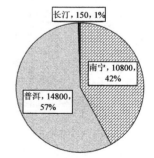

图 16　珠江片第一批试点城市新增可利用水资源量
（单位：万 m^3）

7 城市水生态格局不断优化

各试点城市按照主体功能区划和城市发展定位，将水生态文明建设与海绵城市建设、城市水生态空间功能定位相结合，引导区域发展方式、经济结构、产业布局与水资源承载能力相均衡，恢复河流、湖泊、洼地、湿地等自然水系连通，构建系统完整、空间均衡的现代城市水生态格局。

8 生态文明意识得到明显提高

各试点城市不断加强水生态文明建设宣传和培训，建设目标不仅注重专业，更让老百姓明白。试点启动以来，第一批 7 个试点城市累计开展各类宣传培训活动 84 次，发布各类新闻信息、出版相关刊物书籍 4000 多条（本）。人民群众参与水生态保护的积极性明显提高，水利行业专业人员的建设理念发生了显著变化（见图 17）。

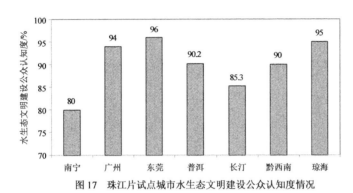

图 17　珠江片试点城市水生态文明建设公众认知度情况

9 水生态文明建设长效机制初步构建

各试点城市在投融资机制、水利管理体制、政府领导下的多部门协作机制等方面做了大量探索，初步构建了水生态文明建设长效机制，将水资源管理纳入到了党政实绩考核体系中。

10 不同区域水生态文明建设模式得到初步探索

南宁市建立了政府引导、地方为主、市场运作、社会参与的多元化筹资机制，拓宽投融资渠道，探索了城市内河流域治理新模式，采用政府和社会资本合作模式（PPP 模式），有效地保障了配套资金的及时到位，试点期内超额完成了投资计划；广州市强化了对水源地水质监控和保护措施，及时向社会通报供水水质指标，保障了城乡居民的供水安全，取得了良好的社会反响；普洱市制定了《普洱市水生态文明建设规划》，针对水生态文明建设五大体系逐步推进相关规章制度的建设，确保水生态文明建设顺利进行；长汀县成功探索了我国南方红壤区治理水土流失新模式，因地制宜施策，用"反弹琵琶"的理念指导，逐步形成具有长汀特色的"等高草灌带、低效林改造技术、秋大豆套种果园覆盖、草牧沼果循环种养"等水土流失治理模式。

11 示范带动作用逐渐显现

水生态文明品牌效应逐渐呈现，在全国水生态文明城市建设试点的带动示范下逐渐发挥作用，南宁、广州、长汀、普洱的示范带动作用明显。

12　结语

综上所述，珠江片第一批水生态文明城市建设初具成效，从最严格水资源管理制度落实情况、人民群众生活生产用水安全、生态系统稳定性和人居环境、水资源监督管理能力、城市水生态格局、生态文明意识、水生态文明建设长效机制、不同区域水生态文明建设模式、示范带动作用等方面效果明显。

参考文献

[1] 张建云，王小军. 关于水生态文明建设的认识和思考[J]. 中国水利，2014(7):1-4.

[2] 左其亭. 水生态文明建设几个关键问题探讨[J]. 中国水利，2013(4):1-3,6.

[3] 王文珂. 水生态文明城市建设实践思考[J]. 中国水利，2012(23):33-36.

生态水配置研究

秦毅，闫丹丹，李子文，李时，刘强

（西安理工大学西北旱区生态水利工程国家重点实验室培育基地，西安 710048）

摘　要：本文总结了水资源配置的主要发展历程，分析了水资源配置原则，通过对渭河临潼水文站生态需水量配置方案的研究，建立了基于天然来水与生态需水量对比的水资源配置模型，简化了水资源配置方式，生成了集多水源配置的水资源配置图。该图可以直观地表现出生态水量是否需要配置，以及生态水量需要配置时，配置水源的先后顺序和水量的多少，极大的精简了水资源配置，为水资源配置提供了有效、快捷的途径。

关键词：水资源配置图；生态水配置；临潼水文站

近年来，由于水资源缺乏，导致水资源开发利用和人类活动结合日趋紧密，经济、社会、生态和环境问题凸显，在保障城镇生活和工农业用水的同时，生态用水受到严重挤占，枯水期河道稳定基流难以保证，局部河段甚至出现断流现象，致使河道纳污自净能力降低，水质污染严重超标，水域功能达不到要求，河流生态维系受到威胁。因此，为解决社会与自然地可持续发展，要进行合理的生态水配置。

生态水配置是水资源配置问题之一。早期对水资源进行配置，都是采用模型优化的方法，1953年美国陆军工程师兵团为了研究解决美国密苏里河流域6座水库的运行调度问题而设计的水资源模拟模型。随之六十年代Mass以及科罗拉多几所大学进行了水资源配置的研究并把理论应用实际。20世纪70年代以来，伴随计算机技术、系统分析理论和模拟技术的发展及它们在水资源领域中的应用，水资源系统模型技术和合理配置研究得以长足进展，各种水资源管理系统模型应运而生。Marks[1]于1971年提出水资源系统线性决策规则后，采用数学模型描述水资源系统问题更为普遍。20世纪80—90年代水资源的配置注重环境与社会经济协调发展，Pencia等[2]、Dai等[3]建立了以经济效益为最大目标并考虑了流域水质水量的模型。欧美等发达国家也更加注重水资源分配的社会公平和市场调节[4]。中国于20世纪80年代开始注重水资源配置的研究，甘泓等[5]、杨小柳等[6]、方创琳[7]、尹明万等[8]从不同的角度提出了水资源配置的动态模型。冯耀龙等[9]系统分析了面向可持续发展的区域水资源优化配置的内涵与原则，建立了优化配置模型，给出了切实可行的求解方法。但是随着影响水资源配置的因素不断增多，进而其结构更趋复杂，其随时间变化的随机性以及不确定性的影响因素等都会对水资源的配置产生影响。本次通过研究生态水量配置方案，提出水资源配置模型，绘出直观的生态水量配置图。

1　水资源配置原则

由于水资源配置中需要注意社会、经济与生态多重关系，因此进行配置必须考虑水量的需求与供给、水环境的污染与治理、水与生态这三重平衡关系。为实现水资源的社会、经济和生态综合效益最大，水资源配置应该遵循可持续性、高效性、公平性与自然和谐发展，以及流域、区域水资源一统性原则。通过反复进行水资源供需分析获得不同需水、节水、供（调）水、水资源保护等组合条件下水资源配置方案，方案生成遵循"三次平衡"[10]思想：立足于现状开发利用模式、充分考虑流域内节水和治污挖潜、考虑流域外调水。在现状供需分析和对各种合理抑制需求、有效增加供水、积极保护生态环境的可能措施进行组合及分析的基础上，进行多次供需反馈并协调平衡，力求实现对水资源的合理配置。对于生态水量配置，首先选择干流来水，对比其是否满足生态需水量，若满足，不需要考虑水资源进行生态水方面的配置，只有当来水不能满足生态需水时，才需要对区间可供水进行生态水上的配置，因此，生态需水量是进行配置的边界。而当来水量是超过特枯水季时，人类生存遇到威胁，需要优先保证生活和生产用水，此时生态用水可以不予考虑配置。因此，来水不能满足生态用水和并且需要考虑生态用水时，就要进行生态水的水资源配置。

2　渭河临潼站生态用水量配置方案

渭河是黄河右岸的一级支流，它发源于甘肃省定西市渭源县鸟鼠山，于渭南市潼关县汇入黄河。本次仅研究渭河临潼断面，见图1。选择临潼站1961—2008 年年径流量水文资料， 2008 年为现状年，2015 年为规划年，对其进行生态水量配置。本研究在生态需水量已知情况下，对干流来水量，考虑来水较不利的情形和枯水时应确保人类生存及社会安全的原则，这里以 75%的偏枯年型作为未来生态水配置的基础，以 90%的特枯年型作为生态水允许破坏的界限。其中 2008 年与 2015 年各污水处理厂中水水量、跨流域调水、水库可用水量均可按各月均匀分配。

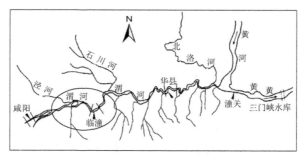

图 1　渭河临潼水文站所处地理位置图

由于人类活动以及气候变化使得干流来水量的一致性遭到破坏，通过对其确定性与随机性成分分解分析模拟，使其水文资料一致，最后得到其 2008 年与 2015 年 75%与 90%的设计年径流量，见表 1。

表 1　临潼站设计年径流量

年份	2008		2015	
频率	P=75%	P=90%	P=75%	P=90%
设计年径流量/(m³/s)	108	108	105	105

选择 1999 年为代表年，对 2008 年与 2015 年 75%、90%的设计年径流量进行年内分配。

遵循上述水资源配置原则进行渭河临潼生态水资源配置。当天然来水满足生态需水，首选河道来水，当来水不满足天然来水，考虑其他供水。供水途径上，首先使用河道来水量来保证用水，其次考虑再生水，不足部分再由外流域调水弥补。由于流域上水库大多是中小型水库，放水量较小，且库容有逐年淤积的趋势，因此首先用外调水源，再考虑就近工程供水。当遭遇特枯水年时，且人类生存遇到威胁时，河道生态水保障允许破坏，得出生态水资源配置成果，见表2、表3（由于生态水配置成果表较多，在此仅选择 75%下临潼站 2008 年现状年生态用水量配置与 75%下临潼站 2015 年现状年生态用水量配置为例）。

表 2　75%下临潼站 2008 年现状年生态用水量配置　　　　　　　单位：m³/s

月份	1	2	3	4	5	6	7	8	9	10	11	12
河道来水	22.0	29.0	14.2	45.0	189	157	442	60	77	181	57.6	27.8
生态需水	25.3	25.3	31.8	42.3	66.9	32.4	118.5	87.9	153.3	115.8	58.8	25.3
差额	-3.3	3.7	-17.6	2.7	122.4	124.8	323.1	-28.1	-76.4	64.7	-1.2	2.5
中水	3.3	—	12.7	—	—	—	—	12.7	—	—	1.2	—

续表

月份	1	2	3	4	5	6	7	8	9	10	11	12
引乾入石	—	—	4.9	—	—	—	—	8	—	—	—	—
水库放水	—	—	—	—	—	—	—	7.4	—	—	—	—
缺水	0.0	3.7	0.0	2.7	122.4	124.8	323.1	0.0	−76.4	64.7	0.0	2.5

表3　75%下临潼站2015年规划年生态用水量配置　　　　　　　　单位：m³/s

月份	1	2	3	4	5	6	7	8	9	10	11	12
河道来水	21.2	28.0	13.7	43.4	182	152	426	58	74	174	55.5	26.8
生态需水	25.3	25.3	31.8	42.3	66.9	32.4	119	87.9	153	115	58.8	25.3
差额	−4.1	2.7	−18.1	1.1	115.5	119.2	307	−30.3	−79.2	58.2	−3.3	1.5
中水	4.1	—	12.7	5.9	12.7	—	—	12.7	—	—	3.3	—
引乾入石	—	—	5.4	—	1.2	—	—	8	—	—	—	—
水库放水	—	—	—	—	—	—	—	9.6	—	—	—	—
缺水	0.0	2.7	0.0	7.0	129.4	119.2	307	0.0	−79.2	58.2	0.0	1.5

3　模型建立与应用

为了能保证各月合理有效地进行生态水配置，在以上分析计算的基础上建立了生态水配置模型，具体应用时可以采用模型图进行配置。当来水可以满足生态需水时，不需要考虑水资源进行生态水方面的配置。只有当来水不能满足生态需水时，才需要对区间可供水进行生态水上的配置，因此，生态需水量是进行配置的边界。而当来水量小于90%的特枯水季时，人类生存遇到威胁，需要优先保证生活和生产用水，此时生态用水可以不予考虑配置。因此，从上述分析可看出，来水不能满足生态用水并且需要考虑生态用水时，就要进行生态水的水资源配置。

对临潼水文站2008年与2015年的P=75%和P=90%时按照配置原则得出了各月的配置线。将配置线、生态需水线和允许破坏线结合起来，就可以查图来确定生态水的配置，见图2。以2008年临潼站11月来水量为57.6 m³/s的情况为例说明配置图2的使用。11月来水57.6 m³/s，该点位于生态需水量线和允许破坏线之间，说明来水不满足生态需水量，需要进行生态水的补水。以该点为起点，做平行于X轴的直线与11月的配置线交于一点，通过该交点做平行于Y轴的直线，与X轴出现交点，该交点的读数即为需要补充的水量。而配置线上的交点位于中水，因此，中水补偿为生态需水量。

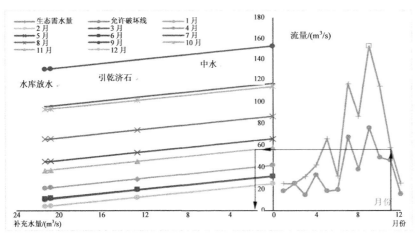

图2　2008年临潼站生态水配置图

4　结语

通过对于水资源配置的研究，建立了水资源配置模型，并遵循水资源配置原则绘制出水资源配置模型图，得出以下结论：

（1）简化了国内外水资源配置方式，并得出相应的生态水配置，尤其是得到具有独创性和简单直观的生态水配置图。

（2）水资源配置模型可以通过水资源配置图很好地应用起来。通过水资源配置图可以直观地表现出生态水量是否需要配置，以及生态水量需要配置时，配置水源的先后顺序和水量的多少，极大地精简了水资源配置，为水资源配置提供了有效、快捷的途径。

参考文献

[1]　Georgakakos A P, Marks, D H. A new method for the real-time operation of reservoir systems[J]. Water Resources Research, 1987.

[2]　Percia C, Oron G, Mehrez A. Optimal Operation of Regional System with Diverse Water Quality Sources[J]. Water Resources, 1997.

[3]　Dai Tewei, Labadie J W. River basin network model for integrated water quantity/quality management[J]. Journal of Water, 2001.

[4]　赵勇，裴源生，王建华. 水资源合理配置研究进展[J]. 水利水电科技进展，2009,29(3):78-84.

[5]　甘泓，李令跃，尹明万. 水资源合理配置浅析[J]. 中国水利，2000(4):20-23.

[6]　杨小柳，刘戈力，甘泓，等. 新疆经济发展与水资源合理配置及承载能力研究[M]. 郑州：黄河水利出版社，2003.

[7]　方创琳. 河西走廊绿洲生态系统的动态模拟研究[J]. 生态学报，1996,16(4):389-396.

[8]　尹明万，谢新民，王浩，等. 基于生活、生产和生态环境用水的水资源配置模型研究[J]. 水利水电科技进展，2004,24(2):5-8.

[9]　冯耀龙，韩文秀，王宏江，等. 面向可持续发展的区域水资源优化配置研究[J]. 系统工程理论与实践，2003(2):133-136.

[10]　王浩，秦大庸，王建华. 流域水资源规划的系统观与方法论[J]. 水利学报，2002,33(8):1-6.

P-III型水文基因的表达方法及其数值仿真实验*

谢平 [1,2]，赵江艳 [1]，吴子怡 [1]，桑燕芳 [3]

（1. 武汉大学水资源与水电工程科学国家重点实验室，武汉 430072；

2. 国家领土主权与海洋权益协同创新中心，武汉 430072；

3. 中国科学院地理科学与资源研究所，陆地水循环及地表过程重点实验室，北京 100101）

摘　要： 为了深刻认识变化环境下非一致性水文概率分布的遗传、变异与进化规律，本文借鉴生物基因概念来定义水文基因，提出水文基因的表达方法，并以 P-III型分布为例，设计数值仿真实验，对具有跳跃、趋势、周期、相依等不同变异成分的水文基因进行模拟，以验证该方法的合理性与可行性。实验结果表明该方法能直观地反映和定量表达非一致性水文概率分布的遗传、变异与进化过程，为稳定环境和变化环境下的水文频率计算问题提供了统一的研究平台。

关键词： 水文变异；水文基因；遗传理论；演变规律；水文学原理

长期以来，水文过程的演变规律及其驱动机制一直是水文学研究的重点科学问题。许多研究尝试从趋势性、周期性、随机性、模糊性、灰色性、混沌性等方面[1-4]出发，描述水文过程的演变规律。水文过程作为一种自然现象，兼有确定性变化特性和随机性变化特性，属于随机水文过程，虽然其影响要素和驱动机制复杂[5]、演变形式多样且存在很大的不确定性，但目前对其演变规律的描述却较为单一，只是从某个角度进行刻画和理解；此外，受制于时间尺度等因素，目前只局限于对已有现象的描述和总结，难以系统性揭示水文过程演变规律的实质。事实上，随机水文过程是从最简单的纯随机独立变化形态逐步发展到具有趋势、跳跃、周期、相依成分的复杂变化形态，体现了水文现象从原始自然形态向非自然形态不断演化的进程。因此，需要从新的视角对随机水文过程复杂多样的演变形式和规律进行统一认识。

从自然进化的角度来看，进化是对动态变化环境的一种适应过程[6]，既稳定保留一定的遗传特性，又存在为适应环境变化而发生的变异。对于随机水文过程而言，当影响水文要素的环境因素（气候、下垫面等）相对稳定时，水文过程可以近似看成是满足"一致性"要求的独立平稳过程，可认为水文序列符合纯随机模型的假设[7]。对于一致性水文序列的统计规律，可以用纯随机模型来描述，其概率分布函数不随时间而变，表明其统计特性或规律可以从过去传递到现在甚至未来，因而一致性纯随机水文序列可被认为具有稳定的遗传特性或规律。然而，当影响水文要素的环境因素发生显著变化时，受其影响，流域水循环和径流形成的物理条件不再满足"一致性"的要求，致使水文序列除了具有纯随机成分以外，还具有趋势、跳跃、周期、相依成分中的一种或多种成分，从而导致水文序列的概率分布函数型式或（和）分布参数发生了变异[8]，在过去、现在和未来不同环境下将随时间而变，这使得非一致性水文序列具有变异特性或规律，是一致性水文序列的遗传特性适应环境变化发生变异与进化的结果。因此，遗传和变异现象不仅存在于生物进化过程中，也存在于随机水文过

*基金项目：国家自然科学基金项目（91547205，91647110，51579181），湖南省水利科技项目（湘水科计[2015]13-21）。

第一作者简介：谢平（1963—），男，湖北松滋人，博士，教授，主要从事水文水资源研究。Email: pxie@whu.edu.cn

通信作者：桑燕芳（1983—），男，山西长治人，博士，副研究员，主要从事水文水资源研究。Email: sangyf@igsnrr.ac.cn

程中，成为水文进化的基本特征。

随机水文过程及其影响因素高度复杂，通常用概率分布函数或密度函数描述其统计规律。国内外水文界研究较多的概率或频率分布函数或曲线有：耿贝尔曲线、对数正态分布曲线、P-III型分布曲线及克-闵分布曲线[9]。我国 SL278—2002《水利水电工程水文计算规范》[10]规定，水文频率曲线线型采用 P-III型分布。该分布在数学上常称伽马分布，其曲线是一条一端有限，一端无限的不对称单峰、正偏曲线[11]。

基于上述思考，本文尝试在随机水文过程研究中引入生物学中的基因理论，借鉴生物基因概念来定义水文基因，提出水文基因的表达方法，并以 P-III型分布为例，从水文基因的角度设计数值仿真实验，分别对具有跳跃、趋势、周期、相依变异的非一致性水文频率分布进行模拟，以验证该方法的合理性与可操作性，为揭示随机水文过程复杂多变的演变规律提供新的研究思路。

1　水文基因的定义及其组成

生物基因理论的核心是遗传信息的传递。要研究水文要素的遗传变异过程，需要找到具有传递性的水文过程信息载体。由《统计水文学》可知，当水文序列的概率分布函数型式指定时，其统计规律完全取决于该函数的分布特征参数。考虑到不同的概率分布函数型式具有不同的分布特征参数，而所有的分布特征参数均可以用数字特征参数来表达，且这些数字特征参数均是水文序列各阶原点矩和中心矩的转换函数，因此本文定义水文基因是水文序列中具有遗传和变异特性的各阶原点矩和中心矩，是作为信息载体控制水文概率分布函数性状发生进化的基本遗传和变异单位。一阶原点矩 υ_1 和 k 阶中心矩 $\mu_k (k=2,3,4,\mathrm{L})$ 表示如下：

$$\upsilon_1 = \frac{1}{n}\sum_{i=1}^{n}x_i \tag{1}$$

$$\mu_k = \frac{1}{n}\sum_{i=1}^{n}(x_i-\bar{x})^k,(k=2,3,4,\mathrm{L}) \tag{2}$$

其中，(x_1,x_2,L,x_n) 是从总体 X 中抽取的容量为 n 的一个样本。

既然水文基因是水文序列的各阶原点矩和中心矩，那么其遗传成分和变异成分就构成了水文碱基。考虑到水文序列 X_t 一般由确定性成分（跳跃 J_t、趋势 T_t、周期 P_t）和随机性成分（相依 R_t、纯随机 S_t）叠加而成，因此，本文定义水文碱基为水文基因的 5 种组成成分，即跳跃(J)、趋势(T)、周期(P)、相依(R)、纯随机(S)成分，其中纯随机成分为遗传碱基，是水文基因中必然存在的核心碱基，其余成分为变异碱基，是水文基因中可能存在的普通碱基。原始的水文基因可以分解为 5 种水文碱基，而 5 种水文碱基则可以合成为进化后的水文基因。

2　水文基因的表达方法

水文基因概念的确立，解决了"水文基因是什么"的问题，那么"水文基因是如何起作用的"即水文基因的表达过程，则构成了水文基因的表达方法。与生物学类似，水文遗传与变异性状也需要通过水文基因的表达来体现，进而使得水文过程具有发展、进化的特性。

水文基因定义为水文序列的各阶原点矩和中心矩，在实际应用时需要根据水文概率分布函数的参数个数来确定原点矩和中心矩的具体阶数，从而确定水文基因的矩形式。目前在工程水文计算中，绝大多数概率分布函数的分布特征参数往往在 3~4 个之间，因此实际水文基因可以以 1~4 原点矩和中心矩形式，即：一阶原点矩 υ_1、二阶中心矩 μ_2、三阶中心矩 μ_3、四阶中心矩 μ_4。上述水文基因决定了水文数字特征参数（均值 $\bar{x}$，变差系数 C_v，偏态系数 C_s，峰度系数 C_e）和分布特征参数（$\theta_1,\theta_2,\theta_3,\theta_4$）的变化，进而决定了水文概率分布函数 $F(x,\theta_1,\theta_2,\theta_3,\theta_4)$ 的性状变化。

水文基因的遗传信息传递方式可以用图1来表示，其"复制""转录"和"翻译"过程"表达"了水文基因的遗传、变异与进化过程，即水文基因的遗传特性通过遗传碱基 S 的"复制"进行传递，通过变异碱基（J,T,P,R）与遗传碱基 S 的叠合合成得到含有变异特性的水文基因。进一步将水文基因

（v_1, μ_2, μ_3, μ_4）"转录"为水文数字特征参数（$\bar{x}, C_v, C_s, C_e$），再将水文数字特征参数（$\bar{x}, C_v, C_s, C_e$）"翻译"为分布特征参数（$\theta_1, \theta_2, \theta_3, \theta_4$），最终"表达"了水文概率分布函数 $F(x, \theta_1, \theta_2, \theta_3, \theta_4)$ 的"性状"随时间逐渐变化和发展，由一种状态进化到另一种状态。

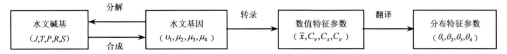

图 1　水文基因遗传、变异与进化原理框图

其中，水文基因转录指的是通过建立水文基因（v_1, μ_2, μ_3, μ_4）与水文数字特征参数（$\bar{x}, C_v, C_s, C_e$）之间的对应关系，将水文基因（v_1, μ_2, μ_3, μ_4）"转录"为水文数字特征参数（$\bar{x}, C_v, C_s, C_e$）的过程，见表 1。

表 1　水文基因转录表

数字特征参数	均值	均方差	变差系数	偏态系数	峰度系数
与水文基因的关系式	$\bar{x} = v_1$	$\sigma = \sqrt{\mu_2}$	$C_v = \dfrac{\sqrt{\mu_2}}{v_1}$	$C_s = \dfrac{\mu_3}{\mu_2^{3/2}}$	$C_e = \dfrac{\mu_4}{\mu_2^2} - 3$

水文基因翻译指的是将水文数字特征参数（$\bar{x}, C_v, C_s, C_e$）"翻译"为分布特征参数（$\theta_1, \theta_2, \theta_3, \theta_4$）的过程。具体的翻译规则取决于选取的概率分布函数型式，以我国水文界常用的 P-Ⅲ型分布为例，数字特征参数与分布特征参数的关系见表 2。

表 2　水文基因翻译表（以 P-Ⅲ型分布为例）

分布特征参数	形状参数	尺度参数	位置参数
与数字特征参数的关系式	$\alpha = 4/C_s^2$	$\beta = 2/(\bar{x} C_v C_s)$	$\gamma = \bar{x}(1 - 2C_v/C_s)$

同理，对于其他类型的分布，根据水文数字特征参数和水文分布特征参数之间的关系，也能实现水文基因的翻译过程，从而"表达"得到水文变量的概率分布函数或密度函数。需要说明的是分布函数与密度函数是微分与积分的关系，若水文变量的概率密度函数 $f(x)$ 已知，那么可通过积分求出分布函数 $F(x)$，即

$$F(x) = \int_x^{\infty} f(x)\mathrm{d}x \tag{3}$$

3　P-Ⅲ型水文基因的数值仿真实验

以 P-Ⅲ型分布为例，设计数值实验模拟水文基因的表达过程，以验证本文所提方法的合理性。根据水文序列的一般特性，约束相应的数值实验设计项，采用蒙特卡洛方法生成水文碱基（J, T, P, R, S），合成得到水文基因（v_1, μ_2, μ_3, μ_4），通过水文基因的转录、翻译，表达出水文序列的概率分布性状。下面以一阶原点矩发生变异为例，通过生成纯随机成分模拟水文基因的遗传特性，通过生成跳跃、趋势、周期、相依成分分别模拟水文基因的变异特性，通过纯随机成分与跳跃、趋势、周期、相依成分的叠加分别模拟水文基因的进化特性。

3.1　纯随机项生成

给定生成样本数 N、均值 $\bar{x}$、变差系数 C_v 和偏态系数 C_s，即可通过蒙特卡洛法生成服从指定分布的纯随机项 x_t，其主要振动幅度 $A = |quantile(x_t, 3/4) - quantile(x_t, 1/4)|$，其中 $quantile(x_t, 3/4)$ 和 $quantile(x_t, 1/4)$ 为纯随机项 x_t 的上下四分位数。实验生成符合 P-Ⅲ型分布的纯随机项，样本数为 500，纯随机项设计均值为 100，变差系数为 0.5，偏态系数为 1。生成的纯随机序列如图 2 所示。

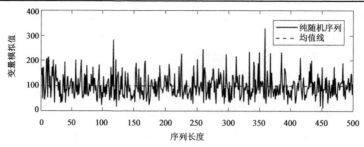

图 2　蒙特卡洛方法生成纯随机序列

3.2　跳跃变异模拟实验

模拟跳跃变异序列需同时考虑跳跃点位置和跳跃值大小。具体实验步骤如下：

（1）根据第 3.1 节生成纯随机项 x_t，设置跳跃点位于序列 x_t 的中点，跳跃值 $a_t(t>N/2)$ 等于纯随机项 x_t 的主要振动幅度 $A=|quantile(x_t,3/4)-quantile(x_t,1/4)|$，即可得到由遗传碱基 S 和变异碱基 J（跳跃）组成的新序列 $x_t'=x_t+a_t$，如图 3 所示。

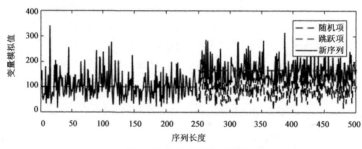

图 3　生成序列的跳跃变异图

（2）由水文基因的组成知，对任意序列点 t_0 对应环境条件下的一致性序列均有：$x_{t,t_0}'=a_0+x_t=a_0+(x_t'-a_t)$，其中 a_0 为任意序列点 t_0 对应环境条件下的变异碱基 J。

（3）根据水文基因的定义，分别确定跳跃前、跳跃后不同环境条件下的水文基因，见表 3。

表 3　不同环境条件下的水文基因

环境条件	水文基因			
	υ_1	μ_2	μ_3	μ_4
$t\leqslant N/2$	100.89	2404.77	107936.40	24173205.86
$t>N/2$	165.88	2404.77	107936.40	24173205.86

（4）根据第 2 节所述水文基因的转录规则，对跳跃前后的水文基因进行转录，得到跳跃前后水文数字特征参数的矩估计，见表 4，其中跳跃前纯随机项的均值、变差系数、偏态系数与设计值之间的差异为抽样误差所致，以下类似问题不再赘述。

表 4　不同环境条件下水文数字特征参数矩估计

环境条件	水文数字特征参数			
	$\bar{x}$	C_v	C_s	C_e
$t\leqslant N/2$	100.89	0.49	0.92	1.18
$t>N/2$	165.88	0.30	0.92	1.18

（5）根据第 2 节所述水文基因的翻译规则，对跳跃前后的水文数字特征参数进行翻译，得到跳跃前后分布特征参数的矩估计，见表 5；则跳跃前后的概率密度函数为

$$f(x)=\begin{cases}\dfrac{0.04^{4.77}}{\Gamma(4.77)}(x+6.27)^{3.77}\,\mathrm{e}^{-0.04(x+6.27)}, & t\leqslant N/2 \\[3mm] \dfrac{0.04^{4.77}}{\Gamma(4.77)}(x-58.72)^{3.77}\,\mathrm{e}^{-0.04(x-58.72)}, & t\leqslant N/2\end{cases} \tag{4}$$

可以看出：序列跳跃前后对应着过去和现状两种环境条件，只有位置参数发生了变化，而形状参数与尺度参数均未发生变化，这是由于本实验只假设一阶原点矩发生变异，而其余矩未发生变异的缘故，以下类似问题不再赘述。其概率密度曲线如图 4（a）所示，分布曲线如图 4（b）所示。

表 5 不同环境条件下分布特征参数矩估计

环境条件	分布特征参数		
	α	β	γ
$t\leqslant N/2$	4.77	0.04	-6.27
$t>N/2$	4.77	0.04	

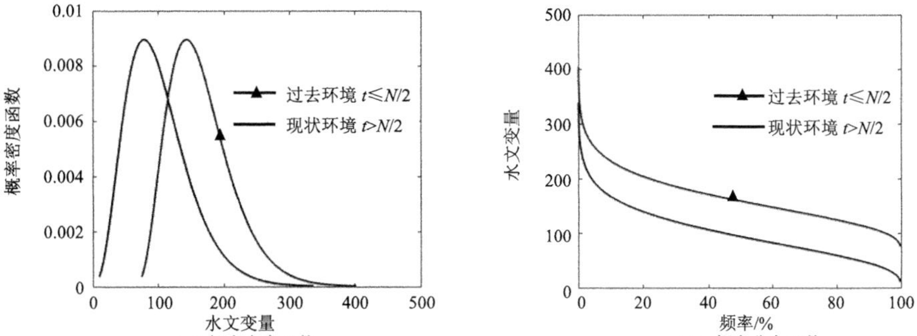

图 4 含有跳跃变异基因的"翻译"结果

由本组模拟实验可以看出，跳跃变异成分作为水文碱基的一种，与纯随机碱基合成水文基因，该基因携带水文序列的纯随机遗传信息与跳跃变异信息，转录得到该跳跃变异水文序列的数字特征参数，再翻译为分布特征参数，即可给出含有跳跃变异的水文基因表达式，体现了一个完整的水文基因进化过程，这也说明了本文所提方法的合理性与可行性。同理，设计趋势变异、周期变异与相依变异进行模拟实验，简述如下。

3.3 趋势变异模拟实验

模拟趋势变异序列需要考虑趋势项 $a+bt$ 中的常数 a、b 的大小。由于 a 不影响趋势性，所以可令 $a=0$；只考虑趋势项的变化程度 $[a+bN-(a+b)]/2\approx bN/2$，即最大值与最小值之差的一半。本次实验设定趋势项的变化程度为 A，那么 $b=2A/N$，由遗传碱基 S 和趋势变异碱基 T 组成的新序列 $x'_t=x_t+(2A/N)t$，如图 5 所示。当水文序列存在趋势变异时，每一个序列点 t 对应的环境都不相同，本次实验 t 取0、N、$N+N/2$ 分别代表过去、现状和未来三种环境条件，对应的水文基因见表 6。与跳跃变异模拟实验类似，水文基因经过转录和翻译后（结果从略），最终得到水文概率密度函数：

$$f(x)=\begin{cases}\dfrac{0.04^{4.77}}{\Gamma(4.77)}(x+6.27)^{3.77}\,\mathrm{e}^{-0.04(x+6.27)}, & t=0 \\[3mm] \dfrac{0.04^{4.77}}{\Gamma(4.77)}(x-123.72)^{3.77}\,\mathrm{e}^{-0.04(x-123.72)}, & t=N \\[3mm] \dfrac{0.04^{4.77}}{\Gamma(4.77)}(x-188.71)^{3.77}\,\mathrm{e}^{-0.04(x-188.71)}, & t=N+N/2\end{cases} \tag{5}$$

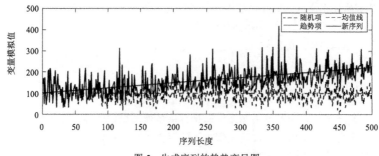

图 5　生成序列的趋势变异图

表 6　不同环境条件下的水文基因

环境条件	水文基因			
	υ_1	μ_2	μ_3	μ_4
$t = 0$	100.89	2404.77	107936.40	24173205.86
$t = N$	230.87	2404.77	107936.40	24173205.86
$t = N + N/2$	295.86	2404.77	107936.40	24173205.86

可以看出过去、现状和未来三种环境条件下只有位置参数发生了变化，而形状参数与尺度参数均未发生变化，对应的概率密度曲线与分布曲线如图 6 所示。

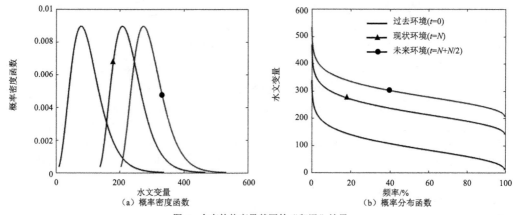

（a）概率密度函数　　　　　　　　　　　（b）概率分布函数

图 6　含有趋势变异基因的"翻译"结果

3.4　周期变异模拟实验

模拟周期变异需要考虑周期项 $y = a\sin(bt)$ 中的常数 a、b 的大小。根据水文序列的一般特性可固定 $b = 1/10$，周期项振幅 a 与随机项主要振动幅度 A 应具有可比性，本次实验设定周期项振幅为 A，并设定 5 种不同的环境条件 $y = 0, A/2, A, -A/2, -A$，对应的 $t = n\pi/b$，$\left(\dfrac{\pi}{6} + 2n\pi\right)/b$，$\left(\dfrac{\pi}{2} + 2n\pi\right)/b$，$\left(\dfrac{7\pi}{6} + 2n\pi\right)/b$，$\left(\dfrac{3\pi}{2} + 2n\pi\right)/b$，$n = 0,1,2,\mathrm{L}$。由遗传碱基 S 和周期变异碱基 P 组成的新序列 $x'_t = x_t + a\sin(bt)$，如图 7 所示，不同环境条件下的水文基因见表 7。与跳跃变异模拟实验类似，水文基因经过转录和翻译后（结果从略），最终得到水文概率密度函数：

$$f(x) = \begin{cases} \dfrac{0.04^{4.77}}{\Gamma(4.77)}(x+6.27)^{3.77}\,\mathrm{e}^{-0.04(x+6.27)}, & t = n\pi/b \\[2mm] \dfrac{0.04^{4.77}}{\Gamma(4.77)}(x-26.23)^{3.77}\,\mathrm{e}^{-0.04(x-26.23)}, & t = \left(\dfrac{\pi}{6}+2n\pi\right)/b \\[2mm] \dfrac{0.04^{4.77}}{\Gamma(4.77)}(x-58.72)^{3.77}\,\mathrm{e}^{-0.04(x-58.72)}, & t = \left(\dfrac{\pi}{2}+2n\pi\right)/b \\[2mm] \dfrac{0.04^{4.77}}{\Gamma(4.77)}(x+38.76)^{3.77}\,\mathrm{e}^{-0.04(x+38.76)}, & t = \left(\dfrac{7\pi}{6}+2n\pi\right)/b \\[2mm] \dfrac{0.04^{4.77}}{\Gamma(4.77)}(x+71.26)^{3.77}\,\mathrm{e}^{-0.04(x+71.26)}, & t = \left(\dfrac{3\pi}{2}+2n\pi\right)/b \end{cases} \tag{6}$$

可以看出，不同环境条件下只有位置参数发生了变化，而形状参数与尺度参数均未发生变化，对应的概率密度曲线与分布曲线如图8所示。

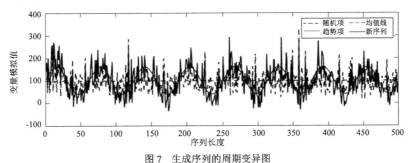

图 7　生成序列的周期变异图

表 7　不同环境条件下的水文基因

环境条件	水文基因			
	υ_1	μ_2	μ_3	μ_4
$t = n\pi/b$	100.89	2404.77	107936.40	24173205.86
$t = (\dfrac{\pi}{6}+2n\pi)/b$	133.38	2404.77	107936.40	24173205.86
$t = (\dfrac{\pi}{2}+2n\pi)/b$	165.88	2404.77	107936.40	24173205.86
$t = (\dfrac{7\pi}{6}+2n\pi)/b$	68.39	2404.77	107936.40	24173205.86
$t = (\dfrac{3\pi}{2}+2n\pi)/b$	35.90	2404.77	107936.40	24173205.86

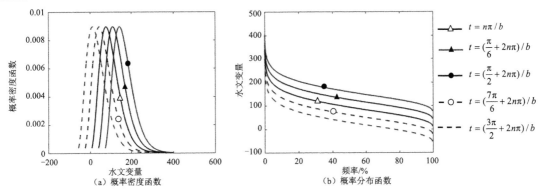

图 8　含有周期变异基因的"翻译"结果

3.5　相依变异模拟实验

模拟相依变异序列主要考虑相依项 $y_{t+1} = \varphi(x_t' - \bar{x})$ 中的自回归系数 $\varphi(|\varphi|<1)$ 的大小。由于 x_t 服从 P-III型分布，φ、$\bar{x}$ 均为常数，故相依项也服从 P-III型分布。本次实验设定自回归系数 $\varphi = 0$，± 0.1，± 0.9（$\varphi = 0$ 时，相依项为 0，即序列中不存在相依变异成分）5 种情况，发现当 $\varphi = \pm 0.1$ 时，相依变异不显著；当 $\varphi = \pm 0.9$ 时，相依变异显著。因此，以 $\varphi = 0.9$ 为例，说明其实验结果。

由遗传碱基 S 和相依变异碱基 R 组成的新序列 $x_{t+1}' = x_t + \varphi(x_t' - \bar{x})$，如图 9 所示，当水文序列存在相依变异时，每一个序列点 t 对应的环境都不相同，为了说明相依成分对水文序列的影响，取连续丰水年组（$t = 105,106,107,108,109,110$）、连续枯水年组（$t = 295,296,297,298,299,300$），对应的水文基因见表 8。水文基因经过转录和翻译后（结果从略），丰水年组与枯水年组对应的概率密度曲线分别如图 10（a）所示，可以看出丰水年组的概率密度曲线集中分布在纯随机序列的概率密度曲线的右边，枯水年组的概率密度曲线集中分布在纯随机序列的概率密度曲线的左边，说明相依变异序列存在连续丰水年或连续枯水年的现象，体现了时间尺度上的相互关系和影响。其分布曲线如图 10（b）所示。

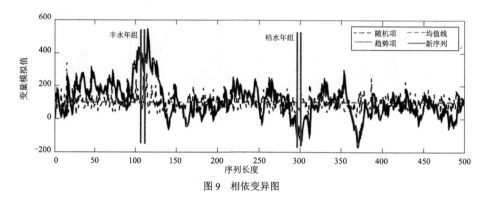

图 9　相依变异图

表 8　不同环境条件下的水文基因

序列		水文基因			
		υ_1	μ_2	μ_3	μ_4
纯随机序列		100.89	2404.77	107936.40	24173205.86
连续丰水年组	$t = 105$	526.39	2404.77	107936.40	24173205.86
连续丰水年组	$t = 106$	483.75	2404.77	107936.40	24173205.86
	$t = 107$	465.24	2404.77	107936.40	24173205.86
	$t = 108$	501.12	2404.77	107936.40	24173205.86
	$t = 109$	428.36	2404.77	107936.40	24173205.86
	$t = 110$	385.38	2404.77	107936.40	24173205.86
连续枯水年组	$t = 295$	70.09	2404.77	107936.40	24173205.86
	$t = 296$	21.39	2404.77	107936.40	24173205.86
	$t = 297$	-11.62	2404.77	107936.40	24173205.86
	$t = 298$	45.09	2404.77	107936.40	24173205.86
	$t = 299$	3.04	2404.77	107936.40	24173205.86
	$t = 300$	-15.21	2404.77	107936.40	24173205.86

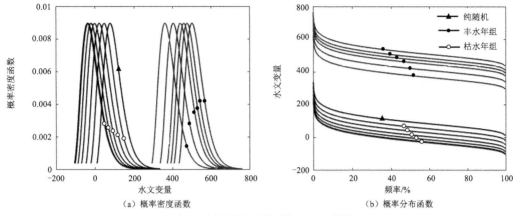

图10 含有相依变异基因的"翻译"结果

4 结语

本文提出的水文基因的表达方法，不仅可以描述统计水文学和随机水文学中水文序列的"遗传"特性，还可以描述变化环境影响下的水文"变异"与"进化"特性，从而为稳定环境和变化环境下的水文计算问题提供了统一的研究平台。借鉴生物基因概念，定义水文基因为水文序列中具有遗传和变异特性的各阶原点矩和中心矩，确定 5 种水文碱基为水文基因的组成成分，即跳跃、趋势、周期、相依、纯随机成分，并给出了非一致性水文概率分布的水文基因表达方法。以 P-Ⅲ型分布为例，利用数值仿真实验模拟了水文碱基的合成以及水文基因的转录和翻译过程，从基因的角度描述了跳跃、趋势、周期、相依等变异成分对水文概率分布函数和密度函数的影响，结果表明：

（1）纯随机成分为遗传碱基，是水文基因中必然存在的核心碱基；跳跃、趋势、周期、相依成分为变异碱基，是水文基因中可能存在的普通碱基（图3、图5、图7、图9）。水文基因的遗传特性通过遗传碱基的"复制"进行传递，通过变异碱基与遗传碱基的叠加合成得到含有变异特性的水文基因，进一步将水文基因"转录"为水文数字特征参数，再将水文数字特征参数"翻译"为分布特征参数，最终"表达"了水文概率分布函数的"性状"随时间逐渐变化和发展，由一种状态进化到另一种状态，揭示了变化环境下水文概率分布的演变规律。

（2）数值仿真实验验证了水文变异本质上是由跳跃、趋势、周期、相依等变异碱基引起的，它们使得水文基因发生变异，从而引起"性状"的变化，即水文概率分布函数和密度函数发生变化（图4、图6、图8、图10）。将不同变异碱基与遗传碱基进行叠加，其翻译结果揭示了水文遗传、变异及进化规律。如果考虑两种及两种以上变异碱基的组合，同样运用水文基因原理，其表达结果可直观地反映出较为复杂的水文演化过程。本文只考虑了一阶矩基因的变异，至于其他矩基因的变异也可以采取类似的数值实验进行模拟。

此外，本文所提水文基因的表达方法，既可从现有水文资料着手，分析水文序列概率分布的演变规律，又可通过改变水文基因的组成，反馈气候变化或人类活动对水文要素的影响，关于这些实例应用有待进一步研究。

参考文献

[1] 陈守煜. 模糊水文学[J]. 大连理工大学学报, 1988(3):93-97.

[2] 冯国章, 李佩成. 论水文系统混沌特征的研究方向[J]. 西北农业大学学报, 1997(4):97-101.

[3] 谢平. 变化环境下地表水资源评价方法[M]. 北京：科学出版社, 2009.

[4] 梁忠民，胡义明，王军. 非一致性水文频率分析的研究进展[J]. 水科学进展，2011,22(6):864-871.

[5] Liu Z, Lu X, Sun Y, et al. Hydrological Evolution of Wetland in Naoli River Basin and its Driving Mechanism[J]. Water Resources Management, 2012,26(6):1455-1475.

[6] 左劼. 基因表达式编程核心技术研究[D]. 成都：四川大学，2004.

[7] 刘光文. 水文分析与计算[M]. 北京：水利电力出版社，1989.

[8] 谢平，许斌，树安章，等. 变化环境下区域水资源变异问题研究[M]. 北京：科学出版社，2012.

[9] 黄振平，王春霞，马军建. P-III 型分布的适应性与水文设计值的误差分析[J]. 水文，2002,22(5):21-24.

[10] 水利电力部水利水电规划设计院. SL278—2002 水利水电工程水文计算规范[S]. 北京：中国水利水电出版社，2002.

[11] 魏永霞，王丽学. 工程水文学[M]. 北京：中国水利水电出版社，2005.

[12] 王文圣，金菊良，丁晶. 随机水文学[M]. 3 版. 北京：中国水利水电出版社，2016.

北京市快速城市化对小时尺度降水时空特征影响及成因*

朱秀迪 [1,2,3]，张强 [1,2,3]，孙鹏 [4]

（1. 北京师范大学，环境演变与自然灾害教育部重点实验室，北京 100875；

2. 北京师范大学，地理科学学部，减灾与应急管理研究院，北京 100875；

3. 北京师范大学，地表过程与资源生态国家重点实验室，北京 100875；

4. 安徽师范大学，国土资源与旅游学院，合肥 241002）

摘　要：本文基于北京全区 2011—2015 年 20 个自动气象站逐小时降水资料，利用 Circular 分析等多种方法，在揭示北京市降水总体特征基础上，进一步研究了北京日、场次降水精细化时空特征。研究发现：次暴雨平均降水量、次降雨持续时间及小时降水强度高值中心主要位于北京市区，与郊区极端降水过程相比，城区极端降水过程有长历时、大雨量的特点，城市雨岛效应可能是上述降水指标高值中心的原因之一。北京全区降水日分布不均，不同区域降水类型分布有较大差异，左侧以正午型为主，右侧以下午型为主；场次暴雨峰值出现时间主要集中在每日 14:00—18:00，且城区暴雨峰值发生时间较郊区、山区暴雨峰值发生时间推迟。

关键词：城市化；降水过程；时空分布；极端降水；雨型

1　引言

过去几十年，人类社会经历了快速城市化进程，并且这一趋势仍将持续。伴随城市化进程，2008 年全球城市人口首次超越总人口的一半；到 2050 年，全球城市人口预计将激增至 63 亿人，占全球总人口约 70%[1-3]，预示着城市化在自然环境中扮演着越来越重要的角色。中国作为全球人口最多的国家，其城镇人口数量在 2015 年即已超过全国人口的一半，高达 56.1%。北京作为中国的首都，目前已成为全球非常重要的国际化大都市，其城市化对区域生态环境、水循环以及区域气候变化的影响不容小觑。而其城市化过程所导致的城乡空间异质性、城市热岛效应、城市冠层、城市气溶胶等均驱动着小尺度局地气候发生显著改变[4]，这些变化对洪水和其引发的次生灾害有一定加剧作用，因而对人们生命、财产、环境、生态等造成了巨大潜在威胁[5-6]。

城市化对区域水循环时空特征影响愈益引起人们的广泛关注，而城市化对区域降水的影响又是其中的研究热点。目前关于城市化对降水的影响主要通过观测数据及数值模拟等两个方面开展研究。观测数据主要有站点观测、遥感降水产品、雷达数据等[7]，数值模拟方面主要采用 WRF、MM5 等中尺度气象模式进行研究[8-10]。已有从城市化对城区总降水量[11]、季节降水量[8, 12]、降水频率[13]、极端降水发生时间[14-15]等的影响开展了系统研究，从不同角度揭示了城市化对不同时空尺度降水的影响，但由于受数据限制，已有研究多针对日尺度及以上降水过程进行分析，而针对小时尺度降水过程研究较少。此外，已有研究

*基金项目：国家自然基金项目（41771536），国家杰出青年科学基金项目（51425903）与国家基金委创新群体项目（41621061）联合资助成果。

第一作者简介：朱秀迪（1992—），女，湖北十堰人，博士研究生，主要从事城市水文学研究。Email: lorrainedi@foxmail.com

通讯作者：张强（1974—），博士，教授，博士生导师，主要从事水循环与水文水资源演变、灾害信息化及气象水文极值过程理论研究。Email: zhangq68@bnu.edu.cn。

多关注于城市化对暴雨量级和频率的影响，但对于暴雨持续时间及暴雨峰值发生时间等涉及甚少，而这两个指标对于洪涝灾害预警、城市内涝应对与管理及水资源精准调配等皆具重要理论与现实意义。基于此，本研究以北京市为例，利用 2011—2015 年北京市 20 个国家级标准气象站小时降水量，计算小时尺度不同量级降水指标，对北京市降水时空特征开展精细化研究，并探讨城市化对降水过程影响机理，为气候变化背景下城市内涝治理及灾害风险应对提供重要理论依据。

2　数据与研究区概况

2.1　数据来源

研究选用北京 20 个国家级地面气象观测站站点的 2011—2015 年全年小时气象观测数据，包括降水量、气温、相对湿度、风向、气压等气象指标。所有站点观测数据来自国家气象中心。所有数据均经严格质控，对少量的缺测数据进行填补[16]。

2.2　研究区概况

北京位于华北平原北部，雁山以南，总面积约为 $1.6×10^6 km^2$。北京属半湿润半干旱大陆性季风气候，年均气温 11～12℃，年均降水量约 600mm[17]。在过去 40 年里，北京作为全球知名的国际大都市，经历了快速城市扩张。1973—2012 年，建成区从 $184km^2$ 增加到了 1350 km^2，城市人口接近 2000 万人[8]。考虑到降水结构的空间异质性，借鉴 Wang 等[18]提出的经验区域类型划分方法，结合北京地形特征及城市发展状况，采用 Song[1]提出的区域类型划分方法，即将北京划分为以下 6 个子研究区：城区（UA）、南部近郊区（ISAS）、北部近郊区（ISAN）、北部远郊区（OSA）、西北山区（NWMA）和西南山区（SWMA）。本次研究的站点数共 20 个。城区 6 个站点：海淀 Haidian（HD）、朝阳 Chaoyang（CY）、通州 Tongzhou（TZ）、丰台 Fengtai（FT）、石景山 Shijingshan（SJS）、门头沟 Mentougou（MTG）；南部近郊区 3 个站点：大兴 Daxing（DX）、北京 Beijing（BJ）、房山 Fangshan（FS）；北部近郊区 2 个：昌平 Changping（CP）顺义 Shunyi（SY）。

3　研究方法

3.1　降水指标

本文定义了四个降水指标，即年总降水量 ATP（Annual Total Precipitation Amount）、年总降水小时数 ATH（Annual Total Rainy Hours）、年均降水强度 API（Annual Mean Precipitation Intensity）与年均降水小时数 AMH（Annual Mean Rainy Hours），从降水历时及其贡献率角度精细刻画北京降水总体特征。本文以小时为时间单位定义降水小时，即 1h 累积降水量 $p ≥ 0.1mm$ 的降水时间，称为降水小时（不足 1h 的按 1h 计）。若降水时间间隔中断 1h 及以上，则认定为两次降水过程。根据上述定义，从各站小时降水序列中分析整理出各次降水过程。将一次降水过程从开始至结束的小时数定义为降水历时，此段时间内的降水量之和定义为一次降水过程的降水量。对降水历时而言，本文将其分成以下 4 类，即 1～3h、4～6h、7～12h、12h 以上，分别代表超短历时、短历时、中历时、长历时。为综合评价上述两个方面的变化，定义降水发生率为各种降水指标在某一分类情况下发生的次数占总次数的比值，而降水贡献率则表示某一分类情况下的降水量占总降水量的比值。

由于在降水事件中，暴雨和极端降水对人类的生活影响最大。针对降水等级划分，参考气象部门的日降水量等级划分以及 Yang 等[8]对北京降雨等级划分，结合北京地区降水特征，选取全北京次降水达到 50 mm 以上的降水定义为暴雨。采用 CDD、CWD、R10、R20、R95p 等极端降水指标来刻画北京市极端降水特征（表 1）。

表 1　本文选用的极端降水指标定义

指标简称	指标全称	定义	单位
CDD	持续干燥指数	连续日降水小于 1mm 最长日数	d
CWD	持续湿润指数	连续日降水大于等于 1mm 最长日数	d
PRCPTOT	年湿润日总降水量	日降水大于 1mm 的全年总降水量	mm
R10	强降水日数	日降水大于 10mm 的总降水天数	d
R20	极强降水日数	日降水大于 20mm 的总降水天数	d
R95p	强降水总降水量	超过 95% 百分位的降水日总降水量	mm

3.2　暴雨雨型划分

将 w 次大于 50mm 的场次降水提取出来,采用模糊聚类方法[19]将每次降水降雨过程等分为 n 个时段,根据每段时间内雨量占总雨量的比例建立该场降雨过程的模式矩阵 X。第 t 次降水的总降水量记为 p_{ts},此次降雨的第 i 个时段的降水量记为 p_{ti},占该次总降水量的比例表示为 x_{ti},总降水过程表示为 X_t,计算如下:

$$x_{ti} = \frac{p_{ti}}{p_{ts}} \quad (t=1,2,\mathrm{L},w; i=1,2,\mathrm{L},n) \tag{1}$$

$$X_t = (x_{t1}, x_{t2}, \mathrm{L}, x_{tn})(t=1,2,\mathrm{L},n) \tag{2}$$

后通过 K-means 聚类分析法[20]将模糊矩阵划分为 k 个类别,同时也得到这 k 个类别的模糊矩阵,简记为:

$$V_k = (y_{k1}, y_{k2}, \cdots, y_{kn}) \tag{3}$$

计算每场降水与 k 种模糊矩阵的贴近度 σ_j,选择最小贴近度所对应的模糊矩阵作为该场降水近似雨型分布,其中贴近度的公式如下:

$$\sigma_j = 1 - \frac{1}{m} \sum_{i=1}^{n} (y_{ji} - x_i)^2 \quad (j=1,2,\cdots,k) \tag{4}$$

3.3　圆形统计法

对日降水的研究往往主要关注平均日峰值[8, 21],降水的发生、结束时间[22],而较少涉及一场降雨中降水峰值的发生时间。而降水峰值往往意味着大的雨强,对城区的社会经济、交通、人身安全等方面均可能造成威胁。此外,已有研究多采用均值,众数统计等常规方法来估计,且主要以平均值作为指标,多未经严格的统计学检验。Dhakal 等[23]提出了一种圆形统计方法,将特定事件发生时间(月、日、时、分)定义为以原点为中心的单位圆圆周上的极坐标。该方法有助于研究降水峰值发生时间是否集中于某一时刻或时段的倾向。

圆形统计法中,第 i 次暴雨降水峰值发生时刻所对应的角位置为 $D=0$,代表场次暴雨峰值发生在 00:00—01:00,$D=23$ 代表场次暴雨峰值发生在 23:00—00:00。圆形统计法计算每一次暴雨事件峰值发生时间为

$$\theta_i = D_i \left(\frac{2\pi}{24} \right) \tag{5}$$

某区域暴雨事件样本量为 n,第 i 次暴雨平均发生时刻的 x 和 y 坐标计算如下:

$$\begin{cases} \bar{x} = \dfrac{\sum_{i=1}^{n} \cos(\theta_1)}{n} \\ \bar{y} = \dfrac{\sum_{i=1}^{n} \sin(\theta_1)}{n} \end{cases} \tag{6}$$

$\bar{x}$ 和 $\bar{y}$ 分别表示某区域所有暴雨事件发生时间的平均坐标,其所对应的方向代表着 n 次暴雨事件平均发生时间,即

$$\bar{\theta} = \tan^{-1}\left(\frac{\bar{y}}{\bar{x}}\right) \qquad (7)$$

对于样品容量为 n 的暴雨事件集合，其平均合向量长度通过下式计算：

$$\rho = \frac{\sqrt{(\bar{x}^2 + \bar{y}^2)}}{n} \qquad (8)$$

ρ 无量纲，且 $0 < \rho < 1$，ρ 值接近 0 表示暴雨峰值发生时间较分散，无明显集聚性；ρ 值接近 1 表示暴雨峰值发生时间集中于某一时间，即具明显时间上的集聚性。每一暴雨峰值发生均对应圆上的一个点和一个方向。暴雨峰值发生率采用非参数方法进行分析检验，选择平滑核方法估计其密度：

圆的标准差 csd（circular standard deviation）则由以下公式进行计算：

$$csd = \sqrt{-2 In\rho} \qquad (9)$$

参数 $\bar{\theta}$、ρ 和 csd 都能粗略反应每个站点暴雨峰值发生时间的变异性。研究结果采用 Watson、Kuiper、Rayleigh、Rao Spacing 四种方法进行显著性检验[24]。

4 结果

4.1 各降水指标总体特征

北京市多年平均降水量（ATP）为 565.57mm，最高值出现在 UA（HD），位于北京的中部地区。最小值出现在 SWMA(ZT)。年均总降水小时数（ATH）为 336.36h，最高值出现在 NWMA(FYD)，最小值出现在 UA(TZ)。年平均降水强度（API）为 1.72mm/h，最高值出现在 OSA(MY)，最小值出现在 SWMA(ZT)。年平均降水小时数（AMH）为 SWMA(ZT)，年平均次降水历时为 3.22h，最高值出现在 UA(SJS)，最小值出现在 NWMA(FYD)（表 2）。

表 2　北京市气象站基本资料及降水总体特征

区域	站名	高程/m	经度/(°E)	纬度/(°N)	ATP/mm	ATH/h	API/(mm/h)	AMH/h
NWMA	YQ	487.9	115.97	40.45	453.42	327.60	1.40	3.20
	FYD	1224.7	116.13	40.60	493.34	393.40	1.27	2.95
	THK	331.6	116.63	40.73	430.66	315.60	1.36	3.06
SWMA	ZT	440.3	115.68	39.97	406.12	333.20	1.25	3.09
	XYL	407.7	115.73	39.73	601.48	369.40	1.67	3.27
OSA	MY	71.8	116.87	40.38	633.26	318.60	2.03	3.15
	HR	75.7	116.63	40.37	628.40	350.20	1.84	3.07
	SDZ	293.3	117.12	40.65	513.34	336.60	1.55	3.04
	PG	32.1	117.12	40.17	618.72	325.80	1.95	3.19
ISAN	SY	28.6	116.62	40.13	590.12	323.80	1.85	3.14
	CP	76.2	116.22	40.22	539.48	317.40	1.71	3.29
ISAS	DX	37.6	116.35	39.72	561.24	327.00	1.79	3.32
	FS	39.2	116.13	39.68	558.58	329.00	1.73	3.38
ISAS	BJ	31.3	116.47	39.80	586.00	318.20	1.91	3.34
UA	TZ	43.3	116.63	39.92	587.80	314.40	1.98	3.33
	CY	35.3	116.50	39.95	637.14	347.60	1.87	3.22

续表

区域	站名	高程/m	经度/(°E)	纬度/(°N)	ATP/mm	ATH/h	API/(mm/h)	AMH/h
UA	MTG	92.7	116.12	39.92	575.72	327.60	1.74	3.32
	HD	45.8	116.28	39.98	657.08	349.00	1.94	3.39
	SJS	65.6	116.20	39.95	631.86	337.00	1.89	3.47
	FT	55.2	116.25	39.87	607.60	345.80	1.78	3.21

　　为进一步阐述北京城区与城郊、山区之间降水过程差异，本文定义了差异率（图1）。差异率定义为城区与 5 个非城区之间各降水指标的差值与该指标城区值的比率，正值代表城区高于非城区，负值代表城区低于非城区。由图 1 看出，城区（UA）的 ATP 高于山区（NWMA、SWMA）22.6%～27.37%，高于近郊区（ISAN、ISAS）9.49%～10.06%，高于远郊区（OSA）7.17%。在远郊区（OSA），由于密云水库有助于增加区域蒸发量，其位于盛行风下风向，可能是导致该区域降水量增加的主要原因，并减小了其总降水量与城市之间的差异，但仍旧小于人口密集的城区（图1）。另外，城区的 ATH 低于山区 0.47%～1.58%，高于近郊区 5.14%～5.58%，高于远郊区 1.86%。城区的 AMH 高于山区 6.41%～8.57%，高于近郊区 0.39%～5.48%，高于远郊区 7.67%。以上结果说明北京总降水小时数与次降水小时数的分布并非完全一致。城区总降水时数多于山区，也略高于郊区，但降水持续时间却高于山区及郊区。城区的 API 高于山区 23.88 %～27.93%，高于近郊区 4.75%～4.80%，高于远郊区 3.08%，以上表明城区的降水强度远高于山区，且由城区到郊区降水强度呈现逐渐递减的趋势。综上所述，城市化在一定程度上增加了降水总量、平均场次降水持续时间及降水强度。

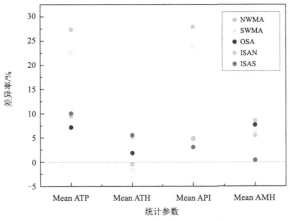

图 1　郊区、山区与城区之间的差异率

4.2　北京不同历时降水事件的发生频率及其对总降水量的贡献率

　　北京各历时降水事件发生频率随降水小时数的增加大致呈指数形式递减，其中连续一小时降水事件最常发生，约占总降水次数的 40.02%（图2），其次为连续 2h 降水事件，其发生频率为 20.98%，连续降水不超过 6h 的降水事件点总降水事件 88.13%，表明北京多短历时降水，连续降水超过 6h 的降水事件已较少发生，其发生频率为 11.87%，而降水历时大于 20h 的降水事件发生频率仅占总降水事件的 0.60%。不同降水历时降水对总降水量的贡献率呈双峰分布。其中连续 3h 降水事件其降水量对总降水量贡献最大，达到总降水量的 13.16%，其次为连续 2h 的降水事件，其对总降水量的贡献为 12.18%。1h 降水虽然发生率最高，但对总降水量的贡献则较小，仅为 4.36%。贡献率另一峰值出现在连续 17h 降水事件，其发生率虽然较少，仅为 0.28%，但其对总降水量的贡献却相较其他降水历时较长（如 12～20h）的降水事件对总降水量的贡献更大，占总贡献率的 3.62%。但是降水历时为 1h 及大于 20h 的降水事件对总降水量的贡献均小于 5%。

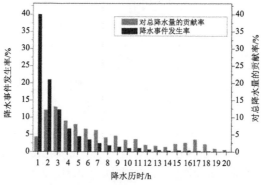

图 2　北京不同降雨历时降水事件发生率及其对总降水量的贡献率

由图 3 看出，北京 6 个分区不同降水历时降水事件发生率及其贡献率变化既有共性，也存在明显区域性差异。各分区不同降雨历时降水事件发生频率都大致呈指数递减，即降水主要以超短历时降水为主，长降水历时的降水事件（如连续降水 7h 及更长历时降水事件）发生率较低。

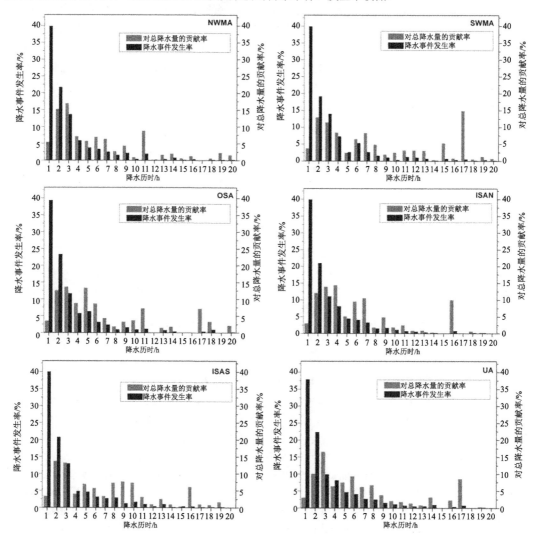

图 3　北京市各分区降雨历时发生率及贡献率统计图

对总降水量贡献率较大的降水事件主要是其降雨历时为 1～6h 的短历时降水。但对具体分区来讲，又有较为明显的区域性差异。在城区，对总降水量贡献率较高（大于 10%）的降水事件的降水历时为 3h，而在山区和郊区，对总降水量贡献率较高的降水事件，其降水历时多为 2～4h 中的 2～3 个时段，此外城区降水历时为 3h 的降水事件发生率相较于其他区域及均值都较小。上述结果表明短历时、高强度降水主要发生在城区，进一步表明城市化对与高强度短历时降水过程有一定联系，可认为城市化有加剧降水过程的水文效应，导致更多短历时高强度降水事件的发生，这也是城区城市内涝频发的关键因素。

由表 3 和图 4 可看出，总体上全北京市的超短历时的降水事件（1～3h）最常发生，约占总降水次数的 73.32%，其次为短历时降水事件（4~6h），其发生频率为 14.8%，长历时降水的发生概率非常低，仅占到全北京市总降水次数的 3.07%。各区域降水发生率分布与全市降水发生率分布较为相似，城区相较于城郊和山区短历时降水发生的频率都较小，中历时（4~6h）以上量级的降水频率的差异并没有十分显著，但是贡献率相差较大，其中城区的长历时的降水贡献率相较于临近郊区有明显的升高，且高于全北京市平均长历时降水贡献率约 3.0%。以上研究结果表明北京市各区域的降水结构整体虽较为相似，但城市化在一定程度上削弱了超短历时的降水发生频率，延长了降水历时。

表 3　北京市各降雨历时发生率及贡献率统计结果

	降雨历时 /h	1~3h	4~6h	7~12h	>12h
Beijing	贡献率/%	29.70	23.84	24.61	21.85
	发生率/%	73.32	14.80	8.81	3.07
UA	贡献率/%	29.67	23.27	22.23	24.83
	发生率/%	70.10	16.89	9.32	3.69
ISAN	贡献率/%	28.97	29.12	22.61	19.29
	发生率/%	71.90	16.67	9.11	2.33
ISAS	贡献率/%	30.23	16.67	29.78	23.32
	发生率/%	73.79	12.58	10.06	3.56
OSA	贡献率/%	29.68	30.65	20.41	19.26
	发生率/%	74.31	15.22	7.11	3.36
NWMA	贡献率/%	37.39	19.65	23.14	19.82
	发生率/%	75.20	12.89	8.79	3.13
SWMA	贡献率/%	28.11	17.34	23.94	30.60
	发生率/%	73.05	15.25	7.98	3.72

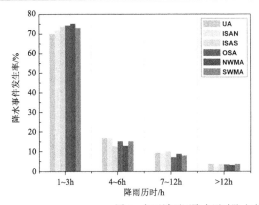
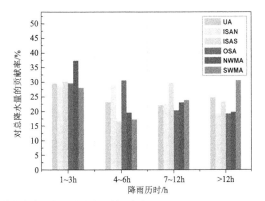

图 4　各区域不同降水历时降水事件发生率及其对总降水量的贡献率

4.2　暴雨事件时空特征

图 5 为北京暴雨事件不同特征时空分布。由图 5（a）看出，北京暴雨量分布大致规律是：城区>南郊区>北郊区>山区。城区平均场次暴雨量一般为 76～129mm，即城市中心及盛行风下风向的降水偏高。此外，主城区左右两侧的暴雨特征均有着较大差异，城中心左方暴雨事件的雨量相较于右方要高。城区暴雨频次要高于郊区和山区，城区暴雨发生频次为 10 次，而郊区和山区的暴雨发生频次分别为 8.7 次和 4.6 次，因此，城区暴雨发生频次是郊区和山区暴雨发生频次的 1.15 倍与 2.17 倍。山区降雨过程受地形影响较大，主要降水类型是地形雨，而城区和城郊为平原区，主要以对流雨及锋面雨为主。暴雨强度在城区显现出一定的干湿地带性，但城区暴雨强度相较于郊区暴雨强度有较为显著增大，打破了较为规律的干湿度地带性，进一步说明城市雨岛效应的存在，城市化对降水强度有较为明显的加剧作用。但山区暴雨特征呈现出较大的空间异质性，这可能是山区由于地势抬升，导致迎风坡易出现强降水，而背风坡几乎无降水，由于地形对降水过程的影响，导致山区降水过程较平原区出现更为显著的空间异质性。暴雨持续时间呈现出一定的空间分布规律，即由临近沿海的地区向深部内陆地区逐渐递增。

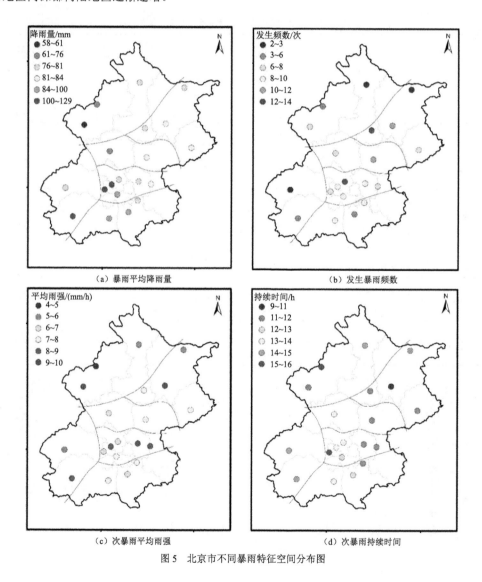

（a）暴雨平均降雨量　　　　　　　　　　（b）发生暴雨频数

（c）次暴雨平均雨强　　　　　　　　　　（d）次暴雨持续时间

图 5　北京市不同暴雨特征空间分布图

4.2.2 暴雨分型

Ⅰ型为午夜型，Ⅱ型为午后型，Ⅲ型为正午型，Ⅳ型为下午型。由各种雨型可以看出暴雨日日降水主要集中在 12:00—23:00。Ⅰ型和Ⅳ型的降水比较集中，分别主要集中在 16:00—23:00 及 12:00—19:00。Ⅱ型和Ⅲ型的降水较为分散，但降水也主要分别集中在 12:00—23:00 及 08:00—19:00 之间。由四种雨型的分布可以看出，北京的降水在 00:00—07:00 降水量极少。而在 12:00—23:00 时段，降水总量和概率都较大。山谷风和城市热岛环流复杂的交汇作用是北京市降水日降水变异的原因[25]。

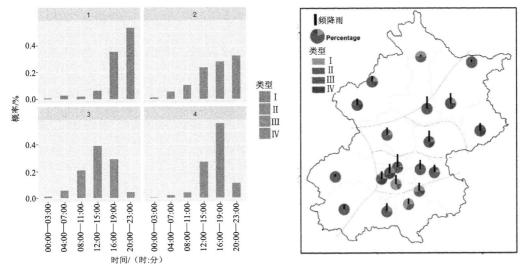

图6　4种雨型分布示意图及各雨型所占比例

由图7可知，总体上整个北京市城区（UA）与盛行风下风方向的郊区（ISAN、OSA）的暴雨发生次数相对较多。此外，整个北京市的雨型分配主要由Ⅱ型雨为主，占总雨型的 47.53%。Ⅰ型、Ⅲ型、Ⅳ型的降水各占总暴雨次数的 19.75%、20.99%、11.73%。相较于城区和城郊，山区总体及北部城郊的暴雨类型中Ⅱ型降水所占比例最大，在远郊区（OSA）的雨型以Ⅲ型降水为主，南部城郊以Ⅰ型降水为主。而城区的暴雨类型显示出主城区的左右两侧有较大的差异，左侧以Ⅲ型为主、右侧以Ⅳ型为主。

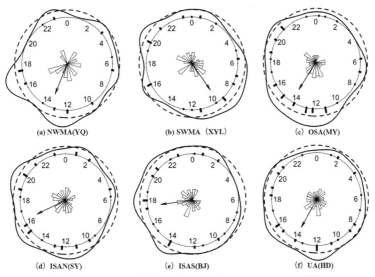

图7　圆形统计法分析6个区域代表站点的暴雨峰值日分布特征

4.2.3 暴强峰值发生时间

暴强峰值的出现时间主要集聚在 14:00—18:00，这可能是由于太阳辐射存在日周期变化，通常在午后太阳辐射的强度通常达到峰值，致使对流层下部的大气变得不稳定，故在下午容易出现湿对流，从而诱发强降水的发生。2011—2015 年次暴雨峰值的日分布规律及其统计分析见表 4。

$\bar{\theta}$ 的变化范围为 2.44～4.84，最小值出现在 HR(OSA)，最大值出现在 DX（ISAS），6 个区域的 $\bar{\theta}$ 的大小顺序为：ISAS>ISAN>UA>OSA>SWMA>NWMA。总体规律呈现为郊区>城区>山区。以上结果表明 ρ 的变化范围为 0.05～0.48，最小值出现在 FYD（MWMA），最大值出现在 HR(OSA)。

6 个区域的 ρ 的大小顺序为：OSA>ISAS>UA>ISAN>NWMA>SWMA。6 个区域的 ρ 的大小顺序为：OSA>ISAS>UA>ISAN>NWMA>SWMA。这可能是由于 OSA 区除了受密云水库，降水事件较为稳定。平原区从南向北 ρ 值逐渐变小。山区的 ρ 最小，说明山区的暴雨峰值发生时间最不稳定。山区的降水受到山谷风的影响，气流受波动影响较大，故发生时间较为不稳定。

csd 的变化范围介于 0.86～1.72 之间，最小值出现在 HR（OSA），最大值出现在 FYD（MWMA）。由于 csd 与 ρ 呈显著负相关（$cor=-0.99$，$P<0.01$），其变化趋势与 ρ 正好相反。以上结果表明，降水峰值发生时间有着较为显著的区域性。城市化在某种程度上形成了由于局部动力及大气热力条件相互耦合成的较为稳定的城市热岛环流持续影响着城市降水的发生[8]。

表 4　2011—2015 年次暴雨峰值的日分布规律及其统计分析

区域	站名	Circular Statistics				Uniformity tests			
		$\bar{\theta}$	hour of day	ρ	csd	watson	Kuiper	Rayleigh	Rao Spacing
NWMA	YQ	3.4	13	0.28	1.13	0.12	1.69*	0.28	185.46**
	FYD	3.14	12	0.05	1.72	0.03	0.94	0.05	136.55
	THK	2.44	9.3	0.25	1.17	0.1	1.49	0.25	105
SWMA	ZT	3.93	15	0.17	1.33	0.05	1.09	0.17	137.37
	XYL	2.49	9.5	0.09	1.57	0.07	1.23	0.09	180.00**
OSA	MY	3.67	14	0.4	0.96	0.40**	2.43**	0.40**	204.55**
	HR	3.67	14	0.48	0.86	0.52**	2.56**	0.48**	201.95**
	SDZ	3.8	14.5	0.31	1.08	0.20**	1.85**	0.31**	180.00**
	PG	4.19	16	0.47	0.87	0.56**	2.55**	0.47 **	211.30**
ISAN	SY	4.19	16	0.26	1.16	0.17*	1.74*	0.26 *	198.00**
	CP	4.06	15.5	0.25	1.18	0.13	1.54	0.25	180.00**
ISAS	DX	4.84	18.5	0.29	1.12	0.18*	1.55	0.29*	158.82**
	FS	4.58	17.5	0.37	1	0.24**	1.77**	0.37**	146.25
	BJ	4.71	18	0.3	1.09	0.19**	1.66**	0.30 **	164.57**
UA	TZ	4.45	17	0.44	0.9	0.41**	2.57**	0.44**	194.59 **
	CY	4.45	17	0.33	1.05	0.25**	1.94**	0.33**	184.62**
	MTG	4.19	16	0.16	1.35	0.07	1.27	0.16	150.97*
	HD	3.53	13.5	0.28	1.13	0.17*	1.58	0.28**	170.52**
	SJS	3.4	13	0.11	1.48	0.05	0.99	0.11	184.61**
	FT	3.67	14	0.28	1.12	0.18*	1.78**	0.29*	194.59**

4.3 北京市极端降水特征

图 8 反映的是北京市各极端降水指标的空间分布图。总体来看，大部分极端降水指标均反映出一定的干湿度地带性，即由于北京的东部更接近沿海，故各降水指标大体上由东向西逐渐有规律地变化。无论是极端降水量还是极端降水日数，城区均显示出明显的高值区。而城郊和山区则呈现出相反的趋势。这在一定程度上表明城市化同时促进了极端降水的强度、总量以及持续时间。

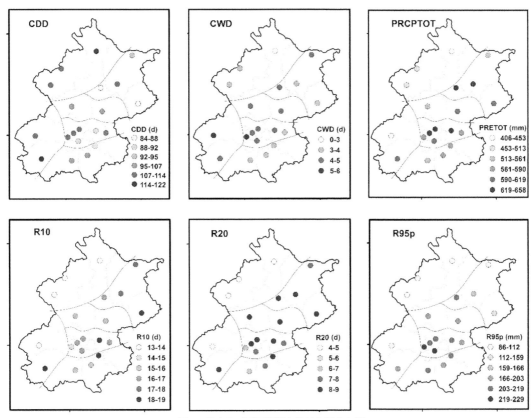

图 8　北京市不同极端降水特征空间分布图

指示连续干燥日的指标 CDD 由东向西大体上逐渐递增，指示极端降水量的指标 PECPTOT、R95p、R10、R20 基本呈现由东向西逐渐减少的过程。指示连续降水天数的指标 CWD 的高值区分布在城区以及南部山区。城区主要是由于北京城区快速的城市化发展引发的城市热岛以及高层建筑减慢天气系统的移动速度，延长了极端降水的持续时间。此外在人类活动影响下气溶胶的含量上升引起的凝结核的增加对暴雨起到了一定的促进作用。城市化一方面增强了降水的强度，另一方面也增大了雨量。

此外，北京市 CDD 值的范围为 84～88d，而 CWD 的值为 0～3d，不难看出北京市发生极端连续干旱的概率相较于发生极端连续降水的概率要高很多。但由 R95p 看出北京市的极端降水强度也十分大，在城区的场次平均极端降水强度高达 166～299mm。这种高强度的降水对于城区的交通、旅游、人身安全均造成了巨大的影响和威胁。

4.4 北京降水空间格局成因探讨

采用 Pearson 相关系数对北京市各站点的各地形因子（纬度、经度、海拔）、人口对数（Population）、NDVI 与各极端气温指数进行相关性分析（图 9）。6 种极端降水指标中，PRCTOT、R95p、R10、R20 相互之间均呈现较为显著的正相关关系，这四个指标除了 R95p 和 R10 之间的相关系数 0.46 较小外，其余指标两两之间的相关系数均达到 0.72 以上，这说明极端降水日数与量级之间相关性较好。

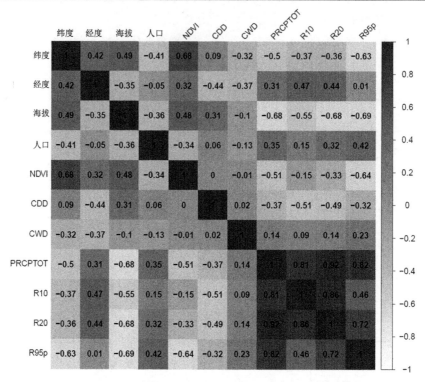

图 9　北京市城市因子与各极端气温指数之间相关关系

此外通过各极端降水指标与地形因子、人口因子、植被因子均有一定的相关性。纬度与降水之间呈现一定的负相关，与极端干旱指标(CDD)无明显关系，即随着纬度的增加极端降水的量级、发生频率及持续时间都会有一定的下降。这可能是由于随着纬度的增加，太阳辐射有着一定的降低，其环流效应相应的减弱。而经度则各极端降水指标中 PRCTOT、R95p、R10、R20 呈正相关，与极端连续干旱及湿润指标呈负相关。这可能是由于随着经度的增加，站点距离沿海的距离越近，故水汽越丰盈，发生极端降水的可能性也相对提升。PRCTOT、R95p、R10、R20 与人口对数与呈正相关，与 NDVI 呈负相关，这说明城市化所带来的人口增加在一定程度上促进了降水的发生，而植被在一定程度上可以削减及抵御极端降水发生。

5　结语

本文基于北京市 20 个自动降水观测站小时降水资料，从降水的总体特征，暴雨特征以及极端降水特征较为全面描述了北京市对人类影响较大的降水事件的特征，揭示了北京市精细化时间尺度下的降水变化过程，并结合北京地区降水的空间异质性得出如下主要结论：

（1）从北京市各站点的降水指标 ATP、ATH、API、AMH 统计结果可以看出城市化在一定程度上提高了降水总量、次降水持续时间及降水强度。主要表现在城区的次降水持续时间均高于山区及郊区。城区的降水总量、降水强度远高于山区，且差异随着距离城区的远近呈现逐渐递减的趋势。

（2）北京暴雨量大致空间分布规律是：城区>南郊区>北郊区>山区。除城市中心及盛行风下风向的降水偏高此外，主城区左右两侧的降水特征均有着较大的差异，城中心的左方相较于右方要高。城区的暴雨频次大体上要高于郊区和山区。

（3）整个北京市的雨型分配主要由Ⅱ型雨为主，占总雨型的 47.53%。相较于城区和城郊，山区总体及北部城郊的暴雨类型中Ⅱ型降水所占比例最大，在远郊区（OSA）的雨型以Ⅲ型降水为主，南部城郊以Ⅰ型降水为主。而城区的暴雨类型显示出主城区的左右两侧有较大的差异，左侧以Ⅲ型为主、右侧以

Ⅳ型为主。

（4）大部分极端降水指标均反映出一定的干湿度地带性。无论是极端降水量还是极端降水日数，城区均显示出明显的高值区。而城郊和山区则呈现出相反的趋势。这在一定程度上表明城市化同时促进了极端降水的强度、总量以及持续时间。北京市发生极端干旱的概率相较于发生极端降水的概率要高很多。

（5）6种极端降水指标中，PRCTOT、R95p、R10、R20相互之间均呈现较为显著的正相关关系。各极端降水指标与地形因子、人口因子、植被因子均有一定的相关性。纬度、NDVI与极端降水频率及量级之间呈现一定的负相关，经度则反之。人口增加在一定程度上促进了降水的发生，而植被在一定程度上可以削减及抵御极端降水发生。

（6）开展北京地区降水的精细化特征研究，掌握降水的演变规律，对于改进区域数值模式和提高气象预测水平有较为重要的意义。但由于已有资料的限制，本文所用的资料仅局限于2011—2015年这5年，样本量不足所带来的分析结果的代表性问题有待后续资料的丰富做进一步考证和研究，同时，对于各个季节降水日变化、次变化和空间分布特征成因的研究也不够充分，仍有待进一步开展。

参考文献

[1] Song X, Zhang J, Aghakouchak A et al. Rapid urbanization and changes in spatiotemporal characteristics of precipitation in Beijing metropolitan area[J]. Journal of Geophysical Research Atmospheres, 2015,119(19):11, 211-250, 271.

[2] Li X, Zhou W, Ouyang Z. Forty years of urban expansion in Beijing: What is the relative importance ofphysical, socioeconomic, and neighborhood factors?[J]. Applied Geography, 2013,38(1):1-10.

[3] Heilig G K. World Urbanization Prospects: The 2011 Revision[R].2011.

[4] Yang L, Tian F, Niyogi D. A need to revisit hydrologic responses to urbanization by incorporating the feedback on spatial rainfall patterns[J]. Urban Climate, 2015,12:128-140.

[5] Mishra V, Wallace J M, Lettenmaier D P. Relationship between hourly extreme precipitation and local air temperature in the United States[J]. Geophysical Research Letters, 2012,39(16):16403.

[6] Grimm N B, Faeth S H, Golubiewski N E et al. Global change and the ecology of cities.[J]. Science, 2008,319(5864):756.

[7] Mote T L, Lacke M C, Shepherd J M. Radar signatures of the urban effect on precipitation distribution: A case study for Atlanta, Georgia[J]. Geophysical Research Letters, 2007,34(20):L20710.

[8] Yang P, Ren G, Hou W et al. Spatial and diurnal characteristics of summer rainfall over Beijing Municipality based on a high‐density AWS dataset[J]. International Journal of Climatology, 2014,33(13):2769-2780.

[9] Chen W C. Impact of Urban Heat Island Effect on the Precipitation over Complex Geographic Environment in Northern Taiwan[C]: 339-353.

[10] Shem W, Shepherd M. On the impact of urbanization on summertime thunderstorms in Atlanta: Two numerical model case studies[J]. Atmospheric Research, 2009,92(2):172-189.

[11] Han J Y, Baik J J. A Theoretical and Numerical Study of Urban Heat Island Induced Circulation and Convection[J]. Journal of the Atmospheric Sciences, 2006,65(2008):1859-1877.

[12] Zhong S, Qian Y, Zhao C et al. A Case Study of Urbanization Impact on Summer Precipitation in the Greater Beijing Metropolitan Area: Urban Heat Island Versus Aerosol Effects[J]. Journal of Geophysical Research Atmospheres, 2015,120(20):10, 903-910, 914.

[13] Kishtawal C M, Niyogi D, Tewari M et al. Urbanization signature in the observed heavy rainfall climatology over India.[J]. International Journal of Climatology, 2010,30(13):1908-1916.

[14] Pathirana A, Denekew H B, Veerbeek W et al. Impact of urban growth-driven landuse change on microclimate and extreme precipitation — A sensitivity study[J]. Atmospheric Research, 2014,138(3):59-72.

[15] Shastri H, Paul S, Ghosh S et al. Impacts of urbanization on Indian summer monsoon rainfall extremes[J]. Journal of Geophysical Research Atmospheres, 2015,120(2):496-516.

[16] Zhang Q, Singh V P, Li J et al. Analysis of the periods of maximum consecutive wet days in China[J]. Journal of Geophysical Research Atmospheres, 2011,116(D23):23106.

[17] Zhai Y, Guo Y, Zhou J et al. The spatio‐temporal variability of annual precipitation and its local impact factors during 1724–2010 in Beijing, China[J]. Hydrological Processes, 2014,28(4):2192-2201.

[18] Wang J, Zhang R, Wang Y. Areal differences in diurnal variations in summer precipitation over Beijing metropolitan region[J]. Theoretical & Applied Climatology, 2012,110(3):395-408.

[19] 殷水清，王杨，谢云等. 中国降雨过程时程分型特征[J]. 水科学进展，2014,25(5):617-624.

[20] Ahmad A, Dey L. A k‐mean clustering algorithm for mixed numeric and categorical data[J]. Data & Knowledge Engineering, 2007,63(2):503-527.

[21] LIJian, YURuCong, WANGJianJie. Diurnal variations of summer precipitation in Beijing[J].

[22] Yang P, Ren G, Yan P. Evidence for strong association of short-duration intense rainfall with urbanization in Beijing urban area[J]. Journal of Climate, 2017.

[23] Dhakal N, Jain S, Gray A et al. Nonstationarity in seasonality of extreme precipitation: A nonparametric circular statistical approach and its application[J]. Water Resources Research, 2015,51(6):4499-4515.

[24] Zhang Q, Gu X, Singh V P et al. Timing of floods in southeastern China: seasonal properties and potential causes[J]. Journal of Hydrology, 2017,552.

[25] 李建，宇如聪，王建捷. 北京市夏季降水的日变化特征[J]. 科学通报，2008(7):829-832.

快速城市化流域面源污染水质水量模拟研究

程 鹏[1]，秦华鹏[1,2]

（1. 北京大学深圳研究生院环境与能源学院，深圳 518055；

2. 深圳市城市人居环境科学与技术重点实验室，深圳 518055）

摘 要：本研究以深圳市茅洲河流域上游作为我国快速城市化的典型代表，基于 SWMM 模型构建研究区域的城市降雨面源污染模型，在确定模型适用性的基础上分析了流域面源污染的时空分布特征，结果表明：研究区面源污染负荷与土地利用类型有关，面源污染月负荷量与月降雨量大体呈正相关关系，其不仅受降雨总量的影响，还受降雨场次的影响。设计不同降雨强度和不同城市化程度 2 种情景，分别对降雨面源污染的水量、水质进行了动态模拟，结果表明随着降雨强度的增大，径流总量的增幅变小，增加愈趋于平缓，各出水口的峰值流量逐渐增大，但增加幅度也逐渐减小，出口污染负荷与雨强成正相关；随城市化发展，地表不透水比率不断升高，径流系数变大，污染物冲刷强度增大，相同条件下污染物浓度显著增加，城市化的水文效应在重现期短的降雨条件下体现更为明显，城市化程度较高对于峰值流量影响更大。

关键词：城市化；降雨径流；非点源污染；模拟；SWMM 模型

随着当前我国城市化进程的不断加快，城市水环境问题日益凸显，尤其是城市面源污染问题十分严重。降雨径流引起的城市面源污染不仅制约城市发展，而且对城市及周边河流水库等水体也具有很大的危害。城市降雨面源污染因其随机性、滞后性、不确定性等特点，导致监控难度较大，而模型模拟是定量化研究降雨面源污染的有效技术手段，对降雨面源污染的定量预测、控制管理起着重要的作用。目前城市降雨面源污染模型主要包括 SWMM、HSPF、STORM、DR3M-QUAL、WASP、MOUSE 等，后来很多开发的模型都是在这些模型基础上做了部分程序修改，原理大致相同[1]。

SWMM 模型最早开发于 1971 年[2]，经过不断发展，目前已更新到 SWMM 5.1 版本[3-4]。SWMM 模型对于城市管网非点源负荷模拟优势明显，可以直观表现污染负荷输出，模拟连续或一次降雨过程，目前在研究城市面源污染方面应用广泛。刘兴坡[5]、韩娇[6]等在应用 SWMM 模型研究具体工程中分析了其模型机理和总体性能，为 SWMM 的实际应用提供理论依据。杨勇等[7]应用 SWMM 模型研究天津市汉沽区主城区的面源污染，分析了不同设计雨型下 COD、TSS、TP 和 TN 污染物负荷的变化规律。本研究以深圳茅洲河流域上游作为我国快速城市化的典型代表，基于 SWMM 模型构建研究区域的城市降雨面源污染模型，并应用于降雨面源污染模拟研究。

1 研究区面源污染模型的建立

1.1 研究区概况

茅洲河位于深圳市的西北部，流域面积 388.23 km²，其中深圳市境内面积 310.85 km²，东莞境内 77.38 km²。茅洲河是深圳市境内的主要河流之一，河道自源头至河口全长 42.6 km，茅洲河流域上游为低山丘陵区，中游为低丘盆地与平原，下游为滨海冲积平原，河床比降上陡下缓。降水形成的洪水一出山地即

第一作者简介：程鹏（1993—），男，江西宜春人，硕士研究生，研究方向海绵城市、城市面源污染。Email:
1701213687@pku.edu.cn

入平原，洪峰高尖历时短，下游又受潮水顶托，防洪（潮）、治涝工程难度大。茅洲河流域内支流众多，一级支流 22 条，其中集雨面积在 10 km² 以上的支流有新陂头水、沙井河、楼村水、排涝河等 10 条；二级支流 16 条。

整个流域多年平均年降水量为 1519.2～2206.5 mm，最大为 2397.3 mm，最小为 721.3 mm。多年平均降水天数约为 140 d。降水分布不均匀，干湿季分明。4—10 月为湿季，其降水量占全年总量的 90 %，其中前汛期（4—6 月），雨型主要为锋面雨，降水量占全年的 38 %～40 %；7—10 月以台风雨为主，降水量占全年的 50 %～52 %。11 月至翌年 3 月为干季，降水甚少，一般为 150～200 mm，约为全年降水总量的 10 %。

1.2　茅洲河流域面源污染模型建立

1.2.1　下垫面概化

将研究区域的实际下垫面情况概化成模型中的数字化下垫面情况，包括划分子汇水区和构建排水系统两个部分。

（1）子汇水区划分。在 ArcGIS 中，加载茅洲河流域 DEM 图，利用"水文分析"工具，结合茅洲河流域的行政规划和研究区雨水污水管道的布置（深圳市排水管网规划），将研究区域划分为 101 个子汇水区，总面积为 28309 hm²，如图 1 所示。

（2）排水系统概化。排水系统的概化主要是"节点""连接管道"，"节点"对应着蓄水池、检查井等设施，"连接管道"对应着管网、水系等，将整个城市排水系统概化成由"节点-连接管道"构成的系统[8]。

利用茅洲河流域上游的《雨污水管网规划图》，结合研究区子汇水区划分结果，在 CAD 中概化研究区的排水管网，作为模拟的概化模型，区域排水系统概化图如图 2 所示。

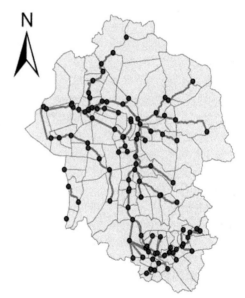

图 1　茅洲河流域上游子汇水区划分图　　　　图 2　区域排水系统概化图

1.2.2　模型参数选取

SWMM 模型中的水文、水力参数可以分成 3 类：①具有明确物理意义的参数，如子集水区面积、管网特征参数等；②具有一定物理意义的经验参数，如漫流宽度、不透水面积率等；③纯经验参数，如不透水区曼宁系数、不透水区注蓄量、初始入渗率等[9]。

水质参数主要是污染物累积模型和冲刷模型输入参数，本研究选用饱和函数累积模型和指数冲刷模型。根据茅洲河流域降雨径流面源污染的水质监测结果，选取 COD、氨氮、SS、TP 四类污染物来表示研究区域面源污染状况。同时，将研究区域的土地利用分成裸地、教育用地、绿地、工业用地、公共用地、居住用地、道路 7 种类型进行模拟，表示不同土地利用类型的地表污染物累积及冲刷过程。

本次茅洲河流域面源污染模拟采用 2010 年 4 月 22 日监测的一场降雨作为雨量输入，前期干旱时间为 5 d，降雨时间为 7 h，累计降雨为 22.3 mm。时间步长的设置，报告时间步长设为 1 min，干期径流时间步长设为 5 min，雨天径流时间步长设为 10 min，演算时间步长为 30 s。

1.2.3 模型建立

经过前面下垫面概化和参数设置后，研究区域的面源污染模型基本构建完成。模型中，研究区域划分成 101 个子汇水区，106 个节点，102 条排水管道和 4 个总出水口。模型 SWMM 中的概化图如图 3 所示。模型运行，结果显示连续性误差表面径流为-0.014 %，管网汇流为-0.02 %，水质流动为-1.38 %，可见所构建的模型具有良好的稳定性。

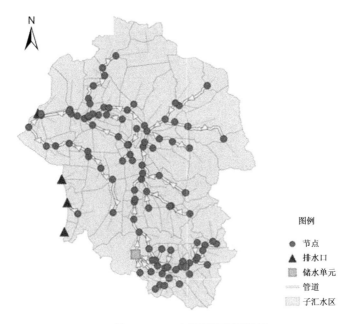

图 3　SWMM 中的模型区域概化图

1.3 模型参数率定

1.3.1 水文水力参数率定

模型的构建因为存在本身内部框架问题、参数误差问题、资料获取偏差问题等一系列不可控因素，导致模型在模拟过程中不能完全和实际情况相符合，存在一定的误差[10-11]。因此本文通过参数的率定来提高模型的精度及可靠性。

采用 2010 年 4 月 22 日在茅洲河流域石岩河监测的一场降雨实测数据进行水文水力参数率定，降雨特征为降雨历时 7 h、降雨量 22.3 mm、雨峰强度 7.2 mm/10 min、雨峰时间 0.16 h、平均雨强 0.53 mm/10 min。本研究先从资料中获取部分参数，然后对敏感性参数进行率定，如特征宽度、无洼地蓄水、坡度、不透水率、不透水区曼宁系数、明渠曼宁系数、不透水区洼蓄量等，率定后模拟与实测值如图 4 所示。对比分析知，模型模拟的径流量和实际监测的径流量在峰值时间、雨峰形状上大体吻合。纳什效率系数一般用来评价水文模型模拟结果的好坏，值越接近 1，表示模拟计算精度就越高，国规要求值不小于 0.7，模型才可信，其中模型纳什效率系数为 0.795，R^2 为 0.963，由此可以得出，模拟值与实测值吻合程度良好，模型结果可信。

1.3.2　水质参数率定

在率定了水文水力模型参数后，将进一步对水质模型参数进行识别。率定后的水文水力参数在模型中保持不变。土地利用类型分为裸地、教育用地、绿地、工业用地、公共用地、居住用地、道路 7 种类型，采用 2010 年 4 月 22 日在茅洲河流域石岩河监测的水质数据进行水质参数率定。通过参数灵敏度分析可知影响降雨径流的敏感性参数主要为最大累积量、速率常数、幂/饱和常数、冲刷系数、冲刷指数等，率定后各污染物模拟与实测值进行对比分析。

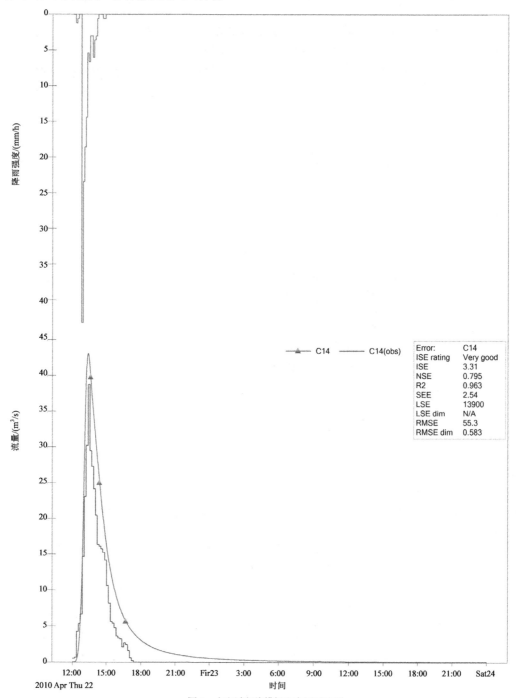

图 4　水文过程线模拟和实测对比图

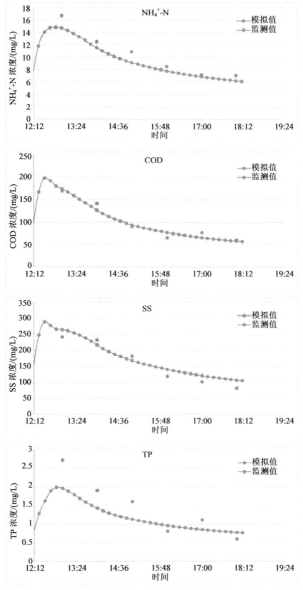

图 5　主要污染物模拟和监测值对比图

由图 5 可知，单场降雨 COD、SS 污染物负荷和峰值浓度的模拟数值与实际监测数值均较吻合，氨氮和 TP 的峰值浓度与实际监测数值整体变化趋势大体相同，能反映污染物负荷变化规律，由此可以看出该模型可以较好模拟研究区域的水量、水质动态变化特征，模型具有较高的可靠度。

2　区域面源污染的时空分布特征

2.1　区域全年降雨分布

根据现有降雨数据资料，本项目以 2009 年茅洲河流域石岩河雨量站的分钟降雨数据（图 6）作为模型雨量输入，根据 2009 年的气象条件，计算 2009 年茅洲河流域各个控制单元面源污染负荷量。2009 年全年茅洲河流域全流域平均降雨为 1524.6 mm，雨季 4—9 月降雨量为 1266.8 mm，占全年降雨量的 83%。

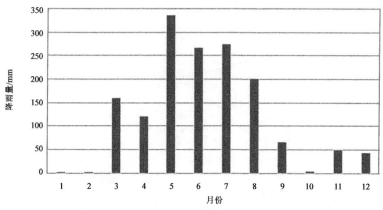

图6　茅洲河流域 2009 年降雨季节分布图

2.2　流域面源污染负荷空间分布规律

将 2009 年茅洲河流域的分钟降雨数据作为模型的输入条件，计算茅洲河流域 2009 年全年面源污染负荷产生量和各区域污染负荷分布，得出茅洲河流域面源污染最为严重的区域，分析其污染严重的原因，为后期的治理工作提供参考性意见。茅洲河流域各控制单元面源污染情况见图7。

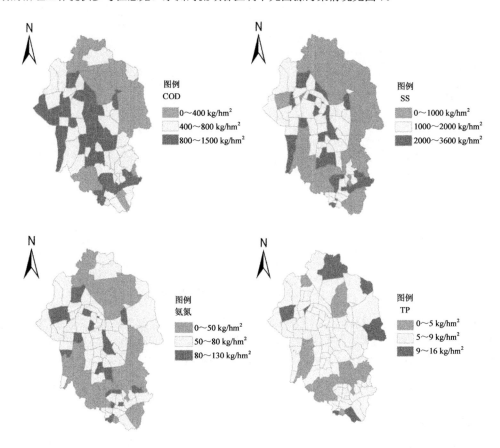

图7　茅洲河流域上游主要污染物污染分布图

在 SWMM 面源污染模型中已知每一子汇水区中的面源污染负荷量，通过统计求和得出茅洲河流域 2009 年全年面源 COD 污染负荷输入量为 17025 t，氨氮为 1614 t，SS 为 32492 t，TP 为 190 t。

从 COD 在各控制单元的污染分布来看，污染严重的区域主要集中在沙井河上游、新桥排涝河上游、石岩水旁边、东坑水左侧、楼村水左侧、上下村排洪渠、鹅颈水附近。这些区域不渗透面积比例高，且下垫面类型主要为工业用地和道路用地。

从 SS 在各控制单元的污染分布来看，污染严重的区域主要集中在新桥排涝河、鹅颈水附近、上下村排洪渠、石岩水库旁边、东坑水左侧、罗田水下游。这些区域不渗透面积比例高，且下垫面类型主要为工业用地和道路用地。

从氨氮在各控制单元的污染分布来看，污染严重的区域主要集中在塘下涌下游、公明镇排洪渠左侧、东坑水下游、石岩水库旁边。这些区域主要与裸地和绿地下垫面占比高有关，导致氨氮容易富集。

从 TP 在各控制单元的污染分布来看，污染严重的区域主要集中在罗村周边几水库、公明镇排洪渠左侧、石岩水库左侧。这些区域主要与裸地和绿地下垫面占比高有关，导致 TP 容易富集。

2.3 流域面源污染负荷时间分布规律

基于建立的 SWMM 面源污染模型，统计 2009 年茅洲河流域上游在不同月份中河道水体的面源污染负荷量，分析面源污染负荷的时间分布规律。

根据模型面源污染统计结果得出茅洲河流域上游河道水体的面源 COD 污染负荷输入量为 12457 t，氨氮为 1171 t，SS 为 23209 t，TP 为 139 t。雨季 4—9 月河道水体的面源 COD 污染负荷输入量为 9593 t，占全年 COD 负荷的 77%，雨季平均日负荷量为 53.3 t；雨季河道水体的面源氨氮污染负荷输入量为 904 t，占全年氨氮负荷的 77.2%，雨季平均日负荷量为 5.02 t；雨季河道水体的面源 SS 污染负荷输入量为 18182 t，占全年 SS 负荷的 78.3%，雨季平均日负荷量为 101 t；雨季河道水体的面源 TP 污染负荷输入量为 107 t，占全年 TP 负荷的 76.9%，雨季平均日负荷量为 0.59 t。茅洲河流域上游各种面源污染负荷的月负荷量变化如图 8 所示。

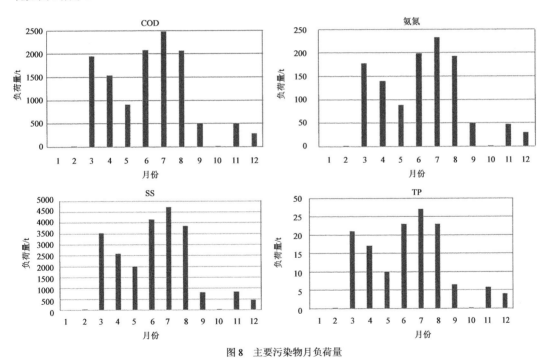

图 8　主要污染物月负荷量

从图 8 中面源污染负荷的时间分布规律可以看出，面源污染月负荷量与月降雨量大体呈正相关关系。5—8 月降雨量为全年降雨集中的几个月份，各月份对应的 4 种面源污染物（COD、氨氮、SS、总磷）负荷量在全年来说都较高。1 月、2 月和 10 月月降雨量为全年较小的三个月，各月份对应的 4 种面源污染物（COD、氨氮、总磷）负荷量在全年来说较低。

生态水文与蒸散发研究

其中 5 月的降雨量为全年最高，但是其各类污染物负荷量并不是全年最高的，这是因为 5 月的降雨主要集中在 5 月 23—25 日，3 d 的降雨量占该月份降雨总量的 86%，因此面源累积量和冲刷负荷量较小，从而导致 5 月面源污染负荷总量较小。相比较而言，3 月和 4 月月降雨总量相对较小，但降雨场次较多，分布较均匀，因此面源污染负荷总量较大。所以，面源污染负荷量不仅受降雨总量的影响，还受降雨场次的影响。

3 不同降雨强度水量水质动态模拟

3.1 不同降雨强度水量动态模拟

基于深圳市暴雨强度公式应用芝加哥降雨过程线模型构建 $P=1$ 年、$P=5$ 年、$P=10$ 年、$P=20$ 年的降雨强度，降雨历时 120 min，雨峰系数 $r=0.5$ 的 4 种设计降雨过程线作为模拟降雨情景，用于模拟研究不同降雨强度情景下的水量动态变化。合成降雨情景见图 9，降雨统计概况见表 1。

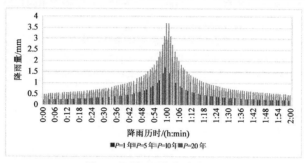

图 9 不同降雨强度降雨过程线

表 1 合成降雨统计概况

降雨编号	重现期 P/年	平均雨强/(mm/h)	峰值雨强/(mm/h)	2h 降雨量/mm
1	1	28.63	102.66	57.25
2	5	49.20	176.46	98.41
3	10	55.43	198.84	110.86
4	20	61.59	220.92	123.17

模型降雨输入采用上述不同降雨强度的合成降雨情景，初始水深为零，模拟开始日期为 2010 年 4 月 22 日 12:00，出水口设置为自由出流边界条件，运行模型，研究区域 4 个出口断面的径流总量和峰值流量模拟结果如表 2 所示。由于各出口断面模拟过程和模拟计算输出结果类似，因此仅以区域主要出水口 4 为例，如图 10 为不同雨强降雨条件下出水口 4 的流量过程对比图。

表 2 研究区域 4 个出口断面的径流总量和峰值流量模拟结果

编号	出口断面	$P=1$ 年	$P=5$ 年	$P=10$ 年	$P=20$ 年
1	径流总量/(10^3 m³)	60251	109533	124545	139409
	峰值流量/(m³/s)	13.984	28.517	33.189	37.897
	平均流量/(m³/s)	0.602	1.093	1.256	1.423
2	径流总量/(10^3 m³)	374233	784209	900530	1007344
	峰值流量/(m³/s)	75.570	146.706	157.870	167.889
	平均流量/(m³/s)	3.823	8.009	9.252	10.406

续表

编号	出口断面	P=1 年	P=5 年	P=10 年	P=20 年
3	径流总量/($10^3 m^3$)	201987	359436	407250	454572
	峰值流量/(m^3/s)	40.876	84.089	98.067	112.135
	平均流量/(m^3/s)	2.047	3.619	4.138	4.668
4	径流总量/($10^3 m^3$)	4630953	6050996	6449916	6836655
	峰值流量/(m^3/s)	220.542	365.929	420.902	478.603
	平均流量/(m^3/s)	46.207	59.073	62.885	66.604

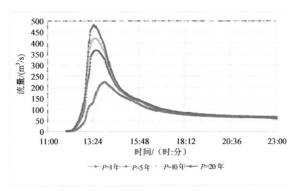

图 10 不同降雨强度出水口 4 流量过程线

由表 2 和图 10 可知，随着降雨强度的增加，即重现期的加大，各出口断面的径流总量都明显增加。重现期为 5 年、10 年、20 年的径流总量对比重现期 1 年的，出水口 1 分别增加了 81.8 %、106.7 %、131.4 %；出水口 2 分别增加了 109.5 %、140.6 %、169.2 %；出水口 3 分别增加了 77.9 %、101.6 %、125.1 %；出水口 4 分别增加了 30.6 %、39.3 %、47.6 %。对出水口 1，各重现期对比前一个重现期径流总量，增幅分别为 81.8 %、13.7 %、11.9 %；对出水口 2，增幅分别为 109.5 %、14.8 %、11.8 %；对出水口 3，增幅分别为 77.9 %、13.3 %、11.6 %；对出水口 4，增幅分别为 30.6 %、6.6 %、6.0 %。可见随着降雨强度的增大，径流总量的增幅变小，各出水口的峰值流量随重现期的增加逐渐增加，且增加幅度也逐渐减小。

3.2 不同降雨强度水质负荷分析

对不同降雨强度下水质负荷分析的模拟，依旧应用模拟水量时的合成降雨。雨前干期长度为 120 h。相同雨型、不同降雨强度下，研究区域内排水系统末端 4 个出水口排放污染负荷进行统计，见表 3。

表 3 不同降雨强度研究区域面源污染负荷总量　　　　　　　　　　单位：kg

污染物因子	P=1 年	P=5 年	P=10 年	P=20 年
COD	1074707.051	1332054.291	1367711.844	1392372.289
氨氮	100040.524	133616.289	139161.065	143315.510
TP	10569.424	14490.425	15254.721	15866.651
SS	2399419.707	3069772.767	3162843.113	3235589.377

由表 3 可知，出口的面源污染负荷总量与降雨重现期成正相关关系，降雨重现期越大，污染物排放负荷总量越大。这是因为随着降雨强度增大，地表污染物被冲刷入河的量越多，导致出口污染负荷总量越大。相比前一个降雨强度情景，COD 污染负荷分别增加了 24.0 %、2.6 %、1.8 %；氨氮污染负荷分别增加了 33.5 %、4.1 %、3.0 %；TP 污染负荷分别增加了 37.1 %、5.3 %、4.0 %；SS 污染负荷分别增加了

27.9 %、3.0 %、2.3 %。可见，在重现期由 $P = 1$ 年到 $P = 5$ 年时，出口污染负荷增幅较大，但随着降雨重现期继续增大，出口污染负荷的增加幅度变小。这是因为前期雨量较小，污染物冲刷入河较少，随着雨量增大，冲刷入河量迅速增大，但雨量大到一定程度时候，因为地面积累的污染物有限，所以冲刷入河的污染负荷增幅逐渐变小。

4　不同城市化程度水量水质动态模拟

4.1　不同城市化程度水量动态模拟

当前我国正处在快速城市化进程当中，在城市不同的发展阶段具有不同的土地利用类型，随着城市发展，土地利用类型改变，对整个城市降雨产汇流来说具有非常显著的影响[12]。

为了了解不同城市化进程下城市降雨径流水量变化过程，本文设计了开发前、现在和开发后三种不同的城市发展阶段。当前茅洲河流域上游城市化平均不透水面积比率约为 69.5 %；这里设置开发前城市尚未被完全建设，土地多未被开发利用，绿地所占比例较大，平均不透水面积比率平均约为 40 %；在以后快速城市化发展后，城市土地利用类型多为水泥等不透水路面，平均不透水面积约为 80 %。在降雨强度为 $P = 5$ 年，降雨历时为 120 min，$r = 0.5$ 的设计降雨条件下，模拟运行上述设计情景，研究区域的模拟运行结果对比如表 4，主要出水口 4 的流量过程线对比如图 11 所示。

表 4　不同城市化程度模拟结果

情景	总降雨量/mm	总渗入量/mm	地表总蓄积量/mm	地表总径流量/mm	峰值流量/(m³/s)	径流系数
开发前	98.408	37.182	0.187	61.042	274.606	0.62
现在	98.408	23.625	0.328	74.459	365.929	0.75
开发后	98.408	13.641	0.428	84.344	378.610	0.85

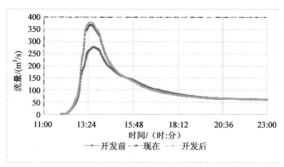

图 11　不同城市化程度出水口 4 流量过程线

由表 4、图 11 可知，相同强度降雨下，随着城市化程度的增高，土地利用不透水面积比率不断升高，研究区域内的径流量也不断增加。径流量分别为 61.042 mm、74.459 mm、84.344 mm，开发后比现在、开发前分别增加了 13.27 %、38.17 %。但入渗量却不断减少，开发后的入渗量比现在、开发前分别减少了 42.26 %、63.31 %。同时，峰值流量不断升高，峰值流量分别为 274.606 m³/s、365.929 m³/s、378.610 m³/s，现在、开发后分别比开发前增加了 33.25 %和 37.87 %。

其中现在比开发前峰值流量有较大提高，但是开发后比现在峰值流量只是小幅提高，这和研究区域属于深圳市，整个区域的商业开发程度较高，不渗透面积已经达到 70%左右，进一步开发后不渗透面积只是小幅增加，所以开发后的峰值流量相比现在提高不大。由此可知，随着城市的发展，城市绿地所占比例减少，不透水面积比例增加，使得降雨入渗量减少，产流量增大，汇流时间变短，径流系数明显加大。对于同一地区，城市化的水文效应在重现期短的降雨条件下体现更为明显，城市化程度较高对于峰值流量影响更大。

4.2 不同城市化程度水质负荷分析

不同城市化程度的设计情景同上节一致，在重现期为 5 年、降雨历时 120 min 的设计降雨条件下，出水口 4 的各污染物 COD、氨氮、SS、TP 污染浓度变化过程，如图 12 所示。

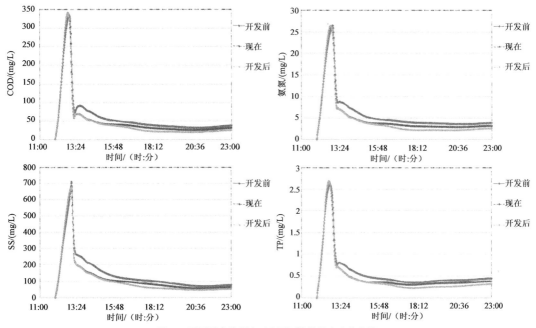

图 12　不同城市化程度下主要污染物浓度变化曲线

由图 12 可知，4 种城市化程度下污染物浓度随时间变化曲线形状相似，在降雨强度较大情况下，前期污染物冲刷浓度变化曲线一致，后期由于地面污染负荷有限，随着径流量的增大，浓度开始下降。开发前城市化程度下 COD、氨氮、SS、TP 污染负荷总量分别为 1273959 kg、125694 kg、2910332 kg、13516 kg；现在城市化程度下 COD、氨氮、SS、TP 污染负荷总量分别为 1332053 kg、133616 kg、3069772 kg、14490 kg；开发后城市化程度下 COD、氨氮、SS、TP 污染负荷总量分别为 1390027 kg、142209 kg、3201453 kg、15704 kg。

现在城市化程度下，COD、氨氮、SS、TP 污染负荷总量分别比开发前分别增加 4.5 %、6.3 %、5.5 %、7.2 %；开发后城市化程度下，COD、氨氮、SS、TP 污染负荷总量分别比开发前增加了 9.1 %、13.1 %、10.0 %、16.2 %。可见，随着城市化程度的升高，地表不透水比率不断升高，径流系数变大，污染物冲刷强度增大，相同条件下污染物浓度负荷增加。

5　结语

5.1　结论

茅洲河流域上游被概化成 101 个子汇水区，106 个节点，102 条排水管道和 4 个总出水口，从而构建了基于 SWMM 的城市面源污染模型。模型运行后，连续性误差表面径流为 -0.014 %，管网汇流为 -0.02 %，水质流动为 -1.38 %，模型稳定性好。

（2）通过 PCSWMM 模型自带的 SRTC 参数率定工具对模型的水文水力参数、水质参数先后进行了灵敏度分析。影响降雨径流的敏感性参数依次为：无洼地蓄水、不透水率、特征宽度、坡度、不透水区曼宁系数、明渠曼宁系数、不透水区注蓄量。水质参数灵敏度分析显示，不同的水质指标，各参数的灵敏度排序不同，对 COD 来说，冲刷指数、冲刷系数、最大累积量为高敏感参数，幂/饱和常数为敏感参数，速率常数基本不敏感；对氨氮和 TP 来说，冲刷指数、冲刷系数、最大累积量为高敏感参数，幂/饱和常数和速率常数基本不敏感；对 SS 来说，冲刷指数、冲刷系数、最大累积量、幂/饱和常数为高敏感参数，速率常数基本不敏感。

（3）利用一场实测降雨对模型水文水力、水质参数分别进行率定和优化调整，水文水力率定后模型模拟和实测值吻合程度良好，纳什效率系数为 0.795，R^2 为 0.963，模型结果可信。水质参数率定后降雨污染物负荷和污染物峰值浓度的模拟值与实测值均较接近，变化趋势相符合，模型可靠性好、精度高。

（4）应用校核好的模型，研究茅洲河流域上游面源污染的时空分布特征。研究得出 COD 和 SS 污染严重的区域主要是因为地表不渗透面积比例高，且下垫面类型主要为工业用地和道路用地。氨氮和 TP 污染严重的区域主要和裸地、绿地下垫面占比高有关。从全年面源污染负荷的时间分布规律可以看出，面源污染月负荷量与月降雨量大体呈正相关关系，其不仅受降雨总量的影响，还受降雨场次的影响。

（5）设计不同降雨强度和不同城市化程度 2 种情景，分别对降雨径流面源污染的水量、水质进行模拟。结果表明，随着降雨强度的增大，径流总量的增幅变小，各出水口的峰值流量逐渐增大，但增加幅度也逐渐减小，出口污染负荷与雨强成正相关；城市化程度的升高导致地表不渗透率增大，产生的径流量增大，污染物冲刷更为明显，污染物浓度在相同条件下显著增加。

5.2　展望

（1）本文的研究以实地监测和模型模拟为主，但是由于前期雨季监测数据的不足，使得模型验证的时候只采用了前几年石岩河地区的一场降雨水文水质数据进行模型验证，这使得模型模拟存在一定的误差，后期将在整个研究区域上布置多个监测点，并分别监测不同雨量时的水文水质状况用于模型校正。

（2）本文重点研究了污染物冲刷规律，但是缺乏不同土地利用上污染物累积监测数据，下一步研究可以考虑这一方面，同时污染物方面可以加入油脂类、有毒有害物质等。

（3）本文对快速城市化地区降雨径流的污染物时空分布、不同降雨强度和城市化情景进行模拟，研究当前面源污染的分布和冲刷规律，后期将考虑污水截排系统溢流模型、茅洲河水系动态水质模型等，通过模型耦合实现雨季/旱季污染物从陆域、到管网、到河流、到海域的联合模拟。

参考文献

[1] 王志标. 基于 SWMM 的棕榈泉小区非点源污染负荷研究[D]. 重庆：重庆大学，2007:13-14.

[2] Jewell T K, Adrian D D. SWMM Stormwater Pollutant Washoff Functions[J]. Journal of the Environmental Engineering Division, 1978, 104(5):1036-1040.

[3] Rossman L A. Storm Water Management Model User's Manual Version 5.0[Z]. EPA/600/R-05/040, National Risk Management Research Laboratory, U.S. Environmental Protection Agency, Cincinnati, OH, March, 2008.

[4] Huber W C, Dickinson R E. Storm Water Management Model, Version4: User's Manual[Z]. EPA/600/3-88/001, Environmental Research Laboratory,U.S.Environmental.

[5] 刘兴坡，刘遂庆，李树平，等. 基于 SWMM 的排水管网系统模拟分析技术[J]. 给水排水，2007, 33(4):105-108.

[6] 韩娇，万金泉，马邕文，等. SWMM 模型降雨面源污染模拟适用性分析研究[R]. 北京：中国环境科学学会，2010.

[7] 杨勇. 设计暴雨条件下城市非点源污染负荷分析[D]. 天津：天津大学，2007:26-27.

[8] 郭姣. 基于 ArcGis 的排水管网水力模拟方法和应用[D]. 上海：同济大学，2008:34-35.

[9] 刘兴坡，刘遂庆，李树平，等. 镇江市主城区排水管网计算机建模方法[J]. 中国给水排水，2007, 23(11):42-46.

[10] 邓义祥，郑丙辉，雷坤，等. 水质模型参数识别与验证的探讨[J]. 环境科学与管理，2008, 33(5):42-45.

[11] 赵冬泉，王浩正，陈吉宁，等.城市暴雨径流模拟的参数不确定性研究[J]. 水科学进展，2009, 20(1):45-51.

[12] 曾庆慧，庄艳华，洪松. 城市化进程中武昌沙湖流域面源污染负荷时空分布模拟[J]. 武汉大学学报：工学版，2012, 45(6):790-793.

邯郸市临漳县多水源优化配置研究*

张静 ，索梅芹，武鹏飞

（河北工程大学水电学院，河北邯郸 056000）

摘　要：地表水的严重污染和水资源的不合理分配，导致邯郸市临漳县水资源的短缺日益严重。为了缓解水资源短缺的现状，本文针对邯郸市临漳县多水源供水系统应用了不确定的多目标线性规划方法，提出了更为合理的地表水和外调水的配置方案，避免了地下水的过度开采。该方法通过联合区间规划和模糊规划，引入模糊隶属度（λ）将多目标规划转化为单目标规划，利用两步交互式算法求解单目标不确定规划问题，得到不同满意度下的优化目标函数值。得到的最优水资源配置方案以区间的形式给出，以此来表征系统的不确定性和动态性。研究结果表明本文方法得到的水资源配置方案，不仅能够缓解邯郸市临漳县多水源与多用户的供需矛盾问题，还能实现多水源与多目标之间的互补。

关键词：邯郸市临漳县；区间不确定性；多目标；多水源；模糊隶属度

1 引言

临漳县地处东经 $114°20'\sim114°46'$、北纬 $36°7'\sim36°24'$，处于中原腹地，位于太行山东麓，东邻魏县，西接磁县，北达成安县，南连河南省安阳县，东西长 35km，南北宽 26.5 km，总面积 744.06 km^2。其地表水主要来源于漳河、洹河，漳河自西向东流经全县，境内长 41 km，流域面积 77.4 km^2，平均河床宽 700m，境内太平渠、民有南干渠、民有北干渠三条干渠可引漳河水灌溉农田；洹河流经县境南侧，境内长 1 km，河床宽 50m。地下水贮存于第四纪松散岩层中，水位较浅，有机井 8443 眼。临漳县水资源问题主要有：地表水可利用量减少，水环境恶化；地下水严重超采；各个行业的用水量逐年加大，而降雨量又小；经济的快速发展致使水环境受到严重的破坏，水资源与水环境管理力度不够，人民群众管理意识有待进一步提高。所以，如何实现水资源优化配置对临漳县具有十分重要的意义。

过去，许多学者对水资源优化配置进行了大量的研究，例如，一些学者建立了单目标线性规划模型[1-3]和多目标线性规划（MOLP）模型[4-5]，并应用到水资源调配中。然而，在实际问题中，当决策者遇到研究系统存在多个水源在调水分配上的负载冲突问题，不同用户需水量、效益系数及污染物排放量等不确定性因素，如降雨、流入河流、水资源利用效率和水的需求量[6-8]，所有这些不确定因素都影响系统模型的参数定义，用多目标线性规划模型来解决上述问题是相当困难的。基于此，大量不确定的多目标线性规划模型被建立，旨在处理这些不同的不确定性因素[9-11]。这些模型不仅可以有效地解决多目标决策问题，而且可以客观地反映研究系统的不确定性。

由于水资源系统中存在着大量难以确定的信息，在本文中提出了一个不确定的多目标线性规划模型，并将其应用在临漳县多水源联合调度中。其具体特点如下：①可反映不确定情况下系统约束满足的信赖度，以解释不确定系统约束的风险违背问题；②可通过函数区间来表征系统的不确定性和动态性；③能够给出合理的区间目标值和区间决策变量值，便于决策者在环境、经济和系统可信度三者之间进行权衡

*基金项目：国家自然科学基金项目（51409077）；河北省教育厅拔尖人才项目（BJ2016011）。

第一作者简介：张静（1993—），女，河南封丘人，硕士研究生，研究方向为水文水资源。Email: 849905185@qq.com

考虑。此方法追求经济、社会和环境在不确定性下的最大综合效益，所得结果更具客观性，把该方法应用于邯郸市临漳县多水源联合调度，将是促进临漳县水资源可持续利用和社会发展的有效途径。

2　建立模型

水资源利用目标不是追求某一方面或对象的效益最好，而是追求多目标整体效益最优，因此水资源优化配置是多目标优化问题。依据当前国家相关的水资源政策和地方规划，以 2013 年的水资源状况作为现状水平年，并以 2020 年作为规划水平年。该模型包含地表水、地下水、再生水、外调水，目标包含经济效益目标、社会效益目标和环境效益目标，约束条件包含水源供水能力约束、需水约束、输水能力约束、污染排放物 COD 约束、变量非负约束。接着将前期收集整理的数据带入模型中，通过模型运算及调试，获得区域多水源联合调配规划方案。具体模型如下。

2.1　目标函数

（1）经济效益目标（以研究区域供水净效益最大为目标）：

$$\max f_1^{\pm}(x) = \sum_{i=1}^{4} \sum_{j=1}^{4} e_j^{\pm} R_{ij} x_{ij}^{\pm} \tag{1}$$

（2）社会效益目标（以区域水资源缺水量最小来间接反映社会效益这一指标）：

$$\min f_2^{\pm}(x) = \sum_{j=1}^{4} \sum_{i=1}^{4} (D_j^{\pm} - R_{ij} x_{ij}^{\pm}) \tag{2}$$

（3）环境效益目标（以区域内主要污染排放物化学需氧量的总和最小为目标）：

$$\min f_3^{\pm}(x) = \sum_{j=1}^{4} \sum_{i=1}^{4} q d_j^{\pm} w_j R_{ij} x_{ij}^{\pm} \tag{3}$$

2.2　约束条件

（1）水源供水能力约束：

$$R_{ij} x_{ij}^{\pm} \leqslant s_{ij}^{\pm}, \ \forall i, j \tag{4}$$

（2）需水约束：

$$D_{j\min}^{\pm} \leqslant \sum_{i=1}^{4} R_{ij} x_{ij}^{\pm} \leqslant D_{j\max}^{\pm}, \ \forall t, j \tag{5}$$

（3）输水能力约束：

$$\sum_{j=1}^{4} R_{ij} x_{ij}^{\pm} \leqslant Q_i^{\pm}, \ \forall i \tag{6}$$

（4）污染排放物 COD 约束：

$$\sum_{i=1}^{4} q d_j^{\pm} w_j R_{ij} x_{ij}^{\pm} \leqslant DQ_j^{\pm}, \ \forall j \tag{7}$$

（5）变量非负约束：

$$x_{ij}^{\pm} \geqslant 0 \tag{8}$$

式中：i 为水源，$i=1$，$\cdots$，4（1 为地表水，2 为地下水，3 为外调水，4 为再生水）；j 为用水部门，$j=1$，$\cdots$，4（1 为生活用水，2 为生态用水，3 为工业用水，4 为农业用水）；$e_j^{\pm}$ 为生活、生态、工业和农业用水部门的用水净效益系数；$x_{ij}^{\pm}$ 为水源 i 向用水部门 j 的配水量；$D_j^{\pm}$ 为用水部门 j 的需水量；$d_j^{\pm}$ 为用水部门 j 排放污水中污染物的含量；w_j 为用水部门 j 的污水排放系数，%；q 为污染物中所含 COD 量，%；R_{ij} 为水源 i 向用水部门 j 的配水关系，1 表示配水，0 表示不配水；$s_{ij}^{\pm}$ 为水源 i 对用水部门 j 的可供水量；$D_{j\min}^{\pm}$ 为用水部门 j 的最低需水量；$D_{j\max}^{\pm}$ 为用水部门 j 的额定需水量；$Q_i^{\pm}$ 为水源 i 输水工程的最大输水能力；$DQ_j^{\pm}$ 为用水部门 j 的 COD 规定排放量。

2.3 模型求解

在本文中，应用了根据模糊规划和区间规划建立的不确定的多目标线性规划模型。模糊规划可以通过模糊数和模糊隶属度等信息来反映系统中的不确定性。并在弹性约束中提供一定满意度下的区间解，避免了因解区间太宽而难以指定的问题。区间规划模型[12]是由 Huang 首先提出并应用，模型中含有区间不确定性的数学规划方法。该方法可以处理模型中所包含的不同用户需水量、效益系数及污染物排放量等不确定性因素的信息，并不需要参数的概率分布，最后以区间的形式给出优化结果，在解的区间范围内调整数值，获得最优的决策方案，为优化决策提供依据。在本文中引入模糊隶属度 $\lambda^{\pm}$，利用交互式算法，将多目标规划转换为单目标规划[13-14]。如果目标函数值是求最小值，则先求解模型的下界子模型，如果目标值函数是求最大值，则先求解模型的上界子模型。因此不确定的多目标线性规划模型可以转化成不确定性单目标优化模型。具体模型如下：

$$\max \lambda^{\pm} \tag{9}$$

约束条件：

$$\sum_{i=1}^{4}\sum_{j=1}^{4} e_j^{\pm} R_{ij} x_{ij}^{\pm} \geqslant f_{1l}^{-} + \lambda^{\pm}(f_{1u}^{+} - f_{1l}^{-}) \tag{10}$$

$$\sum_{j=1}^{4}\sum_{i=1}^{4} (D_j^{\pm} - R_{ij} x_{ij}^{\pm}) \leqslant f_{2u}^{+} - \lambda^{\pm}(f_{2u}^{+} - f_{2l}^{-}) \tag{11}$$

$$\sum_{j=1}^{4}\sum_{i=1}^{4} q d_j^{\pm} w_j R_{ij} x_{ij}^{\pm} \leqslant f_{3u}^{+} - \lambda^{\pm}(f_{3u}^{+} - f_{3l}^{-}) \tag{12}$$

$$R_{ij} x_{ij}^{\pm} \leqslant s_{ij}^{\pm}, \ \forall i, j \tag{13}$$

$$D_{j\min}^{\pm} \leqslant \sum_{i=1}^{4} R_{ij} x_{ij}^{\pm} \leqslant D_{j\max}^{\pm}, \ \forall j \tag{14}$$

$$\sum_{j=1}^{4} R_{ij} x_{ij}^{\pm} \leqslant Q_i^{\pm}, \ \forall i \tag{15}$$

$$\sum_{i=1}^{4} q d_j^{\pm} w_j R_{ij} x_{ij}^{\pm} \leqslant DQ_j^{+} - \lambda^{\pm}(DQ_j^{+} - DQ_j^{-}) \tag{16}$$

$$x_{ij}^{\pm} \geqslant 0 \tag{17}$$

$$0 \leqslant \lambda^{\pm} \leqslant 1 \tag{18}$$

其中，$f_{1u}^{+} = \max(f_{11}^{+}, f_{12}^{+}, f_{13}^{+})$、$f_{1l}^{-} = \min(f_{11}^{-}, f_{12}^{-}, f_{13}^{-})$、$f_{2u}^{+} = \max(f_{21}^{+}, f_{22}^{+}, f_{23}^{+})$、$f_{2l}^{-} = \min(f_{21}^{-}, f_{22}^{-}, f_{23}^{-})$、$f_{3u}^{+} = \max(f_{31}^{+}, f_{32}^{+}, f_{33}^{+})$ 和 $f_{3l}^{-} = \min(f_{31}^{-}, f_{32}^{-}, f_{33}^{-})$ 是 $f_1^{\pm}$，$f_2^{\pm}$ 和 $f_3^{\pm}$ 的上下限。详细地说，f_{11}^{+}、f_{11}^{-}、f_{21}^{+}、f_{21}^{-}、f_{31}^{+} 和 f_{31}^{-} 是目标函数式（1）和约束条件式（4）～式（8）的结果。f_{12}^{+}、f_{12}^{-}、f_{22}^{+}、f_{22}^{-}、f_{32}^{+} 和 f_{32}^{-} 是目标函数式（2）和约束条件式（4）～式（8）的结果。f_{13}^{+}、f_{13}^{-}、f_{23}^{+}、f_{23}^{-}、f_{33}^{+} 和 f_{33}^{-} 是目标函数式（3）和约束条件式（4）～式（8）的结果。因此最终结果可以表示为

$$\lambda_{opt}^{\pm} = [\lambda_{opt}^{-}, \lambda_{opt}^{+}]$$

$$x_{jopt}^{\pm} = [x_{jopt}^{-}, x_{jopt}^{+}], \ \forall j$$

目标函数值可表示为

$$f_{1opt}^{\pm} = [f_{1opt}^{-}, f_{1opt}^{+}]$$

$$f_{2opt}^{\pm} = [f_{2opt}^{-}, f_{2opt}^{+}]$$

$$f_{3opt}^{\pm} = [f_{3opt}^{-}, f_{3opt}^{+}]$$

模型（1）可以转换成一个客观机制模型，然后把不确定性模糊线性规划（IFLP）模型分解为两个确定性模型和解决顺序的 ITSM 得到区间解。

步骤1：各自地求解目标 [式（1）] 和约束 [式（4）～式（8）]，目标 [式（2）] 和约束 [式（4）～式（8）]，目标 [式（3）] 和约束 [式（4）～式（8）] 得到 ILP 模型，其目的是为每个目标获得灵活的

指标并且为模型（1）构想出 IFLP 模型。

步骤 2：变换 IFLP 模型分为两个子模型，其中上限（λ^+）首先被解决，因为目标是求最大 $\lambda^{\pm}$。

步骤 3：解决 λ^+ 模型得到解决 x_{ijopt}^+ 和 λ_{opt}^+。

步骤 4：基于 ITSM 模型制定 λ^- 的目标函数和相关的约束。

步骤 5：解决 λ^- 模型得到解决 x_{ijopt}^- 和 λ_{opt}^-。

步骤 6：通过计算［式（1）～式（3）］基于 x_{ijopt}^+ 和 x_{ijopt}^- 获得各目标值。

步骤 7：综合两个子模型和所有目标值，最优的结果可以表示为：$\lambda_{opt}^{\pm} = [\lambda_{opt}^-, \lambda_{opt}^+]$，$x_{jopt}^{\pm} = [x_{jopt}^-, x_{jopt}^+]$，$\forall j$，$f_{1opt}^{\pm} = [f_{1opt}^-, f_{1opt}^+]$，$f_{2opt}^{\pm} = [f_{2opt}^-, f_{2opt}^+]$，$f_{3opt}^{\pm} = [f_{3opt}^-, f_{3opt}^+]$。

步骤 8：结束。

2.4　模型参数的确定

在对历史数据统计分析基础上，我们采用定额法预测出邯郸市临漳县规划水平年生活、生态、工业、农业的需水量[15]和可供水量[16]。其中生活需水量预测包括城镇生活需水量预测和农村生活需水量预测，生态需水量预测包括河道内和河道外生态环境需水量预测。采取需水量的130%作为需水量的上限，需水量的70%作为需水量的下限（表1）。参照有关效益系数和费用系数的文献，同时参考临近同类水源的效益系数和费用系数从而确定出净效益系数[17]。根据相关规定，在本研究中污水排放系数取0.7。近年来水污染加重，耗氧量超标将有增无减。本文收集到2013年COD的排放量，根据增长法可以推求到规划水平年2020年COD的排放量，采取规划水平年2020年COD排放量的130%作为规划水平年2020年的最大环境容量。

表 1　需水量的上限和下限

行政分区	生活/10^6 m³		生态/10^6 m³		工业/10^6 m³		农业/10^6 m³	
	下限	上限	下限	上限	下限	上限	下限	上限
临漳县	[48.03,48.50]	[89.20,90.0]	[1.70,1.72]	[2.18,2.36]	[6.97,7.74]	[12.94,14.37]	[69.84,83.82]	[129.83,155.66]

3　结果分析

在本研究中，考虑了多目标、多水源的联合调度问题，尤其是靠外调水和当地水有利结合来缓解水资源短缺的问题。利用 Lingo 软件编写程序，将数据嵌入到模型中，从而得到了目标的函数值和水资源分配方案。λ 上界与模型的上界子模型所对应，它意味着更高的满意度和更高的违反约束的风险，λ 下界与模型的下界子模型所对应，它意味着更低的满意度和违反约束的风险较低。具体而言，当 λ^+ 的值为0.980时，它所对应的经济效益为42.01万元，社会效益为9.27万 m³，环境效益为0.0035万 kg。但是，当 λ^- 的值为0.975时，它所对应的经济效益为40.23万元，社会效益为7.09万 m³，环境效益为0.0031万 kg。λ 的上下界和各个目标的效益值见表2。

表 2　不同满意度下的目标效益值

λ^+ =0.980			λ^- =0.975		
经济效益/万元	社会效益/万 m³	环境效益/万 kg	经济效益/万元	社会效益/万 m³	环境效益/万 kg
42.01	9.27	0.0035	40.23	7.09	0.0031

按照不同供水部门给出调配方案即临漳县地区的所有水源按照之前所定的配水原则分别给生活、生态、工业和农业的配水情况。分配给临漳县生活、生态、工业和农业的配水量依次为 [6869.25,6899.89]万 m³、[170.11,170.11]万 m³、[998.12,1010.3]万 m³、[9980.34,10800.36]万 m³。在需水

量下限的基础上，临漳县各个用户的用水都能被满足。但是在需水量上限的基础上，生活缺水量为221.92万 m³，缺水率为3.2%；生态缺水量为5万 m³，缺水率为2.9%；工业缺水量为2万 m³，缺水率为2%；农业缺水量为500万 m³，缺水率为5%。

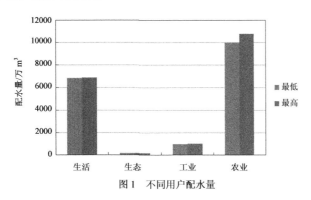

图1　不同用户配水量

按不同的水源（地表水、地下水、外调水、再生水）给出调配方案，见表3。地表水的配水总量为[6066.57,6393.54]万 m³，地下水的配水总量为[8508.79,8939.61]万 m³，外调水的配水总量为[1542.53,1549.25]万 m³，再生水的配水总量为[526.33,566.81]万 m³。总的来说所有的用户都会使用地表水和地下水，大部分的地表水将会调配给生活和农业，调配给生态的水量是最少的。根据当地的水利工程设施以及需水要求，外调水只供给生活和生态。外调水在水资源系统中扮演着重要的角色，因此将外调水与当地的水利工程有机地结合起来，可以从一定程度上缓解水资源短缺的局面。由于再生水的水质不能满足生活和工业用水，因此再生水只配给了生态和农业用水。

表3　各个水源调配给每个用户的水量　　　　　　　　　　　　　　单位：万 m³

水源	生活	生态	工业	农业
地表水	[2174.11,2183.81]	[53.83,53.83]	[315.90,332.42]	[3522.73,3823.48]
地下水	[3188.70,3202.92]	[74.69,74.69]	[620.94,655.49]	[4624.46,5006.51]
外调水	[1506.42,1513.14]	[36.11,36.11]	[0.00, 0.00]	[0.00, 0.00]
再生水	[0.00, 0.00]	[5.46, 5.46]	[0.00, 0.00]	[520.87,561.35]

4　结语

本文主要研究了在邯郸市临漳县多水源系统中如何合理的运用地表水和外调水，避免过度开采地下水的问题。由于此系统中存在多个水源在调水分配上的负载冲突问题，不同用户需水量、效益系数及污染物排放量等不确定性因素，所有这些不确定因素用多目标线性规划模型来解决上述问题相当困难，因此应用了不确定的多目标线性规划模型来解决这个问题。该不确定的多目标线性规划模型不仅可以明确地解决系统的不确定性，而且能够用不同模糊隶属度来平衡各个用户之间的矛盾，给出合理的区间目标值和区间决策变量值，便于决策者在环境、经济和系统可信度三者之间进行权衡考虑，为决策者提供一项最佳的多水源联合调度措施。

通过应用该不确定的多目标线性规划模型，最后得出邯郸市临漳县多水源的调配方案。根据各地方供水部门的不同，设置水资源调配方案如下：在需水量下限的基础上，临漳县各用户的用水都能被满足，但是在需水量上限的基础上，生活缺水量为221.92万 m³，缺水率为3.2%；生态缺水量为5万 m³，缺水率为2.9%；工业缺水量为2万 m³，缺水率为2%；农业缺水量为500万 m³，缺水率为5%；根据各地方供水部门的不同，设置水资源调配方案如下：地表水的配水总量为[6066.57,6393.54]万 m³，地下水的配水总量为[8508.79,8939.61]万 m³，外调水的配水总量为[1542.53,1549.25]万 m³，再生水的配水总量为[526.33,566.81] 万 m³，所有的用户都使用地表水和地下水，大部分的地表水都会调配给生活和农业，但调配给生态的水量是最少的，外调水只供给生活和生态，再生水只配给生态和农业用水。综上所述，它不仅有助于使各个用户多个利益达到最大化，而且还能合理的调配水资源，有效地促进了邯郸市临漳县水资源可持续利用和经济发展。

参考文献

[1] 辛玉琛，张志君. 长春市城市水资源优化管理模型研究[J]. 东北水利水电，2000，1(18): 15-17.

[2] 李勤，李秋兰，燕在华. 江苏省淮河流域水资源规划模型的研究[J]. 灌溉排水，2000，2(19):52-54.

[3] 傅冬绵. 关于水资源的优化配置模型[J]. 国土资源科技管理，2001，4(15):15-18.

[4] 赵丹，邵东国，李丙军. 西北灌区水资源优化配置模型研究[J]. 水利水电科技进展，2004，4(24):5-7.

[5] 李淑芹，高伟，耿志勇. 区域水资源优化配置模型研究[J]. 水利科技. 2009(1):26-27.

[6] Fan Y R, Huang W W, Li Y P, et al. K. A coupled ensemble filtering and probabilistic collocation approach for uncertainty quantification of hydrological models[J]. Journal of Hydrology. 2015, 530: 255-272.

[7] Fan Y R, Huang W, Li Y P, et al. A PCM-based stochastic hydrological model for uncertainty quantification in watershed systems[J]. Stochastic Environmental Research & Risk Assessment. 2015, 29(3): 915-927.

[8] Yang T, Tao Y, Li J, et al. Multi-criterion model ensemble of CMIP5surface air temperature over China[J]. Theoretical& Applied Climatology. 2017: 1-16.

[9] 刘年磊，蒋红强，吴文俊. 基于不确定性的水资源优化配置模型及其研究[J].中国环境科学，2014（6）：1607-1613.

[10] Wu S M, Huang G H, Guo H C. An interactive inexact-fuzzy approach for multiobjective planning of water resources systems[J]. Water Science Technology. 1997, 36(5): 235-242.

[11] Wu S M, Huang G H. An interval-parameter fuzzy approach for multiobjective linear programming under uncertainty[J]. Journal of Mathematical Modelling and Algorithms. 2007, 6(2): 195-212.

[12] 张晓首，黄国和，席北斗，等. 不确定性的电厂动力配煤优化模型华东电力，2008，36(6):73-76.

[13] 叶剑，刘洪波，闫晶晶.不确定性模糊多目标模型在生态城市水资源配置中的应用[J]. 环境科学学报，2012,32(4):1001-1007.

[14] Huang G H, Loucks D P. An inexact two-stage stochastic programming model for water resources management under uncertainty[J]. Civil Engineering and Environmental Systems，2000，17(2): 95-118.

[15] 胡新锁，乔光建，形威州. 邯郸生态水网建设与水环境修复[M]. 北京：中国水利水电出版社，2013: 103-128.

[16] 王树谦，李秀丽，郝宝英. 邯郸市水资源现状及对策研究[J]. 河北建筑科技学院学报（社科版），2005，2(22):50-51.

[17] 陈兴茹，刘树坤. 论经济合理的生态用水量及其计算模型(1)-理论[J].水利水电科技进展，2006，26(5):1-6.

基于 SEM-PLS 地形、土壤、水文条件与植被演替关系模拟*

曹文梅 [1,2]，刘廷玺 [1,2]

（1. 内蒙古农业大学水利与土木建筑工程学院，呼和浩特 010018；

2. 内蒙古自治区水资源保护与利用重点实验室，呼和浩特 010018）

摘 要： 本文以科尔沁沙地中拥有完整沙丘-草甸梯级生态系统的阿古拉生态水文试验区为研究对象，采用 PcoA 分析法通过物种梯度确定了能代替该地区植被演替序列的植被空间格局，并分别构建了整个研究区及其沙丘地带的混合型结构方程模型，利用 PLS 方法验证了地形、土壤和水文条件对植被空间格局的直接和间接影响。结果表明，两个模型中土壤条件对植被空间格局均有显著直接影响，在沙丘地上表层土壤结构性能的影响水平得到提升；显著影响整个研究区植被空间格局的水文条件是地下水位埋深，在沙丘地上是土壤体积含水量；两个模型中地形条件中高程和坡度通过影响表层土壤条件间接影响植被空间格局，坡向对植被空间格局影响不显著。本研究强调了结构方程模型中独有的潜变量项的优势，并对形成型测量模型和反映型测量模型进行了区分使用，结构方程模型和传统统计方法相比，结构方程模型更适用于研究复杂多样的生态系统，因此应加强结构方程模型在生态学中应用的推广。

关键词： SEM；植被演替；地形条件；土壤条件；水文条件

1 引言

众所周知地形、土壤和水文条件与植被的演替过程密不可分，但关于他们之间相应关系的研究多反映的是单变量与单变量或单变量与多变量间的直接响应关系，不能同时反映各变量间的直接和间接响应的复杂链条效应关系。结构方程模型（Structural Equation Model，SEM）是近 20 年来多元统计分析领域中发展最为迅速的一个分支，它可以同时检验一批回归方程，在心理学、管理学、社会学等社会科学领域中被广泛应用[1]。21 世纪以来学者们先后将 SEM 引入与应用到生态学、土壤学、植物学、植物发育生物学、森林生态学、环境化学等自然科学领域的定量化复杂研究中[2-15]，并取得了显著成效，但在这些研究中很少引入潜变量项，使得 SEM 的独特性没有发挥到最好。因此本文通过构建含有潜变量项的 SEM，联合分析地形、土壤和水分条件对研究区内能代表植被演替序列的优势植物种的空间格局的直接和间接影响，同时对形成型测量模型和反映型测量模型进行了辨识。

2 结构方程模型介绍

结构方程模型（SEM）是一种解析多变量复杂关系的建模工具。与其他统计方法相比，SEM 有其独特的优势：①它不仅可以考察变量之间的直接影响，还可以揭示变量间的间接影响；②允许自变量和因变量之间存在测量误差，为分析潜在变量之间的结构关系提供了可能[16]。SEM 由描述可测变量与其潜在变量之间关系的外部模型（测量模型）和描述各潜在变量之间关系的内部模型（结构模型）两部分组成。

*基金项目：国家自然科学基金重点国际（地区）合作研究项目、重点项目和面上项目（51620105003，51139002，51497086）、内蒙古水利科技项目资助；教育部创新团队发展计划（IRT_17R60）。

第一作者简介：曹文梅（1992—），女，河北张家口人，博士研究生，从事干旱区植被生态研究。Email: cwm_0303@126.com

外部模型分为反映型模型和构成型模型两种，两者具有很大的区别。反映型模型中结构变量的变化可导致测量变量变化，测量变量的变化不一定导致结构变量变化，而构成型模型中正好相反；反映型模型中，同一个结构变量所对应的测量变量内容相似或相近，具有互换性，而构成型模型中同一个结构变量对应的测量变量不具有互换性；反映型模型对于测量变量之间的共线性没有限制，而构成型模型则要求将测量变量间的共线性控制在一定范围内；反映型模型主要分析模型中结构变量之间的关系，而构成型模型既分析结构变量之间的关系，也分析结构变量同测量变量的关系。另外两者的评价方式也不相同，反映型模型的检验主要通过计算组合信度、信度系数（Cronbachs Alpha）、平均提取方差和因子载荷等指标，衡量变量的内部一致性、聚合效度和区分效度。构成型测量模型检验主要通过表示多重共线性指标的方差膨胀因子（Variance Inflation Factor，VIF）和容忍度来反映测量模型的结构信度。现阶段 SEM 的实现主要有协方差建模法和最小二乘建模法（PLS）两种，相较协方差建模法最小二乘建模法对数据没有正态分布的要求，对样本量也没有要求，可以处理同时包含有反映型测量模型和形成型测量模型的混合模型[17-18]，适合本研究的模型构建。

3 研究区概况及数据收集

研究区位于科尔沁沙地东南缘，行政隶属内蒙古自治区通辽市科尔沁左翼后旗阿古拉镇，地理坐标 122°33′00″E~122°41′00″E，43°18′48″N~43°21′24″N，海拔高程 185~231m，面积 55km² （图 1）。研究区具有完整的沙丘-草甸-湖泊相间分布的梯级生态系统，是研究科尔沁沙地植被-生态-水文耦合过程的理想地点。其中内部湖泊占总面积的 5.6%，草甸占 9.1%，农田占 26.8%，沙丘占 47.3%；地形总趋势为西高东低，南北高翘，中间低平；地貌形态呈现出明显的东西和南北方向上的分异。土壤多为风沙土、栗钙土，类型主要为砂土，还有少量砂壤土、黏壤土和壤砂土，土质较疏松，颗粒偏粗，透水性较强。研究区现阶段的天然植被在各阶段植被演替交替进行影响下形成了复杂多样的植被空间格局，指示植物种有沙米、差巴嘎蒿、花苜蓿、羊草、木岩黄芪、小叶锦鸡儿、芦苇等[19]。

根据研究区沙丘-草甸-湖泊相间分布的地形地貌特征，在研究区的东、中、西部共布设 3 个南北走向的调查断面（图 1），每个断面设立 2 条调查试验经线，在每条经线上每隔 1″纬度设置一个 1 m×1 m 的样方，除去湖泊、人工玉米地和人工杨树林，共有 333 个自然植被样方。收集整理获得每个样方 2015 年的植被重要值和生长季土壤水和地下水位均值、2011 年土壤物化性质指标、2010 年的统测获得的地形数据。

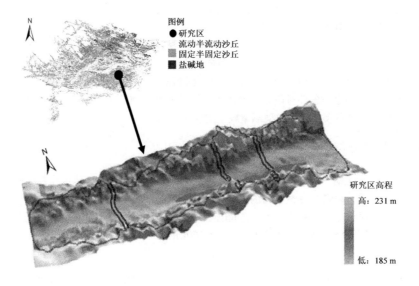

图 1　研究区地理位置及调查样带位置

4 模拟分析

4.1 植被演替形成型测量模型构建

本研究采用 PCoA 法基于 $\sum\limits_{i=1}^{333} P_i > 10$ 的 8 种植物种在样方内的重要值通过 Bray-Curtis 距离计算出不同样地的组成差异距离，并通过建立 8 种植物种与排序轴的相关分析将物种被动投影到双序图中，来寻找能完整代替研究区植被演替空间序列的优势植物种。分析结果显示，对于整个研究区芦苇与其他 7 种植物种的分布趋势有显著差异，在研究区沙丘地上，沙米、差巴嘎蒿和小叶锦鸡儿 3 种植物种在二维排序图中的空间分布趋势恰好近似 3 等分，说明这 3 种植物种是分布在研究区沙丘地上的典型植物，他们的空间格局能很好地代表研究区沙丘地的植被空间格局，结合科尔沁沙地植被的演替模式（沙米群落→差不嘎蒿群落或黄柳群落→冰草草原或糙隐子草草原或羊草草原→灌丛化草原→榆树疏林草原）[20]，说明这 3 种典型植物种的空间格局变化能很好地反映研究区沙丘地的植被演替方向，因此将 3 种典型植物种的重要值作为沙丘地植被空间格局的测量变量，3 种典型植物加上芦苇作为整个研究区植被空间格局的测量变量，又因为 4 种植物种间无显著线性关系，将它们同植被空间格局之间的关系定义为形成型模型（图2）。

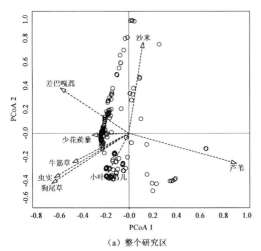 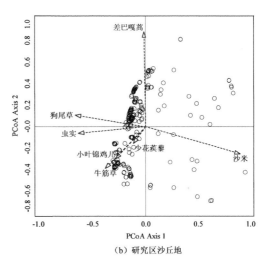

（a）整个研究区　　　　　　　　　　（b）研究区沙丘地

图2　植被演替的空间序列

4.2 土壤性能反映型测量模型构建

土壤颗粒分布（PHD）状况能很好地反映土壤结构性能，研究上常用测定方法简单便捷且精度高的平均粒径和标准偏差等统计指标来描述土壤粒径分布状况。而反映土壤自身结构性能的平均粒径、标准偏差和干容重具有共线性，增减或者改变这些指标不会改变土壤自身的性能，而且本研究主要侧重分析土壤结构性能与其他因素间的定量响应关系，因此将 3 个测量变量同表层土壤结构性能之间的关系定义为反映型模型（图3右图）。

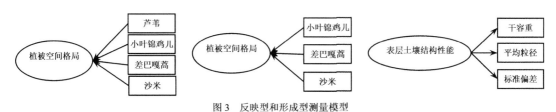

图3　反映型和形成型测量模型

4.3　混合结构方程模型

利用 SmartPLS 2.0 进行结构方程模型分析，表 1 给出了整个研究区和研究区沙丘地植被空间格局形成型变量测量模型的结构效度，结果表明，各测量变量间的方差膨胀因子值均小于 3，容忍度接近于 1，不存在共线性，沙米、差巴嘎蒿和小叶锦鸡儿对研究区沙丘地植被空间格局的权重均在 0.05 水平上显著（$t>1.96$），而对整个研究区植被空间格局的权重中均在 0.05 水平上不显著，芦苇在 0.01 水平上显著（$t>2.58$），满足评价要求。因此，本研究模型形成型测量变量具有较高的结构信度。整个研究区的结构能很好地反映沙丘地与湿地的群落格局，沙丘地的结构能很好地反映沙丘地植被空间格局变化。

表 1　形成型变量测量模型分析结果

潜变量	测量变量	研究区		沙丘地		方差膨胀因子	容忍度
		权重	t 值	权重	t 值		
植被空间格局	沙米	−0.243	1.940	0.774	4.204	1.120	0.893
	差巴嘎蒿	−0.194	1.570	0.548	3.177	1.292	0.774
	小叶锦鸡儿	0.078	1.625	−0.355	2.113	1.135	0.881
	芦苇	0.869	2.733	—	—	1.249	0.801

整个研究区及其沙丘地表层土壤结构性能反映型变量的测量模型分析结果见表 2，由表 2 可知两个模型的组成信度值和信度系数值均大于推荐阈值 0.700，平均提取方差值大于推荐阈值 0.500；反映型变量测量指标的因子载荷均在 0.001 水平上（$t>3.28$）显著大于阈值 0.700。因此，本研究两个模型中各反映型变量均具有良好的内部一致性和聚合效度。

表 2　反映型变量测量模型分析结果

潜变量	模型	测量变量	因子载荷	t 值	平均提炼方差	组成信度	信度
表层土壤结构性能	研究区	平均粒径	0.959	117.671	0.845	0.942	0.909
		粒径标准偏差	0.868	35.083			
		干容重	0.929	57.202			
	沙丘地	平均粒径	0.937	54.645	0.765	0.906	0.846
		粒径标准偏差	0.910	42.866			
		干容重	0.767	12.868			

地形、土壤、水文条件和研究区及其沙丘地的植被空间格局关系如图 4 所示，可看出，对整个研究区而言，表层土壤结构性能、有机质含量和地下水位埋深对植被空间格局的显著直接影响在 0.05 水平上的依次降低，其中表层土壤结构性能和有机质含量在 0.001 水平上显著相关，高程、坡度和坡向对表层土壤结构性能的显著影响水平依次降低，高程通过影响表层土壤结构性能间接影响有机质含量 [（0.394×（−0.797）中介作用明显。对于研究区沙丘地而言，表层土壤结构性能、有机质含量和土壤体积含水量对植被空间格局的直接影响显著水平依次降低，表层土壤结构性能和有机质含量在 0.01 水平上显著相关，表层机构性能受到坡度的显著影响，有机质含量受到高程的显著影响。

综上所述，梳理模型的模拟结果，可看出，地形条件对植被演替的影响在整个研究区的作用要显著大于在研究区沙丘地的作用，两个模拟结果均显示土壤条件对植被演替的作用大于水文条件，而在水文条件中，地下水位埋深在整个研究区的植被空间格局中作用显著，土壤体积含水率在研究区沙丘地的植被空间格局中作用显著。

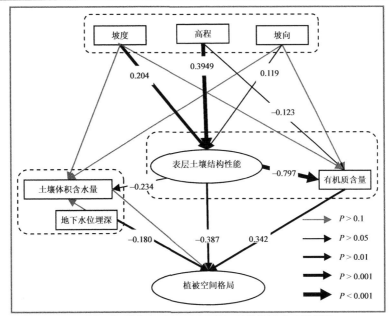

（a）整个研究区的地形、土壤、水文条件与对应植被空间格局模拟结果

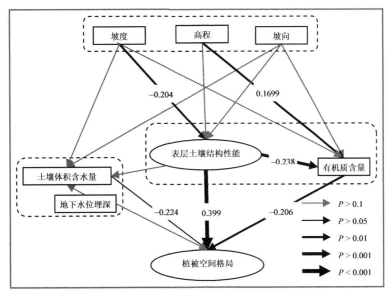

（b）研究区沙丘地的地形、土壤、水文条件与对应植被空间格局模拟结果

图 5　结构方程模型模拟结果

5　结语

　　该研究首先利用 PcoA 分析法发现能代表整个研究区及其沙丘地植被演替序列的 4 种优势植物种，分别是沙米、差巴嘎蒿、小叶锦鸡儿和芦苇，接着在 SEM 中引入了能反映植被演替序列的形成型测量模型——"植被空间格局"潜变量，和能反映表层土壤能力的反映型测量模型——"表层土壤结构性能"潜变量，从而利用 PLS 方法分别揭示了影响整个研究区及其沙丘地上植被演替的直接影响条件和间接影响条件。土壤条件的改变可以直接控制植被的演替方向，地形条件中的高程和坡度主要通过改变表层土壤间接控制植被演替方向，由于研究区域面积小导致坡向对植被演替方向影响不显著，而水文条件主要影

响植被演替过程中量的积累。与传统回归方法比较 SEM 更能反映生态系统中潜在响应关系，模型结果给出的间接影响指标能提高我们对系统的认识，因此我们应该深入学习多元统计方法。

参考文献

[1] 林嵩. 结构方程模型原理及 AMOS 应用[M]. 武汉：华中师范大学出版社，2008.

[2] Shipley B. Cause and Correlation in Biology[M]. UK: Cambridge University Press, 2000, 84(4): 646-649.

[3] 王酉石，储诚进. 结构方程模型及其在生态学中的应用[J]. 植物生态学报，2011, 35(3): 337-344.

[4] Eisenhauer N, Bowker M A, Grace J B. From patterns to causal understanding: Structural equation modeling (SEM) in soil ecology[J]. Pedobiologia-Journal of Soil Ecology, 2015, 287 (5459): 1-8.

[5] Iriondo J M, Albert M J, Escudero A. Structural equation modelling: An alternative for assessing causal relationships in threatened plant populations[J]. Biological Conservation, 2003, 113(2003): 367-377.

[6] Shipley B, Lechowicz M J, Wright I, Reich P B. Fundamental trade-offs generating the worldwide leaf economics spectrum[J]. Ecology, 2006, 87(3): 535-541.

[7] Grace J B, Anderson T M, Smith M D. Does species diversity limit productivity in natural grassland communities[J]. Ecology Letters, 2007, 2007(10): 1-10.

[8] Lamb E G, Cahill J F. When competition does not matter: grassland diversity and community composition[J]. The american naturalist, 2008, 171(6): 777-787.

[9] Grace J B, Larry A, Charles A. Factors associated with plant species richness in a coastal tall-grass prairie[J]. Journal of Vegetation Science, 2000, 287 (5459): 443-452.

[10] Spitale D, Petraglia A, Tomaselli M. Structural equation modelling detects unexpected differences between bryophyte and vascular plant richness along multiple environmental gradients[J]. Journal of Biogeography, 2009, 36: 745-755.

[11] Jonsson M, Wardle D A. Structural equation modelling reveals plant-community drivers of carbon storage in boreal forest ecosystems[J]. Biology letters, 2010, 6 (2010): 116-119.

[12] Take M, Aalto J, Virkanen J, Luoto M. The direct and indirect effects of watershed land use and soil type on stream water metal concentrations[J]. Water resources research, 2016, doi:10.1002: 7711-7724.

[13] 徐咪咪. 异龄林林分生长的结构方程模型分析研究[D]. 北京：北京林业大学，2010.

[14] 周健平. 基于结构方程模型的林分特征因子间耦合关系分析[D]. 哈尔滨：东北林业大学，2015.

[15] 黄兴召，许嵩华，许俊，等. 利用结构方程解析杉木林生产力与环境因子及林分因子的关系[J]. 生态学报，2017, 37(7): 1-8.

[16] 侯杰泰，温忠麟，成子娟. 结构方程模型及其应用[M]. 北京：教育科学出版社，2008.

[17] Chin, Newsted. Srtuctural equation modeling analysis with samples using partial least squares. In: R. H. Hoyle, Statistical strategies for small sample research [M]. Thousand Oaks, CA: Sage, 1999, 307-342.

[18] Krijnen, Dijkstra, Gill. Conditions for factor in determinacy in factor analysis[J]. Psychometrika, 1998,63(4):359-367.

[19] 曹文梅，刘小燕，王冠丽，等. 科尔沁沙地自然植被与生境因子的 MRT 分类及 DCCA 分析[J]. 生态学杂志，2017(2):318-327.

[20] 赵丽娅，赵哈林. 我国沙漠化过程中的植被演替研究概述[J]. 中国沙漠，2000(S1):8-15.

极干旱区深埋潜水蒸发研究进展（2）
——以敦煌莫高窟为例*

李红寿 [1,2]

（1. 敦煌研究院保护所，甘肃敦煌 736200；2. 古代壁画保护国家文物局重点科研基地，甘肃敦煌 736200）

摘　要：笔者以潜水埋深超过 200 m 的敦煌莫高窟水研究为背景，对极干旱区深埋潜水蒸发研究进展进行了综述与总结。通过封闭系统研究方法，应用空调冷凝法测定了莫高窟戈壁及洞窟潜水蒸发数量和特征。结果表明，戈壁区和洞窟内分别存在 4.52 m/a 和 1.2 g/(m²·d)的潜水蒸发。戈壁潜水蒸发在年尺度和日尺度上都成正弦曲线特征。洞窟内规避了太阳辐射，日蒸发呈线性特征。太阳辐射下的土壤/围岩温度变化是引起潜水蒸发的主要动力来源。隔绝法、降水回收和水同位素示踪印证了其潜水来源。在降水脉动影响下，潜水蒸发可增大 28.9%。潜水蒸发导致戈壁富盐，降水湿膨胀可形成干旱沙楔，其水-盐分异对极干旱生态系统有重要作用。发明"干旱区荒漠化土地生态恢复的方法"成功将潜水来源应用到生态恢复之中，效果显著。

关键词：潜水；蒸发；拱棚法；极干旱区

由于水分的缺乏，一方面极干旱区是全球荒漠化最严重的地区，风沙灾害频繁[1]；另一方面，得益于该区干燥的气候，保存了大量的古代遗址。举世闻名的敦煌莫高窟现存洞窟 735 个，壁画 45 000 m²，彩塑 2 000 余身，是著名的世界文化遗产。由于生态环境的恶化，风沙对莫高窟精美壁画造成了严重危害。同时研究表明，水分是洞窟壁画劣化最活跃的因子，是引起壁画酥碱、起甲、空鼓和霉变等众多病害的关键因子，而来源与数量等尚不明确[2]。因此，对莫高窟而言，水是一对矛盾。如何趋利避害，一方面寻求可利用水分进行生态恢复和环境保护，另一方面明确洞窟水分来源、数量、活动特征和活动机理，是莫高窟洞窟文物的主动预防性保护亟须解决的关键问题。

众所周知，荒漠化防治最有效的措施是以水为中心、以土地为基础、以生物为主导的综合生态管理[1]。但学术界一度认为极干旱区土壤水分是降水的遗存，当埋深超过一定深度时，潜水将停止运转与蒸发[3]。笔者在潜水埋深超过 200 m 的莫高窟通过水资源调查、降水模拟[4]、5 mm 降水回收[5]，初步认为极干旱区存在深埋潜水向上运转，潜水是土壤水分、生态用水和洞窟水分的主要来源。

2008 年，笔者用 PVC 搭建半球形密闭拱棚，通过夜间膜面的自然凝结收集水分。235 d 的监测表明该区存在 2.1 g/(m²·d)的持续水分蒸发[6]。同时，长期的土壤水分监测表明，含水率不但没有下降，反而略有上升。由此推断，蒸发水分来自潜水。另外，2008 年 9 月 29 日至 2009 年 3 月 16 日拱棚监测发现沙地也存在 1.25 g/(m²·d)的水分向外输送[7]。2009 年，在拱棚法的基础上在棚内加入空调系统（KFRd-70W 春兰空调），一方面通过空调制冷抑制拱棚温室效应，另一方面通过冷凝降低棚内湿度，使棚内外的温湿接近，并通过测定空调冷凝水分的数量蒸发量。45 d 的监测表明该区存在不少于 21.9 g/dm² 的潜水蒸发，较 2008 年同期膜面凝结[8]增大了 8 倍，存在 GSPAC 水分向上的运转[9]。

若蒸发水分来自降水，那么随着降水的逐渐蒸发，棚内蒸发数量会持续减少，若无减少，说明有潜水来源。因此，2010 年以来，为了进一步明确莫高窟戈壁蒸发水分来源，我们一方面长时间监测蒸发水

*基金项目：国家自然科学基金项目（41363009）、甘肃省科技计划项目（1308RJZF290）共同资助。

作者简介：李红寿（1970—），男，甘肃秦安人，研究员，主要从事干旱区环境和文物保护等方面的研究。Email:dhlhs69@163.com

分数量和特征，通过土壤温湿度分析潜水蒸发机理。同时，将戈壁较为成熟的封闭-冷凝系统应用到洞窟水分研究中，监测洞窟蒸发水分的数量与特征，分析驱动机理，为文物保护提供科学依据。另一方面，用隔绝法、降水回收和水同位素示踪法等不同方法确定蒸发水分来源。本文是对 2010—2016 年莫高窟深埋潜水蒸发研究的总结❶。

1　研究区域状况

敦煌莫高窟（40°02'13"N, 94°47'38"E）处于极干旱内陆区。戈壁实验区位于莫高窟窟顶，距洞窟群约 1 km 处进行。窟顶戈壁上层 4 m 为疏松砾砂，下层为胶结砾砂岩，属第四纪酒泉组。该区潜水埋深超过 200 m。深层土壤水分含量为 1.0%~1.5%[5]。洞窟开凿于大泉河西岸的岩壁上，图 1。

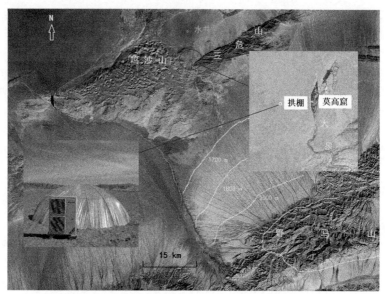

图 1　研究区域周边环境与拱棚-空调凝结装置

该区气候极其干燥，干燥指数为 32；太阳辐射强度可高达 1.1kW/m²，年日照率为 71%；年平均相对湿度仅为 31%，年平均温度为 11.23℃，风速为 4.1m/s；年降水量 42.2mm[4-9]。

2　研究方法

（1）用封闭系统研究思路，首先搭建 PVC 塑料膜拱棚（高 1.8 m，半径 3.1 m，面积 30 m²，体积 30 m³，边缘埋深 30 cm，图 1），将开放的土壤蒸发转化为封闭系统，然后用功率较大空调［5 kW 格力空调 KFR-120 LW (12568L) AL-HN5］平衡棚内外温湿度，冷凝收集蒸发水分（另外，监测 2 m 厚流沙的蒸发量[10]），监测蒸发数量、明确蒸发日特征[11]和年特征[12]。同时，在拱棚内外埋设温湿度监测仪 HOBO，监测土壤温湿度，分析蒸发水分来源与驱动机理。

（2）在监测蒸发量同时，在另一完全相同拱棚进行降水模拟回收。根据该区每年 1 次 10 mm 降水的频度计算，若降水可完全蒸发，则充分证明存在潜水蒸发[13]。同时，众所周知，干层土壤可阻断毛管水，极大地降低浅埋潜水蒸发，但尚不清楚极干浅层是否会对无毛管水运转的深埋潜水蒸发产生抑制。笔者推断，若其存在，那么反过来，在降水脉动过程中可能存在因干层土壤湿度增高而导致的潜水蒸发量增大的情况[5]。因此，通过 10 mm 降水模拟回收及回收后蒸发量的对比，不但可确定潜水来源，而且可分

---

❶ 2005—2009 年的研究以"极干旱区潜水蒸发研究进展——以敦煌莫高窟为例"发表于《中国水论坛 No.9 水与区域可持续发展》，本文是在此基础上的延伸，因此题目相同，标注为（2）。

析降水脉动对深埋潜水蒸发的影响。

（3）为了进一步求证极干旱区土壤及蒸发水分来源，在敦煌莫高窟窟顶戈壁开挖 200 cm×200 cm×200 cm 的土坑，在完全隔绝与下层土壤及四周的水分联系情况下回填，用 HOBO 监测土壤 10cm、30cm、50 cm、100 cm、150 cm 的空气温湿度；同时设置与四周隔绝但底部联通的坑作为对照（图2）。27 d 后两坑都模拟 25 mm 降雨。通过土样含水率和温湿度分析水分来源[14]。

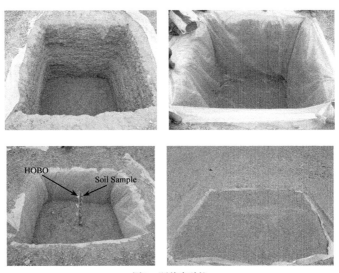

图2　隔绝实验坑

（4）将封闭系统研究方法应用到洞窟水分研究中，选择代表性洞窟 72 窟为研究对象（图3），通过封闭冷凝监测洞窟蒸发水分数量与特征[15]，研究动力基础[16]，并应用壁画试块称重法分析大气水分[17-18]、封闭洞窟[19]、环境因子[20]对洞窟壁画的影响。

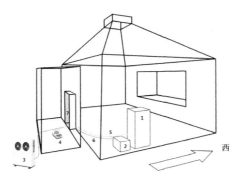

1—空调；2—除湿机；3—空调压缩机；4—称水天平；5—冷凝排水管；6—冷凝循环管；7—窟口封闭膜
图3　72 窟洞窟型制与冷凝除湿-温湿度控制系统示意图

（5）众所周知，水分稳定氢氧同位素核示踪在研究水分来源方面具有独到的作用。定期收集戈壁、洞窟凝结的蒸发水分，同时收集莫高窟降水、大泉河水、地下水，检测分析 δD 和 δ¹⁸O 值，应用水同位素示踪原理，揭示戈壁/洞窟蒸发水分的来源[21]。

（6）调查发现，敦煌莫高窟窟顶戈壁及周边区域广泛存在发育程度不同的砂楔，至今仍然正在发育中。砂楔发掘揭示窟顶戈壁潜藏着发育良好的砂楔，成多级分形结构，主楔深 50～60 cm，楔口宽 50～60 cm，深宽比为 1.0。砂楔的机械组成明显较细，且盐分含量明显存在差异。笔者认为，这是与潜水蒸发相关的地质地貌结构相关的。戈壁盐分是长期潜水蒸发的产物（反过来，盐分对潜水蒸发有重要影响）[22]，在干旱区沙楔形成中具有重要作用。笔者通过缝隙监测和降水模拟等对干旱沙楔的形成机理[23]及其生态学价值进行了揭示[24]。

（7）经过 10 余年的水分蒸发原理综合研究，发明了"干旱区荒漠化土地生态恢复的方法"[25]，已成功将潜水来源应用到荒漠化生态恢复之中。这里初步介绍这一科研成果转化的方法、效果及意义。

3　研究结果

3.1　明确了戈壁蒸发水分活动规律、动量基础与来源

戈壁蒸发的时间与日照基本同步，强度与温度变化基本平行，早晚较小，午后较大，夜间无潜水蒸发。日温度驱使土壤内部持续进行着有序的温度-水分耦合运移。午后随着表层土壤温度的降低就开始了对下层蒸发水分的吸湿吸附，而下层蒸发的水汽能透过表层土壤保持潜水向外的蒸发。初步明确了潜水蒸发在 0～40 cm 层位日尺度上的时序、数量、影响因子及影响程度；在日尺度上潜水蒸发呈正弦曲线，主要受日温度变化的控制[11]。

2010—2015 年的监测表明，戈壁的年潜水蒸发量为 4.52 mm。在 3—11 月为蒸发期，数量为 18.30 g/(m^2·d)。2.0 m 厚流沙区与戈壁对照相比明显较小，是同期戈壁潜水蒸发量的 15.0%。盐分差异是导致潜水蒸发量产生差异的主要原因。戈壁结晶盐分含量可有效承载和运转水分。通过监测 500 cm 土壤空气温湿度的年变化，分析了年蒸发特征的形成机制和变温层水分的运转机理。监测表明，在 3—11 月温度较高时期土壤内绝对湿度也较高，土壤整体处于"水汽通胀"的蒸发状态；在 11 月至次年 3 月温度较低时期，绝对湿度也较低，土壤整体处于"水汽收缩"的吸湿凝结状态。变温层土壤年温度的交替变化为潜水向上的连续运转提供了主要的动力保证，主导了潜水蒸发的年波动正弦特征——在大量水汽向下运转的同时，少量水汽向上运转蒸发。另外，地热对潜水运转也具有重要的驱动作用[12]。戈壁潜水来源及蒸发量的确定对生态恢复、矿物深穿透[26]等具有重要意义。

3.2　10 mm 降水可回收，降水脉动对潜水蒸发有重要影响

降水可回收实验表明，10 mm 在一年内可完全蒸发回收，充分说明存在潜水蒸发。在完全回收后的 3 年中，与对照拱棚潜水蒸发量的对比，10～20 cm 土壤湿度明显增加，潜水蒸发量增加了 28.9%。这表明降水可增加潜水蒸发。另外，44.8 mm 棚外意外降水表明，棚外相对湿度的增加不会增大棚内的蒸发量，表明侧向水汽运行极其有限，土壤水分蒸发受温度控制，土壤含水量的增加相当于增大了土壤的承载力，增加了土壤对蒸发潜水的运转能力（厚德载物），揭示了土壤水分迟滞现象和疏水性减小是导致潜水蒸发量增加的根本原因。这对科学认识极干旱区潜水蒸发潜力，合理定位降水与潜水在极干旱区生态系统中的作用，有效利用潜水资源进行生态恢复具有重要意义[13]。

3.3　隔绝实验印证了极干旱区深埋潜水蒸发的存在

隔绝与联通对比实验表明，模拟降雨前联通土壤的水分含量、空气相对湿度、绝对湿度都明显高于隔绝土壤。一年后隔绝土壤水分含量低于联通对照，但因隔绝土壤处于潜水蒸发漫溢的同一气象环境，其湿度不会无限下降。隔绝对比实验证明深埋极干旱区存在潜水运转与蒸发[14]。

3.4　明确了洞窟水分蒸发的数量、特征、来源及驱动机理

通过 5 年监测，发现洞窟内在 4—12 月洞窟存在 1.2 g/(m^2·d) 的蒸发量，1—3 月无蒸发存在。由于规避了太阳辐射，日尺度上窟内水分蒸发呈线性特征，无日波动变化，夜间也存在持续稳定的蒸发。受围岩年温度变化影响，在年尺度上蒸发呈正弦变化特征。温度升高引起洞窟围岩水分蒸发，温度降低围岩吸收来自深层的潜水水分，温度年周期波动是引起洞窟潜水蒸发的根源。洞窟水分蒸发量、蒸发特征和活动机理的确定为洞窟文物保护提供了科学依据[15]。

同时研究表明，洞窟温度变化可对水分蒸发产生显著影响。在开放条件下，壁画存在 43 g/(m^2·d) 的水分交流[16]。目前全球性的气温升高对洞窟文物将产生不利影响[20]。潮湿天气对洞窟湿度影响较大。洞窟封闭可消除外界气候及其温湿度日波动的影响。但长期的封闭会使空气相对湿度明显增高，激活盐分，不利于壁画的保护[19]。而在封闭洞窟内安装冷凝除湿-温湿度控制系统可有效地控制洞窟的温湿度，为洞窟类文物的保护提供新的保护模式[19-20]。

3.5 水氢氧稳定同位素再次证明戈壁/洞窟蒸发水分来自潜水

水分氢氧同位素监测结果表明，戈壁蒸发水分的 δD、$\delta^{18}O$ 平均值分别为-33.06‰和-5.33‰，洞窟蒸发水分为-46.15‰、-5.34 ‰。莫高窟降水为-66.44‰和-8.57‰，潜水为-72.19‰和-9.75‰，说明当地潜水并非来自于莫高窟降水；通过经纬度和海拔，应用在线降水同位素计算的当地降水 δD 和 $\delta^{18}O$ 值（-60.00‰，-8.50‰）和降水加权平均值（-5.30‰，-0.75‰）同样表明，当地降水不是地下潜水的合理来源，而党河源区（野马山）的降水（-86.00‰，-12.00‰）才是地下潜水的真正来源。土壤水分蒸发实验与土壤垂直剖面水分检测表明，戈壁深厚包气带土壤在潜水水汽向上运移过程中选择了 δ 值相对较高的潜水水分；围岩温湿度对蒸发水分的 δD 和 $\delta^{18}O$ 值有显著影响。因此，戈壁和洞窟蒸发水分来自地下潜水，存在清晰的来源通道（图1）[21]。

3.6 揭示了干旱沙楔的形成机理及生态响应

检测发现砂楔含盐量为 3.59 g/kg，母体是它的 13.4 倍。高盐分差异表明砂楔是在干旱气候状态下形成并保持的，否则盐分溶解会使母体与砂楔趋于一致。对砂楔裂隙的位移、压力监测表明存在日波动，与温度显著相关，相关系数分别为 0.62 和 0.40。日位移量夏季在 0～0.67 mm 幅度内变化，冬季为 0～0.40 mm，波动幅度中值与主要填充物粒径一致。冬季较大收缩（大于 1 mm）与少量粗粒一致。模拟实验表明，砂楔在降雨（大于 5 mm）时可形成优先入渗并与母体一起发生湿膨胀。降雨后的压力监测发现存在湿膨胀挤压，使楔体与母体紧密相连。但随着干收缩和楔体开裂，形成周而复始的发育。研究揭示了干旱区砂楔不同于冰缘砂楔的形成机理。长期干旱下地表盐分的积累对砾砂固结非常关键。干旱背景下的降雨促成了砂楔的不断发育。干旱砂楔形成机理的发现为科学利用砂楔奠定了基础，在古气候、古地貌的还原中具有重要意义，在干旱地表年代推算中具有地标性意义[23]。

砂楔的机械组成较细，盐分、水分含量较低。降雨后砂楔可吸收较多水分，在较长时间内保持较高的水分含量，有利于植被的吸收；而母体中高盐分在淋溶作用下溶解，高浓度盐溶液具有很强修剪作用，这种双重作用导致了植被的主要根系分布于砂楔之内（图4）。砂楔的网状分布和水-盐状况决定着植被的分布与地面景观。同时砂楔裂隙也是戈壁小动物重要的栖息之所。砂楔结构在脆弱的极干旱生态系统中具有重要作用[24]。

图4 白刺（Nitraria tangutorum 左）、梭梭（Haloxylon ammodendron 右）主根系在砂楔内的分布

3.7 总结水分蒸发原理，综合研究成果于荒漠化土地生态恢复

研究表明，耗散结构原理是水分蒸散的普遍原理，当土壤、气象、水分、植被等因子发生协同作用时，可形成水分蒸散的耗散结构，表现出或高或低的非线性分岔突变[27]。无论 6091 mm 莫高窟林地年蒸

发量，还是 4.52 mm 的戈壁潜水年蒸发量，它们都是耗散结构原理的具体表现[28]。各地的蒸散强度正是所在气候、土壤、水分、植被等条件下各因子共同作用的结果，蒸散率是蒸散即时的结构功能表现，是各蒸散因子时空异质性的综合反映，是有等级的、自相似的、自适应、自组织的表现。极干旱区深埋潜水蒸发正是以该原理为基本指导思想进行研究[27-28]。

　　我们经过 10 余年的综合研究，已成功将潜水来源这一新发现应用于土地荒漠化的生态恢复，发明了"干旱区荒漠化土地生态恢复的方法"，获国家专利（专利号：201110387948.3）[25]。该发明针对荒漠化土地，在无需灌溉的情况下，以有效利用深埋潜水为核心，实现生态恢复和风沙防治。它以膜下黏土覆盖、膜上分选压沙、洒水引导、植物选择和栽培等为主要技术手段实现永久性生态恢复。在无灌溉条件下于莫高窟试验 26000 m²，取得了良好的生态恢复效果（图 5）。本发明不但可从根本上解决极干旱区风沙防治问题，而且对我国极干旱区、干旱区和半干旱区荒漠化土地的治理有重要意义。

图 5　莫高窟应用"干旱区荒漠化土地生态恢复的方法"的恢复效果

4　研究成果与展望

　　极干旱区深埋潜水蒸发的相关研究成果发表在《生态学报》《干旱气象》《干旱区地理》《文物保护与考古科学》《Studies in Conservation》《Geomorphology》《Journal of Arid Land》《Vadose Zone Journal》《Arid Land Research and Management》《Journal of Hydrology》等学术刊物上（详见参考文献）。其中论文"The effect of precipitation pulses on evaporation of deeply buried phreatic water in extra-arid areas"发表在美国土壤学会主办、美国地质学会协办的包气带水研究领域的国际权威期刊《Vadose Zone Journal》，并作为封面进行了重点介绍（图 6）。另外，本项目的主要成果作为"敦煌莫高窟风沙灾害综合防护体系构建与示范"项目的核心内容，获国家"十二五文物保护科学与技术创新"二等奖。

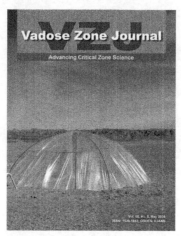

图 6　第 15 卷第 5 期《Vadose Zone Journal》杂志封面

虽然发明专利"干旱区荒漠化土地生态恢复的方法"试验非常成功，苗木成活后不再需要任何人为灌溉和管理，可从根本上解决了生态恢复用水问题，具有巨大的生态价值，但实验发现，由于生产关键技术环节中的土壤粒径分选、沙下地膜的覆盖等人工费用占据了成本的绝大部分，是该技术大面积推广的最大瓶颈。研制集分选、覆膜、洒水、栽种于一体，实现高效率、低成本的机械化生态恢复是今后努力主要方向。通过栽种品种与模式的研究，确定潜水承载潜力、生态恢复阈值及水汽活动规律，是生态恢复的关键，对国家生态安全、荒漠化土地生态恢复和风沙防治具有重要的现实意义。

5 结语

2010—2016 年，我们潜水埋深超过 200 m 的莫高窟戈壁和洞窟通过封闭冷凝法测定了戈壁及洞窟蒸发的蒸发水分的数量和特征，明确了水分活动机理，确定了戈壁及洞窟水分来自潜水。并通过隔绝法、降水回收、水稳定同位素法验证了这一结论。同时，研究了大气、温湿度、洞窟封闭等环境因子对洞窟文物的影响。明确了干旱沙楔的形成机理和生态学意义。极干旱区蒸发水分和莫高窟洞窟水分来源的确定为蒸发潜水的利用奠定了基础，对极干旱区生态恢复有重要意义，为干旱、半干旱区地下水的评估和利用提供了新视角，为莫高窟洞窟文物的保护奠定了科学基础。

参考文献

[1] 慈龙骏. 极端干旱荒漠的"荒漠化"[J]. 科学通报，2011,56:2616-2626.

[2] 李红寿，汪万福，郭青林，等. 敦煌莫高窟干旱地区水分凝聚机理分析[J]. 生态学报，2009, 29(6): 3198-3205.

[3] Shah N, Nachabe M, Ross M. Extinction depth and evapotranspiration fromground water under selected land covers[J]. Ground Water, 2007 (45) 329-338.

[4] 李红寿. 用耗散结构理论对莫高窟园林用水的分析[J]. 生态学报，2006(26):3454-3462.

[5] 李红寿，汪万福，詹鸿涛，等. 应用拱棚-空调法对极干旱区降水的模拟回收[J]. 生态学报，2014,34(21):6182–6189.

[6] Li Hongshou, WangWanfu, Zhan Hongtao, Qiu Fei, An Lizhe. New Judgment on the Source of Soil Water in Extremely Dry Zone[J]. Acta Ecologica Sinica (International Journal).2010,30(1):1-7.

[7] 李红寿，汪万福，张国彬，等. 用拱棚法对极干旱区沙地水分来源地定性分析[J]. 中国沙漠，2010,30(1): 97-103.

[8] 李红寿，汪万福，张国彬，等. 极干旱区深埋潜水蒸发量的测定[J]. 生态学报，2010,30(24):6798-6803.

[9] Li Hongshou, Wang Wanfu, Zhang Goubin, et al. GSPAC water movement by Greenhouse method in the extremely dry area[J]. Journal of Arid Land, 2011, 3(2):141-149.

[10] Li Hongshou,Wang Wanfu. Determination and analysis of phreatic water evaporation in extra-arid dune region[J]. Acta Ecologica Sinica (International Journal), 2014,34(2):116-122.

[11] Li Hongshou, Wang Wanfu, Liu Benli. The daily evaporation characteristics of deeply buried phreatic water in an extremely arid region[J]. Journal of Hydrology, 2014, 514(6):172-179.

[12] Li Hongshou, Wang Wanfu, Zhan Hongtao, et al. Measurement and analysis of the yearly characteristics of deep-buried phreatic evaporation in a hyper-arid area[J]. Acta Ecologica Sinica, 2017, 37: 53-59.

[13] Li Honghou, Wu Fasi, Zhan Hongtao, et al. The effect of precipitation pulses on evaporation of deeply buried phreatic water in extra-arid areas[J]. Vadose Zone Journal, 2016, 15(5). doi:10.2136/vzj2015.09.0127.

[14] 李红寿，汪万福，柳本立，等. 用隔绝法对极干旱区土壤水分来源的分析[J]. 干旱区地理，2013,36(1):92-100.

[15] 李红寿，汪万福，詹鸿涛，等. 敦煌莫高窟洞窟水分蒸发量的测定与蒸发特征分析[J]. 世界科技研究与发展，2016,38(3):512-517.

[16]Li Hongshou, Wang Wanfu, Zhan Hongtao, et al. Water in the Mogao Grottoes, China: where it comes from and how it is driven[J]. Journal of Arid Land, 2015,7(1): 37-45. doi: 10.1007/s40333-014-0072-y.

[17] Li Hongshou, Wang Wanfu, Zhan Hongtao, et al.The effects of atmospheric moisture on the mural paintings of the Mogao Grottoes[J]. Studies in Conservation, 2016. DOI: 10.1080/00393630.2016.1148916.

[18] 李红寿，汪万福，张国彬，等. 极干旱区土壤与大气水分的相互影响[J]. 地球科学与环境学报，2010,32(2):183-188.

[19] 李红寿，汪万福，詹鸿涛，等. 封闭对敦煌莫高窟洞窟温湿度的影响[J]. 文物保护与考古科学，2016,28(3):40-47.

[20] 李红寿，汪万福，詹鸿涛，等. 环境因子对敦煌莫高窟洞窟水分蒸发的影响[J]. 干旱气象，2014,32(6):940-946.

[21] 李红寿，汪万福，詹鸿涛，等. 应用氢氧稳定同位素对极端干旱区蒸发水分来源的确定[J]. 生态学报，2016,36 (22): 7436-7455.

[22] 李红寿，汪万福，武发思，等. 盐分对极干旱土壤水分垂直分布与运转的影响[J]. 土壤，2011,43 (5): 809-816

[23]Li Hongshou, Wang Wanfu, Wu Fasi, et al. A new sand-wedge–forming mechanism in an extra-arid area[J]. Geomorphology, 2014, 11:43-51. Doi.org/10.1016/j.geomorph.2013.12.28.

[24] Li Hongshou, Wang Wanfu, Ma Jianhong, Wu Fasi, Zhan Hongtao, Qiu Fei. Ecological significance of the sand wedge in the extra-arid gobi area[J]. Arid Land Research and Management, 2014, 28(3): 261-273.

[25] 李红寿，汪万福，王金环. 干旱区荒漠化土地生态恢复的方法[p]. 中国专利，ZL 201110387948.3. 20160120.

[26] Wang Xueqiu, Zhang Bimin, Liu Xuemin. Nanogeochemistry:Deep-penetrating geochemical exploration through cover[J]. Earth Science Frontiers, 2012, 19(3):101-112.

[27] 李红寿，汪万福，张国彬，等. 水分蒸散耗散结构的初步验证[J]. 水土保持研究，2009,16(6):200-204.

[28] 李引弟，李红寿. 敦煌莫高窟蒸散量的估算与非线性分析[J]. 世界科技研究与发展，2014, 36(6):652-657.

不同时间尺度下小叶锦鸡儿灌丛群落蒸腾及蒸散发研究*

祁秀娇，刘廷玺，王冠丽，段利民，陈小平

（内蒙古农业大学水利与土木建筑工程学院，呼和浩特 10018）

摘　要：运用包裹式茎流计、涡度相关系统、气象-土壤环境观测系统对科尔沁沙地小叶锦鸡儿灌丛群落蒸腾、蒸散发以及环境因子进行连续观测，在不同时间尺度上分析了小叶锦鸡儿生长中期及后期蒸腾与蒸散发变化规律。结果表明：生长季内涡度相关系统在该站点的能量闭合程度较高，所测数据可靠；蒸腾与蒸散发日变化规律基本一致，均为单峰型，日均值分别为 1.61mm/d、2.43mm/d；晴、雨天二者相关系数不同，晴天（$R^2=0.81$）高于雨天（$R^2=0.67$）。

关键词：小叶锦鸡儿；茎干液流；涡度相关；蒸散发

科尔沁沙地是我国面积最大的沙地，生态环境脆弱，土地荒漠化逐渐加剧。干旱半干旱区降水量较少且时空分布不均，且砂质土壤保水性差，蒸发作用强烈，因此水成为该地区最稀缺的资源[1]。小叶锦鸡儿是科尔沁沙地分布最广的灌木型豆科植物，其防风固沙、耐寒耐旱等优点突出。野外自然状态下，水资源极度缺乏，黄柳等荒漠植被由于水分严重亏缺而出现死亡时，小叶锦鸡儿却在植被演替中依然能够存活。因此，研究荒漠环境下小叶锦鸡儿灌丛群落的用水策略尤其是蒸腾耗水及蒸散发动态变化特征显得极为必要，同时这也对该区域植被的恢复与重建以及水文过程研究具有重要参考价值。

蒸散发（ET）主要由植被蒸腾（E）和土壤蒸发两部分组成，在 SPAC 系统中发挥着巨大作用，是生态系统水循环及能量交换的主要组成部分[1]。基于不同时空尺度的蒸腾及蒸散发研究不断改进，目前主要有茎干液流法、涡度相关法、同位素示踪法等[2]。茎干液流法日趋成熟，由于对直径较小植被方便测量、无损伤等优点，在荒漠灌木的蒸腾耗水研究中被广泛应用。Ji 等[3]认为荒漠环境干旱，灌木稀疏，叶面积易受土壤水分含量的影响发生变化，因此以基径横截面积作为转换纯量进行尺度扩展，从而由单株（单枝）水平估算出林分水平的灌丛蒸腾量。涡度相关法是目前直接测定大气与生态系统水热交换的通用标准方法[4]，测量精度高、理论假设少，能够准确测定植物林分水平蒸散发。目前，国内综合利用这两种方法进行蒸腾及蒸散发研究的荒漠灌木植被仅有梭梭[5]，小叶锦鸡儿灌丛群落还未见报道。

本文以科尔沁沙地典型荒漠固沙植被小叶锦鸡儿灌丛群落为研究对象，采用茎干液流法结合涡度相关法，分别获取小叶锦鸡儿冠层蒸腾量及蒸散发量，旨在全面掌握小叶锦鸡儿灌丛群落蒸腾及蒸散发变化规律。研究目标：①对生态系统进行能量平衡闭合评价，尤其在地形起伏相对复杂、非均匀植被类型的荒漠地区，评价涡度相关法测定结果的准确性；②在茎干液流法测得植物单枝水平蒸腾量的基础上，以基径处横截面积作为尺度转换纯量，估算小叶锦鸡儿林分水平的蒸腾量，并与涡度相关法计算的蒸散量进行对比分析。

基金项目：国家自然科学基金重点国际合作研究与重点项目（51620105003、51139002）资助；教育部科技创新团队发展计划（IRT_17R60）、科技部重点领域科技创新团队（2015RA4013）、内蒙古自治区草原英才产业创新创业人才团队以及内蒙古农业大学寒旱区水资源利用创新团队（NDTD2010-6）资助。

第一作者简介：祁秀娇（1992—），女，河北石家庄人，硕士研究生，研究方向为植物光合生理及蒸散发。Email: qxja2016@163.com

通讯作者：刘廷玺（1966—），男，内蒙古赤峰人，教授，博士，研究方向为干旱区生态水文。Email: txliu1966@163.com

1　研究区概况

　　研究区位于内蒙古东部科尔沁沙地东南缘阿古拉生态水文试验站，地理坐标 122°33′00″～122°41′00″E，43°18′48″～43°21′24″N，面积约 55km²。研究区内地貌以沙丘为主，垄岗状沙丘、平坦草甸、带状湖泊及大片农田相间分布。地势为南北高、中部低，西部高、东部低，海拔 186～232 m。该区属于温带大陆性半干旱季风气候，四季分明，雨热同期；多盛行西北风，常发生于春秋两季，年均风速 3.8 m/s；光能资源丰富，年平均日照时数 2931.47h；年均降水量 389mm，时空分布不均，6—9 月降水量占全年降水总量的 70%左右；多年平均蒸发量 1412mm，为降水量的近 4 倍，主要集中在 5—10 月；年平均湿度 55.8%，年平均气温 6.6℃，无霜期为 145～151d；土壤类型以砂土及砂壤土为主，通透性好但有机质含量较低。研究区示意图见图 1，包括研究区地貌特征及茎流试验测试点位置。

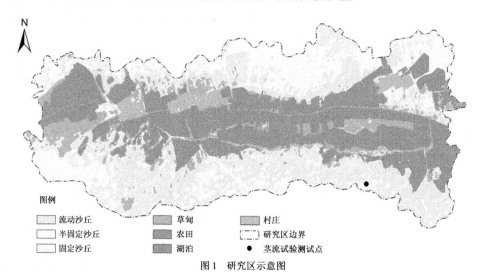

图例

▢ 流动沙丘　　　▨ 草甸　　　▨ 村庄
▢ 半固定沙丘　　▨ 农田　　　⬚ 研究区边界
▢ 固定沙丘　　　▨ 湖泊　　　● 茎流试验测试点

图 1　研究区示意图

2　研究方法

2.1　试验地概况

　　本研究选取的小叶锦鸡儿灌丛群落位于研究区东南部一处半固定沙丘上，试验地布设样方大小约为 150m×110m，包含气象站、涡度相关系统（a）及包裹式茎流计（b）所在区域，如图 2 所示。试验地优势种为小叶锦鸡儿，灌丛平均高度 1.80m，平均冠幅 2.34m，自然稀疏度约为 457 株/hm²，伴生植物有黄柳（*Salix gordejevii*）及差巴嘎蒿（*Artemisia halodendron*）等典型荒漠植被。

图 2　样方布设区域图

2.2 茎干液流法

于 2016 年 4 月底至 10 月中旬，在小叶锦鸡儿整个生长季内进行茎干液流测量。在样方内选择长势良好、中等大小的小叶锦鸡儿灌丛单株安装包裹式茎流计。使用 Flow32A-1K 包裹式植物茎流测量系统（Dynagage，Dynamax Inc.，Houston，TX，USA）进行监测，安装步骤见《Dynamax 手册》。基于小叶锦鸡儿基径频率分布，使用 9mm、10mm、16mm、19mm 传感器（SGB9、SGA10、SGB16、SGB19），分别对符合传感器规格的健康样枝 4 枝进行茎干液流监测。大约 2 周，将传感器移除并重新安装在其他符合直径要求的样枝上，以尽降低由于硅脂和传感器加热引起的茎杆损坏的可能性。原始数据以 10s 间隔记录，通过 Campbell CR1000 数据采集器（CR1000，Campbell Scientific，USA）将数据采集并存储为 30min 平均值。原始数据结合茎干参数将液流进行重新计算，以准确计算小叶锦鸡儿在测量期间的蒸腾量。

2.3 涡度相关法

开路式涡度相关系统架设高度 3.9m，朝向为 180°，主导风向为西南风。该系统主要仪器有三维超声风速仪（CSAT-3，Campbell Scientific，USA）、红外气体分析仪（LI-7500，Li-COR Inc，Nebraska，USA）、四分量净辐射仪（NR-LITE，Campbell Scientific，USA）、土壤热通量板（HFP01，Campbell Scientific，USA）等，数采（CR3000，Campbell Scientific，USA）采样频率为 10Hz，测量步长为 0.5h。利用 Eddy Pro 软件对原始数据进行处理计算，包括野点及异常点去除、坐标旋转订正等处理[6]。

涡度相关能量平衡闭合分析，是对通量数据可靠性分析的主要方法之一。利用能量平衡比率(EBR)评价分析系统的能量闭合程度[3,7]，计算公式为

$$EBR = \sum(LE + H)/\sum(R_n - G)$$

式中：R_n 为净辐射，W/m^2；G 为土壤热通量，W/m^2；LE 为潜热通量，W/m^2；H 为显热通量，W/m^2。

2.4 尺度扩展测定蒸腾量

将液流速率从单枝水平扩展到林分水平，利用基径横截面积作为纯量进行尺度扩展[8]，日蒸腾量 E 为

$$E = (A_p/A_i)(1000F_i/\rho A_l)$$

式中：A_p 为样方内基径横截面积总和，m^2；A_i 为安装茎流计的茎干 i 的基径横截面积，m^2；A_l 为样方面积，m^2；F_i 为茎干 i 的液流量，kg/d；ρ 为水的密度，kg/m^3。

3 结果与分析

3.1 涡度相关能量平衡闭合分析

利用涡度相关系统测得的有效能量(LE+H)与可利用能量(R_n+G)进行闭合，所得回归方程为 $y = 0.93x+10.9$，R^2 为 0.88，即 EBR 为 0.93。与国际通量观测网站点的闭合结果进行比较，该站点闭合水平较高，说明涡度相关系统在该站点观测数据可靠。

3.2 小叶锦鸡儿晴天条件蒸腾及蒸散发日变化

如图 3 所示，选择小叶锦鸡儿生长中期与后期的连续两日晴天，基于半小时尺度上液流计算的蒸腾量与涡度相关计算的蒸散量，对小叶锦鸡儿灌丛群落进行蒸腾及蒸散发日变化差异分析。研究发现蒸腾及蒸散发日变化规律基本一致，均为单峰型，且生长中期波峰大于生长后期。小叶锦鸡儿生长中期与后期蒸腾白天启动时间分别为 5:30—6:00、6:30—7:00，而蒸散发在夜间也会出现。午间时段蒸腾及蒸散发均维持在较高水平，且生长中期蒸腾与蒸散发值低于生长后期。以 8 月 11 日为例，二者峰值分别在 0.22mm/0.5h、0.46 mm/0.5h 左右，可见此时土壤蒸发也占有一定比例。由图 3 可知，午间蒸腾变化起伏较小，而蒸散发波动幅度较大，说明午间土壤蒸发变化较为剧烈，且受太阳辐射、气温、风速等外界环境影响较大。夜间时段（20:00—8:00）二者变化过程基本吻合，说明此时土壤蒸发较小，蒸腾对蒸散发的贡献最大。9 月夜间蒸散变化不稳定，可能是由于 9 月 8 日 21:30、9 月 9 日 22:00—22:30 均出现了小于 5mm 的降水。

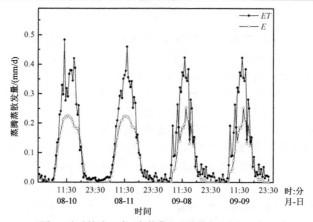

图3　小叶锦鸡儿晴天条件蒸腾及蒸散发日变化

3.3　小叶锦鸡儿灌丛蒸腾及蒸散发对比分析

日尺度上，根据半小时尺度的日累积量数据分析计算，如图4所示，发现蒸腾及蒸散发连续日变化基本同步，受降水影响较大且与R_n具有相似的响应关系。从生长中期到后期，小叶锦鸡儿蒸腾及蒸散发整体上呈减小趋势，变化范围分别在0~2.67mm/d、0.12~4.05mm/d之间，日均值分别为1.61mm/d、2.43mm/d。小叶锦鸡儿生长中期与后期蒸腾占蒸散发的比重分别为71.61%、56.56%，主要是由于中期的8月植被生长内部条件较好，且外部环境条件适宜。但后期的9月气温整体偏低，且植物生长逐渐走向衰退，导致植物蒸腾有所降低。

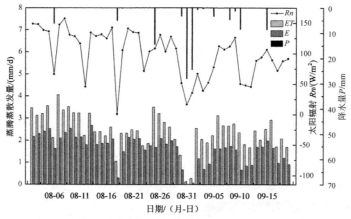

图4　小叶锦鸡儿冠层蒸腾及蒸散发连日变化

晴天条件蒸腾及蒸散发均较高，8月7日蒸散量达到最大值4.05mm/d；雨天较小，且一般与降雨强度呈负相关。雨天由于R_n减小，气温降低且湿度增大，导致蒸腾减弱、土壤蒸发减小，最终使蒸散发降低。尤其是在8月31日降水量为28.2mm，R_n全天较低，茎干液流几乎为0，导致蒸腾量为0，蒸散发全部来自土壤蒸发。

将茎干液流测得的蒸腾与涡度相关测得的蒸散发数据在半小时尺度上进行拟合（图5），发现晴天二者拟合相关性较好，而雨天较差，相关系数分别为0.81、0.67。原因主要有雨天涡度相关系统上的感应探头被打湿而使仪器运转出现异常，数据质量降低；冠层截留蒸发所占蒸散发总量的比例增加[2]等。

4　结语

（1）生长季内涡度相关系统在该站点的能量闭合程度较高，所测数据可靠。

（2）蒸腾及蒸散发日变化规律基本一致，均为单峰型，日均值分别为1.61mm/d、2.43mm/d。

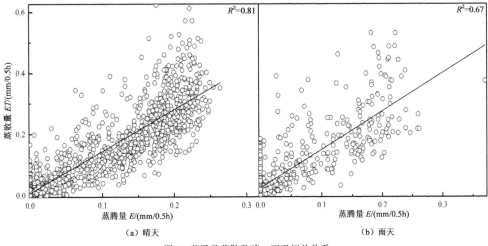

图5　蒸腾及蒸散发晴、雨天相关关系

（3）晴、雨天气二者拟合度不同，晴天(R^2=0.81)高于雨天(R^2=0.67)。

本文中科尔沁沙地小叶锦鸡儿灌丛群落日均蒸腾量为 1.61mm/d，蒸腾总量占同期降水量的 69.37%，高于岳广阳等[9]估算的小叶锦鸡儿日蒸腾耗水量 1.29 mm/d，占同期降水量的 62.07%，二者尺度扩展转换纯量不同，分别以叶面积、基径横截面积作为纯量进行尺度转换。前人研究中小叶锦鸡儿处于 6 月生长初期，而本文中 8 月、9 月处于生长中后期，液流相对较大。另外，本文中小叶锦鸡儿灌丛林龄大，且是野外自然生长，吸收深层土壤水分的能力更强。

本研究后期还应利用蒸散发模型（如 P-M、S-W 模型等）进行模拟分析，并利用涡度相关数据验证，确定出适宜小叶锦鸡儿灌丛群落的蒸散发估算模型，并估算出小叶锦鸡儿整个生长季的蒸腾蒸散量。

参考文献

[1] 白岩，朱高峰，张琨，等. 基于树干液流及涡动相关技术的葡萄冠层蒸腾及蒸散发特征研究[J]. 生态学报，2015，35(23)：7821-7831.

[2] 刘晨峰，张志强，孙阁，等.基于涡度相关法和树干液流法评价杨树人工林生态系统蒸发散及其环境响应[J]. 植物生态学报，2009，33(4)：706-718.

[3] Xibin J，Wenzhi Z，Ersi K，et al. Transpiration from three dominant shrub species in a desert-oasis ecotone of arid regions of Northwestern China[J]. Hydrological Processes，2016，30(25)：4841-4854.

[4] Williams DG，Cable W，Hultine K，et al. Evapotranspiration components determined by stable isotope，sap flow and eddy covariance techniques[J]. Agricultural and Forest Meteorology，2004，125(3)：241-258.

[5] 张晓艳. 民勤绿洲荒漠过渡带梭梭人工林蒸散研究[D]. 北京：中国林业科学研究院，2016.

[6] 王婧，刘廷玺，雷慧闽，等. 科尔沁草甸生态系统净碳交换特征及其驱动因子[J]. 草业学报，2015，24(11)：10-19.

[7] Twine TE，Kustas WP，Norman JM，et al. Correcting eddy-covariance flux underestimates over a grassland[J]. Agricultural and Forest Meteorology，2000，103(3)：279-300.

[8] Allen S J，Grime V L. Measurements of transpiration from savannah shrubs using sap flow gauges[J]. Agricultural and Forest Meteorology，1995，75(1)：23-41.

[9] 岳广阳，赵哈林，张铜会，等.小叶锦鸡儿灌丛群落蒸腾耗水量估算方法[J]. 植物生态学报，2009，33(3)：508-515.

博斯腾湖湿地沉积物主要理化特征对渗透系数的影响研究*

李波 [1,2]，迪丽努尔·阿吉 [1,2]

（1. 新疆师范大学地理科学与旅游学院，乌鲁木齐 830054；

2. 新疆干旱区湖泊环境与资源重点实验室，乌鲁木齐 830054）

摘 要：选取博斯腾湖湿地为研究对象，将博斯腾湖湿地分为大湖区、小湖区、黄水沟区 3 个区域，采用竖管实验法、颗粒分析法等对博斯腾湖湿地沉积物渗透系数与沉积物颗粒粒径、孔隙率、总盐进行测定，结合地统计学软件和 ArcGis 空间分析工具对数据进行处理分析。结果表明：①博斯腾湖湿地沉积物总盐、孔隙率、平均粒径皆呈现出随深度增加而递减的特征，且此三要素在 3 个区域的水平分布均为大湖区＞黄水沟区＞小湖区，但在区域内部分异不显著；②沉积物粒径、总盐与孔隙率呈显著的正相关关系，孔隙率与渗透系数亦呈正相关，渗透系数、平均粒径、黏土含量、粉砂含量、砂土含量、孔隙率、总盐含量的块金值与基台值比值都小于 25%，说明此系统具有强烈的空间相关性；③针对渗透系数的空间插值得知，在空间结构分布中，渗透系数与沉积物孔隙率分布显现出了类似的空间分布特征，暨从大湖区东南向湖泊的西部递减，最大值出现在大湖区东南部区域，最小值出现在小湖区西部；④运用主成分分析法验证了影响沉积物渗透系数的各要素的地位，发现沉积物粒径、孔隙率、砂土含量是影响沉积物渗透系数最重要的三个要素。

关键词：沉积物；渗透系数；博斯腾湖

1 引言

地表水与浅层地下水之间的交换过程是自然界水循环中最为活跃的一个环节，由此而发生的物质与能量对环境产生着深刻的影响。姜凤成等[1]对湖北某化工厂场地的石油类污染物和重金属 Zn 的扩散进行了研究，发现污染物难以在渗透系数较低的黏土层向下运移。渗透系数又称水力传导度[2]，是指水力坡度为 1 时的渗透速度，是岩土透水性的数量指标，直接影响着地表水-地下水的交换速率。研究表明，影响渗透系数的因素有沉积物颗粒粒径[3]、沉积物含盐量[4]、沉积物孔隙度[5-6]、沉积物黏滞系数[7]、沉积物垂向分层[8]、水体含砂量[9]、生物扰动等。郑涛等[10]对曹妃甸地区的潮间带的研究表明落潮时淡水逐渐替换咸水的过程与潜水含水层渗透系数密切关；王元元等[11]在渭河流域对底栖动物的研究表明，底栖生物扰动能够改变沉积物的物理化学性质，影响沉积物再分布，摇蚊幼虫的生物扰动作用过程中，会减少沉积物表层的细泥量，从而能增加沉积物的渗透系数；张波等[12]在渭河陕西段的研究表明沉积物颗粒粒径组成对渗透系数的影响最为显著，谌文武等[13]对遗址夯土的研究表明沉积物中累积的盐分会对沉积物孔径起到一定的堵塞作用，从而使沉积物的渗透系数下降；王文才[5]在对煤田沉积物的研究后，拟合建立渗透系数和孔隙率的关系方程。因此，研究沉积物颗粒粒径特征、沉积物孔隙率、沉积物盐分与渗透系数的关系，对于西北干旱区水资源科学调配、防治土壤盐渍化等具有直接的现实意义。在沉积物渗透系数的研究方面，许多学者通过建立经验公式来计算渗透系数的数值，如 A.hazen 公式、Kozeny 公式等。曾晟

*基金项目：新疆维吾尔自治区自然科学基金项目（2014211A048）。

第一作者简介：李波（1993—），男，新疆额敏人，硕士研究生，主要从事自然资源开发与规划方面的研究。Email:591819954@qq.com

通讯作者：迪丽努尔·阿吉（1968—），新疆伊宁人，博士，教授，主要研究方向为干旱区生态水文。

等对尾矿区的研究表明，颗粒直径是影响渗透系数较大的因素，次因为孔隙率，拟合公式不能忽略孔隙率的影响。因此，在研究沉积物渗透系数时，应把沉积物粒径、孔隙率都作为影响因子，建立普适性更强的计算方法。

博斯腾湖是巴音郭楞蒙古自治州的重要水源，中华人民共和国成立以来，人口增长迅速且集中于占全区面积很少的绿洲中，工业、农业生产规模不断扩大，水资源短缺日益凸显，也引发了一系列生态问题，如生物多样性下降[14]、湖水咸化[15]、土地盐渍化[16]、荒漠化[17]等。本文通过竖管试验法、颗粒分析法、重量法、计算法等测定了博斯腾湖沉积物的渗透系数、颗粒粒径、总盐含量、孔隙率，使用传统统计学方法与地统计学软件、ArcGis 空间分析工具等对数据进行分析，旨在探寻不同要素对渗透系数的影响机制和部分要素的空间分异特征，力求为博斯腾湖流域水资源调配与生态建设提供科学根据。

2 研究区与样点布设

2.1 研究区概况

博斯腾湖位于新疆天山南坡焉耆盆地东南，是天山西褶皱带的凹陷区域，隶属于巴音郭楞蒙古族自治州博斯腾湖县，东岸、北岸与和硕县相连，南岸抵达尉犁县，西部与焉耆县接壤，地理坐标为 $41°45′\sim42°15′N$，$86°00′\sim87°26′E$。当水位在 1048.50 m 时，大湖区与小湖区水域面积合计为 1210.50 km，其中小湖区是由 16 个水系连续的小湖组成，博斯腾湖是中国内陆最大的淡水湖泊，但由于人类不恰当水土开发活动，目前正在向微咸化发展[18]。博斯腾湖周边区域气候极度干旱，属典型的暖温带大陆性气候，年降水量只有 47.7~68.1 mm，且主要集中在 7—9 月，干旱多晴日，太阳能资源丰富，全年日照时数超过 3000 h[19]，蒸发量高达 1880.0~2785.8 mm，年均气温为 8.2~11.5 ℃，且气温年较差大，最冷月 1 月平均气温为–7.8~–12.3 ℃，7 月平均气温为 22.9~26.0 ℃。

2.2 研究区的选取与样点布设

本文研究对象是整个博斯腾湖，由于平均水深达到 9 m，中部采样难度较大，因此本文的采样点集中于湖滨地带。为将博斯腾湖进行区域划分，结合实际调研情况，并参考了地形图和 1992 年到 2015 年 10 张 Landsat TM 和 Landsat ETM+（分辨率分别为 30 m 和 15 m）遥感影像，解译结果显示，除丰水年外，博斯腾湖均会形成 3 个连续性较差的相对独立水体，以此将博斯腾湖湿地划分为黄水沟渠（A 区）、大湖区（B 区）、小湖区（C 区）。2015 年 11 月和 2016 年 5 月分别对博斯腾湖进行了现场渗透试验和沉积物柱状样本采集，将样品分层后在中国科学院新疆生态与地理理研究所中心实验室进行室内颗粒分析实验，各样点分布如图 1 所示。

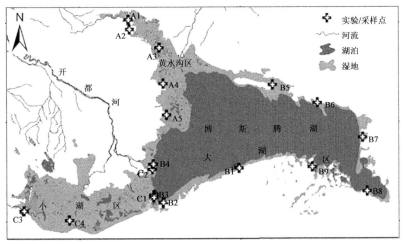

图 1　博斯腾湖湿地及样点布设示意图

2.3 材料与方法

2.3.1 湿地渗透系数的测定

渗透系数的测定方法较为多样，常见的有微水和排水试验法、粒度分析法、抽水试验法、竖管试验法等，沈鹏云、宋进喜等在渭河河床的研究表明竖管试验法准确性最高且最便于在野外实施，故本文采用竖管试验法对图 1 的 18 个样点处的沉积物渗透系数进行测定。具体操作步骤为：将 PVC 管竖直插入沉积物至 20 cm，向其中注水，记录不同时刻管中水面高度，为减少误差，每个试验重复 4 次。以上述方法，分别用 75 mm 管径、110 mm 管径的 PVC 管对 20 cm、30 cm、40 cm 深度的沉积物进行测定。渗透系数测定示意如图 2。以上述测定得到的数据计算渗透系数，具体公式[20]如下：

$$K = \frac{\frac{\pi D}{11m} + L_V}{t_2 - t_1} In(h_1 - h_2) \qquad (1)$$

$$m = \sqrt{\frac{K_h}{K_v}}$$

式中：K 为湿地垂向渗透系数；L_V 为测定管中沉积物的长度，cm；h_1 为 t_1 时刻测定管内的水面高度；D 为测定所用 PVC 管的内径，cm；h_2 为 t_2 时刻测定管内水面高度；K_h 为水平渗透系数。

宋进喜等[21]在霍恩河使用相同方案测定渗透系数，分析认为上式中 $m \approx 10$。

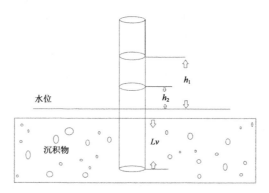

图 2 渗透系数现场测定示意

2.3.2 沉积物颗粒粒径分析

在距离渗透系数试验点 0.5 m 处用直径 75 mm 的玻璃柱状采样器采集沉积物柱状样本，按照 0~10 cm、10~20 cm、20~40 cm 将样品分层，晾干。

沉积物粒径测定在中国科学院新疆生态与地理研究所中心实验室进行，使用 Mastersizer 2000 激光粒度分析仪测定，该仪器测量范围是 0.02~2000 um，首先使用蒸馏水和 10% 的双氧水去除样品中的有机质，加稀盐酸去除碳酸盐，用去离子水使样品恢复中性，加入分散剂后在振荡器内振荡 20 min，利用激光粒度分析仪直接输出粒径参数。

2.3.3 沉积物总盐测定

称取晾干后过 20 目筛的沉积物样品 25 g，放入塑料瓶中，加入 150 mL 蒸馏水，将塑料瓶密闭后振荡 3 min，震荡后对沉积物浸提液进行过滤，吸取清液 50 mL，在陶瓷蒸发皿中蒸干，如有黄褐色有机质出现，使用 10% 的双氧水氧化直至出现白色，将蒸发皿放置烘箱中烘干 4 h，冷却 30 min 后称重，称重后的样品继续烘干，直至恒重（两次称重的质量差在 0.0003 g 以内），所得即残渣重量。

2.3.4 沉积物孔隙率测定

孔隙率的测定采用比重容重计算法，使用环刀采集沉积物样本，使沉积物充满环刀，之后称重并根据式（2）计算，沉积物容重、比重与孔隙率。

$$r_s = \frac{g}{v + (1 + w)} \qquad (2)$$

$$d_s = \frac{g_3 d_{wt}}{g_3 + g_1 - g_2} \tag{3}$$

$$p_t = \left(1 - \frac{r_s}{d_s}\right) \times 100\% \tag{4}$$

式中：r_s 为容重；g 为湿沉积物的质量；v 为环刀容积；w 为沉积物含水率；d_s 为比重；g_3 为干沉积物质量；g_1 为 20℃时比重瓶与水的质量和；g_2 为 20℃时比重瓶与水、沉积物的质量和；p_t 为沉积物孔隙率。

3 结果与分析

3.1 不同孔隙率、总盐、粒径的沉积物与渗透系数分析

3.1.1 孔隙率、总盐、平均粒径垂直分布

图3、图4为博斯腾湖沉积物总盐垂直分布，博斯腾湖湿地大湖区沉积物在 0~10 cm、10~20 cm、20~40 cm 深度的沉积物总盐范围、均值分别为 7.61~14.22 g/kg 与 10.80 g/kg、7.41~13.83 g/kg 与 10.47 g/kg、7.15~13.17 g/kg 与 9.92 g/kg。小湖区沉积物在 0~10 cm、10~20 cm、20~40 cm 深度的沉积物总盐范围、均值分别为 4.38~6.08 g/kg 与 5.38 g/kg、4.45~5.89 g/kg 与 5.29 g/kg、4.43~6.12 g/kg 与 5.37 g/kg。黄水沟区沉积物在 0~10 cm、10~20 cm、20~40 cm 深度的沉积物总盐范围、均值分别为 5.91~9.05 g/kg 与 6.99 g/kg、5.86~8.96 g/kg 与 6.81 g/kg、5.74~8.93 g/kg 与 6.69 g/kg。沉积物总盐整体上呈现出大湖区＞黄水沟区＞小湖区，大湖区、黄水沟区沉积物总盐均呈现出随深度增加而减小的特征，均属于表聚型，其中大湖区的这种特征更为显著，这与大湖区植被稀疏且水体流动性差有关，小湖区植被茂盛且形成了较厚的淤泥泥炭层，各深度沉积物总盐数值较为接近且未出现明显的分异。

图5、图6为博斯腾湖沉积物孔隙率垂直分布，博斯腾湖湿地大湖区沉积物在 0~10 cm、10~20 cm、20~40 cm 深度的孔隙率范围、均值分别为 49.85%~56.73% 与 52.87%、49.76%~56.08% 与 52.35%、47.51%~55.28% 与 51.4%。博斯腾湖湿地小湖区沉积物在 0~10 cm、10~20 cm、20~40 cm 深度的孔隙率范围、均值分别为 43.66%~45.85% 与 44.89%、43.3%~45.34% 与 44.49%、42.92%~44.35% 与 43.96%。博斯腾湖湿地黄水沟区沉积物在 0~10 cm、10~20 cm、20~40 cm 深度的孔隙率范围、均值分别为 45.77%~48.94% 与 47.56%、44.51%~48.26% 与 46.8%、43.16%~47.34% 与 45.62%。沉积物孔隙率整体上呈现出大湖区＞黄水沟区＞小湖区，并且随着深度增加孔隙率呈现出减小的趋势，其中 C_2 与 B_5 试验点 20~40 cm 深度的孔隙率分别比 10~20 cm 深度增大了 0.08% 与 0.03%，其垂直分布差异不显著。

图7、图8为博斯腾湖沉积物粒径垂直分布，博斯腾湖湿地大湖区 0~10 cm、10~20 cm、20~40 cm 深度的沉积物颗粒粒径范围与均值分别为 153~428 um 与 259.67 um、147~395 um 与 237.56 um、144~292 um 与 218.94 um、各深度均以沙土为主；小湖区 0~10 cm、10~20 cm、20~40 cm 深度的沉积物颗粒粒径范围与均值分别为 32~84 um 与 50.75 um、29~77 um 与 45.75 um、25.5~47.5 um 与 37.25 um，各深度均以黏土与粉砂为主；黄水沟区 0~10 cm、10~20 cm、20~40 cm 深度的沉积物颗粒粒径范围与均值分别为 91~126 um 与 103.8 um、69~120 um 与 91 um，各深度均以黏土与粉砂为主。大湖区、小湖区、黄水沟区的沉积物颗粒粒径都呈随深度增加而逐渐减小的特征。

变异系数（C_V）是反映数据离散程度的度量，$C_V < 10\%$ 是弱变异性，C_V 值为 10%~100% 是中等变异性，$C_V > 100\%$ 是强变异性。博斯腾湖湿地沉积物总盐在 0~10 cm、10~20 cm、20~40 cm 深度的变异系数分别为 35.81%、35.30%、32.97%，皆属于中等变异，且随着深度增加变异性逐渐减弱。大湖区沉积物总盐在 0~10 cm、10~20 cm、20~40 cm 深度的变异系数分别为 23.79%、23.41%、22.59%，小湖区沉积物总盐在 0~10 cm、10~20 cm、20~40 cm 深度的变异系数分别为 15.05%、12.90%、14.33%，黄水沟区沉积物总盐在 0~10 cm、10~20 cm、20~40 cm 深度的变异系数分别为 17.69%、18.59%、19.75%。大湖区、小湖区、黄水沟区皆属于中等变异，其中大湖区总盐 C_V 值随着深度增加变异性逐渐减弱，黄水沟区总盐 C_V 值随着深度增加变异性逐渐增强；博斯腾湖湿地沉积物孔隙率在 0~10 cm、10~20 cm、20~40 cm 深度的变异系数分别为 7.97%、8.03%、8.16%，皆属于弱变异，且随着深度增加变异性逐渐增强。大湖区沉积物孔隙率在 0~10 cm、10~20 cm、20~40 cm 深度的变异系数分别为 4.68%、4.58%、4.96%，小湖区沉积

物孔隙率在 0~10 cm、10~20 cm、20~40 cm 深度的变异系数分别为 2.43%、2.11%、1.58%，黄水沟区沉积物孔隙率在 0~10 cm、10~20 cm、20~40 cm 深度的变异系数分别为 2.64%、3.16%、3.71%。大湖区、小湖区、黄水沟区皆属于弱变异，其中小湖区总盐 C_V 值随着深度增加变异性逐渐减弱。博斯腾湖湿地沉积物粒径在 0~10 cm、10~20 cm、20~40 cm 深度的变异系数分别为 68%、68%、73%，皆属于中等变异，大湖区沉积物粒径在 0~10 cm、10~20 cm、20~40 cm 深度的变异系数分别为 36.31%、35.11%、34.26%，小湖区沉积物粒径在 0~10 cm、10~20 cm、20~40 cm 深度的变异系数分别为 46.56%、42.26%、24.46%，黄水沟区沉积物孔隙率在 0~10 cm、10~20 cm、20~40 cm 深度的变异系数分别为 12.92%、22.09%、35.01%。大湖区、小湖区、黄水沟区皆属于中等变异，其中大湖区沉积物粒径 C_V 值随着深度增加变异性逐渐减弱，小湖区沉积物粒径 C_V 值随着深度增加变异性逐渐增强。大湖区、小湖区、黄水沟区沉积物总盐、孔隙率、粒径的 C_V 值皆小于全湖，并且在大湖区、小湖区、黄水沟区内部 C_V 值较为接近，这说明，造成博斯腾湖湿地沉积物总盐含量、孔隙率、粒径分布不均的因素主要是各区域间的差异。

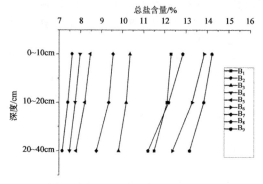

图 3　大湖区沉积物总盐含量垂直分布图

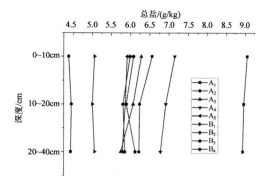

图 4　小湖区、黄水沟区沉积物总盐垂直分布图

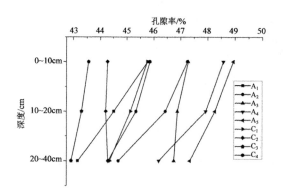

图 5　小湖区、黄水沟区沉积物孔隙率垂直分布图

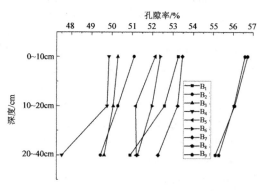

图 6　大湖区沉积物孔隙率垂直分布图

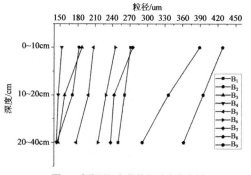

图 7　大湖区沉积物粒径垂直分布图

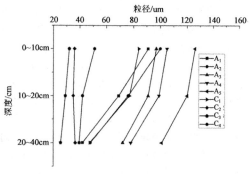

图 8　小湖区、黄水沟区沉积物粒径垂直分布图

3.1.2　沉积物粒径、孔隙率、含盐量的水平分布与渗透系数分析

采用竖管试验法对 18 个样点的渗透系数进行现场测定，并通过式（1）计算出各点位的渗透系数。利用马尔文激光粒度仪对采集的沉积物进行粒径分析并归类。各试验点的渗透系数、总盐、孔隙率、平均粒径情况如图 9。大湖区东侧与南侧样点的沉积物渗透系数普遍偏大，其值在 20.12~39.14 m/d 之间，平均值达到 29.63 m/d。其他各样点的渗透系数由大到小分别是大湖区西侧、黄水沟区和小湖区，其范围与均值依次为 13.73~18.23m/d 和 15.98m/d；4.52~11.74 m/d 和 8.11 m/d；3.75~4.92 m/d 和 4.38m/d。

由图 10~图 12 可以发现，沉积物粒径、总盐与孔隙率呈显著的正相关关系，孔隙率与渗透系数呈正相关。通过 Origin 8 数据处理软件得出拟合方程，其 R^2 分别为 0.9570、0.6741、0.9275，皆属于显著相关。在沉积物平均粒径最小的小湖区，孔隙率呈现出小于拟合值的现象，这是因为，此地植被茂盛，形成了透水性较差的泥炭，粒径极小，颗粒间的支撑效果较差，单个间隙空间更小，加剧了水体下渗的不通畅程度。

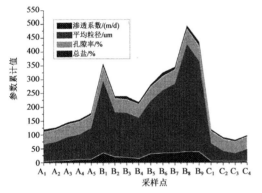

图 9　各试验点沉积物总盐、孔隙率、平均粒径、渗透系数

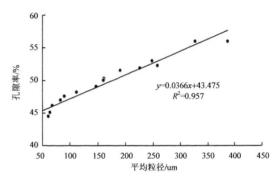

图 10　沉积物粒径与孔隙率线性关系

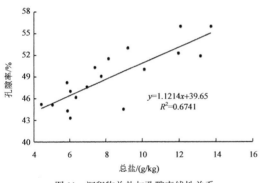

图 11　沉积物总盐与孔隙率线性关系

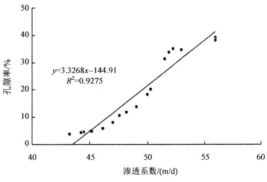

图 12　沉积物孔隙率与渗透系数线性关系

张波等在渭河的研究表明沉积物的机械组成对渗透系数影响较为显著，所以有必要在沉积物机械组成对渗透系数的影响方面进行深度挖掘。利用马尔文激光粒度分析仪的测试结果，根据 Chen 的划分原则与 Udden-Wentworth 标准将沉积物按照粒径范围划分为黏土、粉砂、砂土和砾石。由于测试结果显示各试验点砾石含量极少，均不足千分之一，就不对其进行单独分析。图 13 表明，渗透系数与砂土存在显著的正相关，与黏土、粉砂呈负相关关系，使用 Origin 数据分析软件进行拟合分析后发现，渗透系数与砂土、黏土、粉砂分别呈指数关系、对数关系、线性关系，R^2 分别达到 0.9647、0.9883、0.9791，均属于显著相关。

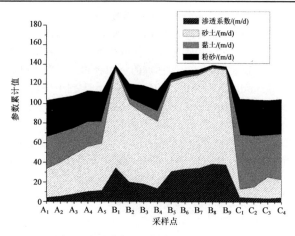

图 13　各试验点沉积物颗粒组成及渗透系数

3.2　沉积物主要理化特征的空间结构与空间格局

3.2.1　沉积物主要理化特征的空间结构

运用半方差函数模型分析了 7 种参数的空间变异特征，结果显示，7 种参数的块金值（C_0）均较小，其中黏土含量最为典型，达到 0.001。块金值显示的是区域数据的异质性，反映由试验误差或者小于试验取样尺度引发的空间变异，变异的程度由块金值的大小决定，较大的块金值说明较小尺度上的某种因素不容忽视。块金值与基台值的比值（C_0/C_0+C）能够表明区域变量的自相关程度，反映空间自相关变异所占的比例和区域变量的空间相关性的程度[22]，如果该值小于 25%，表明系统具有强烈的空间相关性，如果该值为 25%~75%，表明系统具有中等的空间相关性，若是该值大于 75% 则显示系统的空间相关性很弱。表 1 中的 7 种参数的块金值与基台值的比值都小于 25%，反映出 7 种参数的空间相关性强烈，空间布局主要受结构性因素的影响。

表 1　沉积物各项参数空间变异的半方差函数

相关参数	块金值	基台值	块金值/基台值	变程	决定系数	残差	变异系数/%
渗透系数/(m/d)	0.1500	2.4503	0.06120	5.2900	0.1210	6.1600	76
平均粒径/μm	0.1171	2.2552	0.0519	6.0000	0.2090	4.9400	70
黏土含量/%	0.0010	3.0120	0.0003	2.1800	0.5010	5.7600	78
粉砂含量/%	0.0025	2.8915	0.0009	2.0600	0.5000	5.1400	67
砂土含量/%	0.1263	2.1739	0.0580	5.3800	0.2560	3.8900	57
孔隙率/%	0.1021	2.4782	0.0412	2.1439	0.4521	4.1159	8.05
总盐/(g/kg)	0.1548	1.8741	0.0826	5.2142	0.2776	6.0600	34.70

3.2.2　沉积物粒径特征、孔隙率与渗透系数的空间格局

通过对渗透系数的 Kriging 和反距离权重（IDW）的插值精度检验，发现渗透系数在 Kriging 插值法中精度最高，故对渗透系数采用 Kriging 法进行插值，得出研究区渗透系数的空间分布图，如图 14 和图 15 所示。从空间分布上来看，渗透系数与孔隙率均呈明显的斑块状与条带状分布，其中，渗透系数与孔隙率的较高值出现在研究区东南部，并逐渐向西递减，差异性显著。这是因为湖区西部植被覆盖率较高，以芦苇湿地为主，沉积物平均粒径极小，颗粒间支撑效果差，孔隙率低，形成了透水性较差泥炭层[23-24]，所以渗透系数偏小，而在东部沉积物粒径普遍较大，颗粒间支撑效果强，故渗透系数较大。

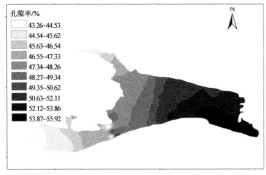
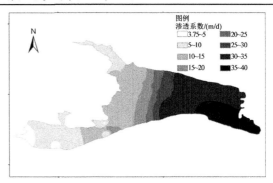

图 14　博斯腾湖湿地沉积物孔隙率空间分布情况　　　图 15　博斯腾湖湿地渗透系数空间分布状况

3.3　各特征因子的主成分分析

使用 SPSS 数据分析软件对 7 种特征因子进行主成分分析，Kaiser-Meyer-Olkin 度量值为 0.753，Sig 值 0.000，显示该数据适合做因子分析，前三位的主成分分别为沉积物平均粒径、沉积物孔隙率与砂土含量，所占百分率较高，均为正向负荷，且累积达到 98.87%，能够很好地反映出指标信息。说明这三个指标对沉积物孔隙率影响最为显著，这实际上也侧面反映了沉积物颗粒间支撑效果与颗粒粒径的正相关，从而使渗透水流通道更为顺畅。

表 2　主成分特征值与贡献率

主成分	特征值	百分率/%	累积百分率/%
粒径	5.485μm	91.42	91.42
孔隙率	0.272%	4.53	95.95
砂土含量	0.175%	2.91	98.87

4　讨论与结论

综上分析可以看出，沉积物的颗粒组成、颗粒粒径、孔隙率与渗透系数之间存在明显的指数关系，这与张波、宋进喜[12]在渭河陕西段发现的规律相一致。其中，渗透系数与砂土含量、粒径、孔隙率呈正相关关系，与黏土含量、粉砂含量呈负相关关系，这与目前一些学者的结论相一致，António 研究了三种不同情况下渗透系数与黏土含量的关系，结果均为负相关关系[25]。通过主成分分析发现，影响沉积物渗透系数的众多要素中，沉积物粒径、孔隙率和砂土含量是最密切相关的。

湖泊水通过沉积物下渗至地下从而补给地下水的过程，除了与水压差相关联之外，与由沉积物构成的通道的通畅程度也关系密切，一般而言，此通道的通畅程度与土壤孔隙度有很密切的联系，沉积物颗粒愈大，其相互支撑的作用就愈强，能够形成愈多的孔隙，而这些孔隙正构成了水的下渗通道。此通道的通畅程度还与沉积物当中不同粒径组成成分的排列组合相关，若大颗粒的空隙之间被小粒径的颗粒填充，则沉积物的孔隙度下降[26]，下渗通道不畅，渗透系数减小。

本文通过实地调研，野外和室内试验，结合传统统计学方法与地统计学方法对数据进行处理，得到主要结论如下：

（1）博斯腾湖湿地沉积物总盐、孔隙率、平均粒径范围分别为 7.15～14.22 g/kg、47.51%～56.73%、144～428 μm，均呈现出随深度增加而递减的特征，且此三要素水平分布差异显著均为大湖区＞黄水沟区＞小湖区，但在区域内部分异不显著。

（2）通过传统统计学分析，沉积物粒径、总盐与孔隙率呈显著的正相关关系，孔隙率与渗透系数亦呈正相关。通过地统计学软件分析，博斯腾湖湿地沉积物渗透系数、平均粒径、黏土含量、粉砂含量、砂土含量、孔隙率、总盐含量的变异系数分别为 76%、70%、78%、67%、57%、8.05%、34.7%，7 种参数的变异系数中除孔隙率外均较为接近且都属于中等变异，说明 6 种参数的分布具有较好的空间异质性。

在半方差分析之中，7 种参数的块金值都很小，说明在小尺度上的空间变异基本符合大尺度上的变化趋势。块金值与基台值的比值都小于 25%，说明此系统具有强烈的空间相关性。

（3）在空间结构分布中，渗透系数显现出了明显的空间分布趋势，暨从大湖区东南向湖泊的西部递减，最大值出现在大湖区的东南角，达到 39.12 m/d，最小值出现在小湖区的西部，仅仅为 3.75 m/d。沉积物孔隙率也显现出类似的变化特征，最大值出现在东南部，达到 55.97%，最小值出现在小湖区西部，为 43.26%。

（4）运用主成分分析法验证了影响沉积物渗透系数的各要素的地位，发现沉积物粒径、孔隙率、砂土含量是影响沉积物渗透系数最重要的三个要素。

参考文献

[1] 姜凤成，李义连，杨国栋，等. 某化工场地地下水中污染物运移模拟研究[J]. 安全与环境工程，2017,24(2):8-16.

[2] 伍艳，王玮屏，任海平，等. 水土作用对土体渗透系数的影响研究[J]. 水文地质工程地质，2011,38(6):39-43.

[3] 张平，赵埔，吴昊. 砂土渗透系数的粗粒效应[J]. 节水灌溉，2013(11):25-28.

[4] 邓友生，何平，周成林，等. 含盐土渗透系数变化特征的试验研究[J]. 冰川冻土，2006,28(5):772-775.

[5] 王文才，王鑫宙，赵婧雯. 煤田火区塌陷区渗透系数分布研究[J]. 工业安全与环保，2016,42(9):45-48.

[6] 苏立君，张宜健，王铁行. 不同粒径级砂土渗透特性试验研究[J]. 岩土力学，2014,35(5):1289-1294.

[7] 王子健，赵全升，许浩，等. 辽河三角洲湿地表层沉积物渗透系数的研究[J]. 山东国土资源，2013,29(10-11):84-86.

[8] 杨小刚，宋进喜，陈佳，等. 渭河陕西段潜流带沉积物重金属变化初步分析[J]. 环境科学学报，2014,34(8):2051-2061.

[9] Christine E H, Andrew T F, Chris R R, et al. Spatial and temporal variations in streambed hydraulic conductivity quantified with time-series thermal methods[J]. Journal of Hydrology, 2010, 38(9): 276-288.

[10] 郑涛. 曹妃甸地区海底地下水排泄的定量化研究[D]. 北京：中国地质大学，2014.

[11] 王元元. 生物扰动对河床沉积物营养盐释放及渗透性的影响[D]. 西安：西北大学,2016.

[12] 张波，宋进喜，曹明明. 渭河河床沉积物颗粒组成对渗透系数的影响[J]. 水土保持通报，2013,33(5):40-44.

[13] 谌文武，吕海敏，吴国鹏，等. 盐分对遗址土体渗透性及孔径的影响[J]. 中南大学学报（自然科学版），2016,47(8):2747-2751.

[14] 闫虎，王玉杰，张会兰. 新疆巴音郭楞蒙古自治州生态铭感性分析[J]. 干旱区地理，2015,38(6):1226-1233.

[15] 卢文君，刘志辉，习阿幸. 博斯腾湖水体矿化度影响因子分析及调控措施[J]. 中国农业水利水电，2015(5):97-101.

[16] 李新国，古丽克孜·吐拉克，赖宁. 基于 RS/GIS 的博斯腾湖湖滨绿洲土壤盐渍化敏感性研究[J]. 水土保持研究，2016,23（1）：165-168.

[17] 祖皮艳木·买买提，海米提·依米提，安尼瓦尔·艾则孜，等. 焉耆盆地生态系统服务价值对土地利用/覆被变化的响应[J]. 中国沙漠，2014,34(1):275-283.

[18] 伊丽努尔·阿力甫江，海米提·依米提，麦麦提吐尔逊·艾则孜，等. 1958—2012 年博斯腾湖水位变化驱动力[J]. 中国沙漠，2015,35(1):240-247.

[19] 刘彬，张海燕. 博斯腾湖湿地鸟类区系及类群多样性分析[J]. 干旱区资源与环境，2015,29(7):160-165.

[20] Hvorslev M J.Time lag and soil permeability in groundwater observations［J］.U.S. Army Crops of engineers,Waterways Experiment Station Bulletin,1951,36(3):1-50.

[21] 宋进喜，Chen Xunhong,Cheng Cheng，等. 美国内布拉斯加州埃尔克霍恩河河床沉积物渗透系数深度变化特征[J]. 科学通报，2009,54(24):3892-3899.

[22] 中国土壤学会. 土壤农业化学分析方法[M]. 北京：科学出版社，1999:35-149.

[23] 王晓龙，张寒，姚志生，等. 季节性冻结高寒泥炭湿地非生长季甲烷排放特征初探[J]. 气候与环境研究，2016,21(3):282-292.

[24] 周文昌，索郎夺尔基，崔丽娟，等. 排水对若尔盖高原泥炭地土壤有机碳储量的影响[J]. 生态学报，2016,36（8）:2123-2132.

[25] António J R,Gérard D.Calculating hydraulic conductivity of fine-grained soils to leachates using linear expressions[J].Engineering Geology,2006,85(1):147-157.

[26] 党发宁，刘海伟，王学武，等. 基于有效孔隙比的黏性土渗透系数经验公式研究[J]. 岩石力学与工程学报，2015,34(9):1909-1917.

复杂下垫面下城市面源污染来源及影响因素综述

吴燕霞[1,2]，牛存稳[2]，陈建[1]

（1. 华北水利水电大学，郑州 450000；

2. 中国水利水电科学研究院 流域水循环模拟与调控国家重点实验室，北京 100038）

摘　要： 随着我国城市化快速发展，新旧城区的不断更替，大量的人口不断涌入城市，城市径流污染的现象日趋严重。城市面源污染对水环境的影响越来越受到人们的关注。本文对城市面源污染的来源、特征、机理模型，以及影响因素综合论述。

关键词： 城市面源污染；降雨径流；影响因素

1　引言

水资源是经济和社会发展的重要支撑和保障，而我国的水资源形势极为严峻。目前水资源危机不仅表现在水量的缺乏，更表现在水质的恶化，所以水资源危机已成为全球一个十分尖锐的社会问题。

水环境污染源包括点源污染、内源污染和面源污染三大类。其中，点源污染是由可识别的单污染源引起的水环境污染。点源具有可以识别的范围，可将其与其他污染源区分开来。内源污染又称二次污染，主要指进入湖泊中的营养物质通过各种物理、化学和生物作用，逐渐沉降至湖泊底质表层。积累在底泥表层的氮、磷营养物质，一方面可被微生物直接摄入，进入食物链，参与水生生态系统的循环；另一方面，可在一定的物理化学及环境条件下，从底泥中释放出来而重新进入水中，从而形成湖内污染负荷。面源污染，也称非点源污染，是指溶解和固体的污染物从非特定地点，在降水或融雪的冲刷作用下，通过径流过程而汇入受纳水体（包括河流、湖泊、水库和海湾等）并引起有机污染、水体富营养化或有毒有害等其他形式的污染。非点源污染是环境学的研究内容之一，是当前生态学、水文学、土壤学、植物学、环境科学等学科的前沿领域和热点之一。非点源污染主要包括城市非点源污染（又称城市面源污染）和农村非点源污染（又称农村面源污染），其中农村面源污染占比较大，研究也较多。城市面源污染主要是由降雨径流的淋浴和冲刷作用产生的，城市降雨径流主要以合流制形式，通过排水管网排放，径流污染初期作用十分明显。特别是在暴雨初期，由于降雨径流将地表的、沉积在下水管网的污染物，在短时间内，突发性冲刷汇入受纳水体，而引起水体污染。面源污染引起的水环境问题已经严重地制约了城市的经济和和社会的可持续发展。在面源污染中，城市地表径流是仅次于农业面污染源的第二大面污染源。如何科学地认识并有效控制面源污染因而成为一个紧迫的研究课题。

2　城市面源污染的特征

城市面源污染的发生受到众多环境要素和人类活动的影响，这就决定了面源污染具有显著地域性，并在时间和空间上表现出不确定性。城市面源污染具有如下几个特征：

（1）污染物种类多，来源广。来自城区不透水地面的长期污染负荷是由空中淋洗量和降雨径流对街道地表物的冲刷量两部分组成。如表 1 所示城市面源污染物可分为固体物质、还原性有机物、重金属、油和脂、毒性有机物、氮磷营养物和农药等共七类。这些污染物不仅来源于居民区人们的日常生活，有化肥农药残留的绿地，人们逛街购物的商业区，屋面建筑材料、建筑工地、路面垃圾和城区雨水口和污水、汽车产生的污染物、大气干湿沉降，还来源于支撑国民经济的工业园区等。

表 1　污染物的来源、种类及危害

污染物分类	污染物来源	危害
固体物质	轮胎磨损颗粒，筑路材料磨损颗粒，运输物品的泄露，刹车，大气降尘，路面除冰剂，混凝土及沥青路面，杂物	重金属及有毒化合物 PAHs 的载体，淤积水体会降低水体的生态功能
还原性有机物	有机废物，下水道淤积，植物残体，工业废物	消耗水中的氧，引起富营养化
重金属（Cd,Cr,Cu,Pb,Ni,Zn 等）	汽车尾气的排放，燃料或润滑油的泄露，除冰剂的撒播，轮胎的磨损，工业排放，农药	有毒
油和脂	燃料及润滑油的泄露，废油的抛弃，工业用油的泄露	有毒
毒性有机物（PHC 和 PAHs 等）	汽油的不完全燃烧产物，润滑油的泄露，塑化剂，染料，垃圾掩埋，石油工业	有毒
氮磷营养物	大气沉降，对植物的施肥，杂物	引起水体富营养化
农药	绿地的施用，空气中漂浮的农药颗粒的沉降	有毒

（2）随机性和不确定性。首先，由于城区人口的流动性比较大，污染发生的时间、地点以及污染物的种类都具有随机性。其次，城市面源污染与本区域的降水过程有紧密的联系，受城市水循环过程影响。上述两点都决定了城市面源污染的形成具有随机性。

影响城市面源污染的因素复杂多样，如下垫面、人类活动等，由于缺乏固定的污染源、排放时间不固定、排放的地点不固定，因而污染物的来源以及污染负荷的计算，都存在不确定性和难确定性。

据观测，在暴雨初期污染物浓度一般都超过平时污水浓度，城市面源是引起水体污染的主要污染源，具有突发性、高流量和重污染等特点。

（3）分散性和不均一性。污染物分布在城市道路、屋面、广场、天然降雨、路边垃圾堆、管道等城市的各个角落，比较分散，其中污染物主要来源于城市道路。首先，城市道路上，轮胎与地面摩擦产生的颗粒，路面材料磨损产生的颗粒；其次，运输物品、汽车油箱等的泄露产生的污染物；再次，由于道路车流量较大，道路颗粒状污染物较其他场所偏高。综上所述，城市道路污染物浓度偏高。而屋面污染物状况受人类活动较小，污染物主要来源于屋顶材料的析出物，这取决于屋面材料的种类，因此，屋面径流污染物浓度一般偏低。广场则是人们经常出没的地方，其污染物主要来源于路人带来的生活垃圾，比如果皮、纸屑等，较屋面径流污染物浓度相对较高。路边垃圾、管道堆是垃圾的聚集地，降雨时径流中污染物浓度也偏高。因此，城市面源的污染物分布具有分散性和不均一性。

（4）地域性。北方城市，处于亚热带季风气候，四季分明，每年降水量集中在夏季，多暴雨。夏季，由于强降雨的冲刷，地表径流污染物浓度偏低，而在其他三个季节，降雨量、降雨频率相对偏低，多干旱，导致地表、管道污染物堆积，地表径流污染物浓度偏高。

不同的城市功能区地表径流排污状况不同。由于不同城市功能区，人类活动方式不同，带来的污染物种类不同，导致城市地表径流污染程度不同。例如，由于园林绿地施用化肥农药产生的化学性的有机、有毒物质，降雨后产生的径流污染状况较差；路面交通区，轮胎磨损产生的固体颗粒，机动汽车产生的废气，材料运输过程的遗漏物形成的有毒物质，形成径流水质较差；与园林绿地和路面交通区域相比，屋面人类活动较少，污染物主要来源于屋顶材料析出物以及大气沉降，屋面径流水质相对较好。

（5）随时间不断变化。随着我国城市化进程加快，城市的硬质下垫面（停车场、广场等建筑与道路）面积在不断增加，径流系数较大，形成径流的时间短，地下入渗量小，对污染物的冲刷强烈。径流形式以短时间的地表径流和较长时间的管内流为主。降雨初期，由于地表沉积物的堆积以及上次降雨过后污染物在管道的堆积，地表径流污染物浓度偏高，随着降雨的继续冲刷，污染物浓度逐渐降低。

（6）难区分、难治理性。点源污染与面源污染可以相互转化。例如，本次降雨强度和降雨量不足以把污染物冲刷到受纳水体中，这就会导致污染物的堆积，污染物不管在数量上还是在面积上都会增加，此时点源污染就转化成了面源污染，这就导致了两种污染源难以区分。由于点源污染的以上特征，面源污染的治理方案又不适用于点源污染，点源污染的治理存在一定的难度。

3 城市面源污染的影响因素

城市面源污染的主要影响因素包括降雨强度、降雨量、降雨历时、城市土地类型、大气污染状况和地表清扫状况、此次降雨与上次降雨的时间间隔以及此次降雨前晴天的天数等。各因素的影响特征如表 2 所示。

表 2 城市面源污染影响因素分类

影响因素分类	影响特征
降雨量	降雨量决定着稀释污染物的水量，降雨量越大，污水被稀释，污染物浓度越低
降雨强度	降雨强度决定着淋洗地表污染物能量的大小，降雨强度越大对污染物的冲刷力度就越大，地表淋洗的就越干净，地表污染物浓度就越低。降雨强度越大，污水被稀释的速度就越快
降雨历时	降雨历时既决定着污染物被冲刷的时间，也决定着降雨期间的污染物向地表输送的时间。降雨历时长污染物被冲刷的时间则长，污染物向地表中输送的时间就越长。径流中污染物浓度随降雨时间增长而降低
长期天气状况	此次降雨与上次降雨的时间间隔以及此次降雨前晴天的天数来表征。若此次降雨与上次降雨时间间隔较短，地表存留的污染物较少，降雨径流中污染物浓度就偏低；若此次降雨与上次降雨时间间隔较长，此期间残留的污染物就会较多，降雨时径流中污染物浓度就会偏高
城市土地利用类型	城市土地利用类型决定着污染物质的性质及积累速率。居民区、商业区、路面交通区、工业区，污染物的种类、性质不同，例如，路面交通区，主要污染物为轮胎磨损的固态颗粒物，工业区的主要污染物为重金属等。同一城市土地类型的不同时段污染物的积累速率不同，例如，商业区在早 9:00 到晚 9:00 这一时间段，污染物积累速率较大，其他时间段偏低。不同城市土地类型在同一时间段污染物的积累速率也不相同
大气污染状况	大气污染状况决定着降雨初期雨水中污染物的含量。大气中的有毒、有害污染物可以直接落到地面和水体中，即大气干沉降；也可以通过降雨、降雪沿径流循环进入到土壤或水体，即大气的湿沉降。大气的干、湿沉降导致降雨初期地表径流受到污染，当大气污染状况较差时，地表径流污染物浓度偏高，当大气污染状况较好时，地表径流污染物浓度较低
地表清扫状况	城市地表清扫的频率及效果影响着晴天时在地表累积的污染物数量。城市地表清扫的频率增加，地表存留的污染物减少，晴天时地表累积的污染物将会减少

4 城市面源污染模拟

城市面源污染的产生、迁移和转化的过程实际上就是地表累积的污染物随降水形成地表径流汇入河流、湖泊的过程。城市面源污染从其产生机制来看，主要有三个过程，径流形成的过程，径流冲刷地面及形成土壤侵蚀的过程，污染物汇入水体的过程。基于对面源污染产生和迁移转化过程的研究分析，通过对非点源污染的三个重要环节——降雨径流、水土流失和污染物迁移进行模拟。径流模拟是面源污染的基础，泥沙模拟反映污染物迁移的机理，污染物与径流和泥沙的关系是机理性模型的关键。非点源污染模型的基本结构如图 1 所示。

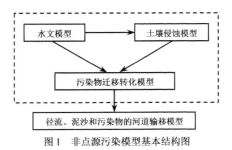

图 1 非点源污染模型基本结构图

由图 1 可知，非点源污染过程涉及水文、土壤、化学等多个学科，降雨在不同下垫面下产生径流，并对土壤产生侵蚀，在降雨-径流驱动因子作用下，大量的泥沙与附着态、可溶态污染物进入水体，同时水体内污染物随降水入渗产生垂直迁移，水中吸附态和溶解态污染物存在吸附-解吸、植物吸收、微生物降解等作用，因此非点源污染机理非常复杂。因此，需加强非点源污染过程的水文循环基础研究，迁移转化机理等的研究，为今后非点源污染的研究打下夯实的基础。

降雨径流模型由降雨量计算地表径流量，可以选择常用的新安江、SWAT、WEP 或其他模型；土壤侵蚀模型，根据降雨强度、流域植被、土壤特性、地形坡度等计算土壤的侵蚀量。土壤侵蚀污染包括土壤本身和有机物对水体的污染，以及冲刷土壤中的农药及其化学成分等有毒化学物对水体的污染。

5　治理措施

针对城市面源污染来源及影响因素的错综复杂性，提出几点建议：

（1）城市面源污染影响因素多，随机性强，偶然性大，测试结果变化大，这就需要研究人员要做大量的实验，采用统计学的方法使得测试结果更具科学性，更具说服力。

（2）由于降雨强度的影响，降雨初期，地表径流中污染物浓度明显高于降雨后期的污染物浓度，由于一些社会原因，雨污混接的严重现象，现下这种问题不可能立马解决，所以我们在现阶段应该采取一些应对措施，比如我们可以研究地表径流中污染物浓度变化曲线，从而确定排放污染物浓度达标点的时刻，以采取关闭污水闸门使地表径流直接排入河流湖泊等汇入水体中。这样既减轻污水处理厂在降雨初期处理大量污水的压力，又可以提高处理效率。

（3）由于城市面源污染来源及影响因素的多样化、复杂化，面源污染与点源污染难以区分，城市面源污染的治理也变得尤为困难，首先，从源头上治理，提高公众环保意识，让垃圾有家可归，减少地表垃圾的数量，垃圾归类放置，减轻污水处理的负担；其次，增加街道清扫的频率，使清扫效果更佳明显；最后，提高污水处理效率，使得污水可以及时有效处理。

（4）随着城市化进程的加速，城区现已不透水面为主，主要包括公园、广场、道路及建筑物等，这就导致了汇水面的性质和比例发生了极大的改变，污染物在下水道停留的时间变长，最终导致污水处理系统的污染处理负荷加大，对此我们可以通过增加道路两旁、居民小区的绿化面积，增大路地的渗透率，对入河的面源污染负荷起到一定的消减作用。

（5）在垃圾中转站或者垃圾处理厂周边或者河流的下游，污染物的浓度一般偏高，这是由于在垃圾的输移运转上存在一些遗漏，导致地面垃圾残留较多，降雨径流过程中，由于冲刷作用，才导致周边或者河流的下游污染物浓度偏高，针对这种特殊区域，我们可以采取布置专门的工作人员监督、管理此处的卫生状况以及采用更加密闭的装备运输垃圾，使污染从源头上得以有效的治理。

6　结语

迄今为止，我国诸多研究已经成为我国城市面源污染研究奠定了一定的理论基础，我们应该对城市面源污染有一个全面的认识，如其产生途径，输移转化机理，进入水体后产生的一系列变化过程等，让我们更加科学、全面地去认识这个问题，然后解决这个问题。

参考文献

[1] 胡雪涛，陈吉宁，张天柱. 非点源污染模型研究[J]. 环境科学，2002(23):124-128.

[2] 李家科，李亚娇，李怀恩. 城市地表径流污染负荷计算方法研究[J]. 水资源与工程学报，2010,21(2):5-13.

[3] 韩冰，王效科，欧阳志云. 城市面源污染特征的分析[J]. 水资源保护，2005,21(2):1-4.

[4] 郝芳华，程红光，杨胜天. 非点源污染模型——理论方法与应用[M]. 北京：中国环境科学出版社，2006.

[5] 夏军，翟晓燕，张永勇. 水环境非点源污染模型研究进展[J]. 地理科学进展，2012,31(7):941-952.

[6] 张建云. 非点源污染模型研究[J]. 水科学进展，2002,13(5):547-551.

[7] 汪慧贞，李宪法. 北京城区雨水径流的污染及控制[J]. 城市环境与城市生态，2002,15(2):16-18.

[8] 吴林祖. 杭州城市径流污染特征的初步分析[J]. 上海环境科学，1987,6(6):34-36.

[9] 温灼和，苏逸深，刘小靖，等. 苏州水网城市暴雨径流污染的研究[J]. 环境科学，1986,7(6):2-6.

[10] 夏青. 城市径流污染系统分析[J]. 环境科学学报，1982,2(4):271-278.

[11] 施为光. 城市降雨径流长期污染负荷模型的探讨[J]. 城市环境与城市生态，1993,6(2):6-10.

[12] 王和意，刘敏，刘巧梅，等. 城市降雨径流非点源污染分析与研究进展[J]. 城市环境与城市生态，2003,16(6):283-285.

[13] 胡爱兵，李子富，张书函，等. 城市道路雨水水质研究进展[J]. 给水排水，2010,36(3):123-127.

[14] 胡成，潘美霞. 城市非点源污染负荷估算研究[J]. 气象与环境学报，2006,22(5):14-18.

[15] 倪艳芳. 城市面源污染的特征及其控制的研究进展[J]. 环境科学与管理，2008,33(2):53-57.

[16] 付永峰，陈文辉，赵基花. 非点源污染的研究进展与前景展望[J]. 山西水利科技，2003,3(149):32-35.

变化环境下的水文过程及其水文水资源响应

南京市 60 年降水量变化趋势及特征演变分析*

郝曼秋，高成，顾春旭，刘雪瑶

（河海大学水文水资源学院，南京 210098）

摘　要： 基于水文部门提供的南京市 6 个雨量站 1951—2010 年间的逐日降水资料，利用 Mann-Kendall 趋势分析法和 Mann-Kendall 突变检验法对南京市年降水量、降水日数和各季的降水量进行趋势分析和突变检验，同时利用 Morlet 小波变换法分析了南京市年降水量的多时间尺度周期变化特征。结果表明，年降水量、降水日数、各季降水量均呈上升趋势。其中，降水日数增加显著；年降水量在 2002 年发生突变，之后降水量开始上升；年降水量具有 27 年、15 年、10 年时间尺度的周期震荡。本次研究不仅提高了对南京市降水演变规律的认识，同时对南京市雨洪综合管理具有重要指导意义。

关键词： 南京；降水量；趋势分析；演变特征

1　引言

20 世纪以来，由于城市化进程的加快和强烈的人类活动影响，城市气候发生了较为显著的变化，其中降水量的变化是气候变化中至关重要的因素[1-2]。降水是陆地供水的主要来源，不仅对区域的水循环与水资源变化产生直接影响，同时对区域的社会经济发展具有深刻的影响[3-4]。康淑媛等[5]分析了张掖市降水量的时空分布规律，发现降水量空间分布不均，由东南向西北逐渐递减。金成浩等[6]对嘎呀河流域的降水数据进行分析，结果表明嘎呀河流域的年降水量总体呈现下降趋势，且得到了整个流域降水量的突变点。曹宇峰等[7]综合运用线性倾向估计法、Mann-Kendall 等方法来探究淮河流域的降水变化特征。陈中平等[8]运用线性回归、累计距平分析等揭示了金华站整体与季节的时程变化特征。夏继勇等[9]、孙善磊等[10]利用小波分析探究了区域降水的周期变化特征。但目前针对南京市降水量变化趋势的研究还比较少，为此本文选取年降水量、各季降水量、降水日数等指标，研究南京市的降水变化趋势及特征演变，对分析南京历史及未来的水文情势变化和实现南京市水资源可持续开发利用具有重要意义，也可为城市雨洪模拟与防汛减灾工作提供参考依据。

2　研究区概况

南京市位于长江下游中部地区，江苏省西南部，是江苏省省会，同时也是长三角辐射带动中西部地区发展的重要门户城市。南京市总面积 6957km²，建成区面积从 1986 年的 65km² 扩展到 2016 年的 1125.78km²。地貌特征属宁镇扬丘陵地区，以低山缓岗为主，低山占土地总面积的 3.5%，丘陵占 4.3%，岗地占 53%，平原、洼地及河流湖泊占 39.2%。南京属北亚热带湿润气候，四季分明，雨量充沛，常年平均降雨 117d，降雨集中期为 6 月、7 月[11]。南京三面环山，一面向水，由于具有特殊的地理环境，且

*基金项目：国家自然科学基金资助项目（41301016）。

第一作者简介：郝曼秋（1993—），女，江苏宿迁人，在读硕士研究生，研究方向为城市防洪与减灾。Email：haomanqiu@163.com

通讯作者：高成（1983—），男，安徽宿州人，博士，副教授，研究方向为城市防洪与减灾。Email：gchohai@163.com

城市化进程较快，在长期的历史进程中，气候也发生了相应的变化。因此，本文依据南京市 1951—2010 年间的逐日降水资料，对其降雨变化特征进行综合分析。

3 资料与方法

3.1 研究资料

本文收集整理了南京市 6 个代表雨量站的逐日降水量数据，统计出逐年降水量，年降水日数及各季节的降雨量，根据南京市的气候特征将春、夏、秋、冬四季分别划分为 3—5 月、6—8 月、9—11 月、12 月至翌年 2 月。表 1 为南京市平均年降水量统计值。由表 1 知，平均年降水量的方差和极差较大，降水极不均匀；峰度系数大于 0，表明平均年降水量分布比正态分布更为集中。

表 1　南京市 1951—2010 年平均年降水量统计值

统计值	平均值/mm	方差	极差	偏度系数	峰度系数
平均年降水量	1060.0	57964.1	1291.8	0.65	1.15

3.2 Mann-Kendall 趋势检验

Mann-Kendall 法是 1945 年由 Mann 提出，并在 1975 年由 Kendall 完善的一种非参数统计检验方法。由于该方法中的样本不需要遵从一定的分布，且分析结果不会受到少数异常值的干扰，更适用于揭示水文时间序列的变化趋势[12]。

假定 X_1, X_2, ..., X_n 为时间序列变量，n 为该时间序列的长度。Mann-Kendall 法定义统计量 S 为

$$S = \sum_{i<j} a_{ij} \tag{1}$$

其中：

$$a_{ij} = \mathrm{sgn}(x_j - x_i) = \begin{cases} 1 & (x_i < x_j) \\ 0 & (x_i = x_j) \\ -1 & (x_i > x_j) \end{cases} \tag{2}$$

式中：x_i、x_j 分别为第 i 年、第 j 年的相应测量值，且 $i<j$。

当样本数量 n 比较大时，统计量 S 近似服从正态分布，方差为

$$Var(S) = [n(n-1)(2n+5)]/18 \tag{3}$$

Mann-Kendall 统计量 Z 可用下面方法计算：

$$Z = \begin{cases} (s-1)/\sqrt{Var(S)} & (S>0) \\ 0 & (S=0) \\ (s+1)/\sqrt{Var(S)} & (S<0) \end{cases} \tag{4}$$

在双边趋势检验中，给定置信水平 α，若 $|Z| \geqslant Z_{1-a/2}$，则在 α 置信水平上，时间序列数据存在明显的上升或下降趋势。在水文统计中，置信水平 α 通常选用 0.05。对统计量 Z 而言，若 $Z>0$，则存在上升趋势；若 $Z<0$，则存在下降趋势[13]。

3.3 Mann-Kendall 突变检验

Mann-Kendall 法用于突变检验时，假定 X_1, X_2, $\cdots$, X_n 为时间序列变量，n 为该时间序列的长度，变量构成一秩序列：

$$S_k = \Phi = (X - E_x)/\bar{X}C_v \quad (k=2,3,\mathrm{L},n) \tag{5}$$

其中，当 $X_j > X_i$ 时，$r_i = 1$，当 $X_j \leqslant X_i$ 时，$r_i = 0$ （$j=1,2,\cdots,i$）。

定义统计量：

$$UF_k = [S_k - E(S_k)]/[Var(S_k)] \tag{6}$$

$$E(S_k) = n(n-1)/4 \tag{7}$$

$$Var(S_k) = n(n-1)(2n+5)/72 \tag{8}$$

UF_k 为标准正态分布，$UF_1 = 0$，UF_k 是根据时间序列 X_i 计算出的统计序列。在显著性水平 α 下，若 $|UF_k| \geq U_{a/2}$，则代表序列具有显著的趋势变化。

再按照时间序列逆序 X_n，X_{n-1}，…，X_1，依据上式再次进行计算，得出 UB_k 统计序列，同时使得 $UB_k = -UF_k (k = 1, 2, L, n)$。

通过对统计序列 UF_k 和 UB_k 的分析，可以得出序列的变化趋势，并可进一步明确突变的时间。若 $UF_k > 0$，表明序列具有上升的趋势；若 $UF_k < 0$，表明序列具有下降的趋势；若 UF_k 超过临界值，表明其变化趋势显著；若 UF_k 与 UB_k 的曲线存在交点且交点在临界直线之间，则交点对应的时间便是突变开始的时刻[14]。

3.4 小波分析

小波分析法是 20 世纪 80 年代初由 Morlet 提出的具有时-频多分辨功能的周期分析方法，其基本思想为用一簇小波函数系来表示或逼近某一信号或函数。

对于给定的小波函数 $\varphi(t)$，水文时间序列 $f(t)$ 的连续小波变换为

$$W_f(a,b) = |a|^{1/2} \int_{-\infty}^{+\infty} f(t)\overline{\varphi}\left(\frac{t-b}{a}\right)dt \tag{9}$$

式中：$W_f(a,b)$ 为小波变换系数；a 为尺度因子，反映小波的周期长度；b 为时间因子，反映时间上的平移；$\overline{\varphi}\left(\dfrac{t-b}{a}\right)$ 为小波函数。

小波方差 $Var(a)$ 的计算公式为

$$Var(a) = \int_{-\infty}^{+\infty} |W_f(a,b)|^2 \, db \tag{10}$$

$Var(a)$ 随 a 的变化过程反映了波动的能量随尺度的分布，其峰值对应的时间尺度即为水文序列的主周期[15]。

4 结果与分析

4.1 趋势分析

南京市 1951—2010 年间的平均降水量和 3 年滑动平均降水量时间序列如图 1 所示。由图 1 可知，南京市 1951—2010 年间的降水量变化幅度较大，逐年分布不均衡近 60 年多年平均降水量为 1060.0mm。对于 3 年滑动平均降水量而言，1987—1993 年降水较多，其中 1991—1993 年的 3 年滑动平均降水量最大，为 1317.5mm，1966—1968 年的 3 年滑动平均降水量最小，为 805.7mm，降水量总体呈增加趋势。对于年降水量而言，1991 年降水量出现最大值，为 1825.8mm；1978 年降水量出现最小值，为 534.0mm，两者相差 1291.8mm。

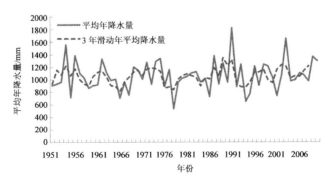

图 1 南京市 1951—2010 年平均年降水量和 3 年滑动平均年降水量时间序列

采用 Mann-Kendall 趋势检验法对南京市近 60 年的年降水量、降水日数和各季降水量进行趋势检验，

检验结果见表 2。由表 2 可知，年降水量、降水日数和各季降水量均呈上升趋势，其中，只有降水日数通过了 95%的显著性检验，表明在 1951—2010 年期间，南京市的降水日数呈现出了显著的上升趋势。春季降水量与秋季降水量的 Z 值相对较低，表明南京市的春季降雨量与秋季降雨量的上升趋势相对平缓。

表 2　南京市降水 Mann-Kendall 统计量

参数	Z	$Z_{\alpha/2}$	变化趋势	显著性
年降水量	1.151	1.96	上升	不显著
降水日数	2.257	1.96	上升	显著
春季降水量	1.219	1.96	上升	不显著
夏季降水量	1.885	1.96	上升	不显著
秋季降水量	0.779	1.96	上升	不显著
冬季降水量	1.488	1.96	上升	不显著

4.2　突变分析

对南京市近 60 年平均年降水量和各季降水量进行 Mann-Kendall 突变检验，得出突变检验图见图 2。

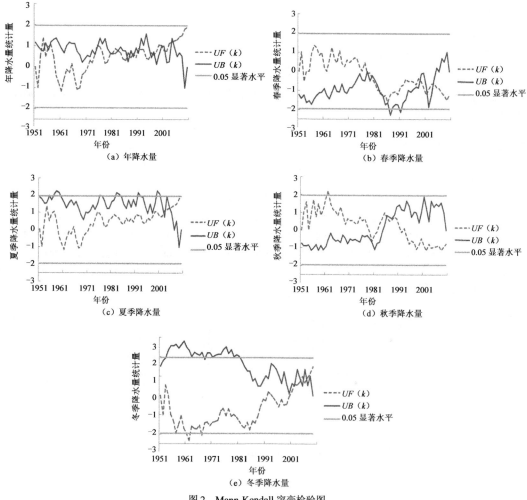

图 2　Mann-Kendall 突变检验图

依据图 2（a）分析可知：UF_k 和 UB_k 存在多个交点，分别位于 20 世纪 50 年代、80 年代和 90 年代，各个交点所对应的年份为南京市降雨变化的转折点，表明南京市降雨量在 1951 年至 2000 年之间存在较为明显的变化过程。此后在 2002 年发生突变，至 2010 年一直为上升趋势，但突变未通过置信度检验，表明突变并不显著。

由图 2（b）可以看出，20 世纪 80 年代以前南京市春季降水量基本处于上升趋势，1978 年是突变点，1978 年以后一直呈现下降趋势，但下降趋势不显著。

由图 2（c）知，夏季降水量呈现出一定的波动性，70 年代以后一直呈上升趋势，突变从 2002 年开始，至 2010 年均为上升趋势，但突变未通过置信度检验，突变不显著。

由图 2（d）知，秋季降水量在 20 世纪 50 年代至 80 年代基本处于上升趋势，且 1962 年 UF_k 为 2.19，超过了临界值，表明这一年秋季降水量增加显著。之后在 1986 年发生突变，此后降水量呈下降趋势，但下降趋势不显著。

由图 2（e）知，冬季降水量从 20 世纪 50 年代至 90 年代基本处于下降趋势，其中 1962 年和 1967 年的 UF_k 均超过了临界值，表明在 1962 年和 1967 年冬季降水量下降趋势显著。冬季降水量的突变发生于 1999 年，之后降水量显示出上升的趋势，但没有达到显著水平。

4.3　周期分析

南京市 1951—2010 年年降水量的小波系数实部等值图见图 3。由图 3 可以看出，南京市的年降水量数据在不同的时间尺度上存在周期震荡。南京市年降水量在 10~11 年时间尺度上，有 3 个负值中心挟持着两个正值中心，组成了 4 个 10~11 时间尺度上的干-湿交替的周期震荡；在 15~16 年的时间尺度上，周期表现较为显著和稳定，近 60 年里始终存在且强度较强，主要经历了 12 个时期的降水交替变换；在 27~28 年的时间尺度上，四个正值中心和三个负值中心交替出现，2010 年正处于降水量偏丰期的末端，未来将进入偏枯期，年降水量会有所减少。

计算 Morlet 小波方差并绘制南京市年降水量 Morlet 小波方差图见图 4。小波方差图可以反映时间序列的波动能量随时间尺度的分布情况，从而确定时间序列变化过程中存在的主周期。由图 4 知，南京市年降水量的小波方差图存在三个比较明显的峰值，分别对应着 10 年、15 年和 27 年左右的时间尺度。其中最大峰值对应着 27 年左右的时间尺度，说明 27 年左右的时间尺度对应的周期震荡最强，该时间尺度对应的周期为南京市年降水量的第一主周期。同样的，15 年左右的时间尺度对应的周期为南京市年降水量的第二主周期，10 年左右的时间尺度对应的周期为南京市年降水量的第三主周期。

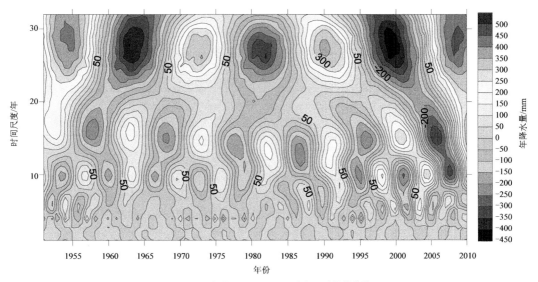

图 3　南京市年降水量 Morlet 小波变化系数等值线

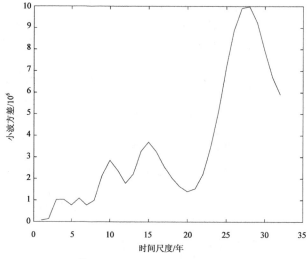

图 4　南京市年降水量 Morlet 小波方差

5　结语

通过对南京市降水量进行趋势分析和突变检验以及 Morlet 小波分析后，得出以下主要结论：

（1）近 60 年来，南京市年均降水量、降水日数均呈上升趋势，其中，降水日数通过了 95%的显著性检验，呈现出了显著的上升趋势。各季降水量均呈上升趋势，其中，夏季降水增加趋势最为明显，今后需要重点关注。

（2）平均年降水量突变发生于 1974 年，春季降水量突变发生于 1978 年，夏季降水量突变发生于 2002 年，秋季降水量突变发生于 1986 年，冬季降水量突变发生于 1999 年。

（3）南京市近 60 来年均降水量周期变化明显，干湿交替显著。周期变化由强到弱依次为 27 年、15 年、10 年，且在大时间尺度上周期交替更为显著。

参考文献

[1]　GRANT S B,SAPHORES J D, et al.Taking the "waste" out of "wastewater" for human water security and ecosystem sustainability [J]. Science,2012,337(6095):681-686.

[2]　YE X C,ZHANG Q,et al.Distinguishing the relative impacts of climate change and human activities on variation of streamflow in the Poyang Lake catchment, China[J].Journal of hydrology,2013(494):83-95.

[3]　徐宗学，张楠，等. 黄河流域近 50 年降水变化趋势分析[J]. 地理研究，2006,25(1):27-35.

[4]　张建云，宋晓猛，王国庆，等. 变化环境下城市水文学的发展与挑战——I. 城市水文效应[J]. 水科学进展，2014，25(4):594-605.

[5]　康淑媛，张勃，等. 基于 Mann-Kendall 法的张掖市降水量时空分布规律分析[J]. 资源科学，2009,31(3):501-508.

[6]　金成浩，韩京龙. 基于 Mann-Kendall 检验的嘎呀河流域降水变化趋势及突变分析[J]. 吉林水利，2013,379:62-66.

[7]　曹宇峰，刘高峰，等. 基于 Mann-Kendall 方法的淮河流域降雨量趋势特征研究[J]. 安徽师范大学学报（自然科学版），2014,37(5):477-485.

[8]　陈中平，徐强. Mann-Kendall 检验法分析降水量时程变化特征[J]. 科技通报，2016,32(6):47-50.

[9]　夏继勇，钟平安，等. 近 58 年大汶河流域降水量演变特征分析[J]. 水电能源科学，2017,35(3):6-10.

[10]　孙善磊，周锁铨，等. 淮海地区降水周期及突变特征分析[J]. 气象科学，2010,30(2):221-227.

[11]　张国存，查良松. 南京近 50 年来气候变化及未来趋势分析[J]. 安徽师范大学学报（自然科学版），2008,31(6):580-584.

[12] 丁晶，邓育仁. 随机水文学[M]. 成都：成都科技大学出版社，1988.

[13] GOCIC M,TRAJKOVIC S. Analysis of changes in meteorological variables using Mann-Kendall and Sen's slope estimator statistical tests in Serbia[J]. Global and Planetary Change,2013(100):172-182.

[14] Wang X, Yang X, et al. Trend and extreme occurrence of precipitation in a mid-latitude Eurasian steppe watershed at various time scales[J].Hydrological Processes,2013.

[15] 崔锦泰. 小波分析导论[M]. 西安：西安交通大学出版社，1995.

大型通江湖泊水质驱动机制研究*

王华 [1,2]，李一平 [1,2]，方少文 [3]，韩飞 [1,2]，邓燕青 [3]，王仕刚 [4]

(1.河海大学 环境科学与工程学院，南京 210098；2.河海大学 浅水湖泊综合治理与资源开发教育部重点
实验室，南京 210098；3.江西省水文局，南昌 330000；4. 鄱阳湖水文局，江西庐山 332800)

摘　要：论文提出了基于边界输入、水体自净、大气干湿沉降、沉积物释放四项因子的湖泊水质驱动机制定量研究方法。选择中国最大的淡水湖——鄱阳湖为研究区。根据 2011 年 1—12 月全湖 8 个点位的野外实测数据，定量分析了鄱阳湖水质动态波动特征。在有限体积法框架下，构建了考虑四项因子的二维非稳态湖泊水环境数学模型并率定验证。将各项因子概化为模型中参数开关，进行多方案对比运算，定量评估了鄱阳湖不同时期，不同空间水质浓度驱动机制。研究表明：①总体而言，影响鄱阳湖水质浓度的主要因子是边界输入与水体自净，大气干湿沉降与沉积物释放对水质影响权重相对较低，前者作用略强于后者。四项因子对鄱阳湖水质平均贡献率分别为 57.2%、26.5%、9.3%、7.0%。②各项因子对水质驱动权重均随空间变化显著。No.1 与 No.3 点位离主湖区较远，边界输入对水质贡献最大，平均达 67.7%；No.8 点位位于长江与鄱阳湖的交汇断面，水体自净作用较强，全年平均影响权重可达 32.1%；大气干湿沉降及沉积物释放对水质影响权重同样随空间位置变化而波动，但其程度不及前两项。③不同季节，四项因子对水质驱动作用有所不同，冬季 (12 月) 边界输入对鄱阳湖水质影响权重平均最大可达 64.8%；而自净作用对水质最大贡献在夏季 (7 月)，平均权重约 31.5%；秋季 (10 月)，鄱阳湖大气干湿沉降作用对水质影响权重最高，平均约 10.2%；与自净作用一样，沉积物释放对水质影响也在夏季达到最大约 7.7%。

关键词：通江湖泊；水质驱动；鄱阳湖；数值模拟

1　引言

水质是淡水湖泊非常基础与重要的环境因子，其制约着湖泊生态系统的健康与稳定，也反映着湖泊环境演变的过程。由于人口数量的增加及工业化进程加快，全球范围内的很多淡水湖泊，如 Lake Burdur [1]、太湖 [2]、Lake Saimma [3] 等，水环境质量显著降低。日益严峻的水质恶化又导致了一系列后续环境问题，如水华暴发、水生态失衡、水景观破坏、饮用水危机等 [4-5]。科学判别浅水湖泊水质变化趋势，掌握其内在演变规律是解决水环境问题的首要步骤。目前，众多学者关于浅水湖泊水质问题已经开展了大量研究并取得了大量成果。然而，这些研究基本都是基于特定对象的评价、预测或相关方法的改进与运用 [6-8]，针对湖泊水质驱动机制的研究尚不多见。湖泊水质是多因子（外部水质边界、大气干湿沉降、湖内沉积物释放等）共同作用的结果。随着季节、气候等条件变化，这些因子对水质影响作用也显著波动，所以定量研究特定时空条件下主要因子对水质影响权重，分析其驱动规律对湖泊水环境保护的科学决策非常重要。本文选择了中国最大的淡水湖——鄱阳湖为研究区。根据 2012 年野外监测数据分析了湖泊全年水质变化特征，初步提出了湖泊水质驱动机制分析方法；基于数值模拟方法，选择外部水质边界、大气干湿沉降、沉积物释放、自净作用作为四项驱动因子，定量分析了鄱阳湖全年不同季节，不同湖区水质驱动机制。

***基金项目：**国家自然科学基金：通江湖泊水沙节律性波动环境下重金属铜的迁移机制（NO.51779075）；江西省水利厅重大科技项目：基于时空二维差异的鄱阳湖水质特征研究（NO.KT201623）。

第一作者简介：王华（1983—），男，江苏姜堰人，副教授，从事水环境保护工作研究。Email:wanghua543543@163.com

2 研究区域

鄱阳湖是中国长江中游典型的通江湖泊,是中国第一大淡水湖,也是国际重要湿地,在维系区域水量平衡与生态安全方面发挥着重要作用[9-11]。鄱阳湖位于东经115°50′~116°44′,北纬28°25′~29°45′,在江西省北部长江中下游南岸。鄱阳湖涉及南昌、新建、进贤、余干、波阳、都昌、湖口、九江、星子、德安和永修等市县,上游承接赣江、抚河、信河、饶河、修河五条主要河流来水,经湖区调蓄后由湖口注入长江,是一个季节性较强的吞吐型湖泊。鄱阳湖可分为南、北两部分,北面为入江水道,长40 km,宽3~5 km,最窄处约2.8 km;南面为主湖体,长133 km,最宽处达74 km。鄱阳湖水面面积与库容随季节变幅较大。根据近50年观测资料,鄱阳湖多年最高最低水位差达15.79m;最大年变幅为14.04m,最小年变幅也达9.59m。湖口站历年最高水位22.59m(1998年7月31日,吴淞基面)时,湖区水面面积4500km²,容积340亿m³。湖口水文站历年最低水位5.9m(1963年2月6日)时,面积仅为146km²,容积为4.5亿m³。湖区多年平均水位13.30m,对应水面面积与库容分别为2291.9km²与21亿m³。鄱阳湖区多年平均年降水量1632mm,降水时空分布不均,具有明显的季节性和地域性;降水量主要集中在3—8月,约占全年总量的74.4%[12-14]。鄱阳湖的入湖水量由五大水系和湖区区间径流组成,五大水系多年平均入湖水量1250×10⁸ m³,占入湖总水量的87.1%;五大水系入湖水量中,赣江、抚河、信江、饶河、修河分别占47.1%、10.8%、12.4%、8.2%、8.6%。入湖水量最大为赣江水系,最小为饶河水系。鄱阳湖入长江水量年内变化与上游五河入湖水量年内变化趋势一致,但由于湖盆的调蓄影响,各月占年总量的比重不同,入江水量集中在4—7月,占年总量的53.7%。近年来,鄱阳湖区水质呈下降趋势,2003年以前水质均达标,2009年后Ⅰ~Ⅲ类水断面仅占4成,Ⅰ~Ⅲ类水水域面积约占7成。非汛期水质明显差于汛期。2010年10月监测表明,全湖为Ⅳ类水,主要污染物为TN、TP。TN主要是赣江南支入湖口、鄱阳区域浓度较高,TP污染则重点集中在鄱阳、龙口、康山等区域。尽管鄱阳湖是我国大水体中目前唯一没有发生富营养化的湖泊,但近年来,江西工业化、城镇化快速推进,氮、磷等营养物质大量涌入湖泊,鄱阳湖水环境质量总体呈现下降趋势,富营养化水平呈逐年上升趋势,营养盐总体维持在中营养水平,且上升速度在加快,已经接近富营养化水平[15-17]。

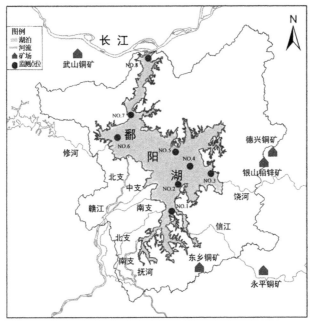

图1　研究区域示意图

3 野外监测

为了掌握鄱阳湖水质时空变化特征,2011年1—12月开展了连续野外监测。综合考虑湖泊地形及后续水质驱动因子研究，共设置了 8 个点位，分别为：信江西支（No.1，116°22′14″E，28°46′01″N）、康山（No.2，116°25′33″E，28°52′49″N）、鄱阳（No.3，116°39′38″E，28°59′03″N）、龙口（No.4，116°29′30″E，29°01′11″N）、棠荫（No.5，116°21′57″E，29°05′09″N）、蚌湖（No.6，115°58′49″E，29°18′22″N）、星子（No.7，116°01′13″E，29°26′30″N）、湖口（No.8，116°12′18″E，29°44′42″N），见图 1。在各个点位，逐月进行取样监测。样品用 2 L 有机玻璃采水器在水面下 0.5m 采集。水样采集后分装于 500 mL 聚乙烯瓶中，（聚乙烯瓶酸洗后用 70 % 酒精消毒处理）。水样加硫酸酸化，在 72 h 内测定三项常规指标 COD、NH₃-N 和 TP。三项指标分别采用重铬酸盐法、纳氏试剂比色法、钼酸铵分光光度法测定。各点位监测结果见图 2。实测结果表明：鄱阳湖水质时空差异性显著。在研究的八个点位中，鄱阳（No.3）与龙口（No.4）两个点位水质浓度相对较高，COD、NH₃-N 和 TP 年均浓度分别为 2.59 mg/L、1.72 mg/L、0.24 mg/L。湖口（No.8）由于紧靠长江，水质浓度相对较低，三项因子对应年均值分别约 2.3 mg/L、0.60 mg/L、0.11 mg/L。受水量过程、气象条件等因素影响，各调查点位水质浓度随时间呈现一定波动，三项因子全年波动系数分别为 8.6%、39.9%、36.2%；但由于空间区位不同，波动程度也有所差异；其中蚌湖（No.6）COD、龙口（No.4）NH₃-N、鄱阳（No.3）TP 随时间波动最为显著，全年波动系数分别达 12.5%、48.9%、57.7%。

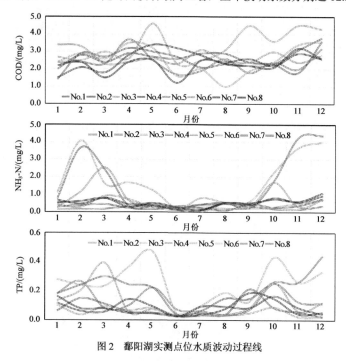

图 2　鄱阳湖实测点位水质波动过程线

4　数学模型构建

采用二维浅水方程描述水流水质过程，其守恒形式可表达为

$$\begin{cases} \dfrac{\partial h}{\partial t} + \dfrac{\partial (hu)}{\partial x} + \dfrac{\partial (hv)}{\partial y} = 0 \\[2mm] \dfrac{\partial (hu)}{\partial t} + \dfrac{\partial (hu^2 + gh^2/2)}{\partial x} + \dfrac{\partial (huv)}{\partial y} = gh(s_{0x} - s_{fx}) + hfv + hF_x \\[2mm] \dfrac{\partial (hv)}{\partial t} + \dfrac{\partial (huv)}{\partial x} + \dfrac{\partial (hv^2 + gh^2/2)}{\partial y} = gh(s_{0y} - s_{fy}) - hfu + hF_y \\[2mm] \dfrac{\partial (hC)}{\partial t} + \dfrac{\partial (huC)}{\partial x} + \dfrac{\partial (hvC)}{\partial y} = \dfrac{\partial}{\partial x}\left(E_x h \dfrac{\partial C}{\partial x}\right) + \dfrac{\partial}{\partial y}\left(E_y h \dfrac{\partial C}{\partial y}\right) - KhC + hD + hR \end{cases} \quad (1)$$

式中：S_{fx}、S_{fy}分别为x、y向的摩阻底坡；S_{0x}、S_{0y}分别为x、y向的河底底坡；F_x、F_y分别为摩擦力在x、y向上的分量，风应力即通过F_x、F_y而起作用；h为水深；u、v分别为x、y向垂线平均水平流速分量；g为重力加速度；f为科氏参数；C为污染物垂线平均浓度，E_x与E_y为x、y方向污染物扩散系数；K、D、R分别为水体自净系数、大气沉降系数与沉积物净释放系数；KhC、hD、hR分别为水体自净项、大气沉降项及沉积物释放项。

大气沉降量与水流条件、水生生物分布等诸多因子有关；大气沉降量主要受区域环境空气质量及降雨过程影响；沉积物释放量与底质污染物含量及水动力条件密切相关。本文参考长江中下游地区浅水湖泊相关研究成果，在模型中对这三项因子进行参数化，并运用野外同步实测数据进行率定求解。将水流、水质控制方程可以进行联合求解。式（1）可统一写为以下形式：

$$\frac{\partial q}{\partial t} + \frac{\partial f(q)}{\partial x} + \frac{\partial g(q)}{\partial y} = b(q) \qquad (2)$$

式中：q为守恒物理量；$f(q)$、$g(q)$分别为x、y方向通量；$b(q)$为源汇项，可用式（3）表达：

$$\begin{cases} q = (h, hu, hv, hS, hC_{As})^{\mathrm{T}} \\ f(q) = (hu, hu^2 + gh^2/2, huv, huS, huC_{As})^{\mathrm{T}} \\ g(q) = (hv, huv, hv^2 + gh^2/2, hvS, hvC_{As})^{\mathrm{T}} \\ b(q) = \{0, gh(s_{0x} - s_{fx}) + hfv + hF_x, gh(s_{0y} - s_{fy}) - hfu + hF_y, \nabla \cdot [E_i \nabla(hC)] - KhC + hD + hR\}^{\mathrm{T}} \end{cases} \qquad (3)$$

在任意形状的单元Ω上采用有限体积法对式（3）进行积分离散，运用FVS格式求解法向数值通量。具体解算过程详见参考文献[18-20]。

基于2010年4月与8月洪枯两季鄱阳湖野外同步水文、泥沙监测数据对模型进行率定验证。计算区域为鄱阳湖区。根据地形资料，应用gambit软件采用无结构网格对计算区域进行剖分，共划分6239个四边形单元网格，共7533个节点，平均网格尺寸为700m×700m。模型计算入流边界为上游长江、修水、赣江、抚河、信江、饶河，出湖边界为下游长江断面；长江及"五河"来水数据根据长江水文局与江西水文局实测数据给定。考虑计算稳定性及精度，取时间步长Δt为1s。结果表明：计算值与实测值拟合效果较好，平均相对误差约10%。所建模型能较准确地反映鄱阳湖水流水质的动态变化特征，率定验证结果见图3。

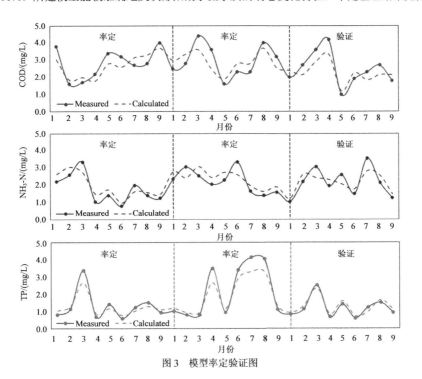

图3　模型率定验证图

5　水质驱动机制

5.1　水质驱动机制量化方法

本文将某一单元水域水质影响因子归纳为四方面作用：边界物质输入(B)、大气干湿沉降(D)、湖内沉积物释放(R)以及水体自净作用(S)。其中，前三项作用为增加水质浓度的正向作用，而第四项为降低水质浓度的逆向作用。对于某有限单元水域Ω，假定其初始水质浓度为C_0，在四项因子综合作用下水质浓度改变为C_t，则$\Delta C = C_t - C_0$，即为各项因子对水质浓度的实际综合贡献。在本文中，为了研究各因子作用对水质驱动权重，将不考虑水体自净的浓度增量$\Delta C'(\Delta C' \geqslant \Delta C)$作为水质贡献基础度量值。以平水年水文情势为计算水流条件，分别选择春季（3 月）、夏季（7 月）、秋季（10 月）、冬季（12 月）四个季节典型月份开展全月 24×30 h 数值模拟研究。各月分别运行五个计算方案：

（1）给定实际入流水质边界，同时考虑干湿沉降、沉积物释放，水体自净。

（2）给定实际入流水质边界，考虑干湿沉降、沉积物释放，不考虑水体自净。

（3）给定实际入流水质边界，考虑水体自净与干湿沉降、不考虑沉积物释放。

（4）给定实际入流水质边界，考虑水体自净与沉积物释放、不考虑干湿沉降。

（5）同时考虑干湿沉降、沉积物释放，水体自净，入流水质边界设置为对应湖区初始水质。

方案（1）为实际水质过程，方案（2）~方案（5）为设计水质过程，具体方案见图 4。基于各典型月各方案计算结果，运用式(4)对湖区八个点位不同时期水质驱动机制进行定量计算：

$$\begin{cases} \lambda_D = (C_t - C_d) / \Delta C' \\ \lambda_R = (C_t - C_r) / \Delta C' \\ \lambda_B = (C_t - C_b) / \Delta C' \\ \lambda_S = (C_t' - C_b) / \Delta C' \end{cases} \tag{4}$$

式中：λ_D、λ_R、λ_B、λ_S 分别为大气干湿沉降、沉积物释放、边界输入及水体自净对水质的贡献权重；C_0 为初始水质浓度；C_t 为综合考虑所有影响因子后的水质浓度；C_t' 为不考虑水质自净作用，其他因子综合影响的水质浓度；$\Delta C'$为不考虑水质自净作用下，水质浓度增量；C_d 为考虑边界输入、沉积物释放、水体自净而未考虑大气干湿沉降作用后的水质浓度；C_r 为考虑边界输入、大气干湿沉降、水体自净而未考虑沉积物释放作用后的水质浓度；C_b 为设定初始浓度边界水质浓度条件下，考虑沉积物释放、水体自净、大气干湿沉降三项作用后的水质浓度。

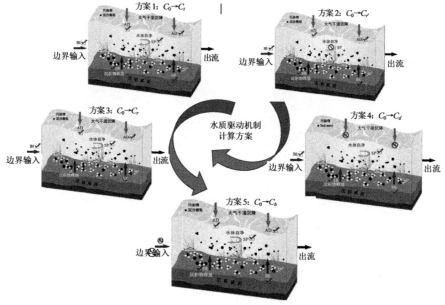

图 4　鄱阳湖水质驱动权重计算方案图

5.2 水质驱动权重分析

鄱阳湖水质驱动权重结果见图5。

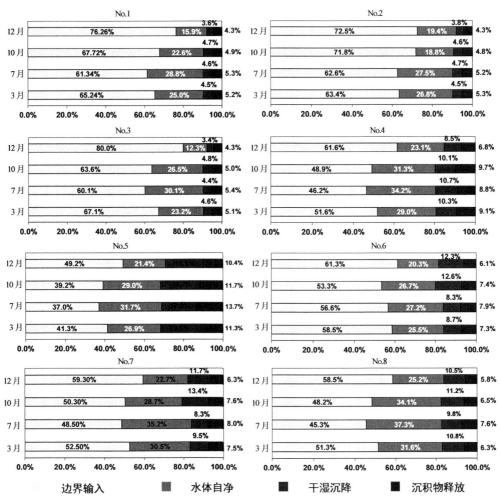

图 5 鄱阳湖不同点位典型季节水质驱动权重图

计算表明：

（1）鄱阳湖水质驱动的主要因子是边界输入，其次是水体自净作用；大气干湿沉降与沉积物释放对水质影响权重相对较低，前者作用略强于后者。根据鄱阳湖 8 个点位不同季节水质驱动计算数据，边界输入、水体自净、大气干湿沉降、沉积物释放四项因子对湖泊水质驱动平均水平分别为57.2%、26.5%、9.3%、7.0%。然而，受外部河流水质波动、生态系统交替、降雨过程、风场等气象条件、地理位置影响，各项因子对水质的影响强度随时间、空间分布特征显著。

（2）就空间分布而言，不同点位环境特征不同，如水动力条件、水生植物分布、沉积物厚度等，水质驱动参数有所差异；其中，边界输入对水质的影响作用与点位距湖岸线的距离相关性最为显著。如 No.1 与 No.3 点位离主湖区较远，边界输入对水质贡献最大，平均达 67.7%；而 No.5 处于中心湖区，边界输入影响则降低至 41.7%。同时，水体自净作用与地理分布相关性也较大，主要因为水流条件及水生植物分布的差异性对污染物的稀释降解能力影响显著。No.7 与 No.8 点位位于北部狭长形湖区，水动力条件较好(全年平均水体流速可达 0.85 m/s)，污染物迁移扩散能力较强，水体自净对水质作用较大，尤其是 No.8 点位位于长江与鄱阳湖的交汇断面，全年平均影响权重可达 32.1%；No.5 点位位于主湖区，水流条件较弱，但由于相对稳定的水生植物群落,自净作用对水质贡献率全年平均也可达 27.2%。No.1 与 No.3 点位位于鄱阳湖主湖区外围区域,水流条件较好,但自净作用对水质影响权重略低,约 23.1%,主要因为:这些区域水生生态系统较贫乏,水生生物对水质吸收、降解作用很低,同时由于接近陆地边界,边界输入对水质制约较大。大气干湿沉降及沉积物释放对水质影响权重同样随空间位置变化而波动,但其程度不及边界输入及自净作用。就研究的所有点位而言,No.1、No.2、No.3 三个点位,干湿沉降与沉积物释放对水质影响作用最低,两项因子平均贡献仅为 4.4%、4.9%。No.5 点位,由于边界作用水质影响显著减弱,两项因子对全年水质平均贡献率在所有点位中最高,分别约 19.3%、11.8%。其余点位,大气干湿沉降及沉积物释放对水质影响权重处于中间水平,平均约 10.4%、7.4%。

（3）就时间分布而言,各个点位,四项因子对水质驱动作用均随季节变化而有所波动。综合所有研究点位数据,春季（3 月）、夏季（7 月）、秋季（10 月）、冬季（12 月）,边界输入对鄱阳湖水质影响权重分别约 56.4%、52.2%、55.4%、64.8%。自净作用对水质贡献最大时期是夏季（7 月）,最低时期是冬季（12 月）,两个阶段影响权重分别约 31.5%、20.0%;其余两个季节影响权重平均约 27.2%。秋季（10 月）,鄱阳湖大气干湿沉降作用对水质影响权重最高,平均约 10.2%,其余三个季节影响率相当,平均约 8.9%。沉积物释放作用对水质影响最低的季节为冬季,平均权重约 6.0%;夏季最高,影响权重可达 7.7%,较冬季增加了 28.3%。春季与秋季,沉积物作用平均影响率约 7.2%。鉴于鄱阳湖地理形态及巨大水面面积,对于某一具体点位,各项因子对水质影响权重随时间变化特征也有所差异。No.3 点位,边界输入及自净作用对水质贡献随季节波动最为显著。夏季,两项因子对水质影响权重分别为 60.1%、30.1%,而到了冬季两项因子却分别增加至 80.0%、减少至 12.3%,主要因为上游饶河水量、水质条件时空分布不均。No.1、No.2、No.3 三个点位,大气干湿沉降及沉积物释放对水质影响权重随季节波动程度最低,全年不同季节平均波动水平仅 0.5%（基于给定样本的标准偏差）。

6　结语

湖泊水质是水环境保护研究工作最基础的因子。然而,在野外环境下,究竟湖泊水质因何而变化,至今鲜有深入定量研究。本文以中国最大的淡水湖——鄱阳湖为例,提出了基于边界输入、水体自净、大气干湿沉降、沉积物释放四项因子的湖泊水质水质驱动机制定量研究方法。论文首先基于野外实测数据,分析了鄱阳湖一个完整水文年水质变化特征;在有限体积法框架下,构建了考虑上述四项因子的二维非稳态水环境数学模型,并进行了率定验证;所建模型能够较好地反映湖泊水流、水质过程。将各项因子概化为模型中参数开关,进行多方案对比运算,定量评估了鄱阳湖不同时期,不同空间水质浓度驱动机制。通过研究发现:

（1）鄱阳湖水质驱动的主要因子是边界输入,其次是水体自净作用;大气干湿沉降与沉积物释放对水质影响权重相对较低,前者作用略强于后者。各项因子对水质的影响强度随时间、空间分布特征显著。

（2）边界输入对水质的影响作用与点位距湖岸线的距离相关性最为显著;水体自净作用因受水流条件、水生植物影响,与地理分布相关性也较大。大气干湿沉降及沉积物释放对水质影响权重同样随空间位置变化而波动,但其程度不及前两项因子。

（3）各个点位,四项因子对水质驱动作用均随季节变化而有所波动。总体而言,边界输入对鄱阳湖水质影响权重最高的是在冬季;夏季,水体自净及沉积物释放作用对水质贡献达到最大。大气干湿沉降作用在秋季对水质影响权重最高,其余三个季节影响率相当。论文以鄱阳湖为例,首次提出了湖泊水质驱动机制定量研究方法,对研究区域水环境保护工作具有重要指导意义,也对其他水体开展水质变化规律研究提供了一定参考。

参考文献

[1]　Semiz G D, Aksit C. Water quality, surface area, evaporation and precipitation of Lake Burdur[J]. Journal of Food Agriculture ,& Environment, 2013,11: 751–753.

[2] Y P Li, C Y Tang, et al. Correlations between algae and water quality: factors driving eutrophication in Lake Taihu, China[J]. International journal of environmental science and technology, 2013,11(1), 169-182

[3] Satu-Pia Reinikainen, Pertti Laine, et al. Factor analytical study on water quality in Lake Saimaa, Finland[J]. Fresenius Journal of Analytical Chemistry, 2001, 369(7-8): 727-732.

[4] Wetzel R G. Clean water: A fading resource[J]. Hydrobiologia, 1992, 243/244: 21-30.

[5] Cengiz Koç The effects of the environment and ecology projects on lake management and water quality[J]. Environmental monitoring and Assessment, 2008, 146(1-3): 397-409.

[6] SEPA. Environmental quality standard for surface water (EQSSW): GB 3838—2002 [S]. State Environment Protection Administration (SEPA),General Administration for Quality Supervision, Inspection and Quarantine of PR China, Beijing. Accessed 1 June 2002.

[7] Liu S, Lou S, Kuang C, et al. Water quality assessment by pollution-index method in the coastal waters of Hebei Province in western Bohai Sea, China. Mar Pollut Bull, 2011, 62(10): 2220-2229.

[8] X J Wang, T Ma. Application of Remote Sensing Techniques in Monitoring and Assessing the Water Quality of Taihu Lake[J]. Bulletin of environmental contamination and toxicology, 2001, 67(6): 863-870.

[9] 郭华, 张奇, 王艳君. 鄱阳湖流域水文变化特征成因及旱涝规律[J]. 地理学报, 2012, 67(5): 699-709.

[10] 戴雪, 万荣荣, 杨桂山, 等. 鄱阳湖水文节律变化及其与江湖水量交换的关系. 地理科学, 2014,34(12): 1488-1496.

[11] Peng Sun, Qiang Zhang, Xiaohong Chen, et al. Spatio-temporal Patterns of Sediment and Runoff Changes in the Poyang Lake Basin and Underlying Causes[J]. Acta geographica Sinica, 2010, 65 (7): 828-840

[12] 李荣昉, 王鹏, 吴敦银. 鄱阳湖流域年降水时间序列的小波分析[J]. 水文, 2012, 32(1): 29-31.

[13] 罗蔚, 张翔, 邓志民, 等. 近 50 年鄱阳湖流域入湖总水量变化与旱涝急转规律分析[J]. 应用基础与工程科学学报, 2013,21(5):845-855.

[14] 刘剑宇, 张强, 邓晓宇, 等. 气候变化和人类活动对鄱阳湖流域径流过程影响的定量分析[J]. 湖泊科学, 2016,28(2):432-443.

[15] 刘倩纯, 余潮, 张杰. 鄱阳湖水体水质变化特征分析[J]. 农业环境科学学报, 2013, 32(6):1232-1237.

[16] 席海燕, 王圣瑞, 郑丙辉, 等. 流域人类活动对鄱阳湖生态安全演变的驱动[J]. 环境科学研究, 2014,27(4):398-405.

[17] 金国花, 谢冬明, 邓红兵, 等. 鄱阳湖水文特征及湖泊纳污能力季节性变化分析[J]. 江西农业大学学报, 2011,33(2):388-393.

[18] 丁玲, 逄勇, 吴建强, 等. 模拟水质突跃问题的三种二阶高性能格式[J]. 水利学报, 2004(9): 50-54.

[19] 胡四一, 谭维炎. 无结构网格上二维浅水流动的数值模拟[J]. 水科学进展, 1995,6(1):1-9.

[20] 赵棣华, 姚琪, 蒋艳, 等. 通量向量分裂格式的二维水流一水质模拟[J]. 水科学进展, 2002,13(6):701-706.

西辽河平原河道沙化成因及分类研究*

孙万光 [1,2]，李成振 [1,2]，范宝山 [1,2]，陈晓霞 [1,2]

（1. 中水东北勘测设计研究有限责任公司，长春 130061；2. 水利部寒区工程技术研究中心，长春 130061）

摘　要：本文根据水文及实测泥沙数据，并结合现场调查，对西辽河平原河道沙化成因进行分析，提出了各类河段河道沙化控制性因素，提出了基于临界摩阻风速的河道沙化分类方法。研究结果表明，西辽河平原河床质粉沙含量大，易发生风蚀；长久干涸河段因床面形成结皮，植被覆盖较好，为弱沙化河段；间歇性过水河段因受来水来沙影响，河床冲淤变化频繁，床面无法形成植被覆盖，为中沙化河段；通辽地下水漏斗河段因地下水位偏低，床面无法形成植被覆盖，且土壤含水量低，为强沙化河段。本文研究成果可为西辽河平原河道沙化治理提供科学依据。

关键词：河道沙化；成因；分类；西辽河平原

1　研究背景

　　西辽河平原是由西辽河及其主要支流冲积形成的，总面积为 5.2 万 km^2。西辽河平原地处温带大陆性季风气候区，年降水量为 350～450mm，属于半干旱气候，降水年内分配不均，且蒸发量大，年平均蒸发量（20cm口径蒸发皿）1600～1900mm。20 世纪 90 年代后期，西辽河平原河道频繁断流，2000 年以后由于降水量减少、水库拦蓄、工农业用水量增加[1]，断流趋势进一步加重，部分河段成为长久干涸河段。西辽河平原河道类型为游荡型，河床质由细沙组成，主流摆动范围较大，通辽以上西辽河河床宽约 1km，河道冲淤发展迅速。当河道断流后，河床粉沙裸露，成为新的风沙带，由此引发了一系列生态环境和社会问题。西辽河平原河流水系是科尔沁沙地重要的生态屏障，河道沙化将使该地生态环境发生不可逆转的恶化。

　　西辽河平原河道断流原因[1-3]可归纳为：降水量减少，社会用水量增加，水资源供需不匹配。现状社会经济发展条件下，保障河道不断流基本上是无法实现的，而研究河道断流后的沙化治理问题却迫在眉睫。河道断流后的沙化治理问题是一个新命题，需结合西辽河平原各河段的实际情况实施分类治理。西辽河平原河道沙化治理需要弄清楚几个关键问题：①河道沙化现状如何；②各河段河道沙化控制性因素是什么；③如何对河道沙化进行分类。这几个关键问题研究清楚之后，才可能提出有针对性的沙化治理措施。西辽河平原河道沙化问题引起社会广泛关注，但相关研究却鲜见报道。

　　本文以西辽河平原河道沙化为研究对象，根据床沙采样数据及实测水文资料，对河道沙化成因进行分析，在此基础上对西辽河平原河道沙化进行分类，以期为西辽河平原河道沙化治理提供科学依据。

2　西辽河平原河道沙化成因分析

2.1　西辽河平原河道断流现状调查

　　西辽河平原河道主要为老哈河红山水库以下河段、西拉木伦河海日苏枢纽以下河段、新开河、西辽河干流、教来河以及乌力吉木仁河。教来河下游多为沼泽、洼地，平水年不过水，无明显河道，为无尾河；乌力吉木仁河下游 20 世纪 80 年代中期以后由无尾河演变成明显河床，且径流量有明显增加的趋势[4]，

---

*基金项目：水利部公益性行业科研专项经费项目（201401015）。

第一作者简介：孙万光（1982—），男，吉林人，高级工程师，主要从事水文水资源研究工作。Email: sunwanguang@aliyun.com

断流频次小，因此二者均不在本次研究范围之内。老哈河与西拉木伦河分别为西辽河的南北两源。据1956—2000年实测径流数据统计，老哈河年平均径流量为7.41亿 m³，西拉木伦河年平均径流量为9.42亿 m³。进入2000年以后，特别是近几年，西辽河两源断流频繁。

对于西辽河平原河道断流、河床裸露、成为风沙带的现象，本文收集了近8年（2006—2013年）的西辽河平原河道水文站（包括台河口、大兴业、他拉干、总办窝堡、三合堂、通辽、郑家屯等测站）逐日流量监测数据（测站分布见图1），分析各河段过流日数所占比重及径流量（见表1和表2），进而对河段类型进行划分。

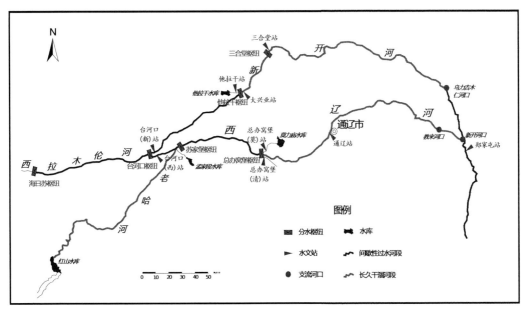

图1 西辽河平原河段划分示意图

表1 西辽河平原河道各水文站过流日数所占比重

年份	台河口（西）	台河口（新）	大兴业	他拉干	总办窝堡（莫）	总办窝堡（清）	三合堂	通辽	郑家屯
2006	19.73%	2.19%	0.00%	0.00%	9.04%	0.00%	0.00%	0.00%	69.32%
2007	15.34%	0.00%	0.00%	0.00%	5.75%	0.00%	0.00%	0.00%	24.66%
2008	16.94%	0.00%	0.00%	0.00%	7.65%	0.00%	0.00%	0.00%	36.07%
2009	12.88%	0.00%	0.00%	0.00%	4.93%	0.00%	0.00%	0.00%	20.27%
2010	1.10%	0.00%	0.00%	0.00%	7.00%	0.00%	0.00%	0.00%	30.41%
2011	8.22%	3.84%	0.00%	1.37%	1.92%	1.37%	0.00%	0.00%	34.52%
2012	21.86%	5.74%	0.00%	4.10%	6.01%	5.74%	0.00%	0.00%	55.19%
2013	36.99%	7.40%	0.00%	6.58%	15.62%	0.00%	0.00%	0.00%	73.70%
平均	16.63%	2.40%	0.00%	1.51%	6.37%	0.89%	0.00%	0.00%	43.02%

表2 西辽河平原河道各水文站断面径流量 单位：万 m³

年份	台河口（西）	台河口（新）	大兴业	他拉干	总办窝堡（莫）	总办窝堡（清）	三合堂	通辽	郑家屯
2006	15 016.1	502.9	0.0	0.0	4 598.8	0.0	0.0	0.0	646.8
2007	12 013.4	0.0	0.0	0.0	4 078.5	0.0	0.0	0.0	296.5
2008	16 450.9	0.0	0.0	0.0	4 770.4	0.0	0.0	0.0	10 086.0

续表

年份	台河口（西）	台河口（新）	大兴业	他拉干	总办窝堡（莫）	总办窝堡（清）	三合堂	通辽	郑家屯
2009	10 790.1	0.0	0.0	0.0	2 420.8	0.0	0.0	0.0	419.4
2010	195.9	0.0	0.0	0.0	0.0	0.0	0.0	0.0	1 398.5
2011	17 994.8	8 923.3	0.0	1 818.3	2 781.0	903.7	0.0	0.0	7 632.3
2012	16 771.2	7 003.6	0.0	1 405.9	1 318.1	1 333.9	0.0	0.0	8 474.8
2013	28 026.2	7 729.5	0.0	3 813.8	4 795.7	0.0	0.0	0.0	10 258.1
平均	14 657.3	3 019.9	0.0	879.7	3 095.4	279.7	0.0	0.0	4 901.5

从表1和表2中可见，台河口（西）站监测台河口枢纽分入西拉木伦河的水量，近8年中，过流日数所占比重为16.63%，年平均径流量14657.3万 m^3；台河口（新）站监测台河口枢纽分入新开河的水量，近8年过流日数所占比重为2.4%，年平均径流量3019.9万 m^3。由此可见，台河口枢纽大部分时段控制新开河的分水量，将上游来水主要分入西拉木伦河干流。大兴业站监测他拉干枢纽分入新开河的水量，经统计，近8年来他拉干枢纽从未将水分入新开河；他拉干站监测他拉干枢纽分入他拉干水库的水量，近8年他拉干水库引水渠过水日数所占比重仅为1.51%，年平均径流量为879.7万 m^3，低于台河口（新）站过流日数比重及径流量。这表明，台河口枢纽分入新开河的水量经过沿途损耗，进入他拉干水库的历时和水量均变小了。总办窝堡（莫）站监测总办窝堡枢纽分入莫力庙水库的水量，近8年过水日数所占比重为6.37%，年平均径流量为3095.4万 m^3；台河口枢纽分入西拉木伦河的水量经苏家堡枢纽调配后，部分分入孟家段水库，部分进入西辽河干流，流经总办窝堡枢纽，这部分水量主要调配进入莫力庙水库，只有在丰水年才有少部分进入引辽济清渠道（多年平均年径流量仅为279.7万 m^3），近8年未调配水量进入西辽河干流，通辽水文站断面近8年全部断流。郑家屯水文站位于西辽河干流新开河河口下游断面，近8年该断面过水日数所占比重最高，达到43.02%，该断面水量主要来源于乌力吉木仁河，但径流量较小，年均值为4901.5万 m^3。

老哈河红山水库以下河段，受红山水库控制，近年来因气候干旱，同时上游实施水土保持措施，并且用水量逐年增加，1998年以后，红山水库常年低于死水位运行，几乎没有下泄流量。

根据水文站实测流量统计分析结果，将近8年从未过流的河段定义为长久干涸河段，其他则定义为间歇性过水河段。西辽河平原河段划分结果见表3。

从表3中统计结果可见，间歇性过水河段总长347.4km，约占河段总长度的38%，长久干涸河段总长为559.2km，约占河段总长度的62%。

表3　西辽河平原河段划分表

序号	河段名称	所属河流	河段类型	河段长度/km
1	海日苏枢纽—台河口枢纽	西拉木伦河	间歇性过水	105
2	台河口枢纽—苏家堡枢纽	西拉木伦河	间歇性过水	42
3	红山水库—苏家堡枢纽	老哈河	长久干涸	169
4	台河口枢纽—他拉干枢纽	新开河	间歇性过水	85
5	他拉干枢纽—乌力吉木仁河口	新开河	长久干涸	203
6	乌力吉木仁河口—新开河口	新开河	间歇性过水	39
7	苏家堡枢纽—总办窝堡枢纽	西辽河	间歇性过水	65.7
8	总办窝堡枢纽—通辽市区上	西辽河	长久干涸	54.7
9	通辽市区	西辽河	长久干涸	21.2
10	通辽市区下—新开河口	西辽河	长久干涸	111.3
11	新开河口—郑家屯水文站	西辽河	间歇性过水	10.7

2.2 西辽河平原河道床沙颗粒级配

床沙粒径大小及其级配是床沙可风蚀性的重要影响因素。笔者对西辽河平原的西拉木伦河、老哈河、新开河、西辽河河道床沙进行采样，共布置了19个采样点（见图2），在室内利用激光粒度仪分析床沙颗粒级配。根据河流泥沙颗粒分析规程[5]，粒径范围0.004～0.062mm为粉沙，根据颗粒级配曲线给出各个采样点粉沙含量，结果见表4。

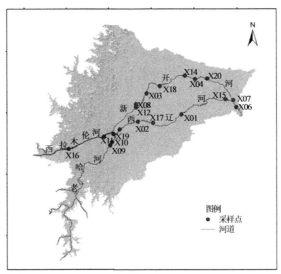

图2 床沙采样点分布

表4 西辽河平原河道床沙颗粒级配

测点编号	经度/(°)	纬度/(°)	d_{50}/mm	d_{10}/mm	d_{25}/mm	d_{75}/mm	d_{90}/mm	粉沙比重/%
X01	122.26	43.65	0.059	0.024	0.039	0.082	0.105	52.80
X02	121.25	43.53	0.042	0.005	0.010	0.082	0.125	62.59
X03	121.55	43.96	0.064	0.008	0.028	0.092	0.118	48.93
X04	122.72	44.07	0.072	0.010	0.039	0.112	0.156	42.79
X06	123.54	43.49	0.248	0.156	0.197	0.304	0.355	0.00
X07	123.50	43.61	0.148	0.041	0.077	0.213	0.259	18.68
X08	121.27	43.82	0.007	0.002	0.004	0.009	0.012	100.00
X09	120.53	43.22	0.180	0.051	0.106	0.250	0.303	12.92
X10	120.58	43.27	0.387	0.270	0.324	0.455	0.512	0.00
X11	120.42	43.38	0.241	0.128	0.179	0.304	0.361	0.00
X12	121.26	43.77	0.180	0.092	0.138	0.223	0.266	0.00
X13	120.80	43.46	0.076	0.041	0.057	0.095	0.114	31.31
X14	122.50	44.15	0.071	0.011	0.041	0.102	0.137	42.58
X15	123.33	43.65	0.063	0.010	0.032	0.104	0.152	49.53
X16	119.56	43.27	0.199	0.124	0.152	0.258	0.307	0.00
X17	121.59	43.47	0.091	0.009	0.054	0.122	0.149	30.58
X18	121.88	44.05	0.061	0.010	0.037	0.083	0.105	51.67
X19	120.65	43.40	0.209	0.084	0.136	0.280	0.345	0.00
X20	123.00	44.04	0.149	0.019	0.080	0.207	0.261	20.60

从床沙中值粒径上看,老哈河 X10 采样点(小瑙门花)床沙中值粒径最大,达到 0.387mm,中值粒径最小出现在新开河 X08 采样点(他拉干水库库底),仅为 0.007mm。从床沙中值粒径整体分布上看,老哈河和西拉木伦河整体较新开河和西辽河干流大。

从床沙颗粒级配上看,粉沙比重超过 50%的有 4 个采样点,分别为西辽河 X01 和 X02 采样点,以及新开河 X18 采样点和他拉干水库 X08 采样点;粉沙比重为 40%~50%有 4 个采样点;粉沙比重为 30%~40%有 2 个采样点;粉沙比重为 10%~30%有 3 个采样点。从以上分析可知,粉沙含量大,风蚀更易发生。

2.3 河床植被覆盖

临界起沙风速除了受床沙质地影响,还受床面植被覆盖、土壤水分及含盐量等因素影响[6]。地表植被覆盖不仅可以提高空气动力学粗糙度,还可以改变床沙的机械组成,提高抗风蚀能力。对西辽河平原河道而言,床质较细,易风蚀沙化,床面能否形成植被覆盖成为河道沙化防治的关键。

在间歇性过水河段,由于西辽河干支流为高含沙水流,河床不稳定,河床表面很难形成有效植被覆盖。以台河口水文站断面为例,分析 2011 年夏汛和 2012 年春汛前后河道断面变化情况。2011 年夏汛期,台河口水文站断面洪峰流量达到 585m³/s,而 2012 年春汛期洪峰流量为 108m³/s,在此时段前后共施测大断面 3 次,断面对比结果见图 3。

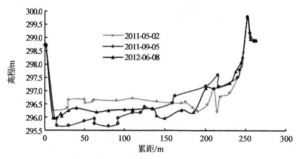

图3　台河口水文站实测大断面对比

从图 3 中可见,2011 年夏汛洪水期间,河床下切剧烈,最大下切深度达 1m 左右;而 2012 年春汛过后,原下切处淤平,最大淤积深度为 0.61m。河道断面变化如此剧烈,地表植被不是被冲毁就是被泥沙覆盖,较难存活,如图 4 所示(拍摄于 2016 年 5 月 12 日),植被被泥沙部分掩埋,茎叶部分枯黄。由此可见,间歇性过水河段床面植被覆盖受来水来沙条件控制。

在长久干涸河段,因河床处地下水埋藏较浅,适宜作物生长。河床表面有植被覆盖,河床质组成发生明显改变,表面结皮,有机质含量增加。2015 年对台河口无植被覆盖河床和部分有植被覆盖河床表层土壤采样,室内分析其有机质含量,结果表明,无植被覆盖河床表层有机质含量仅为 7%,而部分植被覆盖河床表层有机质含量为 15%。因此,长久干涸河段只要不人为破坏,床面易形成结皮和植被覆盖。

西辽河平原部分区域由于地下水超采,地下水位持续下降。以通辽市区为例,据 2013 年松辽流域水资源公报,通辽漏斗中心水位埋深达 15.75m,漏斗周边埋深为 7~10m,漏斗面积 332.6km²。已有的研究成果表明[7],西辽河平原保障草地植被稳定的地下水位控制埋深为 2~3m。因此西辽河干流通辽地下水漏斗段地下水位过低,虽然常年不过流,但床面仍难以形成有效的植被覆盖。图 5 为哲理木大桥下游河床照片(拍摄于 2014 年 7 月 11 日),河床裸露。因此,通辽地下水漏斗河段床面植被覆盖受地下水位控制。

图4　台河口河床植被被泥沙部分掩埋

图5　西辽河通辽市哲理木大桥下游河床

3 西辽河平原河道沙化分类

西辽河平原河道沙化分类的目的是识别河道沙化控制性影响因素，进而指导沙化治理。在风蚀强度分级中，一般根据地表形态、植被覆盖、风蚀厚度、风蚀模数等因素进行量化分级[8]。而西辽河平原河道沙化分类与之有明显差别，特别是间歇性过水河段，泥沙冲淤与风蚀混杂，难以区分，目前并无可参照的划分依据。

判断床面能否被风力侵蚀，通常以沙粒出现跃移质运动的临界初始状态作为判别标准，将此条件下风的摩阻速度称作临界摩阻风速。河道沙化分类可采用临界摩阻风速为依据，根据各河段河床条件计算对应的临界摩阻风速，进而对河道沙化进行分类。

3.1 临界摩阻风速计算方法

临界摩阻风速由裸地表面临界摩阻风速、生物覆盖下临界摩阻风速增量、土壤含水量影响下临界摩阻风速增量共同组成。

（1）裸地表面临界摩阻风速。裸地表面临界摩阻风速计算需对散沙表面和团聚体覆盖表面加以区分。散沙表面临界摩阻风速采用拜格诺[9]经验公式：

$$WUB_{*ts} = A\sqrt{\frac{\rho_s - \rho}{\rho}gd} \qquad (1)$$

式中：WUB_{*ts} 为裸地表面临界摩阻风速，m/s；A 为经验常数，取 0.1；ρ_s 为泥沙密度，kg/m³；ρ 为空气密度，kg/m³；g 为重力加速度，m/s²；d 为泥沙粒径，m。

团聚体覆盖表面临界摩阻风速计算表达[10]式如下：

$$WUB_{*ts} = 1.7 - 1.35 \cdot \exp\left[\frac{-SF_{cv}}{-0.076 + 1.111\sqrt{WZ_0}}\right] \qquad (2)$$

式中：SF_{cv} 为被土块或结皮、石块覆盖的不起沙土表面积比重；WZ_0 为空气动力学粗糙度，mm。

（2）生物覆盖下临界摩阻风速增量。河床表面如果存在生物覆盖，地表的抗蚀性增加，表达式为

$$SFC_{cv} = (1 - SF_{cv}) \cdot BFF_{cv} \qquad (3)$$

式中：SFC_{cv} 为不可蚀地表面积比重变化；BFF_{cv} 为生物覆盖面积比重。

因地表生物覆盖而增加的临界摩阻风速按下式计算：

$$WUC_{*ts} = 0.02 + SFC_{cv}; \quad SFC_{cv} > 0.0 \qquad (4)$$

式中：WUC_{*ts} 为因地表生物覆盖而引起的临界摩阻风速变化值，m/s。

（3）土壤含水量影响下临界摩阻风速增量。如果地表湿润，临界摩阻风速增加值按下式计算：

$$WUCW_{*ts} = 0.48\frac{HR0_{wc}}{HR15_{wc}}, \quad \frac{HR0_{wc}}{HR15_{wc}} > 0.2 \qquad (5)$$

式中：$WUCW_{*ts}$ 为因地表湿润而增加的临界摩阻风速，m/s；$HR0_{wc}$ 为地表土壤含水量，kg/kg；$HR15_{wc}$ 为 1.5MPa 下地表土壤含水量，kg/kg。

总的临界摩阻风速表达式为

$$WU_{*ts} = WUB_{*ts} + WUC_{*ts} + WUCW_{*ts} \qquad (6)$$

3.2 基于临界摩阻风速的西辽河平原河道沙化分类结果

因西辽河通辽市区河段地下水位低，河段类型特殊，因此在长久干涸河段和间歇性过水河段基础上，河段类型增加通辽地下水漏斗段。

临界摩阻风速考虑因素众多，比较复杂，为了便于计算，对参数取值进行了简化处理。间歇性过水河段河床由于频繁受水流冲刷或淤积，断流后，河床表面床沙裸露，裸地表面临界摩阻风速计算按散沙表面考虑，泥沙粒径按照该类型河段泥沙粒径平均值选取。长久干涸河段，由于不受来水来沙影响，河床表面结皮并被杂草覆盖，裸地表面临界摩阻风速计算按团聚体覆盖表面考虑，SF_{cv} 值取为 1。长久干涸河段中，通辽地下水漏斗段由于地下水位过低，河床表面难以形成植被覆盖，床沙裸露，裸地表面临界

摩阻风速计算按散沙表面考虑,泥沙粒径按照该河段泥沙粒径平均值选取。

表层土壤含水量数据采用 2015 年秋季实测结果,间歇性过水河段参照台河口水利枢纽断面裸露河床表层含水量(重量含水量),其值为 5.61%,长久干涸河床参照台河口水利枢纽部分植被覆盖河床表层含水量,其值为 6.38%,通辽市区段河床表层含水量实测值为 4.27%。西辽河平原各河段床沙临界摩阻风速计算结果见表 5。

表 5　西辽河平原河道沙化分类

沙化类别	河段类型	控制性因素	$WUB_{*_{tj}}$/(m/s)	$WUC_{*_{tj}}$/(m/s)	$WUCW_{*_{tj}}$/(m/s)	$WU_{*_{tj}}$/(m/s)
弱沙化河段	长久干涸河段	植被不遭到破坏	1.70	0.00	0.38	2.08
中沙化河段	间歇性过水河段	来水来沙条件	0.19	0.00	0.45	0.64
强沙化河段	通辽地下水漏斗段	地下水位	0.11	0.00	0.34	0.45

依据各河段临界摩阻风速计算结果,对河道沙化初步划分为 3 类。长久干涸河段临界摩阻风速为 2.08m/s,为弱沙化河段,只要床面植被覆盖不遭到破坏,河床抵御风蚀能力较强,但部分河床已经开垦为耕地,需实施保护性耕作措施,避免河道沙化加重。间歇性过水河段临界摩阻风速为 0.64m/s,为中沙化河段,该类型河段河道沙化控制性因素为来水来沙条件,可通过优化调度避免频繁过流,为河床表面植被生长创造条件。通辽地下水漏斗段临界摩阻风速为 0.45m/s,为强沙化河段,该河段河床表面无植被覆盖,并且表层土壤含水量低,临界摩阻风速最低,可风蚀性较大,该河段河道沙化控制性因素为地下水位,可通过水资源优化配置,用地表水置换地下水,逐步恢复地下水位。

需要指出的是,因对西辽河平原河道表层土壤含水量进行长期动态监测存在较大困难,同时部分参数采取了简化处理,本文临界摩阻风速计算结果的准确性受到一定程度的影响,但不同河段间河道沙化程度的横向对比主要依据实测数据和现场调查结果,河道沙化分类结果仍具有较高的参考价值。

4　结语

(1)根据水文站实测径流资料,将西辽河平原河道划分为间歇性过水河段和长久干涸河段。统计结果表明,间歇性过水河段总长 347.4km,约占河段总长度的 38%,长久干涸河段总长为 559.2km,约占河段总长度的 62%。

(2)西辽河平原河床质中值粒径最大为 0.387mm,最小仅为 0.007mm,河床质粉沙含量大,临界起沙风速偏小,易发生风蚀。间歇性过水河段受来水来沙影响,河床冲淤变化频繁,河床表面无法形成有效的植被覆盖;长久干涸河段床质适宜作物生长,床面形成结皮,植被覆盖较好,有机质含量明显增加;西辽河通辽地下水漏斗河段,受地下水位偏低影响,河床表面难以形成植被覆盖,河床裸露。

(3)在河道沙化成因分析的基础上,提出了各类河段河道沙化控制性因素,以临界摩阻风速为依据,将河道沙化划分为 3 类:其中长久干涸河段需保护床面植被覆盖不遭到破坏,或者采取保护性耕作措施,该河段为弱沙化河段;间歇性过水河段控制性因素为来水来沙条件,需采取优化调度措施避免河段频繁过流,该河段为中沙化河段;通辽地下水漏斗段控制性因素为地下水位,需采取水资源优化配置措施,逐步恢复地下水位,该河段为强沙化河段。本文研究成果可为西辽河平原河道沙化治理提供科学依据。

致谢:本文采用的土壤含水量及有机质含量数据由长春工程学院高金花教授提供,在此深表感谢!

参考文献

[1]　王西琴,李力. 西辽河断流问题及解决对策[J]. 干旱区资源与环境, 2007, 21(6): 79-83.

[2]　杨恒山,刘江,梁怀宇. 西辽河平原气候及水资源变化特征[J]. 应用生态学报, 2009, 20(1): 84-90.

[3]　杨肖丽,任立良,江善虎,等. 西辽河源头流域径流变化趋势及影响因素分析[J]. 河海大学学报(自然科学版), 2012, 40(1):

37-41.

[4] 谢平，刘媛，杨桂莲，等. 乌力吉木仁河三级区水资源变异及归因分析[J]. 水文，2012, 32(2): 40-43.

[5] 水利部黄河水利委员会水文局. 河流泥沙颗粒分析规程：SL 42—2010 [S]. 北京：中国水利水电出版社，2010.

[6] Shao Yaping, Lu Hua. A simple expression for wind erosion threshold friction velocity [J]. Journal of Geophysical Research, 2000, 105(D17): 22437-22443.

[7] 中国水利水电科学研究院. 西辽河平原"水-生态-经济"安全保障研究[R]. 北京：中国水利水电科学研究院，2012.

[8] 水利部水土保持司. 土壤侵蚀分类分级标准：SL 190—2007 [S]. 北京：中国水利水电出版社，2008.

[9] Bagnold R A. The physics of blown sand and desert dunes [M]. Courier Dover Publication, 1941.

[10] HAGEN L J. WEPS technical documentation: Erosion submodel. SWCS WEPP/WEPS Symposium [R/OL]. Ankeny, IA. USDA-ARS, Wind Erosion Research Unit, Manhattan, Kansas, USA. 2006. http://www.weru.ksu.edu /weps.

基于系统动力学的华北平原水资源二次供需平衡分析

秦欢欢

（东华理工大学省部共建核资源与环境教育部重点实验室培育基地，南昌 330013）

摘　要：针对华北平原水资源供需不平衡的问题，本文通过建立系统动力学模型，对华北平原 2008—2030 年的水资源进行了两次供需平衡分析。结果表明：①水资源一次供需平衡分析时，华北平原水资源供需矛盾十分突出，2020 年和 2030 年缺水量分别为 98 亿 m^3 和 243.9 亿 m^3，缺水率分别为 25.7%和 60.4%。②通过水资源二次供需平衡分析可以得出，华北平原水资源供需矛盾经历一个"先解决后重现"的过程，2020 年有 46.3 亿 m^3 的水富余，而 2030 年则缺水 75.9 亿 m^3。③为了既保证社会经济的高速发展，又维持水资源的供需平衡及可持续发展，华北平原还需从"挖潜"和"节流"这两方面多下功夫，增强人们保护水资源和节约用水的意识，才能保证水资源供需的长久平衡，进而保障和促进经济的发展和社会的长治久安。

关键词：水资源；系统动力学；华北平原；供需平衡；二次平衡分析

1　研究背景

华北平原是我国最重要的经济区之一，由于经济的发展、人口的增长以及半湿润半干旱的气候原因，造成水资源供需不平衡，缺水情况日趋严峻，平原区大部分河流长期干涸，地下水超采严重，对区域社会经济和资源环境的可持续发展造成极大的阻碍[1,2]。地下水是华北平原主要供水水源之一，供水量约占总供水量的 69%左右[3]，大量的超采地下水已经给华北平原带来了一系列诸如地面沉降、地下水位降落漏斗、土壤次生盐渍化、海咸水入侵地下淡水体等生态环境问题，对区域社会经济的发展产生了一定影响[4-7]。华北平原人均水资源占有量为 501 m^3/a，仅为全国人均占有量的 23%[8-9]，远低于国际上人均 1000 m^3/a 的缺水标准线。水资源是区域社会经济发展的基础性资源，水资源的不足，不仅会制约区域社会经济的发展，甚至会对社会安定产生不良影响[10]。随着社会的发展，如果不采取任何措施，华北平原水资源供需矛盾将进一步加剧，成为社会经济可持续发展的巨大障碍[1]。因此，开展区域水资源供需平衡分析，掌握水资源供需之间相互反馈的关系，对华北平原乃至整个中国水资源的可持续利用及经济社会的发展具有十分重要的意义[11]。

区域水资源供需平衡分析是在区域尺度对水资源的供需及余缺关系进行分析、旨在揭示水资源供需矛盾及探究水资源利用潜能的过程[12]，为环境保护、水资源利用和水资源管理的决策提供理论和科学的依据[11-12]，对社会经济和资源环境的可持续发展具有重要的现实和科学意义。有许多学者针对不同大小的区域进行了水资源供需平衡分析，如秦剑[13]利用系统动力学研究了水环境危机背景下的北京市水资源供需平衡问题；曾发琛[14]基于可持续发展理论，在水资源供需平衡分析基础上，将水资源优化配置和社会经济发展、生态环境保护结合起来，建立了西安市水资源优化配置多目标分析模型，以追求经济、社会、环境三者综合效益最大化；高雅玉等[15]将马莲河流域系统概化为 5 个水资源分区，依据 2020 年和 2030 年的社会经济发展速度和水利工程建设速度，分为 12 个方案，采用指标分析法对马莲河流域的供、需水量进行预测并进行水资源供需平衡分析。然而，传统方法不能系统地刻画水资源供需之间的动态反馈关系，无法捕获区域水资源供需的系统行为[16-17]，而系统动力学方法是解决这一问题的有效工具[18]。

第一作者简介：秦欢欢（1986—），男，江西南昌人，讲师，博士，研究方向为水文学与水资源。Email：qhhasn@126.com

系统动力学（System Dynamics，SD）是美国麻省理工学院的福瑞斯特教授于 1958 年为分析生产管理及库存管理等企业问题而提出的系统仿真方法[19]，以反馈控制理论为基础，以数学计算机仿真技术为手段，研究复杂系统的行为，在处理水资源系统的动态变化和系统运行的因果机制分析中优势显著[18]，可以在研究中反映各个时刻系统的水资源供需平衡状况，对水资源供需及余缺情况进行系统研究。因此，采用系统动力学方法对水资源供需复杂系统进行分析，能够达到水资源开发利用、社会经济发展、生态环境保护协调一致的目标，有利于实现我国环境和经济的可持续发展[18]。

本文通过建立华北平原水资源供需系统动力学模型，模拟华北平原 2008—2030 年的供需水量，获得华北平原未来水资源供需平衡及余缺关系。通过对华北平原进行水资源二次供需平衡分析，探讨华北平原水资源供需的现状和平衡缺口，为华北平原缺水问题的解决提供科学的依据和有效的方案。

2 研究区与研究方法

2.1 研究区概况

华北平原指黄河以北、燕山以南和太行山以东的冲积平原区，行政区划包含 21 个地级市 210 个县（区），包括北京，天津，河北省的秦皇岛、唐山、石家庄、邯郸、邢台、保定、廊坊、沧州、衡水，山东省的济南、东营、滨州、德州、聊城，以及河南省的安阳、鹤壁、新乡、焦作、濮阳。区内人口密集，大中城市众多，除京、津两直辖市外，人口在 20 万以上的城市有 20 多座，是我国的政治、经济、文化中心。2000 年常住人口 1.23 亿人，人口密度 881 人/km²，城镇人口 3911 万，城镇化率为 31.7%。华北平原属亚欧大陆东岸温暖带半干旱季风型气候区，多年平均（1951—1995 年）降水量为 554 mm，降水量年内分配不均，6—9 月的汛期降水量占全年的 75%以上；降水量年际变化大，少雨年份大部分地区不足 400 mm，多雨年份大部分地区多于 800 mm。华北平原土地、光热资源丰富，适于农作物生长，是我国三大粮食生产基地之一。2000 年灌溉面积为 749.8 万 hm²，粮食、棉花的产量已分别占中国总产量的 18.4%和 40%，油料作物在中国也占很大比重。

2.2 二次供需平衡分析

本文采用"二次供需平衡分析"法对华北平原水资源供需平衡的状况及存在的问题进行研究。其中，一次供需平衡分析也叫现状分析，是指在当前不采取任何措施的情况下，对华北平原未来的水资源供需进行预测和分析，揭示现状条件下华北平原水资源供需存在的矛盾和问题。二次供需平衡分析是在一次供需平衡分析的基础上，通过采取节水措施或通过水利工程来增加现有的供水能力，再次进行的区域供需平衡分析[11,20]。

3 华北平原水资源供需 SD 模型

3.1 模型结构

根据北京市社会经济的实际情况，本文将华北平原水资源供需 SD 模型划分为人口、农业、工业、水环境和水资源 5 个子系统（图 1），各个子系统相互联系、相互影响，共同构成了华北平原的水资源系统。

3.2 主要方程

3.2.1 生活需水量

人口子系统的状态变量是总人口，它受出生率和死亡率（即人口自然增长率）及缺水指数的影响，同时总人口对总需水量有正反馈作用而对缺水程度有负反馈作用。生活需水量的计算分为城镇生活需水量和农村生活需水量，这两者都是由相应的人口和用水定额来计算。人口子系统的主要方程如下：

$$\begin{cases} TP_k = TP_j + (t_k - t_j) \times RTP_k \times (1 - 1.5 \times WDI_k \times 0.01) \\ DWD_k = UP_k \times UQ_k + RP_k \times RQ_k \end{cases} \quad (1)$$

式中：TP_k 和 TP_j 分别为时刻 k 和 j 的总人口；t_k 和 t_j 分别为两个时刻的时间（下同）；RTP_k 为总人口增长率；WDI_k 为缺水指数；DWD_k 为时刻 k 的生活需水量；UP_k、RP_k 分别为时刻 k 的城镇人口和农村人口；UQ_k、RQ_k 分别为时刻 k 的城镇生活用水定额与农村生活用水定额。

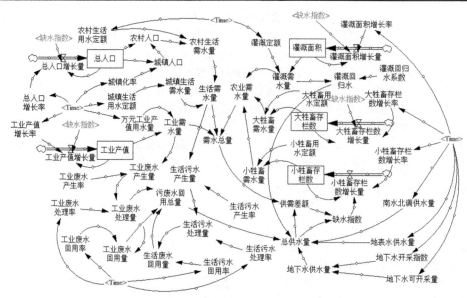

图1　华北平原水资源系统动力学模型流图

式（1）中缺水指数对总人口增长量具有负反馈作用，但由于我国目前不完全的市场经济体制，政府的干预较多，市场经济的调节作用有限，缺水指数对系统变量及行为的调控作用不能完全释放出来，故本文假设可以采取线性关系来表达这种负反馈作用，其计算系数采用赵春丽[21]中的数值，后面涉及缺水指数的公式中采用与此相同的假设。

3.2.2　工业需水量

工业产值是该子系统的状态变量，受工业产值增长率及缺水指数的影响。工业产值对总需水量有正反馈作用，而对缺水指数有负反馈作用。通过工业产值和万元工业产值用水量则可以计算工业需水量。工业子系统的主要方程如下：

$$\begin{cases} IO_k = IO_j + (t_k - t_j) \times RIO_k \times (1 - 2 \times WDI_k \times 0.01) \\ IWD_k = IO_k \times IQ_k \end{cases} \tag{2}$$

式中：IO_k 和 IO_j 分别为时刻 k 和 j 的工业产值；RIO_k 为时刻 k 的工业产值增长率；IWD_k 为时刻 k 的工业需水量；IQ_k 为时刻 k 的工业用水定额。

3.2.3　农业需水量

农业是华北平原的用水大户，农业子系统的状态变量有大/小牲畜存栏数和灌溉面积，它们都受到缺水指数的负反馈影响。通过大/小牲畜存栏数和对应的用水定额可以计算大/小牲畜需水量，而通过灌溉面积和灌溉定额则可以计算灌溉需水量，这三者之和便是农业需水量。农业子系统的主要方程如下：

$$\begin{cases} IrrA_k = IrrA_j + (t_k - t_j) \times RIrrA_k \times (1 - 2 \times WDI_k \times 0.01) \\ LL_k = LL_j + LL_k \times RLL_k \times (1 - 2 \times WDI_k \times 0.01) \\ SL_k = SL_j + SL_k \times RSL_k \times (1 - 2 \times WDI_k \times 0.01) \\ AWD_k = IrrA_k \times IrrQ_k + LL_k \times LLQ_k + SL_k \times SLQ_k \end{cases} \tag{3}$$

式中：$IrrA_k$ 和 $IrrA_j$ 分别为时刻 k 和 j 的灌溉面积；$RIrrA_k$ 为时刻 k 的灌溉面积增长率；LL_k 和 LL_j 分别为时刻 k 和 j 的大牲畜存栏数；RLL_k 为时刻 k 的大牲畜存栏数增长率；SL_k 和 SL_j 分别为时刻 k 和 j 的小牲畜存栏数；RSL_k 为时刻 k 的小牲畜存栏数增长率；AWD_k 为时刻 k 的农业需水量；$IrrQ_k$、LLQ_k 和 SLQ_k 分别为时刻 k 的灌溉定额、大牲畜用水定额及小牲畜用水定额。

3.2.4　总供水量

总供水量包括地表水供给、地下水供给、南水北调供水、灌溉回归水及污废水回用，缺水指数等于供需差额与总供水量之比，用来表征缺水的严重程度，正值表明存在缺水现象，且数值越大缺水越严重，而负值则表明不存在缺水现象。水资源子系统的主要方程如下：

$$\begin{cases} TWS_k = SWS_k + GWS_k + SNWDS_k + RWS_k + WWR_k \\ WDI_k = \dfrac{WD_k}{TWS_k} = \dfrac{TWD_k - TWS_k}{TWS_k} = \dfrac{TWD_k}{TWS_k} - 1 \end{cases} \tag{4}$$

式中：TWS_k、SWS_k、GWS_k、$SNWDS_k$、RWS_k 和 WWR_k 分别为时刻 k 的总供水量、地表水供给、地下水供给、南水北调供水、灌溉回归水和污废水回用；WDI_k 为时刻 k 的缺水指数；WD_k 为时刻 k 的缺水量；TWD_k 为时刻 k 的总需水量。

3.3 模型校准

华北平原水资源供需 SD 模型的校准周期是 2001—2007 年，时间步长和结果的输出时间间隔都是 1 年。在模型校准阶段，通过校准使得模型模拟的结果和历史数据相吻合，表 1 是生活需水量、工业需水量、农业需水量和总需水量的校准结果，除了个别年份，大多数年份的相对误差都小于 5%，表明模型的校准是成功的。

表 1 生活、工业、农业和总需水量的校准结果

年份	生活需水量			工业需水量			农业需水量			总需水量		
	历史值 /亿 m³	仿真值 /亿 m³	误差 /%	历史值 /亿 m³	仿真值 /亿 m³	误差 /%	历史值 /亿 m³	仿真值 /亿 m³	误差 /%	历史值 /亿 m³	仿真值 /亿 m³	误差 /%
2001	49.69	48.01	−3.38	62.86	57.94	−7.83	264.18	266.88	1.02	376.73	372.83	−1.03
2002	48.84	48.49	−0.72	56.35	60.09	6.63	264.70	266.42	0.65	369.89	375.00	1.38
2003	48.50	48.95	0.92	55.64	61.45	10.44	273.40	265.97	−2.72	377.54	376.36	−0.31
2004	50.50	50.23	−0.53	53.45	61.91	15.82	248.70	265.54	6.77	352.65	377.68	7.10
2005	49.06	51.55	5.07	49.37	61.38	24.33	243.42	265.11	8.91	341.85	378.04	10.59
2006	52.08	52.38	0.58	49.52	59.42	19.99	250.96	264.70	5.48	352.56	376.51	6.79
2007	53.13	53.26	0.24	48.54	56.71	16.84	262.17	264.31	0.82	363.84	374.28	2.87

3.4 情景设计

根据华北平原社会发展的现状及"十三五"规划，本文采取了节水和增加供水相结合的方案来对华北平原水资源供需进行二次平衡分析。一方面，大牲畜、小牲畜和农作物灌溉定额分别减少 20%，万元工业产值用水量减少 20%。另一方面，在模型中考虑南水北调引水量，根据南水北调工程，2014 年之后每年向华北平原供水 82.2 亿 m³。据此，模型中采用"IF THEN ELSE"来处理，2014 年之后华北平原增加供水 82.2 亿 m³。同时，将灌溉回归水系数增大 20%，以增加用于供水的灌溉回归水。二次供需平衡分析方案设计见表 2。

表 2 二次供需平衡分析方案设计

方案	牲畜用水定额 /[m³/(头·a)]		灌溉定额 /(m³/hm²)	万元工业产值用 水量/(m³/万元)	灌溉回归 水系数	南水北调引水量/亿 m³
	大牲畜	小牲畜				
当前模式	16.0	8.0	3450	25	0.30	0
情景设计	12.8	6.4	2760	20	0.36	IF THEN ELSE(Time<2014, 0, 82.2)

4 模拟结果分析

在模型校准的基础上，根据设计的情景，对华北平原 2008—2030 年水资源供需情况进行预测，进而进行一次及二次供需平衡分析，具体结果见表 3 和图 2。

表3　华北平原水资源供需平衡分析结果

供需分析	水平年	总供水量/亿 m³	需水量/亿 m³					余缺水量/亿 m³（需水量-供水量）	余缺指数/%（余缺水量/供水量）
			农业		工业	生活	小计		
			灌溉	牲畜					
一次平衡	2020	381.1	250.9	16.0	138.2	74.0	479.2	98.0	25.7
	2030	403.5	244.2	22.7	298.2	82.2	647.4	243.9	60.4
二次平衡	2020	444.9	200.8	12.8	111.0	74.1	398.7	−46.3	−10.4
	2030	461.2	195.3	18.4	241.0	82.3	537.0	75.9	16.4

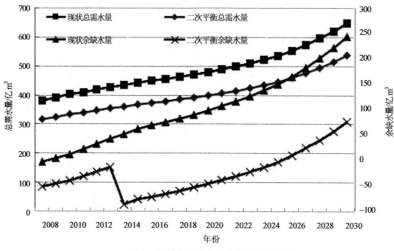

图2　总需水量和余缺水量的预测结果

4.1　一次供需平衡分析

在现有发展模式下，华北平原水资源一次供需平衡分析的结果（表3）显示，规划水平年2020年缺水98亿 m³，缺水率25.7%；2030年缺水243.9亿 m³，缺水率60.4%，说明未来华北平原的水资源不能满足社会经济用水要求，水资源供需平衡的缺口巨大，缺水危机会伴随社会经济发展的全过程。从图2可以看出，在现有条件下，华北平原未来将一直处于缺水的状态，水资源供需不平衡的矛盾始终存在，水资源将成为阻碍华北平原社会经济可持续发展的关键因素。

4.2　二次供需平衡分析

按照表2情景设计方案对华北平原进行的二次供需平衡分析结果（表3）显示，在规划水平年2020年、2030年新增供水量分别为63.8亿 m³和57.7亿 m³；通过采取节水措施，2020年、2030年减少用水量分别为80.5亿 m³和110.4亿 m³；2020年有46.3亿 m³的水富余，而2030年则缺水75.9亿 m³。从图2中可以看出，华北平原在预测前期能够解决缺水的问题，但随着社会经济的发展，在预测后期缺水问题亦会重现。说明通过南水北调工程和节水措施的实施，华北平原水资源供需矛盾存在一个"先解决后重现"的过程，水资源供需不平衡的问题无法彻底、永久地得到解决。二次供需平衡分析的结果说明，在保持目前的发展趋势和模式的前提下，南水北调工程在解决华北平原水资源供需矛盾问题上能发挥较大的作用，预测前期基本上可以解决华北平原水资源供需不平衡的问题，但随着社会经济的深入发展，预测后期水资源供需不平衡的问题会重现。因此，华北平原在未来将面临复杂的水资源供需平衡的形势，为了既保证社会经济的高速发展，又维持水资源的供需平衡及可持续发展，华北平原还需从"挖潜"和"节流"这两方面多下功夫，全方位多层次地节约用水，才能保证水资源供需的长久平衡，进而保障和促进经济的发展和社会的长治久安。

5 结语

本文利用系统动力学模型，对华北平原的水资源进行了两次供需平衡分析，结果表明：

（1）水资源一次供需平衡分析时，华北平原水资源供需矛盾十分突出，2020 年和 2030 年缺水量分别为 98 亿 m^3 和 243.9 亿 m^3，缺水率分别为 25.7%和 60.4%，华北平原的水资源不能满足社会经济的发展和用水要求，水资源供需平衡的缺口巨大，缺水危机会伴随社会经济发展的全过程。

（2）通过水资源二次供需分析可以得出，华北平原水资源供需矛盾经历一个"先解决后重现"的过程，前期水资源供需不平衡问题得到解决，但后期这种不平衡问题将重现，2020 年有 46.3 亿 m^3 的水富余，而 2030 年则缺水 75.9 亿 m^3。

（3）水资源二次供需平衡分析的结果说明，在保持目前的发展趋势和模式的前提下，南水北调工程在解决华北平原水资源供需矛盾问题上能发挥较大的作用，前期基本上可以解决华北平原水资源供需不平衡的问题。

（4）为了既保证社会经济的高速发展，又维持水资源的供需平衡及可持续发展，华北平原还需从"挖潜"和"节流"这两方面多下功夫，增强人们保护水资源和节约用水的意识，才能保证水资源供需的长久平衡，进而保障和促进经济的发展和社会的长治久安。

参考文献

[1] 刘昌明. 二十一世纪中国水资源若干问题的讨论[J]. 水利水电技术, 2002, 33(1): 15-19.

[2] 张光辉, 连英立, 刘春华, 等. 华北平原水资源紧缺情势与因源[J].地球科学与环境学报, 2011, 33(2): 172-176.

[3] 张宗祜, 沈照理, 薛禹群, 等. 华北平原地下水环境演化[M]. 北京: 地质出版社, 2000.

[4] 石建省, 李国敏, 梁杏, 等. 华北平原地下水演变机制与调控[J]. 地球学报, 2014, 35(5): 527-534.

[5] 陈培钧, 吕晓俭, 谢振华. 北京地下水资源与首都持续发展[J]. 北京地质, 1999, 16(4): 1-6.

[6] 张兆吉, 费宇红, 赵宗壮, 等. 华北平原地下水可持续利用调查评价[M]. 北京: 地质出版社, 2009.

[7] 张光辉, 费宇红, 刘克岩, 等. 海河平原地下水演变与对策[M]. 北京: 科学出版社, 2004.

[8] XIA J, ZHANG L, LIU C M, et al. Towards better water security in North China [J]. Water Resources Management, 2007, 21 (1):233-247.

[9] QIN H H, CAO G L, KRISTENSEN M, et al. Integrated hydrological modeling of the North China Plain and implications for sustainable water management [J]. Hydrology Earth System Sciences, 2013, 17:3759-3778.

[10] 魏保义, 王军. 北京市水资源供需分析[J]. 南水北调与水利科技, 2009, 7(2): 40-42.

[11] 王伟荣, 张玲玲, 王宗志. 基于系统动力学的区域水资源二次供需平衡分析[J]. 南水北调与水利科技, 2014, 12(1): 47-49.

[12] 周益, 李援农. 石羊河流域水资源供需平衡分析[J]. 水资源与水工程学报, 2008, 19 (6): 86-89.

[13] 秦剑. 水环境危机下北京市水资源供需平衡系统动力学仿真研究[J]. 系统工程理论与实践, 2015, 35(3): 671-676.

[14] 曾发琛. 西安市水资源供需平衡分析及优化配置研究[D]. 西安: 长安大学, 2008.

[15] 高雅玉, 张新民, 金毅. 马莲河流域水资源供需量预测及平衡分析[J]. 水资源与水工程学报, 2014, 25(6): 169-175.

[16] 张波, 袁永根. 系统思考和系统动力学的理论与实践: 科学决策的思想、方法和工具[M]. 北京: 中国环境科学出版社, 2010.

[17] SUN Y H, LIU N N, SHANG J X, et al. Sustainable utilization of water resources in China: A system dynamics model [J]. Journal of Cleaner Production, 2017, 142:613-625.

[18] 朱洁, 王烜, 李春晖, 等. 系统动力学方法在水资源系统中的研究进展述评[J]. 水资源与水工程学报, 2015, 26(2): 32-39.

[19] 王振江. 系统动力学引论[M]. 上海: 上海科学技术文献出版社, 1988.

[20] 张黎渊. 基于三次平衡原理的水资源供需平衡分析[J]. 河南水利与南水北调, 2008(1): 19-20.

[21] 赵春丽. 系统动力学方法在区域水资源承载力中的应用研究——以山西省河津市为例[D]. 西安: 西安建筑科技大学, 2006.

长江入海口潮位一致性修正及预报研究*

张梦婕[1]，周季[2]，山红翠[3]，胡鹏[1]，吉梦喆[1]，缪成晨[4]，曾华斌[5]

（1. 中国水利水电科学研究院 流域水循环模拟与调控国家重点实验室，北京 100038；2. 安徽省广德县桃州镇红旗社区居委会，安徽广德 212200；3. 湖南省水利水电科学研究院，长沙 410007；4. 扬州市水利局，扬州 321000；5. 中国能源建设集团广西电力设计研究院有限公司，南宁 530001）

摘　要： 针对秦淮河下游感潮河段潮位资料序列的不一致现象，以南京下关站 1947—2010 年的年最高潮位为例，对其进行小波分析确定序列的能量周期，并运用提取潮位资料各年趋势项的方法对序列进行一致性修正。再分析南京站于秦淮东河入长江七乡河口、九乡河口的相关关系，建立秦淮东河如长江口的潮位预报模型，用修正后的潮位序列为依据对各入长江口门的最高潮位进行预报，并与 BP 神经网络预报模型的预测结果进行对比。结果表明，该方法修正了实测资料多年潮位资料升高的趋势，各站之间存在较强的线型关系，所建立的预报公式简单准确。

关键词： 小波分析；滑动平均提取趋势项；一致性修正；潮位预报；BP 神经网络

1　研究背景

南京市是全国重点防洪城市之一，由于城区特殊的地理位置，防洪建设的标准越来越高，秦淮河作为南京的母亲河，对其研究在防洪建设中有着重要的作用，随着城市的发展，秦淮河下游干流河段也已经完全纳入到南京中心城区范围内，整个城区范围和流域范围基本重合，掌握好秦淮河的水位流量等特征对南京的防洪建设意义重大。

秦淮河流域位于长江下游，江苏省西南部，总面积 2658km^2，河流下游出口与长江相接，汛期洪水水位流量受长江潮位影响较大，长江潮位直接影响到秦淮河的排洪，历史资料显示，自 1969 年至 1991 年的 23 年中，有 7 年长江南京下关潮位汛期超过 9m，其高潮也一般为 7—8 月[1]。秦淮河排洪因受江潮顶托，排水不畅，一次降雨退水时间要十多天，造成长期高水位压境的态势。少数年份虽然秦淮河流域降雨量不多，但由于长江潮位高，内部也会发生高水位。

由此可见，秦淮河潮位资料及其预报在南京市的防洪建设中是十分关键的一个部分。众所周知，在进行相关水利工程建设规划时，通常我们都把所需要的诸如水位、潮位、雨量等资料所产生的环境默认为不变的，从而将我们所研究的水文要素序列看作是单纯的随机变量，由于其影响因子的一致性资料系列也相应地具有相关一致性，便于我们的研究[2]。但随着沿海地区经济的发展，特别是长江三角洲经济区的突飞猛进，人类对环境的破坏十分严重，特别是对一些河道的改造工程和污染，严重影响了流域的下垫面情况[3]。通过对南京下关站年最高潮位资料的统计分析，自 1947 年至 2010 年的年最高潮位有明显的上升趋势，受人类活动等影响较大。

本文通过小波分析的方法确定南京下关站潮位资料的波动的能量随时间变化的周期，进而通过提取趋势项的序列一致性修正方法对下关站的潮位资料进行一致性修正，并建立潮位相关公式计算秦淮新河入江口门出的潮位信息。

*基金项目：国家杰出青年科学基金（51625904）；国家重点研发计划（2016YFC0401306）；国家重点研发计划（2016YFE0102400）；国家自然科学基金面上项目（51779270）。

第一作者简介：张梦婕（1990—），女，河北石家庄人，助理工程师，研究方向为水环境与水生态。Email：zhangmj@iwhr.com

2 资料收集及研究方法

2.1 资料收集

本文搜集了南京下关站 1947—2010 年的年最高潮位资料进行分析，如图 1 所示，可以看出至 2010 年下关站的年最高潮位的上升趋势。

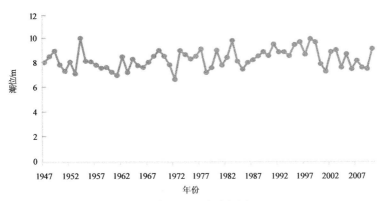

图 1 南京下关站年最高潮位

2.2 研究方法

2.2.1 小波分析法

在现阶段的科学领域研究中，小波分析的应用范围十分的广泛，从物理、数学到图像的处理以及信号的分析、地震科学等，无一不运用到小波分析，小波分析作为数学显微镜，在进行多尺度分析尤其是非平稳信号的分析处理方面有着巨大的优势[4]。资料显示，1993 年，Kumar 和 Foufoular-Gegious 首次将小波分析方法运用到水文学的领域，在之后的数年中，此方法在水文学科当中取得了长足的发展和进步，但在潮汐学研究中的运用并不是很多，仅仅是将其与传统方法对比[5]，对潮汐进行小波分析处理，如何针对潮位的时间序列特征进行小波分析，反映系统在不同时间尺度中的变化趋势，并能对系统未来发展趋势进行定性估计的研究并不多[6]。

小波分析的基本思路是用一簇小波函数系来逼近某一信号或某一函数。在小波分析中，函数的选取是一个关键的问题，小波函数就是即具有震荡性、又能够迅速衰减到零的一类函数，即满足：

$$\int_{-\infty}^{+\infty} \psi(t)\mathrm{d}t = 0 \tag{1}$$

式中：$\psi(t)$ 为基小波函数，我们可以通过对其尺度的改变或者在相应时间轴上的平移将其构造成一簇函数系：

$$\psi_{a,b}(t) = |a|^{-1/2} \psi\left(\frac{t-b}{a}\right) \tag{2}$$

式中：$\psi_{a,b}(t)$ 为子小波；a 为尺度因子，表示的周期长度；b 为平移因子，反应时间上的平移，其中 $a,b \in R$，$a \neq 0$。

当输入的能量为有限信号时，即 $f(t) \in L^2(R)$，以式（2）作为子小波的连续小波变换式为

$$W_f(a,b) = |a|^{-1/2} \int_R f(t)\overline{\psi}\left(\frac{t-b}{a}\right)\mathrm{d}t \tag{3}$$

在式（3）中 $W_f(a,b)$ 为小波变换系数，$f(t)$ 为一个信号或平方可积函数，$\overline{\psi}\left(\dfrac{x-b}{a}\right)$ 是 $\psi\left(\dfrac{x-b}{a}\right)$ 的共轭函数，a、b 的意义同式（2），相应的小波方差为

$$Var(a) = \int_{-\infty}^{\infty} |W_f(a,b)|^2 \mathrm{d}b \tag{4}$$

潮位的时间序列大多为离散的，以 $f(k\Delta t)$ 来表示离散的小波函数，则离散小波的变换式为

$$W_f(a,b) = |a|^{-1/2} \Delta t \sum_{k=1}^{N} f(k\Delta t) \overline{\psi}\left(\frac{k\Delta t - b}{a}\right) \tag{5}$$

在本文的研究中，我们考虑到潮位资料的离散性，在众多的小波函数中，如墨西哥帽小波、Morlet 小波、Wave 小波中选择了墨西哥帽（MexHat）小波作为分析潮位时间序列的函数，这是因为 MexHat 小波是 Guass 的二阶导数，且存在紧支集，方便做离散小波变换，可以更好地反应离散序列的局部变化[7]。MexHat 小波函数为

$$\varphi(t) = (1 - t^2)\frac{1}{\sqrt{2\pi}} e^{-\frac{t^2}{2}} \tag{6}$$

其中，$-\infty < t < \infty$。

2.2.2 基于序列趋势提取的一致性修正方法

一般认为时间序列主要是由趋势项、周期项和随机因子项组成，公式表示为

$$z(t) = A(t) + R(t) + R(t) \tag{7}$$

式中：$z(t)$ 为总的时间序列；$A(t)$、$P(t)$、$R(t)$ 分别为趋势项、周期项和随机因子项。

对于所研究的潮位实测资料系列，实际上可以看做是以上三项的综合体现，周期项是时间序列的固有存在，随机因子项包含两个部分：一个是突变项，在我们所研究的南京下关站潮位资料中突变项不明显；另外一项是随机波动项，这一项包括人类活动的影响和系列本身的随机波动，一致性修正的目的就是消除随机项和周期项对趋势项的干扰，确定由趋势项影响的时间序列[8]，用 $w(t)$ 表示修正后的时间序列，$A(k)$ 表示序列中第 k 项的趋势值，$A(t)$ 表示第 t 项的趋势值，则 $w(t)$ 可表示为

$$w(t) = z(t) + [A(t) - A(t)] \tag{8}$$

可以看出，一致性修正的关键在于消除时间序列中周期变化和随机波动对趋势的影响，一般的，在确定时间序列的主周期之后，我们可以对其以主周期为长度求实测序列的滑动平均序列，取滑动平均后的序列可基本消除周期项和随机项的干扰[9]，再对滑动平均后的时间序列提取趋势项后，可按照上述公式将实测资料修正到现状年水平。我们用多项式来表示趋势项 $A(t)$：

$$A(t) = a_0 + a_1 t + a_2 t^2 + L + a_n t^n \tag{9}$$

式中：n 为多项式的阶数；a_0, L, a_n 为待定系数。

2.2.3 回归分析预报

秦淮新河入长江口有些没有潮位站，有些只有较短的实测资料，为了全面的预报沿江各个口门的潮位信息，需运用回归分析的方法建立秦淮新河入长江口门处的潮位计算公式。

对于不同站的潮位资料，一般的相关关系是未知的，但若两站位置比较接近，都具有同时期的观测资料，往往可以通过分析得出一定的规律性，这是因为两者可能具有相同的物理成因的关系，通过对相关站同时期资料的相关分析，可以确定它们的相关程度进而进行下一步的研究，两个研究对象之间的相关密切程度用相关系数 R 来表示，公式为

$$R = \frac{n\sum xy - \sum x \sum y}{\sqrt{n\sum x^2 - (\sum x^2)}\sqrt{n\sum y^2 - (\sum y)^2}} \tag{10}$$

R 的取值范围是从 0 到 1，当 R 从 0 变化到 1 时，说明两者的相关关系由弱相关变成显著相关到高度相关，一般在计算出相关系数 R 后，将其与相关系数临界值 R_a 进行比较，若小于 R_a 说明两者的相关程度不高，若大于 R_a 则说明两者有较好的相关程度[10]。

回归分析是在相关分析的基础上，在确定两个变量的相关方向和密切程度之后，确定两个变量相关性的具体形式，从而可以通过一个变量的序列资料来推求相关变量的值。一元线性回归方程为

$$y = ax + b \tag{11}$$

式中：x 为自变量；y 为因变量；a 为回归系数；b 为常数项。

回归分析的关键就是确定回归方程中 a、b 的值，对于一元线性回归方程，可以运用最小二乘法原理推求 a、b 的取值[11]，即

$$b = \bar{y} - a\bar{x} \tag{12}$$

$$a = \frac{n\sum xy - \sum x\sum y}{n\sum x^2 - (\sum x)} \tag{13}$$

2.2.4 BP 神经网络模型预报

BP 神经网络结构可概化为输入层、隐层和输出层，其训练过程主要分为信号的正向传播和误差的反向传播两步[12]。正向传播时，输入样本由输入层输入，经隐层计算后，传到输出层。比较输出层输出结果与期望的输出结果，若二者间误差不满足要求，则转入误差的反向传播阶段。反向传播时，将输出误差以某种形式向隐层和输出层传播，不断修正各层间权值。这种信号的正向和反向传播过程即为网络的学习训练过程。该过程反复进行，直到网络的输出误差达到预设值或训练次数达到预定次数时，网络训练结束。然后即可利用训练得到的权值进行相关的预测工作[13-14]。基本三层 BP 网络结构如图 2 所示。

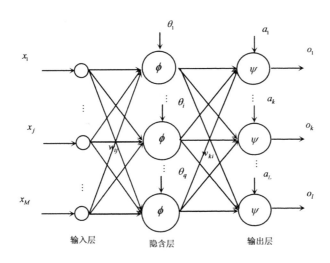

图 2　BP 网络结构

图 2 中，x_j 为输入层第 j 个节点的输入，$j = 1, \cdots, M$；w_{ij} 为隐含层第 i 个节点到输入层第 j 个节点之间的权值；θ_i 为隐含层第 i 个节点的阈值；$\phi(x)$ 为隐含层的激励函数；w_{ki} 为输出层第 k 个节点到隐含层第 i 个节点之间的权值，$i = 1, \cdots, q$；a_k 为输出层第 k 个节点的阈值，$k = 1, \cdots, L$；$\psi(x)$ 为输出层的激励函数；O_k 为输出层第 k 个节点的输出。

3　实例分析

以南京下关站 1947—2010 年实测最高潮位资料为例，进行实例分析。首先选取 Mexhat 小波对所选取资料进行小波分析，所得小波方差图见图 3。

图 3 描述的是小波变化系数对时间的积分情况，可以看出波动时能量的变化分布，有助于确定潮位序列中的主周期，由图 3 可以看出：

（1）在时间轴 2 年的位置下关站的潮位资料存在一个极大值，说明下关站的潮位序列具有 2 年的周期变化。

（2）在时间轴 17 年的位置该站的潮位资料波动也存在一个能量极大值，说明该潮位序列还具有一个 17 年的主周期。

海洋潮汐都具有 18.6 年的长周期，但在潮汐到达长江口附近位置的时候由于海底地形和地面径流等因素的影响会有所消减，故 17 年的主周期基本符合实际情况。

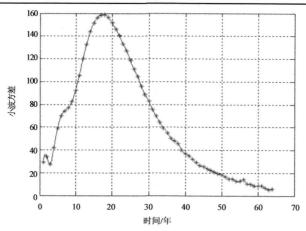

图 3　南京下关站 1947—2010 年潮位资料小波方差图

由确定的 17 年主周期，对南京下关站潮位资料进行 17 年滑动平均处理，在这里将每年的高潮位资料权重近似为一致的，故直接对 17 年资料取算术平均值，第一个数据值由 1947 年到 1963 年 17 年的数据平均得到，结果所对应的 $t=9$，最后一个数据由 1994 年到 2010 年 17 年的数据平均得到，结果对应的 $t=56$，滑动平均结果如图 4 所示。

图 4　南京下关站最高潮位滑动平均过程

滑动平均后的序列前后分别比原序列少了 8 项，对滑动平均后的序列，用最小二乘法拟合，根据拟合最优原理式（9）中 n 取 2，计算得

$$A(t) = -0.0001t^2 + 0.0278t + 7.7134 \qquad t=9, 10, \cdots, 56 \qquad (14)$$

1955—2002 年最高潮位趋势项由式（14）表达，对于原序列前后缺失的 14 项的趋势值，可按下列公式求得

$$A(t) = A(8) \qquad t=1, 2, 3, \cdots, 7 \qquad (15)$$
$$A(t) = A(56) \qquad t=57, 58, 59, \cdots, 64 \qquad (16)$$

综合式（14）～式（16）与式（8），可对南京下关站的最高潮位序列进行一致性修正，结果如图 5 所示。

由图 5 可见，对南京下关站最高潮位的修正在早期的修正幅度比较大，近年的修正幅度较小，由于早期的资料所经历的人类活动等对其影响的时间和程度比较大，而近期资料所经历的人类活动干扰比较小，所以此结果是符合实际情况要求的。修正后的结果保持了原序列的年纪变化特征，并且通过添加趋势线可以看到，原数据的趋势项有上升的趋势，修正后的序列趋势线基本保持水平，说明修正过程消除了周期项和随机项的干扰。

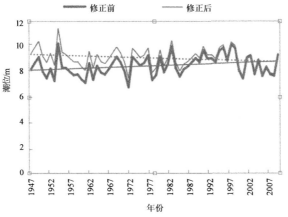

图 5 下关站最高潮位修正前后对比图

最后用修正后的数据对秦淮东河入长江口门的潮位进行预报，南京下关潮位站下游 80.15km 处有镇江潮位站，秦淮东河入江口七乡河口位于南京下关潮位站下游 32.55km、九乡河口位于南京下关潮位站下游 26.40km。研究南京站与七乡河口以及南京站与九乡河口的相关关系，由南京站与七乡河口特征潮位系列建立南京站与七乡河口特征潮位相关模型；同样，由南京站与九乡河口特征潮位系列建立南京站与九乡河口特征潮位相关模型。

采用南京站具有 2000—2003 年共 4 年主汛期（6 月 1 日至 8 月 31 日）逐日特征潮位资料，南京站镇江站及秦淮东河入江口七乡河口、九乡河口的位置进行线性内插得秦淮东河入江口、九乡河口 2000—2003 年主汛期逐日特征潮位，对和南京站潮位及九乡河口与南京站潮位进行相关性分析，如图 6 和图 7 所示。

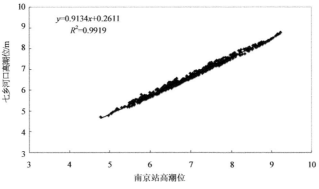

图 6 七乡河口与南京站高潮位相关关系

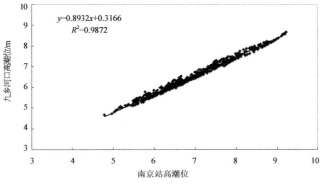

图 7 九乡河口与南京站高潮位相关关系

经相关分析计算，得下秦淮东河入江口七乡河口、九乡河口与南京站特征潮位相关方程为

$$Z_{gqxh} = 0.8932 Z_{gxg} + 0.3166 \tag{17}$$

$$Z_{gjxh} = 0.9134 Z_{gxg} + 0.2611 \tag{18}$$

式中：Z_{gxg}、Z_{gqxh}、Z_{gjxh} 分别为南京站高潮位、七乡河口高潮位和九乡河口高潮位，m（吴淞基面）。

除运用回归模型建立预报模型外，采用 BP 神经网络构建潮位预报模型。在本研究中，神经网络包括一个隐藏层，使用反向传播算法进行训练，在隐藏层和输入层之间分别包含一个 log-sigmoid 和一个线性函数，这是最常用的神经网络配置，可以提高外推能力。隐藏层包含 30 个节点，输入层包含一个节点，模型结构如图 8 所示。

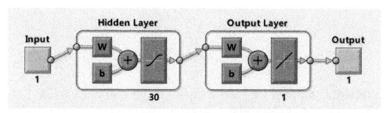

图 8　BP 神经网络结构图

选取 1947—2000 年的数据作为训练数据，分别建立七乡河口、九乡河口的预报模型，其中输入为南京站的潮位数据，输出分别为七乡河口、九乡河口的潮位数据。选取 2001—2010 年的数据作为验证，七乡河口、九乡河口的预报结果见表 1。

表 1　BP 神经网络预报结果

年份	七乡河口		九乡河口	
	相对误差	绝对误差	相对误差	绝对误差
2001	−0.24	−1.73	−0.49	−3.80
2002	−0.03	−0.26	−0.07	−0.64
2003	0.00	0.02	−0.09	−0.87
2004	−0.03	−0.23	−0.05	−0.44
2005	−0.01	−0.06	−0.09	−0.86
2006	−0.04	−0.31	−0.20	−1.56
2007	0.02	0.20	−0.09	−0.78
2008	−0.05	−0.34	−0.05	−0.39
2009	−0.06	−0.46	−0.11	−0.84
2010	0.00	−0.02	−0.09	−0.84

由表 1 可以看出，九乡河口 BP 神经网络的预报结果普遍偏小，且误差较大，七乡河口 BP 神经网络的预报结果相较于九乡河口误差较小。说明七乡河口的 BP 神经网络模型预报精度较高，而在九乡河口 BP 神经网络模型适用性并不强。对比之前回归分析法的预报结果发现，简单的回归模型预报结果总体要好于神经网络的预报结果，说明南京站和七乡河口、九乡河口资料相关性较强，非线性模型并不能良好的模拟系列之间的关系。

4　结语

（1）南京所处的秦淮河流域由于其特殊的地理位置，在对该流域进行防洪研究时不仅要关注上游产

汇流情况，更需要对入长江口的潮位进行研究，综合分析，因为长江潮位的顶托作用在河道内对上游来水的影响很大，故取得正确的潮位资料对该河段的水位流量研究来说是十分必要的。

（2）南京站的实测潮位在实测年份内具有抬升的趋势，这主要是受到了人类活动等对潮位的影响，通过确定资料的内在能量周期，并对其进行滑动平均处理，再通过序列一致性的方法，可有效地消除周期因素和随即因素对序列的影响，较为准确的提取出各年的随机项。通过提取出来的随机项将不同时期的资料统一到现状年份，所求的潮位值可在一定程度上反映出实测年份以及未来的潮位变化情况，但此方法的前提假设是潮位资料在未来一段时期内的变化保持稳定。但实际情况下很多潮位资料不仅在实测年份内存在趋势性变化，而且在未来一段时间内这种变化还会持续下去，在这样的情况下即使把潮位资料统一修正到现状年份，所得序列只能反映出目前的潮位趋势，不能反映出未来的潮位趋势变化，如何应对变化趋势下潮位资料的一致性修正是一个需要继续讨论的问题。

（3）秦淮河入长江口门多处的潮位资料缺失，通过回归分析的方法确立已知潮位站和未知站点的相关关系，建立潮位相关方程，可对秦淮东河各入江口门的潮位信息进行的预报。通过对比神经网络和回归方程的预报结果，说明南京站和七乡河口、九乡河口资料相关性强，存在线性回归关系，非线性模型的模拟结果较差，所建立的回归潮位预报方程简便准确。

参考文献

[1] 闻余华，郦息明，陈靓.2007年长江南京站潮位分析[J].水利水文自动化，2008(3):48-50.

[2] 李国芳.感潮河段水文计算方法研究[D].南京：河海大学，2003.

[3] 黄国如，芮孝芳.感潮河段设计洪水位计算得频率组合法[J].水电能源科学，2003,21(2):72-74.

[4] 欧阳永保，丁红瑞.小波分析在水文预报中的应用[J].海河水利，2006(6):44-46.

[5] 田光耀.潮汐的小波分析[J].海洋测绘，2001(1):20-25.

[6] 王文圣，丁晶.小波分析在水文学中的应用研究及展望[J].水科学进展，2002(7):515-520.

[7] 薛小杰，蒋晓辉.小波分析在水文序列趋势分析中的应用[J].应用科学学报，2002(12):426-428.

[8] M S Kang, J H Goo, I Song, et al. Estimating design floods based on the critical storm duration for small watersheds[J]. J HYDRO-ENVIRON RES, 2013 (7) :209-218.

[9] 肖淼元，李国芳，王伟杰.长江口潮位一致性检验与修正方法研究[J].长江科学院学报，2013,30(4):6-8.

[10] 黄振平.水文统计原理[M].南京：河海大学出版社，2002.

[11] 李云霞.相关回归分析法在水文数据处理中的应用[J].重庆科技学院学报，2011,13(5):177-179.

[12] Davidsen C, Liu S, Mo X, et al. The cost of ending groundwater overdraft on the North China Plain[J]. HYDROL EARTH SYST SC, 2016,20(2):5931-5966.

[13] Elangovan M, Sugumaran V, Ramachandran K I,et al. Effect of SVM kernel functions on classification of vibration signals of a single point cutting tool[J]. EXPERT SYST APPL,2011,38(12):15202-15207.

[14] S Paul, V Suman, P K Sarkar, et al. Analysis of hydrological trend for radioactivity content in bore-hole water samples using wavelet based denoising[J]. J ENVIRON RADIOACTIV, 2013 (122): 16-28.

黔西南州降雨与干旱变化分析*

解河海，马兴华，曾碧球，查大伟，李春

（珠江水利科学研究院，广州 510611）

摘　要：岩溶地区水资源条件复杂，降雨和蒸发变化频繁，通过降雨、蒸发资料对地区降雨和蒸发变化经分析，计算区域蒸发指数，分析地区的干旱情况，为指导区域应对干旱提供支撑。

关键词：降雨；蒸发；干旱；干旱指数

干旱是世界上广为分布的自然灾害，全球有 120 多个国家受到不同程度的干旱威胁[1]。大范围的干旱在兖州、北美洲、非洲、大洋洲、南美洲以及欧洲均有发生[2]。伴随着人口的急剧增长和经济的快速发展，人类活动对水循环系统的干扰不断加大。同时，随着全球气候变化的深入影响，气候系统的稳定性降低，将影响全球及区域的降水、蒸发等水循环过程，干旱、洪涝等极端气象水文事件发生的概率及其影响将进一步增加[3]。

受特定的气候条件、地形地貌及水资源条件影响，我国是世界上干旱发生最为频繁且损失严重的国家之一，局地性或区域性的干旱几乎每年都会出现。中华人民共和国成立以来，我国出现了一系列重大旱灾，如 1959—1961 年华北大旱、1978 年长江中下游和淮河流域特大干旱、1997 年黄河流域大旱、2000—2001 年全国大旱、2003 年南方伏旱、2009—2010 年西南五省特大干旱等[4]。

贵州省黔西南州处于西南五省的中心位置，受干旱影响较大，本文通过对黔西南州降雨、蒸发及干旱指数进行分析，为指导黔西南州应对干旱提供支撑。

1　黔西南州降雨量变化规律

根据调查收集，黔西南州共收集到雨量站资料 58 个（为《黔西南州水资源综合规划报告》[5]采用的雨量站点），58 个基本雨量站中每个站点收集的资料长短不一，年平均长度为 30 年，延长至 2015 年，即资料系列长度为 1956—2015 年（60 年）。本次选取 4 个雨量站作为重点雨量站进行分析，分别为花贡、下山、纳桥、纳过。

1.1　资料系列分析

资料系列的代表性主要从资料系列所代表的丰、平、枯的情况分析。通过各重点雨量站点长系列年降雨距平时间序列进行分析，见图 1。由图 1 可知，各个重点雨量站点均包含了丰、平、枯水年份，且包含有连丰、连枯水年组。因此各站的代表性较好。其他基本雨量站点的代表性也类似，代表性较好。

本次选用的 58 个雨量站点月平均降雨资料均是由黔西南州水文水资源局整编，并且是经过校验的成果，成果权威、可靠。资料系列的一致性可以通过累年平均降雨量图进行统计分析，各重点雨量站的累年平均降雨量成果见图 2。由图 2 可知，各重点雨量站并没有出现有明显的拐点，说明其资料一致性较好。其他基本雨量站的分析结果类似。

*基金项目：贵州省水利厅科技专项经费项目（KT201312，KT201606），贵州省科技厅科技专项经费项目黔科合支撑 [2016]2561号。

第一作者简介：解河海（1978—），高级工程师，主要从事水文水资源方面研究。Email: 18251034@qq.com

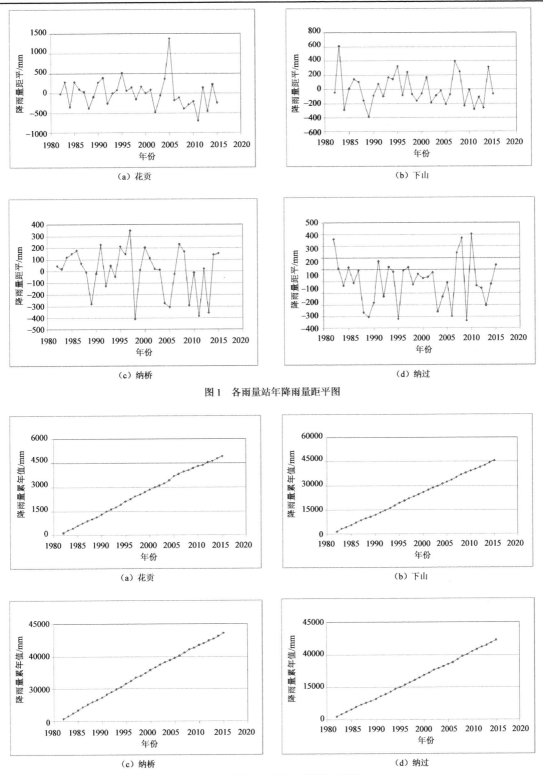

（a）花贡 （b）下山

（c）纳桥 （d）纳过

图 1 各雨量站年降雨量距平图

（a）花贡 （b）下山

（c）纳桥 （d）纳过

图 2 各雨量站年平均降雨量累年曲线图

1.2 降水量统计分析

为了使评价结果的一致性，对 58 个基本雨量站系列长度取为 1956—2015 年，对缺测数据采用相关性好的相邻站点进行插补延长。对多年平均值和设计降雨量进行分析，分析结果见表 1。

各站点多年平均降雨量为 874.6~1516.9mm。通过泰森多边形法求得黔西南州多年平均降雨量为 1264.2mm，黔西南州 20%、50%、80%、95%频率下的设计降雨量分别为 1416.4mm、1254.8mm、1102.1mm 和 977.3mm，成果见表 1，本次成果与《贵州省水资源综合规划》[6]成果相比，降雨量略有减小，上次成果统计时段为 1956—2000 年，平均值为 1273.3mm。由于进入 21 世纪以来，黔西南州降雨量有所减小，导致本次计算的降雨量有所减小。

表 1 黔西南州降雨量统计成果表

统计年份	年数	统计参数			不同频率降水量/mm			
		均值/mm	C_v	C_s/C_v	20%	50%	80%	95%
1956—2015	60	1264.2	0.15	2	1416.4	1254.8	1102.1	977.3
1956—2000	45	1273.3	0.14	2	1420.4	1265.1	1116.3	995.0
1956—1979	24	1283.2	0.14	2	1431.4	1275.0	1125.0	1002.8
1971—2000	30	1283.2	0.13	2	1421.0	1276.1	1136.3	1021.7
1980—2000	21	1262.0	0.13	2	1397.5	1254.9	1117.5	1004.7
2001—2015	15	1171.5	0.21	2	1397.4	1148.6	932.5	756.3

1.3 雨量变化成果分析

依据 58 个基本雨量站点的多年平均降雨量、变差系数 C_v，绘制黔西南州多年平均降雨等值线图和变差系数 C_v 等值线图，见图 3 和图 4。由图 3 和图 4 可知，黔西南州东部的望谟、册亨、贞丰年降雨量较低，西北部山区兴义、普安、晴隆县的降雨量较高，降雨量空间分布是从西北向东南递减的趋势。

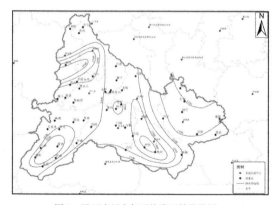

图 3　黔西南州多年平均降雨等值线图　　　　　图 4　黔西南州多年平均降雨量 C_v 等值线图

2　蒸发量及干旱指数

蒸发量包括水面蒸发量和陆地蒸发量，应分别进行评价。水面蒸发量是指单位时段水面的水分子从液态转化为气态逸出水面的数量，通常近似采用 E601B 型蒸发器观测的水面蒸发量。评价区的水面蒸发量，可根据该区域内设置的水面蒸发量站观测数据统计分析获得。

其中，资料系列最长的是马岭（三站）、新桥站、册亨站，长度在 30 年以上，其次是草坪头站。为了便于分析，本次对每个县级行政区选取一个代表蒸发站点，兴义市选马岭站、安龙县选新桥站、册亨县选册亨站、望谟县选望谟站、贞丰县选这洞站、兴仁市选巴铃站、普安和晴隆县选草坪头站。

2.1　蒸发量时间变化

各代表站点多年平均水面蒸发量月分配过程见表 2。安龙县和贞丰县多年平均水面蒸发量大于1000mm，蒸发量最大的为贞丰县的 1078.2mm，其次为安龙县的 1025.4mm；其余县（市）均小于 1000mm，小于 1000mm 的县（市）中水面蒸发量最大的是兴义市的 934.2mm，蒸发量最小的是普安县和晴隆县786.4mm。从整个黔西南州来看，黔西南州多年平均年蒸发量为 908.2mm。

从多年平均水面蒸发量年内分配过程来看，黔西南州水面蒸发量最大的是 5 月的 105.9mm，占全年的 11.7%；其次是 8 月的 105.1mm，占全年的 11.6%；最小的是 1 月的 38.2mm，只占全年的 4.2%。4—9月蒸发量较大，为 587.4mm，占全年的 64.7%；10 月至次年 3 月的蒸发量较小，为 320.8mm，占全年的35.3%。

表 2　黔西南州及各县（市）多年平均水面蒸发量　　　　　　　　单位：mm

行政区	代表站点	1 月	2 月	3 月	4 月	5 月	6 月	7 月	8 月	9 月	10 月	11 月	12 月	年均值
兴义市	马岭	40.5	52.4	82.3	108.3	112.8	88.9	99.2	102.4	84.9	64.4	53.6	44.5	934.2
兴仁市	巴铃	36.3	50.5	72.2	92.8	101.2	76.1	94.9	90.9	80.8	61.6	55.0	40.7	852.9
安龙县	新桥	38.7	51.5	84.7	117.2	127.6	107.7	117.5	116.3	93.0	71.0	56.2	43.9	1025.4
贞丰县	这洞	52.8	58.4	85.9	113.8	121.7	111.3	119.6	122.5	102.8	73.9	63.5	52.1	1078.2
普安县	草坪头	32.9	40.5	60.3	81.8	89.2	78.2	89.7	95.1	74.9	57.0	49.7	37.2	786.4
晴隆县	草坪头	32.9	40.5	60.3	81.8	89.2	78.2	89.7	95.1	74.9	57.0	49.7	37.2	786.4
册亨县	册亨	36.6	43.4	67.4	94.6	105.6	91.0	106.4	111.7	97.4	69.0	54.4	44.2	921.7
望谟县	望谟	34.5	48.5	68.8	88.3	99.8	83.5	101.4	106.7	90.5	67.2	51.1	40.1	880.2
黔西南州		38.2	48.2	72.7	97.3	105.9	89.4	102.3	105.1	87.4	65.1	54.2	42.5	908.2

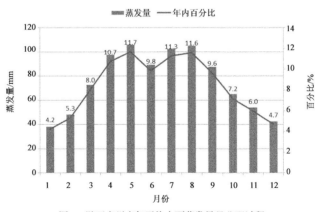

图 5　黔西南州多年平均水面蒸发量月分配过程

2.2　干旱指数及其分布

干旱指数是反映各地区气候干湿程度的指标，在气候分析上，干旱指数通常采用年蒸发能力与年降水量的比值表示。蒸发能力超过降水量越多，干旱指数越大，干旱程度越严重。

干旱指数系指年蒸发能力和年降水量之比值，是反映各地气候干湿程度的指标。根据干旱指数大小分成 5 个气候带，即将干旱指数为：≤0.5、0.5～1.0、1.0～3.0、3.0～7.0 和≥7.0，所对应的气候带分别为十分湿润、湿润、半湿润、半干旱和干旱 5 个气候带。

干旱指数一般以各地年蒸发能力与年降水量之比作为区别各地气候干湿程度的指标。干旱指数大于 1 时，说明蒸发能力大于降水量，气候偏于干旱；干旱指数小于 1 时，说明降水量超过蒸发能力，气候偏于湿润。受资料条件限制，目前均以 E601 型蒸发器的观测值代替蒸发能力，多年干旱指数 γ 按下式计算：

$$\gamma = \frac{E_{601}\text{型多年平均水面蒸发量}}{\text{多年平均降水量}} \tag{1}$$

根据各县（市）多年平均水面蒸发量与多年平均降雨量的比值计算干旱指数，成果见表 3。由表 3 可知，干旱指数最大的是贞丰县 0.89，最小的是普安县 0.54。从整个黔西南州的干旱指数来看，贞丰、安龙、册亨、望谟干旱指数较大，兴义、兴仁干旱指数处于中间水平，普安、晴隆干旱指数最低，这也说明了黔西南州干旱程度从北往南、从西往东属于递增趋势。干旱指数与水面蒸发量趋势相一致，而与降雨量趋势相反。

表 3　各县级行政区干旱指数统计表

行政区	蒸发量/mm	降雨量/mm	干旱指数	干湿评价
兴义市	934.2	1360.1	0.69	湿润
兴仁市	852.9	1280.3	0.67	湿润
安龙县	1025.4	1233.8	0.83	湿润
贞丰县	1078.2	1217.0	0.89	湿润
普安县	786.4	1445.5	0.54	湿润
晴隆县	786.4	1410.8	0.56	湿润
册亨县	921.7	1177.4	0.78	湿润

3　结语

黔西南州地处中亚热带，属亚热带湿润季风气候，全州多年平均降雨量为 1264.2mm，空间上，黔西南州东部的望谟、册亨、贞丰年降雨量较低，西北部山区地区兴义、普安、晴隆县的降雨量较高，降雨量空间分布是从西北向东南递减的趋势，由于大气环流的影响，各年的降水量往往差异较大。全州年降水量变差系数 C_v 值为 0.16～0.21。黔西南州干旱指数为 0.58～0.95，属于湿润气候带，最大的是贞丰县 0.95，最小的是普安县 0.58，从整个黔西南州的干旱指数来看，干旱指数与水面蒸发量趋势相一致，而与降雨量趋势相反。

参考文献

[1] 中国干旱气象网. 干旱对全球的危害[EB/OL]http://www.chinaam.com.cn/detail?ID=360.

[2] Mishra A K, Singh V P. A review of drought concepts[J]. Journal of Hydrology, 2010(391):202-216.

[3] Dai A G. Drought under global waring: a review[J]. Wiley Interdisciplinary Reviews: Climate Change, 2011,2(1):45-65.

[4] 秦大河. 气候变化与干旱[J]. 科技导报，2009(11):7.

[5] 珠江水利科学研究院.黔西南州水资源综合规划[D].广州：珠江水利科学研究院，2016.

[6] 贵州省水利水电勘测设计研究院.贵州省水资源综合规划[D].贵阳：贵州省水利水电勘测设计研究院，2006.

土地利用/植被覆盖变化对汾河上游径流的影响研究*

荐圣淇¹，张雪丽²，胡彩虹¹，吴泽宁¹，李楠¹，邢辉²，冯全成²

（1. 郑州大学水利与环境学院，郑州 450001；2. 郑州市中原区环境保护局，郑州 450000）

摘　要：为研究土地利用变化对汾河流域径流的影响，以汾河上游（兰村以上）为研究区，利用 1955—2013 年的水文气象资料，分析了不同土地利用类型的时空变化特征，然后结合 SWAT（Soil and Water Assessment Tool）模型，设置 3 种土地利用情景，分析了土地利用变化对径流的影响。结果表明：模型能够很好地模拟全年及汛期月径流量过程；多年平均径流量呈现下降趋势；不同的土地利用类型在时空上的转化，主要体现在林草面积的增加，农用地面积的减少；林草地面积的增加和农用地面积的减少会降低汛期径流量以及最大月径流量；汛期径流系数随着林草地面积的增加而减小。以上研究结果表明，合理规划土地利用，对流域安全具有重要意义。

关键词：土地利用变化；植被覆盖；SWAT；汾河流域

土地是人类赖以生存和发展的重要基础和物质来源，土地利用/植被覆盖变化（LUCC）是引起地表各种陆面过程变化的主要原因，对环境区域演变具有重要意义[1-2]。LUCC 是一种人为的"系统干扰"，直接或间接地影响流域水文过程[3-4]。近半个多世纪以来，随着科学技术的发展和社会经济的快速增长，世界许多地方人口急剧增加导致土地利用类型急剧变化，大量生态系统的日益退化，导致水土流失、土地退化、河床湖库泥沙淤积、森林覆盖率下降等一系列问题，使流域的调蓄能力降低，加剧了洪涝灾害、旱灾等自然灾害的发生，在汛期流域洪水凶猛集中而泛滥成灾，枯季河道断流，水资源短缺[5-7]。

近些年国内外对土地利用变化造成的生态环境影响给予的关注日益增多。目前，正呈现出以土地利用和土地覆盖变化（LUCC）研究为中心，结合土地利用的社会经济、生物、地理过程的系统的和综合的发展趋势[8-10]。在流域尺度上，土地利用变化对流域水文过程的影响，直接导致水资源供需关系发生变化，从而对流域生态环境以及社会经济发展造成诸多影响，因此土地利用变化对流域水文过程的影响研究，就成为流域水资源规划、管理以及可持续发展等领域的核心问题[11-13]。

汾河是黄河中游仅次于渭河的第二大支流，对黄河中下游的水沙演变过程有着重要影响，同时，汾河是山西省内最大河流，流域面积 39826 km²，占全省面积的 25%，流域内耕地面积 1738.7 万亩，占全省总耕地面积的 30%[14-16]。本研究从时空变化角度出发，分析研究区域土地利用的时空变化。然后针对流域发生的大面积土地利用变化，结合 SWAT 模型分析其对流域径流的影响，研究不同情景下的径流响应，以期为该地区土地规划和水资源管理提供科学依据。

1 材料和方法

1.1 研究区概况

汾河位于黄河中游，是黄河第二大支流，也是黄河径流的主要补给来源。汾河流域地处山西省的中

*基金项目：国家重点研发计划资助（2016YFC0402402）；国家自然科学基金青年基金（31700370）；中国博士后科学基金面上项目（2016M602255）；河南省高等学校重点科研项目（16A570010）；郑州大学启动资金（1512323001）；河南省博士后基金。

第一作者简介：荐圣淇（1987—），讲师，主要从事水文水资源方面的工作。Email：jiansq@zzu.edu.cn

部和西南部，位于 110°30′~113°32′ E，35°20′~39°00′ N，南北长约 412.5 km，东西宽约 188 km，呈带状分布，面积 39471 km²，占全省国土面积的 25.3%。汾河上游是指兰村水文站控制流域，兰村水文站地处汾河中上游，位于太原市西北 22.5 km，地理坐标为 112°26′ E、38°00′ N。兰村站控制流域面积 7705 km²，流域平均宽度 36.1 km，实测期内多年平均流量 14.3 m³/s，瞬时最大流量 1950 m³/s，历史调查洪水洪峰流量 4500 m³/s。汾河上游多年平均降水量 491.4 mm，最大年降雨量 767.6 mm，夏季风带来的暖湿气流是降水的主要水汽来源，6—9 月降水占全年降水总量的 70%以上，降水量年际变化大，最大与最小年降水比值可达 3~4。

1.2　数据收集与处理

1.2.1　水文气象数据

降雨量为 1971—2014 年汾河上游 18 个雨量观测站逐日、时段降雨观测资料；径流量为 1955—2013 年汾河上游兰村水文站洪水要素摘录表中时段流量、逐日径流观测数据；蒸发量为 1965—2013 年汾河上游兰村站逐日观测数据。

1.2.2　遥感数据

本研究采用美国陆地资源卫星 TM 数据，空间分辨率为 30 m ×30 m，获取的时间分别为 1978 年、1998 年和 2010 年。对获取影像进行几何校正，投影转化为横轴墨卡托，最后利用"5s"模型进行大气辐射校正。

1.3　研究方法

1.3.1　遥感图像信息提取

基于 TM 影像数据，运用 ERDAS 软件，采用监督分类的方法，获得 1978 年、1998 年和 2010 年研究区土地利用类型图，利用总体分类精度和总体 Kappa 系数对分类进行评价。为了使分类结果更加精细，将分类精度引入来确定不同土地类型的空间分布，具体做法是：①先计算出每种土地利用类型的 NDVI 值；② 每种土地利用类型的 NDVI 值出现频率大致成正态分布，其中被正确分类类型的 NDVI 值在中间集中，然后可以根据分类精度 x，在[(1−x)/2，(1+x)/2] 范围内通过 Matlab 计算出每种土地利用类型 NDVI 最大值和 NDVI 最小值；③ 在 ArcGIS 里根据 NDVI 最大值和最小值重新确定每种土地利用类型的空间分布[17-18]。

1.3.2　研究区 SWAT 模型构建

（1）SWAT 模型。SWAT 模型是 20 世纪 90 年代由美国农业部（USDA）的 Jeff Arnold 博士开发的分布式水文模型[19-20]。模型具有很强的物理机制，能够利用遥感和地理信息等空间信息，模拟不同土地利用、多种土地管理措施对流域水文、泥沙和化学物质的影响[21]。模型采用的水量平衡公式为

$$W_t = W_0 + \sum_{i=1}^{t}(P_i - R_{si} - E_i - R_{seepi} - R_{gi}) \tag{1}$$

式中：W_t 为土壤最终含水量，mm；W_0 为土壤前期含水量，mm；t 为时间步长，d；P_i 为第 i 天降水量，mm；R_{si} 为第 i 天地表径流量，mm；E_i 为第 i 天的蒸散发量，mm；R_{seepi} 为第 i 天存在于土壤剖面底层的渗透量和侧流量，mm；R_{gi} 为第 i 天地下径流量，mm。

（2）模型数据输入。SWAT 模型的输入数据包括 DEM 数据（90 m×90 m，来源于国际科学数据服务平台）、土壤数据、土地利用数据、气象数据和水文数据。土壤数据包括土壤空间分布数据和土壤物理属性数据，物理属性数据中土壤机械组成数据需使用 Matlab 中 3 次样条插值法将国际制转换为美国制。土地利用数据以流域 1978 年、1998 年和 2010 年三期 TM 影像（来源于国际科学数据服务平台）解译获得。气象数据为流域内部及周边 12 个气象站点 1978—2010 年的日观测数据（来源于中国气象数据网）。水文数据为 1955—2013 年汾河上游兰村水文站洪水要素摘录表中时段流量、逐日径流观测数据。

（3）模型校准及验证。由于 ArcSWAT 模型自带的模型参数敏感性分析、模型校准和验证工具的功能相对较弱，因此选取 SWAT-CUP 对清水河流域 SWAT 模型进行模型校准和验证。将 1978 年作为预热期，1979—1998 年为校准期，1999—2010 年为验证期。遵循流域自上而下的校准原则，进行参数敏感性分析和校准。

（4）模型适应性评价。选取决定系数 R^2，Nash-Sutcliffe 确定性系数 N_s 以及相对误差 R_e 来衡量模拟值与实测值之间的拟合度，以此评价 SWAT 模型在汾河上游的适用性。

2 结果与讨论

2.1 土地利用情况变化

通过监督分类得到研究区土地利用类型分布图（图1）。检验后1978年影像总体分类精度为81.64%，Kappa系数为0.7761；1998年影像总体分类精度为79.15%，Kappa系数为0.7484；2010年影像总体分类精度为83.36%，Kappa系数为0.7811。根据分类精度81.64%、79.15%和83.36%，在[(1-81.64%)/2、(1+81.64%)/2]、[(1-79.15%)/2、(1+79.15%)/2]和[(1-83.36%)/2、(1+83.36%)/2]范围内通过Matlab计算出每种土地利用类型NDVI最大值和NDVI最小值，在ArcGIS里根据NDVI最大值和最小值重新确定每种土地利用类型的空间分布，1978年、1998年和2010年土地利用类型分类精度分别提高到89.54%、88.47%和91.22%。

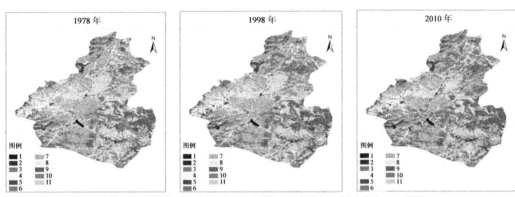

1—水域；2—建设用地；3—难利用地；4—农用地；5—有林地；6—灌木林地；7—疏林地；
8—其他林地；9—高覆盖度草地；10—中覆盖度草地；11—低覆盖度草地

图1 汾河上游流域土地利用分类图

将11种土地利用类型归纳为5类，分别为农用地、林地、草地、建筑用地和水域。由表1可知，1978—2010年农用地面积呈降低趋势，林地与草地面积呈显著上升趋势，水域与建筑用地均有小幅增加。从1978—2010年农用地面积减少了16.46%，林地面积增加了116.84%，草地面积增加了80.59%，水域与建筑用地分别增加了3.54%和11.5%。

表1 汾河上游各土地利用类型面积变化

土地利用类型		1978—1998年 变化量/km²	1998—2010年 变化量/km²	1978—2010年 变化量/km²	1978—1998年 变化率/%	1998—2010年 变化率/%	1978—2010年 变化率/%
农用地		−145958	−244924.6	−390882	−6.15	−10.99	−16.46
林地	有林地	6365	37068.2	43433.2	1.11	6.37	7.54
	灌木林地	85445.2	61608	14705.2	8.87	5.87	15.27
	疏林地	5315.6	20427.7	25743.3	0.52	1.98	2.51
	其他林地	21430.8	56539.3	77970.1	25.15	53.02	91.52
草地	高覆盖度草地	−21821.5	213874.4	192052.9	−10.25	111.99	90.25
	中覆盖度草地	142939.4	3161.4	146100.8	11.72	0.23	11.98
	低覆盖度草地	−101828.5	−155847.8	−2575676.3	−8.56	−14.31	−21.64
水域		63650	37068.2	43433.2	1.12	2.40	3.54
建设用地		7039.6	5774.8	12814.4	6.32	4.87	11.50

2.2 研究区多年径流量变化

汾河上游年径流量变化幅度较大，年平均径流量为 10864 万 m³，年径流量最大值发生在 1964 年，为 30322 万 m³，径流量最小值发生在 1975 年，为 3884 万 m³。从多年平均值来看，年径流量呈逐年降低趋势（图 2），2000 年以后，径流减小趋势愈发明显。

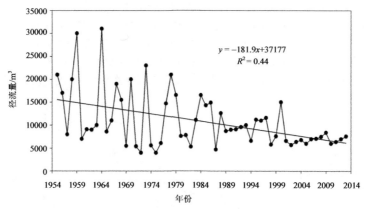

图 2　汾河上游年径流量变化规律

图 3 为汾河上游 1955—2013 年径流量的 M-K 检验，1959 年除外，UF_k 均为负值，表明汾河上游多年径流量呈现降低趋势。1955—1971 年 UF_k 值基本在 90% 置信区间之内，表明径流量呈现下降趋势；1972—1985 年 UF_k 值剧烈波动，径流量变化幅度较大；1986—2000 年 UF_k 值稳定在 95% 置信区间之内，表明径流量进一步降低。2001—2013 年 UF_k 值超出了 95% 的置信区间，表明时段内径流量减少趋势愈加明显。UF_k 与 UB_k 两条线相交于 1995 年，表明 1995 年为径流量突变点。

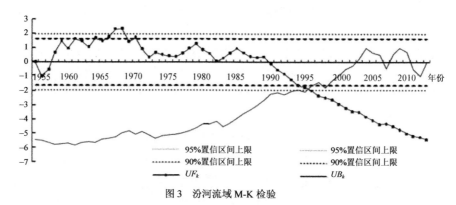

图 3　汾河流域 M-K 检验

2.3 模型评价分析

以 1979—1998 年为模型校准期，1999—2010 年为验证期，分别对研究区域全年及汛期的径流进行模拟，选择确定性系数、相关系数和相对误差为评价指标。根据模拟结果（表 2）可知，SWAT 模型在汾河上游具有较好的适用性，可用于研究土地利用变化对流域径流的影响。

表 2　模型模拟结果评价

模拟期	N_s	R^2	R_e/%	实测平均值/(m³/s)	模拟平均值/(m³/s)
校准期（全年）	0.9	0.81	−5.17	10.31	9.78
验证期（全年）	0.74	0.7	17.95	5.58	6.58
校准期（汛期）	0.9	0.81	8.32	17.02	18.43
验证期（汛期）	0.76	0.73	23.23	8.45	10.41

2.4 土地利用变化对径流的影响

为了定量分析土地利用变化对流域径流的影响，选用 SWAT 模型进行模拟。首先对模型输入 1987年的土地利用资料进行模型校准和验证，然后以 1980 年、1998 年和 2010 年的土地利用资料作为 3 种情景进行模拟，并保持气候和土壤等因子不变，得到在不同情景下模拟的多年平均径流深（表 3）。由于模拟结果均是在不同土地利用情景下模拟的综合结果，不同的土地利用类型对径流的影响不同，林地在大幅增加的同时，草地也大幅度减少了，因此从数值上来看，模拟的径流深只表示变化趋势。在分析过程中因无法对单一类型的产流量进行校准，也不可能得到单一类型的产流量，所以只能从综合影响来评价。

从多年平均径流量可知，多年平均径流总体呈现下降趋势。对比 3 种情景下模拟的结果，1978 年情景下模拟的多年平均径流量达到最大，2010 年情景下模拟的多年平均径流量最低。在只有土地利用发生变化的情况下，各期模拟结果不同，证明了土地利用与径流量的关系。

从汛期径流量的比例（表 3）来看，汛期的径流量均达到全年的 70% 以上，1978 年情景下汛期径流量占比最大，这主要是由于该情景下林草地面积最小，而农用地面积相对较大所造成的，2010 年情景下，由于林草面积大幅度增加，农用地面积逐渐降低，是造成径流量减少的主要原因。

表 3　不同情景下模拟的流域平均径流深

情景年份	多年平均径流深/mm	汛期占全年径流比例/%
1978	128.19	76.6
1998	127.44	76.17
2010	123.63	74.47

径流系数经常被看作是一个反映产流的重要指标，而且汛期径流量占全年径流量的比例较多，林草面积在最近 30 年的时间增加较多。影响径流系数的因素很多，主要因素是集水面积上的土地覆盖情况和降水强度大小的关系。分析了林地面积的变化与汛期径流系数的关系，农用地面积的变化与其成相反关系。从表 4 可以看出，随着林草面积的增大，汛期径流系数相应减小，说明在近几十年的变化中，林草的面积增加阻碍了流域径流的产生。

表 4　林草面积变化与汛期径流系数的关系

情景年份	林草面积百分比 /%	汛期径流系数
1978	67.13	0.1268
1998	68.88	0.127
2010	71.9	0.1211

同时，对各个情景下模拟出的最大月径流量做统计及对比分析（表 5）。根据结果，流域在 1978 年、1998 年以及 2010 年土地利用资料的情景下模拟出的最大月径流深逐渐减小。分析流域的土地利用类型变化，不难看出，1978 年流域中林草面积最少，之后的 2 期资料均显示不断上升，而农用地面积与其趋势正好相反。可见，林草的增加能够促进最大径流量的降低，而农用地面积的增加却能够促进最大径流量的增加。

表 5　不同情景下模拟的最大月径流深对比

情景年份	发生时间	最大月径流深 /mm
1978	1989 年 9 月	221.65
1998	1989 年 9 月	220.61
2010	1989 年 9 月	212.29

3　结语

为研究土地利用变化对流域径流的影响，本文通过设置 3 期土地利用情景，采用 1955—2013 年的水文气象资料，构建 SWAT 模型，然后对其进行校准和验证。模型能够较好地模拟研究区域全年以及汛期径流过程。

通过遥感数据土地利用变化量可知，林地、草地和农用地 3 期平均面积总和达总面积的 97.26%。土地利用变化呈现出明显的时空变化，土地利用类型的变化主要是这 3 种类型之间的转化。与其他 2 期相比，2010 年林草面积大幅度增加，农用地面积急剧减少。

自 1955 年至 2013 年，研究区的径流量以及汛期径流量均呈现不断下降的趋势。林草面积的增加和农用地面积的减少会降低汛期径流量以及最大月径流量，汛期径流系数随着林草面积的增加而减小。由此可见，土地利用变化对径流有着重要影响，不合理的土地规划会导致流域出现洪涝或干旱问题。

参考文献

[1] 余新晓，张满良，信忠保，等. 黄土高原多尺度流域环境演变下的水文生态响应[M]. 北京：科学技术出版社，2011.

[2] Nian Y Y, Li X, Zhou J, et al. Impact of land use change on water resource allocation in the middle reaches of the Heihe River basin in northwestern China[J]. Journal of Arid Land, 2014, 6(3): 273-286.

[3] 张建云，王国庆. 气候变化对水文水资源影响研究[M]. 北京：科学出版社，2007.

[4] 郭军庭，张志强，王盛萍，等. 应用 SWAT 模型研究潮河流域土地利用和气候变化对径流的影响[J]. 生态学报，2010, 34(6): 1559-1567.

[5] 袁宇志，张正栋，蒙金华. 基于 SWAT 模型的流溪河流域土地利用与气候变化对径流的影响[J]. 应用生态学报，2015, 26(4): 989-998.

[6] Wu K S, Xu Y J. Evaluation of the applicability of the SWAT model for coastal watersheds in southeastern Louisiana[J]. Journal of the American Water Resources Association, 2006, 42(5): 1247-1260.

[7] Luo Y, Arnold J, Allen P, et al. Baseflow simulation using SWAT model in an inland river basin in Tianshan Mountains, Northwest China[J]. Hydrology and Earth System Sciences, 2012(16): 1259-1267.

[8] 郝芳华，陈利群，刘昌明，等. 土地利用变化对产流和产沙的影响分析[J]. 水土保持学报，2004, 18(3): 5-8.

[9] Singh A, Imtiyaz M, Isaac R K, et al. Comparison of soil and water assessment tool (SWAT) and multilayer perceptron (MLP) artificial neural network for predicting sediment yield in the Nagwa agricultural watershed in Jharkhand, India[J]. Agricultural Water Management, 2012(104):113-120.

[10] Nie W, Yuan Y P, Kepner W, et al. Assessing impacts of land use and land cover changes on hydrology for the upper san Pedro watershed[J]. Journal of Hydrology, 2011, 407(1/4): 105-114.

[11] Van Liew M W, Garbrecht J. Hydrologic simulation of the Little Washita River experimental watershed using SWAT[J]. Journal of the American Water Resources Association, 2003, 39(2): 413-426.

[12] 黄方，刘湘南，刘权，等. 辽河中下游流域土地利用变化及其生态环境效应[J]. 水土保持通报，2004, 24(6): 18-21.

[13] 施勇，栾震宇，陈炼钢，等. 长江中下游江湖关系演变趋势数值模拟[J]. 水科学进展，2010, 21(6): 832-839.

[14] 朱德军，陈永灿，王智勇，等. 复杂河网水动力数值模型[J]. 水科学进展，2011, 22(2): 203-207 .

[15] 袁勇，严登华，贾仰文，等. 嫩江流域土地利用尺度变化对蒸散发影响研究[J]. 水利学报，2011, 43(12): 1440-1446.

[16] 史晓亮，李颖，赵凯，等. 诺敏河流域土地利用与覆被变化及其对水文过程的影响[J]. 水土保持通报，2013, 33(1): 23-28.

[17] 温利华，王永芹，张广录，等. 海河流域土地利用及覆盖变化研究[J]. 东北农业大学学报，2012, 43(5): 136-141.

[18] Chen Y, Xu Y P, Yin Y X. Impacts of land use change scenarios on storm-runoff generation in Xitiaoxi basin, China[J]. Quaternary Internaional, 2009(208): 121-128.

[19] 史晓亮，杨志勇，严登华，等. 滦河流域土地利用/覆被变化的水文响应[J]. 水科学进展，2014, 25(1): 21-27.

[20] 曾思栋，夏军，杜鸿，等. 气候变化、土地利用/覆被变化及 CO₂ 浓度升高对滦河流域径流的影响[J]. 水科学进展，2014, 25(1): 10-20.

[21] 陈晓宏，涂新军，谢平，等. 水文要素变异的人类活动影响研究进展[J]. 地球科学进展，2010, 25(8): 800-811.

利用不完全混合模型模拟密云坡地径流钡元素负荷[*]

焦剑，曾平，钟莉，鲁欣，冷艳杰，张婷

（中国水利水电科学研究院，北京 100048）

摘 要：密云区是北京重要的地表饮用水源地。准确模拟地表有害金属流失和运移，可为水污染防治研究提供理论支持。本文在密云石匣小流域选择不同土地利用类型的坡面径流小区，通过监测降雨量、径流量、径流含沙量、土壤、降雨和径流中的钡元素（Ba）含量，利用试算法建立不完全混合模型，模拟本区坡面 Ba 流失负荷。模型中 Ba 的向下释放系数 EXK_1 和径流释放系数 EXK_2 的参数取值为：裸地 $EXK_1=0.084$，$EXK_2=0.00158$；耕地 $EXK_1=0.108$，$EXK_2=0.00161$；林草地 $EXK_1=0.100$，$EXK_2=0.00240$。若不区分土地利用类型，则 $EXK_1=0.088$，$EXK_2=0.0016$。本文所建立的模型效率系数 $E_f=0.860$，相对误差平均值 $RE=-7.08\%$，预测值和实测值之间的线性方程决定系数 $r^2=0.882$；可见该模型可用于模拟本区 Ba 流失负荷。模型对不同土地利用类型模拟精度高低为：裸地>耕地>林草地。地表裸露面积较大有利于细沟侵蚀的形成和发展，形成较为稳定的汇流路径，为 Ba 元素的运移创造稳定条件。林草地产流机制较为复杂，在特定降雨条件下可能形成超渗超持的产流过程，使 Ba 元素的运移特征存在显著差异。今后需在深入分析产流机理的基础上，结合土壤理化特征，提出模型参数优化方法。

关键词：模型；不完全混合；释放系数；钡；负荷；密云

1 引言

随着人类经济社会的发展，水体污染问题日益严重，不但破坏水生生态系统，也制约着水资源利用，威胁公众健康。广泛存在的非点源污染是造成水污染的重要原因之一[1-3]。因此，有关水体非点源污染模拟的研究自 20 世纪 70 年代逐步开展[4-5]。随着观测数据的不断积累和对污染物迁移转化机理认识的逐步深入[6]，非点源污染模型至今已经历了约 40 年的发展历程。就建模方法而言，主要分为基于统计方法的经验模型和基于物理过程的机理模型两类[7-8]。在观测资料有限的地区，经验模型是模拟非点源污染负荷的重要手段[9]。

在模拟污染物从土壤表层释放进入地表径流的过程时，混合层理论模型因其所需参数较少、应用方便而得到了较为广泛的应用[10]。该理论假设土壤表层存在一个很薄的混合层，层间雨水、土壤溶液和下渗水能实现快速混合，地表径流中污染物由该混合层释放而来。目前基于混合层理论模型由于假设不同又分成两组：完全混合模型和不完全混合模型。在季风气候显著的地区，由于雨季多暴雨，雨强较大，地表产流过程较短，降雨通过入渗进入土壤的比重明显降低，污染物不易在土壤表层实现完全混合；因此不完全混合模型在此类气候区较为适用。早在 1980 年，美国农业部推出的 CREAMS 模型[11]（A field scale model for Chemical，Runoff，and Erosion from Agricultural Management System）就采用这一方法模拟坡面氮、磷等营养物质负荷，之后的 EPIC[12]（Erosion /Productivity Impact Calculator）和 AGNPS[13]（Agricultural-Non-Point-Source Pollution model）模型也采用该方法模拟坡面污染物负荷。目前该模型模

*基金项目：国家自然科学基金"北京山区水库水体磷和重金属表观沉降速率研究"（41401560）。

第一作者简介：焦剑（1983—），男，西安人，高级工程师，博士，主要从事土壤侵蚀和非点源污染研究。Email：68283847@qq.com

拟的污染物主要为营养物质，有关其他类型污染物的模拟应用较少。

密云区位于北京市东北部，是北京市重要的地表饮用水源地。虽然市政府在生态建设和环境保护方面做了大量工作，但在部分地区，农业非点源污染问题仍非常突出，直接威胁包括密云水库等地表饮用水源水质[14-15]。因此，本区非点源污染模拟方面的研究工作自 20 世纪 90 年代初就开始逐步开展，所研究的污染物种类主要为营养物质和重金属[16-17]。其中，有关土壤和水库、河流底泥中重金属的报道较多[18-19]，对于水体中重金属报道较少；对于其他有害金属的报道很少涉及。钡元素（Ba）虽然不属于重金属，但可溶性钡盐具有毒性，其在饮用水中含量到达一定浓度时，会威胁人体健康[20]。因此，明确饮用水源地集水区内 Ba 的含量和运移特征，对于保障饮用水安全具有重要意义。本文利用坡面径流小区径流、泥沙和 Ba 含量监测资料，运用不完全混合模型模拟径流中 Ba 的负荷，可为本区水体有害金属防治提供技术支持。

2　材料和方法

2.1　研究区概况

密云县高岭镇石匣小流域位于密云水库东北部一级水源地保护区内，地理位置处于东经 117°01'～117°07'，北纬 47°32'～47°38'之间，流域面积 33km²，处于潮河流域下游。该流域地貌为土石浅山丘陵，海拔 160～353m。流域内岩石类型主要为片麻岩，主要土壤类型为褐土。气候类型为暖温带季风气候，多年平均降雨量 660mm，6—9 月为雨季，其降雨量占全年降雨总量约 75%。

2.2　Ba 流失监测

研究于 2016 年雨季（6—9 月）在密云石匣小流域 6 个坡面径流小区开展 Ba 流失监测，各小区基本情况见表 1。监测内容包括降雨量、径流量、径流含沙量、土壤、降雨和径流中的 Ba 含量。其中，降雨量通过自记雨量计监测获得；每个小区的坡底设置汇流沟连接 9 孔分水箱，分水箱再通过汇流沟连接径流池。待每次降雨产流结束后，测量分水箱和径流池中的水位，计算径流量；并采集径流泥沙样品，测量径流含沙量。

表 1　密云石匣小流域径流小区基本情况

	小区号	1	2	3	13	16	18
小区基本情况	坡度/(°)	16.8	16.8	16.8	18.9	19.0	3.8
	坡长/m	10	10	10	10	10	10
	坡宽/m	5	5	5	5	5	5
	土地利用	耕地	乔木林	裸地	灌木林	草地	耕地
	土地管理措施	陡坡种植玉米	栗树（大水平条）	植被盖度 <3%	植被盖度 45%～60%	植被盖度 30%～45%	缓坡种植玉米
土壤基本性质	pH 值	6.05	6.48	6.73	6.22	6.59	6.10
	有机质/(mg/kg)	13.7	24.5	14.7	26.6	14.9	15.9
	土壤机械组成/% 2～0.25mm	51.21	59.90	59.17	56.85	64.21	30.23
	0.25～0.05mm	28.91	22.22	21.08	25.27	19.91	43.89
	0.05～0.02mm	4.00	6.00	5.00	6.00	6.00	8.00
	0.02～0.002mm	8.00	6.00	7.00	6.00	2.00	8.00
	<0.002mm	7.88	5.88	7.75	5.88	7.88	9.88
表层土壤 Ba 含量	总量/(mg/kg)	474	435	530	484	479	472
	离子交换态/(mg/kg)	6.81	5.14	9.43	4.97	5.58	5.69

在雨季来临之前，采集各小区表层 10mm 土样，分析其 Ba 总量及可交换态 Ba 含量。在雨季期间，分析降雨、分水箱和径流池径流中 Ba 含量。采用土壤酸解法消解土壤样品[21]，以分析表层土壤 Ba 总量。根据 Tessier[22]定义的连续提取法对土壤样品中离子交换态 Ba 进行分析：称取 2.00g 过 60 目筛风干的土壤样品，放置于 50mL 离心管中，加入 20mL 浓度为 1mol/L 的 $MgCl_2$ 溶液，调 pH 值至 7.0，在（25±5）℃下振荡 2h，提取上清液。对于消解液、上清液及降雨和径流样品，采用电感耦合等离子发射光谱法（ICP-AES）[23]测定其中 Ba 含量（mg/L）。

各小区土壤流失量为径流量和径流含沙量的乘积，Ba 流失量为径流中 Ba 含量与径流量乘积，Ba 元素流失负荷（L）为小区 Ba 流失量与小区面积之比（kg/hm²）。

2.3 不完全混合模型的应用

2.3.1 不完全混合模型介绍

研究采用不完全混合模型[11]模拟 Ba 随径流的流失。首先，模型认为土壤表层存在一个很薄的混合层，层间雨水、土壤溶液和下渗水能实现快速混合，同时该层以下无化学物质向本层传输。但是，上述雨水、土壤溶液和下渗水的混合是不完全的，致使层内溶液中的化学物质只有一部分能进入径流，这种释放能力通常用"释放系数（extraction coefficient）"表示。相应计算过程如下。

降雨下渗期间混合层的平均浓度（C_1）为

$$C_1 = [(C_0 - C_r)/k_1 F][1 - \exp(-k_1 F)] + C_r \tag{1}$$

$$k_1 = \frac{EXK_1}{d \times por} \tag{2}$$

式中：C_1 为下渗期间混合层中 Ba 的平均浓度，10^6；C_0 为混合前表层土壤离子交换态 Ba 含量，10^6；Cr 为降雨中 Ba 的浓度，10^6；k_1 为 Ba 的向下释放率；F 为下渗量，mm；EXK_1 为 Ba 的向下释放系数；d 为混合层厚度，模型视其为 10mm；por 为土壤孔隙度。

产流期间混合层的平均浓度（C_2）为

$$C_2 = [(C_1 - C_r)/k_2 Q][1 - \exp(-k_2 Q)] + C_r \tag{3}$$

$$k_2 = \frac{EXK_2}{d \times por} \tag{4}$$

式中：k_2 为 Ba 的径流释放率；EXK_2 为 Ba 的径流释放系数；Q 为径流量，mm；其他含义同上。

产流中迁移到径流中的 Ba 总量：

$$R_O = C_2 \times EXK_2 \times Q \times 0.01 \tag{5}$$

式中：R_0 为迁移到径流中的 Ba 总量，kg/hm²；其他含义同上。

EXK_1 和 EXK_2 为上述模型中反映 Ba 向下入渗和在地表径流中释放的参数。根据以往的模型使用经验，假定这两个参数值均小于 1.0，且 $EXK_1 > EXK_2$[11-12]。根据径流小区监测资料，采用试算法，确定 EXK_1 和 EXK_2 取值。即将两个参数的取值区间细分为若干等分，逐个取值代入模型中运算，选择使模型效率系数 E_f 最高时的值。

2.3.2 模型模拟效果分析

采用 Nash 模型效率系数 E_f[24]和相对误差平均值 RE 对预测 Ba 流失负荷和实测 Ba 流失负荷做比较，检验改进后模型的模拟效果。同时，拟合预测值和实测值之间的线性方程，根据决定系数 r^2 分析两者数值的整体接近程度。其中，E_f 和 RE 计算方法如下：

$$E_f = 1 - \frac{\sum_{i=1}^{n}(L_{ob} - L_{cal})^2}{\sum_{i=1}^{n}(L_{ob} - L_{oba})^2} \tag{6}$$

$$RE = \frac{\sum_{i=1}^{n}(L_{cal} - L_{ob})}{\sum_{i=1}^{n} L_{ob}} \tag{7}$$

式中：L_{ob} 为实测 Ba 流失负荷，kg/hm²；L_{cal} 为预测 Ba 流失负荷，kg/hm²；L_{oba} 为所有实测的 Ba 流失负荷的平均值；n 为总产流次数。

3　结果与分析

3.1　坡地径流 Ba 流失状况

密云石匣小流域降雨中 Ba 含量变化较大,范围为 0.001～0.099mg/L,平均为 0.027 mg/L;各径流小区地表径流中 Ba 含量为 0.009～0.069mg/L,平均为 0.031 mg/L,其含量整体略高于天然降雨。监测期内各径流小区 Ba 平均浓度和流失负荷见图 1。耕地小区(1 号和 18 号)地表径流中 Ba 平均浓度低于其他小区。土壤侵蚀相对严重的裸地小区(3 号)地表径流中 Ba 浓度相对较高;而侵蚀并不严重的乔木林和灌木林(2 号和 13 号)小区地表径流中 Ba 浓度也较高,这 2 个小区地表枯枝落叶层在腐烂分解过程中,其可溶性钡盐易在降雨击溅和水流冲刷过程中,溶解扩散至地表径流中,使其中 Ba 含量增加。

裸地小区(3 号)Ba 流失负荷最大,且明显高于其他小区;耕地(1 号和 18 号)小区次之,再次为灌木林和草地小区(13 和 16 号),乔木林小区(2 号)Ba 流失负荷最小。监测期内各小区 Ba 流失负荷与土壤侵蚀模数之间呈显著(置信水平 0.01)的对数函数递增关系(图 2)。土壤侵蚀严重的小区,其径流含沙量相对较高,泥沙颗粒及其携带的有机物中 Ba 向径流中的扩散量也相应增加。可见实施水土保持措施,减少水土流失,是削减 Ba 流失负荷的有效方法。

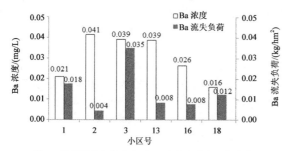

图 1　监测期内各径流小区 Ba 流失负荷和平均浓度

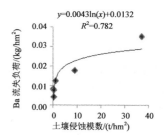

图 2　土壤侵蚀模数与 Ba 流失负荷关系

3.2　不完全混合模型的建立

表 2 为利用试算法获得的不完全混合模型参数 EXK_1 和 EXK_2 取值。用所有样品建立不完全混合模型,其 EXK_1=0.088,EXK_2=0.0016;就不同土地利用类型的产流事件而言,裸地 EXK_1 最低。EXK_1 是污染物的向下释放系数,其值越高,表明污染物通过入渗进入土壤表层混合层以下的能力越强。裸地植被盖度低于 3%,其对地表径流的拦截能力十分微弱,径流入渗相应减少,使得 Ba 入渗比例有所降低。林草地植物根系的生长发育过程及枯枝落叶层的形成分解过程有助于土壤理化性质逐步改善,其有机质和腐殖质含量、根系活动可使土壤孔隙度增加,使剖面上渗透能力提高,其 EXK_1 大于裸地,表明 Ba 入渗比例有所增加。裸地和耕地 EXK_2 相近,而林草地 EXK_2 明显高于前两者。EXK_2 是污染物的径流释放系数,其值越高,表明污染物从土壤表层混合层扩散进入地表径流的能力越强。林草地地表有枯枝落叶层,雨季气温较高使得其有机质易发生分解,转化形成部分无机钡盐,其在径流冲刷作用下易发生迁移,使得 Ba 扩散进入地表径流的比例有所增加。

表 2　不完全混合模型参数取值和模拟效果

土地利用类型	产流次数	模型参数取值		模型模拟效果		
		EXK_1	EXK_2	Ef	RE/%	r^2
裸地	8	0.084	0.00158	0.952	-0.97	0.970
耕地	17	0.108	0.00161	0.828	0.62	0.831
林草地	13	0.100	0.00240	0.615	-17.5	0.785
全部样品	38	0.088	0.00160	0.860	-7.08	0.882

不完全混合模型在模拟氮、磷等营养元素运移时，其 EXK_1 取值多为 0.01～0.2，EXK_2 取值多为 0.001～0.1[11-13,25-26]；本文所建立的预测 Ba 流失负荷的不完全混合模型 EXK_1 取值与其取值范围的中值较为接近；而 EXK_2 取值与其相比较低。主要是因为可溶性钡盐中钡离子以 Ba^{2+} 形式存在，其易与降雨和径流中硫酸根离子（SO_4^{2-}）、碳酸根离子（CO_3^{2-}）发生反应形成沉淀；与氮、磷等营养元素相比，Ba 扩散进入地表径流能力相对较弱，也不易随径流迁移。

3.3 不完全混合模型模拟效果

本文所建立模型效率系数 $E_f = 0.860$，相对误差平均值 $RE = -7.08\%$，预测值和实测值之间的线性方程决定系数 $r^2 = 0.882$[图 3(a)]。可见不完全混合模型可用于模拟本区 Ba 流失负荷。

模型模拟效果因土地利用不同而有所差异。模型对于裸地 Ba 流失负荷模拟效果最好，其 $E_f = 0.952$，$RE = -0.97\%$，$r^2 = 0.970$；模型对于耕地 Ba 流失负荷模拟效果也较好，其 $E_f = 0.828$，$RE = 0.62\%$，$r^2 = 0.831$（表 2）将模拟值和实测值进行比较，两者非常接近 1∶1 线[图 3(b)]。在雨滴打击和水滴击溅作用下，裸地地表上易产生许多微小洼地；在多次降雨产流过程的进一步击溅和冲刷作用下，微小的洼地会被贯通形成细沟（图 4）。而种植玉米的小区由于耕作管理中采用除草措施，使得地表除玉米茎秆外，裸露面积较大，为细沟侵蚀的形成和发展创造条件。坡面地表裸露程度较高，其整体糙度也相应降低，随着细沟数量和长度、宽度的增加，易形成较为稳定的汇流路径，为 Ba 元素的运移创造了稳定条件。

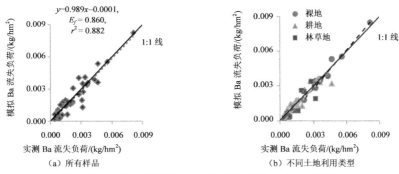

（a）所有样品　　　　　　　　　　　　（b）不同土地利用类型

图 3 不完全混合模型模拟 Ba 流失负荷和实测 Ba 流失负荷比较

图 4 3 号小区（裸地）的地表细沟

模型对于林草地 Ba 流失负荷模拟效果略差。其 $E_f = 0.615$，$RE = -17.5\%$，$r^2 = 0.785$。林草地枯枝落叶层厚度和地表植被盖度存在显著季节差异，引起地表糙度变化，使产流机制较为复杂，在特定降雨条件下可能形成超渗超持的产流过程，即超渗产生地表径流，且土壤蓄水量超过田间持水量产生壤中流和地下径流[27]；不同的产流过程中，Ba 元素的运移特征也会存在显著差异。今后需在深入分析产流机理的基础上，结合土壤理化特征，提出不完全混合模型参数优化方法。

4　结语

（1）密云水库水源地保护区内典型流域地表径流中 Ba 含量变化为 0.009～0.069mg/L，平均为 0.031 mg/L，其含量略高于大气降雨。径流中 Ba 含量高低为：乔木林地＞裸地＞灌木林地＞草地＞陡坡耕地＞缓坡耕地；Ba 流失负荷大小为：裸地＞陡坡耕地＞缓坡耕地＞灌木林地＞草地＞乔木林地。各小区 Ba 流失负荷与土壤侵蚀模数之间呈显著的对数函数递增关系。

（2）本文建立了预报本区 Ba 流失负荷的不完全混合模型，确定了 Ba 的向下释放系数 EXK_1 和径流释放系数 EXK_2 参数取值。其中，裸地 EXK_1=0.084，EXK_2=0.00158；耕地 EXK_1=0.108，EXK_2=0.00161；林草地 EXK_1=0.100，EXK_2=0.00240；裸地土壤表层 Ba 的向下释放能力最弱，林草地土壤表层 Ba 向地表径流扩散能力最强。若不区分土地利用类型，则 EXK_1=0.088，EXK_2=0.0016。

（3）本文所建立的模型效率系数 E_f=0.860，相对误差平均值 RE=−7.08%，预测值和实测值之间的线性方程决定系数 r^2=0.882；可见不完全混合模型可用于模拟本区 Ba 流失负荷。不同土地利用类型模型模拟精度高低为：裸地＞耕地＞林草地。地表裸露面积较大有利于细沟侵蚀的形成和发展，形成较为稳定的汇流路径，为 Ba 的运移创造了稳定条件。林草地产流机制较为复杂，在特定降雨条件下可能形成超渗超持的产流过程，使 Ba 的运移特征存在显著差异。

污染物不完全混合模型在应用中，因降雨特征、土壤质地、土地利用管理方式等不同，其参数 EXK_1 和 EXK_2 取值变化范围较大，今后应深入分析影响参数取值的因素，提出合理可行的取值方法。同时，需在深入分析产流机理的基础上，结合土壤理化特征，提出模型参数优化方法。

参考文献

[1] 贺缠生. 非点源污染的管理及控制[J]. 环境科学，1998，19（5）：87-91，96.

[2] 杨爱玲，朱颜明. 地表水环境非点源污染研究[J]. 环境科学进展，1999，7（5）：60-67.

[3] Boers P C. Nutrient Emissions from Agriculture in the Netherlands: Causes and remedies[J]. Water Science Technology, 1996, 33（4/5）：183.

[4] Haith, D A. Land use and water quality in New York rivers[J]. Proceedings of American Society Civilization Engineering，Journal of Environment Engineering Division，1976，102(1)：1-15.

[5] Whipple W, Hunter J V. Nonpoint sources and planning for water pollution control [J]. Water Pollution Control Federation, 1977，49: 15-23.

[6] 郝芳华，程红光，杨胜天. 非点源污染模型——理论方法与应用[M]. 北京：中国环境科学出版社，2006:288-289.

[7] Gassman P W, Reyes M R, Green C H, et al. The Soil and water assessment tool: Historical development, applications, and future research directions[J]. Trans of the ASABE, 2007, 50(4): 1211-1250.

[8] Shoemaker L, Dai T, Koenig J. TMDL Model Evaluation and Research Needs[R]. Cincinnati：Remediation and Pollution Control Division, National Risk Management Research Laboratory, 2005.

[9] Ongley E D, Zhang X L, Yu T. Current status of agricultural and rural non-point source Pollution assessment in China[J]. Environmental Pollution, 2010,158(5):1159-1168.

[10] Donigian A S, Beyerlein D C, Davis H H, et al. Agriculture Runoff Management(ARM) Model[M]. USEPA Report 600/3-77-098. U.S. Athens, Georgia, Environment Protection Agency, 1977.

[11] Knisel W G. CREAMS: A field scale model for chemicals, runoff, and erosions from agricultural management systems, Conservation Research Report No.26[R]. Washington D C: USDA, 1980: 75-77.

[12] Williams J R, Dyke P T, Jones C A. A new method for assessing the effect of erosion on productivity--The EPIC model[J]. Journal of Soil and Water Conservation. 1983, 38:381-383.

[13] Young R A, Onstad C A, Bosch D D, et al. AGNPS, Agricultural-Non-Point-Source Pollution model，A large watershed analysis tool[R]. Washington, D C: Conservation Research Report 35. USDA-ARS,1987.

[14] 刘宝元，毕小刚，符素华，等. 北京土壤流失方程[M]. 北京：科学出版社，2010:1-2.

[15] Jiao J, Du P F, Lang C. Nutrients concentrations and fluxes in the upper catchment of the Miyun Reservoir, China, and potential nutrient reduction strategies[J]. Environmental Monitoring and Assessment, 2015, 187(3): 110-124.

[16] Wang Y H, Jiang Y Z, Liao W H, et al. 3-D hydro-environmental simulation of Miyun reservoir, Beijing[J]. Journal of Hydro-environment Research, 2014, 8(4): 383-395.

[17] Su M, Yu J W, Pan S L, et al. Spatial and temporal variations of two cyanobacteria in the mesotrophic Miyun reservoir, China[J]. 2014, 26(2): 289-298.

[18] Luo W, Lu Y L, Zhang Y, et al, Watershed-scale assessment of arsenic and metal contamination in the surface soils surrounding Miyun Reservoir, Beijing, China[J]. Journal of Environmental Management, 2010, 91:2599-2607.

[19] Qin F, Ji H B, Li Q, et al. Evaluation of trace elements and identification of pollution sources in particle size fractions of soil from iron ore areas along the Chao River[J]. Journal of Geochemical Exploration, 2014, 138:33-49.

[20] Dojlido J R, Best G A. Chemistry of water and water pollution[M]. Chichester, England: Ellis Horwood Limited, 1993: 332-335.

[21] USEPA 3050B. Acid digestion of sediments, sludges, and soils[S]. 1996.

[22] Tessier A, Campbell P G C, Blsson M. Sequential extraction procedure for the speciation of particulate trace metals[J]. Analytical Chemistry, 1979, 51(7):844-851.

[23] 国家环境保护总局. 水和废水监测分析方法 [M]. 4 版. 北京：中国环境出版社，2002: 291-298.

[24] Nash J E, Sutcliffe J V. River flow forecasting through conceptual models Part I-A discussion of principles[J].Journal of Hydrology. 1970, 10(3): 282–290.

[25] Flanagan D C, Foster G R. Storm pattern effect on nitrogen and phosphorus losses in surface runoff[J]. Transactions of the ASAE, 1989, 32:535-544.

[26] 叶芝菡. 北京山区养分流失机理与模拟[M]. 北京：北京师范大学，2005: 94-95.

[27] 王秀英，曹文洪. 水土保持措施下的土壤入渗研究及次暴雨地表产流计算方法[J]. 泥沙研究，1999, 24（6）:79-83.

黑河流域上游径流变化及其影响因素分析*

李秋菊，李占玲，王杰

（中国地质大学（北京）水资源与环境学院，北京 100083）

摘　要：本文基于流域出口莺落峡站 1960—2015 年的径流数据，采用多种趋势和突变检验等统计方法，分析了近年来研究区径流的变化特征；并基于流域内及其周边雨量站与气象站的观测数据，采用双累积曲线法定量分析了降水变化对径流变化的贡献率，并由累积量斜率变化率方法进行了验证。此外，还定性讨论了气温变化在径流变化中起到的作用。结果表明：①1960—2015 年黑河上游年径流量增加趋势显著，径流变化与降水和气温均呈现显著的相关性；②经过水文序列跳跃点检验，径流在 2004 年和 1997 年发生突变的可能性最大；③以 1960—1997 年时段为基准期，1998—2004 年与 2005—2015 年时段降水增加对径流增加的贡献率分别为 83.3%和 75%，降水因素占主导地位，但其他因素占比有所攀升；④1997 年后区域气温上升显著，平均年气温增加了 1.1℃，气温上升增大了区域冰雪融水量，对径流增大起到了正向促进作用。

关键词：水文序列；突变点；双累积曲线；累积量斜率变化率；贡献率

　　黑河流域为我国西北干旱区第二大内陆河流域，发源于青藏高原北部边缘流域南部的祁连山区，位于河西走廊中部，大致为 98°~101°30′E、38°~42°N，横跨青海、甘肃和内蒙古三省。上游分东西两岔，东岔源于俄博滩东的锦阳岭，自东向西流长 80 多 km，称为俄博河（八宝河），西岔源于铁里干山，由西向东流长 190 多 km，称为野牛沟。东西两岔汇于甘州河，随后流至黑河上游的流域出口控制站莺落峡[1]。黑河上游气候干旱，生态脆弱，为中国气候响应敏感地带，因而该区径流变化对黑河流域的生态环境有着重要影响。

　　黑河流域上游降水分布由西向东递减，主要产流区为西段祁连山区，东段莺落峡最少。山区冰川积雪融水和降水是黑河的主要补给来源，其中降水是流域径流变化的主导因素[2]。但随着全球气候的变暖，祁连山区的气温也出现了上升趋势，20 世纪 90 年代以来，祁连山区气温变化明显，成为影响该区径流变化的又一重要因素。本文将以黑河上游为研究区定量分析不同时段降水变化对径流变化的影响，并定性讨论气温变化对流域径流的影响。

1　数据与方法

　　选取 1960—2015 年为研究期，所用数据包括黑河上游流域出口莺落峡站的径流数据，康乐、札马什克、莺落峡、俄博、托勒、野牛沟、祁连等 7 个雨量站和气象站的降水数据，祁连、野牛沟 2 个气象站的气温数据；数据来源于中国气象数据网（http://data.cma.cn/）以及水文年鉴，经过检查，质量良好。

　　对水文序列进行趋势性和突变点分析的方法有很多。周园园等[3]系统总结了国内常用的水文序列分析方法与应用，为流域研究提供了参考。本文主要采用王毓森[4]开发的水文时间序列趋势与突变分析系统，其中包括使用一元线性法、滑动平均法、斯波曼秩次相关法、坎德尔秩次相关法和线性趋势相关法对水

*基金项目：中央高校基本科研业务费专项资金项目（35832015028）；发展基金项目（F05037）。

第一作者简介：李秋菊（1994—），女，河北人，硕士研究生。从事水文学及水资源研究。Email:2105160004@cugb.edu.cn

通讯作者：李占玲（1980—），女，内蒙古人，副教授。从事水文学及水资源研究。Email:zhanling.li@cugb.edu.cn

文序列进行趋势分析；使用 Mann-Kendall 检验法、有序聚类分析法、李-海哈林检验法、累积距平法、滑动 T 检验等几种常用的突变点检验方法进行突变特征的综合分析，从而提高结果的可靠性。

在进行流域面降水量的计算时，荷兰气候学家 A·H·Thiessen 在 1911 年提出了泰森多边形法[5]，即根据所有相邻站点的垂直平分线，连接各交点得到多边形，用每个多边形内所包含的站点降水强度代表该多边形区域的降水强度，根据各个多边形的降水强度和面积占比进而可求得整个面的降水强度。由于其计算简便，适用于雨量站分布不均区域的优点，本文使用该算法计算得到黑河上游的面降雨量。

双累积曲线方法是目前在水文气象要素一致性或长期演变趋势分析中应用的一种常见方法。早在 1937 年美国学者 Merriam 在分析美国 Susquehanna 流域降雨资料一致性时使用了双累积曲线方法。随着研究的不断深入，其简单、直观、广泛的优点，使双累积曲线在水文气象方面得到了广泛应用。穆兴民等[6]介绍了双累积曲线在检查资料一致性、校正或插补资料，以及分析河流水沙变化趋势突变点等方面的应用。李二辉[7]、杨明金[8]分别在黄河上中游径流量分析和黑河下垫面对径流影响的研究中应用了双累积曲线法。需要注意的是使用双累积曲线建立线性关系的两变量须具有因果关系，且是正相关关系。

累积量斜率变化率分析方法是用各个因素累积斜率变化率占变量累积斜率变化率的比重来表示该因素对变量的影响程度，即因素对变量变化的贡献率。该方法由王随继等[9] 在 2012 年提出，并应用于皇甫川流域降水对径流量变化的贡献率分析中。马龙等[10]在辽河中上游各因素对径流变化贡献研究中使用了该方法。李凌程等[11]使用该方法与双累积曲线法综合分析评估了各因素对南水北调中线典型流域的影响。本文借助累积量斜率变化率分析方法研究黑河流域上游降水变化与径流变化的关系，并与双累积曲线方法的结果做相互验证。

2　结果与分析

2.1　径流年际变化趋势分析

流域出口莺落峡站在 1960—2015 年时段多年平均径流深为 157.44mm。从径流深过程线（图 1）中可以发现时段内黑河上游最大年径流深为 215.13mm，最小年径流深为 100.14mm，分别出现在 2014 年和 1973 年；图 1 中黑线是周期为 2 年的滑动平均线，随时间序列呈波动上升趋势；虚线为线性趋势线，由一元线性法求得 $Y = 1.0043X + 129.32$。使用不同方法对年径流过程线进行趋势检验，结果见表 1。斯波曼秩次相关法主要通过分析径流与年份是否具有相关性进而检验径流是否具有趋势性[2]，在 $\alpha=0.05$ 显著水平下斯波曼秩次相关检验值$|T|=5.34>t(0.05/2)=1.64$，表明秩次相关系数较大，趋势性显著。坎德尔秩次相关法原假设序列无趋势，$\alpha=0.05$ 时坎德尔秩次相关检验值$|U|=4.626>t(0.05/2)=1.96$，故拒绝原假设，即径流趋势显著。$\alpha=0.05$ 时线性趋势相关法检验统计量$|T|=5.71 >t(0.05/2)=1.64$，可知资料序列趋势显著。由此可知，1960—2015 年间径流呈波动上升趋势，且趋势显著。

Mann-Kendall（曼-肯德尔） 检验法亦称无分布检验，由于不需要样本遵从一定的分布，也不受少数异常值干扰[12]，更适用于类型变量和顺序变量。该方法计算简便，除了可以明确突变时间，还可分析突变区域，为水文气象序列分析提供了极大的便利[13-14]。采用 Mann-Kendall 检验法得图 2，图 2 中 UF_k、UB_k 分别为径流数据按正序和逆序的时间顺序计算得到的标准正态分布统计量序列。由正态分布表可知，$Ua=1.96$ 为 $\alpha=0.05$ 显著水平下的临界值，图中 2004 年出现 UF_k、UB_k 交叉点，序列开始突变。2004—2015 时段$|UF_k|> Ua=1.96$，表明 2004—2015 时段径流发生明显变化。UF_k 在 2004 年开始超过显著性的临界值，上升趋势显著，2004 年发生突变的概率很大。

运用有序聚类分析法、李-海哈林检验法、累积距平法、滑动 T 检验法等四种检验方法，对径流进行均值跳跃性分析，结果列于表 2。李-海哈林检验法假定总体正态分布和分割点先验分布为均匀分布，进而推求最可能分割点，经检验得到最可能分割点为 2004 年；有序聚类分析法通过分析分割前后离差平方和寻求最优二分割，经计算 2004 年为最可能分割点；在 $\alpha=0.05$ 显著水平下，分割点 2004 年前后均值的显著性检验值$|T|=6.19>t(0.05/2)=1.64$，说明分割点前后两段序列均值差异显著，2004 年为均值跳跃点，跳跃值为 43.25mm。累积距平法是将每年径流量距平按年份累加得到累积距平序列，序列的极值点即为均值跳跃点，得到均值跳跃点为 1998 年，检验值$|T|=4.51>t(0.05/2)=1.64$，即 1998 年发生显著跳跃，跳跃值为 30.49mm。滑动 T 检验法得跳跃点为 1997 年，$|T|=5.40>t(0.05/2)=1.64$，资料系列在 1997 年前后均值

发生显著跳跃，跳跃值为 33.98mm。综合上述结果，莺落峡 1960—2015 时段径流可能发生均值跳跃点的年份在 2004 年与 1997 年前后。

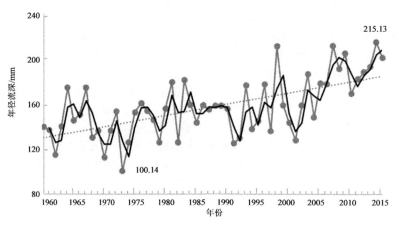

图 1　　1960—2015 年径流过程图

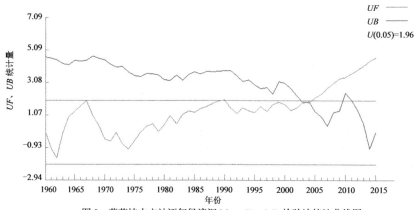

图 2　　莺落峡水文站逐年径流深 Mann-Kendall 检验法统计曲线图

表 1　径流过程线的趋势检验结果

趋势检验方法	显著水平	检验统计量	检验结果
斯波曼秩次相关法	α=0.05	$|T|$=5.34>t(0.05/2)=1.64	趋势显著
坎德尔秩次相关法	α=0.05	$|U|$=4.626>t(0.05/2)=1.96	趋势显著
线性趋势相关法	α=0.05	$|T|$=5.71 >t(0.05/2)=1.64	趋势显著

表 2　径流均值跳跃点检验结果

跳跃点检验方法	显著水平	检验统计量	跳跃点	跳跃点前均值/mm	跳跃点后均值/mm	变化量/mm
有序聚类分析法	α=0.05	$|T|$=6.19>t(0.05/2)=1.64	2004 年	148.95	192.20	43.25
李-海哈林检验法	α=0.05	$|T|$=6.19>t(0.05/2)=1.64	2004 年	148.95	192.20	43.25
累积距平法	α=0.05	$|T|$=4.51>t(0.05/2)=1.64	1998 年	148.19	178.68	30.49
滑动 T 检验法	α=0.05	$|T|$=5.40>t(0.05/2)=1.64	1997 年	146.52	180.50	33.98

2.2 径流影响因素分析

径流变化成因主要分为气候因素和人为因素。降水作为径流最直接的补给来源，是与径流关系最为密切的气候因素之一。此外，随着全球气候变暖，气温对径流变化产生的影响也越来越引起关注。人为因素主要包括引水、建立水库、水土保持措施等，由于人类活动资料难以完全收集，本文只对降水和气温两大气候因素对径流的影响做分析。

2.2.1 降水对径流的影响

将站点数据及流域图输入 ArcGIS 软件，利用泰森多边形法将黑河上游区域分割为七个区域如图3，得到各站点面积权重结果见表3。基于 7 个站点 1960—2015 年的实测降水资料及各站点分割面积占比，利用下述公式计算即可求得黑河上游 1960—2015 年时段年降水序列。

$$f_n = \frac{\Delta A_n}{A}, \quad n = 1,2,3,4,L \qquad \overline{R} = R_1 f_1 + R_2 f_2 + R_3 f_3 + R_4 f_4 + L$$

式中：f_n 为各测站的权重系数，ΔA_n 为每个多边形的面积，A 为流域总面积，$\overline{R}$ 为平均面降水量。

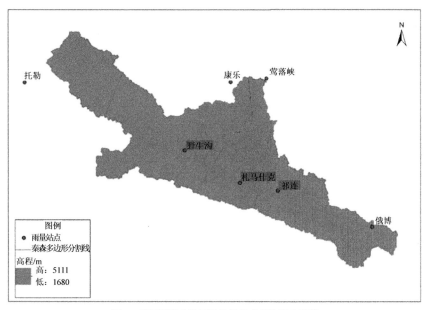

图 3　黑河流域上游雨量站的泰森多边形分割图

表 3　各站点面积权重结果表

站点	多年平均降水量/mm	多边形面积/hm²	所占权重/%
野牛沟	421	332275	33.73
康乐	249	61447	6.24
托勒	298	142593	14.47
扎马什克	365	140683	14.28
莺落峡	142	34770	3.53
俄博	300	115074	11.68
祁连	408	158356	16.07

将计算得到的年降水序列资料进行年际变化趋势分析：黑河上游 1960—2015 年时段多年平均降水量为 380mm。降水过程线（图4）在 1998 年出现最大降水量 510.4mm，1991 年出现最小降水量 262.9mm。

周期为 2 年的滑动平均线随时间序列呈波动上升趋势，降水线性趋势为 $Y=1.4857X+337.64$。$\alpha=0.05$ 显著水平下降水量过程线趋势检验结果如表 4，斯波曼秩次相关检验值 $|T|=2.97>t(0.05/2)=1.64$，坎德尔秩次相关检验值 $|U|=2.504>t(0.05/2)=1.96$，线性趋势回归检验值 $|T|=3.59>t(0.05/2)=1.64$，说明降水序列趋势显著。即 1960—2015 年时段降水量以波动形式显著上升。

在 $\alpha=0.05$ 显著水平下进行曼-肯德尔检验（图5），2006 年序列开始突变，出现 UF_k、UB_k 交叉点，在 1960—1997 年时段 $|UB_k|>Ua=1.96$，1997 年作为超过显著性的临界值，降水量发生明显变化。

运用四种检验法对降水进行均值跳跃性分析可知（表5），李-海哈林检验法、有序聚类分析法得到 2002 年为均值跳跃点，变化值为 81mm。累积距平法得到均值跳跃点为 2003 年，变化值为 73.06mm。滑动 T 检验法认为资料系列在 1997 年前后均值发生显著跳跃，变化值为 66.18mm。可知，降水可能发生均值跳跃点的年份在 2002 年与 1997 年前后。

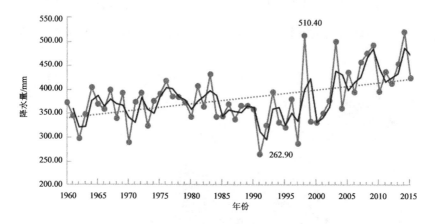

图 4　1960—2015 年降水过程图

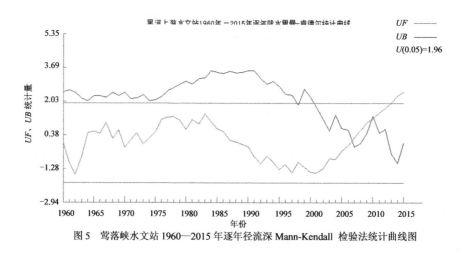

图 5　莺落峡水文站 1960—2015 年逐年径流深 Mann-Kendall 检验法统计曲线图

表 4　降水过程线的趋势检验结果

趋势检验方法	显著水平	检验统计量	检验结果
斯波曼秩次相关法	$\alpha=0.05$	$|T|=2.97>t(0.05/2)=1.64$	趋势显著
坎德尔秩次相关法	$\alpha=0.05$	$|U|=2.504>t(0.05/2)=1.96$	趋势显著
线性趋势相关法	$\alpha=0.05$	$|T|=3.59>t(0.05/2)=1.64$	趋势显著

表5　降水均值跳跃点检验结果

跳跃点检验方法	显著水平	检验统计量	跳跃点	跳跃点前均值/mm	跳跃点后均值/mm	跳跃量/mm
有序聚类分析法	$\alpha=0.05$	$|T|=5.78>t(0.05/2)=1.64$	2002 年	360.43	441.43	81
李-海哈林检验法	$\alpha=0.05$	$|T|=5.78>t(0.05/2)=1.64$	2002 年	360.43	441.43	81
累积距平法	$\alpha=0.05$	$|T|=4.73>t(0.05/2)=1.64$	2003 年	363.58	436.64	73.06
滑动 T 检验法	$\alpha=0.05$	$|T|=4.92>t(0.05/2)=1.64$	1997 年	357.96	424.15	66.18

为了讨论降水变化对径流变化的影响，利用研究区 1960—2015 年降水径流逐年数据，采用双累积曲线方法按时间序列对变量进行累加处理，目的是对变量的随机过程起到滤波效果，削弱随机噪音，使结果更为方便的显现出降水-径流关系的趋势性和规律性[15]。综合径流降水的水文序列突变点分析，选取 1997 年、2004 年作为分段点，即以 1960—2015 年为基准期，1998—2015 年为拟合期，分别分析 1997—2004 年、2005—2015 年相对基准期的降水变化对径流的影响。

绘制降水-径流双累积相关图得图6 和图7，图6 中直线趋势线为基准期拟合得到累积降水与累积径流的线性关系，1960—1997 年累积降水径流线性关系为：$Y=0.4052X - 48.606$，$R^2=0.99$，两者呈密切正相关关系。图 7 中直线段为两者拟合关系，黑色三角为拟合值，灰色方块为实测值。实测值有偏离拟合值趋势，整体大于拟合值。

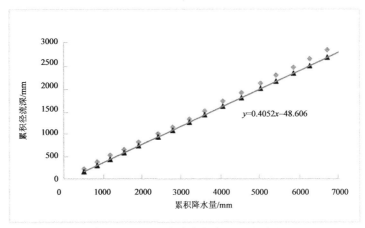

图6　1960—1997 年降水-径流双累积相关图

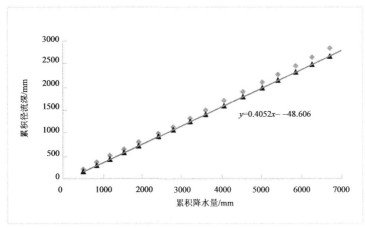

图7　1998—2015 年降水-径流双累积相关图

表 6 结果中，不同时段计算平均径流与基准期计算径流的差值为降水变化对径流变化的影响量，同一时段实测径流与计算径流的差值即为其他因素影响量。为分析降水变化对径流变化的影响程度，文中使用贡献率做定量分析，即降水变化产生影响量占径流总变化量的比重。分析结果可知，基准期实测平均径流深为 147mm，计算平均径流深为 144mm，两者相对误差为 2%。与基准期相比，1998—2004 年降水变化影响量占总量的 83.3%，其他因素影响量占 16.7%。2005—2015 年降水变化影响量占总量的 75%，其他因素影响量占 25%。在降水-径流双累积相关图 7 中可以注意到 1998—2015 年实测径流累积值始终大于基准期拟合径流累积值，说明除降水以外存在影响径流增大的其他因素。

表 6　降水变化和其他因素对黑河上游径流贡献率计算

时间序列	平均降水量/mm	实测平均径流/mm	计算平均径流 /mm	降水变化影响量/mm	其他因素影响量/mm
1960—1997 年	358	147	144		
1998—2004 年	393	162	159	15（贡献率为 83.3%）	3（贡献为 16.7%）
2005—2015 年	444	192	180	36（贡献率为 75%）	12（贡献率为 25%）

202 年王随继等[9]在分析皇甫川流域降水和人类活动对径流量变化的贡献率时提出累积量斜率变化率比较方法。假设径流量变化只受降水量因素的影响，则降水-径流随时间序列的累积曲线应是线性相关关系，即同一时期内累积降水径流系数为一常数。

累积径流量斜率变化率为：

$$R_{SR} = 100 * \frac{S_{R_a} - S_{R_b}}{S_{R_b}} = 100 * \left(\frac{S_{R_a}}{S_{R_b}} - 1 \right)$$

累积降水量斜率变化率为：

$$R_{SP} = 100 * \frac{S_{P_a} - S_{P_b}}{S_{P_b}} = 100 * \left(\frac{S_{P_a}}{S_{P_b}} - 1 \right)$$

降水量对径流变化的贡献率为：

$$Cp = 100 * R_{SP} / R_{SR} = 100 * \left(\frac{S_{P_a}}{S_{P_b}} - 1 \right) / \left(\frac{S_{R_a}}{S_{R_b}} - 1 \right)$$

式中：S_{R_a}、S_{R_b} 为累积径流量-年份相关图中不同时期的斜率；S_{P_a}、S_{P_b} 为累积降水量-年份相关图中不同时期的斜率。

以 1997 年和 2004 年为突变点，分别将累积径流深-年份相关图（图 8）和累积降水量-年份相关图（图 9）分为 1960—1997 年、1998—2004 年和 2005—2015 年三个时期，经上述公式计算，结果见表 7~表 9。与 1960—1997 时段相比，1998—2004 时段降水变化贡献率为 80.9%，2005—2015 时段降水变化贡献率为 72.9%；与 1998—2004 时段相比，2005—2015 时段降水变化贡献率为 71.3%。结果表明，降水变化贡献率随时间序列呈下降趋势，其他因素贡献率随时间序列有所增加，与双累积曲线结果一致。

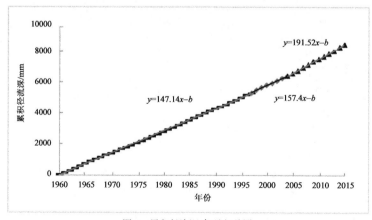

图 8　累积径流深-年份相关图

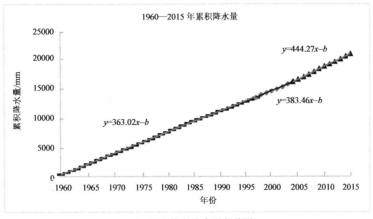

图 9　累积降水量-年份相关图

表 7　累积径流深斜率及变化率

时间序列	S_R	斜率与 A 段比较		斜率与 B 段比较	
		变化量	变化率	变化量	变化率
A:1960—1997 年	$S_{R_a}=147$	—	—	—	—
B:1998—2004 年	$S_{R_b}=157$	10	6.8%	—	—
C:2005—2015 年	$S_{R_c}=192$	45	30.6%	35	21.5%

表 8　累积降水量斜率变化率

时间序列	S_R	斜率与 A 段比较		斜率与 B 段比较	
		变化量	变化率	变化量	变化率
A:1960—1997 年	$S_{R_a}=363$	—	—	—	—
B:1998—2004 年	$S_{R_b}=383$	20	5.5%	—	—
C:2005—2015 年	$S_{R_c}=444$	81	22.3%	61	15.9%

表 9　降水量对径流变化的贡献率

时间序列	与 A 段相比降水变化贡献率	与 B 段相比降水变化贡献率
1960—1997 年	—	—
1998—2004 年	80.9%	—
2005—2015 年	72.9%	71.3%

2.2.2　气温对径流的影响

研究发现 1960—2015 时段黑河上游区域气温随年份呈波动上升趋势，且趋势显著（表 10）。在 $\alpha=0.05$ 显著水平下，Mann-Kendall 检验图中 1995 年出现 UF_k、UB_k 交叉点（图 10），UF_k 在 1997 年开始超过显著性的临界值，可以认为 1997 年气温突变明显。均值跳跃点结果（表 11）也说明资料系列在 1997 年前后均值发生了显著性跳跃，1960—1997 时段年气温均值为 -1.16℃，1998—2015 年时段年气温均值为 -0.06℃，均值变量增加了 1.1℃，气温上升明显。2010 年戴春霞[16]在其研究中指出进入 20 世纪 90 年代以后气温升高尤为显著，近年来祁连山区整体气温升高幅度在 1℃左右，与本文研究结果相符。采用皮尔逊相关分析方法检验 1960—2015 年间黑河上游年平均气温与径流相关性，得到年气温均值与径流在 $p<0.01$ 显著水平下显著相关，结果表明气温也是影响径流变化的因素之一。根据李栋梁[17]、张凯等[18]对黑河流域的研究结果，气候变暖导致了区域冰雪融水产流增大，进而增加了区域径流。

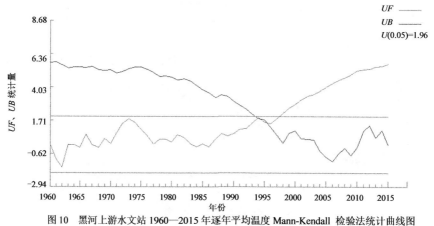

图 10　黑河上游水文站 1960—2015 年逐年平均温度 Mann-Kendall 检验法统计曲线图

表 10　气温过程线的趋势检验结果

趋势检验方法	显著水平	检验统计量	检验结果
斯波曼秩次相关法	$\alpha=0.05$	$|T|=7.63>t(0.05/2)=1.64$	趋势显著
坎德尔秩次相关法	$\alpha=0.05$	$|U|=5.671>t(0.05/2)=1.96$	趋势显著
线性趋势相关法	$\alpha=0.05$	$|T|=7.37>t(0.05/2)=1.64$	趋势显著

表 11　气温均值跳跃点检验结果

跳跃点检验方法	显著水平	检验统计量	跳跃点	跳跃点前均值/℃	跳跃点后均值/℃	跳跃量/℃
有序聚类分析法	$\alpha=0.05$	$|T|=9.63>t(0.05/2)=1.64$	1997 年	-1.17	-0.09	1.08
李-海哈林检验法	$\alpha=0.05$	$|T|=9.63>t(0.05/2)=1.64$	1997 年	-1.17	-0.09	1.08
累积距平法	$\alpha=0.05$	$|T|=9.63>t(0.05/2)=1.64$	1997 年	-1.17	-0.09	1.08
滑动 T 检验法	$\alpha=0.05$	$|T|=9.45>t(0.05/2)=1.64$	1996 年	-1.16	-0.06	1.1

3　结论

1960—2015 年时段研究区年径流整体呈增加趋势，促使径流增加的主导因素是降水量的增加，和 1960—1997 年时段相比，1998—2004 年时段与 2005—2015 年时段降水贡献率占比分别为 83.3%和 75%。值得注意的是降水因素虽仍为径流变化的主要因素，但降水因素影响量的比重有所减少，其他因素对径流变化的贡献率有所增加。在 1998—2015 年时段内气温增量 1.1℃，上升趋势明显，且径流与气温显著相关，说明气温上升与径流增加关系紧密，即气温上升促进了径流增加。气温变化影响径流变化的方式主要有影响蒸发量和影响山区冰雪融水量等。本研究区由于覆盖了冰川融雪和冻土，气温升高使得流域冰雪融水产流增大，进而增加了流域径流。

参考文献

[1] 肖福褒. 黑河流域民居风俗研究[C]//全国教育科研"十五"成果论文集. 北京：新华出版社，2005.

[2] 牛最荣. 气候变化对祁连山区水文循环的影响研究[M]. 甘肃人民出版社，2013.

[3] 周园园，师长兴，范小黎，等. 国内水文序列变异点分析方法及在各流域应用研究进展[J]. 地理科学进展，2011,30(11):1361-1369.

[4] 王毓森. 水文时间序列趋势与突变分析系统开发与应用[J]. 甘肃科技，2016,09:36-37,11.

[5] Thiessen A H. Precipitation Averages for Large Areas[J]. Monthly Weather Review, 1911, 39(7):1082-1084.

[6] 穆兴民，张秀勤，高鹏，等. 双累积曲线方法理论及在水文气象领域应用中应注意的问题[J]. 水文，2010,30(4):48-49.

[7] 李二辉，穆兴民，赵广举.1919—2010 年黄河上中游区径流量变化分析[J]. 水科学进展，2014, 25(2):155-163.

[8] 杨明金，张勃. 黑河莺落峡站径流变化的影响因素分析[J]. 地理科学进展，2010, 29(2):166-172.

[9] 王随继，闫云霞，颜明，等. 皇甫川流域降水和人类活动对径流量变化的贡献率分析——累积量斜率变化率比较方法的提出及应用[J]. 地理学报，2012, 67(3):388-397.

[10] 马龙，刘廷玺，马丽，等. 气候变化和人类活动对辽河中上游径流变化的贡献[J]. 冰川冻土，2015, 37(2):470-479.

[11] 李凌程，张利平，夏军，等. 气候波动和人类活动对南水北调中线工程典型流域径流影响的定量评估[J]. 气候变化研究进展，2014, 10(2):118-126.

[12] 孙玲，银燕.1960—2009 年中国降水分布及趋势变化[C]. 北京：中国气象学会年会，2010.

[13] 胡林金，王博，胡尚志，等. 叶尔羌河径流量与降水量的变化特征分析[J]. 地下水，2014(4):154-156.

[14] 陈中平，徐强.Mann-Kendall 检验法分析降水量时程变化特征[J]. 科技通报，2016, 32(6):47-50.

[15] 胡彩虹，王艺璇，管新建，等. 基于双累积曲线法的径流变化成因分析[J]. Journal of Water Resources Research, 2012, 1(4):204-210.

[16] 戴春霞. 黑河径流演变趋势及成因分析[J]. 甘肃水利水电技术，2010,46(9):4-9.

[17] 李栋梁，刘洪兰. 黑河流量对祁连山气候年代际变化的响应[J]. 中国沙漠，2004, 24(4):385-391.

[18] 张凯，王润元，韩海涛，等. 黑河流域气候变化的水文水资源效应[J]. 资源科学，2007, 29(1):77-83.

Quantitative Detection and Attribution of Runoff Variations in the Aksu River Basin*

MENG Fanhao [1,2], LIU Tie [1], HUANG Yue [1], LUO Min [1,2], BAO Anming [1] and HOU Dawei [3]

(1. State Key Laboratory of Desert and Oasis Ecology, Xinjiang Institute of Ecology and Geography, Chinese Academy of Sciences, Urumqi 830011, China;

2. University of Chinese Academy of Sciences, Beijing 100039, China;

3. The College of Public Administration, Nanjing Agricultural University, Nanjing 210095, Jiangsu, China)

Abstract: Since the flow variations of Aksu River are strongly influenced by climate change and human activities which threat the local ecosystem and its sustainable development, it is necessary to quantify the impact degree of driven factors. Therefore, this study aims to quantify the impacts of climate change and human activities on the variability of runoff in the Aksu River Basin. The Mann-Kendall trend test and accumulative anomaly method were used to analyse the break points of the flow difference value (FDV) between the upstream and downstream flume stations. The improved slope change ratio of cumulative quantity (SCRCQ) method and the Soil and Water Assessment Tool (SWAT) model were applied to decouple the contribution of each driving factor to the FDV variations. Furthermore, a Pearson correlation analysis was performed to show the relationships among the driving factors and the FDV. The time series prior to the year (1988) of break point was considered the baseline period. Based on the mean annual precipitation and the potential evapotranspiration (PET), the relative impacts of precipitation, PET and human activities on FDV variations as determined by the SCRCQ method were 77.35%, −0.98% and 23.63%, respectively. In addition, the SWAT model indicated that climate factors and human activities were responsible for 92.28% and 7.72% of the variability, respectively. Thus, climate change and human activities showed a similar scale of impact on FDV changes.

Keywords: runoff variation; climate change; human activities; Aksu River

1　Introduction

The continued impacts of climate change and human activities have altered hydrological processes and affected the spatiotemporal distribution of global water resources [1-3]. Arid and semi-arid regions are the most fragile terrestrial ecosystems and show increased sensitivity to climate change and human activities [4]. Changes in the water resources in headwater regions have severely threatened the sustainable development of downstream river basins [2, 5-8]; therefore, determining the variability of stream runoff has become essential to water resources management and ecosystem restoration [9-10]. Climatic factors and land use/cover changes (LUCCs) are vital

---

*基金项目： 千人计划-新疆项目，塔里木河流域缺资料区域的水文建模方法与径流预测研究（编号：374231001）。

第一作者简介： 孟凡浩（1990—），男，内蒙古扎赉特旗人，博士研究生，主要从事土地利用/覆被变化对流域水文过程与生态环境的影响研究。Email: mfh320@163.com

通讯作者： 刘铁（1977—），男，山东蒙阴人，研究员，主要从事流域水文过程、河道动力学、地下水耦合模拟研究。Email:liutie@ms.xjb.ac.cn driving factors that alter the hydrological cycle [11]. Many studies emphasise qualitative analysis [12-14] in determining the underlying factors and quantifying their effects is a primary task that must be performed prior to planning an efficient management strategy [15-16]. Because meteorological and hydrological observation data for mountain watersheds are lacking [17], an appropriate method of detecting trends and quantifying their impact is important.

Currently, the principal methods of determining the ratio of the contribution of climate change and human activities to runoff variations are paired watershed approaches [18-22], time sequence analysis methods [16, 23-26] and model simulation methods [15, 27-29]. All three methods show clear advantages and disadvantages. A paired watershed approach is usually applied to small watersheds and easily yields results, although identifying two watersheds, particularly two large watersheds, with identical conditions is impossible. Even within the same basin, the properties of two standard periods will not be exactly the same [30-31]. The time sequence analysis method is an easily implemented statistical method that has been successfully applied in many basins [16, 23, 26], although it does not consider the physical mechanisms of the hydrological response and neglects the effects of other factors [30]. Impacts on hydrological processes can also be assessed by a model simulation approach with a solid physical basis, although a great demand for input data [32-33] and potential uncertainties because of the model structure, input data and parameter sets occurs [34-35]. Based on the methodologies mentioned above, many studies have been carried out in various watersheds. By analyzing 10 paired watersheds, Liu et al. elicited that tree and shrub forestlands have a stronger capacity to retain rainstorm water than grasslands [19]. Moreover, a number of researchers had reported decreasing trends of river discharge from the Yellow River [36-37], Miyun Reservoir [38], Shiyang River [39] and Songhua River [40] by using different statistical methods. Analysis of the impact of climate change and human activities on runoff variations had also been practiced in various watersheds worldwide [41-43].

The Aksu River, located in the middle of the Tianshan Mountains of northwest China, has the most abundant water resources among the watersheds of the Tianshan Mountains. This river is the largest tributary of the Tarim River and accounts for more than 70% of its total runoff [8]. The streams are mainly recharged by snow/glacier melts and precipitation in mountainous areas [44-45] and this water flows into floodplains downstream and converges in the mainstream of the Tarim River. Because of the effects of global climate change, such as increasing precipitation, temperature and evapotranspiration and aggressive human activities, such as reclamation, irrigation and farming, the water input to the Tarim River varies strongly [46-47]. Therefore, identifying the driving factors and quantifying the scale of their effects will help to identify the nature of the influential factors and improve the management of the Aksu and Tarim River Basins. In addition, these types of studies are valuable for improving the efficiency of water resources utilization and accelerating ecological restoration processes in both Aksu and Tarim River Basins.

Therefore, the keys to revealing the scale of impact are identifying the time course of natural processes, assessing the trends in the runoff variation and quantifying the contribution of each driving factor. Wang et al. [48] analysed the changes in a runoff series from 1956 to 2006 in the Aksu River Basin and found that the year of annual runoff break point appeared in 1993, with a rapid rise occurring thereafter. Another study [49] analysed the runoff time sequence in the Aksu River Basin from 1957 to 2002 and revealed that two headwater regions experienced the wet period after 1994. Wang and Shen et al. [50] focused on water consumption trends from the 1960s to 2006 in the oasis of the Aksu River Basin and revealed that water consumption before 1990 was much less than that after 1990. Although the break point is still implicit, most scholars agree that the water cycle in the Aksu River Basin changed in the 1990s because of various driving factors [51-53]. Human impact on the landscape increased after 1990 and resulted in a larger deficit by dramatically increasing the arable land [54].

To distinguish the important factors, a correlation analysis was performed and the results revealed that precipitation has different effects on the base flow in different seasons [51]. A modelling approach using the SWAT model also indicated that improving the irrigation efficiency increases the downstream runoff [8]. The

SWAT model is a semi-distributed hydrological model, which can quantitatively analyse the impact of climate change or land management practices on crop production, nutrition and pollution transportation, watershed erosion, sediment transportation, bacteria transportation and other water related aspects in various watersheds. This model greatly helps to understand the complex ecosystem and its interrelations with water availability, agriculture activities, water qualities and socioeconomic issues worldwide. A related study showed a strong impact of human activities on oasis groundwater and water quality [50]. The above analyses were focused on a correlation analysis of climate change, human activities and runoff variation in the Asku River Basin, although little attention was focused on the contribution of each factor to the flow difference value (FDV) between the upstream and downstream regions [51, 54], which is a direct indicator for evaluating actual water consumption. Moreover, a direct analysis of runoff or consumption cannot distinguish the impact of climate change from that of human activities. FDV is a more suitable indicator to reflect the interrelationship among these factors.

Therefore, this study focused on variations in the FDV between upstream and downstream hydrological stations from 1960 to 2011. The Mann-Kendall trend test and the accumulative anomaly method were used to detect the FDV variation in years of break points and divide the entire observation time series into a baseline period and a measurement period. The improved slope change ratio of cumulative quantity (SCRCQ) method and the Soil & Water Assessment Tool (SWAT model) were used to quantify the contributions of precipitation, potential evapotranspiration (PET) and human activities on FDV variations [16, 23] by comparing the values in the measurement period against those of the baseline period. This study aims to provide essential insights into future sustainable water resources management.

2 Materials and Methods

2.1 Study Area

The Aksu River Basin is located in the middle of the Tianshan Mountains (Figure 1) and converges into the Tarim River (75°3′—80°19′ E, 40°15′—42°30′ N). The elevation ranges between 1087 and 7126 m. The basin has an area of 4.3×10^4 km² and as the terrain gradually descends from the north to the south and from the west to the east, it shows distinct geomorphological zones. Bare land and low-coverage grassland are the major land use/cover types in the Aksu River Basin and Leptosols, Fluvisols and Cambisols are the main soil types. Oases have a warm temperate continental arid climate controlled by the North Atlantic Oscillations, the variations of which can cause changes in the North Atlantic circulation system and the westerly trough and ridge system [53]. This basin has strong evaporation and large daily and yearly temperature differences. At the Aksu station (elevation of 1000 m), the annual average temperature is about 11 °C and the annual rainfall is around 71.09 mm. With the significant mountain effect at Tuergate station with an elevation of 3500 m, the annual average temperature falls down to −2.87 °C and the annual rainfall reaches 176.31 mm. The average monthly rainfall and temperature in the Aksu River basin are shown in Figure 2. Two major tributaries, the Kunmalike River and the Tuoshigan River, originate in Kyrgyzstan and converge at Kaladuwei. The average monthly runoff at each flume station is shown in Figure 2. Runoff in the mountainous regions is mainly caused by precipitation and snowmelt and the plains oasis regions are the major areas of water dissipation because of agricultural irrigation and ecological water consumption. The remaining water flows down to the Tarim River.

Xiehela station (XHL) and Shaliguilanke station (SLGLK) are located on the Kunmalike and Tuoshigan rivers, respectively. Xidaqiao station (XDQ) is at the confluence of two tributaries of the main stream of the Aksu River. Over the last 50 years, the LUCCs above the mountain outlet have been limited [54]. The area between the mountain outlet and Xidaqiao station at the piedmont plain has experienced human activities consisting of significant expansion of the cultivated land area (Figure 3). Subsequently, the Tarim River has obviously been affected by the inflow of the Aksu River [55].

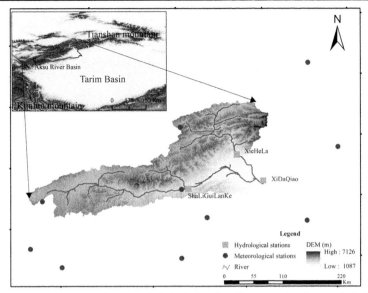

Figure 1   Geographic location of the Aksu River Basin, hydrological stations (blue squares) and meteorological stations (black dots)

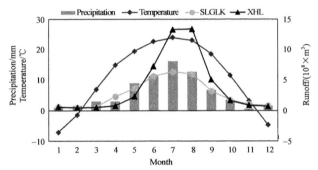

Figure 2   Schematic diagram of the multi-year monthly average temperature and precipitation (1960—2011) at the Aksu meteorological station; and runoff (2000—2011) at the Shaliguilanke hydrological station (orange line) and Xiehela hydrological station (black line)

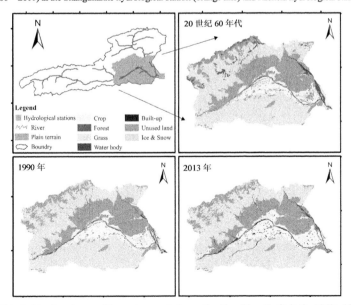

Figure 3   Historical land use/cover of the oasis areas in lower the Aksu River Basin in the 1960s, 1990 and 2013

2.2　Dataset

The annual discharge data from 1960 to 2011 at the XHL, SLGLK and XDQ hydrological stations were obtained from the Xinjiang Tarim River Basin Management Bureau. The daily discharge data from 2002 to 2007 were applied to calibrate the SWAT model.

Meteorological data including precipitation, temperature and other data, were acquired from the China Meteorological Data Sharing Service System (http://data.cma.cn/). Only one meteorological station is located in the basin and so it cannot represent the spatial distribution of the entire watershed. Therefore, the surrounding 12 stations (including one above 3000 m, two at approximately 2000 m and the remainder between 1000 and 2000 m) involved in this study were redistributed by Ordinary Kriging interpolation to generate 52 annual rainfall maps. Changes in evaporation were used to reflect temperature changes. The spherical method is selected for the parameter of semivariogram model and the search radius is set to 12 points. To select a suitable method of accurately calculating the PET in the mountainous area with little data [56], this study used the temperature-based Hargreaves equation [57], which requires less input data. The Hargreaves equation is as follows:

$$PET = 0.0023 \times Ra \times \left[\frac{T_{max} - T_{min}}{2} + 17.8 \right] \times (T_{max} - T_{min})^{0.5} \tag{1}$$

where Ra is the extra-terrestrial radiation (MJ/m^2/day), which can be acquired from a table [58]; T_{max} is the mean maximum temperature in °C; and T_{min} is the mean minimum temperature in °C. The spatial distribution maps of the annual PET were redistributed to produce an annual rainfall map.

The LUCC can characterize significant changes in the surface coverage caused by intense human activity or extreme natural events. In this study, the LUCC data from the 1960s, 1990, 2013 were generated based on topographic maps (1960s), Landsat Mss/TM and Landsat 8 products, the data was obtained from the Key Laboratory of Remote Sensing and Geographic Information System, the Xinjiang Institute of Ecology and Geography and the Chinese Academy of Sciences. The data for the population, the cultivated area, the quantity of livestock and all types of agricultural product outputs were derived from statistical yearbooks, including "Fifty years in Xinjiang" [59] and the "Xinjiang statistical yearbook" from 1965 to 2012 [61].

2.3　Methods

This study used the non-parametric Mann-Kendall test [60-61] accumulative anomaly method [62], SCRCQ method [16, 23], SWAT hydrological model [63-65] and Pearson correlation analysis [66]. The first two methods were used to identify any abrupt changes in the annual FDV from 1960 to 2011 because the combination of the two methods facilitated the accurate and comprehensive identification of break points [23, 51]. The SCRCQ and SWAT models were used to perform a quantitative evaluation of the contributions of climate factors and human activities to the annual runoff variations. The Pearson correlation analysis was used to detect relevant simultaneous relationships between independent and dependent variables. The SCRCQ model and the Pearson correlation analysis method were used to determine the relationship between an independent and dependent variable, although the methods have different focuses.

2.3.1　Non-Parametric Mann-Kendall Test

The non-parametric Mann-Kendall test method [60-61] (M-K test) was used to analyse the trends in the long-term meteorological and hydrological series data, including rainfall, runoff, etc. This method does not require a sample to conform to a particular statistical distribution. Moreover, it is not affected by a small number of outliers and is especially suitable to non-normal distributed datasets such as climate and hydrological data.

The original null hypothesis H_0 of the M-K test is that the data in time series $(X_1, ..., X_n)$ are independent and identically distributed random variables; the hypothesis H_1 is that bilateral inspection of all of $k, j \leq n$, and $k \neq j$ will show that the distribution of X_k and X_j are different. The test statistic S is calculated as follows:

$$S = \sum_{k=1}^{n-1} \sum_{j=k+1}^{n} \text{sgn}(X_j - X_k) \tag{2}$$

$$\text{sgn}(X_j - X_k) = \begin{cases} +1 & (X_j - X_k) > 0 \\ 0 & (X_j - X_k) = 0 \\ -1 & (X_j - X_k) < 0 \end{cases} \tag{3}$$

where S is normally distributed with a mean of 0.

$$V_a(S) = n(n-1)(2n+5)/18 \tag{4}$$

When $n>0$, the standard normal distribution system variable is calculated by the following formula:

$$Z = \begin{cases} \dfrac{S-1}{\sqrt{V_a(S)}} & S > 0 \\ 0 & S = 0 \\ \dfrac{S+1}{\sqrt{V_a(S)}} & S < 0 \end{cases} \tag{5}$$

If a bilateral trends inspection at a given level of confidence indicates that $|Z| \geqslant Z_{1-a/2}$, then the null hypothesis is unacceptable at that confidence level and a significant upward or downward trend occurs in the time-series data. A value of statistic Z greater than 0 indicates a rising trend and a value less than 0 implies a downward trend. If the absolute value of Z is greater than or equal to 1.28, 1.64 and 2.32, the samples pass the significance test at confidence levels of 90%, 95%, and 99%, respectively.

It is recommended that the data series should be serially independent before applying the M-K test. Hydrological time series often exhibit statistically significant serial correlation. Therefore, the pre-whitening process was applied to detect serial correlation according to Yue and Wang (2002) [67]. The specific steps are as follows:

The lag-1 serial correlation coefficient r_1 is computed, and under the confidence level of δ, bilateral inspection is used to determine the significance of r_1:

$$r_1 = \frac{\dfrac{1}{n-1}\sum_{i=1}^{n-1}[x_i - E(x_i)][x_{i+1} - E(x_i)]}{\dfrac{1}{n}\sum_{i=1}^{n}[x_i - E(x_i)]^2} \tag{6}$$

$$E(x_i) = \frac{1}{n}\sum_{i=1}^{n} x_i \tag{7}$$

$$\frac{-1 - z_{1-\delta/2}\sqrt{n-2}}{n-1} \leqslant r_i \leqslant \frac{-1 + z_{1-\delta/2}\sqrt{n-2}}{n-1} \tag{8}$$

where r_1 is the lag-1 serial correlation coefficient of sample data x_i, $E(x_i)$ is the mean value of sample data. The lag-1 autoregressive AR(1) is removed from x_i by

$$y_i = x_i - r_1 x_{i-1} \tag{9}$$

The M-K test is applied to the processed data series to assess the significance of the trend after prewhitening process.

The M-K test can be further applied and a different test statistic from Z can be calculated by constructing a column order:

$$S_k = \sum_{i=1}^{k}\sum_{j}^{i-1} a_{ij} (k = 2,3,4,\text{L},n) \tag{10}$$

$$a_{ij} = \begin{cases} 1 & X_i > X_j \\ 0 & X_i < X_j \end{cases} \quad 1 \leqslant j \leqslant i \tag{11}$$

The statistical variables are as follows:

$$UF_k = \frac{[S_k - E(S_k)]}{\sqrt{Var(S_k)}} \quad (k = 1,2,\text{L},n) \tag{12}$$

$$E(S_k) = \frac{k(k+4)}{4} \tag{13}$$

$$V_{ar}(S_k) = k(k-1)(2k+5)/72 \tag{14}$$

where UF_k is the standard normal distribution. For a specific level of significance a, if $|UF_k| \geqslant U_{a/2}$, then a clear trend occurs in the sequence. Arranging the time series of x in reverse order and performing the corresponding calculation produces the following:

$$\begin{cases} UB_k = -UF_k \\ k = n+1-k \end{cases} (k=1,2,\text{L},n) \tag{15}$$

By combining the statistical series UF_k and UB_k, the trends in x and the break point can be clearly identified. If UF_k is greater than 0, then the sequence exhibits a rising trend and if UF_k is less than 0, then a downward trend is indicated. When the values exceed the critical straight line, then a significant upward or downward trend is indicated. If the UF_k and UB_k curves appear at an intersection and fall in between the critical straight lines, then intersection indicates a break point at which the trends change.

2.3.2 Accumulative Anomaly Method

The accumulative anomaly method [62] is a statistical method for intuitively judging the change in a trend of discrete data points by a curve. The difference in the average value of the annual runoff is first calculated and then chronologically accumulated to obtain a changing process that shows the accumulative anomaly over time. In the drawing process, the data for the cumulative anomaly sequences were normalized to facilitate the presentation of the results; thus the cumulative anomaly sequences were divided by the perennial average value of the runoff. If the cumulative anomaly value was higher, then the discrete data were larger than average and showed an increasing trend and if the anomaly value was lower, then the data were smaller than average and showed a decreasing trend. The inflection points are the break points.

2.3.3 SCRCQ

The principle of the improved SCRCQ method [12,28] is that if the runoff variation is only affected by precipitation, then the slope of the linear relationship between the yearly and cumulative precipitation and the cumulative runoff will change at the same rate. This method assumes that the slope of the linear relationship between the yearly and cumulative runoff before and after a year of break point is S_{pb} and S_{pa} (10^8 m^3/a), respectively. The rate of change in the slope of the cumulative runoff can be expressed as follows:

$$SC_R = \frac{S_{Ra} - S_{Rb}}{S_{Rb}} \tag{16}$$

The slopes of the linear relationship between the yearly and cumulative precipitation before and after the years of break points are S_{pb} and S_{pa} (mm/a) respectively. The rate of the change in the slope of the cumulative precipitation can be expressed as follows:

$$SC_P = \frac{S_{Pa} - S_{Pb}}{S_{Pb}} \tag{17}$$

Therefore, the contribution of precipitation (C_p, unit: %) to the runoff variations before and after the year of break points can be expressed as follows:

$$C_P = 100 \times SC_P / SC_R \tag{18}$$

Similarly, the slopes of the linear relationship between the yearly and the cumulative potential evapotranspiration before and after the year of break points are represented by S_{Eb} and S_{Ea} (mm/a) respectively. The rate of change in the slope of the cumulative PET can be expressed as follows:

$$SC_E = \frac{S_{Ea} - S_{Eb}}{S_{Eb}} \tag{19}$$

Therefore, the contribution of the PET (C_E, unit: %) to the runoff variations before and after the year of break point scan be expressed as follows:

$$C_E = 100 \times SC_E / SC_R \tag{20}$$

Based on the water balance, the contribution of human activities (C_H, unit: %) to the runoff variations can be expressed as follows:

$$C_H = 100 - C_P - C_E - C_G \qquad (21)$$

where C_G is the contribution of the groundwater to the runoff variations (C_G, unit: %). Because the headwater mainly originates from alpine glacier melt/snowmelt, the rocky geo-structure barely generates the massive groundwater flow in the upstream region. However, streams in the downstream valley and plain area are primarily recharged by rainfall, melt water and groundwater, and activities that exploit the groundwater occur in the farmlands in the downstream region. Thus, the effect of groundwater on runoff variations above the mountain outlets can be ignored, although the effect below plain streams is considered the result of human activities [49]. Therefore, the factors that affect runoff variations (Equation 21) can be simplified to

$$C_H = 100 - C_P - C_E \qquad (22)$$

2.3.4 Soil and Water Assessment Tool (SWAT Model)

For this study, a semi-distributed hydrological model, the Soil & Water Assessment Tool (SWAT model) [63], which has been demonstrated as appropriate for numerous worldwide watersheds [64-65], was used to evaluate the effects of climate change and LUCC on hydrological processes. The hydrological components simulated by the SWAT model include evapotranspiration (ET), surface runoff, percolation, lateral flow, groundwater flow, transmission losses, etc. [68]. SWAT input data requirements include a digital elevation model (DEM), meteorological records, soil characteristics, land use/cover classification and management schedules for key land uses (pastoral farming, wastewater irrigation, timber harvesting, etc). Descriptions and sources of the data used to configure the SWAT model are given in Table 1. The daily discharge was calibrated and validated based on the daily values of the SLGLK and XHL measurements. In addition, the operational regime for wastewater irrigation and auto-irrigation has been considered in the SWAT model. The sensitive parameters of SWAT model were identified by automated Latin Hypercube One-factor-At-a-Time (LH-OAT) [69] global sensitivity analysis procedures and the uncertainty of calibrated values was estimated with automated methods based on the Sequential Uncertainty Fitting (SUFI-2) [70] algorithm (Table 2). The calibration period was from 2002 to 2004 and the validation period was from 2005 to 2007. The Nash–Sutcliffe efficiency (NSE) values for the SLGLK discharge were 0.647 for calibration and 0.624 for validation, and the NSE values for the XHL discharge were 0.647 for calibration and 0.620 for validation; thus, the model performed well.

Table 1 Description of Data Used to Configure the SWAT Model

Data	Application	Data Description and Configuration Details	Source
Digital elevation model (DEM)	Sub-basin delineation and stream network extraction	Data at 90 m resolution; used to define four slope classes: 0%–25%, 25%–45%, 45%–65% and >65%.	Shuttle Radar Topography Mission (SRTM)
Land use/cover	HRU definition	Vector data; 12 basic land use/cover categories.	Key Laboratory of Remote Sensing and Geographic Information System, Xinjiang Institute of Ecology and Geography, Chinese Academy of Sciences
Soil characteristics	HRU definition	1 km resolution, 15 soil types.	Food and Agriculture Organization (FAO), Harmonized World Soil Database version 1.1 (HWSD)
Meteorological data	Meteorological forcing	Daily maximum and minimum temperature, daily precipitation.	China Meteorological Data Sharing Service System
Hydrological observation data	Calibration and validation	Daily observation runoff data of SLGLK and XHL.	Tarim River Basin Management Bureau

To analyse the effects of climate change and human activities on the FDV using the model, three scenarios were designed. Scenario 1 (S1) used climate records and a land use/cover map from before the year of break point as the baseline. The climate records and land use/cover map after the year of break points were applied in Scenario 2 (S2), which reflects the combined effect of climate change and human activities on the FDV. In Scenario 3 (S3), the climate records after the year of break points were replaced without changing the land use/cover map. Differences in the FDV of S2 and S1 (D_t) were considered the total combined impact of climate change and human activitise on the FDV. The effects of climate change and human activities were calculated by the difference in the FDV between S3 and S1 (D_c) and the difference in the FDV between S2 and S3 (D_h), respectively. Therefore, the contribution of the impact of climate change on the FDV (C_c) can be expressed as follows:

$$C_c = D_c / D_t \tag{23}$$

The contribution of the impact of human activities on the FDV (C_h) can be expressed as follows:

$$C_h = D_h / D_t \tag{24}$$

Table 2　Sensitivity Rate, Calibration Range, Subbasin and Final Calibration Estimate of Top Ten Selected SWAT Model Parameters

Component	Parameter Name	Sensitivity Rate	Calibration Range	Subbasin	Final Estimate
Basin/snow	SFTMP	4	−5~5	Share	−0.552
	SMTMP	1	−5~5	Share	−0.2478
	SMFMX	7	0~10	Share	6.8002
	SMFMN	10	0~10	Share	1.5104
	TIMP	8	0.01~1	Share	0.0873
	PLAPS	2	0~500	SLGLK	70
				XHL	280
	TLAPS	3	−10~10	SLGLK	−6.5
				XHL	−4.5
Surface runoff	LAT_TTIME	5	0~180	SLGLK	7
				XHL	3
	CH_K2	9	0~500	SLGLK	0.006
				XHL	0.65
Ground water	ALPHA_BF	6	0~1	SLGLK	0.5
				XHL	1

2.3.5　Pearson Correlation Analysis

The Pearson correlation analysis [66] is commonly used to analyse the relationship between two random variables or two datasets. Pearson's correlation coefficient is a measure of the relationship between two mathematical variables or measured data values. In this study, this coefficient was used to analyse the correlation between the annual FDV, the temperature and precipitation in the Aksu River Basin. The formula for Pearson's correlation coefficient is as follows:

$$r = \frac{N \sum x_i y_i - \sum x_i \sum y_i}{\sqrt{N \sum x_i^2 - (\sum x_i)^2} \sqrt{N \sum y_i^2 - (\sum y_i)^2}} \tag{25}$$

where r is Pearson's correlation coefficient and x_i and y_i are the values of two target datasets. The correlation coefficient is between -1 and 1 and values of $+1$ indicate a perfect direct (increasing) linear relationship (correlation), whereas values of -1 indicate a perfect decreasing (inverse) linear relationship (anticorrelation). When the value approaches zero, there is less of a relationship
(closer to uncorrelated). A coefficient value closer to either -1 or 1 indicates a stronger correlation among the variables [73].

2.3.6 Agricultural Water Footprint

The agricultural water footprint refers to the volume of water consumed by the growth of agricultural products (broad irrigation is the principal irrigation method) and it can reflect the actual volume of water used for agricul-ture [74]. The agricultural water footprint can be calculated by multiplying the various agricultural output values by the associated virtual water content (VWC) and then summing, which is expressed as follows:

$$WF = \sum_{i=1}^{n}(P_i \times VWC_i) \tag{26}$$

where WF denotes the total agricultural water footprint (m^3), P_i denotes the agricultural output (kg) and VWC_i denotes the virtual water content (m^3/kg), which is defined as the volume of water required to produce the agricultural products. Three types of agricultural products have been considered in this study: food crops (rice, wheat, maize, beans, etc.), commercial crops (oil plants, beet, fruits, vegetable, etc.) and animal products (meat, etc.). Based on related studies [71-72] and the conditions on the ground in the Aksu River Basin, the VWC of all agricultural products types are listed in Table 3. The VWC of the food crops and commercial crops are composed of the rainfall and irrigation volume for crop growth. The VWC of the animal products is primary physiological water requirements and is not double counted with the VWC of food crops because most animals feed on alfalfa.

Table 3 Unit Factors for the Virtual Water Footprint of the Primary Farm Products in the Aksu River Basin

Agricultural Products	Food Crops	Commercial Crops					Animal Products
		Cotton	Oil Plants	Beet	Vegetable	Fruits	Meat
Unit Factor/(m^3/kg)	1.532	3.871	2.74	0.171	1.152	1.152	5.91

3 Results and Discussion

3.1 Changes and Trends in Annual Runoff

To quantify the long-term trends at key points in the basin, the sum of the source flow (SSF), Xidaqiao (XDQ) and flow difference value (FDV) were calculated for the period from 1960 to 2011. All of the variables showed a clear increasing trend (Figure 4). According to the slopes of the trend lines, the SSF showed the most pronounced increase (p-value < 0.001), XDQ showed a moderate increase (p-value < 0.001) and the FDV only showed a small increase (p-value $= 0.101$). Although the values for the source regions showed similar increasing trends compared with the basin outlet, the rates at the source regions increased more rapidly. In addition, the annual fluctuation of the SSF runoff and the XDQ runoff were relatively small and synchronized. The coefficients of variation (Cvs) of the annual runoff were 0.160 and 0.155. However, the annual fluctuation of the FDV was relatively large and the Cv reached 0.44. Thus the FDV appeared to present greater variability when compared with the SSF and XDQ.

Applying a linear trend analysis to the annual runoff at all stations revealed a trend of increasing volatility at values of 0.49×10^8 m^3/a, 0.39×10^8 m^3/a and 0.10×10^8 m^3/a, which indicated that the increasing runoff rate gradually reduces along the streams.

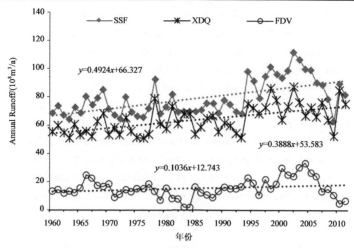

Figure 4 Annual runoff variations and trends in the Aksu River Basin (sum of the source flow, SSF; Xidaqiao, XDQ; flow difference value, FDV)

3.2 Mutation Analysis

Because the non-parametric Mann-Kendall test and accumulative anomaly method do not require the samples to conform to a particular statistical distribution function, it is easy to identify the year of break points. Both the M-K test and the accumulative anomaly method were used in this study after pre-whitening process to analyse the break point of the FDV. Figure 5a shows that the annual FDV appeared to mutate in 1965, 1969 and 1988 but in 1965 and 1988 were within the 95% confidence interval. Figure 5b shows that the annual FDV appeared to mutate in 1965, 1967, 1988 and 2006 and in 1965 and 1988 were consistent with the results of the M-K test. Although there is an intersection in the M-K test in 1969, the point is outside the 95% confidence interval. In addition, evidence of a year of break point is not observed in 1967 and 2006 using the M-K test, thus 1967 and 2006 cannot be considered the break point. Because both the M-K test and the accumulative anomaly method confirmed that 1965 and 1988 are the break points for FDV changes, the entire study period was divided into three stages: stage (I), 1960–1965; stage (II), 1966–1988 and stage (III), 1989–2011.

Previous research results [50, 51, 54] indicate that the annual runoff in the early 1990s reflect the year of break points in the Aksu River Basin. However, because different methods and target variables were employed, a clear year of break point was not evident. In this study, the year of break point of the FDV was indicated by both the non-parametric M-K test and the accumulative anomaly method as 1988. Therefore, this study focused on stages II and III to analyse the contribution of each factor to the changes in the FDV. Stage I was omitted because the time span was relatively short and did not show clear statistical properties.

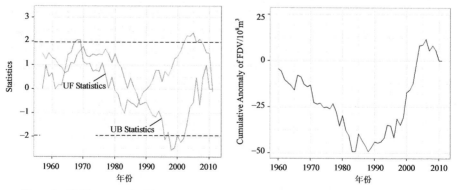

Figure 5 (a) Change trends of the M-K test; and (b) cumulative anomaly of the annual runoff difference value

3.3 Contributions of Driving Factors to Changes in the FDV

3.3.1 SCRCQ Method

Based on the year of break point, a linear regression analysis was conducted for the cumulative time series of the FDV (Figure 6a), precipitation (Figure 6b) and PET (Figure 6c) and the resulting coefficients of determination (R^2) of the regression equations were greater than 0.983, 0.988 and 0.999 respectively, with p-values that were far less than 0.001. Furthermore, Figure 6 and equations 16, 17, and 19 indicate that the rate of change of the slope of the cumulative runoff, precipitation and PET are 72.24%, 55.87% and 0.71% respectively. The rate of change of the slope for the FDV was greater than that for precipitation and PET, which indicates that the changes in FDV were impacted by other factors, which we attribute to human activities. The contributions of precipitation, PET and human activities to the changes in the FDV were calculated based on the variables listed in Table 4, which indicates that the changes in the FDV were impacted by climate factors and human activities in stage III.

Table 4 Slope Change Ratios of the Fitted Lines and the Quantitative Impacts of Precipitation, PET and Human Activities on FDV Variations During Different Periods

Time Period	S_R /(10^8 m^3/a)	S_P /(mm/a)	S_E /(mm/a)	C_P /%	C_E /%	C_H /%
II	12.09	120.52	2409.1	—	—	—
III	20.83	187.86	2426.2	77.35	−0.98	23.63

The contributions of precipitation, PET and human activities to the changes in the FDV were calculated by the SCRCQ and they are listed in Table 4. Compared with stage II, the scale of the effect of precipitation, PET and human activities on the changes in FDV was 77.35%, −0.98% and 23.63%, respectively. This result shows that precipitation was the most important factor, followed by human activities and PET, which had the least effect. The driving factor that produced the largest contribution was precipitation, which presented a significantly increased trend in Xinjiang as a result of climate change [73-74]. Thus, the slope change ratio of the cumulative FDV is similar to the slope change ratio of the accumulative precipitation and considerably different than the slope change ratio of the cumulative PET (Figure 6c). The method of calculating the PET does not reflect changes in the natural properties of the watershed; therefore the contribution of the PET to the FDV is reduced. The possibility of human activities having a substantial contribution to the slope change ratio of the cumulative FDV is appreciable. The lower Aksu River Basin is flat and a large amount of land has been reclaimed for massive irrigation cultivation, including paddy fields. Therefore, a large amount of water has been consumed in this region [8] which has affected the slope change ratio of the cumulative FDV. Moreover, the contribution of the driving factors to the actual change of the annual runoff difference varies with the amount of total runoff.

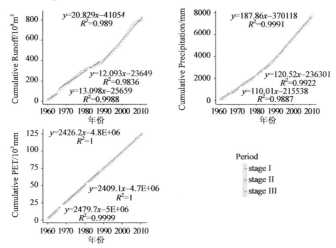

Figure 6 Relationships between the FDV and the yearly and cumulative runoff (**a**); precipitation (**b**); and PET (**c**)

3.3.2 Model Simulation Method

The SSF, XDQ and FDV for the three scenarios were investigated using the SWAT model (Figure 7). With respect to the year of break point, the annual average runoff of the SSF was 34.51×10^8 m^3, 59.71×10^8 m^3 and 60.39×10^8 m^3. The SSF of S2 had a similar volume to that of S3 because the runoff from the mountain outlet was not used for irrigation. However, the water runoff of XDQ was different in the three scenarios and presented values of 28.21×10^8 m^3, 44.12×10^8 m^3 and 45.72×10^8 m^3. Human activities, especially irrigation, caused the runoff of XDQ in S2 to be lower than that in S3. Therefore the FDV of S2 was larger at 18.43×10^8 m^3. The FDV of S1 and S3 was 8.71×10^8 m^3 and 17.68×10^8 m^3, respectively.

The contributions of climate change and human activities were calculated for each scenario as described in section 2.3.4. The contribution percentages of climate change and human activities were 92.28% and 7.72%, respectively. An increase in precipitation and temperature related to climate change causing additional rainfall and snowmelt in Xinjiang [44, 73]. The expansion of arable land caused by human activities led to an increase in the irrigation volume, which decreased the runoff of XDQ [8]. The results again suggest that the effects of climate change on the FDV is higher than that of human activities.

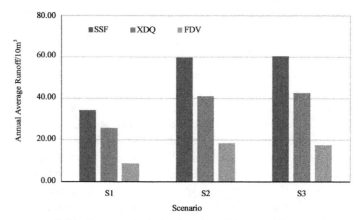

Figure 7 Annual average runoff of the three scenarios in the Aksu River Basin (sum of the source flow, SSF; Xidaqiao, XDQ; flow difference value, FDV)

The results of the two calculation methods used to determine the contributions of climate change and human activities on the FDV are consistent and yield similar results for the effects of climate change on the FDV. Moreover, the results indicate that the effects of climate change was greater than the effects of human activity. However, the contribution of climate change indicated by the SCRCQ method is less than that indicated by the SWAT model and the contribution of human activity indicated by the SCRCQ method is greater than that indicated by the SWAT model. Because the SWAT model considers precipitation as well as temperature, relative humidity and many other variables, it can properly reflect the inter-relationships between temperature and increased snowmelt volumes [34]. However, it is difficult to consider temperatures using the SCRCQ method. Therefore, the contribution percentage of the impact of climate change on runoff indicated by the SWAT model is higher than that indicated by the SCRCQ method.

3.4 Climate Change Factor

Climate change directly affects the mountain outlet runoff through its effects on temperature and precipitation [75-76]. Relevant research data show that for most mountain regions, the annual runoff and the annual precipitation and temperature are consistent [77-78]. However, few studies have focused on the relationship of the FDV with climate factors. The Aksu River consists of the Tuoshigan River and Kunmalike River, which show runoff variations that are influenced by precipitation, temperature, glacier/snow cover area and other related factors [51]. Correlation analyses and the regression coefficient method combined with pre-whitening process were used to investigate the changes in the FDV for the Aksu River and determine whether those changes had a close relationship with meteorological elements.

The Aksu River is supplied by mountain glacier/snow melt water; therefore, runoff variations are affected by temperature and precipitation. However, whether the change in the FDV is related to temperature and precipitation is unclear, thus the Pearson correlation method was used to investigate the relationship. The analysis results are shown in Table 5, which show that in stage II, the correlation coefficient between the annual FDV and the annual mean temperature is 0.024 and the correlation coefficient between the annual FDV and the annual precipitation is −0.272. In stage III, the correlation coefficient between the annual FDV and the annual mean temperature is 0.082, and the correlation coefficient between the annual FDV and the annual precipitation is −0.472. These results were not significant.

Table 5　Correlation Coefficient Between the Annual FDV and Temperature and Precipitation in the Aksu River Basin

Climate Factors	Stage II		Stage III	
	Annual mean temperature	Annual precipitation	Annual mean temperature	Annual precipitation
Annual FDV	0.024	−0.272	0.082	−0.472

The FDV, temperature and precipitation data were normalized and the three regression equations were recalculated for the same period with the following results:

stage II:　$Y = -0.02809X_1 + 0.04951X_2 + 8.41318$, Sig. = 0.4822 > 0.05, non-significant

stage III:　$Y = -0.06267X_1 - 0.20857X_2 + 20.96526$, Sig. = 0.0912 > 0.05, non-significant

where Y is the annual FDV; X_1 is the annual precipitation; and X_2 is the annual mean temperature.

The above two regression equations were not significant at the 95% level. The results showed a non-linear relationship between the climate change factors and the FDV. Therefore, the relationship must be calculated by hydrological models in a future study.

3.5　Human Activity Factor

The previous results showed that human activities had a significant impact on the FDV. The population, sown area, livestock quantity, agricultural water footprint and cultivated land areas were included in this study in Wensu and Wushi Counties in the Aksu River Basin.

A higher correlation was found between the FDV and agricultural water footprint with a correlation coefficient of 0.51 (Figure 8). Moreover, the p-values were less than 0.01, which showed that the relationship between the FDV and the agricultural water footprint was important. There were weak, non-significant correlations between FDV and population, sown area and livestock quantity. Agricultural water footprint change can reflect changes in sown area, livestock quantity, and other factors [63]. The construction land area and the effective irrigation area have increased to varying degrees due to rapid population growth and the accelerated urbanization process in the Aksu River Basin [8, 79]. Statistics indicate that the basin population has increased from 179,600 in 1955 to 463,200 in 2011, with accelerated development occurring in the early 1980s. In addition, grazing in the basin has become more developed, with livestock quantities increasing from 468,800 in 1955 to 1,104,800 in 2011, a more than 2-fold increase. Unjustifiable human activities such as over grazing has caused a degradation and reduced ability of the earth's surface to retain rainfall-runoff, thereby accelerating the loss of water and soil.

In addition, the expansion of cultivated land area was the most obvious factor related to human activities that has affected the runoff in the Aksu River Basin [52] and it has primarily occurred on both sides of the river downstream (Figure 3). The cultivated land area increased from 965.87 km² in the 1960s to 1113.16 km² in 1990 and to 1347.67 km² in 2013. From the 1960s~1990, the cultivated land area increased by approximately 4.91 km²/a, whereas from 1990 to 2013, the cultivated land area rapidly expanded to 10.20 km²/a (Table 6).

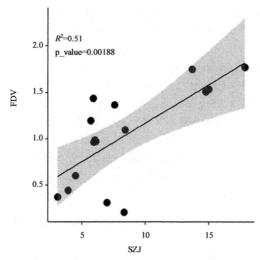

Figure 8. Relationship of the FDV and agricultural water footprint (SZJ) from 1970—2004 in the Aksu River Basin (the grey area represents 95% confidence interval of fitting results)

Table 6　Expansion of Cultivated Land in the Oasis Area of the Aksu River Basin

Year	Area /km²	Increment /km²	Increased Proportion /%	Increased Speed /(km²/a)
1960s	965.87	—	—	—
1990	1113.16	147.29	15.25	4.91
2013	1347.67	234.51	21.07	10.20

4　Conclusions

Climate change together with human activities showed vital influences on mountainous steam runoff. The recorded runoff of SSF and XDQ in the study area presented a significantly increasing trend with linear increasing rates of 0.49×10^8 m³/a and 0.39×10^8 m³/a respectively, while the FDV expressed no-significant increasing trend. An abrupt change in the FDV series was detected in 1965 and 1988 using a pre-whitening M-K test and accumulative anomaly method. The approach of using the pre-whitening process eliminates the autocorrelation among the data series which might severely mislead analysis direction and cause a potential bias. The year 1988 was taken as the break point for the contribution analysis.

Although climate plays a crutial impact on the change of FDV, the influence exercised by human activities cannot be ignored during the contribution analysis. The contribution of climate change and human activities on FDV for the period of 1988–2011 were 76.37% and 23.63% calculated by SCRCQ, and were 92.28% and 7.72% by SWAT. Climate change and human activities exert lasting impacts on FDV for the whole study period, but the agricultural water footprint influence under human activities was clearly apparent after the break point. Although the SCRCQ method considered the quantities of precipitation, evapotranspiration and human activities, the hydrological processes and other climate variables were neglected in this statistical analysis, while the modelling approach might have the detailed consideration for all the possible driving factors. Therefore, it is pivotal to take climate change and human activities into account by multiple analysis approaches on water resources management as well as ecological restoration.

References

[1] R Törnqvist, J Jarsjö, J Pietroń, et al. Evolution of the hydro-climate system in the Lake Baikal basin[J]. J. Hydrol., 2014, 519:1953-1962.

[2] N Ohana-Levi, A Karnieli, R Egozi, et al. Modeling the effects of land-cover change on rainfall-runoff relationships in a semiarid, Eastern Mediterranean watershed[J]. Adv. Meteorol., 2015, 2015:1-16.

[3] F C Ljungqvist, P J Krusic, H S Sundqvist, et al. Northern Hemisphere hydroclimate variability over the past twelve centuries[J]. Nature, 2016, 532(7597):94-8.

[4] L Miao, C Jiang, B Xue, et al. Vegetation dynamics and factor analysis in arid and semi-arid Inner Mongolia[J]. Environ. Earth Sci., 2014, 73(5):2343-2352.

[5] S H Mahmoud, A A Alazba. Hydrological response to land cover changes and human activities in arid regions using a geographic information system and remote sensing[J]. PLoS One, 2015, 10(4):e0125805.

[6] M Abu-Allaban, A El-Naqa, M Jaber, et al. Water scarcity impact of climate change in semi-arid regions: a case study in Mujib basin, Jordan[J]. Arab. J. Geosci., 2014, 8(2):951-959.

[7] T Liu, H Fang, P Willems, et al. On the relationship between historical land‐use change and water availability: the case of the lower Tarim River region in northwestern China[J]. Hydrol. Proc., 2013, 27(2):251-261.

[8] S Huang, V Krysanova, J Zhai, et al. Impact of Intensive Irrigation Activities on River Discharge Under Agricultural Scenarios in the Semi-Arid Aksu River Basin, Northwest China[J]. Water Res. Manage., 2014, 29(3):945-959.

[9] G Zhang, S Guhathakurta, S Lee, et al. Grid-based land-use composition and configuration optimization for watershed stormwater management[J]. Water Res. Manage., 2014, 28(10):2867-2883.

[10] Q Zuo, H Zhao, C Mao, et al. Quantitative analysis of human-water relationships and harmony-based regulation in the Tarim River Basin[J]. J. Hydrol. Eng., 2014:05014030.

[11] IPCC (2013) Climate Change 2013: The Physical Science Basis. Contribution of Working Group I to the Fifth Assessment Report of the Intergovernmental Panel on Climate Change. T. F. Stocker, D. Qin, G.-K. Plattner, et al., Press, C. U., ^United Kingdom and New York.

[12] Z Kliment, M Matoušková. Runoff Changes in the ?umava Mountains (Black Forest) and the Foothill Regions: Extent of Influence by Human Impact and Climate Change[J]. Water Resources Management, 2008, 23(9):1813-1834.

[13] D Wang, M Hejazi. Quantifying the relative contribution of the climate and direct human impacts on mean annual streamflow in the contiguous United States[J]. Water Resources Research, 2011, 47(10):W00J12.

[14] Q Liu, Z Yang, B Cui, et al. Temporal trends of hydro-climatic variables and runoff response to climatic variability and vegetation changes in the Yiluo River basin, China[J]. Hydrological Processes, 2009, 23(21):3030-3039.

[15] I Chawla, P P Mujumdar. Isolating the impacts of land use and climate change on streamflow[J]. Hydrol. Earth Syst. Sci. Discuss., 2015, 12(2):2201-2242.

[16] S Wang, M Yan, Y Yan, et al. Contributions of climate change and human activities to the changes in runoff increment in different sections of the Yellow River[J]. Quat. Int., 2012, 282:66-77.

[17] T Liu, P Willems, X W Feng, et al. On the usefulness of remote sensing input data for spatially distributed hydrological modelling: case of the Tarim River basin in China[J]. Hydrol. Proc., 2012, 26(3):335-344.

[18] J D Stednick. Monitoring the effects of timber harvest on annual water yield[J]. J. Hydrol., 1996, 176:79-95.

[19] H F Liu, Q K Zhu, Z F Sun, et al. Effects of different land uses and land mulching modes on runoff and silt generations on Loess slopes[J]. Agricul. Res. Arid Areas, 2005, 23(02):137-141.

[20] Meginnis H G. Increasing water yields by cutting forest vegetation[C]. Symposium of Hannoversch-Munden. Publ. 1959, 48: 59-68.

[21] Burgy R H, Papazafiriou Z G. Vegetative management and water yield relationships[C]. In Proceedings of the 3rd International

Seminar for Hydrology Professors, Purdue University, Lafayette, IN, USA, 18-31 July 1971.

[22] J M v Bosch, J Hewlett. A review of catchment experiments to determine the effect of vegetation changes on water yield and evapotranspiration[J]. J. Hydrol., 1982, 55(1):3-23.

[23] S Wang, Y Wang, L Ran, et al. Climatic and anthropogenic impacts on runoff changes in the Songhua River basin over the last 56years (1955–2010), Northeastern China[J]. Catena, 2015, 127:258-269.

[24] J Guo, Z Zhang, J Zhou, et al. Decoupling streamflow responses to climate variability and land use/cover changes in a watershed in Northern China[J]. JAWRA, 2014, 50(6):1425-1438.

[25] J Chen, X Li. The impact of forest change on watershed hydrology--Discussing some controversies on forest hydrology[J]. J. Nat. Res., 2000, 16(5):474-480.

[26] X Zhang, L Zhang, J Zhao, et al. Responses of streamflow to changes in climate and land use/cover in the Loess Plateau, China[J]. Water Res. Res., 2008, 44(7)

[27] C Zhang, B Zhang, W Li, et al. Response of streamflow to climate change and human activity in Xitiaoxi river basin in China[J]. Hydrol. Proc., 2014, 28(1):43-50.

[28] W Rust, R Corstanje, I P. Holman, et al. Detecting land use and land management influences on catchment hydrology by modelling and wavelets[J]. J. Hydrol., 2014, 517:378-389.

[29] W Y Sun, M G Bosilovich. Planetary boundary layer and surface layer sensitivity to land surface parameters[J]. Bound-Lay. Meteorol., 1996, 77(3-4):353-378.

[30] Y L Yao, X G Lv, L Wang. A review on study methods of effect of land use and land cover change on watershed hydrology[J]. Wetland Sci., 2009, 7(01):83-88.

[31] W Liu, X Wei, S Liu, et al. How do climate and forest changes affect long-term streamflow dynamics? A case study in the upper reach of Poyang River basin Ecohydrology Early View[J]. Ecohydrology, 2014:n/a.

[32] T J Baker, S N Miller. Using the Soil and Water Assessment Tool (SWAT) to assess land use impact on water resources in an East African watershed[J]. J. Hydrol., 2013, 486:100-111.

[33] H Memarian, S K Balasundram, J B Talib, et al. KINEROS2 application for land use/cover change impact analysis at the Hulu Langat Basin, Malaysia[J]. Water Environ. J., 2013, 27(4):549-560.

[34] R M B Santos, L F Sanches Fernandes, J P Moura, et al. The impact of climate change, human interference, scale and modeling uncertainties on the estimation of aquifer properties and river flow components[J]. J. Hydrol., 2014, 519:1297-1314.

[35] R Cibin, P Athira, K P Sudheer, et al. Application of distributed hydrological models for predictions in ungauged basins: a method to quantify predictive uncertainty[J]. Hydrol. Proc., 2014, 28(4):2033-2045.

[36] G Wang, J Zhang, Q Yang. Attribution of Runoff Change for the Xinshui River Catchment on the Loess Plateau of China in a Changing Environment[J]. Water, 2016, 8(6):267.

[37] L J Li, L Zhang, H Wang, et al. Assessing the impact of climate variability and human activities on streamflow from the Wuding River basin in China[J]. Hydrological Processes, 2007, 21(25):3485-3491.

[38] H Ma, D Yang, S K Tan, et al. Impact of climate variability and human activity on streamflow decrease in the Miyun Reservoir catchment[J]. Journal of Hydrology, 2010, 389(3-4):317-324.

[39] Z Ma, S Kang, L Zhang, et al. Analysis of impacts of climate variability and human activity on streamflow for a river basin in arid region of northwest China[J]. Journal of Hydrology, 2008, 352(3-4):239-249.

[40] F Li, G Zhang, Y Xu. Separating the Impacts of Climate Variation and Human Activities on Runoff in the Songhua River Basin, Northeast China[J]. Water, 2014, 6(11):3320-3338.

[41] J Chang, H Zhang, Y Wang, et al. Assessing the impact of climate variability and human activities on streamflow variation[J]. Hydrology and Earth System Sciences, 2016, 20(4):1547-1560.

[42] A Montenegro, R Ragab. Hydrological response of a Brazilian semi-arid catchment to different land use and climate change scenarios: a modelling study[J]. Hydrological Processes, 2010, 24(19):2705-2723.

[43] G Wang, J Xia, J Chen. Quantification of effects of climate variations and human activities on runoff by a monthly water balance model: A case study of the Chaobai River basin in northern China[J]. Water Resources Research, 2009, 45

[44] Q Zhao, B Ye, Y Ding, et al. Coupling a glacier melt model to the Variable Infiltration Capacity (VIC) model for hydrological modeling in north-western China[J]. Environ. Earth Sci., 2013, 68(1):87-101.

[45] M Wortmann, V Krysanova, Z W Kundzewicz, et al. Assessing the influence of the Merzbacher Lake outburst floods on discharge using the hydrological model SWIM in the Aksu headwaters, Kyrgyzstan/NW China[J]. Hydrol. Proc., 2014, 28(26):6337-6350.

[46] H Zhou, X Zhang, H Xu, et al. Influences of climate change and human activities on Tarim River runoffs in China over the past half century[J]. Environ. Earth Sci., 2012, 67(1):231-241.

[47] D Duethmann, T Bolch, D Farinotti, et al. Attribution of streamflow trends in snow and glacier melt-dominated catchments of the TarimRiver, Central Asia[J]. Water Res. Res., 2015, 51:4727–4750.

[48] G Y Wang, Y P Shen, H Chao, et al. Runoff changes in Aksu River Basin during 1956_2006 and their impacts on water availability for Tarim River[J]. J. Glaciol. Geocryol., 2008, 30(04):562-568.

[49] Y Jiang, C H Zhou, W M Cheng. Analysis on runoff supply and viriation characteristics of Aksu Drainage Basin[J]. J. Nat. Res., 2005, 20(1):27-34.

[50] G Wang, Y Shen, J Zhang, et al. The effects of human activities on oasis climate and hydrologic environment in the Aksu River Basin, Xinjiang, China[J]. Environ. Earth Sci., 2010, 59(8):1759-1769.

[51] Y Fan, Y Chen, W Li. Increasing precipitation and baseflow in Aksu River since the 1950s[J]. Quat. Int., 2014, 336:26-34.

[52] X Zhang, D Yang, X Xiang, et al. Impact of agricultural development on variation in surface runoff in arid regions: a case of the Aksu River Basin[J]. J. Arid Land, 2012, 4(4):399-410.

[53] H Li, Z Jiang, Q Yang. Association of North Atlantic Oscillations with Aksu River runoff in China[J]. J. Geogr. Sci., 2009, 19(1):12-24.

[54] C Xu, Y Chen, Y Chen, et al. Responses of surface runoff to climate change and human activities in the arid region of Central Asia: A case study in the Tarim River Basin, China[J]. Environ. Manage., 2013, 51(4):926-938.

[55] M Shabiti, J L Hu. Land use change in Aksu River Basin in 1957-2007 and its hydrological effects analysis[J]. J. Glaciol. Geocryol., 2011, 33(1):182-189.

[56] J Lu, G Sun, S G McNulty, et al. A comparison of six potential evapotranspiration methods for regional use in the southeastern United States1[J]. JAWRA, 2005, 41(3):621-633.

[57] G H Hargreaves, Z A Samani. Reference crop evapotranspiration from temperature[J]. Appl. Eng. Agric., 1985, 1(2):96-99.

[58] R G Allen, L S Pereira, D Raes, et al. Crop evapotranspiration-Guidelines for computing crop water requirements-FAO Irrigation and drainage paper 56[J]. FAO, Rome, 1998, 300(9):D05109.

[59] B Erhan. Fifty years in Xinjiang[M]. Historical accounts press: China, 1984.

[60] H B Mann. Nonparametric tests against trend[J]. Econometrica, 1945:245-259.

[61] M G Kendall. Rank Correlation Methods[M]. C. Griffin, 1948.

[62] F Y Wei. Modern climatic statistical diagnosis and prediction technology[M]. China Meteorological Press: BeiJing, 1999.

[63] J G Arnold, D N Moriasi, P W Gassman, et al. SWAT: Model use, calibration, and validation[J]. Trans. ASABE, 2012, 55(4):1491-1508.

[64] J Guo, X Su, V Singh, et al. Impacts of Climate and Land Use/Cover Change on Streamflow Using SWAT and a Separation Method for the Xiying River Basin in Northwestern China[J]. Water, 2016, 8(5):192.

[65] S Sun, H Chen, W Ju, et al. Assessing the future hydrological cycle in the Xinjiang Basin, China, using a multi-model ensemble and SWAT model[J]. Int. J. Climatol., 2014, 34(9):2972-2987.

[66] K Pearson. Mathematical contributions to the theory of evolution[M]. Dulau and co.: London, 1904.

[67] S Yue, C Y Wang. Applicability of prewhitening to eliminate the influence of serial correlation on the Mann-Kendall test[J]. Water Resources Research, 2002, 38(6):41-47.

[68] J G Arnold, R Srinivasan, R S Muttiah, et al. Large area hydrologic modeling and assessment part I: Model development[J]. JAWRA, 1998, 34(1):73-89.

[69] A van Griensven, T Meixner, S Grunwald, et al. A global sensitivity analysis tool for the parameters of multi-variable catchment models[J]. Journal of Hydrology, 2006, 324(1-4):10-23.

[70] K C Abbaspour, M Vejdani, S Haghighat. SWAT-CUP Calibration and Uncertainty Programs for SWAT[J]. MODSIM 2007 International Congress on Modelling and Simulation, Modelling and Simulation Society of Australia and New Zealand, 2007:1596-1602.

[71] A Y Hoekstra, A K Chapagain. Water footprints of nations: Water use by people as a function of their consumption pattern[J]. Water Res. Manage., 2006, 21(1):35-48.

[72] X H Wang, Z M Xu, Y H Li. A rough estimate of water footprint of Gansu Province in 2003[J]. J. Nat. Res., 2005, 20(06):909-915.

[73] Q Zhang, V P Singh, J Li, et al. Spatio-temporal variations of precipitation extremes in Xinjiang, China[J]. J. Hydrol., 2012, 434:7-18.

[74] J Xu, Y Chen, W Li, et al. Understanding temporal and spatial complexity of precipitation distribution in Xinjiang, China[J]. Theor. Appl. Climatol., 2016, 123(1-2):321-333.

[75] A Sorg, T Bolch, M Stoffel, et al. Climate change impacts on glaciers and runoff in Tien Shan (Central Asia)[J]. Nat. Clim. Change, 2012, 2(10):725-731.

[76] H Lei, D Yang, M Huang. Impacts of climate change and vegetation dynamics on runoff in the mountainous region of the Haihe River basin in the past five decades[J]. J. Hydrol., 2014, 511:786-799.

[77] J Xu, Y Chen, F Lu, et al. The Nonlinear trend of runoff and its response to climate change in the Aksu River, western China[J]. Int. J. Climatol., 2011, 31(5):687-695.

[78] H Ling, H Xu, J Fu. Temporal and spatial variation in regional climate and its impact on runoff in Xinjiang, China[J]. Water Res. Manage., 2012, 27(2):381-399.

[79] D C Zhou, G P Luo, C Y Yin, et al. Land use/cover change of the Aksu River Watershed in the period of 1960-2008[J]. J. Glaciol. Geocryol., 2010, 32(02):275-284.

黄河内蒙古三头河段输沙量及输沙水量的变化规律研究

秦毅，吴秋琴，李子文，李时，刘强

（西安理工大学 西北旱区生态水利工程国家重点实验室培育基地，西安 710048）

摘　要：在分析实测输沙量与流量关系的基础上，建立了以造床流量为参数且考虑上站含沙量及前期淤积量影响的非幂函数关系的输沙量计算模型，并与现有模型比较说明了其合理性。以该模型为基础分析输沙量与输沙水量的变化规律。分析得出，输沙量与河道造床流量有关，河道造床流量越大输沙能力越强；流量对输沙量的影响最大，含沙量越大输沙量增加河床越易淤积，前期累积淤积量增大，输沙量会减小，河床更倾向于淤积。造床流量越大的河道输沙效率越强，对于在一定造床流量下的河床，其最小输沙水量对应的流量为定值，造床流量在 1800~3600m³/s 下，其最小输沙水量对应流量为 1000~2000m³/s。含沙量和前期冲淤量对输沙水量的影响与河床发生冲淤情况有关，上游来沙很小时流量相同情况下输沙效率变大但输沙量明显减小，而上游来沙大则河床容易淤积。综合分析，造床流量越大，随着输沙流量和输送泥沙量的增加，单位输沙水量越小即越高效。

关键词：输沙量；输沙水量；输沙规律；造床流量；三头河段

　　内蒙古河道河槽萎缩的严峻形势[1-3]是近期很多学者研究的头号对象，冲积河流的河道泥沙输移及冲淤过程的影响因素众多，大量研究表明，河道的实际输沙率不仅与本站的水流条件有关，而且还与上游的来沙条件有关，呈现出"多来多淤多排"的特点，吴保生[4-5]经过分析研究，在输沙率一般经验公式[6-7]的基础上增加了临界输沙水量、前期累积冲淤量、干支流泥沙粒径，考虑因素较为全面，给出内蒙古河道三个水文站的年、汛期、非汛期的输沙量计算公式，拟合结果较为满意。虽然新增因子均具有一定的物理意义，但对输沙量计算的实际贡献中临界输沙水量和粒径影响较小，前期累积冲淤量的考虑有明显增加输沙量计算精度。

　　虽然近些年河槽萎缩情况减缓[8]，但并未改变内蒙古河道严峻形势。河槽萎缩是因为泥沙淤积，增加河道输沙是解决河道淤积抬高的根本。而现今水资源的短缺让人不得不思考如何高效的用水输沙并对河道有利，河道输沙水量的研究刻不容缓。输沙水量的分析研究早在黄河下游开展，并取得一定成果，严军[9]将众多学者提出的输沙水量概念归为 3 类并总结给出定义：输沙水量是在一定水沙条件和河床边界条件下将一定量的泥沙输移至下一河段所需的水量。严军的概念也得到大多研究者的认同并计算输沙水量，但没有对输沙水量的变化规律做研究。这里在前人研究基础上以三头河段为例，通过分析三头河段输沙规律，计算输沙水量，探索三头河段输沙量及输沙水量的变化规律，寻找高效输沙水量。

1　河段概况及采用资料

1.1　河段概况

　　三湖河口至头道拐河段（三头河段）属于内蒙古河段的下段，三湖河口至昭君坟为过渡段，长 126km，比降 0.111‰，之间有十大孔兑汇入；昭君坟至头道拐为弯曲型河段，长 174km，比降为 0.098‰，头道拐站是内蒙古河段的控制性基准点。

第一作者简介：秦毅（1959—），女，江苏常州人，教授，研究方向为干旱区水文水资源、河流泥沙。Email: 13571991500@126.com

1.2　采用资料

利用从 1958 年至 2012 年三湖河口站和头道拐站以及十大孔兑日均流量、日均悬移质输沙率资料组成数据，选取每场洪水流量大于 1000m³/s 的 20 日最大洪水过程的流量平均值为基础资料，考虑到 1987 年后水库调度使得洪水流量减小，则 1987 年后的基础资料直接取汛期 20 日最大洪水过程的流量平均值，这样，共取得 68 个次洪平均流量资料。考虑到洪水历时对水沙输移和河床演变的影响，在洪水期中，还选择了 15 日和 10 日最大洪水过程的平均流量，以便进行洪水期的水沙分析和比较。

因有孔兑汇入，三头河段的入口水沙量均为三湖河口加孔兑的水沙量，出口水沙量则为头道拐站水沙量。由于龙、刘两库联调后来水、沙减少，秦毅等[10]的研究表明，头道拐河段的河床冲淤于 1991—1992 年后呈现出不同的特征。这与河床演变随水沙变化的滞后性一致，故将历史资料按照 1958—1991 年和 1992—2012 年划分为两个时段来分别研究。

2　输沙量计算模型

2.1　三头河段输沙公式建立

师长兴[8]通过实测内蒙古河道大断面分析得出影响河道冲淤的主要因素是流量，通过三头河段日均输沙量与日均流量关系图（图 1）分析输沙规律。

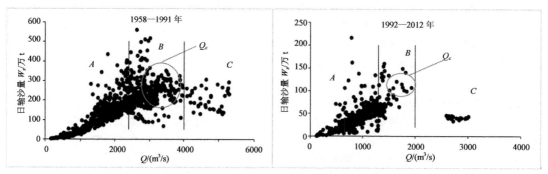

图 1　头道拐站两时段 20 日最大场洪水日均输沙量与日均流量的关系

由图 1 可见，输沙量随流量的增大有先增加后减小的趋势，可以分为 A、B、C 三段。B 段输沙量是所有输沙量中最大的，根据造床流量时输沙量最大的理论，B 段输沙量所对应的流量为造床流量或接近造床流量的部分。在造床流量附近，泥沙输移量大，不仅河道纵向输移阻力大而且沙坡阻力也大，使横向流速增加，加大了侧向冲刷的几率，河床变化最剧烈，这也是为什么图 1 中两时段均表现出在 Q_c 附近出现最大输沙量的散点区；则 A 段为河槽内输沙部分；C 段为上滩流量输沙情况。进一步分析发现，C 段对应的河道多处于淤积状态，产生这种现象的原因可能是上滩后流速减小使水流携带的泥沙落淤。所以呈现非幂函数关系是水沙运动物理过程使然，应该是一种常态。故用式（1）对这种流量输沙量关系进行拟合。

$$W_s = f(Q) = a\left(\frac{Q-Q_0}{Q_c-Q_0}\right)^n \mathrm{e}^{n\left[1-\left(\frac{Q-Q_0}{Q_c-Q_0}\right)\right]} \tag{1}$$

式中：W_s 为输沙量，万 t；Q 为流量，m³/s；Q_c 为输沙量最大时对应的平均流量，其接近造床流量，m³/s；Q_0 为河道能够输沙的最小流量，m³/s；n 为曲线的形态系数；a 为常数。

根据吴保生[4]的研究，输沙量与流量、上站含沙量以及前期累积冲淤量有关，这里也考虑这三个影响因子，建立新的输沙量计算模型：

$$W_s = K\mathrm{e}^{\lambda\frac{\sum\Delta W_s}{W_{sc}}}\left\{\left(\frac{Q-Q_0}{Q_c-Q_0}\right)^n \mathrm{e}^{n\left[1-\left(\frac{Q-Q_0}{Q_c-Q_0}\right)\right]}\right\}^a S_u^{\beta} \tag{2}$$

式中：$\sum \Delta W_S$ 为河段前期冲淤影响的冲淤量，万 t；W_{SC} 为流量 Q_c 对应的最大输沙量，万 t；$\dfrac{\sum \Delta W_S}{W_{SC}}$ 为河道向平衡发展的趋势；K 为系数，无因次；λ、α、β 分别为各影响因子的指数系数，根据实测资料确定；S_u 为上站含沙量，kg/m^3；其他同上。

根据式（2），拟合日均输沙量，相关系数分别为 0.95（1958—1991 年）、0.85（1992—2012 年），结果如图 2 所示，拟合计算 W_s 值基本与实际发生输沙量值重合，可见式（2）可以很好的计算头道拐的输沙量。

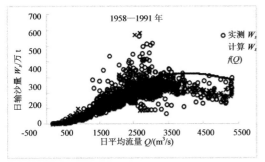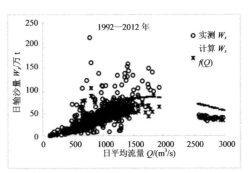

图 2　输沙量拟合与实测输沙量随流量变化比较

2.2　输沙量公式合理性分析

2.2.1　公式的边界条件

（1）Q_0 是河道能够输移泥沙的最小流量，由式（2），当 $Q = Q_0$ 时，$W_s = 0$，所以公式合理。

（2）对于 $\dfrac{\sum \Delta W_S}{W_{SC}}$，$\Delta W_S$ 为上下站输沙量之差，表示河流带沙能力，其与 Q_c 下的输沙量 W_{sc} 之比即表示当前河床输移沙量距离饱和输沙的差异程度，水文上叫饱和差，故物理意义明确。当 $\sum \Delta W_S = 0$ 时，表示前期冲淤平衡，公式中 $e^{\lambda \frac{\sum \Delta W_S}{W_{SC}}} = 0$，即冲淤变化为常数，不对输沙量产生影响，这是合理的。

（3）Q_c 是接近于造床流量的，造床流量是塑造河床的流量，从多年来看，此流量下河道应接近冲淤平衡。由式（2）知，$Q = Q_c$ 时，$\left(\dfrac{Q-Q_0}{Q_c-Q_0}\right)^n e^{\left[1-\left(\frac{Q-Q_0}{Q_c-Q_0}\right)\right]} = 1$，前期冲淤影响也为 1，则 $W_S = W_{SC}$，即最大输沙量且只与上站含沙量有关，而此含沙量接近于挟沙力，因此公式在最大值控制上也合理。

2.2.2　与吴保生公式比较

根据吴保生的三头河段输沙量计算公式[4]，计算 1958—2012 年汛期输沙量，结果与实测输沙量相关系数 $R^2 = 0.944$；用式（2）拟合确定三头河段汛期输沙量，结果与实测输沙量 $R^2 = 0.986$。若以拟合精准度即满足误差 $\dfrac{|W_s - W_{sj}|}{W_s} < 0.2$（其中 W_S、W_{Sj} 分别为实测和计算输沙量）的点据占总点据的百分数来判断，则结果为：吴保生公式拟合精准度达 0.577，式（2）拟合精准度达 0.865。

3　输沙水量的计算

3.1　场洪输沙量的计算公式

3.1.1　历史与近代场洪输沙量公式的拟合

从水资源利用角度，定义一场洪水输送泥沙用了多少水量为输沙水量是有意义的，它也可为上游水库调度提供良好依据。用上述输沙量计算模型对最大 20 日场次洪水输沙量、平均流量、平均上站含沙量以及前期冲淤量（通过分析认为场洪前两日的冲淤量对场洪输沙量影响最大）拟合 20 日历时洪水的输沙量计算公式如下。

对 1958—1991 年拟合的头道拐输沙量计算公式：

$$W_s = 1855.5e^{-3.29\frac{\sum \Delta W_s}{5400}}\left\{\left(\frac{Q-80}{3550-80}\right)^{2.6}e^{2.6\left[1-\left(\frac{Q-80}{3550-80}\right)\right]}\right\}^{0.847} S_u^{0.413} , \quad R^2 = 0.96 \quad （3）$$

对 1992—2012 年拟合的头道拐输沙量计算公式：

$$W_s = 641.6e^{0.33\frac{\sum \Delta W_s}{1400}}\left\{\left(\frac{Q-80}{1800-80}\right)^{2.6}e^{2.6\left[1-\left(\frac{Q-80}{1800-80}\right)\right]}\right\}^{0.743} S_u^{0.296} , \quad R^2 = 0.84 \quad （4）$$

其拟合精准度分别为 0.884、0.72，拟合结果见图 3，并点绘输沙量计算值与实测值的相关图（$W_{sj} \sim W_s$），用 45°线检验，可见拟合输沙量与实测输沙量大体接近，拟合结果较好。

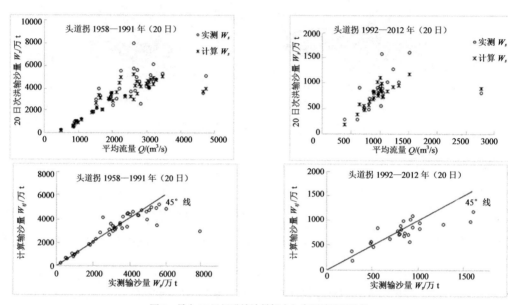

图3　最大20日场洪输沙量拟合与实测输沙量比较

3.1.2　不同造床流量下头道拐输沙量计算公式

由于来水来沙的减小及河床演变，造床流量由历史上的 3600~5800m³/s 减少到现今的 1100~3600m³/s，两时段拟合的 Q_c（3500m³/s，1800m³/s）分别代表历史和近代三头河道的造床流量，则可通过插值得到其他造床流量下的头道拐输沙量计算公式，插值得到的参数系数见表 1。

表 1　头道拐站不同造床流量下输沙量计算公式参数系数值

河床	Q_c/(m³/s)	W_{sc}/万 t	Q_0/(m³/s)	k	λ	n	α	β
1	1800	1400	80	641.6	0.33	2.6	0.743	0.296
2	1975	1800	80	762.9	−0.03	2.6	0.753	0.307
3	2150	2200	80	884.3	−0.39	2.6	0.764	0.319
4	2325	2600	80	1005.7	−0.76	2.6	0.774	0.331
5	2500	3000	80	1127.1	−1.12	2.6	0.785	0.343
6	2675	3400	80	1248.5	−1.48	2.6	0.795	0.354
7	2850	3800	80	1369.9	−1.84	2.6	0.806	0.366
8	3025	4200	80	1491.3	−2.21	2.6	0.816	0.378
9	3200	4600	80	1612.7	−2.57	2.6	0.826	0.390
10	3375	5000	80	1734.1	−2.93	2.6	0.837	0.401
11	3550	5400	80	1855.5	−3.29	2.6	0.847	0.413

3.2　三头河段输沙水量分析

由上述拟合和插值出的输沙量计算公式，假定河道流量、入口含沙量、前期冲淤量就可以求得出口的输沙量。用严军[9]输沙水量计算公式即可求得给定的来水来沙及河床边界条件下的三头河段输沙水量。单位输沙水量是输沙水量与输沙量的比值，单位输沙水量越小表明单位沙用的水量越少，更能体现输沙能力，输沙更高效，故以下用单位输沙水量作分析。

3.2.1　三头河段输沙水量与流量的关系

给定入口含沙量、前期冲淤量，计算不同流量下的头道拐在各造床流量下输沙量及单位输沙水量，单位输沙水量 q' 与流量 Q 的关系如图 4（$S_u = 5 \text{kg/m}^3$，$\sum \Delta W_S = 0$ 时）。可见，q' 随 Q 的增大有先增加后减小的趋势。同流量下，造床流量越大，q' 越小，也即造床流量越大的河床有更强的输沙能力；对于所有造床流量情况，$Q < 1000 \text{m}^3/\text{s}$ 时，q' 随流量的增加迅速的减小，各造床流量下有最小的 q'，且随 Q_c 的增大，其最小 q' 减小，最小 q' 对应的流量在增大；Q 在最小 q' 对应流量附近时，q' 随 Q 的变化缓慢；$Q > Q_c$ 时，q' 随 Q 的增大增加，增大幅度小于 $Q < 1000 \text{m}^3/\text{s}$ 时的减小幅度。改变入口含沙量和前期冲淤量，上述关系不变，且各造床流量的最小 q' 对应 Q 不变，也即对于任意含沙量和前期冲淤影响在此流量下 q' 相对其他流量下的 q' 都是最小 q'，统计出各造床流量下最小 q' 对应 Q 见表 2。

表 2　各造床流量下最小 q' 对应的流量　　　　　　　　　　　　单位：m^3/s

Q_c	1800	1975	2150	2325	2500	2675	2850	3025	3200	3375	3550
q' 最小时的 Q	1000	1100	1200	1300	1400	1500	1600	1700	1800	1900	2000

3.2.2　三头河段输沙水量与上站含沙量的关系

用表 2 中的流量，假定前期冲淤量就可以得出不同含沙量下的头道拐输沙量和单位输沙水量，且此单位输沙水量都是相对高效的，结果见图 5（最小 q' 对应的 Q，$\sum \Delta W_S = 0$ 时）。图 5 表明单位输沙水量 q' 随上站来沙量有先增大后减小的趋势，且增加率大于减小率；图 5 同样表现出在同来沙条件下 Q_c 越大 q' 越小时造床流量越大的河床输沙更高效，通过计算冲淤量 $\sum \Delta W_S$（上下站输沙量之差），发现出现最大 q' 时河段处于冲淤平衡，当来沙量小于最大 q' 对应的 S_u 时河段冲刷，来沙量大于最大 q' 对应的 S_u 时河段淤积；而 Q_c 越大对应最大 q' 也即发生冲淤平衡时的 S_u 越大，说明 Q_c 越大能输更多的沙。

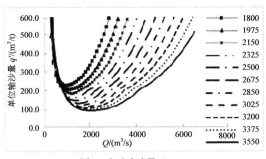

图 4　各造床流量下 $q' \sim Q$

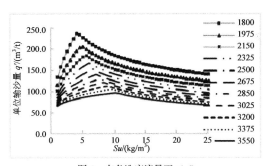

图 5　在各造床流量下 $q' \sim S_u$

3.2.3　前期冲淤量的影响

相对来说，前期冲淤量对河道输沙的影响小于来流量及来沙量的影响。一般来说，前期冲淤量 $\sum \Delta W_S$ 正的越大，河槽淤积萎缩，河道输沙会减小，$\sum \Delta W_S$ 负的越大，河道前期冲刷，有利于河道输沙，输沙量增大，故在式（2）中，λ 一般为负值。λ 负的越大，前期冲淤量影响越大，定 Q、定 S_u、改变 $\sum \Delta W_S$ 发现前期冲淤量对河床造床流量越小的影响越大，$\sum \Delta W_S$ 正的越大，河床易发生淤积，单位输沙水量 q' 整体增大，即不利于河道输沙；反之，$\sum \Delta W_S$ 负的越大，有利于河道输沙。对近代三头河段的输沙量拟合式（4）中 $\lambda = 0.33$ 为正，则可能与来沙粒径及河床质细化有关，而 λ 越趋于 0，前期冲淤量对河道输沙的影响就越小，从拟合结果看，前期冲淤量对近代河床输沙影响较小。

5　结语

（1）输沙量与流量、含沙量、前期累积冲淤量有关，输沙量随流量增加有先增大后减小的趋势。输沙量与河道造床流量有关，河道造床流量越大输沙能力越强，在造床流量附近有最大输沙量，此输沙量计算公式可以很好的拟合三头河段输沙。

（2）含沙量对输沙量的影响小于流量的影响，含沙量越大输沙量增加河床越易淤积，前期累积淤积量对输沙量影响更小，前期淤积输沙量会减小河床倾向淤积，反之，输沙量增加河床易冲刷。

（3）对于在一定造床流量下的河床，其最小输沙水量对应的流量为定值；三头河段从历史到近代造床流量由 3600m³/s 左右变化到 1800m³/s 左右，其变化造床流量下最小输沙水量对应的流量为2000~1000m³/s。含沙量和前期冲淤量对输沙水量的影响与河床发生冲淤情况有关，同流量下，河床发生冲淤平衡时的单位输沙水量最大。

（4）对于河道来说，造床流量越大的河道有更强的输沙能力和输沙效率。河道来流量小于 1000 m³/s 时，增加流量单位输沙水量会迅速减小输沙效率明显增强，而在最小单位输沙水量对应流量附近增流流量对输沙效率影响较小。上游来沙很小时流量相同情况下输沙效率变大但输沙量明显减小，而上游来沙大则河床容易淤积。

（5）综合分析，造床流量越大，随着输沙流量和输送泥沙量的增加，单位输沙水量越小即越高效。由上述规律，可进一步分析得到有利于河道的高效输沙流量。

参考文献

[1] 侯素珍，常温花，王平，等. 黄河内蒙古河道萎缩特征及成因[J]. 人民黄河，2007，29(1).

[2] 龙虎，杜宇，邬虹霞，等. 黄河宁蒙河段河道淤积萎缩及其对凌汛的影响[J]. 人民黄河，2007，29(3):25-26.

[3] 申冠卿，张原锋，侯素珍，等. 黄河上游干流水库调节水沙对宁蒙河道的影响[J]. 泥沙研究，2007(1):67-75.

[4] 吴保生，刘可晶，申红彬，等. 黄河内蒙古河段输沙量与淤积量计算方法[J]. 水科学进展，2015，26(3):311-321.

[5] 王彦君，吴保生，王永强，等. 黄河内蒙古河段非汛期和汛期冲淤量计算方法[J]. 地理学报，2015，70(7):1137-1148.

[6] 赵业安，周文浩，费翔俊，等. 黄河下游河道演变基本规律[M].郑州：黄河水利出版社，1998.

[7] 梁志勇，姚文广，李文学，等. 多沙河流的河性[M].北京：中国水利水电出版社，2003.

[8] 师长兴. 黄河上游内蒙古段河床演变及其与水沙变化的关系[J]. 地理科学，2016，36(6):895-901.

[9] 严军. 小浪底水库修建后黄河下游河道高效输沙水量研究[D]. 北京：中国水利水电科学研究院，2003.

[10] 秦毅，张晓芳，王凤龙，等. 黄河内蒙古河段冲淤演变及其影响因素[J]. 地理学报，2011，66(3):324-330.

现状条件下渭河的河床演变趋势*

秦毅，刘子平，陈星星，李时，闫丹丹

（西安理工大学西北旱区生态水利工程国家重点实验室培育基地，西安 710048）

摘 要：渭河是黄河的第一大支流，具有水沙异源的典型特征，且渭河近些年来发生小水大灾的频次增多，作为陕西人民的母亲河，近几年经过对堤防河道的一系列治理，其边界条件已经发生了改变，在近期来水来沙条件下，渭河的河床将会处于冲淤平衡的状态，本文对渭河的近期治理成效做出分析，为今后渭河的控制生态治理提供科学管理依据。

关键词：来水来沙条件；现状边界条件；泥沙冲淤情况

1 引言

渭河是黄河第一大支流，于潼关的港口注入黄河，全长 818km，流域总面积 13.5 万 km²（图 1）。支流泾河于陕西高陵县泾渭堡附近入渭，全长 455.1km，流域面积 4.54 万 km²，陕西省境内流域面积 0.94万 km²，占全流域的 20.7%；支流北洛河发源于陕西省，于河口附近大荔县注入渭河，控制水文站朝邑站以上流域面积 2.68 万 km²。渭河下游主要控制水文站为咸阳、临潼、华县，泾河主要控制水文站为张家山，北洛河主要控制水文站为状头。

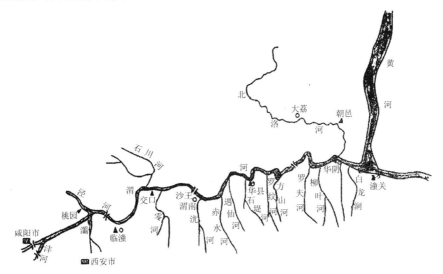

图 1　渭河下游各河流平面布置图

渭河下游自三门峡水库投入运行以来，河道泥沙迅速淤积，致使河底高程不断抬高，局部地区形成地上悬河，河道防洪形势日益严重[1]。王桂娥等[2]研究历史时期及现代条件时渭河下游河道的演变规

*基金项目：陕西水利科技计划项目（编号：2014slkj-01）。

第一作者简介：秦毅（1959—），女，江苏常州人，教授，博士，主要从事水文水资源、河流泥沙工作。Email:13571991500@126.com

律，分析其水沙条件和三门峡水库运用方式变化对下游河道以及潼关高程的影响，认为自 1986 年以来由于不利的水沙搭配条件造成渭河下游泥沙淤积加剧，所以需要加大渭河主要产沙区以及河道的治理力度，来缓解河道泥沙淤积的发展局面。杜殿勋等[3]根据大量资料分析论证，在三门峡水库建库前，咸阳至泾河口段河床接近冲淤平衡；泾河口至赤水为冲淤平衡向微淤性过渡的河段；赤水至河口为微淤性河段。

为了遏制河道淤积发展、减轻堤防防洪压力，缓解水土流失的情况，自 20 世纪 70 年代以来渭河流域开展了一系列的水利水保措施，包括修筑淤地坝、改变坡面汇流、修建小水库、灌溉农田以及"封山育林"等水土保持措施。为了解决渭河防洪与生态环境问题，2011 年渭河河道综合治理工程于 2010 年开始实施，在 2015 年基本完成，这些大量的人类活动以及变化的天然降雨情况改变了渭河流域的产水产沙条件，同时河道的现状边界条件也发生了一定的变化。

2 来水来沙条件变化分析

2.1 径流量和输沙量变化

根据 1958—2014 年渭河下游干流咸阳站、华县站，支流泾河张家山站、北洛河状头站的水量和沙量的资料，以水文年作为研究尺度，套汇历年径流量和输沙量累积量变化曲线（见图 2）。根据图 2 中各控制水文站的径流量和输沙量的双累积曲线变化特点，分析认为各站的曲线在 1993 年附近的变化趋势发生了一定的变化。在此以 1993 年划分时间段，分别统计前期（1958—1993 年）、近期（1994—2015 年）的渭河下游流域各水文站汛期、年平均径流量和输沙量、汛期占全年的比例以及近期相对于前期径流量和输沙量减小程度作为特征值，分析这些特征值的变化见表 1。分析发现渭河下游流域历年的径流量和输沙量均呈下降趋势，在 1958—1993 年期间水量和沙量均逐渐减小，并在 1993—2003 年期间维持了 10 年左右的历史最低状态，2003 年之后水量和沙量均有一定程度的增加，但增加幅度较小，目前依然处于少水少沙的状态。

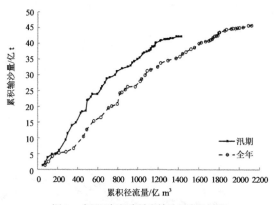

图 2 咸阳站年径流量和输沙量变化过程

从图 2 咸阳站汛期径流量和输沙量变化过程，可以看出径流量与输沙量同比增长，随着累积年份增加，输沙量的增长速度相比径流量有所下降，到近期，沙量的减少更为明显，而年径流量与输沙量的关系与汛期的保持一致。

图 3 中华县站汛期径流量与输沙量最开始同比增长，之后沙量的增长速率下降，后又直线上升，在近期沙量的减少相比历史时期更为明显，可明显看出沙量的增加幅度远远小于水量；而在支流张家山站（图 4）中，由于沙量较大，且集中于汛期，所以汛期与全年的累积曲线基本重合，张家山的累积沙量与水量在历史时期基本增长速率相同，在近期虽有下降趋势，但并不明显，在曲线末端还有反弹的趋势，需继续观察；状头站（图 5）在历史时期有减小的趋势，紧接着沙量的增长速率回升，在近几年，下降明显，沙量的增长速率几乎为零，与渭河干流站的来水来沙情况保持一致。

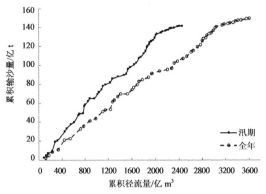

图 3 华县站年径流量和输沙量变化过程

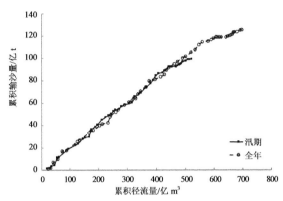

图 4 张家山站年径流量和输沙量变化过程

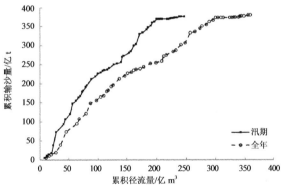

图 5 状头站年径流量和输沙量变化过程

表 1 渭河下游流域主要测站不同时期径流量和输沙量对比

站名/年代	1958—2015 年		1958—1993 年		1994—2015 年		减幅/%	
	径流量/亿 m³	输沙量/亿 t	径流量/亿 m³	输沙量/亿 t	径流量/亿 m³	输沙量/亿 t	径流量	输沙量
咸阳	38.25	0.83	47.18	1.18	22.95	0.26	51.35	78.09
华县	65.91	2.72	74.19	3.4	47.97	1.31	35.33	61.56
张家山	12.51	2.58	14.83	3.03	7.5	1.38	49.45	54.42
状头	6.5	0.75	7.29	0.93	4.8	0.26	34.13	72.63

注：减幅是指近时期（1994—2015 年）相对前期（1958—1993 年）的减少幅度。

对比表 1 中各控制水文站的年径流量和年输沙量的变化趋势可以看到，同一水文站两个不同时间段的径流量和输沙量的变化趋势基本一致。径流量和输沙量的多年均值在近期（1994—2015 年）相对于前期（1958—1993 年）均有一定程度的下降，对比径流量和输沙量的减小幅度可以看到，沙量的减少更为明显。

为了进一步说明渭河下游流域径流量、输沙量序列的变化趋势，本次采用 Kendall 秩次相关检验法及经典重标极差法（R/S 分析法）对年径流量和年输沙量系列进行趋势性、持续性分析，见表 2。年径流量和年输沙量系列的检验统计量 U 均为负值，表明系列有减少趋势，$|U| < U_{\alpha/2} = 1.96$，干、支流水文站的年径流量系列以及干流水文站的年输沙量系列均为显著减小；各水文站的 Hurst 值均大于 0.5，表示序列趋势保持正持续性，即在未来一段时间内年径流量和输沙量有可能会保持减小的趋势。

表 2　径流量和输沙量系列趋势性及持续性检验结果表

站名	年径流量系列			年输沙量系列		
	检验统计量 U	趋势性	Hurst 值	检验统计量 U	趋势性	Hurst 值
咸阳	−7.54	显著减小	0.81	−4.83	显著减小	0.85
华县	−8.00	显著减小	0.77	−5.92	显著减小	0.78
张家山	−7.34	显著减小	0.75			
状头	−8.18	显著减小	0.67			

2.2　输沙率变化

绘制渭河下游四个水文站历年的年均输沙率变化曲线见图 6 和图 7，通过分析计算可知，渭河干流咸阳和华县水文站呈现出一致的变化趋势，即随着时间的推移整体呈现下降的趋势，两个水文站输沙率在时间上具有大体同步变化的特征，均经历了 20 世纪 60 年代至 70 年代初的相对丰沙期，70 年代中期至 80 年代的少沙期和近代的枯沙期，年输沙率基本从 90 年代至今均保持较低的状态，在 2005 年之后达到了历史上的最小值。咸阳水文站 1992 年之前的多年平均输沙率为 3.83 t/s，1993 年以后的多年平均输沙率为 0.84t/s，减小幅度约为 78%；华县水文站 1992 年之前的多年平均输沙率为 10.82 t/s，1993 年以后的多年平均输沙率为 5.55 t/s，减小幅度约为 48%；从上游至下游，华县年输沙率明显高于咸阳站，但是输沙率的减小幅度越来越小，自 1975 年之后两个水文站间输沙率的数值差异越来越小。

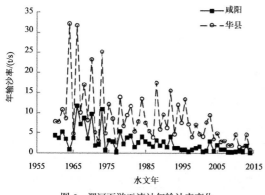

图 6　渭河下游干流站年输沙率变化

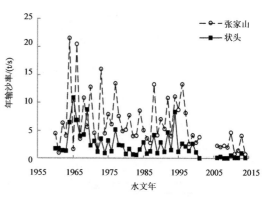

图 7　渭河下游支流站年输沙率变化

渭河支流泾河上的张家山水文站在 1960—1995 年之间，输沙率经历了下降又有所增加的变化过程，在 1985 年左右达到这一变化趋势的谷底，谷底值为 2.75t/s，1986—1995 年输沙率有小幅度的上升过程，在 1995 年左右达到最大值，但此时的最大值为 26.45t/s，1996 年之后基本保持在 5t/s 以下波动；北洛河上的状头站年输沙率变化基本同张家山站，但输沙率值相对于张家山站较小。

2.3　来沙系数变化

绘制渭河下游四个水文站历年的年来沙系数变化曲线见图8和图9。

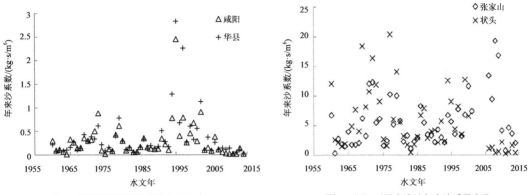

图8　渭河下游干流站年来沙系数变化　　　　图9　渭河下游支流站年来沙系数变化

通过分析计算可知，渭河干流咸阳和华县水文站来沙系数在1993年之前变化并不突出，有增有减但均值基本维持在0.25左右；在1993—2003年间汛期来沙系数大大增加达到历史之最，基本大于0.35（除1998年、1999年），最高达到2.8；2003年之后，所有的来沙系数又大幅度的下降，并且降低到历史最低，多年平均值同汛期的来沙系数相当约为0.11。

支流泾河上的张家山站年来沙系数在1965—1972年逐渐增大，但未超过20，1972—1981年有所下降，1982—2002年基本保持较低的数值有增有减，但幅度均不明显，在2006年后保持较低的数值（除去2015年数值相对较大）且变化很小；北洛河上的状头站：年来沙系数在1965—1983年呈现增大又减小的变化趋势，在1972年达到极大值，1983—1997年逐渐增大但未到1972年的程度，2005年之后汛期来沙系数基本一直在下降，并且已达到历史最低的水平，相对于渭河干流各站的来沙系数变化，支流泾河以及北洛河的变化幅度并没有干流明显，具有平稳变化的特征。

综上分析结果发现，无论干流还是支流，输沙率的变化趋势同径流量和输沙量的变化趋势一致，即各水文站整体均呈现下降的趋势，且在20世纪90年代中期附近出现变化明显，这一时间段也同水量、沙量变化保持很好的同步性。各个水文站来沙系数的变化趋势有自己的特点，但干流站来沙系数变化明显差异的时间段同样出现在20世纪90年代中期至2010年，这一时间段恰恰是水量、沙量分析的结果中出现变异点或者下降趋势明显的时段。

3　治理前后河道边界条件的变化

3.1　河道形态参数及其变化特征

（1）河道地形的变化。渭河中下游典型河床断面的滩槽宽度变化较大，河槽展宽刷深，行洪能力加大，断面过水面积增大，河道基本呈冲刷现象。渭河河道综合治理前堤防里程短，且堤防基础不够稳固，隐患较严重，遇到洪水可能发生不同的险情。治理后不仅堤防加长，堤身也全部进行了加宽培厚，增大部分坡段的坡比降，使之更加稳固，同时，在堤防的临水侧实行种植绿化，依此提高了渭河的生态效应及行洪能力；而且对部分河段还采取了裁弯取直的工程措施；这些措施的实施使干流堤防的各断面形态发生改变，而河槽底部地形并未受到影响。

河道整治工程对河势的演变具有限制作用，工程的修建，强化了河床边界条件，使游荡河段河势游荡范围明显减小；河道整治工程布点、长度完善的河段，限制了河湾的发育，使弯曲河段河势稳定，河道地形在典型断面上也发生了相应的变化。

（2）河槽形态的变化。渭河中游主槽形态变化不大，2011年以前处于微冲的动态平衡，每年的冲淤量不大，河槽持续冲刷，河势平面变化小，中水河槽与流路稳定，深弘刷深1～2m，部分河段发生冲刷塌岸。渭河下游主槽面积经历了由小变大又由大变小，综合整治以来，主槽面积持续增大，治理之后主槽水面宽度又逐渐有所拓宽，个别断面目前为主槽最宽时期，河道较为顺直，趋于稳定。

（3）泥沙的组成变化。渭河中游主槽岩性以中粗砂、含砾中粗砂及卵石为主，渭河下游河床具有典型的上下二元结构，底层上部河流漫滩为黏质沙土，下部河床为砂砾石层，整治后均匀系数有缓慢增大的趋势，河床质泥沙粒组分布变广，级配趋于良好，且细颗粒比重减少，粗颗粒增多。

（4）造床流量及过洪能力的变化。治理后造床流量增加，过洪能力大大增加。由表 3 中统计数字可以看出渭河全线综合整治前，2010 年咸阳站、临潼站、华县站的河道造床流量分别为 2650m³/s、3200m³/s、2650m³/s；综合整治后，2014 年咸阳站、临潼站、华县站的河道造床流量分别为 3710m³/s、3560m³/s、3140m³/s。对比综合整治前后河道造床流量数据可以看出，咸阳站、临潼站、华县站造床流量都增大，分别是 1060 m³/s、360 m³/s、490 m³/s。

表 3　渭河下游主要控制站 2010 年、2014 年造床流量统计表

水文站	2010 年		2014 年	
	平滩水位/m	造床流量/（m³/s）	平滩水位/m	造床流量/（m³/s）
咸阳	385.85	2650	386.20	3710
临潼	356.25	3200	356.31	3560
华县	340.05	2650	340.52	3140

注：高程采用 85 国家高程系统。

（5）河道冲淤的变化。渭河中游整治以来，各断面深泓下切、河道过水面积扩大，冲刷量稳步增长，下游除 2011 年洪水局部断面漫滩外，未发生漫滩大洪水，滩面高程基本保持不变。

3.2　河口条件的变化

（1）潼关高程的变化。建库后三门峡蓄水运用期（1960 年 9 月至 1962 年 3 月），潼关高程迅速抬升，1962 年三门峡水库改为滞洪排沙运用后，由于运用水位的下降，潼关高程迅速下降，但由于水库泄流排沙能力不足，再次抬升。蓄清排浑运用以来（1973 年 10 月以来）潼关高程持续抬升，目前仍居高不下，渭河下游累积淤积量随潼关高程升降而增减的趋势是一致的，潼关高程抬升渭河下游就相应淤积，2015 年汛后下段出现溯源淤积，形成"下淤、中上冲"的格局。

（2）河势变化及其特点。拦门沙的消减与流量有关，降低潼关高程，促使渭河产生溯源冲刷也是拦门沙消失或削减的重要条件，2011 年由于河口进行人工湿地景观建设，河道顺直、河口下移；2011 年之后该河段河势变化不大，河道主槽基本保持不变，河道形态变化不大，河道更为稳定。

（3）人类活动对河床演变的影响。堤防新建、加高培厚及堤岸防护工程建设，河道工程的实施，需要大量的土方，而这些土方绝大部分取自渭河，因此工程的实施对河床演变产生影响，生态景观工程建设较多，绿化面积大大增加，水土保持效果更好，河流采砂活动将引起河流水体水质与河道演变的变化，同时亦将对水生生物与人类的生活环境及生产活动造成巨大影响，合理地进行河道采砂可疏浚整治河道，因此应对采砂活动加以控制。

4　结语

由水沙条件变化分析可以知道：目前阶段渭河下游流域无论是水量还是沙量相比历史时期均有明显的下降，处于少水少沙的状态；输沙率和来沙系数也都基本处于历史最低状态；根据这样的水沙条件分析，河道没有足够的水量来冲刷泥沙，同样也没有大量的泥沙进入形成淤积状态。认为河道目前基本保持现状泥沙冲淤平衡的趋势发展。

由河道边界条件变化分析可以知道：经过渭河全线综合整治之后，目前阶段高标准的堤防使得河道地形、断面形态已经趋于稳定；河道的过洪能力增加，断面过水面积加大，河道在未来的一段时间仍将保持微冲状态，将继续向维持平衡的状态发展，对于人工采砂，政府应加以监管控制，以免盲目采砂对

水工建筑物造成危害。

参考文献

[1] 张胜利，李悼，赵文林，等. 黄河中游多沙粗沙区水沙变化原因及发展趋势[M]. 郑州：黄河水利出版社，1998:10-120.
[2] 王桂娥，季利，李杨俊. 渭河水沙条件变化对河床冲淤的影响分析[J]. 泥沙研究，2001,4(2):49-52.
[3] 杜殿勋，戴明英. 三门峡水库修建前后渭河下游河道泥沙问题的研究[J]. 泥沙研究，1981,3：1-18.

Analysis of Variation in Runoff of the Yi River Main Stream and Its Influencing Factors During 1955—2013

XIAO Xue, LI Chuanqi, MA Jie, YANG Yuheng

（School of Civil Engineering, Shandong University, Jinan, China）

Abstract: Based on the runoff and precipitation data measured by Gegou Hydrological Station in Yi River basin during 1955—2013, and using statistical methods such as coefficient of variation, Kendall rank correlation coefficient, rescaled range analysis, Mann–Kendall test, double cumulative curve, multi-temporal scale variation of the runoff about Yi River main stream and its influencing factors are analyzed. The result shows that: (1) Runoff of Yi River mainstream fluctuates greatly in the whole year, from June to September accounts for 78.35% and extreme ratio is 16.53. (2)The extreme ratio and coefficient of variation of the inter-annual runoff variation are 16.98, 0.77, respectively. The high water year and low water year appears alternately and the duration is inconsistent. (3)The runoff variation rate is -5.715(m^3/s)/10a, which shows the downward trend overall of Yi River mainstream runoff, which is consistent with the conclusion of the cumulative filter method. By taking use of Kendall rank correlation coefficient method, the M valve of the annual average runoff is -2.45, （|-2.45|>1.96, the corresponding critical value of α=0.05 significance level α=0.05 is 1.96）, and the level is significant. Hurst index is 0.58 by rescaled range analysis, which indicates the decreasing trend of Yi River main stream would be continuous. According to Mann–Kendall test, mutation time point of the main stream runoff occurs in 1976.(4) The main factors influences runoff variation of the Yi River is human activities, and the impact proportion of precipitation and human activities on runoff varies a lot during different periods.

Keywords: Yi River main stream; runoff variation; rescaled range analysis; Mann–Kendall test; double cumulative curve; precipitation variation;　human activities

1　Introduction

Water resources are indispensable for human survival and development. However, with the effect of global climate change and human activities, there appears to be a series of problem about the river: river runoff decreases dramatically, discontinuous flow, declining water quality and so on. River runoff shows certainty, but also with randomness. Therefore, the study about trend of runoff variation and influencing factor of ecological river basin is of great significance to reliable water supply for social and ecological development and optimal configuration of water resources in the basin.

In recent years, experts and scholars in China have done a lot of research in view of climate change in domestic basin and influence of human activities on runoff variation. H Chen et al.(2007) studied the influencing to climate variability, and correlation between different factors in water resources management; according to the observation data of hydrologic and weather stations, X D Lin et al. (2007) analyzed within and inter annual years of runoff variation characteristics of runoff of river basin above Lhasa hydrological station, and the influence of climate factors on the runoff variation by using multiple regression method; J Xia et al. (2008) studied on the upper Yangtze river basin runoff variation and its influencing factors, and carried out quantitative calculation and analysis of the contribution rate of climate factors and human activities on runoff variation; Z L Wang et al. (2010) discussed inter-annual variation characteristics during the past 50 years of the Dongjiang River basin runoff, and the response of runoff variation to basin climate and vegetation cover changes; Q L Hou et al. (2011) used a variety of numerical model method, calculated annual variation characteristics of the Wei River runoff and the impact of precipitation and human activities on runoff variation; J Fu et al. (2015) studied influence of precipitation and changes on underlying surface of runoff on trunk stream runoff of Luan River; X Y Meng et al. (2015) analyzed the influence of climate change and human activities on water resources in the Ebinur Lake basin in the recent 60 years.

Taking data of Gegou Hydrological Station measured on Yi River from 1955 to 2013 as the foundation, this paper analyzes the characteristics of monthly average runoff distribution in the whole year and inter annual runoff variation during research time; by applying the methods of accumulative filter, Kendall rank correlation coefficient, rescaled range analysis(R/S analysis) and Mann-Kendall test(M-K test), variation trend and mutation time point of river runoff are figured out; statistical method like double cumulative curve is adopted, which could carry out quantitative calculation the influence of precipitation and human activities on runoff variation of Yi River main stream.

2　Research area

Yi River is located in the south of Shandong and north of Jiangsu Province, between 34°23'- 36°20' N and117°25'-118°42' E.Yi River is originated from northwest of Yiyuan in Shandong Province, with total length of 574 km, basin area of 600 km^2 and average precipitation of 849.1mm. Among them, the part in Shandong province is 287 km in length and 10, 772 km^2 of watershed control area. Basin terrain reduces from north to south with a relatively large gradient. Upstream flows through a mountainous area with an altitude above 500 m, downstream flows through the Yishu and Subei plain and infuses into the Yellow River through estuary of Yanwei port in Jiangsu.

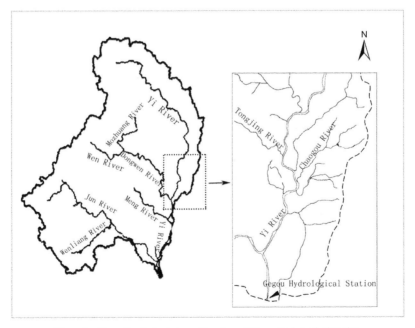

Figure 1　Map of basin in study and location of Gegou Hydrological Station

Gegou Hydrological Station (35°21'N, 110°28'E) is located in Gegou village, Linyi (as Figure 1 shows), which is a control station of main stream of Yi River, whose total control area of river basin is 3601 km² .Gegou Hydrological Station is in the middle part of Yi River, Dongwen River feeds into Yi River in the right side from 8 km above it.

3   Methods

Main mathematical statistics methods of this article include: Kendall rank correlation coefficient, rescaled range analysis, Mann–Kendall test, double cumulative curve.

Based on the discriminant standard of level classification, this paper selects anomaly percentage p as classification metric (Table 1). Calculation method of pindex and discriminant standard of level classification are as follows:

$$p = (Q_i - \bar{Q}) / \bar{Q} \times 100\% \tag{1}$$

Table 1 Level classification of runoff

p	$p > 20\%$	$10\% < p \leqslant 20\%$	$-10\% \leqslant p \leqslant 10\%$	$-20\% \leqslant p < -10\%$	$p < -20\%$
Level	High water	Partial high water	Normal	Partial low water	Low water

Among them: Q_i represents the runoff of any year during research time, $\bar{Q}$ represents average annual runoff during research time.

By analyzing the monthly average runoff distribution in the whole year, this paper studies runoff distribution within years and presents monthly runoff proportion, also extreme ratio and coefficient of variation are given to reflect intensity of annual runoff variation of the main stream. The greater its value is, the more dramatic the changes are.

Using cumulative filter method, the paper analyzes qualitative trend shows from runoff of the inter-annual. Kendall rank correlation coefficient method combines with R/S analysis method, quantitative indicator analysis of runoff variation trend could be presented. R/S analysis method can be used as a nonlinear trend prediction, whether time sequence is normal distribution or not does not affect the stability of results .In this paper, R/S analysis method selects Hurst index as measuring parameter, which can be effective to show the trend of runoff at present and in the future.

Due to the influence of factors such as natural conditions change or human activities, river basin runoff may occur mutation on time sequence. Therefore, it is necessary to consider runoff mutation point. This paper adopts the M-K test to look for possible mutation point in Yi River runoff during research time.

Taking use of double cumulative curve method on precipitation and runoff data, the impact proportion of precipitation and human activities are shown. Furthermore, the effect degree of climate change and human activity to runoff of Yi River main stream during different periods are revealed.

4   Results and discussions

4.1   Distribution characteristics of runoff in the whole year

Runoff of Yi River is mainly supplied by precipitation, and is influenced by the distribution of rainfall season. Runoff distribution of Yi River main stream during a year has great difference. Monthly average runoff distribution of Gegou Hydrological Station is shown in Figure 2, from which we can draw the conclusion: runoff mainly concentrates from May to November, which is 89.17% of the total runoff in the whole year. June to July (flood season) takes 78.35%, July and August takes 57.13%. The biggest monthly runoff occurs in July, which is 118.76m³/s, takes 29.12% of the total runoff in the whole year. And the biggest monthly runoff is about sixteen times of the minimum monthly runoff in the whole year.

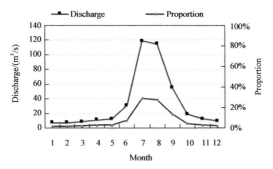

Figure 2　Average runoff distribution in the whole year of Yi River main stream

4.2　Variation characteristics of inter-annual runoff

For inter-annual variation characteristics of runoff, coefficient of variation and extreme ratio are applied. Extreme ratio can reflect gap between inter-annual minimum and maximum runoff, coefficient of variation reflects the discrete degree of statistical sample series. Greater the value is, the stronger fluctuations of runoff variation. The value could also indirectly show the high and low water year variation characteristics. The duration time of the high and low water is distinguished according to level classification in Table 1.

Table 2　Characteristics valve in annual runoff variation of Yi River main stream

Area /km²	Annual average runoff volume/ (m³/s)	Minimum annual runoff		Maximum annual runoff		Extreme ratio	Coefficient of variation
		Flow/ (m³/s)	Year	Flow/ (m³/s)	Year		
3061	408	67.11	1983	1139.83	1957	16.98	0.77

What can be seen in Table 2 is: extreme ratio of inter-annual runoff of Yi River main stream is 16.98, coefficient of variation is 0.77. Variation range of inter annual runoff value varies greatly, suggesting that the high and low water year variation of Yi River basin runoff is intense.

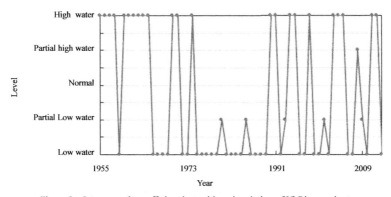

Figure 3　Inter-annual runoff abundant-withered variation of Yi River main stream

Through calculation and analysis, which combines with the classification standard of Table 1, inter-annual variability of high and low water runoff is shown as Figure 3. It can be seen that: 1955-1965 is basically in the wet state, then four years of dry state come; 1970 and 1971 are high water years; from1972 to 1989, except for high water year in 1974 and low water year in 1985, the other 16 years are low water years; during these periods, Yi River basin is in severe shortage of water. The last 25 years shows alternating changes between high and low water runoff and different duration of each state.

4.3　Variation trend analysis of average annual runoff

Combining Table 3 and Figure 4 for further analysis. Average annual runoff variation trend of Yi River basin in Figure 4 shows that: Yi River runoff variation rate is -5.715 (m³/s)/10a for in the past 60 years, which shows a downward trend overall, and the variation trend reflects by cumulative filter method is in conformity with the conclusion. The average annual runoff of M value is -2.45 by Kendall rank correlation coefficient, which passes α=0.05 significance test (|-2.45 |>1.96, critical value of α=0.05 significance level is 1.96), shows that downward trend is significant, and average annual runoff of Yi River main stream is in a downward trend overall. Basing on the R/S analysis method, Hurst index is 0.58(0.58 > 0.5) ,which means that for the next period of time, variation trend of Yi River runoff would be decreasing constantly as the past.

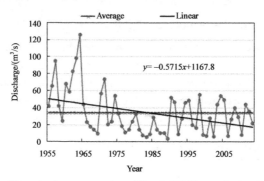

Figure 4　Average annual runoff trend of Yi River main stream

Table 3　Sites of average annual runoff variation trend of Yi River main stream

Kendall rank correlation coefficient				Cumulative filter method	Hurst index	Trend
M value	Trend	$M_{a/2}$	Significance level			
-2.45	Downward	1.96	Significant	Downward	0.58	Downward

Analysis above shows that: if the climate factors and human activities follow the continuous development as the present, average annual runoff of Yi River main stream will be decreasing in the future as the past.

4.4　Mutation year analysis of average annual runoff by M-K test

Results of annual runoff of Yi River main stream from 1995 to 2013 by M-K test can be seen in Figure 5 (the dashed line in the figure is for the inspection of α = 0.05 confidence level, the corresponding critical value $Ua = \pm 1.96$).The UB–UF line generates by M-K test has intersection between borderlines, which shows that from 1955 to 2013, 1967 is the mutation year of annual runoff.

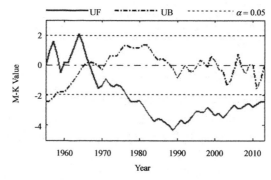

Figure 5　M-K test calculation chart of average annual runoff of Yi River main stream

(The dashed line denotes the confidence level of 0.05)

4.5 Influencing factors analysis of runoff variation

Under the background of global climate change, exploration of the influence of precipitation and human activities on runoff is of great significance in the analysis of hydrological calculation. Using precipitation-runoff double cumulative curve on the time sequence, point-in-time in underlying surface which has noticeable changes can be found according to the era of cumulative excursion. Basing on these changes point-in-time, we can divide the whole time into different periods, which demonstrates the effects of precipitation and human activities on runoff variation during different period.

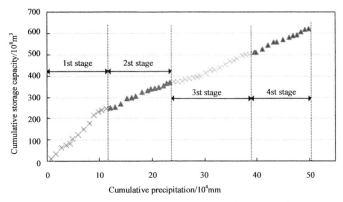

Figure 6 Precipitation-runoff double cumulative curve of Yi River mainstream

1st stage (1955—1967)　　2st stage (1968—1981)

3st stage (1982—2000)　　4st stage (2001—2013)

Which can be found in Figure 6 is that: after 1967, significant deviation occurs in double cumulative curve of precipitation and runoff of Yi River basin, which happens to be the same time of M-K test. As a result, we can take time quantum before deviation of double cumulative curve of precipitation and runoff as baseline period to consider the river runoff has not been disturbed by human factors, which means taking the period from 1955 to 1967 as a base period. On this basis, Gegou Hydrological Station runoff time series is divided into four periods. In order to show further of the correlation between cumulative precipitation-runoff of the baseline period, we use linear regression analysis and establish correlation equation between accumulated precipitation $\sum P$ and accumulated runoff flow $\sum R$ during baseline period, specifics are as follows:

$$\sum R = 23.499\sum P + 7.1338 \qquad r^2 = 0.9896 \tag{2}$$

Correlation coefficient between cumulative precipitation-runoff is 0.9896 during baseline period, which indicates the relevance is great, selecting 1955-1967 time period as baseline period is feasible.

On the basic data of precipitation-runoff, fitting correlation equation of annual precipitation P and annual runoff R during baseline period, specifics are as follows:

$$R = 0.0365P - 12.7061 \tag{3}$$

According to equation (3), we can get theoretical value of average annual runoff during different periods of time and regard it as natural runoff approximately. The difference between theoretical value and measured value of each period corresponds to the total runoff reduction; the cumulative value of the difference in the amount of rainfall in time order is the impact value of precipitation; total reduction minus impact value of precipitation is worth to the impact value of human activity; the ratio of the impact value to the total reduction is the proportion for the corresponding impact factor. The specific computational results are in Table 4.

Table 4　Computational results of the precipitation and human activities on Yi River main stream runoff influence

Start and ending year	Rainfall/mm	Runoff volume/(10⁸m³)		Total reduction /(10⁸m³)	Precipitation		Human activities	
		Theoretical value	Measured value		Value/(10⁸m³)	Proportion/%	Value/(10⁸m³)	Proportion/%
1955—1967	864.98	18.866	—	—	—	—	—	—
1968—1981	861.84	18.751	8.876	9.875	0.113	1.15	9.762	98.85
1982—2000	806.66	16.737	6.955	9.782	2.1	20.55	7.772	74.75
2001—2013	871.57	19.106	9.419	9.687	-0.237	-2.45	9.924	102.45

From Table 4, we can see that the measured runoff value is less than the theoretical value, which suggests that the influencing of precipitation and human activity factors on runoff is negative and the trend of runoff is to decrease. Within the three phases of time series during 1968-2013, human activities influencing factor takes proportion of 98.85%, 74.75% and 98.85%, respectively. The impact value of human activities on runoff takes larger proportion, which means human activities is dominant factor on runoff variation and precipitation variation follows. Also, precipitation and human activities during different periods on runoff influencing varies a lot. According to the baseline period, there is a growth of the precipitation of Gegou Hydrological Station in 2001-2013, but the precipitation impact value is negative instead, whether it is related with water conservancy project construction during that period in Yi River basin remains to be seen.

5　Conclusion

(1) Runoff distribution of Yi River mainstream is extremely uneven during the year. 78.35% of the runoff concentrates in June to September during the year, and the extreme ratio between the biggest and minimum monthly runoff during the year is 16.53.

(2) Extreme ratio of inter-annual runoff in Yi River main stream is 16.89, coefficient of variation is 0.77. Variation range of inter-annual runoff value varies greatly. Alternating variation between high and low water year with different duration.

(3) Yi River main stream average annual runoff variation rate is -5.715(m³/s)10a, which shows a downward trend overall, and variation trend reflects by cumulative filter method is in conformity with the conclusion. The average annual runoff of M value is -2.45 by Kendall rank correlation coefficient, which passes α=0.05 significance test, shows that downward trend is significant. Basing on the R/S analysis method, Hurst index is 0.58(0.58 > 0.5) , which means that for the next period of time, variation trend of Yi River runoff would be decreasing constantly as the past.

(4) Human activities is dominant factor on runoff variation, precipitation variation follows, and precipitation and human activities during different period on runoff influencing varies a lot. And also, the effects of precipitation and human activity factors on runoff is negative and the trend of runoff is to decrease.

In terms of factors affect the runoff variation of Yi River, this paper only takes precipitation and human activities into consideration. As for other related factors, such as coastal water conservancy engineering measures, the impact of changes in vegetation and water resources development etc., further research should be given.

References

[1] Chen H, Guo S L, Xu C Y. Historical temporal trends of hydro-climatic variables and runoff response to climate variability and their relevance in water resource management in the Hanjiang basin [J]. Journal of Hydrology,2007(344):171-184.

[2] Lin X D, Zhang Y L , Yao Z J, Trend Analysis of the Runoff Variation in Lhasa River Basin in Tibetan Plateau during the Last 50 Years[J].Progress in Geography,2007(03):58-67,128.

[3] Xia J, Wang M L. Runoff variations and Distributed Hydrologic Simulation in the Upper Reaches of Yangtze River [J].Resources Science, 2008 (07):962-967.

[4] Wang Z Li, Chen X H, Yang T. Runoff Variation and Its Impacting Factor in the Dongjiang River Basin during 1956-2005[J]. Journal of Natural Resources, 2010,(08):1365-1374.

[5] Hou Q L, Bai H Y, Ren Y Y, Analysis of Variation in Runoff of the Main Stream of the Weihe River and Related Driving Forces over the Last 50 Years[J]. Resources Science, 2011 (08):1505-1512.

[6] Meng X Y, Meng B C, Wang Y J, et al. Influence of Climate Change and Human Activities on Water Resources in Ebinur Lake in Recent 60 Years [J]. Journal of China Hydrology.2015 (02):90-96

[7] Fu J, Feng P. Influence of high and low precipitations and underlying surface changes on runoff in the Luan River mainstream [J]. Journal of Hydroelectric Engineering.2015 (09):10-19.

[8] Mandelbrot B B. The Geometry of Nature [M].New York: W.H. Freeman, 1982.

[9] Wang X L, Hu B Q, XIA J. R/S analysis method of trend and aberrance point on hydrological time series [J]. Journal of Wuhan University of Hydraulic and Electric Engineering, 2002, 35(2):10-12

[10] Donald H Burn, Mohamed A Hag Elnur. Detection of hydrologic trends and variability [J]. Journal of Hydrology, 2002(55):107-122.

变化环境下澜沧江径流演变规律及驱动机制研究展望*

谢平 [1,2]，赵江艳 [1]，桑燕芳 [3]，吴子怡 [1]，雷旭 [1]，赵羽西 [1]，孙思瑞 [1]，柯玮 [1]

（1. 武汉大学水资源与水电工程科学国家重点实验室，武汉 430072；

2. 国家领土主权与海洋权益协同创新中心，武汉 430072；

3. 中国科学院地理科学与资源研究所，陆地水循环及地表过程重点实验室，北京 100101）

摘　要：为了探讨变化环境下澜沧江径流演变规律及驱动机制研究发展的动因和趋势，首先简要描述了用于径流演变及归因研究的主要方法，然后系统梳理了澜沧江流域径流演变及其驱动机制的研究成果，并对未来研究进行展望。针对澜沧江流域由于全球气候变化和流域下垫面变化，特别是梯级水电开发等变化环境引起的径流时空变异与年际和年内"双非一致性"问题，系统性地提出澜沧江径流演变规律及其驱动机制研究的基本思路，初步构建全面分析澜沧江径流时空变异规律、径流频率分布规律的研究体系，同时考虑运用降雨径流关系和流域水文模型识别澜沧江径流演变的主要驱动因子，揭示气候和人类活动对径流演变的驱动机制，为流域水资源的合理开发利用提供科学依据。

关键词：径流情势；演变规律；驱动机制；气候变化；梯级水电开发；澜沧江

近年来，受全球气候变化和人类活动的持续影响，许多流域和地区的水资源和水环境状况均发生了很大变化，变化环境下的水文水资源及水环境已成为国际地球学科发展最为关键的研究课题之一[1-4]。河川径流是一个复杂多变的过程，它与人类同水旱灾害的斗争、水资源的利用开发、水环境保护等生产、生活活动密切相关[5]。受大气环流、太阳活动、自然地理等诸多因素的综合影响，径流的时空演变表现出不确定性、多时间尺度性、随机性、混沌性、弱相依、高度复杂非线性、非平稳特性[6]。分析河川径流的演化过程，揭示其演化规律和物理动因，不仅可为水资源合理开发利用提供依据[7]，同时也有利于对水电开发过程进行控制和调整[8]。

针对我国主要江河的径流演变规律已有大量研究。邓育仁等[9]以中国主要河流（100 多条河流，177个水文站）年径流资料为基础，采用随机水文学方法，结合年径流的成因分析，探讨了中国主要河流年径流的趋势性、近似周期性、相依性和持续性。张建云等[10-11]应用 1950 年以来中国六大江河（长江、黄河、淮河、海河、松辽、珠江及闽江）19 个重点控制水文站年径流、月径流观测资料，分别研究了六大江河径流的年际、年内变化规律，发现近 50 年来六大江河的实测径流量均呈下降趋势，并且大部分江河径流的年内分配十分不均匀。径流年内分配的变化必然会给水资源管理、农业以及人类社会系统带来一系列的影响[12-14]。乔雪媛等[15]基于渭河、淮河及北江三大流域共 17 个水文站的逐日径流观测资料，分析了径流变化特征及其响应，发现对应于三大流域的气候要素变化，其径流表现出非一致性的时空变化，其中渭河和北江流域受到人类活动的影响较为突出。同时，还有许多学者分别针对长江[16-19]、黄河[20-23]、黑龙江[24-25]、珠江[26-27]、淮河[28-29]、海河[30-31]和澜沧江[32-37]等流域的径流演变规律进行了分析研究。

澜沧江（流出国境后称湄公河）作为东南亚地区唯一的一条穿越中国、老挝、缅甸、泰国、柬埔寨和越南 6 个国家的国际性河流，其流域水文水资源系统的变异特性及其影响早已成为国际关注和研究的热点

*基金项目：国家自然科学基金（51579181；91647110；91547205）。

第一作者简介：谢平（1963—），男，湖北松滋人，教授，主要从事变化环境下的水文水资源研究。Email: pxie@whu.edu.cn

通讯作者：赵江艳（1994—），女，湖北应城人，硕士研究生，主要从事变化环境下的水文水资源研究。Email: zhaojiangyan@whu.edu.cn

问题。研究该流域径流的演变规律与驱动机制将有助于深入了解澜沧江流域水资源的变化趋势，对当地乃至东南亚地区水资源的合理开发、高效利用以及可持续发展均具有重要意义。目前针对澜沧江流域径流的演变规律及其驱动机制已有大量研究，但仍缺乏针对该流域径流出现的年际和年内"双非一致性"问题，从"频率域"上开展径流频率分布和设计过程的演变规律研究。本文首先简要描述目前用于径流演变及归因研究的主要方法，然后重点系统梳理澜沧江流域径流演变及其驱动机制的研究成果，并对未来研究进行展望，旨在为当地水资源合理配置、流域内社会、经济与环境的可持续发展提供科学依据。

1 径流演变及归因研究方法综述

1.1 径流演变规律研究方法

在水文学长期的发展过程中，对于径流变化过程研究经历了由浅到深的认识过程，描述流域尺度上水文特征变化的参数也经历了由简单到复杂的过程[38]。传统的描述流域径流变化的参数主要是基于水文调查方面的直观指标，如径流系数、径流深、径流变率、径流年内分配不均匀系数及径流模数等。

虽然传统的描述参数能够简单、直观地反映出径流量的总体变化趋势，但是无法体现水文变化过程的随机性特征。因此，为了描述径流随机性变化的特性，相关研究引入了 M-K（Mann-Kendall）检验法[39]、小波分析方法[40]、累积距平法等众多分析方法。这些研究方法可以大致分为三类[41]：

（1）趋势性检验：M-K 检验法、相关系数检验法等，主要分析长时间序列的变化趋势是否显著。

（2）周期性检验：周期图法、功率谱分析法、小波分析法等，用于评估长时间序列资料是否存在周期性变化。

（3）突变性检验：如 Hurst 系数、R/S 法、双累积曲线法等，主要分析序列是否存在突变点。

上述不同的检验方法得到的检验结果通常存在着差异[42-45]。为此，谢平等[46]提出了水文变异诊断系统，通过统计实验确定各检验方法的性能差异与权重，较好地解决了单一检验方法有时检验结果可信度差、多种检验方法常常检验结果不一致的问题。

1.2 径流演变驱动机制研究方法

判断径流演变的驱动机制，即对河川径流变化进行归因分析，是当前水文科学界的热点和难点问题之一[41]。许多研究[47-48]认为气候变化和人类活动是影响流域水文循环过程和水资源演变规律的两大驱动因素[49]。目前，气候变化和人类活动对径流的影响逐渐由定性分析向定量分析发展。如 Huo 等[50]使用双重累积曲线和多元回归方法来分离和量化气候变化和人类活动对径流的影响；Roderick 等[51]利用区域气候模式和 Budyko 框架模型模拟了流域尺度上径流对气候条件和流域特征的响应；Chen 等[52]运用水文敏感性分析方法对中国西北干旱区开都河源流进行研究，发现气候变化对径流变化的贡献率超过 90%，而人类活动的贡献率不足 10%，等等。

统计分析方法、具有物理基础的水文模型是进行定量辨识气候变化和人类活动对径流影响的主要方法，此外还有分项调查法、情境组合法、试验流域法等，如表 1 所示。这些方法在定量区分气候变化和人类活动对径流的影响上均发挥了很大的作用。

表 1　变化环境下水文效应驱动因素归因分析方法

研究方法	简　介	特　点[41]
统计分析法	运用数理方法，建立数学模型，对通过调查获取的各种水文气象观测数据及资料进行数理统计和分析，形成定量的结论	对水文气象观测资料要求较高，应用相对简单，局限于中小尺度流域，对于大尺度归因分析比较困难
流域水文模型法	选择历史时期构建水文模型，然后将人类活动影响期间的气候要素输入模型，进而可计算延展相应时期的自然径流量，进而评估人类活动影响期间各因素对流域径流的影响	基于物理过程模拟量化驱动因子的贡献率，物理概念清晰，分析精度较高，但模型不确定性问题比较突出
分项调查法	分析调查各项因子对水文过程的单独影响，进行还原计算	可靠性难于评估

研究方法	简　介	特　点[41]
情境组合法	考虑气候变化和人类活动不同情景下的组合影响,分析不同情景的模拟结果与实测结果的差异	由于区域环境变化的复杂性和不确定性,未来气候变化和人类活动的量值无法准确预测,而是一种可能出现的结果
试验流域法	建立实验流域,选择条件相同或相似的未经人类活动影响的流域作参照站,与实验流域同期的资料进行对比,两者输出之差即为人类活动的水文效应	有利于揭示土壤—植被—大气相互作用的机理,但试验周期长,难于实施,不适合大尺度流域

2　澜沧江流域径流演变研究进展

2.1　流域基本概况与基本问题

澜沧江流域位于东经 93°48′~101°51′,北纬 21°06′~33°48′,是我国西南地区一条重要的国际河流,出境后称为湄公河,境内河长约 2160km,落差约 5000m,流域面积 17.4 万 km²。流域南北纬度跨度大,且上下游较宽,中游狭窄细长,由北向南呈条带状分布。澜沧江发源于青藏高原唐古拉山北麓查加日玛的西侧,主源为扎曲,流至昌都与昂曲相汇,始称为澜沧江。昌都以上河段为上游,其气候干寒,年降水量较少,以地下水、冰雪融水补给为主,其中春季以冰雪融水补给为主,夏、秋、冬季则以降雨和地下水补给为主;昌都至功果桥(旧州)段为中游,其穿越横断山,降水量比上游区要多,河流补给主要是以降水为主,春季有部分冰雪积雪融水补给,枯水期主要由地下水补给;从功果桥(旧州)流至国境处称为下游,属北亚热带气候,温湿多雨,降雨补给居主导地位[53]。

由于全球气候变化和流域下垫面变化等变化环境的影响,特别是梯级水电站开发等高强度人类活动的影响,澜沧江流域水循环和径流形成的物理条件发生了很大变化,使得用于区域环境演化分析、水资源评价以及水利水电工程规划设计和运行的径流量及其分配过程的特征值发生了变异,并引发了径流量及其分配过程的年际"非一致性"问题。另外,澜沧江为降雨、地下水、冰雪融水混合补给类型的河流,其河川径流以降雨补给为主,其次是地下水补给,另有少量季节冰雪融水补给,且冰雪融水补给量由上游至中游递减,下游则无冰雪融水补给[54]。可以看出,澜沧江上下游不同地理区域和不同季节产生的径流,其补给方式和形成原因各不相同,使得径流极值出现在年内不同时期且其物理成因不一致,从而产生了径流极值的年内"非一致性"问题。

澜沧江流域径流出现的年际和年内"双非一致性"问题,加剧了径流演变的复杂性,使得径流演变不仅体现在"时间域"和"空间域"上径流量及其年内分配特征值的时空变异方面,还体现在"频率域"上径流频率分布和径流设计过程的非一致性方面。因此,该问题是目前澜沧江流域径流演变研究的主要科学问题之一。此外,径流演变的驱动因子可能来自降水、蒸散、气温等气候因素,以及土地利用/覆被变化、水利水保工程等下垫面因素,且各因子之间相互联系并相互影响,使得这种驱动机制与作用过程也变得极为复杂。欲准确分析和定量评估各驱动因子对径流的贡献还存在较大难度,但探索径流演变规律及其驱动机制,并综合调控人为影响因素,是科学配置水资源的重要保障[55]。

2.2　径流演变规律及驱动机制研究进展

1995 年何大明首次[33]对澜沧江—湄公河全流域的水文特征进行了系统分析,研究表明中国云南境内,流域多年平均径流总量为 513 亿 m³,平均入渗系数为 13%,地下径流模数为 18.1 万 m³/km²,平均地下径流量为 160.5 亿 m³,占径流总量的 31.5%;2001 年 Kite[56]利用 SLURP(Semi-Distributed Land-Use Runoff Process)模型和来自互联网的气候、地形和土地覆盖数据,模拟湄公河及其支流的完整水文循环;2005 年湄公河委员会根据对澜沧江—湄公河全流域的观测数据分析,从集水区域、气候、主流及主要支流的流量、洪水与干旱等方面描述了该流域的水文模式和特征[57]。这些研究均是从流域整体上描述径流等水文要素的基本特点,还未涉及径流演变规律及驱动机制的探讨。

随着环境变化对澜沧江流域水文效应的影响日益凸显,变化环境下澜沧江流域径流演变规律引起了研究者的广泛关注。如李丽娟等[34]研究了澜沧江水文与水环境特征及其时空分异规律,发现径流年内变化主要受年内降水变化的影响,四季分配不均,同时径流年际变化比较稳定,且年径流的变差系数随流域面积的增加而减小;尤卫红等[36]应用相关分析和小波变换分析方法,研究了云南境内澜沧江月径流量变化的相关性特征和多时间尺度特征,结果表明澜沧江下游的月径流量变化不仅显著地受到上游月径流量变化的影响,而且更显著地受到云南境内月气候变化的影响;胡振奎等[37]采用年内分配完全调节系数、年内集中度等指标分析了径流的年内分配特征,运用累积距平法、Kendall 检验法、小波分析法等分别分析了澜沧江流域年径流的趋势性、突变性、周期性变化,最终得到了澜沧江流域径流演变规律;尤卫红等[35]应用小波变换和相关系数的统计分析方法,研究了澜沧江跨境径流量变化的多时间尺度特征及其对云南降水量场变化的响应,发现澜沧江的跨境径流量变化主要是由于云南降水量场的变化造成的,特别是在较大的时间尺度上,澜沧江上下游的径流量变化都对云南降水量场的变化有极好的响应特征。

此外,围绕澜沧江流域径流演变驱动机制问题,国内主要分析了水电开发对径流演变的影响。例如,何大明等[58]利用旧州(漫湾电站上游)、戛旧(漫湾大坝下游、大朝山电站上游)和允景洪 3 个干流水文站 1956—2001 年历年逐月实测径流资料,分析了漫湾和大朝山已建两个电站对下游月径流年内分配的影响;顾颖等[59]根据对近 40 年的水文系列资料分析和梯级电站模拟计算,发现澜沧江梯级电站的兴建对出境处径流有着调节作用;钟华平等[60]利用澜沧江干流允景洪水文站 1956—2008 年的月径流系列数据,分析了澜沧江干流水电开发对下游径流的影响,结果表明澜沧江干流已建大坝对其下游干流径流有明显的调节作用,主要影响年内月径流分配,表现为削弱了雨季洪水流量,提高了旱季径流量。

国外相关研究除了关注水电站的影响外,更加关注气候变化对径流演变的影响,如 Hoanh 等[61]提出了湄公河流域的气候变化分析框架以及决策支持框架,并对进一步研究该流域气候变化和水电灌溉开发等活动的影响提出了建议;Keskinen 等[62]总结了来自东南亚湄公河流域气候变化影响和适应的多学科研究项目的成果,认为不应孤立地研究气候变化,还应同时考虑其他因素的综合影响;在湄公河流域,持续的水电开发也可能像气候变化一样对水文循环造成影响,而且时间尺度更短。

可以看出,针对澜沧江流域径流演变规律的研究,虽然涉及了不同时间尺度、不同空间位置上变异规律的探讨,但是缺乏从不同时段径流总量指标、极值指标和时程分配指标等方面系统性地分析澜沧江流域径流演变的时空变异规律,特别是没有针对该流域径流出现的年际和年内"双非一致性"问题,从"频率域"上开展径流频率分布和径流设计过程的研究。同时,在研究澜沧江流域径流演变的驱动机制方面,现有研究多采用建立水文模型或统计相关的方式,分析降雨、气温的变化以及水电开发等对径流演变的驱动,且多是针对一项或两项因素来考虑径流演变的驱动机制,缺乏全面分析气候变化、土地利用/覆被变化、梯级水电开发对澜沧江流域径流演变的驱动机制。

3 澜沧江流域径流演变研究展望

3.1 径流演变规律问题

针对澜沧江流域由于气候变化和下垫面变化,特别是梯级水电站开发等因素引起的径流时空变异与年际和年内"双非一致性"问题,建议从以下几个方面系统性地开展径流演变规律研究:

(1)澜沧江径流时空变异规律。构建包含水文序列趋势、跳跃、周期、相依、纯随机全部成分的水文变异诊断系统;通过固定空间站点的方式,分别按逐月径流划分的时间尺度,以及按极值径流划分的时间尺度,研究年-汛期枯期-逐月和年-汛期枯期-极值两种不同尺度之间径流的相关关系和变异关系,从时间尺度上揭示澜沧江干流各水文站的径流时间变异规律;通过固定时间尺度的方式,建立干流各站点径流特征值之间的相关关系,从变异形式、变异程度等方面研究各站点之间径流的空间变异关系,从空间尺度上揭示澜沧江干流的径流空间变异规律。

(2)澜沧江径流频率分布规律。借鉴生物学的基因概念将控制水文概率分布函数性状的原点矩和中心矩定义为水文基因,类比生物学的中心法则,将水文基因转录定义为各阶距(水文基因)向水文数值特征参数的转化过程,水文基因翻译定义为水文数值特征参数向分布特征参数的转化过程,通过水文基因的转录和翻译直观地反映水文序列概率分布的进化过程,以此解决澜沧江流域径流演变的年际"非一致性"问题。同时，通过各水文站极大（小）值径流量水文基因的组合，揭示水文极值序列的频率分布规律，以此解决澜沧江流域径流演变的年际和年内"双非一致性"问题。

3.2　径流演变驱动机制问题

径流演变的驱动因子可能来自降水、蒸散发、气温等气候因素，以及土地利用/覆被变化、水利水保工程等下垫面因素，且各因子之间相互联系并相互影响，使得这种驱动机制与作用过程也变得极为复杂，增加了定量评估各驱动因子对径流贡献的难度。建议从以下几方面全面开展澜沧江径流演变的驱动机制的研究：

（1）降雨径流相关分析法。由径流形成原理可知，降雨与径流之间存在着一定的相关关系。气候变化和人类活动破坏了水文序列的一致性，反映在降雨径流关系图上则表现为变异前后降雨径流关系不再是相同的关系曲线。降雨径流关系曲线的这种差异，在一定程度上可反映出气候变化和人类活动对降雨径流关系的影响：相同降雨在变异前后降雨径流关系曲线上所对应的径流深差值就反映了人类活动对径流的影响；而变异前后的降雨在同一条降雨径流曲线上所对应的径流深差值则反映了气候条件变化对径流的影响。因此，可以根据降雨与径流序列的变异点将样本起讫时间划分为不同的阶段，并建立相应的降雨径流关系，通过比较不同气候和人为影响条件下降雨产生径流的差异，就可以定量区分气候变化和人类活动对径流演变的贡献率，据此可以识别径流演变的主要驱动因子，从而揭示气候和人类活动对径流演变的驱动机制。

（2）考虑土地利用/覆被变化的澜沧江流域水文模型。在"考虑土地利用/覆被变化的流域（单元）水文模型"的基础上[63]，结合澜沧江河网结构、水文站点分布、水电站坝址分布等，研制考虑土地利用/覆被变化的流域水文模型 ZWHM-LUCC。由于该模型考虑了不同下垫面条件下的水文参数差异，同时模型通过降雨输入来反映气候的变化，因而可以根据不同时期降雨资料和土地利用面积的变化情况，比较输出径流的差异，进一步来定量反映气候变化和下垫面变化对径流演变的贡献率，据此可以识别径流演变的主要驱动因子，从而揭示气候和下垫面变化对径流演变的驱动机制。另外，借助于水电站的入库径流与出库径流，可以分析水电站蓄量对径流的调节影响，并与无水电站调节的径流相比较，可以定量反映水电站调节对径流演变的贡献率，从而揭示梯级水电开发对径流演变的驱动机制。最后，通过对比分析降雨径流相关分析法与流域水文模型的分析结果，可以得出澜沧江径流演变的主要驱动因子，并揭示其驱动机制。

参考文献

[1] 夏军，谈戈. 全球变化与水文科学新的进展与挑战[J]. 资源科学，2002, 24(3):1-7.

[2] Allen M R, Ingram W J. Constraints on future changes in climate and the hydrologic cycle [J]. Nature, 2002, 419(6903): 224-232.

[3] Oki T, Kanae S. Global hydrological cycles and world water resources [J]. Science, 2006, 313(5790): 1068-1072.

[4] Barnett T P, Pierce D W, Hidalgo H G, et al. Human-induced changes in the hydrology of the western United States [J]. Science, 2008, 319(5866): 1080-1083.

[5] 詹道江，徐向阳，陈元芳. 工程水文学[M]. 4 版. 北京：中国水利水电出版社，2010.

[6] 陈旭. 汾河上游径流演变特性分析及其预测方法研究[D]. 太原：太原理工大学，2015.

[7] 李新杰. 河川径流时间序列的非线性特征识别与分析[D]. 武汉：武汉大学，2013.

[8] 黄俊雄，徐宗学，巩同梁. 雅鲁藏布江径流演变规律及其驱动因子分析[J]. 水文，2007,27(5):31-35.

[9] 邓育仁，丁晶，杨荣富. 中国主要河流年径流序列随机变化基本规律的初步研究[J]. 水科学进展，1990(1):13-21.

[10] 张建云，章四龙，王金星，等. 近 50 年来中国六大流域年际径流变化趋势研究[J]. 水科学进展，2007, 18(2):230-234.

[11] 王金星，张建云，李岩，等. 近 50 年来中国六大流域径流年内分配变化趋势[J]. 水科学进展，2008, 19(5):656-661.

[12] Petts G E, Bickerton M A, Crawford C, et al. Flow management to sustain groundwater‐dominated stream ecosystems [J]. Hydrological Processes, 2015, 13(3):497-513.

[13] Harris N M, Gurnell A M, Hannah D M, et al. Classification of river regimes: a context for hydroecology [J]. Hydrological

Processes, 2000, 14(16-17):2831-2848.

[14] Hannah D M, Smith B P G, Gurnell A M, et al. An approach to hydrograph classification [J]. Hydrological Processes, 2000, 14(2):317-338.

[15] 乔雪媛, 石朋, 陈喜, 等. 不同气候区代表性江河径流变化特征分析[J]. 西安理工大学学报, 2014,30(3):357-365.

[16] 靳立亚, 秦宁生, 毛晓亮. 近 45 年来长江上游通天河径流量演变特征及其气候概率预报[J]. 气候与环境研究, 2005,10(2):220-228.

[17] 邹振华, 李琼芳, 夏自强, 等. 人类活动对长江径流量特性的影响[J]. 河海大学学报自然科学版, 2007,35(6):622-626.

[18] 赵军凯, 李九发, 戴志军, 等. 长江宜昌站径流变化过程分析[J]. 资源科学, 2012,34(12):2306-2315.

[19] 肖紫薇, 石朋, 瞿思敏, 等. 长江流域径流演变规律研究[J]. 三峡大学学报（自然科学版）, 2016,38(6):1-6.

[20] 李栋梁, 张佳丽, 全建瑞, 等. 黄河上游径流量演变特征及成因研究[J]. 水科学进展, 1998,9(1):22-28.

[21] 张学成, 王玲. 黄河天然径流量变化分析[J]. 水文, 2001,21(5):30-33.

[22] 张少文, 丁晶, 廖杰, 等. 基于小波的黄河上游天然年径流变化特性分析[J]. 四川大学学报（工程科学版）, 2004,36(3):32-37.

[23] 马柱国. 黄河径流量的历史演变规律及成因[J]. 地球物理学报, 2005,48(6):1270-1275.

[24] 陆志华, 夏自强, 于岚岚, 等. 黑龙江中上游径流特征分析[J]. 水电能源科学, 2012, 30(6):20-23.

[25] 鄢波, 夏自强, 周艳先, 等. 黑龙江哈巴罗夫斯克站径流变化规律[J]. 水资源保护, 2013, 29(3):29-33.

[26] 汪丽娜, 陈晓宏, 李粤安, 等. 西江流域径流演变规律研究[J]. 水文, 2009, 29(4):22-25.

[27] 李艳, 陈晓宏, 张鹏飞. 北江流域径流年内分配特征的变异性分析[J]. 水文, 2014, 34(3):80-86.

[28] 郝婷婷, 钟平安, 魏蓬. 淮河流域近 50 年天然径流演变规律分析[J]. 水电能源科学, 2011(9):4-7.

[29] 刘睿, 夏军. 气候变化和人类活动对淮河上游径流影响分析[J]. 人民黄河, 2013, 35(9):30-33.

[30] 刘春蓁, 刘志雨, 谢正辉. 近 50 年海河流域径流的变化趋势研究[J]. 应用气象学报, 2004, 15(4):385-393.

[31] 卢路, 刘家宏, 秦大庸, 等. 海河流域天然径流年际变化规律分析[J]. 水电能源科学, 2011, 29(6):11-13.

[32] 周婷, 于福亮, 李传哲, 等. 1960—2005 年湄公河流域径流量演变趋势[J]. 河海大学学报（自然科学版）, 2010,38(6):608-613.

[33] 何大明. 澜沧江－湄公河水文特征分析[J]. 云南地理环境研究, 1995(1):58-74.

[34] 李丽娟, 李海滨, 王娟. 澜沧江水文与水环境特征及其时空分异[J]. 地理科学, 2002,22(1):49-56.

[35] 尤卫红, 何大明, 索渺清. 澜沧江的跨境径流量变化及其对云南降水量场变化的响应[J]. 自然资源学报,2005,20(3):361-369.

[36] 尤卫红, 何大明. 澜沧江月径流量变化的相关性和多时间尺度特征[J]. 云南大学学报（自然科学版）, 2005,27(4):314-322.

[37] 胡振奎, 赵鹏雁, 张利平, 等. 澜沧江流域径流演变规律研究[J]. 水资源研究, 2016(5):478-487.

[38] 宋晓林. 1950s 以来挠力河流域径流特征变化及其影响因素[D]. 长春: 中国科学院研究生院（东北地理与农业生态研究所）, 2012.

[39] McLeod A I. Kendall rank correlation and Mann-Kendall trend test [J]. R Package Kendall, 2005.

[40] Kumar P, Foufoula-Georgiou E. Wavelet analysis in geophysics: An introduction[J]. Wavelets in geophysics, 1994(4): 1-43.

[41] 宋晓猛, 张建云, 占车生, 等. 气候变化和人类活动对水文循环影响研究进展[J]. 水利学报, 2013,44(7):779-790.

[42] 雷红富, 谢平, 陈广才, 等. 水文序列变异点检验方法的性能比较分析[J]. 水电能源科学, 2007, 25(4):36-40.

[43] 周园园, 师长兴, 范小黎, 等.国内水文序列变异点分析方法及在各流域应用研究进展[J]. 地理科学进展, 2011(11):1361-1369.

[44] 杜涛, 熊立华, 江聪. 渭河流域降雨时间序列非一致性频率分析[J]. 干旱区地理, 2014, 37(3):468-479.

[45] 梁忠民, 胡义明, 王军. 非一致性水文频率分析的研究进展[J]. 水科学进展, 2011, 22(6):864-871.

[46] 谢平, 陈广才, 雷红富, 等. 水文变异诊断系统[J]. 水力发电学报, 2010, 29(1): 85-91.

[47] Lin X D, Zhang Y L, Yao Z J. Trend analysis of the runoff variation in Lhasa River basin in Tibetan Plateau during the last 50 years [J]. Progress in Geography, 2007, 26(3):58-67.

[48] Wang G, Xia J, Ji C. Quantification of effects of climate variations and human activities on runoff by a monthly water balance model: A case study of the Chaobai River basin in northern China [J]. Water Resources Research, 2009, 45(7):206-216.

[49] Li D, Wang W, Hu S, et al. Characteristics of annual runoff variation in major rivers of China [J]. Water Resources & Power, 2012, 26(19):2866-2877.

[50] Huo Z, Feng S, Kang S, et al. Effect of climate changes and water‐related human activities on annual stream flows of the

Shiyang river basin in arid north‐west China [J]. Hydrological Processes, 2008, 22(16):3155-3167.

[51] Roderick M L, Farquhar G D. A simple framework for relating variations in runoff to variations in climatic conditions and catchment properties [J]. Water Resources Research, 2011, 47(12):667-671.

[52] Chen Z, Chen Y, Li B. Quantifying the effects of climate variability and human activities on runoff for Kaidu River Basin in arid region of northwest China [J]. Theoretical and Applied Climatology, 2013, 111(3):537-545.

[53] 邹宁, 王政祥, 吕孙云. 澜沧江流域水资源量特性分析[J]. 人民长江, 2008, 39(17):67-70.

[54] 李秀云, 傅肃性, 李丽娟. 河流枯水极值分析与模型预测研究[J]. 资源科学, 2000, 22(5):73-77.

[55] 刘正茂. 近50年来挠力河流域径流演变及驱动机制研究[D]. 长春：东北师范大学，2012.

[56] Kite G. Modelling the Mekong: hydrological simulation for environmental impact studies [J]. Journal of Hydrology, 2001, 253(1): 1-13.

[57] Mekong River Commission. Overview of the Hydrology of the Mekong Basin [M]. Mekong River Commission, Vientiane, 2005：82.

[58] 何大明, 冯彦, 甘淑, 等. 澜沧江干流水电开发的跨境水文效应[J]. 科学通报, 2006,51(z2):14-20.

[59] 顾颖, 雷四华, 刘静楠. 澜沧江梯级电站建设对下游水文情势的影响[J]. 水利水电技术, 2008,39(4):20-23.

[60] 钟华平, 王建生. 澜沧江干流水电开发对径流的影响分析[J]. 水利水电技术, 2010,41(12):72-74.

[61] Hoanh C T, Jirayoot K, Lacombe G, et al. Impacts of climate change and development on Mekong flow regimes. First assessment-2009 [R]. International Water Management Institute, 2010.

[62] Keskinen M, Chinvanno S, Kummu M, et al. Climate change and water resources in the Lower Mekong River Basin: putting adaptation into the context [J]. Journal of Water & Climate Change, 2010, 1(2):103-117.

[63] 谢平, 朱勇, 陈广才, 等. 考虑土地利用/覆被变化的集总式流域水文模型及应用[J]. 山地学报, 2007, 25(3):257-264.

基于 Budyko 假设的嘉陵江流域径流变化归因分析

夏菁，刘国东

（四川大学水利水电学院 水力学与山区河流开发保护国家重点实验室，成都 610065）

摘 要: 气候变化与人类活动对流域径流影响的定量区分，对减缓和适应环境变化具有重要意义。本文以嘉陵江流域（涪江流域、渠江流域、干流区）为研究对象，对 1961—2013 年水文气象序列进行趋势分析和年径流突变点检验的基础上，采用基于 Budyko 假设的弹性系数法对各流域径流变化进行了归因分析。研究表明: 三个子流域年降雨总体呈非显著性减少趋势，年径流呈显著降低趋势，其中渠江降低速率最大; 涪江、渠江、干流年径流突变点分别为 1993 年、1985 年、1993 年，据此将研究时段划分为基准期和变化期; 气候变化与人类活动对径流减少的影响具有显著的空间变异性，其中人类活动是渠江径流减少的主要驱动力，贡献率高达 91.51%，而气候变化则是涪江和干流的主要驱动力，贡献率分别为 93.38%、64.57%; 而气象因素中，潜在蒸散发化对所有子流域径流减少的影响微弱，降雨减少则是主导因素。植被增加和大中型水利工程的修建可能是嘉陵江流域径流减少的主要人类活动因素。

关键词: 气候变化; 人类活动; 径流变化; Budyko 假设; 归因分析

进入 21 世纪，变化环境下流域水循环及水资源演变研究已成为水利学科的研究热点之一，气候变化直接影响区域水文循环，可能会导致极端气候事件频率增加[1]。城市建设，跨流域调水等人类活动也会对流域水文过程产生影响。研究发现，中国六大流域都存在径流减少的现象，加剧了水资源不足的严峻形势[2]。因此定量分析气候变化和人类活动对流域水资源的影响显得尤为重要。

已有研究提出了区分土地利用变化和气候变化对径流影响的方法，大致分为基于水文模拟的方法和基于 Budyko 假设的水热平衡方法。水文模型具有机理性解释，并适用于不同尺度的水文模拟，但是对数据质与量的要求较高，在参数估计中具有很高的不确定性[3]。总体来看，在年内如月或日的时间尺度，模型在目前依然不可替代，而在年以上的尺度，已有研究表明，基于 Budyko 假设的水热平衡方法因其计算简单，参数易获取等优势而更为理想[4]，已被广泛应用于流域径流变化归因研究。基于 Budyko 假设的气候弹性系数法由 Schaake[5]于 1990 年提出，可以估计单位气候要素的变化导致的径流量变化程度，目前已得到大量应用。张树磊等采用基于 Budyko 假设的流域水热耦合平衡公式，估计了中国径流显著减少流域的径流气候弹性系数和下垫面弹性系数，并对各流域径流变化进行了归因分析[6]。张建军运用气候弹性方法评估了黄河中游气候因子和人类活动分别对径流变化的贡献率[7]。本文以嘉陵江流域为研究对象，在对 1961—2013 年的年水文气象序列进行趋势分析和年径流突变点检验的基础上，采用基于 Budyko 假设的弹性系数法对径流变化进行了归因分析。

1 研究方法

1.1 基于 Budyko 假设的径流变化归因方法

1.1.1 Budyko 假设

根据 Budyko 流域水热平衡理论，在一定气候和植被条件下，流域长期的水文气候特征服从水分和能量平衡原理，即 Budyko 假设[8]。其认为流域长期的年均蒸散发 E 与年均降水 P 比率由流域水分能量平衡决定，与流域干旱指数 E_p / P 存在函数关系 F，表达式为

第一作者简介: 夏菁(1991—)，女，湖北荆州人，博士研究生，研究方向:水资源与生态环境保护。Email: 2016323060012@stu.scu.edu.cn

$$E/P = F(\phi, n) \tag{1}$$

式中：E_p 为年平均潜在蒸散发；$\phi = E_p/P$ 为干旱指数；n 为表征下垫面特征的参数，包含土地利用、土壤和地质条件等因素。

结合流域长期平均水量平衡方程，即 $P = E + R$，可以求解参数 n。本研究采用基于 Budyko 假说的 Choudhury Yang 公式[2]，该公式于 2008 年提出，已得到广泛使用，表达式如下：

$$E = F(\phi) = (\phi^n + 1)^{-1/n} \tag{2}$$

1.1.2　径流气候弹性系数计算

Schaake 等[5]于 1990 年首次引入气候弹性的概念，定义为单位气候要素的变化导致的径流量变化程度，径流的降水弹性系数表示为 $\varepsilon_p = \dfrac{\mathrm{d}R/R}{\mathrm{d}P/P}$，类似可以定义径流潜在蒸散发弹性系数 ε_{E_p}，弹性系数利用式（2）的微分形式计算。气候变化引起的径流变异 ΔR_c 为降水、潜在蒸散发变化引起的径流变化 ΔR_P、ΔR_{E_p} 之和，即

$$\Delta R_c = \Delta R_P + \Delta R_{E_p} = \varepsilon_p \frac{\mathrm{d}P}{P}R + \varepsilon_{E_p}\frac{\mathrm{d}E_p}{E_p}R \tag{3}$$

1.1.3　径流变化归因分析方法

根据径流突变点将研究时段划分为前后两个时段，分别为基准期和变化期，多年平均径流深分别记为 R_1、R_2，基准期到变化期年径流的变化 ΔR 可归因为气象变化的影响 ΔR_c 和人类活动的影响 ΔR_h 两部分[2]：

$$\Delta R = R_2 - R_1 = \Delta R_c + \Delta R_h = \Delta R_P + \Delta R_{E_p} + \Delta R_h \tag{4}$$

根据弹性系数的定义，式（4）各分量的计算公式为

$$\Delta R_P = \varepsilon_p \frac{R}{P}\Delta P; \quad \Delta R_{E_p} = \varepsilon_p \frac{R}{E_p}\Delta E_p; \quad \Delta R_c = \Delta R_P + \Delta R_{E_p}; \quad \Delta R_h = \Delta R - \Delta R_c \tag{5}$$

式中：ΔP 和 ΔE_p 为两个时段的多年平均降水量、潜在蒸散发量的差值。

式（5）对应的降水、潜在蒸散发、气候因素、人类活动对径流变化的贡献率分别为

$$\eta_{R_P} = \frac{\Delta R_P}{\Delta R} \times 100\%; \quad \eta_{E_p} = \frac{\Delta R_{E_p}}{\Delta R} \times 100\%; \quad \eta_c = \frac{\Delta R_c}{\Delta R} \times 100\%; \quad \eta_h = \frac{\Delta R_h}{\Delta R} \times 100\% \tag{6}$$

1.2　趋势分析和突变分析方法

本文采用 SPSS 软件对水文气象年均值序列进行线性倾向估计，建立时间序列 x 与时间 t 的一元线性回归[9]，分析其线性趋势及显著性。采用 Mann-Kendall 非参数检验方法研究流域 NDVI 系列的变化特征，该方法由时间序列 x 构造统计量 UF_i，UF_i 的值为正，表示时间序列 x 呈现上升趋势，UF_i 为负，表示 x 有下降趋势，设定显著性水平 α，如果计算得到 $|UF_i| > U_\alpha$，说明时间序列 x 有明显变化趋势[9]。选取 Pettit 检验用于年径流系列突变点判定，由时间序列 x 构造统计量 UT_i，$|UT_i|$ 最大的时刻即突变点，同样设置显著性水平 α，如果计算得到 $|UT_i| > U_\alpha$，说明检测的突变点是显著的[9]。

2　研究区域概况

嘉陵江发源于陕西省凤县秦岭南麓，是长江水系中流域面积最大的支流，全流域面积 15.98 万 km²。流域内支流众多，主要由嘉陵江干流、渠江、涪江三大水系构成。本文研究区为涪江流域、渠江流域和干流区三个子流域，出口水文站分别为小河坝、罗渡溪、武胜，研究区占嘉陵江流域总面积的 92.63%。涪江为右岸一级支流，全长约 697km，流域面积约 29530km²，多年平均径流量 143 亿 m³。渠江为左岸最大支流，全长 665km，流域面积 37832km²，多年平均径流量 275 亿 m³。嘉陵江干流水系分布于涪江和渠江水系之间，全长 1120km，流域面积 80659km²，多年平均径流量 254 亿 m³。本文收集了三个出口水文站 1961—2013 年逐年径流量资料（本文采用径流深，单位 mm），研究区内及周边共 31 个气象站数据，0.5°×0.5° 格点降雨数据，1982—2013 年 8 km 空间分辨率 GIMMS NDVI 数据。通过泰森多边形法求得各流域平均值，最后采用 Penman 公式计算潜在蒸散发。

3 结果与讨论

3.1 气候和径流变化趋势分析

  水文气象年均值序列线性倾向估计结果表明（表 1），涪江和干流在蒸散发呈增加趋势，涪江增加趋势显著，渠江则为减少趋势。年降雨总体呈非显著性减少，涪江变率最大，渠江降雨则微弱减少。年径流均呈显著降低趋势，渠江降低趋势最明显，涪江比干流降低速率略大。一般来说，潜在蒸散发增加，降雨减少，会导致径流减少。相较干流，涪江流域的降雨减少速率更大，潜在蒸散发增加速率更大，因此径流减少速率更大。而渠江的潜在蒸散发减少，降雨减少速率最小，而径流的减少趋势却最为显著，这是由于存在非气象的因素干扰了降水径流的关系，表明渠江流域可能存在更为剧烈的人类活动。

表 1 各流域潜在蒸散发、降雨、径流年均值序列线性趋势分析

流域	年潜在蒸散发		年降雨量		年径流深	
	平均值/mm	变化速率/(mm/10a)	平均值/mm	变化速率/(mm/10a)	平均值/mm	变化速率/(mm/10a)
涪江流域	650.93	11.05*	853.16	−20.70	480.56	−25.30*
渠江流域	670.84	−1.83	1197.19	−3.60	746.32	−135.22*
干流区	708.81	5.11	778.90	−14.80	310.54	−23.19*

注：*表示通过了 99% 显著性水平检验，变化速率为正表示增加趋势，为负表示减少趋势。

3.2 径流变化突变分析

  采用 Pettitt 法识别三个流域年径流序列的突变点，如图 1 所示，在 1% 的显著性水平下，涪江、渠江、干流的 UT 曲线分别于 1993 年、1985 年、1993 年达到最高点，表明年径流在这些年份发生了显著突变。以突变点为界，将实测径流序列划分为两个时段：基准期（突变点之前），代表人类活动影响很小的天然时期；变化期（突变点之后），代表大规模人类活动发生的时期。

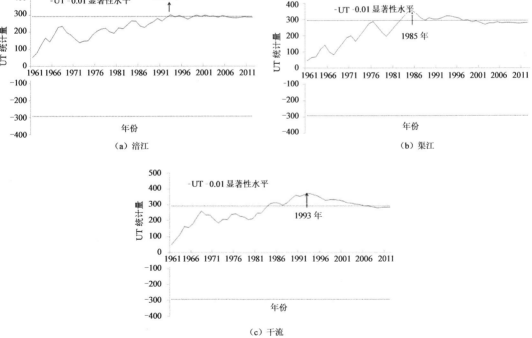

（a）涪江   （b）渠江

（c）干流

图 1 各流域年径流序列 Pettitt 突变检验

3.3　径流变化归因分析

径流变化归因分析结果如表 2 所示，对于涪江流域和干流区，气候变化和人类活动对径流减少均为正贡献，气候变化为主导因素，特别是涪江流域，气候变化的贡献率高达 93.38%，根据表 1，涪江和干流的降雨减少速率均较大，降水的持续减少作为气候变化的主要因素导致径流减少，而潜在蒸散发对径流的影响较小。对于渠江流域，潜在蒸散发对径流减少为负贡献，降雨和人类活动对径流减少均为正贡献，人类活动对流域年径流量减少起着主导作用，贡献率高达 91.51%。

表 2　基于弹性系数法的径流变化归因分析

流　域	径流变化量/mm				贡献率/%			
	ΔR_h	ΔR_c	ΔR_{E_p}	ΔR_p	η_h	η_c	η_{E_p}	η_p
涪江流域	−4.54	−64.10	−12.49	−51.61	6.62	93.38	18.20	75.18
渠江流域	−414.45	−38.47	3.84	−42.31	91.51	8.49	−0.85	9.34
干流区	−27.32	−49.77	−9.00	−40.77	35.43	64.57	11.67	52.89

3.4　人类活动对径流变化影响分析

采用 Mann-Kendall 法分析了 1982—2013 年各研究流域年均 NDVI 指数变化特征。结果如图 2 所示，各流域内的植被状况都得到了明显改善。涪江流域的 NDVI 在 1982—1990 年期间处于波动状态，1990年以后一直保持上升趋势。渠江流域的 NDVI 在 1982—1990 年总体处于下降趋势，1990 年以后开始显著上升，达到了 95%显著性水平。干流区的 NDVI 在 1982—1989 年，基本处于下降趋势，1990 年以后，除了 1994 年微弱下降外，主要表现为上升趋势。

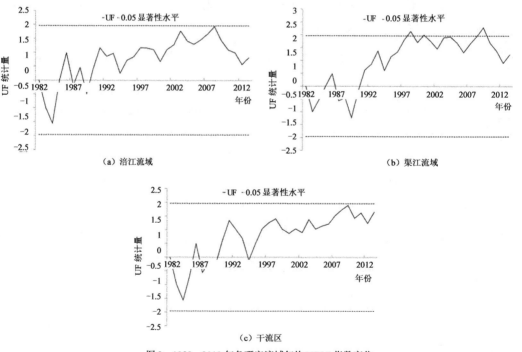

图 2　1982—2013 年各研究流域年均 NDVI 指数变化

气候变化和人类活动均能导致 NDVI 变化，而三个流域 NDVI 主要在变化期开始发生显著变化，说明流域植被增加主要受人类活动的影响。三个流域 NDVI 值的变化趋势总体一致,均在 1990 年开始增加,与径流的突变时间很接近。对于涪江流域和干流区,NDVI 开始显著增加后,径流发生突变而开始显著减少。渠江流域径流突变点早于 NDVI 开始显著增加时间,这表明渠江流域还存在其他人类活动影响了径流。就增加趋势而言,渠江流域 NDVI 增加趋势更为显著,表明渠江流域的人类活动更为剧烈,导致其径流降低趋势最显著。各流域植被增加与长江上游地区水土保持治理工程的实施有密切关系。1989 年以来的"退耕还林还草"政策的实施,鼓励在不宜耕种的土地上退耕还林还草,封山育林,使耕地面积减少,而林地、草地面积增加[10]。水利工程建设也会影响径流,到 2000 年,研究区已经修建了超过 120 座大中型水库,并且基本都是 20 世纪 80 年代以后修建完成,直接影响了径流和区域水平衡,也可能会造成径流发生突变。这些人类活动改变了流域的土地利用和植被覆盖,从而影响水文过程,导致流域蒸散发量增加,径流量减小。

4 结论与展望

本文以嘉陵江流域为研究对象,对 1961—2013 年的年水文气象序列进行趋势分析和年径流突变点检验的基础上,采用基于 Budyko 假设的弹性系数法对径流变化进行了归因分析,得出以下结论:

(1)涪江、渠江、干流三个流域年降雨、年径流均呈降低趋势,其中渠江降低趋势最明显。年径流突变点分别为 1993 年、1985 年、1993 年。

(2)对于涪江流域和干流区,气候变化对径流减少的贡献率更大,气象因素中,降水减少是主导因素,而潜在蒸散发对径流变化的影响较小。对于渠江流域,人类活动对年径流量减少起着主导作用。

(3)植被增加和大中型水利工程的修建可能是嘉陵江流域径流减少的主要人类活动因素。

(4)采用气候弹性系数法在分离气候变化和人类活动对径流的影响时,假设气候变化和人类活动是相互独立的两个变量,这会导致计算结果的不确定性,在后续研究中需要进一步分析。

参考文献

[1] Huntington T G.Evidence for intensification of the global water cycle: Review and synthesis[J].Journal of Hydrology, 2006, 319(1):83-95.

[2] 张树磊,杨大文,杨汉波,等.1960—2010 年中国主要流域径流量减小原因探讨分析[J]. 水科学进展,2015,26(5):605-613.

[3] Xu X,Yang D,Yang H,et al.Attribution analysis based on the Budyko hypothesis for detecting the dominant cause of runoff decline in Haihebasin[J].Journal of Hydrology,2014,510(6):530-540.

[4] Bao Z,Zhang J,Wang G,et al.Attribution for decreasing streamflow of the Haihe River basin,northern China: Climate variability or human activities?[J].Journal of Hydrology,2012,s 460-461(3):117-129.

[5] Schaake J C,Waggoner P E.From climate to flow[C]//In: Waggoner, P.E. (Ed.), Climate Change and U.S. Water Resources. New York: John Wiley, 1990: 177 – 206 (Chapter 8).

[6] Wang D,Hejazi M.Quantifying the relative contribution of the climate and direct human impacts on mean annual streamflow in the contiguous United States[J].Water Resources Research,2011,47(10):411.

[7] 张建军. 黄河中游水沙过程演变及水文非线性分析与模拟[D]. 北京:中国科学院研究生院(教育部水土保持与生态环境研究中心),2016.

[8] Budyko M I.Climate and life[M], New York: Academic Press, 1974.

[9] 魏凤英. 现代气候统计诊断与预测技术[M]. 北京:气象出版社,2007.

[10] 汤庆新,邵怀勇,仙巍,等. 四十年来嘉陵江中下游土地利用/覆被动态变化研究[J]. 土壤,2006,38(1):36-41.

中国城市洪涝监测现状及洪涝防治对策研究*

张利茹[1]，贺永会[2]，王岩[1]，李辉[1]，戴佳琦[1]

（1. 南京水利水文自动化研究所，水利部水文水资源监控工程技术研究中心，南京 210012；

2. 南京水利科学研究院，南京 210029）

摘　要：随着经济社会的发展，中国步入城镇化快速发展阶段。在全球气候变化和快速城镇化背景下，中国城市洪涝灾害日趋严重。通过收集国内外城市洪涝信息监测发展现状，并通过实地调研，总结出国内外洪涝信息监测技术的现状、存在问题，并进一步提出城市洪涝防治的应对策略，主要包括：①重视城市前期规划，建设海绵城市，减少城市洪涝灾害；②加强雷达测雨、卫星遥感、地面观测等多源信息的同化分析和应用，建立城市立体化监测、预报预警和实时调度系统，为城市洪涝灾害的科学决策与调度提供支撑；③强化城市洪涝应急管理能力，完善城市洪涝应急预案。

关键词：城市化；洪涝监测；预警预报；应急管理

城市化是现代社会的发展象征，但同时城市对灾害的影响也呈现出日益"脆弱"的趋向。近年来，受城市热岛、极端天气的影响，台风、暴雨，特别是局地强暴雨时有发生，城市防洪的薄弱性和脆弱性随之暴露了出来，北京、上海、广州、重庆等大城市暴雨水灾发生的频率非常之高，有些是连年受灾。像北京继 2011 年 6 月 23 日的暴雨之后，2012 年 7 月 21 日又发生了历史罕见的特大暴雨，造成了重大人员伤亡和严重经济损失[1-2]。城市洪涝容易引发严重的城市道路积水，尤其是城市道路下立交、下穿地道、铁路、人行涵洞由于地势低洼，积水尤为严重。道路及下立交积水发生时，车辆行人受困，甚至造成了严重的人员伤亡事故。像北京"7.21"特大暴雨，导致北京受灾面积 $16000km^2$，受灾人口 190 万人。全市主要积水道路 63 处，积水 30cm 以上路段 30 处，城区 95 处道路因积水断路，几百辆汽车损失严重。暴雨共造成全市 79 人死亡，经济损失近百亿元。2014 年 7 月 17 日北京再遭暴雨袭击，海淀区田村东路的铁道桥下积水超过 2m，18 辆车被淹。2014 年 8 月 19 日，广州突降暴雨，城区多处内涝，积水造成多条主要路段交通几近瘫痪，积水导致白云区棠乐路京广铁路涵洞一辆小车被水淹没，造成 5 个大人和 2 个小孩溺水死亡的严重事故。在强暴雨中城市下立交最易受灾、发生事故，城市道路下立交所带来的"逢暴雨必积水"问题受到极大关注，城市内涝等自然灾害给特大城市管理敲响了警钟。因此，如何有效应对城市洪涝灾害，是摆在人们面前亟待解决的问题，水文作为防汛的耳目和参谋，在城市防洪方面大有文章可做。

城市水文监测作为城市水文工作的基础，是我国社会发展中必不可少的组成部分，水文监测工作水平的提升对我国的发展具有深远的意义。只有做到正确高效的水文监测，具备完善的水文资料，保证监测数据的质量，才能够对当地的经济以及社会的发展起到积极的推动作用。因此，在当前我国城市水文监测工作中存在着诸多不足的情况下，管理者需要对这些存在的问题进行分析，并找到相应的解决对策，从而保证水文监测工作的质量。

***基金项目**：中央级公益性科研院所基本科研业务费项目（YJZS1515005、Y917006）；中国工程院重大咨询研究项目（2015ZD070501）。

第一作者简介：张利茹（1981—），女，博士、高级工程师，研究方向为水文水资源。Email：zhangliru12@163.com

通过实地调研，本文将重点阐述中国城市洪涝的监测现状及发展趋势，系统剖析中国城市洪涝频发的主要原因，并提出应对城市洪涝灾害的策略措施。

1 国内城市洪涝信息监测现状

城市洪涝监测在西方发达国家起步较早，技术也比较成熟；我国在城市洪涝监测方面起步较晚，且城市洪涝信息监测技术方面的研究大多来源于自然环境下的水文监测技术，不能适应城市特殊条件下的洪涝信息监测要求，且地下管网等监测方面基本处于空白，无法满足城市洪涝灾害预测预警的需求。

1.1 城市降雨监测

目前降雨监测的手段很多，除了传统的监测方法外，还有卫星遥感和天气雷达估测等。传统的监测方法主要基于地面某一点记录，而天气雷达和卫星系统则从侧面或上部遥测降雨。地面观测雨量直接以空间均值用于洪水计算，而天气雷达和卫星观测数据需要通过特定处理算法计算地面降雨量。这些方法各有优点及不足，在具体应用中往往相互补充与佐证。为提高降雨观测精度，最初是通过增加地面观测站点以及调整站网布局等手段来解决观测的局限性。国内外开展了诸多研究探讨降雨站点密度的最佳配置问题，如 Berne 等和 Einfalt 等建议城市流域径流模拟研究需要的时间和空间分辨率分别为 1~5min 和 1~3 km^2，而 Schilling 指出城市水文学者对于降雨资料的需求（如时间序列大于 20 年，时间分辨率 1 min，空间分辨率 1 km^2，雨量精度误差小于 3% 等）属于理想主义追求，但其同时强调气象雷达的发展与推广将有助于提高降雨观测技术，也必将成为降雨观测的主要手段。此外，诸多研究结果证实传统的站点观测（如翻斗式雨量计和称重式雨量计），特别在降雨时空变异性以及单个站点代表性方面存在各种误差。

中国于 2000 年开始建设新一代天气雷达网，以提高天气预报精度和增强洪涝灾害监测预报能力。雷达降雨观测的发展为城市水文学研究提供了重要支撑，进一步增强了城市雨洪模拟及预报能力。如 Berne 等分析了雷达测雨与站点观测降雨的时空变异特征，指出雷达测雨更能描述降雨时空变异特征；中国在淮河和黄河流域重点防洪地段开展雷达测雨与洪水预报应用研究。因此，雷达测雨可以提供更多不同时空尺度的降雨特征，为城市洪涝灾害研究提供更多支撑。但由于雷达数据存在更复杂的误差特征以及监测网络不健全等问题，使得雷达测雨在城市水文学中的应用并不广泛应用，又发展了新的探测方法和资料处理技术，如微波中继器更适合于城市区域的水文应用以及更高频率的观测要求。虽然以 TRMM（Tropi-cal Rainfall Measuring Mission）为代表的卫星降雨产品数据在大尺度流域水文模拟及预报方面开展了诸多应用，但在城市水文学上的应用尚不多见。总之，以雷达测雨技术为代表的新型观测手段取得了诸多进展为城市洪涝预警预报提供了重要支撑。因此，加强传统地面站点观测、雷达测雨和卫星遥感测雨等多源信息融合、分析和应用，推动城市洪涝预警预报技术研究，可以有效提高城市水文预报精度和预报预见期。

1.2 城市积水点监测

近年来，由强降雨引发的道路低洼处、下穿式立交桥和隧道产生大量积水的现象时有发生，给人们的出行带来很大不便，严重时甚至会造成人民生命、财产的重大损失。

城市积水点监测可实时监测城区各低洼路段的积水水位并实现自动预警。市政管理部门借助该系统可整体把握整个城区内涝状况，及时进行排水调度。交通管理部门通过该系统可获取各路段的实时积水水位，并借助广播、电视等媒体为广大群众提供出行指南，避免人员、车辆误入深水路段造成重大损失。

1.3 城区河道、排水管道、排水沟渠监测

在城区河道、排水管道、排水沟渠等重要地段设置监测站点，对水位、流量等进行在线实时监测。城市河道、排水沟渠水位监测手段基本成熟，流量监测还缺乏合适的手段。排水管道规格繁杂，安装条件恶劣，流量监测困难。

1.4 排水泵站监测

排水泵站是在排水管道的中途或者终点需要提升废水时设置的泵站，其主要组成部分是泵房和集水池。泵站内采用超声波流量计监测排水管道内的流量及累计排水量，监测泵站管道内水量损失。常用的

流量计量仪表包括超声波流量计、超声波水表、远传脉冲水表、电磁流量计等。流量仪表的主要作用是测量管道内水流的瞬时流量、瞬时流速、累计流量等数据。

1.5 城市管网流量监测

城市河道流量监测设备：河道上主要采用雷达流速仪、转子式流速仪及各种 ADCP 流量计测流，还有的在河道上采用水位流量关系推算流量或根据闸门开度曲线查得流量。

城市排水管网流量监测设备：在排水管网中安装流量计，对区域的管网中部分关键点进行流量、水位及流速的监测，可以准确全面了解区域内排水规律和管网的运行现状，为管网的日常运行管理提供有效的数据支持，提高排水管网的现代化科学管理水平。

城市管网在规划建设时未考虑流量监测位置，且排水管网基本没有流量监测。

2 城市洪涝监测存在的问题

尽管我国在城市洪涝信息监测方面取得了一定的成绩，但仍存在一定的问题，概括起来主要有以下几个方面：

（1）降雨监测方面，主要表现在：①城市降雨监测站点密度不够，所获得的降雨信息代表性不足，不能满足城市洪涝监测预警的需要；②由于城市化的快速发展，符合降水量观测规范的监测点比较少，城市监测站点布设位置难以选择；③由于城区建筑格局对自然风的影响和破坏，造成雨量计观测精度降低；④雷达和卫星测雨手段还不够完善，时间分辨率、空间分辨率不够，雨量精度差。

（2）水位监测方面，具体表现在：①排水管网及积水水位监测站点不全；②水位监测仪器可靠性不高及水位测量精度无法满足流量推算要求；③水位监测数据智能化程度不够；④水位监测设备的维护工作需要进一步加强。

（3）流量监测方面，排水泵站有一些比较成熟的监测技术，如电磁流量计、超声波流量计，精度能达到监测的要求。但城市地下管网监测严重不足，监测站点布置不够合理。地下管网监测手段及装备不能适应当前城市洪涝监测的需要。

（4）监测体系还需健全。城市洪涝监测涉及多个管理部门，监测体系不完善。

（5）联合调度措施不足。监测信息与城市排涝设施无法有机的结合，城市联合调度机制还没有建立。

（6）监测系统建设标准不统一，信息无法实现共享。各管理部门、各政府机构所建设的监测系统无法按统一标准建设，且信息暂无法实现共享。

3 结论和建议

3.1 结论

针对我国典型城市洪涝信息监测的现状，主要认识如下：

（1）重视城市前期规划，减少城市洪涝灾害。随着我国城市化进程的快速推进和发展，受城市热岛、极端天气的影响，特别是局地强暴雨时有发生，城市防洪的薄弱性和脆弱性随之暴露了出来，尤其是排涝措施的不完善，使得城市洪涝灾害频发，城市内涝情况加剧，造成了重大经济损失，严重影响人民群众的生命安全。因此，在城市建设中要根据城市特点，按海绵城市和生态城市的总体要求做好前期规划，保证城市的可持续发展。

（2）坚持工程措施与非工程措施相结合，提高城市排涝能力。当前很多城市只重视工程措施的建设，而忽略非工程措施，目前很多城市正在加强城市排水管网和排水设施的建设，但城市洪涝信息监测方面推进不够，监测信息不全面，无法及时通过实时的监测信息为抗灾救灾提供支撑。加强洪涝信息立体感知及监控建设[3]。从空间到地面、地下，对城市洪涝相关信息进行全方位的监测和监视。采用先进的信息采集装置作为感知前端，实现对空间雨情、街区（特别是易涝点）、河道及地下（管网、地下空间）水情以及水利工程状态的全方位监测。

（3）加强信息融合与资源共享，促进信息的资源利用。目前，城市洪涝信息监测方面存在多头管理和建设现象，造成信息资源浪费和重复。另外，气象信息、城建信息、环境信息、供排水信息等方面还掌握在相关部门，信息还无法进行整合和融合，信息共享机制还无法得到保证，从而对城市洪涝灾害的决策与调度产生影响。因此，需要建立全市统一的城市洪涝信息监测系统，同时，要建立与相关部门间的信息共享机制，为城市洪涝灾害的科学决策与调度提供支撑。

（4）完善城市洪涝灾害预测预警能力和信息发布手段，提高应对城市洪涝灾害能力。需要进一步加强城市监测站网的合理布局和设置，完善各类监测手段，提高监测能力。不断完善城市雨洪模型、城市排水模型、灾害损失评估模型等专业应用模型，结合防汛应急预案和应急指挥管理体系，实现对城区实时水雨情的监测预报、暴雨积水实时分析、积水预警分析，提高城市洪涝灾害预测预警能力。采用多种信息化手段，及时将监测信息、预警信息、积水信息、灾情信息向社会进行发布，为城市防汛应急指挥调度工作提供强有力的支撑。

3.2 建议

通过实地调研分析得出，我国城市洪涝问题日渐突出，有多重方面的原因，既有气候变化和大规模、高强度人类活动共同影响的原因，也是城市排水标准严重偏低、防洪除涝管理体系不健全的必然产物。城市洪涝信息立体感知及监测是城市洪涝应急管理系统的基础和关键技术之一，其发挥的作用越来越重要，因此，针对国内的现状，对不同的城市应因地制宜的加强城市洪涝信息监测的建设，主要有以下几个方面的建议：

（1）由于城市区域的水文监测站点大多布置于城市上下游河道，用于监测降雨、水位和流量，而城市洪涝主要是关注城市内部区域积水的状态，由于缺少内涝历史监测数据，因此，需加强城市区域内部监测站点的布设，尤其是城市易积水区的监测和地下管网监测。

（2）加强城市排水管网实时监测体系建设，完善城市排水管网和河网基础设施，通过合理调度，提高城市雨洪排放能力。

（3）加强城市雨洪模型和排水模型的研究，为建立一套完善的城市雨洪、排水一体化实时监测预测预警体系打下基础。

（4）建立城市洪涝信息立体监测、实时监控、快速预报预警的信息系统，实现全方位的监测和监视，以降低洪涝灾害所产生的影响。

（5）加强多源信息融合，实现"智慧"管理和服务。基于物联网数据监测仪等传感设备自动采集雨量、水位、排水量等信息，通过移动互联网实时传输给处理平台，在大数据、云计算以及3S（RS、GPS、GIS）空间信息技术的支持下高效完成海量监测数据的分析、预测、决策以及数据的可视化和动态实时发布。

（6）建立城市洪涝灾害预测预警专家系统，加强城市数据库的建设，尤其是在当下海绵城市和智慧城市视觉下，加强监测数据的收集、专家知识库的完善以及基础数据的更新、共享和管理，能够有效保证多源数据在城市洪涝应对措施方面提供科学支撑。

（7）健全和完善城市洪涝应急预案，加强城市洪涝应急管理，提升城市管理抗灾减灾能力。

参考文献

[1] 张建云. 城市化与城市水文学面临的问题[J]. 水利水运工程学报，2012(1):1-4.

[2] 吕兰军. 城市洪涝灾害水文应对措施浅析[J]. 水资源研究，2013,34(2).

[3] 张建云. 城市洪涝应急管理系统关键技术研究[J]. 中国市政工程，2013,168:1-6.

水资源安全与管理

建设高标准控制圈　防治平原城市洪涝思路

朱　喜

（无锡市水利局，江苏无锡 214031）

摘　要：根据调查和有关资料分析，全国平原城市洪涝频发，无锡建设城市控制圈取得防治洪涝和改善河道水环境良好作用，是平原城市分片有效洪涝防治的主要途径和形式，其模式可供全国类似平原城市借鉴推广。建设控制圈原则：流域统一规划调度，洪涝防治高标准，相应体制机制，技术集成，建设大海绵城市。控制圈有效防治洪涝关键是有超前意识，挡洪、蓄滞和排涝的高标准，河道和雨水管道统一排涝标准。建设控制圈总体思路：规模适当，应建尽建，分区分片防治洪涝；上游蓄滞和河道行洪有足够能力；合理选择控制圈外排水路径；控制圈内有足够排涝能力；制定科学适用的超标准洪涝防治预案。

关键词：平原城市；控制圈；洪涝；防治；高标准

1　城市洪涝灾害及防治总体思路

1.1　关于城市洪涝灾害

城市洪涝灾害即是城市上游洪水进城及城市域内大量降水积存于城市地面、街道、河道，使城市在一定或相当大范围内严重受淹成灾。

洪水是由暴雨、融雪、冰川融化、风暴潮、溃坝（含冰坝）等形成；涝水即洪水进入、雨水积存。洪涝相连及可转换，洪水入城可为涝，大量排涝水可加大洪水、升高洪水位。

1.2　全国城市洪涝频发

中国城市洪涝防治已有相当水平，但相当多城市洪涝灾害仍年年频发。如 2016 年 5 月 9 日 16:00 至 10 日 8:00，广州全市普降大到暴雨，局部大暴雨，全市平均降雨仅 47.6mm，其中番禺沙头街最大雨量 186.6mm，广州就几乎全城水淹，多路段交通瘫痪；据报道，仅 2010 年后武汉连续多年发生大规模城市洪涝灾害，北京(如 2011 年 6 月 23 日降雨 121mm/d)、上海(如 2013 年 9 月 11—13 日)及天津、重庆、石家庄等城市均曾发生严重受淹。2017 年 7—8 月由于台风造成北京、山西、东北等地严重洪涝灾害。主要原因是以往缺乏城市洪涝防治高标准规划和适当的洪涝防治形式。

1.3　城市洪涝防治总体思路

（1）城市洪涝的三种类型：一是由于降雨造成城市低洼区域内涝；二是由于上游洪水进城积存于低洼区域、河道造成涝灾；三是上述二者重叠。

（2）防治洪水进城：一是采取各种有效措施减小上游洪水；二是在城市周围建设足够能力的泄水河道或通道；这二者均可减少或消除洪水进城的可能或减轻洪水进城的程度。三是在城市的有关区域建筑挡水工程、设施，阻挡洪水进城。

（3）排除城市涝水：一是建设海绵城市，减少涝水；二是使城市涝水经由雨水管道排入邻近河道或泄水通道；三是把雨水管道、河道涝水排入本区域（如城市控制圈）外的河道或泄水通道。

（4）防治城市洪涝。防治城市洪涝即是上述防治洪水与排除涝水的结合。一是加强城市排水系统的

作者简介：朱喜（1945—），男，高工，主要从事水资源、水环境、水生态方面的研究。Email:2570685487@qq.com

管理和增加排水能力；二是在城市的易涝区域建设全封闭式控制圈，阻挡洪水进城，同时在此封闭区域内建设足够能力的排涝泵站，排涝水出本区域。

2　无锡城市洪涝防治控制圈良好效益

太湖流域无锡等城市建设了相当规模的高标准城市洪涝防治控制圈（简称控制圈，俗称大包围），提供了平原城市有效分区防治洪涝和同时改善河道水环境的科学途径和良好形式的案例。

2.1　无锡城市控制圈概况

控制圈是在河道（河网）周围一定范围区域建控制水闸、堤坝、泵站和相应设施等系列控制工程，使成为全封闭区域。

控制圈位于城市中心区、京杭运河无锡段（以下称京杭运河）东北侧，社会经济发达区域；控制圈于 2007 年试运行，2008 年全面建成，当时投资 20 多亿元；内有河道近 400 条，总长 360km，水面积 6.8km²，平常水深 2~3m；控制面积 136km²，设计排涝流量 $Q=415m^3/s$（不含其周边圩区直接外排流量），周围防洪堤线长 76km[1]。

2.2　控制圈洪涝防治效益良好

据统计资料分析，2014 年控制圈，常住人口 125 万人、为全市人口 19.2%，GDP1300 亿元，为 1991 年该区域内 GDP 的 6.5 倍，若未建控制圈而再发生类似太湖流域 1991 年洪涝大灾，则估计要损失 230 亿元（1991 年价格计）。控制圈改变了城市低洼地区逢大雨必淹状况，至今控制圈内未发生内涝（个别年份曾因施工造成雨水管道不畅致局部受涝），确保人民生活正常、经济持续发展。如 2007 年 7 月 4 日 6h 降雨 119mm，2012 年 24h 雨量 209mm，控制圈均未受淹[1]。又如苏南地区 2015 年、2016 年汛期连日普降大暴雨，其中京杭运河无锡城区这 2 年最高水位分别达到 5.18m、5.28m，超过 1991 年 4.88m 历史最高水位。运河水倒灌致沿岸城市相当多区域被淹，但控制圈有效阻挡圈外超高洪水和迅速排除圈内涝水而未受淹。

2.3　控制圈改善水质效果良好

控制圈全面阻止圈外污染河水进入，且每年调引 2 亿 m³ 好水入圈，增加换水次数，改善圈内骨干河道水质。如建圈前，2001—2003 年圈内环城古运河全年黑臭，严重劣 V 类；建圈后 2015 年，TN、TP、NH₃-N 分别为 6.68 mg/L、0.293 mg/L、3.37mg/L，分别较前削减 33.2%、39%、64.7%，完全消除黑臭，成为市民休闲、旅游、健身好地方[1]。

2.4　无锡控制圈成为全国平原城市洪涝防治典范

常州、苏州、常熟、上海、宁波等城市的类似区域，取无锡之经验，已建或在建多个规模型全封闭城市控制圈。

3　建设高标准城市控制圈的必要性和可能性

3.1　必要性

（1）近年全国有上百个大中城市发生洪涝灾害，特别是涝灾。据江苏省 2016 年第 8 届水论坛资料，2001—2015 年全国有三分之二的城市发生过洪涝灾害，一年内发生内涝超过 3 次的城市有 137 个。有些城市如武汉、广州发生多次洪涝灾害。而无锡建设高标准城市控制圈取得良好洪涝防治效益，是一个有效消除洪涝的科学途径、形式和好思路，可在全国类似平原城市推广。

（2）集中控制优于分散控制。若控制圈内每条河道实行分散控制，则在每条河道两岸均应建设抵御洪涝的堤坝或挡墙，则城市变为堤坝挡墙林立，使市民产生压抑感，难与现代的美丽城市融洽和影响市民的生活环境；分散控制工程量很大，估算其工程费用为建设控制圈（如无锡城市控制圈）的 3~4 倍；分散控制需管理人员多和运行费用多；分散控制需要管理的堤坝数量多，安全隐患多，防洪压力大。而控制圈为适度集中控制，需要管理的高标准堤坝数量少，洪涝防治安全系数大，且无上述分散控制的弊端。故建设控制圈是提高城市洪涝防治标准的有效和可靠途径；同时建设控制圈可充分利用现有水工程及增建一些水工程和进行优化调度，更有利于改善河道水环境。所以建设适度规模的消除城市洪涝的高标准控制圈是必要的。

3.2 可能性

（1）有无锡城市控制圈及其他已建控制圈城市取得的良好经验，也宜在全国受洪涝威胁的类似平原城市特别是人口稠密社会经济发达城市的适宜区域全面推广。

（2）城市控制圈是传承祖先的传统堵疏结合防治洪涝水利措施在现代城市的科学应用。其中堵即是控制圈的外围挡洪工程，疏即主要是泵站排涝。

（3）各大流域机构有智慧有能力进行统一规划消除其域内城市洪涝灾害。有人认为城市控制圈向外排水，抬高控制圈外骨干河道水位，要加大流域的洪涝防治压力，所以不可取。实际上，随着社会进步和经济持续发展，每个城市对防治洪涝要求不断提高，均希望建设控制圈消除洪涝保安全，农村圩区也加大排涝力度保安全。这是现代社会经济发展的必然趋势，不应阻挡。流域机构有能力也有责任统一规划和实施流域的洪涝防治工程，确保流域每个城市均消除洪涝灾害。

（4）我国有经济实力、有技术、有能力全面推广建设和管理好城市控制圈。

4 建设城市控制圈的原则

目前，全国大多数城市洪涝防治标准低下，特别是防涝标准普遍偏低，以致于相当多城市洪涝灾害频发、年年受淹、城市看海。

（1）有一个适度超前的城市洪涝防治规划和相应体制机制。首先要编制一个高标准的城市洪涝防治规划，其中在适宜区域建设若干城市控制圈防治洪涝应为其主要内容，同时高质量分批分期实施，科学调度，这是尽快全面消除城市洪涝灾害的关键。为此，城市及防治洪涝部门和规划编制单位的负责人或责任人应增强高标准防治洪涝信心。

建设控制圈应有一个好的体制机制相适配。应充分利用水务局这一管理机构，统一规划、管理、治理洪涝；或建立城市洪涝防治的协调机构，各部门、单位密切合作；设置控制圈独立管理机构，如无锡市设置"无锡市城市防洪工程管理处"；小范围的控制区可建立责任人制度。

高标准洪涝防治应由流域统一规划、调度，区域统一属地管理，流域与区域协调管理。控制圈内的河道与管道（管网）的排涝标准相协调，并且加强管理，确保城市不受淹。

（2）城市洪涝防治有一个符合实际的高标准。高标准是一个城市消除洪涝的关键。国家、地方应制定出台符合各流域区域和城市实情的洪涝防治高标准。

城市防涝高标准。目前城市易涝点的防涝标准已在2017年6月由住建部发布，此标准是根据当今中国社会经济持续发展和城市化进程加快的现状，改变以往城市仅3～5年一遇的排水低标准为30～100年一遇的高标准，且已换算成各地的降雨标准。

城市防洪高标准，如长江流域的大城市的防洪设计标准为200～250年一遇（校核标准可为300～350年一遇），特大城市防洪设计标准可为300～500年一遇，中小城市可50～150年一遇。根据具体情况确定。

控制圈外骨干河道排水高标准，如京杭大运河要承纳江苏南部地区各控制圈及圩区外排的涝水和上游洪水两者重叠的水量，应有足够泄水能力。

（3）控制圈规模适当，分区防治洪涝。控制圈的建设应因地制宜、宜建尽建、宜大则大、宜小则小。个平原城市宜建若干控制圈，实行分区域防治洪涝。

（4）加强城市洪涝防治技术集成及与改善水环境相结合。我国洪涝防治不缺技术，各类单项技术基本均有且成熟，但缺技术综合集成；科研设计单位应致力于高标准防治洪涝适用技术的集成和推广应用。

根据各地水资源量多少的实际情况，充分发挥控制圈调水功能，配合控制水污染、清淤、净化水体、生态修复等技术集成，有效改善控制圈内河湖水环境、水生态系统。

（5）控制圈洪涝防治与海绵城市同步进行，建设大海绵城市。建设海绵城市有利于发挥其蓄渗滞排治用的六大功能，有利于提高城市控制圈的洪涝防治标准，消除或减轻城市本区域降雨造成的涝灾。但应正确理解海绵城市，其无法阻挡外来洪水造成的城市洪涝灾害，且老城区改造、建设海绵城市有相当的难度和相当长时间，所以海绵城市和控制圈建设须密切结合，同步实施。这两者结合即是建设大海绵城市。

5　城市控制圈（区）的分类

控制圈，规模较大、控制河道数量较多；控制区，规模较小、控制河道数量较少，甚至只控制 1 条河道。要正确理解控制圈的俗名"大包围"，不能认为控制圈"大包围"均是大规模的。控制圈（区）应根据具体情况，能大能小。

（1）平原城市常年运行的全封闭控制圈（区）。此类为低洼河网区，地面高程接近常年河道水位，遇雨即涝，建控制圈（区）必须兼顾挡洪排涝。如太湖流域众多城市已建或在建多个此类控制圈。其下可设若干二级控制区或圩区。控制水闸基本全年关闭，涝水由泵站排出。

（2）平原城市洪水期间运行全封闭控制圈（区）。全国城市宜建控制圈（区）的大部分为此类。其地面高程一般是在一定程度范围内高于日常河道水位，下大雨或大暴雨时即受淹。制圈（区）在受洪涝威胁期间，须挡洪排涝兼顾。如长江中游平原城市建控制圈（区），其控制水闸在平时开启，洪水期关闭；泵站排涝水入控制圈（区）外的江河或湖泊，也可实行多级排水。如北京、天津等北方城市建设控制圈（区）主要以消除城市内涝为主，适当兼顾挡洪。如东北平原城市建设控制圈（区）。因其降雨相对较少，原设防标准一般较低，下雨不大就受淹。如 1998 年松花江、嫩江大水，局部日降雨 100mm 多，受灾严重，淹了上千平方公里土地；2013 年 8 月黑龙江抚远等城市村镇被大水淹没，吉林省局地 2d 最大降雨量仅 89mm，就有相当多城市村镇被洪水淹。此类控制圈（区）主要以挡洪为主，适当兼顾排涝。

（3）山前平原城市控制区。主要是安全有效排泄洪水，科学调度，阻挡洪水不入城，适当兼顾防治城市内涝。如浙江余姚 2013 年 10 月 8—9 日（降雨 500mm）大洪水入城造成城市一半面积受淹。

6　无锡城市控制圈的高标准

无锡控制圈是在总结太湖流域百年洪涝灾害防治经验教训基础上，十多年前编制的高标准规划、方案，有一定超前意识。无锡控制圈取得良好效益的主要经验是高标准，适宜的和可达到的高标准。值得全国类似平原城市借鉴。

（1）抵御洪水高标准。在 21 世纪初，控制圈设计的防洪标准为 200 年一遇，250 年一遇校核[1]。如抵御 1991 年、1999 年型太湖流域大洪水。设计挡洪水位为大运河 1999 年最高洪水位 4.88m（吴淞高程），再加安全系数和超高，控制圈相关工程的防洪控制高程为 5.5m。

（2）抵御本地降雨高标准。防涝标准采用降雨量设计。根据资料，无锡城最大降雨量 227mm（1991 年 7 月 1 日），加安全系数，确定设计标准为降雨 250mm/d（其中 1h、6h 雨量分别为 83mm、145mm），校核标准 350mm/d[1]；以后若干年内通过全方位建设海绵城市等措施，标准可逐渐提高至 400mm/d。这次住建部颁布的防涝标准，无锡为大城市，相应降雨量为 50 年一遇的 231mm/d，与无锡市 10 多年前采用的降雨标准相似。

根据控制圈面积、降雨量、地面径流系数和设计标准计算排涝能力为 415m³/s，排涝模为 3，即单位面积排涝能力 3m³/s/km²，为当时习惯设计排涝模数的 3 倍。

（3）管理高标准。对域内的河道、雨水管道排水系统和相关机械设备、工程加强管理，高标准管理，确保安全运行，不出问题。

7　全国城市洪涝防治的高标准

（1）防洪高标准。能抵御近代有记录以来的城市最大洪水及加一定安全系数，确保洪水不入城；建议大中型城市防洪标准 200～300 年一遇，特大城市 300～500 年一遇。其中长江流域平原城市至少能够抵御 1998 年型洪水，不受灾。

（2）防涝高标准。在能够抵御流域区域最大洪水基础上，如长江流域的城市防涝标准应能抵御现代有记录以来其城市区域最大降雨，且有一定安全系数，如无锡市控制圈；长江流域以南或以北流域的城市的防涝标准可略高或略低于长江流域，具体在考虑其区域的综合因素后确定。河道与雨水管道防涝标准一致。防涝标准统一采用降雨量最为合理。采用降雨防涝标准设计，老百姓对雨量标准熟悉，便于对设计施工和管理单位及其责任人追责；应避免仅按重现期设计而对外不明示相应降雨量的做法，因为城市被淹了，老百姓难以对有关单位及其责任人追责，这些单位可以各种老百姓搞不清的理由推卸其责任。如武汉，根据历史最大日降雨前三名：317.4mm（1959年6月9日）、298.5mm（1982年6月20日）和285.7mm（1998年7月21日）及多日连续降雨实际情况，控制圈（区）抵御降雨的设计标准应为350mm/d，校核标准为400mm/d，多日连续降雨100~150mm/d（根据各区域具体情况分别确定）。河道及雨水管道排涝能力应同时满足上述降雨标准的要求，一般排涝模数不小于 3m³/(s·km²)。涝水可通过一级或多级泵站最终排向长江或局部排入大中型湖泊。武汉、上海、北京等设置水务局的城市，可统一管理城市洪涝，较易统一解决普遍存在的河道与雨水管道防涝标准不统一的问题。

8 建设城市高标准控制圈（区）思路

全国有众多平原城市，行洪河道往往通过城市，洪水又常伴随域内大雨，极易至城市受淹，须采取技术集成的综合措施防治洪涝。建设高标准城市控制圈（区）的总体思路是高标准规划、高质量施工、统一调度管理、加强责任制、正确预报预警和制定科学预案。

8.1 全面建设适当规模的控制圈

受洪涝威胁的平原城市在适宜区域建若干个适当规模控制圈（区），实行分区域防治洪涝。一般地势较低的平原城市均可建多个全封闭常年运行的控制圈（区）如无锡城市控制圈；地势相对较高的平原城市可建多个全封闭的洪涝期间运行的控制圈（区）如武汉、广州等。其中武汉是典型易涝大城市的代表，在2011年、2013年、2015年、2016年等均发生一次或多次大规模城市涝灾。如2016年6月30日8：00至7月6日17:00的6d多累计雨量581.5mm就造成大面积受淹。其城市涝灾原因可能是吸取教训不够或来不及建设防灾工程。武汉应建设多个控制圈（区），大幅度提高洪涝防治标准和尽快建设洪涝防治工程，消除洪涝灾害。

8.2 城市上游有足够蓄滞洪和泄洪能力

（1）发挥水库蓄滞洪能力。全国共有大中小水库98002座，库容9323亿 m³[2]。如长江上游有以393亿 m³ 容积的三峡水库为主的水库群，三峡水库是按千年一遇洪水设计和万年一遇校核的中国最高防洪标准。通过科学调度，可消除或大幅度减轻洪水对下游城市的安全威胁。若流域蓄水能力不足，应在适合区域增建或扩建水库。同时应满足水库堤坝坚固和具有相应超标准洪水的溢洪能力，如1975年驻马店大水后，吸取石漫滩和板桥水库溃坝教训，全国水库已全面整治，确保水库安全，消除溃坝危险。

（2）发挥湖泊蓄滞洪能力。全国共有 1km² 以上湖泊 2865 个，总面积 7.8 万 km²[2]。其中淡水湖总容积 2350 亿 m³。按流域区域高标准防洪要求，适度提高湖泊蓄水能力。如长江中游洞庭湖、鄱阳湖、巢湖、洪湖、梁子湖等大中型湖泊及众多中小湖泊流域，应继续实行退圩（垸、鱼池）还湖，加高加固堤防。如太湖有高标准堤防，其最高洪水位为4.97m，堤高为6.0m，西部防浪堤高为7.0m，既增加蓄水量，又能安全抵御1991年、1999年型特大洪水。如湖北在1999年大洪水后至2012年，共退田（圩垸）还湖1379km²（其中退圩垸还湖320个）[3]。武汉在2016年特大洪水期间，7月14日爆炸拆除牛山湖与梁子湖之间堤坝，使牛山湖回归梁子湖，增加5000万 m³ 蓄水量。

（3）滞蓄洪区。全国长江、淮河等流域有相当多滞蓄洪区、分洪区，按超标准洪水进行蓄滞洪管理和调度。如长江中游荆江分洪区，面积1358km²，容积71.6亿 m³，1954年曾分洪；湖南洞庭湖及入湖的湘资沅澧四水周边也有很多蓄滞洪区，应全面整治加固，加强管理。

（4）科学调度。湖库和蓄滞洪区在发生大洪涝特别是超标准洪涝时，流域统一调度，区域统一指挥。

8.3 行洪河道有足够泄洪能力

全国共有流域面积 50km² 以上河道 45203 条、总长 150.85 万 km。河道要满足流域最大洪水的行洪要求。城市中或其周围的骨干河道的排水能力应大于上游洪水、控制圈（区）排水及农村圩区排水的总和。

（1）增加过水断面和泄洪能力。

1）新建扩建河道，增加过水总断面。如太湖流域根据 2015 年、2016 年的汛期大水雨情，为保证大运河沿岸城市的安全，估算大运河还应增加向长江和下游的排涝能力 1000m³/s。如已建新沟河排长江通道即将完成，排涝泵站 180m³/s；将新建新孟河排长江通道，排涝泵站 300m³/s；建议新建或扩建锡澄运河、张家港、走马塘或望虞河向长江的排涝泵站及相应扩建河道；建议同时新建或扩建京杭运河下游方向的排涝能力。又如淮河下游先后建设入江水道、苏北灌溉总渠、入海水道一期（以后有二期 5000m³/s），使入江入海总流量提高到 2 万～2.3 万 m³/s，达到 300 年一遇防洪标准，满足最大泄洪能力要求。

2）支流入大江大河口或河道入海口，建排涝泵站。如建设"引江济巢""引江济淮"的引江泵站时，可建双向泵站排泄巢湖流域洪涝水，减轻巢湖沿岸合肥等城市的洪涝压力。

3）消除阻水因素，加大河道流速流量。

（2）加高加固堤防。全国有防洪任务的河道总长有 37.4 万 km，其中已完成整治任务的仅占 33%。如七大流域干流及其主要支流一般均能抵御最大洪水。其中武汉有坚固的高标准的长江堤防，江苏有高标准的长江大堤，均能抵御 1998 年型长江洪水。另外 67%的河道应加快堤防整治；已完成整治任务堤防中仍有相当多需继续提高防洪标准。堤防整治要满足泄洪能力、坚固和高程三要素。堤防宽度在一定范围内允许双车交会和方便车辆防汛通行，迎水坡能抵御大风浪，坝体防渗漏。

（3）建深层隧道排水。人口稠密社会经济发达又土地资源紧缺的地区，若要增加排水能力，可建深层隧道，如上海、广州、深圳和武汉等城市已建或在建或规划建排水深层隧道。又如无锡若增建锡澄运河排长江泵站，也可建深层隧道排水通道。

8.4 建设海绵城市及增加控制圈（区）蓄滞水能力

建设海绵城市增加域内蓄滞雨水能力包括建设地面、地下、屋顶蓄水池，下沉式绿地，垂直或水平渗水系统，乔灌草三层次结合的立体绿化系统等，新城区可一步到位，老城区应该逐步实施。同时可把一个或多个湖泊及相关河道置于控制圈内，建高标准堤坝增加蓄滞涝水能力。

8.5 合理选择控制圈周围排水路径

若控制圈周围有多条排泄洪涝的路径，需合理选择。如无锡城市控制圈，由于其圩区和城市排涝能力不断加大，京杭运河高水位发生几率增多。其排泄洪涝路径有 3 个方向，其中长江、大运河下游为主方向，而太湖为应急方向。为保护太湖，一般不能向太湖排水，所以只能在特殊状态下当运河水位超过 4.60～4.81m 时才能向太湖应急排水。

8.6 控制圈（区）有足够排涝能力消除涝灾

（1）仅是城市涝水积存于路面、地面，难以排入下水管。在遇涝期间的应急措施，主要是加强管理，值守，清除阻碍街道、地面排水的垃圾等杂物，必要时打开全部窨井盖，加快排水速度；设计时应加大路面排水窨井（暗沟）的排水孔隙率、排水面积，满足排水要求。

（2）城市涝水进入雨水管道后来不及排入河道或通道。应加大下水管的截面、降低排入河道的水位，加大排水速度和排水流量，满足排水要求。

（3）控制圈建设相应规模的排涝泵站。如无锡市控制圈排涝模数达到 3m³/(s·km²)，控制圈四周的 7 个泵站分别向周围骨干河道排水，使圈内河道处于非常安全的低水位范围内，确保控制圈不受淹；大江大湖旁边的城市控制圈可向大江大湖排涝。如武汉可充分利用长江这一天然行洪通道，通过支流河道及一级或多级泵站，把区域内洪涝水排入长江；邻近大海的控制圈（区）可向大海排水。如珠三角沿海城市，入海河道建挡潮闸同时建排水泵站；沿海沿江城市可建深层隧道蓄水及向大海或大江排水。

8.7 抵御超标准洪涝预案

（1）制定切实可行的洪涝防治超标准预案。人类认识和抵御洪涝灾害有一过程，经济能力也有一定限度，只能把洪涝防治标准提高至一定程度。在编制城市洪涝防治规划时，应确保标准内洪涝不发生灾害；发生超标准洪涝或突发性水灾，有可行的预案，包括降雨和洪涝的预报预警、科学调度及多部门协作配合，确保人民生命财产安全，或大幅度减轻洪涝灾害损失。其中预报预警正确及时对于防治超标准洪涝极为重要，如"1975.8"驻马店特大洪水，一天降雨1005mm、6h830mm，此类超标准洪水无法完全消除其灾害，可通过加强预警、正确预案，把其损失减少至最低。

（2）无锡控制圈超标准预案。若京杭运河发生超标准洪水，可适时泄水入太湖，其 1999 年已经受平均 4.97m 高水位的考验。

若京杭运河及太湖同时发生超标准洪水，则应在京杭运河两侧 30～50km² 的圩区设置主动或被动滞蓄洪区。以往大运河特高水位时曾多次发生圩区溃坝事件，客观上形成自然蓄滞洪圩区，降低骨干河道水位。而有计划设置蓄滞洪圩区更好。

控制圈超标准降雨预案。圈内可超标准蓄水，由日常控制水位3.4m 适当提高至应急控制水位 3.8m，此仍是可接受的基本不影响市民生活的水位，同时增加临时泵站排水。

发生超标准洪涝或突发性洪涝事故时，要做好抢险准备，包括设备、物资、人力、资金、技术、安置等各方面，以防万一，减少损失。

9 沿海和山前平原城市高标准洪涝防治思路

沿海平原城市除了采取一般平原城市的洪涝防治措施外，还需有防治台风和高潮位措施，即要抵御洪水、台风、潮水和暴雨四碰头。

（1）建设高标准堤防。高标准堤防是抵御台风潮水的最有效措施。如上海黄浦江外滩堤防、钱塘江堤防、珠三角海堤均能抵御特大高潮位和台风。但不能掉以轻心，要研究局部地段是否需要继续提高标准。而相当多沿海城市海堤标准有待提高。

（2）区域内建设全封闭控制圈（区）和加大排水能力。建设汛期运行的高标准防治洪涝控制圈（区）。邻近大海如珠三角的广州、深圳等城市的入海河道或受海潮影响的河道，在现有挡潮水闸基础上增建排水泵站。如上海、广州、深圳等特大或大城市若地面排水通道的排水能力不足，及由于土地资源紧张，可建深层隧道，增加向海洋排水能力和增加蓄滞雨水能力。

（3）山前平原城市洪涝高标准防治思路。山前平原城市洪涝高标准防治主要是上游有足够蓄滞洪水能力和河道有足够的安全行洪能力，同时注意大规模山洪对城市村镇的重大影响。

参考文献

[1] 张耀华，孙雯，朱喜，等. 太湖流域平原城市洪涝防治思路[J]. 江苏水利，2016(1):56-20.

[2] 中华人民共和国水利部，中华人民共和国国家统计局.第一次全国水利普查公报[M]. 北京：中国水利水电出版社，2013:1-3.

[3] 湖北省湖泊志编撰委员会. 湖北省湖泊志（上）[M]. 武汉：湖北科学技术出版社，2014:1-9.

基于红外热成像技术的红树植物响应复合污染的无损检测研究*

沈小雪，李荣玉，邱国玉，李瑞利

（北京大学深圳研究生院环境与能源学院，深圳 518055）

摘　要：本研究旨在建立一种红树植物响应复合污染的快速、无损检测方法。针对红树林区普遍存在的重金属污染和富营养化问题，本研究以红树植物秋茄（Kenaeliacandel）幼苗为研究对象，设计 Cd 和 N 的复合胁迫，利用红外热成像技术检测秋茄幼苗叶片温度及蒸腾扩散系数(hat)的变化，并用光合特征的变化进行验证，探求红外热成像技术应用于无损检测红树植物对复合污染胁迫响应的可行性。结果表明，在 Cd 处理下，秋茄幼苗叶温随 N 处理浓度的增加而增加（P<0.05），叶温最低值和最高值之间差值达 4.76℃；蒸腾扩散系数的变化与叶温相似。秋茄幼苗对复合污染的响应在热红外检测上表现为温度和蒸腾扩散系数的升高。不同处理组秋茄叶片光合作用的变化特征为：在 Cd 处理下，秋茄叶片的光合速率、气孔导度和蒸腾速率均随 N 胁迫程度的增加而降低（P<0.05）。秋茄叶片红外热成像检测结果和光合特征的变化具有较好的一致性，均很好地反映出秋茄受到的胁迫响应信息。综上，基于红外热成像技术的无损检测是一种有效反映红树植物响应复合污染胁迫的新方法。

关键词：红外热成像；秋茄；叶表温度；复合胁迫；无损检测

红树林是生长在热带、亚热带海岸潮间带的木本植物群落[1]，具有固岸护堤、净化环境、维持生物多样性等多种生态功能[2]，对红树林的保护具有重要意义。富营养化和重金属污染是深圳湾红树林当前面临的两个重要环境污染问题：深圳湾水域的 N、P 等营养盐的含量较高，且有逐年增加趋势[3]；与国内其他主要红树林分布区相比，深圳湾的重金属污染最为严重[4]。同时，红树林可进入性差，加大了常规检测的难度，且常规检测方法也无法做到对植物逆境胁迫响应的无损检测。

红外成像技术是利用物体自身各部分对红外热辐射的差异把红外辐射图像转换为可视图像的技术[5]，随热红外成像技术的成熟和精度的提高，使无损获取植物叶面温度成为可能[6]。叶片温度作为植物体的一个重要生理特性和生理生态研究中的基本参数[7]，是反映植物健康状况的指标之一。运用高分辨率的红外热成像仪对植物的叶面温度进行检测，可在无损条件下检测植物对逆境胁迫的响应情况。植被蒸腾扩散系数(h_{at})是邱国玉等[8]提出的"三温模型"之一，因易测得、便于遥感应用等特点，在评价植被水分状况和植被环境质量方面具有应用优势。

已有研究通过叶温的变化来监测诊断植株的受胁迫情况，主要关注水分胁迫[6, 9-11]和病害的早期检测[12-13]，且多数研究针对葡萄树[14]、苹果树[15]、橄榄树[9]、棉花[16]、玉米[10]、小麦[17]、烟草[18]、番茄[13]等经济树种和作物进行，但基于叶温变化和三温模型无损检测红树植物受复合胁迫影响的研究鲜有报道。

综上，本研究设计了重金属镉和氮素的复合胁迫实验，并基于红外热成像技术和三温模型对红树植物秋茄幼苗对复合污染的响应状况进行了无损检测与分析；同时，利用光合仪直接测定了秋茄幼苗气孔导度、蒸腾强度、光合速率和胞间 CO_2 浓度等叶片光合特性，对无损检测结果进行验证；最终，通过建

---

*基金项目：国家自然科学基金项目（31400446）；深圳市基础研究项目（JCYJ20160330095549229）；深圳市孔雀计划项目（KQJSCX20160226110414）。

立一种红树植物响应复合污染的快速、无损检测方法，为红树林健康状况的监测与保护提供新的思路与技术支持。

1 材料与方法

1.1 实验材料获取与准备

在深圳湾福田红树林国家级自然保护区采集长势一致的 2 年生红树植物秋茄幼苗，带回实验室，在底部完全封闭的塑料盆（规格：高 24cm，上径 18cm，下径 13cm）中培养、缓苗 2 个月。每盆装 3kg 用稀盐酸浸泡清洗的砂子作为培养基，种植 3 株秋茄幼苗。每两周添加 50mL Hoagland 营养液；每天定期补水，使其保持水淹/非水淹的模拟潮汐环境。

通过添加重金属镉（$CdCl_2$）和不同浓度的氮（NH_4Cl），进行复合胁迫实验，并持续培苗 3 个月。重金属镉胁迫浓度为 10 mg/L（相应的 $CdCl_2$ 浓度为 20.31 mg/L）；铵态氮供应浓度为 0 mg/L、10 mg/L、50 mg/L、100 mg/L（相应的 NH_4Cl 浓度为 38.21 mg/L、76.43 mg/L、191.07 mg/L、382.14 mg/L）。模拟四个梯度的复合胁迫环境，分别是 Cd-N0、Cd-N1、Cd-N2 和 Cd-N3；所有胁迫溶液分四次（隔天，持续一周）加入；每两周添加 50mL Hoagland 营养液，每天定期补水，使其保持水淹/非水淹的模拟潮汐环境，与缓苗期的培养类似，待测。

1.2 叶温值和植被蒸腾扩散系数的获取

在持续进行 3 个月的胁迫后，使用红外热像仪（Fluke IR FlexCamTi 55, Fluck Crop., USA）获取各处理组秋茄幼苗的红外热像图。拍摄时，热像仪镜头距地面 130cm，朝向朝南，镜面平行于地面，选晴天拍摄。利用红外热像仪配套软件 SmartView 3.2，提取不同处理组秋茄幼苗的叶温值（T_c）和参考叶片温度值（T_p）。在热像图信息提取过程中始终选择阳光可充分照射的成熟叶片，叶温提取位置为完全展开的上数顶层第 3 片叶。以秋茄幼苗叶片像元的最高值代替没有蒸腾（蒸腾量为零）的叶温，即参考叶片温度（T_p）[19]。同时，基于三温模型[8]计算植物蒸腾扩散系数（h_{at}）。公式如下：

$$h_{at} = (T_c - T_a)/(T_p - T_a)$$

式中：T_c、T_p 和 T_a 分别为冠层温度、没有蒸腾（蒸腾量为零）的冠层温度和气温。

1.3 叶片光合特性的测定

利用美国 LI-6400XT 便携式光合仪直接测定秋茄幼苗气孔导度、蒸腾强度、光合速率和胞间 CO_2 浓度。为避免植物受损而影响像图信息提取，光合仪测定选在获取红外热像图后，挑选一个天气晴朗的上午（10:00—11:00）进行；选择与叶温值提取相对应的植株成熟叶片进行测定，3 次重复。

1.4 数据处理与分析

实验数据采用 SPSS 20.0 软件进行差异显著性分析（单因素方差分析，Duncan 一致性检验，$P < 0.05$），采用 Excel 软件制图。

2 结果与讨论

2.1 复合胁迫对叶面温度的影响

植物体往往通过调节自身体内的信号网络去适应不断变化的环境条件，而表面温度是获取生物环境信息的可靠技术，已广泛应用于污染监测、农业领域等[8, 20]。红外热成像可以监测植物的叶面温度，当植物受到外界胁迫的影响，叶温的变化可被用来无损检测、诊断植株的受胁迫情况[13, 21]。

本研究中，不同处理组秋茄幼苗热像图（图 1）的像元值表征视域内物体的表面温度，颜色由红变蓝表示温度由高变低。不同处理组秋茄幼苗叶温值的分析（图 2）表明：在重金属镉胁迫下，秋茄幼苗叶温值随氮素供应的增加而显著升高（$P<0.05$），且叶温最低值（无氮营养供应组）和最高值（高浓度氮营养供应组）间差值达 4.76℃。说明本研究中，秋茄幼苗对复合污染的响应在热红外检测上表现为叶温的升高，叶温的变化可以较好反映秋茄幼苗对环境胁迫的响应，基于红外热像图进行无损检测是可行的。

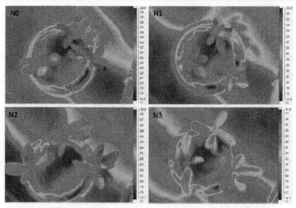

图1　重金属镉胁迫下不同氮素供应的秋茄幼苗红外热成像图

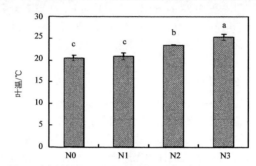

图2　重金属镉胁迫下不同氮素供应的秋茄幼苗叶温特征

[不同小写字母表示同种浓度金属胁迫下，不同氮营养供应间叶面温度差异显著（$P<0.05$）]

2.2　复合胁迫下植被蒸腾扩散系数（h_{at}）的变化

植被蒸腾扩散系数（h_{at}）是邱国玉等[8]提出的"三温模型"之一，可用于评价植被水分状况和植被环境质量，且具有易测得、便于遥感应用等优势。本研究利用红外热像图提取的叶面温度（T_c）和参考叶片温度（T_p），以及同步气温数据（T_a）计算了不同处理组秋茄幼苗的蒸腾扩散系数（h_{at}）。结果表明：不同处理组 h_{at}（图3）随胁迫程度增加而增加[(0.36~0.93)±0.08]，且不同处理组间差异显著（$P<0.05$）。

植被蒸腾扩散系数的理论取值范围为 $h_{at}≤1$，其值越小，蒸腾量越大；且当植被受到环境胁迫时，蒸腾扩散系数有最大值；反之，蒸腾扩散系数有最小值[8]。本研究结果与该模型理论预期一致，且 h_{at} 随胁迫梯度的变化趋势显著，说明秋茄幼苗对复合污染的响应表现为蒸腾扩散系数的升高，即基于红外热成像技术和三温模型获得的植被蒸腾扩散系数可以较好反映红树植物秋茄对逆境胁迫的响应信息，可作为胁迫环境下植物健康状况无损检测的指标参数。

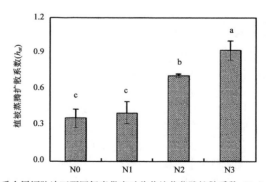

图3　重金属镉胁迫下不同氮素供应对秋茄幼苗蒸腾扩散系数（h_{at}）的影响

2.3 复合胁迫下叶片光合特性的变化

为进一步验证基于红外热成像技术的红树植物秋茄对复合污染响应的无损检测结果，本研究测定了秋茄幼苗相同时刻的叶片气孔导度、光合速率、蒸腾速率和胞间 CO_2 浓度（图4），结果表明：除不同处理组间胞间 CO_2 浓度的差异不显著（$P > 0.05$）外，光合速率[$2.12 \pm 0.86 \sim 11.14 \pm 0.93$ μmol $CO_2/(m^2 \cdot s)$]、气孔导度[$0.03 \pm 0.00 \sim 0.16 \pm 0.02$ mol $H_2O/(m^2 \cdot s)$]和蒸腾速率[$0.43 \pm 0.08 \sim 2.73 \pm 0.22$ mmol $H_2O/(m^2 \cdot s)$]均随胁迫增加而降低（$P < 0.05$）。

植物的叶片温度主要通过蒸腾作用维持[11]，且二者呈负相关性[13]。基于热像图获取的叶温和植被蒸腾扩散系数与光合仪直接测定的蒸腾速率变化趋势具有很好的一致性，即秋茄幼苗受到环境胁迫，蒸腾速率随胁迫程度加剧而减弱，相应地，叶温和植被蒸腾扩散系数随胁迫加剧而增加。

气孔是植物叶片与大气进行气体交换和丧失水分的主要通道，气孔蒸腾占全部蒸腾的 90%以上[22]，其闭合程度直接影响光合作用和蒸腾作用。已有研究表明重金属镉胁迫可导致植物叶片气孔导度下降[23]；同时，不同氮营养供应也会对气孔导度产生影响[24]。正常情况下，植物体通过调节叶片上气孔的开合控制叶片蒸腾作用，水分通过相变带走叶片表面的热量，进而调节叶温。气孔导度随胁迫加剧而下降，减弱了植物蒸腾作用，使叶温升高；同时，也削弱了光合作用。

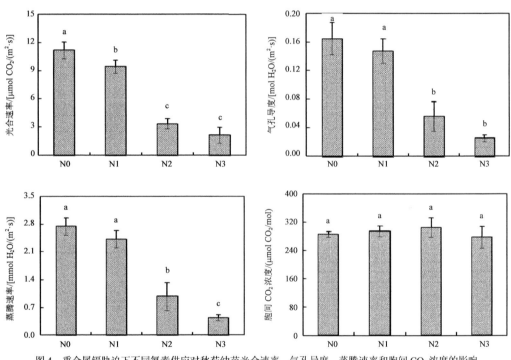

图 4　重金属镉胁迫下不同氮素供应对秋茄幼苗光合速率、气孔导度、蒸腾速率和胞间 CO_2 浓度的影响

氮是植物生长发育需求量最大的营养元素，既是构成植物有机体的结构物质，也是植物生理代谢过程中起催化作用的物质[25]，但当营养过剩时，也会对植物的生长产生抑制作用，导致光合产物的输出率降低，造成光合产物对光合器官的反馈抑制[26]；同时，重金属镉可通过影响光合机构或暗反应酶活性影响光合作用[27]；加之气孔导度下降对光合作用的影响，随重金属镉胁迫下氮营养供应浓度的增加，秋茄幼苗光合速率显著下降。

胞间 CO_2 浓度大小取决于外界大气 CO_2 通过气孔进入以及细胞内部光合器官同化共同作用的结果。有研究表明重金属胁迫可导致植物胞间 CO_2 浓度降低[28]；此外，不同浓度氮营养供应也会对植物胞间 CO_2 浓度产生影响[29-30]。本研究中不同处理组间胞间 CO_2 浓度有先增加后减小的变化趋势，但不同处理间差异并不显著（$P > 0.05$）。

3　结语

秋茄幼苗叶温和蒸腾扩散系数随复合胁迫浓度增加而增加 ($P < 0.05$)，说明叶温和蒸腾扩散系数 (h_{at}) 的变化可以反映秋茄对逆境胁迫的响应，可作为胁迫环境下植物健康状况无损检测的指标参数。为进一步验证基于红外热成像技术的红树植物秋茄对逆境胁迫响应的无损检测结果，本研究对叶温和蒸腾扩散系数与叶片气孔导度、蒸腾强度、光合速率和胞间 CO_2 浓度等指标的相互关系进行了研究。光合特性指标与无损检测指标的变化趋势具有较好的一致性，说明基于红外热成像技术的无损检测方法可以有效反映红树植物对复合污染的响应信息。该方法为红树林健康状况监测与保护提供了新的思路与技术支持。

参考文献

[1] 林鹏. 中国东南部海岸红树林的类群及其分布[J]. 生态学报，1981, 1(3): 283-290.

[2] 王文卿，王瑁. 中国红树林[M]. 北京：科学出版社，2007.

[3] 李存焕，王庆，张文静，等. 深圳湾红树林保护区土壤营养状况研究[J]. 广东农业科学，2013 (13): 53-56.

[4] 李柳强，丁振华，刘金铃，等. 中国主要红树林表层沉积物中重金属的分布特征及其影响因素[J]. 海洋学报（中文版），2008, 30(5): 159-164.

[5] 宋玉伟，宋纯鹏. 红外成像技术在生命科学中的应用[J]. 生命科学研究，2004 (2): 121-125.

[6] 刘亚. 远红外成像技术在植物干旱响应机制研究中的应用[J]. 中国农学通报，2012, 28(3): 17-22.

[7] 赵立新，荆家海，王韶唐. 陕西渭北旱源土壤-植物-大气连续体中水分运转规律的研究——II. 生态和生理环境对植物叶水势的影响[J]. 西北植物学报，1996, 16(6): 1-7.

[8] 邱国玉，吴晓，王帅，等. 三温模型——基于表面温度测算蒸散和评价环境质量的方法IV. 植被蒸腾扩散系数[J]. 植物生态学报，2006, 30(5): 852-860.

[9] Sepulcre-Cantó G, Zarco-Tejada P J, Jiménez-Muñoz J C, et al. Detection of water stress in an olive orchard with thermal remote sensing imagery[J]. Agricultural and Forest Meteorology, 2006, 136(1-2): 31-44.

[10] 刘亚，丁俊强，苏巴钱德，等. 基于远红外热成像的叶温变化与玉米苗期耐旱性的研究[J]. 中国农业科学，2009, 42(6): 2192-2201.

[11] Alchanatis V, Cohen Y, Cohen S, et al. Evaluation of different approaches for estimating and mapping crop water status in cotton with thermal imaging[J]. Precision Agriculture, 2010, 11(1): 27-41.

[12] 陈斌，田桂华. 红外热成像技术在植物病害检测中的应用研究进展[J]. 江苏农业科学，2014, 42(9): 1-4.

[13] 徐小龙，蒋焕煜，杭月兰. 热红外成像用于番茄花叶病早期检测的研究[J]. 农业工程学报，2012, 28(5): 145-149.

[14] Grant O M, Tronina L, Jones H G, et al. Exploring thermal imaging variables for the detection of stress responses in grapevine under different irrigation regimes[J]. Journal of Experimental Botany, 2006, 58(4): 815-825.

[15] Oerke E C, Fröhling P, Steiner U. Thermographic assessment of scab disease on apple leaves[J]. Precision Agriculture, 2011, 12(5): 699-715.

[16] Luquet D, Bégué A, Vidal A, et al. Using multidirectional thermography to characterize water status of cotton[J]. Remote Sensing of Environment, 2003, 84(3): 411-421.

[17] Lenthe J H, Oerke E C, Dehne H W. Digital infrared thermography for monitoring canopy health of wheat[J]. Precision Agriculture, 2007, 8(1-2): 15-26.

[18] Chaerle L, Hagenbeek D, De Bruyne E, et al. Thermal and chlorophyll-fluorescence imaging distinguish plant-pathogen interactions at an early stage[J]. Plant & cell physiology, 2004, 45(7): 887-896.

[19] Tian F, Qiu G, Lu Y, et al. Use of high-resolution thermal infrared remote sensing and "three-temperature model" for transpiration monitoring in arid inland river catchment[J]. Journal of Hydrology, 2014(515): 307-315.

[20] Jones H G. Use of thermography for quantitative studies of spatial and temporal variation of stomatal conductance over leaf surfaces[J]. Plant, Cell & Environment, 1999, 22(9): 1043-1055.

[21] Chaerle L, Van Der. Imaging techniques and the early detection of plant stress[J]. Trends in Plant Science, 2000, 5(11): 495-501.

[22] 凌军，张拴勤，潘家亮，等. 植物蒸腾作用对红外辐射特征的影响研究[J]. 光谱学与光谱分析，2012, 32(7): 1775-1779.

[23] 惠俊爱，党志，叶庆生. 镉胁迫对玉米光合特性的影响[J]. 农业环境科学学报，2010, 29(2): 205-210.

[24] 林郑和，钟秋生，陈常颂，等. 缺氮条件下不同品种茶树叶片光合特性的变化[J]. 茶叶科学，2013, 33(6): 500-504.

[25] 赵平，孙谷畴，彭少麟. 植物氮素营养的生理生态学研究[J]. 生态科学，1998, 17(2): 39-44.

[26] Osaki M, Iyoda M, Tadano T. Ontogenetic changes in the contents of ribulose-1,5-bisphosphate carboxylase/oxygenase, phosphoenolpyruvate carboxylase, and chlorophyll in individual leaves of maize[J]. Soil Science and Plant Nutrition, 1995, 41(2): 291-298.

[27] Maksymiec W, Wójcik M, Krupa Z. Variation in oxidative stress and photochemical activity in Arabidopsis thaliana leaves subjected to cadmium and excess copper in the presence or absence of jasmonate and ascorbate[J]. Chemosphere, 2007, 66(3): 421-427.

[28] 王碧霞，曾永海，王大勇，等. 叶片气孔分布及生理特征对环境胁迫的响应[J]. 干旱地区农业研究，2010, 28(2): 122-126.

[29] 潘文，张晓珊，丁晓纲，等. 氮素营养对美丽异木棉等4个树种幼苗生长及光合特性的影响[J]. 中国农学通报，2012, 28(31): 41-45.

[30] 赵茜茜，张琳，朱双，等. 不同非生物胁迫对麻疯树幼苗光合速率等生理指标的影响[J]. 热带亚热带植物学报，2012, 20(5): 432-438.

深港红树林湿地生态保护比较研究*

郭嘉亮[1]，林绅辉[1]，李瑞利[2]，沈小雪[2]

（1. 中交天航南方交通建设有限公司，深圳 518000；

2. 北京大学深圳研究生院，环境与能源学院，深圳 518055）

摘　要：红树林是生长在热带、亚热带海岸潮间带的一种特殊的植物群落，具有重要的生态、社会和经济价值。本文介绍了深圳福田和香港米埔红树林自然保护区的现状，并在管理措施、湿地保护、环境科普教育和生态旅游方面进行了比较研究。最后，归纳出 3 点值得福田保护区管理者借鉴的管理模式和方法，包括：拓宽经费渠道，改进管理模式和申请加入国际湿地组织。

关键词：红树林；生态保护；福田保护区；米埔保护区

1　引言

红树林是分布于热带、亚热带海岸潮间带特有的植物群落，主要是由红树科树种组成，是陆地向海洋过渡的一种独特的生态系统[1-2]。红树林特有的经济和生态价值使其成为生物多样性和湿地生态学研究的热点。全世界共有红树植物约 24 科 83 种，其中我国分布有 20 科 37 种[5]。在我国，红树林主要分布于海南、广西、广东、福建和浙江，形成南部和东部海岸的绿色保护带。作为海岸湿地生态系统的主体，红树林在防浪护岸、维持海岸生物多样性和渔业资源、修复环境等方面既有重要的生态功能[3-4]。

（1）抗风消浪，促淤造陆。沿海防护林在缓解沿海地区风沙水旱潮等自然灾害中起着重要作用，被称为沿海地区人民赖以生存的"生命林"。红树植物枝叶繁茂，通过胎生方式产生的幼苗会从母株上脱落下来，在红树林带的前沿定植生长、成熟，产生的胎生苗继续定植和生长，逐渐扩大红树林群落的面积。红树植物纵横交错的支柱根、呼吸根、板状根、气生根和表面根等能够在滩涂上形成一个稳定的支持系统，使红树植物能够牢牢地扎根生长，并且盘根错节地形成严密的栅栏，不仅增加了海滩面的摩擦力，减缓海浪的速度，起到防风消浪的作用，而且沉降水体中的悬浮颗粒，加快了潮水和陆地径流带来的泥沙和悬浮物的沉积，促进土壤的形成，缓解温室效应带来的海平面上升而淹没陆地的威胁[6-7]。有研究发现，在红树林堤岸边的海水所含的泥沙量是无红树林堤岸的 1/7，而且红树林较高的凋落物量以及海洋生物排泄物和遗骸等促进了红树林海岸的快速淤积[8]。例如，海南省东寨港发育较好的红海榄林淤泥升高的平均速度为 4.1mm/a[9]。红树林可使海浪的波能衰减 92%，波高降低 80%以上，并且使涨落潮速度减少66%～75%，在消减海浪对海岸的冲击，防止或减缓海岸侵蚀，巩固堤岸和防灾减灾方面具有十分重要的作用[10]。2004 年，红树林在东南亚海啸中表现出了突出的防护作用，最大程度上降低了灾难损失[11]。

（2）净化污染物。红树林能够通过物理作用、化学作用及生物作用等对多重污染物进行吸收、积累而起到防止污染的作用，并且过滤陆源的入海污染物，减少海洋赤潮的发生[12]。目前，有关红树林对污染物净化作用的研究主要集中于重金属、石油、人工合成有机物等污染物[13]。有研究表明红树林植物及其沉积物都有吸收多重污染物的能力，对污染物有较强的净化效果[14]。此外，红树林还对 SO_2、HF、Cl_2、CO_2 和其他有害气体有一定吸收能力[15]，甚至能够吸收一定量的放射性物质。Breaux 等研究发现，红树

*基金项目：国家自然科学基金项目（31400446）；深圳市城管局科技攻关项目[基围鱼塘修复].

植物木榄、老鼠簕、秋茄和桐花树幼苗的根，能大量富集 ^{90}Sr 且桐花树幼苗根部的 ^{90}Sr 吸收量占全部 ^{90}Sr 吸收量的 97.7%[16]。红树林能够接受来自潮汐、河水、地表径流所携带的重金属污染物，并将其滞留，固定在红树林生态系统中，缓解重金属对近海生态环境的影响[17-19]。红树林能够通过多种机制来抵御各种污染物，包括：①根部富集重金属；②根际微环境调节；③细胞调节和基因调控；④盐腺分泌重金属；⑤有效的生理调节。其中很重要的一方面是红树植物体内富含的丹宁能够与吸收的重金属离子发生化学反应，降低甚至使其失去毒性。红树林不仅能够通过吸附沉降和植物吸收等降解和转化污染物，而且红树林林下的各种微生物能够分解污水中的有机物，吸收有毒的重金属，并且将营养物质释放出来供给红树林内的各种生物[10]。

（3）维护生物物种多样性。作为一种特殊的生态交错带，红树林中的物质循环周期短，能量流动快，生物生产效率高，是世界四大高生产力的海洋生态系统之一（包括红树林、珊瑚礁、上升流和海洋湿地），孕育着特殊的动植物群落。红树林中的红树植物有多种生长型和不同的生态幅，并各自占据着一定的空间，能够为各种生物群落中的各级消费者提供重要的栖息和觅食场所，在维护海岸带水生生物物种多样性方面具有重要作用[1]。红树林中的凋落物以及近岸的富营养水体为近海藻类、无脊椎海洋动物和鱼类提供了丰富的饵料，成为动植物、微生物丰富的基因库[2]。有研究发现，我国红树林生态系统中至少包括55 种大型藻类、96 种浮游植物、26 种浮游动物、300 种底栖动物、142 种昆虫、10 种哺乳动物和 7 种爬行动物[15]。对广西英罗港红树林区林缘和潮沟潮水中鱼类多样性的调查共发现了 76 种鱼类，隶属 36 科59 属[20-21]。另外，作为鸟类理想的栖息地，红树林能够满足迁徙鸟类落脚歇息、觅食和恢复体力等多种需求，在红树林的分布区域往往保持有较高的鸟类种群。从 1992 年冬到 1993 年 2 月的调查发现，深圳福田红树林保护区冬季有鸟类 119 种，其中冬候鸟 62 种，留鸟 52 种，其他鸟类 5 种[22]。广西沿海红树林为 115 种水鸟提供了繁殖、越冬和迁徙中途歇息的场所，包括来越冬的世界上最濒危的鸟类之一黑脸琵鹭（Platalea minor）[23]。

2 深圳福田与香港米埔红树林现状比较

深圳福田红树林自然保护区地处深圳湾东北岸（东经 113°45′，北纬 22°32′），毗邻拉姆萨尔国际重要湿地香港米埔保护区，是我国唯一地处城市腹地的国家级自然保护区，东起深圳河口，西至车公庙，呈带状分布，长约 9km。1984 年，该保护区由广东省批准，深圳市创建，1988 年晋升为国家级自然保护区，1993 年加入我国人与生物圈保护区网络，成为全国唯一加入该网络的红树林自然保护区。经过三次对保护区的红线范围界定后（1986 年、1989 年和 1997 年），最终界定保护区面积 367.64 hm²，其中陆域面积为 139.92 hm²，滩涂面积为 227.72 hm²。保护区划定了核心区（占总面积 46.0%）、缓冲区（占 13.8%）、实验区（占 38.7%）和行政管理区（1.5%）。保护区共有高等植物 41 科 98 种，其中红树植物 12 科 22 种；列入我国重点保护的鸟类有 23 种；两栖爬行动物 31 种；哺乳动物 15 种；大型底栖动物 86 种；昆虫 96种；藻类 117 种。福田红树林内主要的红树植物种类包括秋茄（Kandelia obovata）、白骨壤（Aricennia marina）、桐花树（Aegiceras corniculata）、老鼠簕（Acanthus ilicifolius）、海漆（Excoecaria agallocha）、木榄（Bruguiera gymnorrhiza）和黄槿（Hibiscus tiliaceus），其中秋茄（Kandelia obovata）、白骨壤（Aricennia marina）和桐花树（Aegiceras corniculata）是优势。保护区中的人工林面积为 23.9 hm²，天然林面积为56.2 hm²，按优势树种分为秋茄（Kandelia obovata）＋桐花树（Aegiceras corniculata）13.6 hm²、秋茄（Kandelia obovata）5.0 hm²、白骨壤（Aricennia marina）28.4 hm²、秋茄（Kandelia obovata）＋桐花树（Aegiceras corniculata）10.7 hm²、秋茄（Kandelia obovata）＋桐花树（Aegiceras corniculata）＋白骨壤（Aricennia marina）12.1 hm²、海桑（Sonneratia caseolaris）＋无瓣海桑（Sonneratia apetala）10.3 hm²。福田红树林有鸟类 194 种，包括卷羽鹈鹕（Pelecanus crispus）、白肩雕（Aquila heliaco）、黑脸琵鹭（Platalea minor）、黑嘴鸥（Larus saunderis）等 23 种珍惜濒危物种。

近 30 年来，深圳经济特区快速建设和发展，伴随而来的是城市地域的快速扩张和一系列的生态环境问题，使得地处深圳腹地的福田红树林面临多种已有或者潜在的干扰和胁迫，包括：土地利用方式的改变，水体污染、大气污染、噪声污染和人类的直接干扰等。在 1984 年，深圳市城市规划设计管理局划定的福田红树林保护区面积为 304 hm²。然而几十年来，大量陆地和基围鱼塘不断被城市建设占用。年调整红树林保护区红线范围后，保护区总面积增加为 367.64 hm²，但陆域面积却只有 139.9 hm²，减少了 39.8%，仅占总面积的 38%，成为最小的国家级自然保护区，也被称为"袖珍型的保护区"。在 1999 年开通的滨海大道横贯深圳市区，其中的一段就从福田红树林保护区通过。福田区环境监测站 2001 年的监测数据显示，滨海大道红树林段平均每天有 10 万余车辆来往行使，其中白天为 6414 辆/h，夜间为 2106 辆/h。机动车排放的废气及产生的交通噪声不可避免地影响了红树林清新、宁静的自然环境。近年来，随着沿海房地产热的兴起，福田红树林保护区周边的福荣路一带陆续盖起了众多楼盘，其中不少是高度近百米的高楼，这些近距离的楼盘大大破坏了红树林的自然景观，缩小了鸟类的活动空间，严重损害了自然保护区的环境质量，威胁到红树林的生存环境。据调查发现，福田红树林湿地周边居民对深圳湾湿地的依赖程度较高，环保意识观念强烈，并反对周围建太多的高楼建筑，认为城市化对福田保护区环境生态有一定影响，会导致生物种类和数量的减少[24]。另外，随着经济和人口的增长，大量的工业及生活污水通过深圳河、新洲河、凤塘河等进入深圳市城市污水的主要集纳区深圳湾，而首当其冲的就是深圳湾的红树林湿地。据《2005 年深圳市海洋环境质量公报》显示，在沙井红树林区、福永红树林区、西乡红树林区、福田红树林及内伶仃岛猕猴自然保护区，由于受到陆源入海污染物的影响，水体出现富营养化趋势，其中无机氮含量较高，已经超过四类海水水质标准。

　　香港米埔保护区位于香港新界西北角深圳湾的东南端，隔深圳河和深圳湾与深圳市福田区相望，总面积约 380 hm²，拥有 330 hm² 红树林，约占全港红树林总面积的 48%。分布有 6 种湿地，包括鱼塘、基围、潮间带泥滩、红树林、芦苇和淡水池塘。根据不同的管理目标，米埔保护区划分为核心区、生物多样性管理区、公众参与区、资源善用区和私人土地区。保护区具有很高的生物多样性，拥有丰富的动植物物种。主要植物包括木榄（*Bruguiera gymno-rrhiza*）、桐花树（*Aegiceras corniculatum*）、秋茄（*Kandelia candel*）等。据统计，每年有上万只候鸟来米埔过冬，包括勺嘴鹬（*Eurynorhynchus pygmeus*）、小青脚鹬（*Tringa guttifer*）、半蹼鹬（*Limnodromus semipalmatus*）、灰尾鹬（*Heteroscelus brevipes*）、黑嘴鸥（*Larus saundersi*）和黑脸琵鹭（*Platalea minor*）。其中珍稀鸟类黑脸琵鹭的数目约占全球的 30%。此外，保护区内已记录的昆虫 400 多种、海洋无脊椎动物 90 多种、蝶类 50 多种以及香港独特物种米埔双手蟹和鸭背蛤等。香港米埔红树林的保护工作起步较早。早在 1950 年，包括米埔在内的香港边境被划为禁区，极大的保存了其红树林的原生态特征。1975 年，港府设置了"限制进入地区"，包括米埔沼泽区、与之毗连的红树林沼泽以及内深圳湾的潮间带泥滩及浅水水域。1976 年，米埔被列为具特殊科学价值地点。1984 年，世界自然（香港）基金会（WWF）开始接手管理米埔保护区，推行环境教育和保护工作，并形成了一整套高效、成熟的管理模式。1995 年，米埔及深圳湾共 1500 hm² 的湿地正式根据《拉姆萨尔公约》列为国际重要湿地。经过几十年的探索和发展，香港米埔红树林自然保护区在湿地保护、科普教育和生态旅游等方面取得了长足的进步，积累了丰富的保护和发展经验，值得国内其他保护区借鉴和学习。

3　深圳福田和香港米埔红树林的管理经验比较

3.1　严格的管理措施

　　为了加强福田红树林保护区的科学管理，保护红树林的自然环境和自然资源，福田红树林保护区按照福田国家级自然保护区管理规定进行严格管理。保护区划分为核心区、缓冲区和实验区三部分。其中，核心区实行封闭管理，除边防公务活动和依照法律、法规的规定经批准进行的科研观测外，禁止任何单位和个人进入，最大程度上保护了红树林的原生态特征。缓冲区和实验区的科学管理保证了保护区科研及科普教育功能的正常开展。保护区管理规定对详述了保护区的管理办法和与之相应的处罚办法。保护区内的凤塘河避风港及其航道和其他设施要维持现有规模，禁止再进行改建、扩建或新建任何设施。在红树林保护区内及其外围地带严禁排放废气、废水、废渣和其他污染物以及其他污染环境的行为，须接受深圳市环境保护行政主管部门的处罚。不得擅自砍伐红树林保护区内的红树林和其他林木，对违反规定的，责令其停止违法行为，限期恢复原状或者采取其他补救措施，并可由市林业行政主管部门对其处以罚款。处罚标准为：砍伐红树林高 1.5 m 以上的，每株罚款 3000 元；1 m 以上不足 1.5 m 的每株罚款

2000元；1 m以下的，每株罚款1000元。砍伐其他林木的，按照林木价值三倍以上十倍以下进行罚款。另外，对于在红树林保护区狩猎、捡挖沙和捞蟹等一系列破坏野生动物栖息、觅食和繁殖的行为，没收其违法所得，责令停止违法行为，限期恢复原状或者采取其他补救措施；对红树林保护区造成破坏的，由市林业行政主管部门对其处以300元以上3000元以下罚款；情节严重的，处3000元以上10000元以下罚款；构成犯罪的，依法追究刑事责任。通过认真落实保护区管理规定，能够在处理有关保护区生态保护的问题时做到科学化、法制化和规范化，切实保护好福田红树林的自然环境。

香港米埔红树林保护区坚持以妥善管理、保持及尽可能增加保护区内湿地生境及原生野生生物多元化及种类为目标。米埔自然生态环境良好，是候鸟越冬的重要场所，在英国殖民地期间曾是重要的冬季捕猎野鸭场所，缺乏合理的保护。1950年，香港政府将包括米埔在内的香港边境被划为禁区，限制了其发展，最大程度上保存了红树林原生态的特征。1962年，英国环保人士斯科特爵士前来参观并提出建立米埔保护区。根据香港《野生动物保护条例》，只有经渔护署发给"进入米埔沼泽区许可证"者，才能进入保护区，违者可被定罪及罚款5万元。前往浮桥或深圳湾观鸟屋的访客，还必须持有粉岭警察许可证办事处发出的"边境禁区通行证"。渔护署的自然护理员负责在"限制进入区"（禁区）执行法例，所有进入该地区的人员须持有《许可证》，并到自然护理员办公室登记。对于违反规定者，渔护署可对其提出诉讼，并在必要时可联系警署警员获得协助，最后由法院对其作出处罚。严格的管理确保了米埔保护区内各种珍贵野生动植物得到有效的保护。

3.2 保护和恢复红树林

福田红树林作为深圳市的一块生态资源宝地，不仅有巨大的物质生产功能和优美的景观美学功能，而且在维护生物多样性，抗风护岸，促淤造陆，以及净化近海环境方面起到了积极的作用[10, 25]。因此，对退化的红树林进行恢复和重建必将受到普遍重视[26]。《深圳市城市林业发展"十一五"规划》提出了以中部为重点，东西部两翼齐飞的红树林保护和发展总体布局。具体做法为：在保护好现有红树林的基础上，以中部福田红树林自然保护区及其附近的滨海大道南侧海滩为重点（西起蛇口，东至深圳河口），在沿海滩涂种植红树林125 hm^2，营造滨海大道南侧的红树林滨海景观林；在葵涌街道建坝古银叶树群落，在南澳街道建东冲村入海口湿地和沙岗滨海湿地，种植红树林100 hm^2；在宝安区沙井街道海上田园风景区建设鱼塘红树林生态养殖工程，种植红树林150 hm^2[27]。另外，在2006年启动的福田凤塘河口红树林修复示范工程包括湿地及红树林恢复工程、水污染控制、水动力控导、河道堤岸生态改造等，通过水污染控制系统、水动力控导及生态修复等三方面的建设，已经在海陆路交错带上构建了红树林—水体及红树植物—半红树植物—陆生植物/植被—隔离植被带大格局[28-30]。在保护区的陆地边缘建立乔灌林绿化隔离带，使保护区内各种生境与城市绿化带巧妙连接起来，成为鸟类的生态通道，同时还可缓冲滨海大道及广深高速公路上车辆产生的噪声和废气对保护区的影响。在保护和恢复红树林的同时，采取有效措施防止外来有害物种的入侵，其中，一种是薇甘菊，可以通过药物防除、人工防除及生物防除的方法进行防治；另一种是，限制引进海桑和无瓣海桑的扩张趋势。另外，及时监测防治白骨壤的病虫害，通过采取生物导弹技术和引进鳞翅目昆虫的天敌入住红树林，阻止虫害的蔓延扩散。对于红树林周边地区的新建项目，必须建设完善的排污管道，确保其接入污水西部排海工程；对于已建项目而未纳入排海工程的项目，在技术经济上可行的，要完善排污管道并纳入排海工程；目前的技术经济条件下不可行的，必须进行深度处理，在达到广东省地方标准《水污染物排放限值》中的二级标准后才可排放，并引入总量控制的管理办法。

米埔红树林保护区地处深圳河入海的深圳湾地区，来自陆源的泥沙在深圳湾地区的大量沉积导致该地区的自然演替活动频繁。保护区内的基围、鱼塘等湿地类型必须在适度的人为干预和调节下才能得以有效的保护。因此，为了维持保护区的原生境和生物多样性，保护区采取了定期恢复淤塞的基围和进行一定生境管理的环境管理措施。传统的基围是用挖出的泥土筑成基堤，包围水和植物，面积约10 hm^2。在基围的近海处设置人工调控的水闸，利用潮汐涨落让海水进出基围。基围为野生生物提供了合适的栖身场所和繁殖地点。秋季，虾苗随潮水自然引入，并以基围塘底的沉积的红树林枯落物为食，形成了一个功能健全的小型生态系统。然而，基围里的淤泥会随着每月的换水冲进基围并沉积在塘底，沉积率每年约为1.3 cm。因此为了避免淤塞，确保基围内的鱼虾有足够的活动空间，需要每隔10年进行一次清淤。

另一方面，生境管理措施包括乔木管理，主要是控制基堤上树木的高度和数量，保存传统的自然景观及水鸟的天然生境，并且对访客行走的基堤区域进行适当除草，为野鸭类提供栖息地。定期防治外来攀援植物薇甘菊和马缨丹等，确保本地红树植物的正常生长。通过调整基围内的水位，维持和保护多种特有的湿地类型，包括红树林、光滩、基围、开阔的水面、人工沼泽湿地和荒草地等。

3.3　环境科普教育

作为一个长期的学习过程，环境科普宣传教育让人们在意识到环境存在的同时，关注环境所面临的问题，并推动个人和社会群体积极寻找解决环境问题的方法，是提高我国公民环保素质和环保意识的重要举措[31-32]。自然保护区则是对社会公众开展环境科普教育的最理想场所之一。深圳福田红树林保护区是我国唯一地处城市腹地的国家级自然保护区，对保护全球的鸟类具有重要作用，每年有100多种10万只以上从西伯利亚至澳大利亚南北迁徙的候鸟在此停歇和过冬。此外，保护区具有极高的生物多样性，且由于被海水周期性淹没，红树林中的红树植物多具有奇特的生态特征 (包括：胎生现象、泌盐现象以及特殊的根系等)，具有极高的科研价值，是大自然无私赋予的一笔伟大的宝贵财富。因此通过福田红树林保护区的环境科普教育，可以充分展示深圳经济特区在追求经济高速发展的同时，落实环境保护的科学发展观，坚持保护生态环境的可持续发展，为构建人与生态环境和谐相处的深圳，做出积极的贡献[33]。深圳福田红树林保护区在环境科普教育方面取得了较大的成效[34]，主要包括以下5个方面：

（1）完善的科普教育场所及设施。福田红树林保护区共建有 3 处环境科普教育场所，包括：红树林海滨生态公园、红树林观赏园和观鸟屋、展览馆。红树林滨海生态公园位于福田红树林保护区外围，由保护区管理局统一管理，是深圳市政府将原规划穿过红树林的滨海大道向北移 200 多 m，并在红树林西面的路基改造建设而成，总面积约 21 hm^2。公园内东侧观光道上设有由 9 个橱窗式宣传栏组成的科普教育长廊，橱窗内可张贴宣传海报等对公众进行环境科普教育宣传。红树林观赏园和观鸟屋位于福田红树林保护区的实验区。

（2）设计制作宣传资料，开展环境科普宣传活动。为了进一步宣传红树林保护的重要性和满足来保护区参观群众的基本需要，保护区制作了画册《深圳福田红树林》，折页《保护区概述》《走进红树林》《自然保护区法律问答》《福田红树林常见鸟类》《自然保护区法律法规规章制度汇编》和光盘《保护区风光欣赏》等宣传资料。此外保护区还通过沿周边岸线架设的多个宣传牌以及宣传栏、宣传保护区简介以及相关的法律和管理规定等。保护区利用"世界湿地日""爱鸟周""世界环境日""全国科普日"等主题环保节日，在游客众多的生态公园举办大型宣传活动，通过举办启动仪式、悬挂彩旗横幅、张贴海报、提供咨询服务、派发宣传资料、新闻媒体报道等多种宣传形式，加深广大市民群众对环保节日的认识。

（3）组织参观福田红树林保护区。对参观红树林的团体及个人实行参观预约制度。目前申请进入保护区参观的对象主要包括学校的师生和社区的群众。保护区工作人员首先派发宣传资料，带领他们参观红树林展览馆，进行必要的科普宣传教育，然后进红树林观赏园区进行参观，并对其进行相关的讲解和咨询服务；尤其在鸟类较多的秋冬季节，进入观鸟屋进行水鸟的鉴别和观赏是深受欢迎的一个科普教育项目。目前每年来保护区参观的师生人数一般为 3000 人左右，数量较少，仅仅局限于福田区的部分中小学校。因此，为了在更多的学生中进行红树林的环境科普教育，保护区应该积极同深圳市教育局协商，并联系深圳各区的中小学，组织更多的学生到保护区进行环保科普教育。香港米埔的成功经验值得借鉴，在香港，教育署会出资组织全港中小学校分批到米埔保护区进行环保科普教育，并取得了很好的环境科普教育宣传效果。

（4）开展志愿者服务。福田红树林作为深圳市的城市生态名片，引起了许多高素质的环保人士，以及愿意为红树林保护和宣传工作尽一份力的有志之士的关注。在周末及节假日期间，公众愿意到红树林保护区及生态公园等地进行参观游览。

（5）通过信息网站传播科普知识。为了紧跟互联网时代的步伐，满足人们的信息需求，提高公众的环保意识，保护区依靠广大公众媒体进行宣传，包括报纸、刊物、电视台、广播电台和网络等。其中，保护区网站（www.szmangrove.com）从 2004 年底开始策划，并于 2005 年正式推出使用。网站设立了保护区概述、新闻动态、科普园地、学校教育、办事指南等栏目，与国内各自然保护区建立了友情链接，并定期更新保护区的最新通知、新闻动态和工作动态。

虽然有着丰富多样的动植物资源及原生态的自然环境，但米埔保护区却没有大力开发生态旅游，而是坚持将生态教育与环境保护放在第一位。米埔保护区的管理计划规定中包括：成为学生及公众环境教育的媒介；定期举办湿地管理培训项目，为从事湿地管理及保护工作的人员，尤其大陆的官员，举办湿地培训课程，鼓励科学研究，推广及支持能够减低保护区受外界威胁的措施等。米埔红树林保护区推行在环境中学习的教育理念，鼓励公众支持环保工作，并取得了较好的成效，主要包括下面 4 个方面：

1）开办湿地管理培训班。为了扩大保护区的知名度，提高对湿地价值的认识和对湿地保护区的管理技术，由香港上海汇丰银行有限公司赞助开办了湿地管理培训班。该培训班每年组织 12 期湿地管理研讨班，受训人员约 130 名，主要面向中国内地的湿地自然保护区管理层，以及亚洲一些国家或地区的湿地保护区经理和政府官员。该培训班也成为交流各自湿地管理和保护经验、技术和知识的平台。

2）组织公众和学生团体参观保护区。为了让更多的公众能有机会接触并认识红树林，更好地开展环境科普教育工作，米埔红树林保护区组织公众和学生团体参观保护区。1985 年推出了中学参观项目，1986年推出公众参观项目，1993 年推出小学参观项目。目前，每年的学生团约 400 团（其中 300 团中学生、100 团小学生），约 16 000 人，公众团约 25 000 人。将公众团安排在周末和公众假期，学生团安排在平日（周一到周五），这样合理地安排参观时间能够最大限度利用保护区的环境容量，让尽可能多的公众接受环境教育。基金会采取借出许可证的方式，让少数未经预约的海外游客能够顺利参观保护区，并鼓励他们当一天的会员。另外，在港府的资助下，每年为超过 12000 名学生提供亲身到保护区学习湿地保育知识的机会。

3）完善的环境科普教育设施。保护区内用于科普教育的教育场地主要包括斯科特野外研习中心和野生生物教育中心。建于 1990 年的斯科特野外研习中心，设有多功能会议室，配有图书资料与视听器材，对访客开放使用。作为公众团和学生团的登记处，访客中心陈列基金会及保护区的海报，用来介绍保护区情况，并出售纪念品及相关资料。1986 年建成的野生生物教育中心，设有一个两层高的展览厅，陈列有活动展板和展品，并有视听设施供访客使用。区内修建了 4 km 长的自然教育长廊贯穿区内的鱼塘和基围，沿途架设路标，并在鸟类经常出没的地点设有 11 间观鸟屋，以减少对鸟类的干扰。在边境禁区围栏旁，建有一条 450 m 长的穿越红树林到达海湾滩涂的浮桥，使访客能够在滩涂观鸟屋内观察滩涂鸟类。此外，用于生态环境教育的还有水禽饲养池和蝴蝶园等。

4）完备的网络宣传途径。米埔保护区充分利用开展的各类活动和媒体的力量，特别是互联网方面对公众进行红树林宣传教育，寓教于乐，令公众在轻松的氛围下获得生态环保方面的知识与教育。香港渔农署设立了多个网页来介绍香港的生态资源的数量、分布、生活习性等情况，具有较强的趣味性，且内容丰富、知识性强。这些网站包括：香港在线生态地图、环境局网页、香港生物多样性网页、香港欲望、香港自然网、人工鱼礁网、红潮资讯网和香港植物标本室网页等。同时，为了便于公众获取相关信息及提出建议，香港渔农署在相关的主页上，定期更新保护区的最新消息，并提供保护区正在推进的或者已经完成的相关的环保报告、科研成果等信息。

3.4 生态旅游开发

红树林作为一种热带海岸特有的自然生态系统，与其他海岸风光比较具有截然不同的别致风情，有着独特的生态旅游价值。红树林有奇特的胎生现象，适应潮汐，在潮涨潮落间，展示出不同的色彩美和动态美，蟹虾成群，白鹭齐飞，呈现出一幅生机勃勃的自然景象。与其他自然景色相比，红树林的旅游功能体现出新、奇、旷、野等特点。国际上开展红树林生态旅游项目的国家和地区主要包括：美国的佛罗里达、泰国的普吉岛、新西兰的北奥克兰半岛、孟加拉的申达本[35]。目前，我国红树林生态旅游初具规模的有香港米埔、海南东寨港和台湾的淡水河口，而深圳福田、广西山口、珠海淇澳岛、广东湛江等地的开发较晚，有较大的开发潜力和价值[36]。

在强调保护和恢复红树林的基础上，合理开发红树林，体现出其自身的经济价值，真正融入到深圳的社会经济发展中，才能使红树的开发和保护更具有生命力和可持续性。目前，深圳红树林湿地已经开展生态旅游的仅有福田区红树林自然保护区外围的生态公园和宝安区的海上田园，生态旅游还有很大的发展空间。在保护区内建有几千米长的木质观赏栈道，并修筑有观鸟亭。这让游客在欣赏美丽红树林景色的同时有机会亲近各种珍稀鸟类。让社区居民的积极参与并能够从中获利，是推动当地生态旅游可持续发展的重要保障。肯尼亚的红树林生态旅游值得借鉴：在肯尼亚，红树林生态旅游业采取培训当地居民充当导游的措施，并把当地社区也列入生态旅游的活动中，不仅丰富了红树临生态旅游内容，而且较好地维护了景点的木板路，并保护了当地的红树林。红树林作为一种珍贵的自然资源，在保护的前提下，尝试开发出一系列的人工品种的红树林药品、材料和食品，也能增强红树林生态旅游的吸引力。据调查，我国有 19 种红树植物和半红树植物具有珍贵的药用价值，开发潜力巨大[37]。在哥伦比亚，用浸泡红树皮制成治疗咽喉痛的漱口剂；在印度尼西亚和泰国，用木果楝果实榨出的油与淀粉做成的面膜对粉刺的治疗效果良好。另外，参照香港米埔的成功经验，合理利用福田保护区内传统的基围养殖来开展一系列生态旅游项目，可以让游客亲自参与到这种传统项目中去，提升红树林的生态旅游品位。

香港米埔湿地是我国拉姆萨尔湿地之一，动植物资源丰富，保存着很高的生物多样性。米埔自然保护区坚持保护优先的原则，开展发展与保护相协调的生态旅游，并努力将环境科普教育的理念贯彻到生态旅游中[32, 38-39]。为开展生态旅游，米埔建立了多种设施，包括野生生物教育中心、居民郊野学习中心、水鸟馆、观鸟小屋、浮动木板路等。在周末及节假日，保护区组织香港市民参观保护区，并将全年人数控制在 25 万人以内。米埔自然保护区的主要项目就是观鸟，该项目具有占用空间小，只需要携带望远镜即可，对自然的影响小的特点，非常适合在保护区开展。米埔建设的观鸟屋和木桥，不仅方便了观鸟，使公众能够在指定的位置观赏鸟类，同时又减少了对鸟类的干扰。此外，米埔还定期举办观鸟大赛，以大型赛事的形式，对公众进行鸟类保护的宣传。养殖基围是香港沿岸的传统之一，如今只有米埔保护区的基围仍运用这种传统方式养虾。利用米埔天然的优势，保护区开展的基围养殖地活动，能够让游客亲身体验到这种传统作业的乐趣。在每年 4 月至 10 月的基围虾塘作业期，虾苗从后海湾随着海水冲入基围，以塘内的浮游生物和红树林枯落物为食。到了每年 11 月至次年 3 月期间，基围虾塘会被轮流放干，塘内的鱼类吸引了大量以捕食鱼类为生的鸟类，包括苍鹭（*Ardea cinerea*）、白鹭（*Egretta garzetta*）和黑脸琵鹭（*Platalea minor*）。这种生态的管理模式使得人工湿地与自然生态环境和谐共存，相互补充，既有利于米埔的生态价值，使米埔的湿地资源得以可持续发展，又能够充分利用米埔的天然生产能力，实现了湿地资源的保护和合理利用[40]。

4　对深圳福田红树林生态保护建议

深圳福田和香港米埔红树林自然保护区同处深圳湾，有着相似的生态环境，共同面临着合理保护和管理方面的问题，在红树林保护和管理与环境科普教育上都有各自的特点，并取得了一定的成功。香港米埔保护区成立较早，在自然保护、公众科普教育、经费募集、事务管理和生态旅游方面积累了丰富的实践经验。福田红树林保护区的保护和管理工作起步较晚，但发展很快，不仅通过一系列红树林恢复工程切实保护和恢复了红树林的原生态，完善了保护区的各种法律法规，而且通过各种途径进行保护区的科普宣传教育工作，收到了很好的效果。除了依靠自身的创新来进行摸索尝试外，学习其他自然保护区先进的保护和管理经验也十分必要。参考香港米埔保护区的保护和管理措施，福田红树林保护区可以在以下三方面进行改进：

（1）拓宽经费渠道。充足的经费一直是自然保护区能够可持续发展的重要保障。自建保护区以来，福田红树林保护区管理所需经费列入了深圳市的财政预算，一直由市财政部门承担。据统计，从 2000 年到 2005 年，深圳市投入保护区管理局的经费 6633 万元，省财政及省林业局补贴经费 540 万元。如何在争取政策和经费支持的前提下，通过其他途径募集经费来增加保护区的经费，是保护区可持续发展所面临的重要问题。因此，保护区应该多渠道引进外资，并鼓励社会各方面投资建设交通服务等设施，丰富旅游项目，积极探索生态旅游经营管理的新模式。与福田红树林保护区毗邻的香港米埔保护区采取了灵活多样的筹款途径，值得借鉴。

（2）改进管理模式。自然保护区内需设立专门的管理机构来负责自然保护区的具体管理工作。福田红树林保护区的管理机构是广东内伶仃岛——福田国家级自然保护区管理局，并在深圳市林业行政主管部门的领导下，接受广东省林业行政部门的业务指导。单纯的由政府机构进行管理的模式，在遇到设计生态旅游开发等问题时，就会显得不太适应，存在一定的弊端。因此，在确保政府在福田红树林保护与开发的主导地位的同时，应该积极鼓励当地社区和有关利益团体共同参与福田红树林的管理。国际上大多数保护区的管理模式正从单一由政府管理向"公司加政府"的模式进行转变。

（3）申请加入国际湿地组织。香港米埔自然保护区已于 1997 年与国际湿地组织签订了《拉姆萨尔公约》，成为我国第七块列入国际重要湿地名录的湿地。深圳福田红树林自然保护区虽与香港米埔保护区同处深圳湾，虽然是融为一体的红树林生态系统，但至今没有参加该组织。因此，福田红树林自然保护区应该在有效恢复和保护福田红树林的同时，积极申请加入《拉姆萨尔公约》，分享国际湿地组织对深圳红树林湿地的关注、支持和保护。

参考文献

[1] 李庆芳，章家恩，刘金苓，等. 红树林生态系统服务功能[J]. 生态科学，2006,25(5):472-475.

[2] 韩淑梅，吕春艳，罗文杰，等. 我国红树林群落生态学研究进展[J]. 海南大学学报自然科学版，2009, 27(1):91-95.

[3] 段舜山，徐景亮. 红树林湿地在海岸生态系统维护中的功能[J]. 生态科学，2004,23(4):65-69.

[4] 黄晓林，彭欣，仇建标，等. 浙南红树现状分析及开发前景. 浙江林学院学报，2009,26(3):427-433.

[5] 林鹏，傅勤. 中国红树林环境生态及经济利用[M]. 北京：高等教育出版社，1995.

[6] 林鹏. 中国红树林湿地与生态工程的几个问题[J]. 中国工程科学，2003,5(6):33-38.

[7] 林鹏，张宜辉，杨志伟. 厦门海岸红树林的保护与生态恢复[J]. 厦门大学学报（自然科学版），2005,44(增刊):1-6.

[8] 林鹏. 中国红树林论文集（Ⅱ）（1990—1992）[C]. 北京：科学出版社，1993:13-20.

[9] 范航清，梁士楚. 中国红树林研究与管理[C]. 北京：科学出版社，1995:13-20.

[10] 于笑云. 深圳福田红树林资源保护与生态旅游开发[J]. 贵州林业科技，2008,36(1):61-65.

[11] 高吉喜，于勇. 海啸过后谈红树林保护[J]. 绿叶，2005(1):14-15.

[12] 张忠华，胡刚，梁士楚. 我国红树林的分布现状、保护及生态价值[J]. 生物学通报，2006,41(4):9-11.

[13] 薛志勇. 福建九龙江口红树林生存现状分析[J]. 福建林业科技，2005,32(3):190-193, 197.

[14] Peters E C, Gassman N J, Firman J C, et al. Ecotoxicology of tropical marine ecosystems[J]. Environmental Toxicology and Chemistry, 1997,16(1):12-40.

[15] 林鹏. 中国红树林生态系统[M]. 北京：科学出版社，1997:1-342.

[16] Breaux A, Farber S, Day J. Using natural coastal wetland systems for waste water treatment: an economic benefit analysis[J]. Journal of Environmental Management, 1995,44(3): 285-291.

[17] 程皓，陈桂珠，叶志鸿.红树林重金属污染生态学研究进展[J]. 生态学报，2009,29(7):3893-3900.

[18] 宋南，翁林捷，关煜航，等. 红树林生态系统对重金属污染的净化作用研究[J]. 中国农学通报，2009,25(21):305-309.

[19] 李瑞利，柴民伟，邱国玉，等. 近 50 年来深圳湾红树林湿地 Hg、Cu 累积及其生态危害评价[J]. 环境科学，2012, 33(12):4271-4278.

[20] 何斌源，范航清，莫竹承. 广西英罗港红树林区鱼类多样性研究[J]. 热带海洋学报，2001,20(4):74-79.

[21] 何斌源，范航清.广西英罗港红树林潮沟鱼类多样性季节动态研究[J]. 生物多样性，2002,10(2):175-180.

[22] 王勇军，刘治平，陈相如. 深圳福田红树林冬季鸟类调查[J].生态科学，1993(2):74-84.

[23] 周放，房慧伶，张红星，等. 广西沿海红树林区的水鸟[J]. 广西农业生物科学，2002,21(3):145-150.

[24] 周福芳，史秀华，邱国玉. 城市化社会认同度及湿地资源环境评估研究——从深圳居民感知视角[J]. 生态城市，2012,19(7):77-81.

[25] 李跃林，宁天竹，徐华林，等. 深圳湾福田保护区红树林生态系统服务功能价值评估[J]. 中南林业科技大学学报，2011,31(2):41-49.

[26] 徐华林，彭逸生，葛仙梅，等. 基于红树林种植的滨海湿地恢复效果研究[J]. 湿地科学与管理，2012, 8(3):36-40.

[27] 胡卫华. 深圳红树林湿地的现状及生态旅游开发对策[J]. 湿地科学与管理，2007,3(1):52-55.

[28] 刘畅. 深启动红树林修复工程，投资高达 8505 万元[N]. 广州日报，2006-08-04.

[29] 沈凌云，宁天竹，吴小明，等. 深圳湾凤塘河口红树林修复工程[J]. 价值工程，2010 (14):55-57.

[30] 庄毅璇，梁媚. 深圳福田凤塘河口红树林修复工程生态影响评价[J]. 绿色科技，2010 (10):56-59.

[31] 邓泽华. 我国环保科普工作现状及对策[J]. 法制与社会，2010 (30):179-180.

[32] 秦卫华，邱启文，张晔，等. 香港米埔自然的管理和保护[J]. 湿地科学与管理，2010, 6(1):34-37.

[33] 张宏达，陈桂珠，刘治平，等. 深圳福田红树林湿地生态系统研究[M]. 广州：广东科技出版社，1997.

[34] 徐华林，王淼强，吴苑玲，等. 福田红树林保护区科普教育模式探讨[J]. 湿地科学与管理，2008, 4(1):52-55.

[35] 郑德璋，郑松发，廖宝文，等. 红树林湿地的利用及保护与造林[J]. 林业科学研究，1995,8(3):322-328.

[36] 李枚，章金鸿，郑松发. 试论我国的红树林生态旅游[J]. 防护林科技，2004 (4):33-34.

[37] 赵魁义. 地球之肾——湿地[M]. 北京：化学工业出版社，2002.

[38] 陆明. 香港湿地生态旅游对广西红树林湿地生态旅游的启示[J]. 旅游市场，2008 (2):93-95.

[39] 李怡婉. 香港米埔自然保护区保护与发展经验借鉴[C]//城市规划和科学发展——2009 中国城市规划年华论文集. 北京：中国城市规划学会，2009.

[40] 吕咏，陈克林. 国内外湿地保护与利用案例分析及其对镜湖国家湿地公园生态旅游的启示[J]. 湿地科学，2006,4(4):268-273.

湿地植物根表铁膜研究评述*

徐思琦[1]，沈小雪[2]，李瑞利[2]

（1. 深圳市福田区环境保护监测站，深圳 518040；

2. 北京大学深圳研究生院，环境与能源学院，深圳 518055）

摘　要：铁膜在湿地植物根表普遍存在，影响养分、金属（类金属）和其他污染物在土壤中的化学行为和生物有效性，在植物吸收养分和污染物过程中起重要作用。本文介绍了近年来湿地植物根表铁膜的研究现状，包括根表铁膜的形成及影响因素、主要研究方法与表征技术、根表铁膜的生态功能及其影响因素，并提出根表铁膜形成和生态功能方面的后续研究展望。

关键词：湿地植物；根表铁膜；表征技术；生态功能

湿地植物为了适应渍水环境，根系和地上部分均能形成大量的通气组织[1]，可以通过叶片将大气中的氧气输送到植物根系，由根将这部分氧气和其他的氧化性物质释放到根际，使渍水土壤中存在的还原性物质 Fe^{2+} 发生氧化，生成铁氧化物/氢氧化物，这种物质可在湿地植物的根表沉积，通过这种连续的氧化作用所形成的铁氧化物/氢氧化物呈胶膜状态包裹在根表，称之为铁膜[2-3]，其反应过程可用 $4Fe^{2+} + O_2 + 10H_2O = 4Fe(OH)_3 + 8H^+$ 表示。此外，根际铁氧化细菌以及根系分泌的一些过氧化物氧化酶等促使根际土壤溶液中的 Fe^{2+} 氧化成 Fe^{3+}，而在根表形成铁氧化物[4-5]。因其具有较大的表面积并带有正负电荷基团，可以通过吸附和共沉淀等作用，影响养分和重金属元素在土壤中的化学行为和生物有效性，在植物根系吸收养分和污染物过程中起着重要的门户作用。

由于人类活动，湿地中养分和污染物的负荷增加。根表铁膜在湿地植物根-土界面的研究已经成为湿地环境科学研究中的热点。国际上对植物根表铁膜的研究始于 20 世纪 60 年代[6-7]，国内开始于 20 世纪 90 年代[8-10]。在湿地植物根表铁膜的相关研究中，国内外学者主要针对水稻[11-14]、芦苇[15]、香蒲[16]等植物的根表铁膜展开了大量的研究，涉及根表铁膜形成及其影响因素，根表铁膜对营养元素的富集、吸收以及重金属（类金属）污染的控制等领域[3-4, 17-18]。

1　根表铁膜的形成及影响因素

湿地植物根表铁膜的形成必须具备两个条件：一是植物根际处于局部氧化状态；二是生长介质中存在充足的 Fe^{2+}[19-20]。土壤局部的氧化状态主要通过植物根系分泌氧、植物根系分泌的氧化性物质（氧化酶等）[21]和铁氧化微生物[22]来维持。Fe 是地壳最丰元素之一。沉积物孔隙水中，还原条件下 Fe^{2+} 是主要存在状态，可作为电子供体；氧化条件下 Fe^{3+} 是主要存在形式，可作为电子受体，在铁膜形成过程中具有重要作用。多种非生物和生物因素可影响根表铁膜的形成。影响铁膜形成的非生物因素主要为沉积物理化性质，即缺氧条件及其持续时间[23-24]、Eh、pH、Fe 含量、土壤质地[25]、孔隙水溶解氧[26]、沉积物 P 缺乏[27]等。生物因素包括：植物根系渗氧（ROL）[12]，根孔隙度[28]，根酶活性导致的 O_2 的释放[6]，根际（铁）氧化菌[22]，根际（铁）还原菌[29]，植物种类、品种和基因型[12, 30]以及其他影响根部生长的毒性因子。

*基金项目：国家自然科学基金项目（31400446）。

2　研究方法

当前，主要通过化学分析和同步辐射技术研究根表铁膜的生物物理化学属性。主要的研究方法和技术详见表 1。

表 1　根表铁膜表征技术

设备/方法	用途	参考来源
DCB 提取法	化学提取（鲜根），随后使用其他技术分析金属（土壤）和营养物	文献[31]
修正的 DCB 提取法	同上	文献[31]
草酸铵提取法	化学提取，随后用其他技术分析 Fe 和 As	文献[37]
分布连续提取	连续提取铁膜上 As 的五种形态	文献[38]
透射电镜/能谱（TEM/EDS）	铁膜形态和元素组成	文献[55]
XRD	测定铁膜中富 Mn 颗粒	文献[55]
SEM-EDAX	芦苇铁膜中 U 的分布（未检出）	文献[56]
MicroXRD 和 Fe K-edge microXANES	选定点铁膜中铁的矿物相	文献[48]
MicroXRF	As 和 Fe 在根系的微尺度分布	文献[48]
X 射线微探针（X-ray microprobe）和 XRF 显微成像	空间分布（空间浓度）及在根表铁膜和根组织中分布的金属元素（Fe、Mn、Pb 和 Zn）	文献[44]
XRF 显微成像（XRF microtomography）	空间分布（空间浓度）及在根表铁膜结合的金属和类金属元素（Fe 和 As），以及铁膜上 As 的氧化状态	文献[39]
X 射线断层扫描（X-ray tomography）	空间分布（空间浓度）及在根表铁膜和根部横截面结合的金属和类金属元素（Fe 和 As），以及根横截面上 As 的氧化状态	文献[45]
3D 纳米力学（3D nanotomography）	沿根部（根尖和根基部）金属和类金属（Fe 和 As）的空间分布	文献[45]
Fe K 边 XANES 和 Fe K 边 EXAFS	铁的矿物学特征（羟基氧化物）	文献[40]
As K 边 microXANES	铁膜中 As 的氧化状态	文献[48]
Mn/Zn K 边 EXAFS; Pb LIII 边 EXAFS	Mn、Pb 和 Zn 在铁膜中的配位化学	文献[44]
As K 边 XANES 和 As K 边 EXAFS	铁膜中 As 的氧化状态	文献[40]
U L3 边 XANES 和 μ-EXAFS	U 的氧化状态	文献[51]

注：XRD 为 X 射线衍射分析（X-ray diffraction analyses）；XAS 为 X 射线吸收光谱（X-ray absorption spectroscopy）；XANES 为 X 射线吸收近边结构光谱（X-ray absorption near-edge structure spectra）；EXAFS 为扩展 X 射线吸收精细结构（Extended X-ray absorption fine structure）；XRF 为 X 射线荧光光谱（X-ray fluorescence spectroscopy）。

2.1　测定方法

提取植物根表铁膜的主要化学方法是 DCB（dithionite-citrate-bicarbonate）提取法[31]，该方法最初用于从土壤中提取氧化铁，可实现定量分析。Taylor 等[31]比较了许多从芦苇（*Phragmitescommunis*）的新鲜根中提取铁膜的方法，发现热和冷 DCB 方法是等效的，但建议使用冷 DCB 方法，可以减少对（新鲜）根结构的损害。但也有研究指出 DCB 提取法可能浸提出没有铁膜包被的植物组织内的金属，这可能高估铁膜对重金属的吸附能力[32]。Bravin 等[33]的结果表明，DCB 提取的 Fe 含量低于以前文献报道所提取的 Fe 含量[31, 34-36]，也许是因为部分 Fe 铁膜仍未溶解。因此，用 DCB 方法提取的铁膜或 Fe 含量在该研究中可能被低估。

Hossain 等[37]比较了 DCB 提取法和 Loeppert 等[84]提出的草酸铵（在黑暗中）方法在提取铁膜 Fe（和 As）的性能，发现草酸铵提取液含有较多的 Fe。已有研究[38-40]从铁膜中连续提取了四种形态的 As，即：①非特异性吸附态；②特异性吸附态；③无定形和不良结晶的水合氧化铁态；④铁的结晶氧化物态。连续提取是研究金属（类金属）固相分配的常用技术。然而，在使用连续提取结果时，应注意说明不同提取态的具体含义[40]。此外，不合适的样品预处理会导致实验分析结果错误，尤其是当测 As 或其他氧化还原敏感物质时。

2.2 表征技术

铁膜在植物根表的分布具有时空异质性，相应的，铁膜结合的金属（类金属）也因时间[39, 41]和空间[42]而异。湿法化学提取可量化铁膜及其上重金属（类金属）含量，但不能确定它们在铁膜和根组织中的空间分布；此外，难以保持原位条件（例如元素的氧化态）的分析，特别是当存在氧化还原敏感元素时，如 As 和 Cr。同步加速辐射技术（同步辐射技术）允许在接近自然条件下研究固相样品，因此，可以用于研究氧化还原敏感过程[43]。利用微 X 射线荧光光谱（μXRF）或计算 X 射线断层扫描和 μXAFS（μXANES/μEXAFS）组合的元素成像技术，已被广泛应用于研究铁膜对金属（类金属）行为的作用中[44-48]。Hansel 等[44, 49]首先使用 Fe K-Edge XANES 测定了芦苇和香蒲根在铁膜中的 Fe 和 As 形态。Takahashi 等[50]通过使用 19-元素锗半导体检测器成功确定了含有 10 mg As / kg 土壤的 As^{3+} / As^{5+} 比率。As 的 K 边 XANES 显示，从成熟水稻收集的铁膜以 As^{5+} 占优势，少部分 As^{3+} 与其共存[30, 40]。通过同步辐射 X 射线微探针和 XRF 微断层成像技术研究了铁膜中金属（类金属）的空间分布和形态[41, 44-45]。这些研究还分别使用了 XANES 和 EXAFS 进行金属的形态和结构环境研究。Li 等[51]通过使用 U LIII 边 EXAFS 研究了萨凡纳河样地的湿地沉积物中铀（U）的固定机制。总之，这些表征技术在湿地植物根表铁膜研究中，主要应用于根表铁膜的分布、铁膜的矿物组成分析以及根表铁膜对元素的吸附机理分析。另外，扫描透射 X 射线显微镜（STXM）结合 NEXAFS 技术的改进有助于理解有机矿物组合的机制[52]。这种技术尚未广泛应用于铁膜研究中，但它在分析还原环境中有机质官能团对金属（类金属）行为影响方面将是一个有用的工具[53-54]。

3 根表铁膜的生态功能

3.1 根表铁膜的营养效应

根表铁膜可以富集营养元素，进一步地影响植物对营养元素的吸收，但其作用仍有争议，表现为阻碍、促进或无效。有研究认为，植物根表铁膜是营养元素的富集库[37, 57]。水稻根表铁膜能够在近根区域富集大量铁、磷、锌、镁、锰等植物必需的营养元素，当介质中养分缺乏时，铁膜富集的营养元素能够被植物活化吸收利用[11, 58]。有研究认为根表铁膜的形成促进营养元素吸收。P 对铁氧化物和氢氧化物具有很强的亲和力[59]。Yang 等[60]发现，生长介质中高浓度的 Fe 和 P 促进冷水花铁膜生成和 P 的吸收。Jiang 等[58]注意到 15 种水生植物根中 P 吸收与铁膜量显著相关。在另一项研究中观察到，有铁膜的芦竹（Arundodonax）和香蒲（T. latifolia）的 P 含量分别为 28.85mg/kg 和 34.99 mg/kg 生物量，比无铁膜的高 46.2%和 21.9%[61]。根表铁膜的形成阻碍营养元素吸收或无效。Insalud 等[62]发现，淹水条件下生长的水稻对 P 的吸收下降。曾祥忠等[63]也发现根表铁膜的形成会抑制植物对 P 的吸收。造成根表铁膜抑制 P 吸收的原因可能是由于铁膜中铁氧化物对 P 具有很强的亲和力，其吸附的 P 增多，从而降低了根际 P 的有效性，并导致植物可利用的 P 减少。也有研究发现，铁膜可以富集 P，但其对植物 P 的吸收无明显作用（即"无效"），15 种水生植物 P 吸收没有显著变化[15]。

也有研究认为，铁膜对营养元素的富集作用与铁膜的量有关，过厚时抑制吸收而薄时则有促进作用[64-65]。钟顺清[64]发现宽叶香蒲根表铁膜量较少时促进了植株对磷的利用，超出一定值反而对磷的利用起抑制作用；而根表铁膜的形成对黄菖蒲地上部磷含量的影响表现出抑制作用。因此，根表铁膜影响植物对磷的吸收利用不仅与铁膜量有关，同时还与植物种类及其对铁的忍耐性和外界磷的浓度密切相关。Chen 等[66]发现硝态氮添加抑制铁膜生成和植物对 Fe、P、As 的吸收，而铵态氮添加可促进植物对 Fe 和 As 的吸收，但抑制对 P 的吸收。总之，根表铁膜在一定程度上是一个土壤养分的富集库，氧化物膜的厚度是养分富集能力的一个重要因素；另外，介质中养分的浓度和存在形态、土壤中铁膜的含量和植物根系的氧化能力等也会影响养分的富集。

3.2 根表铁膜在植物金属（类金属）吸收转运过程中的作用

根表铁膜在植物金属（类金属）吸收转运过程起阻碍、促进作用或无明显作用。当前，该领域的研究在水稻中较为充分广泛，尤其是关于水稻 As 的研究。铁膜可吸附重金属离子，起临时储库的作用。根表金属（类金属）含量与铁膜常呈明显的正相关[19, 67]。部分研究表明，根表铁膜的形成阻碍植物对金属（类金属）的吸收，主要通过物理或化学作用与根表铁氧化物结合的金属离子其活性降低，从而使其地上部重金属的含量维持在较低水平[68]。如水稻根表铁膜对 Cd、Pb 能产生富集作用，随着根表铁膜量的增加，根表铁膜富集的 Cd、Pb 的含量也增加，而且根表铁膜可以阻止 Pb、Cd 向水稻植株移动[69-70]。也有研究表明，根表铁膜不能阻止或促进植物对金属（类金属）的吸收。Ye 等[71-72]在香蒲溶液培养实验时发现，Pb、Zn、Cd 从根部向幼苗中转移并没有因铁膜改变。目前研究最多的是根表铁膜对砷的影响[12, 73]。铁膜能够富集土壤中的砷，对土壤中砷的迁移转化起促进作用[74-75]。Liu 等[36]的研究表明铁膜对 As^{5+}的影响大于对 As^{3+}的影响，当添加 As^{3+}时，大部分砷集中在根组织，而添加 As^{5+}时，大部分砷集中在根表铁膜上。一些研究表明铁膜在植物利用重金属中的作用和铁膜的数量有关：少量铁膜能促进植物对重金属元素的吸收，而大量铁膜会阻止植物对重金属元素的吸收[9]。另外，赵纪舒等[76]以直接和高温炭化得到的芦根表面的铁氧化物为吸附材料，采用等温平衡法研究了该吸附材料对外部溶液中五价砷吸附效果，发现生物成因的铁氧化物材料对五价砷有很强的吸附能力。

植物对重金属（类金属）的吸收转运不仅受到根表铁膜的影响，同时，多种环境因子也会影响铁膜对重金属（类金属）的吸收转运，如土壤 pH 值[32]、氧化还原电位[24]、微生物活动[77]、植物种类[78]等。同时，铁膜中水合铁氧化物、细菌生物膜、金属碳酸盐都会影响金属的生物可利用性和活性[44]。

3.3 根表铁膜对其他污染物的作用

根表铁膜对其他污染物作用的研究也逐渐加强。Pi 等[79]发现根表铁膜有助于 PAHs 和 PBDEs 的固定，同时，更频繁的潮汐冲洗导致更高的固定百分比。根表铁膜对抗生素吸收的影响仍不确定。马微等[80]通过水培实验发现，诺氟沙星会减少水稻根表铁膜含量，且对诺氟沙星有明显富集作用，但并没有对诺氟沙星迁移到水稻根内和地上部起到明显的促进或抑制作用。Yan 等[81]通过盆栽实验发现诺氟沙星的存在也会减少铁膜形成量，且诺氟沙星主要累积在根表铁膜中，但铁膜的作用与诺氟沙星浓度有关，即根表铁膜可抑制高浓度诺氟沙星的吸收，对低浓度诺氟沙星作用不显著。

4　影响铁膜生态功能的因素

前述提到的影响铁膜生成的生物和非生物因素均可通过影响铁膜的形成和铁膜上元素的各种反应，从而影响铁膜在植物吸收元素中的作用。此外，最近研究关注到生物炭使用对铁膜生态功能发挥的影响。Tang 等[82]发现 Fe 浸渍的生物炭通过改善吸附能力和增加植物根表铁膜降低了葱毒死蜱的吸收。Lin 等[83]通过盆栽实验研究了生物炭（BC）和铁锰氧化物生物炭复合材料（FMBC1 和 FMBC2）对水稻 As 积累的影响。结果表明，BC 或 FMBC 的处理提高了不同 As 污染水平的土壤中水稻根、茎、叶和谷粒的干重。与 BC 处理相比，FMBC 处理显著降低了水稻不同部位的 As 积累（P <0.05），FMBC2 表现优于 FMBC1。此外，暴露于 2%FMBC2 使谷物中的总 As 浓度降低了 68.9%～78.3%。FMBC 的添加增加了谷物中必需氨基酸的比例，降低了土壤中 As 可利用性，显著提高了铁膜的含量。水稻中 As 累积量的降低可归因于铁锰二元氧化物将 As^{3+}氧化为 As^{5+}，从而增加了 FMBC 吸附的 As。此外，水稻根表铁锰膜减少了水稻 As 的吸收。FMBC 可作为减少稻米 As 积累，提高稻谷氨基酸含量和有效修复 As 污染土壤的潜在措施。

5　展望

（1）关于根表铁膜的形成，以下方面研究有待加强：①根表铁膜的形成可能受多种因素影响，目前对根系分泌物、FeRB/OB 等在铁膜形成中的贡献尚不明确；②盐胁迫和金属（类金属）胁迫对铁膜形成的影响机制，需要深入研究。

（2）关于根表铁膜的功能，有以下几方面有待加强：①研究发现，由于新根处于活跃期，与成熟根相比，当铁膜在新根上形成时，往往促进更多的溶质（如 As）被吸收。但铁膜在根的新生部位和成熟部位都有形成。可以通过比较研究相应位置铁膜形成的微环境以及新根和成熟根溶质吸收性能来阐明。②铁膜的厚度和老化程度和对溶质（金属（类金属））吸收的影响及作用机理方面可以结合先进的表征技术，如 XRD、XAFS 来进行研究。③除一些 FeOB/FeRB 外，很少有研究涉及根表铁膜中微生物群落研究，应进一步研究植物根际和根表铁膜中的各种微生物群落。④随着新兴污染物的增加，根表铁膜对新兴污染物的吸附、植物毒性和植物吸收的影响。

参考文献

[1] Cheng H, Wang Y S, Fei J, et al. Differences in root aeration, iron plaque formation and waterlogging tolerance in six mangroves along a continues tidal gradient[J]. Ecotoxicology, 2015, 24(7-8): 1659-1667.

[2] Taylor G J, Crowder A A, Rodden R. Formation and morphology of an iron plaque on the roots of *Typhalatifolia* L. grown in solution culture[J]. American Journal of Botany, 1984, 71(5): 666-675.

[3] Khan N, Seshadri B, Bolan N, et al. Root Iron Plaque on Wetland Plants as a Dynamic Pool of Nutrients and Contaminants[J]. Advances in Agronomy, 2016,

[4] Tripathi R D, Tripathi P, Dwivedi S, et al. Roles for root iron plaque in sequestration and uptake of heavy metals and metalloids in aquatic and wetland plants[J]. Metallomics, 2014, 6(10): 1789-1800.

[5] Suda A, Makino T. Functional effects of manganese and iron oxides on the dynamics of trace elements in soils with a special focus on arsenic and cadmium: A review[J]. Geoderma, 2016, 270: 68-75.

[6] Armstrong W. The oxidizing activity of roots in waterlogged soils[J]. Plant Physiology, 1967, 20(4): 540-543.

[7] Armstrong W, Boatman D J. Some field observations relating the growth of bog plants to conditions of soil aeration[J]. Journal of Ecology, 1967, 55(1): 101-110.

[8] 衣纯真, 李花粉, 张福锁. 水稻根表及其自由空间的铁氧化物对吸收镉的影响[J]. 北京农业大学学报, 1994, 20(4): 375-379.

[9] 张西科, 张福锁, 毛达如. 根表铁氧化物胶膜对水稻吸收 Zn 的影响[J]. 应用生态学报, 1996, 7(3): 262-266.

[10] 张西科, 张福锁, 毛达如. 水稻根表铁氧化物胶膜对水稻吸收磷的影响[J]. 植物营养与肥料学报, 1997, 3(4): 295-299.

[11] Zhang X K, Zhang F S, Mao D R. Effect of iron plaque outside roots on nutrient uptake by rice (*Oryza sativa* L.) Zinc uptake by Fe-deficient rice[J]. Plant and Soil, 1998, 202(1): 33-39.

[12] Wu C, Zou Q, Xue S G, et al. The effect of silicon on iron plaque formation and arsenic accumulation in rice genotypes with different radial oxygen loss (ROL)[J]. Environmental Pollution, 2016, 212(5): 27-33.

[13] Yang J, Liu Z, Wan X, et al. Interaction between sulfur and lead in toxicity, iron plaque formation and lead accumulation in rice plant[J]. Ecotoxicology and Environmental Safety, 2016, 128(128): 206-212.

[14] Li Y, Zhao J, Zhang B, et al. The influence of iron plaque on the absorption, translocation and transformation of mercury in rice (*Oryza sativa* L.) seedlings exposed to different mercury species[J]. Plant and Soil, 2016, 398(1-2): 87-97.

[15] Batty L C. Aluminium and phosphate uptake by *Phragmitesaustralis*: the role of Fe, Mn and Al root plaques[J]. Annals of Botany, 2002, 89(4): 443-449.

[16] Zhong S Q, Wu Y P, Xu J M. Phosphorus utilization and microbial community in response to lead/iron addition to a waterlogged soil[J]. Journal of Environmental Sciences, 2009, 21(10): 1415-1423.

[17] 傅友强, 于智卫, 蔡昆争, 等. 水稻根表铁膜形成机制及其生态环境效应[J]. 植物营养与肥料学报, 2010, 16(6): 1527-1534.

[18] 刘春英, 陈春丽, 弓晓峰, 等. 湿地植物根表铁膜研究进展[J]. 生态学报, 2014, 34(10): 2470-2480.

[19] 刘春英. 鄱阳湖湿地植物根表铁膜的形成及对铅的转运机制研究[D]. 南昌: 南昌大学, 2015: 66-74.

[20] 刘侯俊, 张俊伶, 韩晓日, 等. 根表铁膜对元素吸收的效应及其影响因素[J]. 土壤, 2009, 41(3): 335-343.

[21] Ando T, Yoshida S, Nishiyama I. Nature of oxidizing power of rice roots[J]. Plant and Soil, 1983, 72(1): 57-71.

[22] Neubauer S C, Toledo-Durán G E, Emerson D, et al. Returning to their roots: iron-oxidizing bacteria enhance short-term plaque

formation in the wetland-plant rhizosphere[J]. Geomicrobiology Journal, 2007, 24(1): 65-73.

[23] Syu C H, Jiang P Y, Huang H H, et al. Arsenic sequestration in iron plaque and its effect on As uptake by rice plants grown in paddy soils with high contents of As, iron oxides, and organic matter[J]. Soil Science and Plant Nutrition, 2013, 59(3): 463-471.

[24] Xu B, Yu S. Root iron plaque formation and characteristics under N_2 flushing and its effects on translocation of Zn and Cd in paddy rice seedlings (*Oryza sativa*)[J]. Annals of Botany, 2013, 111(6): 1189-1195.

[25] Mendelssohn I A, Kleiss B A, Wakeley J S. Factors controlling the formation of oxidized root channels: A review[J]. Wetlands, 1995, 15(1): 37-46.

[26] Seyfferth A L, Webb S M, Andrews J C, et al. Arsenic localization, speciation, and co-occurrence with Fe on rice (Oryza sativa L.) roots with variable Fe plaque coatings[J]. GeochimicaEtCosmochimicaActa, 2010, 74(12): A937.

[27] Fu Y Q, Yang X J, Shen H. The physiological mechanism of enhanced oxidizing capacity of rice (*Oryza sativa* L.) roots induced by phosphorus deficiency[J]. ActaPhysiologiaePlantarum, 2014, 36(1): 179-190.

[28] Yang J X, Tam N, Ye Z H. Root porosity, radial oxygen loss and iron plaque on roots of wetland plants in relation to zinc tolerance and accumulation[J]. Plant and Soil, 2014, 374(1-2): 815-828.

[29] Huang H, Zhu Y, Chen Z, et al. Arsenic mobilization and speciation during iron plaque decomposition in a paddy soil[J]. Journal of Soils and Sediments, 2012, 12(3): 402-410.

[30] Syu C H, Lee C H, Jiang P Y, et al. Comparison of As sequestration in iron plaque and uptake by different genotypes of rice plants grown in As-contaminated paddy soils[J]. Plant and Soil, 2014, 374(1-2): 411-422.

[31] Taylor G J, Crowder A. Use of the DCB Technique for Extraction of Hydrous Iron Oxides from Roots of Wetland Plants[J]. American Journal of Botany, 1983, 70(8): 1254-1257.

[32] Batty L C, Baker A J M, Wheeler B D, et al. The Effect of pH and Plaque on the Uptake of Cu and Mn in *Phragmitesaustralis* (Cav.) Trin ex. Steudel[J]. Annals of Botany, 2000, 86(3): 647-653.

[33] Bravin M N, Travassac F, Le Floch M, et al. Oxygen input controls the spatial and temporal dynamics of arsenic at the surface of a flooded paddy soil and in the rhizosphere of lowland rice (*Oryza sativa* L.): a microcosm study[J]. Plant and Soil, 2008, 312(1-2): 207-218.

[34] Liu W J, Zhu Y G, Smith F A. Effects of iron and manganese plaques on arsenic uptake by rice seedlings (*Oryza sativa* L.) grown in solution culture supplied with arsenate and arsenite[J]. Plant and Soil, 2005, 277(1-2): 127-138.

[35] Liu W J, Zhu Y G, Smith F A, et al. Do phosphorus nutrition and iron plaque alter arsenate (As) uptake by rice seedlings in hydroponic culture?[J]. New Phytologist, 2004, 162(2): 481-488.

[36] Liu W J, Zhu Y G, Smith F A, et al. Do iron plaque and genotypes affect arsenate uptake and translocation by rice seedlings (*Oryza sativa* L.) grown in solution culture?[J]. Journal of Experimental Botany, 2004, 55(403): 1707-1713.

[37] Hossain M B, Jahiruddin M, Loeppert R H, et al. The effects of iron plaque and phosphorus on yield and arsenic accumulation in rice[J]. Plant and Soil, 2009, 317(1-2): 167-176.

[38] Wenzel W W, Kirchbaumer N, Prohaska T, et al. Arsenic fractionation in soils using an improved sequential extraction procedure[J]. AnalyticaChimicaActa, 2001, 436(2): 309-323.

[39] Blute N K, Brabander D J, Hemond H F, et al. Arsenic sequestration by ferric iron plaque on cattail roots[J]. Environmental Science & Technology, 2004, 38(22): 6074-6077.

[40] Liu W J, Zhu Y G, Hu Y, et al. Arsenic sequestration in iron plaque, its accumulation and speciation in mature rice plants (*Oryza Sativa* L.)[J]. Environmental Science & Technology, 2006, 40(18): 5730-5736.

[41] Seyfferth A L, Webb S M, Andrews J C, et al. Defining the distribution of arsenic species and plant nutrients in rice (*Oryza sativa* L.) from the root to the grain[J]. GeochimicaEtCosmochimicaActa, 2011, 75(21): 6655-6671.

[42] Pi N, Tam N F Y, Wong M H. Formation of iron plaque on mangrove roots receiving wastewater and its role in immobilization of wastewater-borne pollutants[J]. Marine Pollution Bulletin, 2011, 63(5-12): 402-411.

[43] Lombi E, Susini J. Synchrotron-based techniques for plant and soil science: opportunities, challenges and future perspectives[J]. Plant and Soil, 2009, 320(1-2): 1-35.

[44] Hansel C M, Fendorf S, Sutton S, et al. Characterization of Fe plaque and associated metals on the roots of mine-waste impacted

aquatic plants[J]. Environmental Science & Technology, 2001, 35(19): 3863-3868.

[45] Seyfferth A L, Webb S M, Andrews J C, et al. Arsenic Localization, Speciation, and Co-Occurrence with Iron on Rice (*Oryza sativa* L.) Roots Having Variable Fe Coatings[J]. Environmental Science & Technology, 2010, 44(21): 8108-8113.

[46] Frommer J, Voegelin A, Dittmar J, et al. Biogeochemical processes and arsenic enrichment around rice roots in paddy soil: results from micro-focused X-ray spectroscopy[J]. European Journal of Soil Science, 2011, 62(2): 305-317.

[47] Rouff A A, Eaton T T, Lanzirotti A. Heavy metal distribution in an urban wetland impacted by combined sewer overflow[J]. Chemosphere, 2013, 93(9): 2159-2164.

[48] Yamaguchi N, Ohkura T, Takahashi Y, et al. Arsenic distribution and speciation near rice roots influenced by iron plaques and redox conditions of the soil matrix[J]. Environmental Science & Technology, 2014, 48(3): 1549-1556.

[49] Hansel C M, La Force M J, Fendorf S, et al. Spatial and temporal association of As and Fe species on aquatic plant roots[J]. Environmental Science & Technology, 2002, 36(9): 1988-1994.

[50] Takahashi Y, Ohtaku N, Mitsunobu S, et al. Determination of the As(III)/As(V) ratio in soil by X-ray absorption near-edge structure (XANES) and its application to the arsenic distribution between soil and water[J]. 2003, 19(6): 891-896.

[51] Li D, Kaplan D I, Chang H, et al. Spectroscopic evidence of uranium immobilization in acidic wetlands by natural organic matter and plant roots[J]. Environmental Science & Technology, 2015, 49(5): 2823-2832.

[52] Kinyangi J, Solomon D, Liang B, et al. Nanoscale biogeocomplexity of the organomineral assemblage in soil: application of STXM microscopy and C 1s-NEXAFS spectroscopy[J]. Soil Science Society of America Journal, 2006, 70(5): 1708-1718.

[53] Miot J, Benzerara K, Kappler A. Investigating microbe-mineral interactions: recent advances in X-ray and electron microscopy and redox-sensitive methods[J]. Annual Review of Earth & Planetary Sciences, 2014, 42(1): 271-289.

[54] Chen C, Sparks D L. Multi-elemental scanning transmission X-ray microscopy – near edge X-ray absorption fine structure spectroscopy assessment of organo – mineral associations in soils from reduced environments[J]. Environmental Chemistry, 2015, 12(1): 64-73.

[55] St-Cyr L, Fortin D, Campbell P. Microscopic observations of the iron plaque of a submerged aquatic plant (*Vallisneriaamericana*, Michx)[J]. Aquatic Botany, 1993, 46(2): 155-167.

[56] Wang W, GertDudel E. Fe plaque-related aquatic uranium retention via rhizofiltration along a redox-state gradient in a natural *Phragmitesaustralis*Trin ex Steud. wetland[J]. Environmental Science and Pollution Research, 2017, 24(13): 12185-12194.

[57] Xu D F, Xu J M, He Y, et al. Effect of iron plaque formation on phosphorus accumulation and availability in the rhizosphere of wetland plants[J]. Water Air and Soil Pollution, 2009, 200(1-4): 79-87.

[58] Jiang F Y, Chen X, Luo A C. Iron plaque formation on wetland plants and its influence on phosphorus, calcium and metal uptake[J]. Aquatic Ecology, 2009, 43(4): 879-890.

[59] Chong Y X, Yu G W, Cao X Y, et al. Effect of migration of amorphous iron oxide on phosphorous spatial distribution in constructed wetland with horizontal sub-surface flow[J]. Ecological Engineering, 2013, 53(3): 126-129.

[60] Yang L F, Li Y W, Yang X Y, et al. Effects of iron plaque on phosphorus uptake by *Pileacadierei* cultured in constructed wetland[J]. Procedia Environmental Sciences, 2011, 11(1): 1508-1512.

[61] 王震宇, 刘利华, 温胜芳, 等. 2 种湿地植物根表铁氧化物胶膜的形成及其对磷素吸收的影响[J]. 环境科学, 2010, 31(3): 781-786.

[62] Insalud N, Bell R W, Colmer T D, et al. Morphological and physiological responses of rice (*Oryza sativa*) to limited phosphorus supply in aerated and stagnant solution culture[J]. Annals of Botany, 2006, 98(5): 995-1004.

[63] 曾祥忠, 吕世华, 刘文菊, 等. 根表铁、锰氧化物胶膜对水稻铁、锰和磷、锌营养的影响[J]. 西南农业学报, 2001, 14(4): 34-38.

[64] 钟顺清. 湿地植物根表铁膜对磷的响应及其对磷的利用[J]. 广东农业科学, 2012, 39(21): 70-73.

[65] 曹雪莹, 种云霄, 余光伟, 等. 根表铁膜在人工湿地磷去除中的作用及基质的影响[J]. 环境科学学报, 2013, 33(5): 1292-1297.

[66] Chen X, Zhu Y, Hong M, et al. Effects of different forms of nitrogen fertilizers on arsenic uptake by rice plants[J]. Environmental Toxicology and Chemistry, 2008, 27(4): 881-887.

[67] Siqueira-Silva A I, Da Silva L C, Azevedo A A, et al. Iron plaque formation and morphoanatomy of roots from species of restinga subjected to excess iron[J]. Ecotoxicology and Environmental Safety, 2012, 78(2): 265-275.

[68] 钟顺清. 湿地植物根表铁膜对磷、铅迁移转化及植物有效性影响的机理探讨[D]. 杭州：浙江大学，2009: 154.

[69] Liu J G, Leng X M, Wang M X, et al. Iron plaque formation on roots of different rice cultivars and the relation with lead uptake[J]. Ecotoxicology and Environmental Safety, 2011, 74(5): 1304-1309.

[70] Ma X, Liu J, Wang M. Differences between rice Cultivars in iron plaque formation on roots and plant lead tolerance[J]. Advance Journal of Food Science and Technology, 2013, 5(2): 160-163.

[71] Ye Z, Baker A J M, Wong M, et al. Zinc, lead and cadmium accumulation and tolerance in *Typhalatifolia* as affected by iron plaque on the root surface[J]. Aquatic Botany, 1998, 61(1): 55-67.

[72] Ye Z H, Cheung K C, Wong M H. Copper uptake in *Typhalatifolia* as affected by iron and manganese plaque on the root surface[J]. Canadian Journal of Botany, 2001, 79(3): 314-320.

[73] Li R Y, Zhou Z G, Zhang Y H, et al. Uptake and accumulation characteristics of arsenic and iron plaque in rice at different growth stages[J]. Communications in Soil Science and Plant Analysis, 2015, 46(19): 2509-2522.

[74] Zimmer D, Kruse J, Baum C, et al. Spatial distribution of arsenic and heavy metals in willow roots from a contaminated floodplain soil measured by X-ray fluorescence spectroscopy[J]. Science of the Total Environment, 2011, 409(1): 4094-4100.

[75] Garnier J M, Hurel C, Garnier J, et al. Strong chemical evidence for high Fe(II)-colloids and low As-bearing colloids (200nm - 10kDa) contents in groundwater and flooded paddy fields in Bangladesh: A size fractionation approach[J]. Applied Geochemistry, 2011, 26(9-10): 1665-1672.

[76] 赵纪舒，赵寅捷，耿丽平，等. 芦根表面铁氧化物对水体中五价砷吸附性能的研究[J]. 中国农学通报，2017, 33(5): 66-71.

[77] Koster Van Groos P G, Kaplan D I, Chang H, et al. Uranium fate in wetland mesocosms: Effects of plants at two iron loadings with different pH values[J]. Chemosphere, 2016, 163: 116-124.

[78] Li F, Yang C, Syu C, et al. Combined effect of rice genotypes and soil characteristics on iron plaque formation related to Pb uptake by rice in paddy soils[J]. Journal of Soils and Sediments, 2016, 16(1): 150-158.

[79] Pi N, Wu Y, Zhu H W, et al. The uptake of mixed PAHs and PBDEs in wastewater by mangrove plants under different tidal flushing regimes[J]. Environmental Pollution, 2017, 231(Part 1): 104-114.

[80] 马微，鲍艳宇. 根表铁氧化物胶膜对水稻吸收诺氟沙星的影响[J]. 环境科学，2015, 36(6): 2259-2265.

[81] Yan D, Ma W, Song X, et al. The effect of iron plaque on uptake and translocation of norfloxacin in rice seedlings grown in paddy soil[J]. Environmental Science and Pollution Research, 2017, 24(8): 7544-7554.

[82] Tang X, Huang W, Guo J, et al. Use of Fe-impregnated biochar to efficiently sorb chlorpyrifos, reduce uptake by *Allium fistulosum* L., and enhance microbial community diversity[J]. Journal of Agricultural and Food Chemistry, 2017, 65(26): 5238-5243.

[83] Lin L, Gao M, Qiu W, et al. Reduced arsenic accumulation in indica rice (*Oryza sativa* L.) cultivar with ferromanganese oxide impregnated biochar composites amendments[J]. Environmental Pollution, 2017, 231(Part 1): 479-486.

深圳华侨城湿地秋茄林生态调查与健康评价研究*

柴民伟，李荣玉，于凌云，牛志远，陈志腾，李瑞利

（北京大学深圳研究生院环境与能源学院，深圳 518055）

摘　要：以深圳华侨城湿地秋茄林为研究对象，系统调查了秋茄林地的土壤状况，植物群落结构和年龄结构等指标，并运用层次分析法对秋茄林的健康状况进行了评价。结果表明：华侨城湿地秋茄林的土壤含水量和盐度随深度增加呈现逐渐增加的趋势。土壤含水量和盐度在 0~30cm 深度土壤中的变化范围分别为 38%~47% 和 0.09%~0.38%。土壤 pH 值的变化范围为 4.00~5.85。华侨城湿地秋茄林的 Shannon-Wiener 指数为 0.46，Pielou 指数为 0.66，Simpson 指数为 0.33。秋茄为建群种，并伴生少量桐花树。秋茄林地中出现陆生草本植物，其中花龙葵是草本植物中的优势种，说明秋茄生境开始向陆生生境转变。秋茄林中 0~10 年树龄的秋茄占全部个体的 16%；10~25 年树龄的秋茄占 73%，25 年以上树龄的秋茄占 11%。秋茄种群缺少 0~5 年的个体，整体呈现衰退趋势。秋茄的树木健康分析表明，秋茄林健康程度的 A 值为 2.96，属于生长差的等级，存在较严重的问题。

关键词：华侨城湿地；秋茄；生态调查；健康评价

　　深圳华侨城湿地位于珠江口深圳湾北岸，是 20 世纪 90 年代末深圳湾填海工程完成后形成的人工内湖，是规划的自然湿地保护区。华侨城湿地与深圳湾水系相通，生物资源共有，是典型的滨海湿地[1]。随着深圳城市化的进程及发展，华侨城湿地面临建筑垃圾、生活垃圾、污水、"植物杀手"的多重危害。目前，华侨城湿地面临的主要生态问题有水质恶化，植物群落趋于单一，湿地面积逐渐减少，红树林长势日渐退化，鸟类数量也在逐年减少。

　　华侨城湿地在修建白石路后，被分为南北两片。在北岸分布有一片约 0.4hm^2 的秋茄纯林地。本课题组的前期野外调查发现，由于华侨城湿地周边建设的发展，华侨城湿地与深圳湾水体的交换能力下降，底泥淤升现象明显，使得华侨城湿地北岸的秋茄林逐渐从周期性潮水浸淹的生境逐渐转变为陆生生境。这种生境的巨大改变，势必会对秋茄林的生长及发育带来显著影响。目前，关于红树林的健康评估主要从关注种群或群落水平的评估[2-3]。冯建祥等从环境质量、生物群落结构及植物健康状况方面对深圳海上田园红树林种植-养殖耦合系统进行了评价，发现海上田园的修复工程改善了红树植物的群落结构和健康状况，但并未显著改善湿地退化的趋势[4]。对华侨城湿地的研究主要集中在湿地生态系统服务功能评估、鸟类多样性调查、浮游生物调查以及物种多样性保护等[1,5-7]。

　　本研究以深圳华侨城湿地秋茄林为研究对象，探究秋茄林的生境及健康状况，包括沉土壤状况，植物群落结构组成，秋茄林年龄结构特征以及秋茄的生态健康。本研究为接下来进一步修复并评价秋茄林的生境提供重要的数据支持和科学依据。

1　材料与方法

1.1　研究区概况

　　本研究的样地为深圳华侨城湿地，位于珠江口东岸，深圳湾的北岸，是深圳湾湿地生态系统的重要组成部分，总面积 69 万 m^2，水域面积 50 万 m^2。地处白石路以北，世界之窗、东方花园、民俗文化村与

*基金项目：国家自然科学基金项目（31400446）；侨城湿地横向课题（华娱合字 2017 第 65 号）。

滨海大道之间。华侨城湿地是 20 世纪 90 年代末深圳湾天海工程完成后形成的人工内湖,通过箱涵与深圳湾海水相连。

1.2 研究方法

2017 年 4 月在深圳湾华侨城湿地北岸的秋茄林,根据华侨城湿地秋茄种群的分布和生长发育特点,选择三个 10m×10m 的典型样方。在每个样方采集 1 个 30 cm 深的沉积柱样(PVC 管,内径 7.5cm)。以 5cm 间隔进行分样,共获得 18 份沉积物样品。当天运回实验室进行分析。取一定量的沉积物鲜样称取其重量,然后在 75℃ 下烘干 24h,研磨,过筛。沉积物的 pH 值用 pH 计测定(水土比为 1:1.25),盐度采用电导率法测定(水土比为 1:5)。

测量三个样方内所有秋茄植株胸径不小于 2.5cm 个体的株高、胸径和冠幅。考察的物种多样性指标包括以下三个指标:

物种多样性指数(Sannon-Wiener) $H = -\Sigma p_i \ln P_i$

均匀度指数(Pielou) $E = H/\ln S$

生态优势度(Simpson) $D = \Sigma(n_i-1)n_i/(N-1)N$

式中:P_i 为群落中某个五种数量占群落中物种总数的比例;S 为群落中植物种数;N 为群落中所有物种的个体总数[8-10]。

在 3 个 10m×10m 的样方内,调查伴生的其他红树植物,并在每个样方内设置 1 个 1m×1m 的小样方,调查其中的草本植物。在每个 10m×10m 的样方中,选择 5 个典型的个体作为测定年龄的样木,用生长锥钻取其年龄木芯,以确定树龄。基于样方内的秋茄胸径,估测其年龄组成特点。

根据秋茄树木整体状况、树冠、树干、根部等,选择 14 个直观综合型指标构建秋茄种群健康评价体系,分别为:树势,倾斜,枯枝,腐枝,顶梢枯死,叶斑或变色,病害,虫害,寄生,干基腐朽,洞穴,损伤,病虫害,根部损伤和根部通气透水性。参考翁殊斐等制定的园林树木健康评价模型表[11],利用模糊数学中层次分析的方法对这 14 个指标分别划分为 5 个等级进行打分,根据观察到的树木特征状况分值定为 1 分、2 分、3 分、4 分、5 分。根据 14 个指标权重的总得分将秋茄健康状况 A 划分为 5 个等级:1≤A<2,生长很差,存在严重问题;2≤A<3,生长差,存在较严重的问题;3≤A<4,生长一般,存在一定的问题;4≤A<5,基本健康,仅存在轻微问题;A=5,健康,不存在问题。

2 结果与分析

2.1 秋茄林土壤理化特征

华侨城湿地秋茄林土壤的理化性质如图 1 所示。随着深度的增加,秋茄林土壤的盐度从 0.09%(0~5cm 深度)增加为 0.38%(25~30cm 深度)。土壤 pH 值在 0~30cm 深度土壤中为 4.00~5.85,变化不显著。土壤含水率从 9.8%(0~5cm 深度)增加为 46.6%(25~30cm 深度)。本研究中的秋茄林距离华侨城湿地的水体较远,土壤的含水量较低。这主要是因为秋茄林已由最初的潮间带生境转变为普通的陆生生境,失去了周期性淹水的特征。表层沉积物由于降雨的渗入和冲刷作用,降低了土壤的盐度。因此,本研究中的秋茄林沉积物生境发生了明显变化,含水量减小,盐度降低,与典型秋茄林潮间带生境差别较大。因此有必要通过适当的人工干预,恢复秋茄林沉积物的生境特征。

2.2 秋茄林的植物群落结构特征

三个样方中的秋茄长势较均匀,株高约 8m,冠幅约为 5.1m,郁闭度约 45%,为中度郁闭。3 个样方中的秋茄植株的胸径分别为 9.8±2.5cm,10.1±3.1cm 和 11.4±2.5cm;3 个样方中的秋茄的株数分别为 25、41 和 35。秋茄林中伴生有少数低矮的桐花树(株高约 118.3cm)。3 个样方中的桐花树株数分别为 18、7 和 3。3 个样方中红树植物的重要值分别为样方 1(秋茄,0.58;桐花树 0.42)、样方 2(秋茄,0.85;桐花树 0.15)、样方 3(秋茄,0.92;桐花树 0.08)。3 个样方中的红树植物的生物多样性分析如表 1 所示。三个样方中红树植物的 Shannon-Wiener 指数、Pielou 指数和 Simpson 指数分别 0.46,0.66 和 0.33。秋茄林中的红树植物生物多样性较低,群落结构简单,稳定性较差。

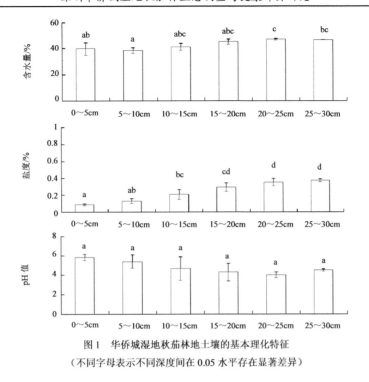

图1 华侨城湿地秋茄林地土壤的基本理化特征

（不同字母表示不同深度间在 0.05 水平存在显著差异）

表1 华侨城湿地秋茄林的红树植物多样性分析

序号	Shannon-Wiener 指数	Pielou 指数	Simpson 指数
样方1	0.68	0.98	0.60
样方2	0.42	0.60	0.25
样方3	0.28	0.40	0.15
均值	0.46	0.66	0.33

对三个样方内出现的其他植物进行统计学调查，结果如表2所示。3个样方中出现陆生草本植物，如卤蕨、鱼尾葵、少花龙葵、夹竹桃、圆叶牵牛花和莲子草。其中少花龙葵是草本植物中的优势种。秋茄林开始呈现向陆生植物群落转变的趋势，这主要是由于秋茄林地基本丧失了潮间带周期性淹水的特性，林地土壤的通气性增加，改变了沉积物还原性的环境，适合普通陆生植物的生长。因此有必要通过一定的认为干预手段，在一定程度上恢复秋茄林的原始生长环境，维护秋茄种群的健康生长和发育。

表2 华侨城湿地秋茄林内的其他植物分布特征

样方	种名	株数	株高/cm
样方1	桐花树（*Aegicerascorniculatum*）	8	70, 90, 120, 130, 140, 150, 170, 200
	卤蕨（*Acrostichumaureum*）	1	150
	少花龙葵（*Solallumnigrum*）	9	30, 50, 50, 50, 50, 55,60, 63, 63
样方2	桐花树（*Aegicerascorniculatum*）	7	90, 105, 115, 120, 125, 130, 140
	卤蕨（*Acrostichumaureum*）	1	12
	一点红（*Emilia sonchifolia*）	1	28
	鱼尾葵（*Caryotaochlandra*）	1	150

样方	种名	株数	株高/cm
样方2	圆叶牵牛（*Pharbitispurpurea*）	1	12
	少花龙葵（*Solallumnigrum*）	16	11, 12, 27,28, 43, 45, 49, 54, 56, 57, 59,60, 62, 66,67, 67, 104
样方3	桐花树（*Aegicerascorniculatum*）	3	65, 115, 130
	卤蕨（*Acrostichumaureum*）	5	8, 8, 16, 20, 20
	夹竹桃（*Neriumindicum*）	1	150
	少花龙葵（*Solallumnigrum*）	16	10, 10, 30, 35, 38, 40, 40, 40, 42,45, 47, 50, 55, 55, 60,65

2.3 秋茄林树龄结构分析

树木年轮是指树干断面由早材和晚材形成的同心环：早（春）材一般色淡较厚，晚（秋）材色深较薄。树木年轮法在北方树木年龄测定中应用广泛[12-13]。目前应用生长锥测定年轮的技术已经开始在红树林的年龄测定中开始应用。广西英罗港木榄种群的树龄主要以 20~35 年为主，约占个体总数的 65%~80%[14]。本研究对 3 个 10m×10m 的秋茄林样方进行了秋茄树龄结构诊断，以 1 个生长年轮代表年龄为 1年来确定树木的年龄。根据树木的年龄和胸径大小建立回归方程（如图 2 所示），然后用该方程来计算其他个体的年龄。以 5 年为 1 个年龄级，统计每个样方中秋茄种群各个年龄级的个体数量，然后对各龄级的现存个体数进行总和标准化处理，用年龄比（%）来表示。以年龄级为纵轴，年龄比为横轴，绘制种群的年龄结构图（图3）。

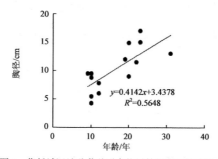

$y=0.4142x+3.4378$
$R^2=0.5648$

图2　华侨城湿地秋茄种群个体树龄与胸径的线性关系

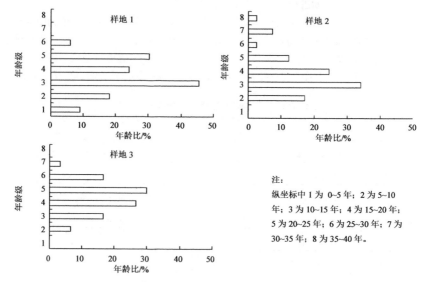

注：
纵坐标中1为 0~5 年；2 为 5~10
年；3 为 10~15 年；4 为 15~20 年；
5 为 20~25 年；6 为 25~30 年；7 为
30~35 年；8 为 35~40 年。

图3　华侨城湿地秋茄种群的年龄结构

秋茄个体中主要以 10~25 年的树龄为主，占全部个体的 73%。其中 10~15 年树龄的秋茄占全部个体的 29%；15~20 年树龄的占 23%；20~25 年树龄的占 21%。从各个年龄级的秋茄个体数量组成来看，秋茄种群缺乏 0~5 年的个体，以 10~25 年的个体居多，个体最大年龄小于 40 年。因此，虽然秋茄种群在一定时期内还处于增长的状态，但是由于缺乏 0~5 年的个体，存在一定的衰退风险，有必要通过人工干预的方式，改善秋茄种群的生长环境，进而增加新生秋茄幼苗发生和生长的概率，维护秋茄种群的健康成长和发育。

2.4 秋茄林的生态健康评价

本研究对 3 个 10m×10m 的秋茄林样方内的秋茄生长健康状况进行了 14 项指标的打分，树木健康程度 A 值为：

$A=C1×0.201+C2×0.025+C3×0.040+C4×0.140+C5×0.039+C6×0.095+C7×0.062+C8×0.017+C9×0.143+C10×0.095+C11×0.039+C12×0.062+C13×0.025+C14×0.017$

其中 $C1$、$C2$、…、$C14$ 是评价指标，数字是相应指标的权重值，结果如表 3 所示。结果发现 3 个秋茄样方的健康程度 A 值分别为 3.14、3.18 和 2.56。基于树木健康等级标准，侨城湿地秋茄林的健康程度 A 平均值为 2.96，小于 3，表明秋茄生长差，存在较严重的问题。

表 3 侨城湿地秋茄林健康程度特征

序号	项目	分值(0~5)		
		样方 1	样方 2	样方 3
1	树势	2.67	2.67	2.00
2	倾斜	3.33	3.67	3.67
3	枯枝、腐枝	3.33	2.33	1.33
4	顶梢枯死	4.33	3.33	3.00
5	叶斑或变色	4.33	4.33	4.00
6	病害	4.00	4.33	4.33
7	虫害	4.00	4.33	4.00
8	寄生	3.67	5.00	4.67
9	干基腐朽	2.67	2.33	1.00
10	洞穴	2.00	3.00	2.67
11	损伤	2.33	3.00	1.33
12	病虫害	2.33	3.33	2.33
13	根部损伤	1.67	2.00	1.67
14	根部通气透水性	4.00	4.00	4.00
	秋茄林木健康程度 A 值	3.14	3.18	2.56
	秋茄林木健康程度 A 值(平均值)	2.96		

3 结论

（1）华侨城湿地秋茄林地的土壤偏酸性（pH 值为 4.00~5.85）；土壤的含水量（38%~47%）和含盐量（0.09%~0.38%）较低，而且随深度的增加而增大，说明雨水的稀释和冲刷作用降低了沉积物的盐度。

（2）华侨城湿地秋茄林群落结构分析表明，红树植物的物种多样性指数为 0.46，均匀度指数为 0.66，生态优势度为 0.33。秋茄林的林分单一，稳定性差。秋茄林中伴生多种陆生草本植物，说明生境开始从被潮水浸淹的环境开始转变为陆生生境。

（3）秋茄的树龄分析表明，华侨城湿地秋茄林中 0～10 年树龄的秋茄占全部个体的 16%；10～25 年树龄的秋茄占 73%，25 年以上树龄的秋茄占 11%。缺少 0～5 年树龄幼株，存在一定衰退风险。

（4）基于层次分析法的树木健康分析表明：秋茄的健康程度 A 平均值为 2.96，小于 3，表明秋茄生长差，存在较严重的问题，需要通过一定的人工干预来恢复华侨城湿地秋茄林的生境。

参考文献

[1] 徐桂红，吴苑玲，杨琼. 华侨城湿地生态系统服务功能价值评估[J]. 湿地科学与管理，2014, 6(2):9-12.

[2] 陈子月，卓子荣，陈卓杰. 深圳红树林湿地系统健康评价[J]. 中国人口资源与环境，2016, 26(5):149-152.

[3] 王初升，黄发明，于东升，等. 红树林海岸围填海适宜性的评估[J]. 亚热带资源与环境学报，2010,5(1): 62-67.

[4] 冯建祥，朱小山，宁存鑫，等. 红树林种植-养殖耦合湿地生态修复效果评价[J]. 中国环境科学，2017, 37(7): 2662-2673.

[5] 徐桂红，杨积涛，巫锡良，等. 华侨城湿地浮游生物调查[J]. 湿地科学与管理，2016, 12(2): 46-47.

[6] 徐桂红，张小英，徐昇. 深圳华侨城湿地鸟类多样性调查研究[J]. 湿地科学与管理，2015, 11(2): 59-61.

[7] 昝启杰，许会敏，谭凤仪，等. 深圳华侨城湿地物种多样性及其研究保护[J]. 湿地科学与管理，2013, 9(3): 56-60.

[8] 方精云，王襄平，沈泽昊，等. 植物群落清查的主要内容、方法和技术规范[J]. 生物多样性，2009, 17(6): 533-548.

[9] 蒋蕾，刘兆刚. 大兴安岭天然白桦林群落结构特征及其物种多样性[J]. 森林工程，2014, 30(4): 12-17.

[10] 潘丽芹. 台州绿心区典型森林群落的物种多样性[J]. 福建林业科技，2015, 42(1): 67-72.

[11] 翁殊斐，黎彩敏，庞瑞君. 用层次分析法构建园林树木健康评价体系[J]. 西北林学院学报，2009, 24(1): 177-181.

[12] 王青青，陆亦农，于瑞德，等. 准噶尔盆地西南缘艾比湖桦树种群年龄结构及动态[J]. 干旱区资源与环境，2014, 28(3): 192-197.

[13] 张婕，上官铁梁，段毅豪，等. 灵空山辽东栎种群结构与动态[J]. 应用生态学报，2014, 25(11): 3125-3130.

[14] 梁士楚，蒋潇潇，李峰. 广西英罗湾红树植物木榄种群年龄结构的研究[J]. 海洋学研究，2008, 26(4): 35-40.

我国近海环境中微塑料研究进展*

丁欢，吴思颉，公媛，李瑞利

（深圳市太阳能与风能海水淡化关键技术工程实验室，深圳 518000）

摘 要：近几十年来，塑料被广泛应用，其在海洋、近海、湖泊中污染日益严重。微塑料作为粒径小于 5mm 的塑料能够进入生物体内，并沿食物链进行富集，对生态系统产生危害。本文介绍了近些年来我国近海环境中微塑料的研究进展，包括研究方法，污染程度及来源，生态效应及风险评估，并提出未来需要解决的问题：①建立研究微塑料的标准方法；②调查我国近海微塑料污染状况，填补数据空白；③开展毒理实验，探究微塑料对生物的生态效应研究；④综合评估微塑料对生态系统的风险性评估，为塑料的科学生产和利用提供理论依据。

关键词：近海；红树林；微塑料；复合污染

近几十年来，塑料由于轻便、耐用价格低廉被广泛应用。2011 年全世界塑料产量达 2.8 亿 t，且以每年 4%的速度增加[1]。由于不恰当的处置方式，每年有将近 900t 的塑料垃圾倾倒至海洋[2]。海洋运输、近海养殖、工业废水和生活污水的排放也能导致塑料进入海洋，它们在环境中很难降解，有的可达几百甚至几千年，在太阳辐射、海水侵蚀以及生物降解的作用下分解为粒径很小的碎片[3]。海洋污染科学专家联合会将其中粒径小于 5mm 的塑料碎片定义为微塑料，其化学性质稳定，能够通过食物链进行积累和传递，严重危害着海洋生态系统健康，是一种新型的污染物质，被形象的称为海洋 PM2.5。研究表明，微塑料在海洋中广泛存在，可以随着洋流进行全球循环。近海区域水流缓慢，能够聚集海洋中悬浮的微塑料，除此之外，近海区域经济发达，贸易往来频繁，受人类活动干扰较大，接受大量来自陆源的塑料污染。因此近海区域环境能够同时接受来自海洋和内陆两方面的污染。

红树林湿地作为位于海陆交界处重要的生态系统，影响尤为显著。由于其特有的拦截性质红树林被公认为是许多污染物质的"库"。来自陆地径流和海洋的塑料均会通过水流被长距离传输，当微塑料被河口海岸的潮流所阻挡时，就可能会沉积富集于红树林水体和沉积物中。微塑料具有很大的表面积，有可能吸附富集在红树林中的重金属和有机污染物等，形成复合污染，对红树林动植物产生更大的危害[4]，从而对整个红树林生态系统的存在产生严重威胁。

近海区域环境与人类生产生活密切相关，因此迫切地需要展开对此区域微塑料污染的调查。

1 微塑料分析主要包括样品采集、预处理和定性定量分析

目前沉积物和水样中微塑料采集的装置及方法尚未标准化，需要根据研究目的以及介质选择合适的采样方法和器具。对于水体来说微塑料采集根据所测水深度选择不同种类的拖网，如 Manta 拖网[5]、Neuston 网[6]、Bongo 网以及底栖拖网[7]。而沉积物中的微塑料则多采用不锈钢勺、不锈钢铲以及箱式采样器进行采集[8]。对于浮游动物来说，可以采用垂直拖网进行采集，也可以从采集的一定体积水样中提取，而较大型的生物则通过解剖，组织切片的方式来研究微塑料在生物体中的存在情况。采样时，研究人员的着装尽可能采用棉质衣物，提高对塑料纤维测定的准确度。样品采集后需要放在聚乙烯封口袋或者铝箔中密封保存，带回实验室进行分析。

---

*基金项目：国家自然科学基金项目（31400446）；深圳市孔雀计划项目（KQJSCX20160226110414）。

沉积物中粒径较大的微塑料可以放大 10~16 倍,利用在显微镜下观察用镊子挑取,但目检法易受操作人员个体差异的影响,存在遗漏和误判的情况[9-10]。微塑料粒径小、密度低,基于此可采用密度分离法将样品和微塑料进行分离,浮选液可采用海水、NaCl、$ZnCl_2$、NaI 等[11]。目前,研究人员已开发了一些分离浮选装置,分离效果可达 90%以上[12-13]。刘凯等[14]分析比较了三种分离微塑料的方法,并测定了海州湾地区的微塑料含量,认为土壤粒度会影响分离方法的选择。当沉积物中存在较多的腐殖质影响分离时,可采用酸性消解、碱性消解或者酶消解来进行预处理[11]。水样中的微塑料则采用筛分法和过滤法进行分离,当微塑料与滤膜结合太紧时,可采用异丙醇进行洗脱[15]。生物样品中微塑料测定需要进行预处理,采用 HCl、HNO_3、$HClO_4$ 及混合酸进行酸解,也可以采用 NaOH 进行碱性消解,但两种方式均存在损害微塑料的情况。有研究人员用酶对生物样品进行消解,可以在不破坏微塑料的情况下,取得较好的实验结果。

可以依据形状、颜色、粒径大小及腐蚀程度等物理状态对微塑料进行定性定量分析,其表观形态可以借助扫描电镜辅助表征[16]。通常,目检法简单被广泛应用于微塑料的分类鉴定,但耗时费力,由于操作人员的差异经常也常存在误判现象。微塑料的组成则采用傅里叶红外光谱、高温裂解气相色谱质谱法、拉曼光谱进行组分分析,三种方法优劣见表 1。然而目前由于微塑料粒径小到几十微米,大到 5mm,粒径分布范围较广,而不同粒径的微塑料分析方法差异很大,所以关于微塑料的定性分析方法存在很大争议。

表 1　微塑料分析方法列表

分析方法	适用范围	优点	缺点
傅里叶光谱法	粒径大于 10μm,分为三种方式衰减全反射,透射和反射	可用于不规则及高聚物微塑料的鉴定;能够提供高分辨图谱	样品不均匀性、材料老化会影响鉴定结果
拉曼光谱法	大于 1μm	能够获得表面官能团的信息及局部的微观形貌	受样品中基质影响严重
裂解色谱质谱法	过小会导致精度降低	能够完成样品本身以及附着物的成分分析,样品用量小、无需额外投加试剂	实验要求高,会破坏进样品

2　微塑料在海岸环境中的分布和来源

2.1　微塑料分布

相关研究数据表明,在全球范围内,微塑料在海洋中已广泛存在,污染存在热点区域[17],其中东亚海湾污染严重。预计到 2025 年,中国和印度将会成为主要的垃圾聚集地。深海是微塑料的汇,微塑料可与悬浮物质结合沉积在海底,但也有研究表明,微塑料在海岸沉积物中的积累大于深海沉积物。我国微塑料的研究较少,主要集中在长江和东海近岸、南海海滩、渤海海滩、香港岛近岸海面及沙滩等,表 2将各地的污染状况进行了总结。微塑料在红树林中的研究几乎是空白,目前只有新加坡方面进行了报道,Nor 等[18]调查了当地七个红树林,发现大部分微塑料为小于 20μm 的聚乙烯聚丙烯纤维,平均浓度为36.8±23.6n/kg,人活动影响越小的地方微塑料含量越小。

2.2　微塑料来源

微塑料来源广泛,大致分为陆源和海源两个方面。陆源输入包括塑料垃圾堆积在近海地区的随意丢弃堆放,携带珠粒等微塑料的洗涤剂和生活护肤品[19],以及清洗衣物含有大量纤维的生活污水。海源输入则主要是洋流带来的大量塑料分解碎片,除此之外滨海旅游业、近海养殖业及船舶运输业也是重要途径。近些年来,聚乙烯漂浮装置在水产养殖产业大量应用,其破损和老化过程中就会有大量微塑料进入环境中,同时渔网、饲料垃圾袋的丢弃也会引起大量塑料的聚集。因此,微塑料的来源确定就相当困难,其溯源追责工作就难以开展。

表2 我国近海环境中微塑料污染现状

地点	粒径	环境介质	主要成分	污染程度	参考来源
南海	125~167μm	浮游动物	聚酯纤维	4.1~131.5n/m³	文献[20]
渤海	50~23.5μm	水样	聚乙烯	0.33±0.34n/m³	文献[21]
沿海区域	<250μm	贻贝	纤维	0.9~4.6n/g	文献[22]
长江	46.8~4968.7μm	水样和沉积物	纤维、塑料微粒	20~340n/kg	文献[23]
三峡水库	<1mm	表层水	聚乙烯聚丙烯纤维	1597~12,611n/m³	文献[24]
		沉积物		25~300 n/kg	
渤海	—	沉积物	纤维	102.9~163.3n/kg	文献[25]
广东沿海	<10mm	沉积物	聚苯乙烯碎片	6838n/m²	文献[26]
扬子江	0.5~12.46mm	水样	纤维颗粒	0.167±0.138 n/m³	文献[27]

3 微塑料的生态效应与风险评估

微塑料可以被浮游生物、贝类鱼类所摄食，进入生物体后不能被消化，这些微塑料可以沿着食物链和食物网进行富集。聚苯乙烯暴露实验表明，微塑料会降低贻贝的滤食速率，对牡蛎的捕食和繁殖产生干扰[28]。海鸟不能有效区分微塑料与食物，可能引发误食[29]。纳米级的微塑料能够穿越脂质膜，进入细胞内部，影响膜蛋白结构，改变细胞结构和功能。现有研究表明，很多海洋生物体，如糠虾、海豚等体内都有微塑料检出[30]，并且其体内的微塑料可以在不同组织间进行转移，由此可见其污染的严重性。Sun等采用微塑料与浮游生物的比值来评估浮游生物遇到微塑料的概率，以此来评估微塑料的生态风险性[20]。

微塑料可能会带来二次污染问题[31]。由于其巨大的表面积，微塑料可以吸附环境中的其他污染物质，成为疏水性污染物质的载体，在环境中游荡。当被生物捕食时，其吸附的污染物质会再次释放，引发生物炎症，产生严重的毒害作用[32]。微塑料的类型、成分、粒径大小、表明粗糙程度都会影响其表面结合其他污染物质的能力。微塑料对于植物也能产生危害作用，科研人员研究了聚苯乙烯颗粒对藻类的影响，结果表明纳米级微塑料能够降低藻类细胞内的Chl-a，影响其光合作用[33-34]。

联合国海洋环境保护科学问题联合专家组于2015年发布的文章称，微塑料对海洋生物的危害等同于大型塑料污染，然而目前我国关于近海生物体内微塑料的摄食状况研究较少，微塑料在近海食物网中的传递规律更不清楚，无法综合对微塑料的生态风险进行客观评估。

4 展望

微塑料，是近些年来备受瞩目的新型环境污染物，其在环境中的迁移、转化、归趋和生态毒理效应都值得研究。我国是塑料使用大国，为保障我国近海生态安全，急需展开针对我国近海典型海域微塑料的分布规律、微塑料对我国近海海洋生物、食物网、生态系统等的影响的研究。在此基础上提出四个发展方向：

（1）建立准确、高效的研究微塑料的标准方法。目前关于不同粒径的微塑料存在各种各样的分离方法，对于不同的样品介质，也需要具体分析。这就导致对于不同区域的污染结果难以进行横向比较。因此应该统一国际使用标准，便于对污染状况进行对比研究。同时需要注意分析过程中的质量保证和质量控制，以提高方法的可靠性、准确性。

（2）调查我国近海环境中微塑料的污染状况，建立微塑料污染数据库，填补数据空白。目前我国近海微塑料组成、浓度分布的背景数据极为缺乏。为此，需要观测研究近海领域，如近海水域、潮滩、红树林等区域中，水体、沉积物、生物体内微塑料的浓度与组成，探究微塑料在环境中迁移转化的规律，明确潮汐、季节、沉积物粒度、盐分等对其分布的影响。

　　（3）开展不同粒径微塑料对近海生物毒害影响。研究对象从藻类、浮游动物、低等无脊椎动物扩展到红树物、鱼类、鸟类等高营养级生物，明确微塑料沿食物链食物网传递的过程，探究微塑料的毒理学效应及食物链传递效应。加强微塑料与其他污染物质的复合污染研究，针对微塑料与其携带的污染物质以及污染物质释放过程对生物的毒害作用。

　　（4）开展微塑料生态风险评估方法学研究。海滩、红树林、近海区域由于具有不同的区域特征，因此需要采用不同的风险评价方法，不仅包括生态风险评价还包括社会风险评价，为呼吁社会重视微塑料污染问题和促进塑料的科学生产和利用等环境管理和生态风险破评估奠定重要的理论基础，为后续的近海生态系统管理与决策提供科学支撑。

参考文献

[1] Chen A. Here's how much plastic enters the ocean each year[J]. Science, 2015.

[2] Moore C J. Synthetic polymers in the marine environment: A rapidly increasing, long-term threat[J]. Environmental Research, 2008, 108(2): 131-139.

[3] Cózar A, Echevarría F, Gonzálezgordillo J I, et al. Plastic debris in the open ocean.[J]. Proceedings of the National Academy of Sciences of the United States of America,2014, 111(28): 10239.

[4] Rochman C M, Hoh E, Hentschel B T, et al. Long-term field measurement of sorption of organic contaminants to five types of plastic pellets: implications for plastic marine debris[J]. Environmental Science & Technology, 2013, 47(3): 1646.

[5] Faure F, Saini C, Potter G, et al. An evaluation of surface micro and meso plastic pollution in pelagic ecosystems of western Mediterranean Sea[J]. Environmental Science & Pollution Research, 2013, 22(16): 12190-12197.

[6] Cózar A, Sanz-Martín M, Martí E, et al. Plastic accumulation in the Mediterranean sea[J]. Plos One, 2015, 10(4): e121762.

[7] Rocha-Santos T, Duarte A C. A critical overview of the analytical approaches to the occurrence, the fate and the behavior of microplastics in the environment[J]. Trac Trends in Analytical Chemistry, 2015, 65(3): 47-53.

[8] Hidalgoruz V, Gutow L, Thompson R C, et al. Microplastics in the Marine Environment: A Review of the Methods Used for Identification and Quantification[J]. Environmental Science & Technology, 2012, 46(6): 3060.

[9] Dris R, Gasperi J, Rocher V, et al. Microplastic contamination in an urban area: a case study in Greater Paris[J]. Environmental Chemistry,2015, 12(5).

[10] Cluzard M, Kazmiruk T N, Kazmiruk V D, et al. Intertidal Concentrations of Microplastics and Their Influence on Ammonium Cycling as Related to the Shellfish Industry[J]. Archives of Environmental Contamination & Toxicology,2015, 69(3): 310-319.

[11] 王昆，林坤德，袁东星. 环境样品中微塑料的分析方法研究进展[J]. 环境化学, 2017(01): 27-36.

[12] Noik V J, Tuah P M. A First Survey on the Abundance of Plastics Fragments and Particles on Two Sandy Beaches in Kuching,Sarawak, Malaysia[C]. IOP Conference Series: Materials Science and Engineering, 2015.

[13] Imhof H K, Schmid J, Niessner R, et al. A novel, highly efficient method for the separation and quantification of plastic particles in sediments of aquatic environments[J]. Limnology & Oceanography Methods, 2012, 10(7): 524-537.

[14] 刘凯，冯志华，方涛，等. 3 种典型潮滩沉积物微塑料分离方法研究[J]. 水生态学杂志, 2017(04): 36-42.

[15] Hoffman A, Turner K. Microbeads and Engineering Design in Chemistry: No Small Educational Investigation.[J]. Journal of Chemical Education, 2015, 92(4): 1553822784.

[16] Vianello A, Boldrin A, Guerriero P, et al. Microplastic particles in sediments of Lagoon of Venice, Italy: First observations on occurrence, spatial patterns and identification[J]. Estuarine Coastal & Shelf Science, 2013, 130(3): 54-61.

[17] Isobe A, Uchida K, Tokai T, et al. East Asian seas: A hot spot of pelagic microplastics[J]. Marine Pollution Bulletin, 2015, 101(2): 618-623.

[18] Mohamed Nor N H, Obbard J P. Microplastics in Singapore's coastal mangrove ecosystems[J]. Marine Pollution Bulletin,2014, 79(1-2): 278-283.

[19] Lei K, Qiao F, Liu Q, et al. Microplastics releasing from personal care and cosmetic products in China.[J]. Marine Pollution

Bulletin, 2017(123): 122-126.

[20] Sun X, Li Q, Zhu M, et al. Ingestion of microplastics by natural zooplankton groups in the northern South China Sea.[J]. Marine Pollution Bulletin, 2017(115): 217-224.

[21] Zhang W, Zhang S, Wang J, et al. Microplastic pollution in the surface waters of the Bohai Sea, China[J]. Environmental Pollution, 2017, 231: 541-548.

[22] Li J, Qu X, Su L, et al. Microplastics in mussels along the coastal waters of China[J]. Environmental Pollution, 2016, 214: 177-184.

[23] Peng G, Zhu B, Yang D, et al. Microplastics in sediments of the Changjiang Estuary, China[J]. Environmental Pollution, 2017, 225: 283-290.

[24] Di M, Wang J. Microplastics in surface waters and sediments of the Three Gorges Reservoir, China[J]. Science of The Total Environment, 2017.

[25] Yu X, Peng J, Wang J, et al. Occurrence of microplastics in the beach sand of the Chinese inner sea: the Bohai Sea[J]. Environmental Pollution, 2016, 214: 722-730.

[26] Fok L, Cheung P K, Tang G, et al. Size distribution of stranded small plastic debris on the coast of Guangdong, South China[J]. Environmental Pollution, 2017, 220: 407-412.

[27] Zhao S, Zhu L, Wang T, et al. Suspended microplastics in the surface water of the Yangtze Estuary System, China: First observations on occurrence, distribution[J]. Marine Pollution Bulletin, 2014, 86(1-2): 562-568.

[28] Sussarellu R, Suquet M, Thomas Y, et al. Oyster reproduction is affected by exposure to polystyrene microplastics.[J]. Proceedings of the National Academy of Sciences of the United States of America, 2016, 113(9): 2430.

[29] Spear L B, Ainley D G, Ribic C A. Incidence of plastic in seabirds from the tropical pacific, 1984–1991: Relation with distribution of species, sex, age, season, year and body weight[J]. Marine Environmental Research, 1995, 40(2): 123-146.

[30] Jabeen K, Su L, Li J, et al. Microplastics and mesoplastics in fish from coastal and fresh waters of China[J]. Environmental Pollution, 2017(221): 141-149.

[31] Zhang W, Ma X, Zhang Z, et al. Persistent organic pollutants carried on plastic resin pellets from two beaches in China.[J]. Marine Pollution Bulletin, 2015, 99: 28-34.

[32] Zhang H, Zhou Q, Xie Z, et al. Occurrences of organophosphorus esters and phthalates in the microplastics from the coastal beaches in north China[J]. Science of The Total Environment, 2017.

[33] Pham C K, Ramirez-Llodra E, Alt C H, et al. Marine litter distribution and density in European seas, from the shelves to deep basins[J]. Plos One, 2014, 9(4): e95839.

[34] Bhattacharya P, Lin S, Turner J P, et al. Physical Adsorption of Charged Plastic Nanoparticles Affects Algal Photosynthesis[J]. Journal of Physical Chemistry C, 2010, 114(39): 16556-16561.

我国食用贝类重金属镉污染及其健康风险评估*

公媛，丁欢，李瑞利

（北京大学深圳研究生院，环境与能源学院，深圳 518055）

摘　要： 本研究综述了几个城市市售的贝类产品中重金属镉的含量，根据国内相关的重金属限量标准对我国贝类产品中重金属污染现状进行分析，并分析了相关研究中贝类体内镉含量的食用健康风险，最后总结了贝类产品重金属脱除技术的研究进展。结果表明：虽然我国部分贝类产品存在镉超标现象，但是其膳食暴露量绝大部分都低于 JECFA推荐的 PTWI 值，处于安全范围内的。

关键词： 贝类产品；镉；污染；风险评估；脱除

1　引言

近年来随着社会经济的飞速发展，存在很多大量污染物未经处理或处理不完全直接排入江河的现象，这些污染物最终会汇入海洋，严重污染了我国的水域环境，并危害以此为生存环境的水生生物[1]。这些污染物中重金属污染因其特殊的化学、地球化学性质、毒性效应以及高度危害性和难治理性，被称为环境中具有潜在危害的重要污染物[2-3]。当海域受到污染时，潮间带生物会最先接触到这些污染物，尤其是定居性贝类，因为他们移动性低，所以回避能力低，暴污时间也长，而且食性是滤食，所以贝类易将有害物质富集于体内[3-4]。贝类也是由于具有这些特性，所以被很多国内外的学者作为监测海洋环境重金属污染的指示生物[5-7]。

重金属镉（Cd）是环境中无处不在的非必需元素，也是污染水环境最严重的高原子量金属之一，已被公认为是世界各地水域的主要污染物。水体中镉的污染来源主要是地表径流、城市生活废水和工业废水[8-9]。镉也是生物非必需元素，在生物体内半衰期长，不易分解，极易蓄积在生物体内，并能沿生物链进行蓄积转移，具有明显的隐藏特性和不可逆性[8-11]。水生动物对镉的吸收主要是通过呼吸、体表和进食三条途径[9]。镉离子一旦通过食物链吸收浓缩进入水生生物体内，不仅会破坏水生生物的新陈代谢功能，引起机体的发育障碍，还会随转移进人体内从而对人体产生危害。有研究表明，镉的毒性机理非常复杂，它既可以在人体内与重要的功能蛋白、酶类发生激烈反应影响其活性，又可以与核酸相互作用，导致遗传物质损伤，镉不仅具有急性毒性和慢性毒性，还有致畸、致癌、致突变的功能[9]，从而影响人类的身体健康。一些研究显示，我国贝类产品中镉超标的现象普遍[12]。因此，为了全面了解我国食用贝类中重金属镉的污染情况以及对人体健康的风险，本文结合现有研究，全面总结分析了我国贝类产品中镉的污染特征以及健康风险，并总结了目前贝类产品中重金属脱除技术的发展情况。

2　我国贝类产品中镉的含量

本文对 2009—2015 年我国部分沿海城市市售贝类产品中镉含量的调查数据进行了整理和分析，结果如表 1 所示，并依据表 2 中我国现行的 3 项贝类产品标准中的限量值进行分析。从表 2 中可以看出来，

---

*基金项目：深圳市基础研究项目（JCYJ20160330095549229）；深圳市孔雀计划项目（KQJSCX20160226110414）。

我国这三项产品标准中的限量值并不一致，这对于判断产品中重金属是否超标带来了一定的困难。其中食品中污染物限量（GB 2762—2012）中对于镉的限量值最大，达到 2.0mg/kg（去除内脏），其次是无公害食品水产品中有毒有害物质限量（NY 5073—2006）值在 1.0mg/kg，农产品安全质量无公害水产品安全要求（GB 18406.4—2001）对于镉设定的限量值最低，为 0.1mg/kg。对比其他国家的限量值，美国对镉的限量值定为 4.0 mg/kg，高于我国的所有标准，韩国、澳大利亚、新西兰以及中国香港对镉设定的限量值均为 2.0 mg/kg，这与我国 GB 2762—2012 标准中要求一致，欧盟对镉的限量值为 1.0mg/kg，与我国 NY 5073—2006 标准中的要求相一致[4]。从对比中可以看出，我国 GB 18406.4—2001 中对镉的限量值设定的过于严格，而过于严格的限量标准会在一定程度上影响我国的进出口贸易，所以建议相关部门对于我国贝类产品中镉限量值的设定应该进行一定的修改、统一，使设定值应既能符合我国国情，又能与国际接轨[16]。

表 1　不同城市贝类产品重金属镉含量调查

城市	抽样年份	抽检品种	检出值（湿重）/（mg/kg）	数据来源
青岛	2009	牡蛎、菲律宾蛤仔、缢蛏、虾夷扇贝、毛蚶	0.03~4.6	文献[17]
大连	2010	毛蚶、扇贝、海虹	1.06~1.23	文献[18]
锦州	2010	文蛤、扇贝、海虹	0.14~1.14	文献[18]
温州	2010	泥蚶、花蛤、缢蛏、太平洋牡蛎、厚壳贻贝	0.055~0.579	文献[19]
宁波	2011	蛏子、花蛤、蛤蜊、贻贝、牡蛎、毛蚶、蚶子、香螺等	0.002~4.012	文献[20]
广州	2014	缢蛏、波纹巴非蛤、丽文蛤、菲律宾蛤仔	0.01~0.68	文献[21]
深圳	2015	海湾扇贝、近江牡蛎、文蛤、象牙蚌、菲律宾蛤仔	0.09~2.3	文献[22]

从表 1 中总体来看，对比不同的标准，超标情况相差较大，但是每个城市的贝类基本上都有不同程度镉超标的现象。最低的镉浓度 0.004mg/kg 出现在宁波地区，最高的镉浓度出现在青岛地区，可以达到 4.6mg/kg，宁波地区可以达到 4.012mg/kg。宁劲松等[17]在青岛市场上采的所有贝类样品中均有镉的检出，如果按照 NY5073—2006 的 1.0mg/kg 的标准，镉的超标率可以达到 19.23%，超标品种主要是毛蚶和牡蛎。王立等[20]在对宁波市售海产品铅镉铜超标情况调查时发现，参照 NY5073—2006 的标准，镉的超标率最高，平均为 36%，其中牡蛎、香螺为 100%，毛蚶、蚶子为 80.0%，泥螺为 6.2%。深圳地区市售的贝类产品中镉的最高含量超过了 GB 2762—2012 的 2.0mg/kg 的标准。大连和锦州地区贝类 Cd 含量超过了 NY5073—2006 的标准，但是都没超过 GB 2762—2012 的 2.0mg/kg 的标准。温州和广州地区的镉浓度的最高值没有达到 NY5073—2006 的 1.0mg/kg 的限量标准，但是如果参照 GB18406.4—2001，部分贝类还是存在超标现象。从以上分析中可以看出，我国贝类产品中重金属镉的超标现象普遍，但是尽管超标现象普遍，也不能说明食用这些贝类就一定会对人体产生危害，是否会对人体产生危害还需要结合实际食用情况才能做出判断。

表 2　中国贝类产品标准中重金属镉的限量值

标准名称	Cd/(mg/kg)
农产品安全质量 无公害水产品安全要求(GB 18406.4—2001)	0.1
无公害食品水产品中有毒有害物质限量(NY 5073—2006)	1
食品中污染物限量(GB 2762—2012)	2.0（去除内脏）

3　食用健康风险评估

为了进一步评价贝类产品的食用安全问题，一般利用风险评估方法来分析贝类产品中的重金属的含量。评估方法是根据污染物暴露量计算出重金属元素的每周摄入量（EWI），再与食品添加剂联合专家委员会（JECFA）推荐的暂定每周可耐受摄入量（PTWI）值进行比较。$EWI=C \times IR_W/BW$，其中 C 表示贝类中重金属的含量，IR_W 为每周消费的贝类量，BW 为目标人群体重[23]。

刘欢等[4]在对我国不同海域的贝类产品重金属污染分析时计算发现，参照《中国居民营养与健康状况调查报告》中关于 2002 年全国城乡居民的食物摄入量统计，2002 年中国城乡居民水产品平均摄入量为每人每日 29.6 g，并且假设摄入的水产品全部为贝类，吸收率为 100%，则计算出的一个成年人重金属 Cd 的暴露量是低于 JECFA 推荐的 PTWI 值的，而且 Cd 的理论最大周暴露量为 JECFA 的推荐值的 72%。李学鹏[24]在计算象山港沿岸贝类产品中镉的暴露风险时也发现了相似的结果，计算出的 EWI 值是 2000 JECFA 制定的镉的 PTWI 值的 71.6%。童永彭[22]在对深圳市市售海产品镉的含量进行风险评价时发现，海湾扇贝中的 Cd 超过了 PTWI 设定的值的两倍。顾佳丽[18]在对辽宁沿海城市的鱼贝体内重金属含量进行研究时发现，成人每周实际从鱼贝类中摄入 Cd 量占 PTWI 的 4.80%，并未超标。虽然我国海产品中 Cd 的超标现象比较普遍，但是从食用健康风险评估的结果来看，大部分都在暂定每周可耐受摄入量的范围之内，但是贝类并不是唯一镉摄入的来源，所以仍有必要控制摄入量，尤其是对沿海城市的居民，如果过量摄入某些重金属含量高的品种，可能会对身体产生危害。

4　贝类产品重金属脱除技术

近年来为了保障食品安全，不少学者一直致力于海产品中重金属脱除技术的研究。目前贝类中重金属的脱除技术主要包括两种：活体贝类脱除技术、蛋白酶解液重金属脱除技术[25-26,28]。活体贝类脱除技术是指将贝类放置于洁净的水环境中暂养，或者是在净水中加入一些物质，让贝类通过自身的代谢将体内的重金属排出体外，从而减少贝类体内重金属含量的方法[27-28]。活体贝类脱除技术主要有净水暂养法、养殖水体净化法、加饵料、维生素 C、金属配合物、EDTA 以及微生物制剂等方法[26,28]。贝类暂养是目前活体贝类脱除重金属的唯一手段，但是该方法仍存在一些实际问题，比如成本高、耗时长、暂养损耗率大，会对暂养区水质造成一定程度的二次污染等[26]。蛋白酶解液重金属脱除技术则是先通过蛋白酶将海洋动物中的蛋白制备为含有氨基酸、多肽等可溶性小分子的液态酶解液，然后再进行重金属脱除的技术[27]，该技术可以有效地提高海洋贝类的资源利用率和经济附加值。酶解液中重金属的去除方法主要有：壳聚糖吸附法、螯合树脂法、络合法、吸附法和絮凝法、膜分离法等[26,28]，每种方法都各有其特点。比如壳聚糖法成本低、来源广，吸附能力强且无毒无害；螯合树脂法则具有操作简便、与金属离子的结合力强、吸附强、环境友好的特点；络合法则是在选择性和脱除率方面有一定的优势，但是脱除过程中存在固液分离较难，且无法再生的问题，所以络合法可以作为一种辅助的脱除方法；吸附法则工艺相对简单，吸附容量大，通过修饰改性还可以有效的提高吸附性能；絮凝法虽然操作简单，能够比较理想的脱除多种重金属污染物，但是部分絮凝剂的使用会引入新的污染物质，这会带来新的食品安全问题；膜分离法在脱除废水方面已经相对成熟了，但是在脱除海产品重金属方面的报道还很少[26,28]。随着海洋环境重金属污染的加剧，贝类产品中的重金属问题引起了大家越来越多的关注，贝类产品中重金属的脱除技术也在不断发展。但是目前相关的研究仍存在一些局限性，比如目前现有的脱除方法往往不能对多种重金属进行同时的脱除，而且一些工艺在脱除过程中会造成部分营养物质的流失[26,28]。从各种方法的优劣势来看，壳聚糖法和螯合树脂法是相对比较理想的脱除技术，也是未来研究贝类中重金属脱除技术的研究重点[26,28]。

5　结论

我国不同贝类产品标准对重金属镉设定的限量值相差较大，GB 18406.4—2001 中对镉设定的限量值 0.1 mg/kg 太过严苛，很多贝类产品很难达到这个标准，这可能会影响到产品的进出口贸易，所以希望有关部门可以根据我国国情完善相关的标准，并与国际接轨。我国贝类中重金属镉的含量虽然存在超标现象，但是通过大部分研究中对贝类中 Cd 做的食用健康风险评估中不难发现，贝类产品中 Cd 的膳食暴露量绝大部分低于 JECFA 推荐的 PTWI 值，因此我国大部分贝类产品 Cd 的膳食暴露量处于安全范围内。但是仍需注意贝类产品的摄入量，尤其是对沿海城市的居民，尽量减少因为过量食用某种贝类而带来的重金属富集。除此之外，贝类产品的脱除技术可以尝试多种重金属一起去除，而不仅仅是局限于对于某一种重金属的脱除，并且在研究脱除技术的过程中要尽量减少或避免营养物质的流失，壳聚糖法和螯合树脂法可以作为贝类产品中重金属脱除技术的研究重点。

参考文献

[1] 陈笑霞，陈红英，陈旭凌，等. 广州市售四种贝类重金属含量分析及评价[J]. 广东微量元素科学，2015(02):1-4.

[2] 田金，李超，宛立，等. 海洋重金属污染的研究进展[J]. 水产科学，2009,28(7):413-418.

[3] 刘欢，吴立冬，李晋成，等. 中国贝类产品重金属污染现状分析与评价[J]. 中国农学通报，2013,29(29):75-81.

[4] 张卫兵，金明，周颖. 中国海洋贝类标准中重金属污染指标的探讨[J]. 海洋科学，2004,28(2):72-74.

[5] Tanja B, Ivana U, Marija S, et al. As, Cd, Hg and Pb in four edible shellfish species from breeding and harvesting areas along the eastern Adriatic Coast, Croatia[J]. Food Chemistry, 2014, 146(1):197-203.

[6] Li P, Gao X. Trace elements in major marketed marine bivalves from six northern coastal cities of China: concentrations and risk assessment for human health[J]. Ecotoxicology & Environmental Safety, 2014(109):1-9.

[7] Yap C K, Cheng W H, Karami A, et al. Health risk assessments of heavy metal exposure via consumption of marine mussels collected from anthropogenic sites[J]. Science of the Total Environment, 2016(553):285-296.

[8] 吴志宏，王颖，李晓，等. 镉在两种经济贝类体内富集与排出的动力学研究[J]. 中国海洋大学学报（自然科学版）自然科学版，2013,43(12).

[9] 罗正明，贾雷坡，刘秀丽，等. 水环境镉对水生动物毒性的研究进展[J]. 食品工业科技，2015,36(15):376-381.

[10] 王夔. 生命科学中的微量元素[M]. 北京：中国计量科学出版社，1996:850-885.

[11] 张翠，翟毓秀，宁劲松，等. 镉在水生动物体内的研究概况[J]. 水产科学，2007,26(8):465-470.

[12] 刘小立，杨丽华，方展强，等. 广州市场食用鱼和贝类重金属含量及评价[J]. 环境科学与技术，2002,25(6):15-16.

[13] 中华人民共和国卫生部. GB 2762—2012 食品中污染物限量[S]. 北京：中国标准出版社，2012.

[14] 中华人民共和国农业部. NY 5073—2006 无公害食品水产品中有毒有害物质限量[S]. 北京：中国标准出版社，2006.

[15] 中华人民共和国国家质量监督检验检疫总局. GB 18406.4—2001 农产品安全质量无公害水产品安全要求[S]. 北京：中国标准出版社，2001.

[16] 龚倩，蔡友琼，马兵，等. 对贝类产品标准中重金属限量指标的探讨[J]. 海洋渔业，2011,33(2):226-233

[17] 宁劲松，尚德荣，赵艳芳，等. 青岛市场养殖贝类体内重金属含量的分析[J]. 安徽农业科学，2010,38(21):11154-11155.

[18] 顾佳丽，赵刚. 辽宁沿海城市海鱼和贝类中重金属含量的测定及评价[J]. 食品工业科技，2012,33(8):63-67.

[19] 蔡圣伟，张树刚，华丹丹，等. 温州市售贝类中重金属含量的分析与评价[J]. 环境科学与技术，2012, v.35(s2):234-236.

[20] 王立，姚浔平，范建中. 宁波市售海产品铅镉铜含量调查及评价[J]. 中国卫生检验杂志，2013(8):1981-1984.

[21] 陈笑霞，陈红英，陈旭凌，等. 广州市售四种贝类重金属含量分析及评价[J]. 广东微量元素科学，2015(2):1-4.

[22] 童永彭，朱志鹏. 深圳市市售海产品中砷、镉、铅含量分析及风险评价[J]. 环境与职业医学，2017,34(1):49-52.

[23] FAO (Food and Agricultural Organization of the United Nations), Food Supply—Livestock and Fish Primary Equivalent[J]. FAOSTAT,2011.

[24] 李学鹏，段青源，励建荣. 我国贝类产品中重金属镉的危害及污染分析[J]. 食品科学，2010,31(17):457-461.

[25] 乔庆林，蔡友琼. 贝类净化技术研究和应用[J]. 渔业信息与战略，2000(12):6-10.

[26] 张双灵，张忍，于春娣，等. 贝类重金属脱除技术的研究现状与进展[J]. 食品安全质量检测学报，2013(3):857-862.

[27] 杨小满，戴文津，孙恢礼. 海洋贝类酶解液重金属控制与脱除技术研究[J]. 海洋科学，2012,36(3):115-120.

[28] 王婷婷，吴彦超，李惠静. 海产品中重金属脱除的研究进展[J/OL]. 食品科学，2017-09-27:1-8. http://kns.cnki.net/kcms/detail/11.2206.TS.20170927.1432.058.html .

Mangrove Forests Mitigate Tsunami Hazard and Require Conservation*

LI Qiqing

(Grade three, Shenzhen Middle School, Shenzhen 518000, China)

Abstract: This paper emphasizes mangroves' capacity for tsunami mitigation, analyzes determinants of this function, offers plantation suggestions to city planners, and underlines the necessity of mangrove conservation. Research is based on existing books, journals, articles, and other online materials. Studies conducted by different scholars are compared, analyzed, and synthesized. In coastal mangrove plantation design, planners should take various factors into account, including forest width, forest density, tree species, forest floor slope, and characteristics and frequencies of incident waves. Conclusions from previous studies are worth relying on, while modifications based on specific geographical and climatic elements are also required. Mangroves are ideal coastal vegetation even in cities without tsunami threats. They offer a wide range of ecological services, but are currently dying out rapidly, due to artificial and natural reasons. It is urgent and necessary for governments, experts, and civilians to conserve mangrove forests.

Keywords: mangrove forests; tsunami; wave reduction; conservation

1 Introduction

Mangrovesare highly productive forests consisting of a small group of trees and shrubs that have adapted to the harsh intertidal zone. They are rare species throughout the world, due to their great reliance on tropics and a few warm temperate regions. To prevent their offspring from getting flushed away by tides, major families of mangroves have developed vivipary, in which "parent trees release growing plants rather than simple seeds of fruits"(Spalding et al., 2010). Along wetter coastlines, deltaic and estuarine areas, mangroves reach their greatest abundance and diversity. Mangroves have developed a series of physiological structures and functions in order to survive in intertidal areas. They typically exclude salt from their xylem to handle changing salinities, and employ various roots, including stilt roots, pneumatophores, knee roots, and buttress roots, to transport oxygen in waterlogged and anaerobic soils. Apart from providing direct forest products, mangroves also support fisheries, reduce carbon emission, purify water, and create enormous economic value (Priya, Kiran, and Pema, 2010; Spalding et al., 2010).

Mangrove forests are found in 123 countries and territories, and cover a total of 152,000 square kilometers (equivalent to half the land area of Philippines) globally(Spalding et al., 2010). Unfortunately, global mangrove areas are declining rapidly at about 1% every year(Priya,et al., 2010).Conservation measurements ought to be undertaken to prevent furtherreduction of this valuable species.

2 Mangrove forests' ability to mitigate tsunamis

2.1 Functions and effects of tsunami mitigation

Mangrove forests play a pivotal role in coastline protection. Harada and Imamura (2005) dividedmangroves'

*基金项目：国家自然科学基金项目（31400446）；深圳市基础研究项目（JCYJ20160330095549229）；深圳市孔雀计划项目（KQJSCX20160226110414）。

function of tsunami mitigation and showed that mangrove forests can act as a natural barrier, stop drifts, reduce the energy of a tsunami, and　save lives (Figure 1).Mangrove forests collect wind-blown sand and form dunes, which dissipatetsunami energyas the water spends energy to pass through the dunes. Therefore, waves will not rush directly onto the shore. When waves rush through mangrove forests, the vegetation can stop drifts from flooding inhabited areas and reduce the inundation area and flow current, mainly due to friction,thus reducing the possibility and intensity of property damage. Mangroves also help prevent residents from being washed away by tsunamis, for people could cling to trees for survival.Danielsenet al.(2005) analyzed pre-tsunami tree vegetation cover and post tsunami damages in Cuddalore District, Tamil Nadu, India, and found that:villages marked 1 and 2, located on the northern coast, suffered severe damage because there was no protection from vegetation. Villages marked 3 to 9 were located nearby or behind either open (sparse) tree vegetation or small areas of dense tree vegetation. As a result, they only suffered from partial damage. Meanwhile, villages marked 10 to 12 were the most fortunate, as they were located behind a large area of dense tree vegetation and therefore remained intact, despite the tremendous impact of the tsunami. The large damaged area adjacent to the village marked 11 sets a great contrast with the three intact villages, clearly illustrating the protective function of coastal tree vegetation, in this case provided by the mangrove trees.

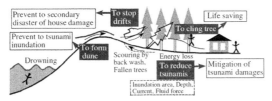

Figure 1　Functions and effects of coastal control forest to prevent tsunami disaster (Harada and Imamura, 2005)

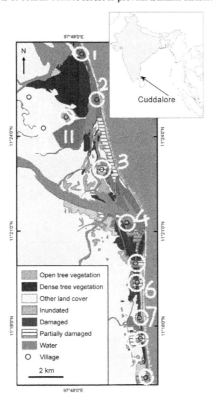

Figure 2　Pre-tsunami tree vegetation cover and post tsunami damages in Cuddalore District, Tamil Nadu, India(Danielsenet al. (2005)

2.2　Determinants of successful hazardmitigation by the mangrove forests

The mangroves' ability to mitigate tsunamis varies along several dimensions, such as forest band width, forestdensity, mangrove species, etc. Each factor contributes to damage mitigation on a different scale.Blankespoor, Dasgupta, and Lange (2016) argue that forest width, which is the distance between the front and back of the forest, is one of the main factors that affect the extent of wave height decline.Bao (2011) discovered that wave height decreases exponentially with the increaseof cross-shore distance (i.e. mangrove band width) as waves rush through coastal forests, and the relationship is significant in coastal of Vietnam. In another study carried out by Harada and Imamura (2005), the effect of forest width on coastal forests' ability to mitigate tsunami damage is examined usinga numerical simulation. Since mangrove forests are regarded as an important species of coastal vegetation, and they are actually found in Japan, mostly on "the long chain of the Nansei Islands up to the very southern tip of the larger island of Kyushu" (Spalding *et al.*, 2010), it is reasonable to assume that the result of this numerical simulation, which focuses on coastal vegetation, could be applied to mangrove forests in Japan. Three standards to measure the intensity of tsunamis: inundation depth, current, and hydraulic force (aproduct of fluid density, the inundation depth and the square of current velocity.

Mangrove density of 30 trees/100 m^2 in a 100-meter wide belt was reported to reduce the maximum tsunami flow pressure by more than 90% (Dasgupta et al., 2014). Harada and Imamura (2005) explored the influence of forest density on tsunami hazard mitigation, and found slight functional differences between forests of different densities.　However, the effect of the forest density on tsunami damage mitigation was shown to be non-negligible inthe study by Danielsen*et al.* (2005), which focused on the 2004 Indian Ocean tsunami. The results showed that denser tree vegetation was more than twice as effective as open tree vegetation, which means it provides much more protection than no vegetation at all.The significant discrepancy between these two studies may be attributed to the following two reasons: (1) Difference in wave heights. Harada and Imamura (2005)'s studyemployednumerical simulation instead of direct observation, which was conducted by Danielsen*et al.* (2005).There were various limitations in the simulation process. For instance, the model was difficult to render if the wave heightexceeded 4 m in the simulation. According toGibbons and Gelfenbaum's study conducted in 2005, however, theactualwave heightin the 2004 Indian Ocean tsunami managed toreach 30 m, and the heights may have ranged from15 to 30 m along a 100-km stretch of the northwest coast in Sumatra. (2)Difference in vegetation species. Harada and Imamura (2005)'s studyderiveddataused for simulationfrom coastal forests in Japan, whereas Danielsen*et al.* (2005)based their analysis on coastal forests in India. The geographical and climatic factors of these two places vary from each other, thus possibly leading to the divergence in the evaluation of the influence of forest density.

There are a lot more factors that influence mangrove forests' ability to mitigate tsunamis. Mazda et al. (1997)derived the conclusion that a greater degree of mangrove growth leads to a greater ability to mitigate waves in Vietnam. As claimed by Mazda *et al.* (1997), a six-year-old mangrove trees strips 1.5km wide will reduce 1m high waves at the open sea to 0.05m at the coast, whereas without mangroves the wave will arrive the coast at 0.75m (Figure 3)." Based on Alongi's study in 2008, the extent to which mangroves offer significant protection of shorelines depends on the type of environmental setting, the intensity of disturbance, and the internal properties of mangroves. Alongi (2008) summarized various modelling and mathematical studies (Brinkman *et al.*, 1997; Mazda *et al.*, 1997, 2006; Massel*et al.*, 1999; Quartel*et al.*, 2007) which indicate that the magnitude of the energy absorbed by mangrove forests strongly depends on forest density, diameter of stems and roots, forest floor slope, bathymetry, the spectral characteristics (height, period, etc.) of the incident waves, and the tidal stage at which the wave enters the forest. Tanaka's studies showed another important factor: vegetation type (Tanaka et al., 2007).Tanaka *et al.* (2007) modelled the relationship of species-specific differences in drag coefficient and in vegetation thickness with tsunami height, and found that species differed in their drag force in relation to tsunami height, with the palm, *Pandanus odoratissimus* , and *Rhizophoraapiculata* , being more effective than other common vegetation, including the mangrove *Avicennia alba*.

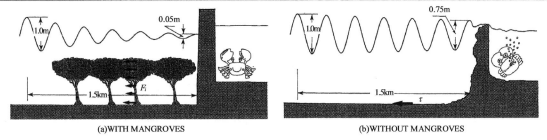

(a)WITH MANGROVES   (b)WITHOUT MANGROVES

Figure 3 The effect of wave reduction with and without mangroves (Mazda *et al*.1997)

2.3 Plantation strategy

The analysis based on Harada and Imamura (2005)'s study suggests that coastal forests of width 400 m significantly contribute to reduce inundation height to a safe range and dissipate wave energy, therefore ensuring residents' physical and property safety. As an important factor influencing mangroves' ability to mitigate tsunamis, forest width is discussed further from the aspectof plantation strategies in this section.Although both Harada and Imamura (2005), and Bao (2011) 's study were not carried out in real-life tsunami scenarios, their conclusions were still valid. The two studies simultaneously examined tsunami heights of 3 m, which is claimed as the height of most tsunamis by National Geographic (2011). Although extremely devastating tsunamis could exceed that height——the 2004 Indian Ocean tsunami reached heights of 30 m in some places——those are not typical instances. The conclusion thatcoastal forests with a width of 400 m,a density of 30 trees/100m², and a trunk diameter of0.15 mcould ensure safety under the tsunami with a 3 m height and a 10 min periodis a valuable reference for coastal city administratorsin plantation strategy.

However, planners shouldmake modifications when drafting the plan, due to geographical and climatic differences between the target areas in studies and the real situation. They are supposed to take other factors into account as well, including forest density, tree species, forest floor slope, and characteristics of incident waves. For instance, planned mangrove forest width and density could be reduced by virtue of powerful wave-resistant species, and denser forests with wider widths are required for regions where forest floor is flat and tsunamis take place frequently.It is noteworthy that even in coastal cities without frequent tsunami disasters, it isworthwhile to plan mangrove forests, as they provide a great number of ecological services, including fisheries, biofiltration, carbon emission reduction, etc.

3 Mangrove forests require conservation

3.1 Necessity of Protection

According to Spalding *et al.* (2010), mangroves offer a wide range of goods and services to humans, including coastal protection, forest products, fisheries, economic valuation, tourism and recreation, biofiltration, and carbon emission reduction. Priya,*et al.* (2010) found that mangrove forests protect coastlines from erosion, storm damage, wave action, tsunami, cyclones, and typhoons. As a consequence, the forests protect coastal land and adjacent residents both during natural disasters and through their longer-term influence on coastal dynamics (Blankespoor*et al.*, 2016). Mangrove forests provide fish and other coastal wildlife with ideal shelters consisting of wide intertidal mudflats and complex systems of channels and pools. They also ensure a rich source of nutrients due to high rates of primary production. It is revealed that "mangrove-related species have been estimated to support 30% of fish catch and almost 100% of shrimp catch in South-East Asian countries, while mangroves and associated habitats in Queensland, Australia, support 75% of commercial fisheries' species" (Spalding *et al.*, 2010).Spalding *et al.* (2010)found that the global mangrove forests created a summary value of

$2000 to $9000 per hectare per year, and the values were derived from all products and services mangrove forests provided, including timber, fisheries, coastal protection, etc.Mangrove forests are comparable to higher canopy terrestrial forests, since they have a larger proportion of below-ground biomass, and sequestrate additional CO_2 than other forests.Spalding *et al.* (2010) pointed out that the total above-ground biomass for the world's mangrove forests may be over 3700 Tg of carbon, and further that sequestration of organic matter directly into mangrove sediments is likely to be in the range of 14 to 17 Tg of carbon per year.

Mangrove forests are currently among the most threatened habitats in the world and are disappearing at an accelerated rate (Priya et al., 2010). Some 35,600 square kilometers of mangrove forests were lost between 1980 and 2005 (Spalding et al., 2010).We have no accurate estimates of the original cover, and there is a general consensus that it would have been over 200,000 square kilometers, and that considerably more than 50,000 square kilometers, or one-quarter, of original mangrove cover have been lost as a result of human actions. Danielsen*et al.*(2005) found that human activities reduced the area of mangroves by 26% in the five countries most affected by the tsunami, from 5.7 to 4.2 million ha, between 1980 and 2000.Bao (2011) revealed a similar trend in Vietnam where had approximately 155,290 ha of mangrove forests in 2002, and more than 200,000 ha of mangrove forests have been destroyed over the last two decades as a result of conversion to agriculture and aquaculture, as well as development for recreation.

Both artificial and natural factors contribute to mangrove forests'destruction. According to Spalding *et al.* (2010), the greatest artificial element goes to direct conversion of mangrove lands. Likewise, seafood demand, especially shrimp, results in conversion into aquaculture ponds. These ponds are built in intertidal areas, and theygenerally stock shrimp larvae from incoming tides.Overharvesting occurs when either mangrove ferns fill the gap, preventing large trees from growing, or mangrove foliage iseaten by goats and camels. Both oil pollution and chemical pollution, which mainly comes from fisheries, impose threats on mangrove forests. Although mangroves can deal with certain levels of sediments, they suffer mass mortality when there are rapid sediment build-ups of 50 to 100 cm. Climate change imposes a wide range of negative impacts on mangroves: rise in sea level, rise in atmospheric CO_2, rise in air and water temperature, and change in frequency and intensity of precipitation/storm patterns due to climate change(Blankespoor*et al.*, 2016).

3.2　Conservation strategies of mangrove forests

The majority of mangrove forests in the world were found in Latin America, Caribbean regions, East Asia, and Pacific regions (Blankspoor et al., 2016). A study conducted in 2010 claimed that "destruction rate of the mangrove habitat is now at about 1% every year"(Priya,*et al.*, 2010), indicating that mangrove forests worldwide are declining at similar paces. Spalding *et al* (2010) pointed out that some countries were already setting good examples in policy enforcement. It is presented that Brazil, Mexico, Cambodia, El Salvador and Tanzania all have established legal frameworks for the protection of mangroves. Specifically, Brazil set a federal law to protect all coastal vegetation, and restrict tourist and aquaculture developments; the Philippines enforced strict rules over the establishment of new aquaculture ponds, requiring mangrove forests to be shelters for fish and other wildlife species; Australia and the US stuck to the "no net loss" principle, and both of them requested developers to compensate for areas proposed for conversion by investing in afforestation restoration projects elsewhere; Kenya and Malaysia, similarly, render all mangroves to fall under state ownership and manage them as forest reserves. With the support of laws and regulations, government administrators and ecological workers could practice a series of conservation actions, as listed below: (1) Sustainable silviculture. A number of large forests in Asia, especially in the Sundarbans in Bangladesh and India and Matang in Malaysia, were well-protected (Spalding et al., 2010). In some areas, protectors conducted intensive management of mangrove forests with well-established structures of plantation.(2) Restoration and afforestation. When mangroves are returned to areas where they previously lived, this is called restoration. However, when they are transported to places with no evidence of prior existence, it is named as afforestation. Restoration is conducted more often than afforestation, as proper locations and species should be selected for successful afforestation. (3) Flow restoration. Maintenance of environmental flows upstream of mangrove areas is also critical (Priya,*et al.*, 2010). Protectors, therefore, should restore flows naturally or artificially to rivers and wetlands, allowing full or partial ecosystem recovery while maintaining the required services of coastal engineering interventions as well (Spalding *et al.*, 2010). (4) Alternative Fuel Development. Alternate fuels could replace mangrove fuelwood, therefore protecting mangrove forests from large-scale felling (Priya,*et al.*, 2010).

Overall, the above actions are confined to expert protectors, civilians also have different choices to protect mangrove forests. As groups, residents could form NGOs to help urge the issue of mangrove protection. As individuals, they could help plant mangroves for coastal protection, which was underlined as effective in Philippines. In order to encourage citizens to take action, the values of mangroves should be widely spread through public bodies, the media and governments. Dwellers should also realize the benefits from their non-destructive direct uses of mangrove forests, including fisheries, tourism, and recreation.When government officials, expert ecological workers, and ordinary residents make mutual efforts, the effect of mangrove forest conservation is undoubtedly significant. In this case, mangroves could continue guarding the coastlines and providing people with a variety of benefits.

4 Conclusion

Mangroves' capacity for tsunami mitigation is distinguished, and this ability is influenced by factors covering forest width, forest density, tree size, etc. Forest width plays a prominent role in tsunami damage mitigation, especially in inundation depth reduction. Although significance of forest density's effect on tsunami remission function is disputed, it is commonly allowed that the denser the coastal forests, especially mangrove forests, the stronger mitigating power they have. Mature mangroves aged around 5 to 6 years are proved to be effective in wave attenuation, and this mechanism is almost unaffected by increasing water depth. When making plantation plans, coastal forests with width of 400 m,density of 30 trees/100m^2, and trunk diameter of 0.15 m could ensure safety under the tsunami with 3 m height and 10 min period, which is a valuable standard city administrators could depend on. City administrators are supposed to take other factors into consideration, including forest density, tree species, forest floor slope, and characteristics of incident waves. In order to preserve this precious vegetation, governments ought to enforce conservative laws and regulations, experts should actively employ conservative actions, such as sustainable silviculture, afforestation and flow restoration, and civilians need to learn more about mangroves and participate in conservative activities.

Acknowledgement

I thank Professor Steven Wojtal for guidance in the research process and paper composition, and I thank tutors at Pioneer Writing Center for suggestions in paper development. The study is carried out to emphasize values of coastal mangrove forests and call for conservation actions.

References

Alongi, D.M., 2008. Mangrove forests: resilience, protection from tsunamis, and responses to global climate change. Estuarine, Coastal and Shelf Science, 76(1), 1–13.

Bao, T.Q., 2011.Effect of mangrove forest structures on wave attenuation in coastal Vietnam.Oceanologia, 53(3), 807–818.

Blankespoor, B., Dasgupta, S., and Lange, G. M., 2016.Mangroves as protection from storm surges in a changing climate.Ambio 46, 478-491.

Brinkman, R.M., Massel, S.R., Ridd, P.V., Furukawa, K., 1997.Surface wave attenuation in mangrove forests. Proceedings of 13th Australasian Coastal and Ocean Engineering Conference 2, 941-949.

Danielsen, F.Sørensen, M.K., Olwig, M.F., Selvam, V., Parish, F., Burgess, N.D., Hiraishi, T., Karunagaran, V.M., Rasmussen, M.S., Hansen, L.B., Quarto, A., Suryadiputra, N., 2005. The Asian tsunami: aprotective role for coastal vegetation.Science, v. 310, 643.

Danielsen, F.Sørensen, M.K., Olwig, M.F., Selvam, V., Parish, F., Burgess, N.D., Hiraishi, T., Karunagaran, V.M., Rasmussen, M.S., Hansen, L.B., Quarto, A., Suryadiputra, N., 2005.Online Supporting Material for The Asian Tsunami: A Protective Role for Coastal Vegetation: Science, 310, 643

Dasgupta, R., Shaw, R., Abe, M., 2014. Environmental recovery and mangrove conservation: Post Indian Ocean Tsunami Policy Responses in South and Southeast Asia. Recovery from the Indian Ocean Tsunami Disaster Risk Reduction, 29–42.

Gibbons, H. and Gelfenbaum, G., 2005. Astonishing Wave Heights Among the Findings of an International Tsunami Survey Team on Sumatra: https://soundwaves.usgs.gov/2005/03/ (accessed July 2017).

Harada, K., Imamura, F.,2005.Effects of Coastal Forest on Tsunami Hazard Mitigation—A Preliminary Investigation. Tsunamis Advances in Natural and Technological Hazards Research, 279–292.

Massel, S.R., Furukawa, K., Brinkman, R.M., 1999.Surface wave propagation in mangrove forests. Fluid Dynamics Research, 24, 219–249.

Mazda, Y., Magi, M., Ikeda, Y., Kurokawa, T., Asano, T., 2006. Wave reduction in a mangrove forest dominated by Sonneratia sp.. Wetlands Ecology & Management 14,(4), 365-378.

Mazda, Y., Magi, M., Kogo, M., and Hong, P. N., 1997.Mangroves as a coastal protection from waves in the Tong King delta, Vietnam. Mangroves &Salt Marshes, 1(2), 127-135.

Mazda, Y., Wolanski, E., King, B., Sase, A., Ohtsuka, D., Magi, M., 1997.Drag force due to vegetation in mangrove swamps. Mangroves and Salt Marshes, 1, 193-199.

National Geographic, 2011, Tsunami Facts in Wake of Japan Earthquake: http://news.nationalgeograpic.com/news/2011/03/110311-tsunami-facts-japan-earthquake-hawaii/ (accessed July 2017)Oregon Forest, Thinning for Forest Health: http://oregonforests.org/content/thinning (accessed July 2017)

Priya, K.R., Kiran, K.S., and Pema, U., 2010.Role of sand dunes and mangroves in the mitigation of coastal hazards with reference to 2004 tsunami. Management and Sustainable Development of Coastal Zone Environments, 245-258.

Quartel, S., Kroon, A., Augustinus, P., Santen, P.V., Tri, N., 2007.Wave attenuation in coastal mangroves in the Red River Delta, Vietnam. Journal of Asian Earth Sciences, 29(4), 576..

Shuto, N., 1987. The effectiveness and limit of tsunami control forests. Coastal Engineering in Japan, 30,143-153.

Spalding, M., Kainuma, M., Collins, L., 2010. World Atlas of Mangroves: London, UK,Washington, DC., p. 1-43.

Tanaka, N., Sasaki, Y., Mowjood, M.I.M., Jinadasa, K.B.S.N., Homchuen, S., 2007. Coastal vegetation structures and their functions in tsunami protection: experience of the recent Indian Ocean tsunami. Landscape& Ecological Engineering, 3(1), 33-45.

城市污水处理厂提标改造分布式控制系统设计

沈春山[1]，章建林[2]，张丽[2]，乔焰[1]

（1. 安徽农业大学，合肥 230036；2. 安徽赛洋信息科技开发咨询有限公司，合肥 230000）

摘　要：城市污水处理厂的提标改造需要处理接口多样的新旧设备和子系统，为控制系统集成提出了更高的要求。以某省 3 万 t/d 的污水处理厂提高改造为背景，在简要介绍工艺过程基础上，详细描述了控制系统的建设原则与方法、控制系统网络架构、设备 IO 模型、控制软件框架、人机交互界面的设计，并利用设计阶段形成的 IO 清单和 PLC 工具环境提供的批处理功能实现对大规模设备控制的程序设计。为同类污水处理厂自动控制系统的建设提供了参考技术路线。

关键字：污水处理；分布式控制；面向对象

1　引言

经济发展的同时，也伴随着对环境的影响，水环境的治理越来越引起重视，其中污水处理是水污染防治的重要组成部分。管理部门对城镇污水处理的日处理容量和出水水质方面都提出了更高的要求，例如规定出水水质达到《城镇污水处理厂污染物排放标准》（GB 18918—2002）中的一级 A 标准。相应地，各级城镇对原有污水处理设施进行了不同程度的提标改造措施，以满足对水环境治理的需要[1-2]。

自动控制系统是污水处理厂基础设施的重要组成部分，其建设情况将直接影响整个污水处理厂的运营状态。污水处理自控系统是典型的过程控制系统，通常采用 PLC、DCS 等技术构建。文献[3]采用 PLC 设计了基于 Ethernet /IP 的多处理器分布式控制系统。文献[4] 采用西门子 S7400-H 构建冗余控制系统，用来监控钢厂污水处理过程，提高了系统的稳定性和可靠性。其中 PLC 技术在各种规模的污水处理厂得到了广泛的应用[5-6]，特别是在较为独立的污水处理工艺段中，比如污泥脱水、深床滤池等环节，通常自成子系统[7]。污水处理过程复杂，具有大延迟、非线性、干扰多等特点，精确的过程控制不容易。对于一些关键环节，如溶解氧控制、反硝化深床滤池处理、能耗优化等，人们提出了各种各样的优化控制方案，包括污水处理泵站节能控制方法、溶解氧的反馈预测控制[8-9]等。

污水处理厂提标改造自控系统的建设，需要把现状系统和新建系统很好地集成到整个控制系统框架下，统一管控，具有一些特殊情况。例如现场设备接口众多、新旧系统数据通信、控制任务的分配、系统架构优化等，都需要仔细分析、综合设计，存在一定的设计难度。

本文以某省 3 万 m³/d 污水处理提标改造自控控制系统建设为例，介绍其控制系统的设计过程和系统架构。在介绍工艺处理过程基础上，给出了改自动控制系统的设计原则与方法、设备 IO 对象模型、控制系统网络结构、软件框架，以及触摸屏和中控监控界面等内容。

2　工艺过程简介

污水处理工艺环节主要包括预处理、水解酸化、A2/O 生物池二级生化、深度处理、紫外消毒处理；

第一作者简介：沈春山（1980—），男，工学博士，高级工程师，研究方向为计算机控制系统、机电工程与项目管理。Email：csshen@ustc.edu

污泥处理采用机械浓缩深度脱水处理方法。工艺流程如图 1 所示。

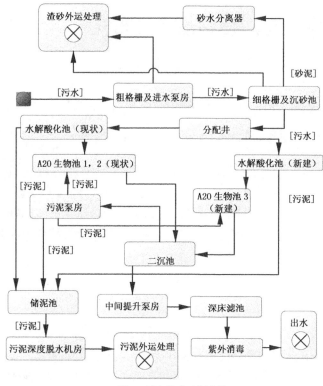

图 1　污水处理工艺过程

3　设计原则与方法

根据污水处理厂提标改造自控系统的特点和需求，系统设计与选型综合考虑以下原则和方法：

（1）系统的可靠性。通过服务器和通讯网络冗余备份、主备双工等技术手段予以保证。

（2）系统的可维护性。采用面向对象和协同状态网的思想来设计软件系统，选用商业标准化的模块和组件，支持自诊断、在线调试和下载等功能。

（3）系统的开放性。采用标准模块和接口，方便兼容 TCP/IP 协议，Modbus、OPC 接口规范和 ProfiBus DP 等。

（4）系统的安全性。配备网络的防病毒设置、人员和设备的安全连锁。安全要求较高的模块向下层转移，一般设计在控制层，甚至是现场层。

（5）系统的开发模式。在面向对象系统建模思想上，采用增量模型的开发方法构建系统的核心功能集，以便能够尽快响应实验用户的需求。

4　控制系统结构

系统由管理层、控制层和现场层构成三级监控网络，如图 2 所示。管理网与控制网通过一对冗余的监控服务器连接，起到安全隔离的作用，保证控制网络的可靠运行。其中，控制层是整个控制系统的核心部分，完成控制系统的全部控制和监视任务；管理层提供系统管理、数据存储和处理、人机交互界面等功能；现场层是控制系统的数据采集、命令执行部分，信号通过现场的传感器传送到控制层，同时接受来自控制层的控制命令，完成对现场的控制任务。PLC 站点以西门子 S71500 和 S71200 为主控单元，各站配置本地触摸屏。

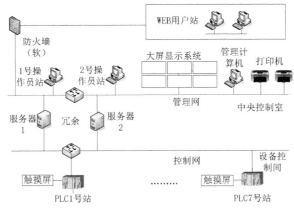

图2　控制系统网络架构

5　设备IO对象模型及统计

统计现场的被控设备类型和数量是控制系统软硬件设计的前提，特别是设备的输入输出接口直接关系到控制系统的容量和控制程序的设计。污水处理厂自控系统的被控对象主要包括各种潜污泵、搅拌器、推进器、格栅机、阀门开关、启闭机、螺旋输送机等。通过归纳总结，主要涉及点控电机、点控泵、变频控泵和点控开关等几类设备模型，例如电控电机其接口定义见表1。

表1　被控设备接口模型

控制类型	IO名称	类型
点控电机	运行状态信号	DI
	故障报警信号	DI
	本地/远程信号	DI
	启动输出信号	DO
	运行电流信号	AI

在控制设备接口模型定义基础上，通过各个工艺过程的设备数量和类型，就比较方便地确定某个PLC站的IO数量，为PLC控制柜模块选型奠定基础。全厂自动控制系统IO统计可以用表2列出（限于篇幅，只包括部分），总量大约在三千点。

表2　表IO统计（部分）

部位	被控设备	控制类型	DI	DO	AI	AO
粗格栅	粗格栅机	点控电机	3	1	1	0
	螺旋输送机	点控电机	3	1	1	0
	前启闭机	点控开关	4	2	0	0
	后启闭机	点控开关	4	2	0	0
	COD测定仪	模入设备	0	0	1	0
\	\	\	\	\	\	\
IO统计（调整30%）			800	290	147	20

6 PLC 控制软件设计

6.1 控制功能概述

各站点 PLC 分管本工艺段的工况监控，软件功能主要包括以下几个方面：

（1）数据采集。实时记录现场仪表数据以及设备运行状态。

（2）设备和过程控制。单个设备的启停控制，以及工艺过程物理量的控制。其中设备的控制分为本地和远程两种模式，远程又分为手动和自动两种操作方法，优先级由高到低分别是本地手动、远程手动、远程自动。

（3）连锁保护。设备或子系统间的故障连锁保护控制。例如潜污泵的低水位停泵保护。

（4）远程数据通信。与中央控制室服务器数据交互，实现"遥测""遥信""遥调"功能。

（5）本地人机操作接口。显示单元采用带触摸屏的液晶显示器，由 PLC 直接管理，可通过显示器查询当前的故障信息和运行状态，进行运行参数设置等。

6.2 典型设备对象控制程序

按照面向对象的程序设计思想，为每个典型设备封装一个功能块，以提高程序的可扩展性、可变形、可维护性、降低耦合，从而提供程序开发的效率。这里以点控电机和串口通信为例说明。

（1）点控电机。考虑到系统中位数众多的电机，且参数不同，为了便于与监控软件通信以及参数的调用，将电机对象设计为 PLC 的 FB 块，在 OB 块中调用如图 3 所示。

（2）串口通信。污水处理厂的提标改造通常涉及现状系统和新建系统，有些是独立的第三方子系统，如脱水和深床滤池等，包括部分大型设备接口多采用现场总线，如 Modbus、Profibus DP 等。为此单独设计了串口通信类，对 Modbus/RS485、Profibus DP 自适应配置。

通信接口主要由若干静态数据存储区和动态处理模块组成。前者包括数据接收区、数据发送区、外部系统状态数据，以及其他中间数据；后者包括数据接收、数据处理、数据发送，以及软件可靠性设计模块，如图 4 所示。PLC 软件实现通常采用高级语言来实现此类较为复杂的通信接口，如西门子 S71500 采用 SCL 来设计。

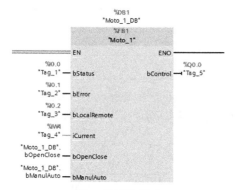

图 3　点控电机 FB 块

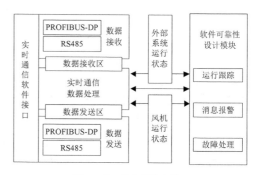

图 4　串口通信软件架构

6.3 工艺处理要求

（1）进水处理 PLC 站。此站主要负责采集进水 COD、粗格栅前后液位差、进水流量计、污水 pH 值计、温度计等数据，以及控制组格栅机、提升泵、细格栅机、沉砂池和事故调解池等设备。

自动控制模式下，格栅机采用间隔运行的方式，运行时间和间隔时间作为控制参数可调。与粗格栅关联的螺旋压榨机联动控制。进水泵房提升泵三用一备：根据水位选择启动相应的泵机。吸沙泵和砂水分离器联动间隔运行，开机顺序为砂水分离器、吸砂泵，关机顺序相反。

（2）生物污泥 PLC 站。本站容量大，由于是提标改造，涉及现状和新建的水解池、生物池等众多设备，距离大分布较广，故架构上采用一主两从的主从站控制方式。

1 号远程子站负责监控现状水解酸化池和现状生物污泥池设备。包括生物池氧化还原计、溶解氧浓度、

MLSS、超声波液位计、空气流量计 DN300、空气流量计，以及水解池污泥泵、电动蝶阀组、推进器、潜污回流泵，生物池（单个）高速潜水搅拌机、低速推进器、混合液回流泵等设备。

2 号远程子站负责监控新建生物池氧化还原计、溶解氧浓度、MLSS、超声波液位计、空气流量计，以及新建水解池污泥泵、电动蝶阀组、推进器、潜污回流泵，新建生物池高速潜水搅拌机、低速推进器、混合液回流泵等设备。

分布主站负责监控污泥泵房和储泥池的液位计、中间提升泵房液位计，以及二沉池吸泥机、污泥泵房变频回流污泥泵、启闭机、变频剩余污泥泵、无摩擦电动蝶阀，储泥池慢速搅拌机和电动蝶阀，中间提升泵房变频潜污泵、启闭机、电动阀门等设备。

（3）鼓风机 PLC 站。此 PLC 站通过控制并联运行的鼓风机状态来调节生物池溶解氧（DO）的含量，保证生化池中的溶解氧浓度稳定在一个合适的水平，一般宜保持在 2mg/L 左右。

鼓风曝气过程控制是污水处理厂能耗的主要部分，是污水处理厂智能化控制的核心。溶解氧的控制具有大滞后、非线性和时变等特点，受到天气、进水水质、温度等影响的因素众多，在控制策略上需要优化考虑。通常将曝气过程近似为一阶惯性环节，一般宜拟采用"自适应模糊 PID 与 Smith 预估补偿综合控制"来精确调节溶解氧的策略。

（4）独立子系统协控 PLC 站。这部分主要包括消毒出水、深床滤池、除臭等随设备供应商配套供货的子控制系统。这些子系统需要接入到整个污水处理厂的中央控制系统中进行统一管理和监控。综合考虑系统集成的效率和可靠性，中央控制服务器设备只负责采集和显示子系统的运行状态数据，控制由各子系统独立完成。

（5）电力监控 PLC 站。污水处理厂的能耗状态体现了其运营水平，各主要耗电设备的用电数据需要实时采集并做对比分析，以供运营决策。各现场配电柜和动力柜配置智能电表，通过 DLT645 协议与 PLC 通讯，传送用电参数。PLC 通过 IO 模块监控进线开关柜、变压器的工作状态并做连锁保护，保证工艺环节用电安全。

6.4　大规模设备 PLC 控制程序设计

污水处理厂自控系统会涉及大量的泵、电机、阀门等设备，在上节介绍控制系统建模阶段形成的 IO 模型及其清单可以看出，其 IO 可能达到数千点。如果手工设置 IO 地址、变量以及调用设备控制块，工作量会非常大。为此，我们在表 2 所形成的 Excel 文件中，通过设计 VBA 程序，自动生成 IO 地址和变量名称。由于本系统中需要控制大约三百个设备，根据表 2 中设备类型和 PLC 的 FB 块调用接口，设计 VBA 程序自动生成调用 PLC 的设备 FB 块代码。通过这种方式，大大节省了工作量，为大型污水处理厂的自动系统实现提高了效率。

7　中控与触摸屏监控软件设计

7.1　触摸屏监控设计

主要包括主界面、告警记录、事件记录、运行操作及设置界面等。设备启停和参数设定操作页面设置一级权限"管理员级"：可启停设备和修改设备的运行设置参数。其他页面的访问无需密码。屏保时间设置为 15 min，15 min 无操作登录状态自动消失。如图 5 所示。

7.2　中控监控软件设计

中控监控界面主要包括系统安全、工艺总图、各工艺段监控、实时数据、历史数据、报警和事件管理等。设备的监控主要由各工艺段监控完成，鼠标点击设备图标，会调出典型设备控制的窗口，根据提示做相应的设备启动操作。以电磁阀门等点控开关为例，设备操作界面如图 6 所示。操作界面分为状态显示和综合控制两个分区。在综合控制区中可以分组统一设置一组电磁阀门的启动，根据实际情况显示阀门的开度值。

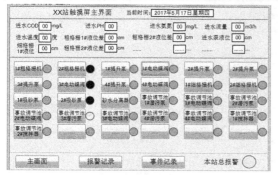

图 5　触摸屏设计

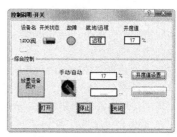

图 6　点控开关的操作界面

8　结语

　　本文以城市污水处理厂提标改造自动控制系统为例，详细介绍了设计原则与方法、系统网络结构、设备 IO 模型、控制软件框架，以及人机操作界面，并已经在实践中取得了成功应用。为同类污水处理厂自动控制系统的建设提供了参考技术路线。未来在污水处理厂节能控制、精确过程控制方面还需要做进一步研究，以满足出水水质和能耗利用的较高要求。

参考文献

[1] 沈晓铃，李大成，孔建明. A~2/O 工艺在污水处理厂一级 A 提标改造中的应用[J]. 中国给水排水，2011(08): 44-46,51.

[2] 徐文江，宁艳英，李安峰，等. 水解+AO+深度处理用于化工园区污水处理提标改造[J]. 中国给水排水，2017(06):52-55.

[3] 唐俊涛，郑萍，刘会勇，等. 基于 PLC 的大型污水处理控制系统[J]. 仪表技术与传感器，2015(06): 48-52.

[4] 王帅，李玉西，张铮. S7400-H 冗余控制系统在钢铁行业污水处理厂中的应用. 环境工程[J]，2016(S1): 147-150.

[5] 卿晓霞，王诚，周健，等. 小型污水处理厂自动控制系统的研究与开发[J]. 给水排水，2012,38(1): 103-106.

[6] 孙红，吴钱忠，王晓婉，等. BAF 小区生活污水处理智能控制系统应用[J]. 计算机测量与控制，2013,21(5): 1233-1235,1239.

[7] 蔡振旭，冯敏，周坤龙，等. 自动控制在污水处理厂污泥输送系统中的应用[J]. 中国给水排水，2016,32(18): 80-82.

[8] 姬莉霞，马建红. 污水处理泵站智能节能控制方法研究与仿真[J]. 计算机仿真，2012(12): 270-273.

[9] 项雷军，张学阳，郭新华，等. 污水处理过程溶解氧的输出反馈预测控制[J]. 控制工程，2017(04): 736-741.

基于eclipse RCP的插件式水电站厂内经济运行决策支持系统设计与实现*

舒生茂[1,2]，莫莉[1,2]，高新稳[1,2]，葛叶帅[1,2]

（1. 华中科技大学 水电与数字化工程学院，武汉 430074；

2. 数字流域科学与技术湖北省重点实验室，武汉 430074）

摘 要：针对当前传统水电站经济运行决策支持系统代码复用率低这一痛点，提出了基于eclipse RCP的插件式水电站厂内经济运行决策支持系统的设计方案，详细论述了经济运行中模块插件化的关键技术，并以实际业务需求为导向，以高可扩展性和重用性为原则，将系统功能划分为独立的插件，再由eclipse RCP运行时统一管理插件。实际开发应用结果显示，该方案实现了各插件"即插即用"和增量部署的功能，且插件的变动不会影响主程序，从而最大限度减少开发成本，对实际工程应用具有借鉴意义。

关键词：eclisp RCP；OSGI；插件式开发；水电站经济运行；决策支持系统

1 引言

当前"厂网分开，竞价上网"的电力市场运营机制使水电站成为了竞争主体[1]。为保持有利的竞争地位，水电站大力发展水电站经济运行，且在水电站经济运行决策系统的开发与研制上做了有益尝试。但由于多数软件仅针对特定电厂设计，无法进行模块级别的代码复用[2]。对此有学者提出了一种面向组件的模块化和标准化建模思路，但未形成具体可操作方案[3]。通过XML技术定义插件树，开发基于动态链接库的插件系统实际可行，而由于实现过程较为复杂，且.net平台闭源收费，无疑增大开发成本[4]。随着OSGi&RCP规范的推广，基于组件、面向服务的开发框架开始流行[5-6]。本文基于Eclipse RCP框架[7]，完成了水电站经济运行系统的插件式开发框架设计，为该类决策支持系统开发提供有力指导。

2 系统功能分析

水电站厂内经济运行基本任务是：参考电厂及其动力设备的动力特性与指标，以入库信息和电网负荷为输入，采用动态规划以及智能算法等优化算法完成机组间负荷的最优分配、设置最优的机组启停次序等[8]。据此开发出一套厂内经济运行软件，功能模块包括电站的基础信息管理、实时信息监测与采集以及厂内经济运行计算等。

为满足系统组件化开发需求，各模块设计应满足以下要求：电站基础信息包括机组基本信息、水位库容关系、尾水下泄流量关系以及全站动力特性等参数。基础信息管理模块不仅要提供以上信息的查询

*基金项目：国家重点研发计划（2016YFC0402210），国家自然科学基金（51479075），中央高校基本科研业务费专项资金资助（2017KFYXJJ199）。

第一作者简介：舒生茂(1993—)，男，安徽池州人，硕士研究生，研究方向为水电能源优化运行。Email: 1787657599@qq.com

通讯作者：莫莉（1980—），女，湖北武汉人，副教授，研究方向为水电能源优化运行。Email: moli@hust.edu.cn

功能，模块本身应尽量以粒细度切分成多个功能子模块，分别定义成插件，方便新插件的载入以及原有插件升级；实时信息监测采集模块涉及水情信息的获取以及电网负荷指令的接收，若数据源可直接经济运行系统对接，则可保持信息的实时性。但若信息源自电厂不同的职能部门，各类权限导致数据实时传输受阻，系统则增加手动导入数据功能以应对。因此定义一个统一的数据接口，依据电厂数据交接的难度开发不同的中间层插件以适应不同电厂数据共享的差异性；厂内经济运行计算模块保留通用输入和输出接口，传统优化方法和智能算法依据接口规范封装为插件，增加算法或修改算法只需在插件层面修改而无需变更主程序代码。

以上所提到的插件需具备安装、升级更新功能才能不断适应新的经济运行需求，因此在服务器端设置插件升级库，在客户端配置插件升级模块，负责插件从安装到升级的版本兼容性检查以及卸载操作。

3 系统总体设计

系统采用 C/S 架构，以 Java 作为开发语言，基于 eclispe RCP 平台和 OSGi 标准进行组件化设计，从而赋予系统跨平台特性；新版 eclipse SDK 集成了 Javafx 工具包，可实现专业级界面设计开发；以开源数据库 MySQL 和 Hibernate 对象关系映射框架进行数据层操作，减少数据库开发难度；以 Maven 进行依赖管理，完成项目的高度自动化构建。

3.1 Eclipse RCP 和 OSGI 标准简介

OSGi（Open Service Gateway Initiative）是一种开发基于组件的 Java 应用程序的模块化方法的规范[9]，Eclipse RCP 的核心 Equinox 便是是 OSGi 规范的一个实现，该规范允许定义动态软件组件，可开发具有灵活的扩展机制的富客户端应用。

一个标准的 Eclipse 插件程序的源码工程如图 1 所示，其中最关键的三个配置文件为 MANIFEST.MF、plugin.xml 以及 Application.e4xmi。Application.e4xmi 文件包含了插件的应用程序模型，并且实际开发中在该文件中定义视图、菜单和工具栏；MANIFEST.MF 文件包含了应用程序的元数据，如程序的名称、版本以及插件的依赖关系[10]。plugin.xml 文件完成了扩展点的声明以及控制器类的作用域。

3.2 系统结构

本系统的主体结构由一个微核心和一系列功能性插件组成。Eclipse RCP 运行时和 UI 控制核心为最底层的容器，前者负责插件的整个生命周期，是注册、安装插件的基本引擎，后者用于调度整个系统的界面显示，是 UI 组件的应用框架；渲染引擎和依赖注入层为中间层，渲染引擎完成界面元素的展现，依赖注入实现插件的业务功能。各类插件处于最顶层，依赖底层框架提供服务。系统架构如图 2 所示。

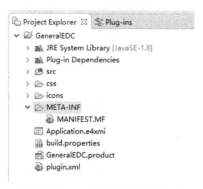

图 1　标准 Eclipse 插件程序的源码工程　　　　　　　图 2　系统架构图

为使各功能模块尽可能独立，对系统各模块以更细粒度划分。基础信息模块一般只用于信息查询，功能较单一，可直接按功能划分为机组信息插件、水位库容关系插件、尾水下泄流量插件以及全站动力特性插件；实时信息监测与采集模块可能要调用多种数据接口，因此以不同数据接口为标准划分为水情信息采集插件、典型负荷采集插件等；厂内经济运行计算模块调用多种算法进行机组组合和负荷分配运算，结合智能算法和传统规划方法输入条件的差异性和工程实际应用状况，将其划分为动态规划类算法插件和智能算法类插件，系统插件拓扑如图 3 所示。

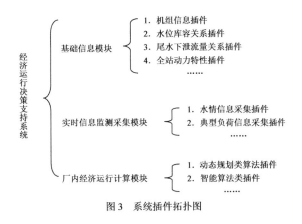

图 3　系统插件拓扑图

4　关键技术

Eclipse RCP 应用程序基本上由一个微内核加上多个插件组成，各插件协同工作的前提是遵循一定的接口规范和调用关系。厂内经济运行决策支持系统模块和插件众多，插件的升级安装经历检查更新、接口兼容性校验以及完成安装等过程，完成这一系列操作依赖以下几个关键技术。

4.1　插件接口设计

插件接口定义了插件互相配合的规范，其设计的合理性直接影响到插件之间的数据交互以及插件本身的安装与升级。应注意以下几点：①确保接口与子模块的一一映射关系，一个接口只服务一个业务逻辑，职责单一；②接口尽量细化，内部方法尽量少；③不使用函数缺省参数，维护接口的兼容性。

4.2　插件关系管理

在 Eclispe RCP 程序中，插件之间一般存在扩展和依赖两种关系，通过 MANIFST.MF 和 plugin.xml 文件定义。MANIFST 配置信息中最重要的是 Dependecies 和 Extensions/Extensions Points 属性，前者配置了插件之间的依赖关系，后者用于引入其他插件的扩展点和暴露插件自身的扩展点；plugin.xml 定义了各种扩展点以及插件的作用域，从而使各插件有条不紊地工作，Java 运行环境提供了解析这些文件的 API 接口，从而完成复杂的插件关系设置。

4.3　插件库的建立

根据实际工程需要插件安装方式可分为本地安装和远程安装。本地安装是指将插件库存放在本地计算机中，直接获取安装；远程安装指插件库存放点位于服务器中，需要联网下载到本地才可进行安装。本地插件库可由两种方式建立。第一种是在本机任意位置建立目录，将插件放入其中，然后在 eclipse 安装目录设置 link 文件夹以及 .link 文件，在该文件中链接你的本地库即可完成插件安装，并且卸载方便；第二种是直接将插件置于 eclispe 安装目录，程序启动即可自动加载插件，但此方法不利于插件的卸载。Feature 是 eclispe 的功能部件，远程插件服务器中利用该部件对插件进行分组打包并存放。远程安装时，更新站点会提供一个 site.xml 说明文件，列出所能提供的 feature 列表，选择需要安装的 feature 便可创建插件的安装实例。

5　结语

针对传统水电站经济运行决策支持系统开发可重用差的问题，本文提出了一套基于 Eclipse RCP 的组件式开发方案。所使用组件化实现了插件的物理隔离，与传统 MVC 模式的松耦合设计相比，增强了代码的复用性；所使用插件扩展机制，极大方便了各模块插件的安装和更新，易于集成第三方插件而无需修改主体程序，可适应各种规模的决策支持系统的开发。

参考文献

[1] 牛广利，周建中，王照福，等. 水电站厂内经济运行系统设计与实现[J]. 水电能源科学，2015(10):156-159.

[2] 张仁贡. 水电站厂内经济运行智能决策支持系统的设计与应用[J]. 水力发电学报，2012,31(4):243-250.

[3] 何振锋，伍永刚，汤留平. 通用型水库调度决策支持系统设计分析[J]. 水电与抽水蓄能，2006,30(4):69-72.

[4] 陈春光. 基于插件的水利决策支持系统开发环境的设计与实现[D]. 天津：天津大学，2012.

[5] 相东飞. 基于OSGi插件化的应用框架[J]. 科技信息：学术研究，2007(12):182-185.

[6] 张晓瑞，蒋衍君，闵彦荣，等. 基于OSGi&RCP插件化的智能变电站集成软件平台架构[J]. 华电技术，2017,39(2):4-7.

[7] 袁赟. Eclipse RCP框架分析和应用研究[D]. 上海：同济大学，2007.

[8] 卢鹏，周建中，莫莉，等. 梯级水电站发电计划编制与厂内经济运行一体化调度模式[J]. 电网技术，2014,38(7):1914-1922.

[9] 史纪强，何兴曙，万志琼，等. 基于插件技术的企业应用集成架构研究[J]. 计算机与应用化学，2012,29(2):191-194.

[10] 王强. 基于Eclipse平台的插件扩展实现[D]. 成都：电子科技大学，2006.

大型露天煤矿地下水监测现状及关键问题*

邢朕国[1,2,3]，赫云兰[1,2]，种珊[2,3]，冯飞胜[2,3]，赵伟[4]

（1. 神华集团有限责任公司 煤炭开采水资源保护与利用国家重点实验室，北京 100011；

2. 中国矿业大学（北京）煤炭资源与安全开采国家重点实验室，北京 100083；

3. 中国矿业大学（北京）地球科学与测绘工程学院，北京 100083；

4. 神华地质勘查有限责任公司，北京 100085）

摘　要：地下水分布广泛，水质良好，在为矿山生产提供水源保障的同时也是大型露天矿生产不可忽视的隐患。以北电胜利 1 号露天矿和宝日希勒露天矿为例，结合矿区开拓生产、水文地质情况和地下水监测处理存在的主要问题，介绍在两矿区开展的地下水监测工程和设计方法。根据我国大型露天煤矿集中于生态敏感区且煤电、煤化工基地居多的特点，浅述大型露天煤矿地下水监测中水文地质环境调查、水文地质单元观测、采动影响控制和防治地下水质污染等关键问题。

关键词：地下水；水文监测；露天煤矿；采动影响；响应关系

煤炭资源在我国能源消费中起重要作用，露天煤矿在煤炭资源开采方式和原煤产量中占比逐年增加。截至 2014 年 7 月底，我国有生产和在建露天煤矿 400 多座，总计产能 6.5 亿 t/a 左右，2013 年原煤产量 5.2 亿 t。其中大型露天煤矿 30 多处，设计（核定）产能 3.6 亿 t。我国还有 8 处正在开展前期工作的特大型露天煤矿，设计生产能力 1 亿 t/a 左右[1-2]。但大规模的露天矿开采也给地区生态环境带来了压力，特别是区域地下水环境 [3-4]。

我国能源结构正在优化调整，煤炭资源开发利用趋向集约高效，对环境保护和生态平衡的考量也更加多元。本文将通过神华北电胜利 1 号露天矿和神华宝日希勒露天矿开拓生产与水文地质情况相结合，在简要介绍两矿地下水监测技术方法基础上，讨论关于我国大型露天矿地下水监测关键问题的几点思考。

1 大型露天煤矿水文地质基本特征

1.1 基本特征

根据文献[1]和文献[2]所统计的我国 47 处主要露天煤矿分布，仅小龙潭露天煤矿和布沼坝露天煤矿地处云南，其余均分布在内蒙古、辽宁、黑龙江、陕西、陕西、宁夏和新疆等我国北方地区，如表 1 所示。而我国北方石炭-二叠系煤层下伏丰富的高水头奥陶系碳酸盐岩岩溶水，通过顶底板裂隙或不连续结构面涌水通道对采煤构成严重威胁。

*基金项目：神华集团"煤炭开采水资源保护与利用"国家重点实验室开放基金（SHJT-16-30.1）；国家重点研发计划（2016YFC0501102）；国家自然基金青年基金（41602168）。

第一作者简介：邢朕国（1993—），男，吉林扶余人，硕士研究生，研究方向为地球探测与信息技术、采矿工程。Email：xing-919@qq.com。

表 1　我国主要露天煤矿省份分布

序号	省份	主要大型露天煤矿数量
1	内蒙古	15
2	新疆	4
3	黑龙江	3
4	山西	3
5	云南	2
6	宁夏	1
7	辽宁	1
8	陕西	1

注：依据文献 1 统计整理。

　　神华北电胜利 1 号露天煤矿位于内蒙古自治区锡林浩特市锡林河西岸，西北部地形波状起伏；东南及东北部地形开阔平坦，矿区面积 36.51 km²。地下水的分布及形成主要受地质构造和古地理条件控制，区内地下水主要以基岩裂隙水、岩裂孔洞水、裂隙孔隙水和洼地孔隙水形式存在。

　　神华宝日希勒露天煤矿位于呼伦贝尔市海拉尔河以北，莫勒格尔河东南的楔型地带。区内的含水层可划分为两大含水岩组：第四系孔隙含水岩组和裂隙-孔隙含水岩组。裂隙-孔隙含水岩组又细分为 5 个含水层。

　　两矿均有配套发电厂，北电胜利露天矿发电厂尚未运行入网。

1.2　存在的主要问题

　　（1）疏干水利用效率低。我国大多数露天煤矿采用采场外围疏干井抽排的办法提前疏干降水。如北电胜利露天矿共施工 210 口疏干井，目前 109 口在用。疏干地下水在为露天矿的采剥工作提供良好工作环境的同时也会形成大面积的降落漏斗。疏干出的地下水除供附件居民饮用和矿用外，大多就近水体排放，利用率不高，浪费较大。

　　（2）水体威胁矿山安全。露天矿的地表水和地下水对矿山安全都会造成影响，特别是水力联系较为发育的地区，稍有不慎便会酿成重大事故。我国边坡失稳事故多发生在雨季，大气降水通过地表水下渗过程会使结构弱面力学性质发生改变，所以对地下水长期观测可以更好地为露天矿边坡稳定性评估提供基础数据。

　　（3）缺乏水资源长远规划。地下水是人类宝贵的财富，也是国家重要的战略资源，对地下水资源应秉持着保护性开发利用的基本原则。目前我国大型露天煤矿多分布在环境敏感地区，如本文所研究的北电胜利露天矿和宝日希勒露天矿位于我国两处典型的草甸草原区。大型露天煤矿建设多配套有发电厂或化工厂，均为水资源依赖型工业。但目前对水资源的开发利用与保护缺少长远的规划，企业间相关规定规范也良莠不齐。

　　（4）区域水资源分配不均。大型露天煤矿所处煤田因煤炭资源储量丰富而开采强度较高，并多为井工露天两种方式开采，其开采方法、开采工艺、煤层条件和实际产能等因素均对区域水资源的协调分配提出了挑战。特别是距离城市、工业园区等生产生活水资源核心供给区较近的煤田，会对其供水安全造成威胁。煤矿地下水库是当前煤矿对区域水资源协调分配的有效方法之一。

2　大型露天煤矿地下水监测现状

2.1　监测技术与方法

　　我国对地下水监测、地下水动态监测和地下水监测井都有相应的行业标准和规程规范，如 DZ/T 0270—2014《地下水监测井建设规范》、SL 360—2006《地下水监测站建设技术规范》等，对地下水监测井的设计、地下水动态长期监测网点的布设、监测项目及要求、监测和试验资料的整编与分析、地下水水情预报、地下水均衡试验及报告编制、钻探施工、物探测井、成井、抽水试验与水样采集、监测井保护与监测仪安装等项工作规定了基本技术要求。

地下水监测的系统和设备也迅速换代更新，基于 GPRS 网络传输的实时地下水监测装置和系统成为研究热点[5-8]，地下水实时监测系统如图 1 所示。随着我国北斗卫星定位系统的民用化，将可能实现全国范围的地下水实时监测信息组网。

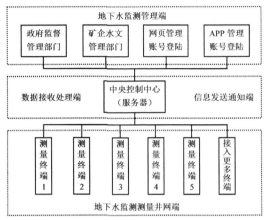

图 1　地下水实时监测系统示意图

2.2 露天煤矿地下水监测情况

受露天煤矿疏干地下水工程影响和水务部门要求，大多数露天煤矿在矿区就近区域有水文观测孔和定期监测机制，但是由于种种原因，露天矿地下水监测并未受到重视和深入监测研究。

由神华集团牵头的国家重点研发计划"东部草原区大型煤电基地生态修复与综合整治技术及示范"项目课题二"煤炭高强度开采驱动下水资源变化规律及其生态影响"将对神华北电胜利 1 号露矿和神华宝日希勒露天矿进行科研性质的高密度地下水监测，拟采用水工钻探、地球物理测井、样品采集测试及动态水文监测的综合方法来开展监测研究。长期水文观测结果综合抽水试验、土力学及岩石物理力学样采样化验，分析整理研究区水文参数、水位及水量变化数据，从而进一步研究总结煤炭开采前、开采中和开采后地下水资源变化规律，揭示地下水扰动机理和作用边界。

在对北电胜利 1 号露天矿和宝日希勒露天矿含水层长期勘察的基础上，依据开采规划和矿区基本地理信息，对两矿地下水监测井网进行了初步设计，如图 2 所示。

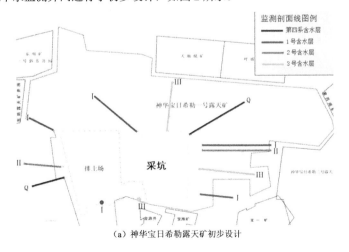

（a）神华宝日希勒露天矿初步设计

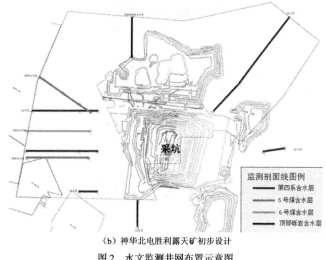

（b）神华北电胜利露天矿初步设计

图2　水文监测井网布置示意图

3　需解决的关键问题

3.1　全面查清水文地质环境

大型露天矿地下水监测需解决的首要问题便是对区域水文地质环境的全面查清，只有明确了区域地下水的水力联系，确定了区域水文地质环境本底值和一般规律，才能在此基础上深入开展地下水监测研究。

露天煤矿在地质预查阶段便对煤田地质情况进行了初探，之后还要经过普查、详查勘探等几个阶段才能确定煤炭资源的开采价值。上述所有过程都会对煤田水文地质有更详细的查明和进一步的认识。但大区域的水文地质普查和矿区生产要求的水文地质勘探并不能满足当前地下水资源保护研究的需要。

3.2　系统监测水文地质单元

大型露天煤矿地下水监测的核心问题是在全面查清区域水文地质环境的前提下，对矿区所在的水文地质单元进行系统的监测。《煤炭工业发展"十三五"规划》（国家发展改革委、国家能源局，2016）中提出：推进煤炭统计监测体系建设，及时向社会发布产业发展信息。

宝日希勒露天矿水文条件较为简单，尚未有地下水监测机制；北电胜利露天矿近傍锡林河，水文地质条件复杂、涌水量较大，现有6口人工监测井、3口自动监测井。但仅对矿区范围进行地下水监测不足以研究矿区汇水涌水的来源、途径和变化，更无法满足水文地质单元内水资源变化的研究。只有对矿区所在的整个水文地质单元进行系统的地下水监测，才能得到全面的基础研究数据，充分揭示煤-水双资源型矿井协调开发关系。

3.3　局部控制采动影响范围

露天矿地下水监测的根本问题是研究露天煤矿开拓生产过程对地下水圈的影响规律和影响边界，从而更好地指导区域发展。

通过获取真实的地下水位变化数据，确定采矿对地下水的扰动作用边界，进而对影响范围采取控制措施，尽量减小采矿引起的水资源问题对生态环境、城市发展和工农业用水的影响，才是大型露天矿地下水监测工程的根本目的。

3.4　整体防治地下水质污染

露天煤矿地下水监测的基本有原则问题是生产对地下水质不造成污染，甚至通过水处理技术在外排过程中改善地下水质。

在对北电胜利露天矿进行地下水采样监测中发现，在矿山周边存在间隔数十米的民用井水质大相径庭的情况，说明该区潜水层和含水层水力联系复杂，水文地质单元错综，周边化工厂等工业企业对地下水影响尚不明确。

防治地下水质污染是地下水监测的原则问题，对生产生活都有重大意义。

4 结语

（1）地下水资源是国家重要的战略资源，应秉持保护性开发利用的基本原则。

（2）地下水对大型露天矿的生产有较大影响，应做好煤-水双资源型露天煤矿科学开发的基础理论研究。

（3）我国大型露天矿多位于生态敏感地区，且大型煤电基地、煤化工基地等水资源依赖型产业居多。如何更好地协调好区域生态环境和资源开发利用二者的关系，是今后相关科研工作者研究的重点。

（4）高密度大范围的露天矿地下水实时监测工程在我国没有先例，还要在今后工作中总结工程建设和数据处理分析等实际问题经验。

（5）大型露天矿地下水监测工程的开展，是对安全生产监管、水文、地质和生产等多部门协同安全开采、避免水害事故发生的有益尝试。

参考文献

[1] 赵红泽，甄选，厉美杰. 中国露天煤矿发展现状[J]. 中国矿业，2016,25(6):12-15.

[2] 姬长生. 我国露天煤矿开采工艺发展状况综述[J]. 采矿与安全工程学报，2008,25(3):297-300.

[3] 张人权，梁杏，靳孟贵，等. 水文地质学[M]. 6 版. 北京：地质出版社，2011.

[4] 邢朕国，杜文凤，赫云兰，等. 露天矿地下水降落漏斗的理论认识与实践意义[J]. 煤炭技术，2017,36（8）：144-146.

[5] 黄明，彭苏萍，张丽娟，等. GIS、SMS/GPRS 的环境监测系统设计与实现[J]. 哈尔滨工程大学学报，2008, 29（7）：749-754.

[6] 张永祥，巩奕成，丁飞，等.地下水在线监测系统的设计与实现[J]. 环境科学与技术，2014, 37（5）：94-98.

[7] 张欢. 地下水水情动态监测系统设计[D]. 太原：太原理工大学，2010.

[8] 邢朕国，杜文凤，梁喆，等. 煤矿地下水实时跟踪监测预警系统设计[J]. 工矿自动化，2017, 43（8）：72-75.

高密度电法在探测喀斯特地区土石分布中的应用 *

程勤波 [1,2]，陈喜 [1,2]，张志才 [1,2]，黄日超 [1,2]，丘宁 [1,2]

（1. 河海大学水文水资源学院，南京 210098；2. 河海大学水文水资源与水利工程科学国家重点实验室，南京 210098）

摘 要：我国西南喀斯特地区石多土少、土薄易旱，导致其生态系统极为脆弱。研究该地区的土、石分布有利于该地区生态系统保护与恢复。本文选定贵州省普定县境内五个开挖剖面，采用高密度电法测定了其电阻率分布，用以检验该方法在探测喀斯特地区土石分布的可靠性。探测结果表明：高密度电法能较好地测定层状土石分布界面，而难以区分嵌在岩石中距离较近的土块，同时会受基岩解理、岩性及剖面形状等因素影响，电法测定土石界面位置会有偏移；对于土壤与岩石电阻率差异较大区域（如厚层灰岩、白云岩），高密度电法可以清晰得分辨出土岩界面，而对于基岩较破碎的区域（如薄层灰岩），由于岩石中含水，其电阻率与土壤相近，电法难以区分土石界面。

关键词：高密度电法；喀斯特土壤；土岩界面；电阻率；普定

1 引言

土壤是植物生活的基质和动物生活的基底，其不仅为植物提供必需的营养和水分，也是土壤动物赖以生存的栖息场所，因此土壤丰度（或厚度）是区域生态系统的重要限制因子。我国西南喀斯特地区是全球三大喀斯特集中连片分布区中面积最大的地区[1]。该地区土壤呈斑块状分布，并且质地砂化，细颗粒物少，常夹杂碎石，岩土界面缺少风化母质的过渡层，因而极易受侵蚀[2]。在独特的岩溶作用和高强度人类活动下，该地区石漠化现象严重，呈现"石多土少"、"土薄易旱"、"山（地）高水低"、"雨多地漏"等特点。因此研究喀斯特地区土壤和岩石分布对于了解该地区水资源及生态环境特征具有意义。

喀斯特地区土壤浅薄且不连续、主要赋存于石沟中[3]。直接土壤厚度勘探方法，如开挖法和扦插法，费时费力，而且难以准确反映非连续性土壤深度的分布特征[4]。而间接勘探法如物理探测方法，可快速大范围测定土壤厚度，如王升等[5]和夏银行等[4]尝试采用探地雷达（GPR）测定土壤厚度。但喀斯特土壤中碎石含量较高，造成电磁波中干扰信号较多，难以准确测定土壤厚度[5]。

高密度电法（ERT）根据土壤和岩石两介质电导率的差异来区分物质，受碎石等物质影响较小，是喀斯特地区土石界面测定的理想方法。高密度电法在水文地质中应用广泛，如王冬青等[6]用其探测西北干旱区隐伏断裂；伍开江等[7]用其探测岩柱中水体入渗过程，然而鲜有关于高密度电法探测喀斯特土石界面的报道。本文拟采用高密度电法探测开挖坡面中土壤分布用于检验该方法在探测土石界面中的适用性。

2 高密度电法

2.1 基本原理

电法属于有源物理探测方法。在野外中，常采用四极直线测定方式，如图 1（a）所示。该图是

---

* **基金项目**：江苏省基础研究计划（自然科学基金）青年基金项目（BK20150809）；国家自然科学基金委员会青年基金项目（41601013）；国家自然科学基金委员会重大国际合作研究计划项目（41571130071）；国家重点研发计划（20165051922）。

第一作者简介：程勤波（1984—），男，湖南岳阳人，讲师，研究方向为地下水水文学。Email:Chengqinbo@gmail.com

Bipole-Bipole（双极-双极）模式，其探测深度较大，适用于纵向剖面测量[8]。图 1 中 AB 是注入电极，其中 A 为正极，B 为负极，M、N 测定电极，用于探测直线上地表的电势差。野外实际操作中，保持注入电极 A、B 不动，移动 M、N 测定在地表注入直流电流后，直线上不同位置的电势差，而要知道其他位置注入电流后的电势差，移动注入电极 A、B，重复上述测定即可。

单电极注入地表后，可在地下空间产生电势场，如图 1（b）所示。图 1 中单电极诱发的三维电势场控制方程为

$$\nabla \cdot \left(\frac{1}{\sigma} \nabla V \right) = -I\delta(x) \tag{1}$$

式中：σ 为电阻率空间分布；V 为电势能；I 为电流强度；∇ 为偏微分算子；δ 为 Dirac 脉冲函数。

图 1 中双电极 A、B 产生的电势场为单点电极 A 和 B 电势场线性叠加的结果。

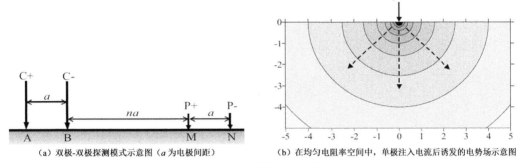

（a）双极-双极探测模式示意图（a 为电极间距）　　　（b）在均匀电阻率空间中，单极注入电流后诱发的电势场示意图

图 1　电势场线性叠加示意图

2.2　电阻率空间分布推求

电阻率空间分布（σ）采用反演法获得。首先假设一个电阻率空间分布值，采用数值法求解方程式（1），求解过程如下：

假设电阻率空间（ρ）呈二维分布，即在 y 方向上为定值，采用傅里叶变换可得

$$\tilde{V}(x,k,z) = \int_0^\infty V(x,y,z)\cos(ky)\mathrm{d}y \tag{2}$$

经傅里叶变换后式（1）变为

$$\frac{\partial}{\partial x}\left(\sigma\frac{\partial \tilde{V}}{\partial x}\right) + \frac{\partial}{\partial z}\left(\sigma\frac{\partial \tilde{V}}{\partial z}\right) - k^2\sigma\tilde{V} = -\frac{1}{2}\delta(x)\delta(z) \tag{3}$$

式中：k 为波数。

采用数值差分法求解式（3）可获得转换后的电势场 $\tilde{V}(x,k,z)$，再利用傅里叶逆变换即可求得真实电势场 $V(x,y,z)$ [9]。

将计算电场与实测电势能值对比，根据其差异调整电阻率空间分布，重新计算，直到计算电势场与实测电势场的误差达到精度要求，此时的电阻率空间分布即为所求结果。本文采用兰卡斯特大学 Binley 教授开发的免费电法反演程序推求电阻率分布❶。

3　实际应用

本文研究区选在贵州省安顺市普定县。该地区为亚热带季风气候，年均温 16.5℃，多年平均降雨量 1315mm，平均海拔为 1300m 左右，地表破碎，切割强烈，水土流失严重。基岩主要为灰岩和白云岩；土壤为石灰质土壤。

根据土壤和基岩类型，本文选取了 5 个典型剖面，采用双极-双极电法模式测定，其测线平行于出露

---

❶ http://www.es.lancs.ac.uk/people/amb/Freeware/Freeware.htm.

剖面。采用的电法仪为法国产的 Syscal switch Pro 96，该仪器可同时连接 96 个电极，并行测量 10 组数据。为使电法仪测定结果尽可能与开挖剖面实测结果接近，又为避免开挖剖面对二维电法仪测定结果影响，本文选定电法仪测线与剖面距离约为 50cm。为提高电法水平分辨率，并保证测定深度，本文设定电极棒间距在为 25cm 左右。

4　结果及分析

4.1　厚层灰岩剖面

本文在普定县马官镇选取了两个基岩为厚层灰岩的剖面，见图 2 和图 3。图 2 为荒地，上覆杂草，土壤厚度较薄，多嵌于石缝中。图 3 为玉米地，土壤较厚，基岩裂隙较少，较为完整。两剖面反演的电阻率分布图表明，高密度电法能识别夹在岩体中的土壤。但图 3 的推求结果优于图 2，这是由于当岩体中多个土块距离较近时，会产生相互干扰，导致高密度电法难以将其区分出来，甚至引发低电阻区移位（见图 2）。两剖面反演结果显示，厚层灰岩的电阻率约为 4000 Ω，而土壤的电阻率普遍低于 100 Ω。厚层灰岩与土壤电阻率的较大差异有助于电法测定土石界面。

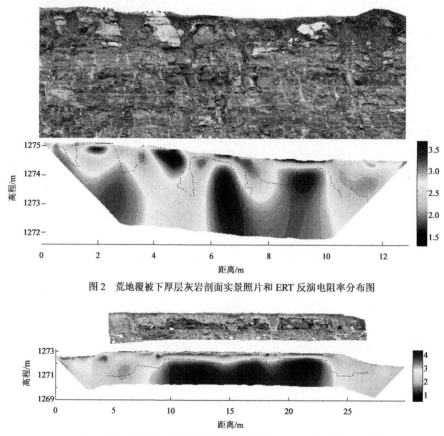

图 2　荒地覆被下厚层灰岩剖面实景照片和 ERT 反演电阻率分布图

图 3　旱作玉米覆被下厚层灰岩剖面实景照片和 ERT 反演电阻率分布图

4.2　白云岩剖面

本文利用 ERT 测定了普定县青山水库下游两个不同土壤厚度的白云岩剖面，见图 4、5。图 4 中土壤覆盖较厚，并且白云岩体中还发育有溶洞，溶洞已被土壤填满。图 5 中土壤覆盖较薄，基岩存在明显层状解理，剖面不规则。

图 4 中电阻率分布结果显示：①电法能很好反映嵌在岩体中的土壤；②距离较近的土块难以区分；

③受地形、溶洞等因素影响，土壤柱实际位置与电法仪推求位置有约0.5m的偏移。

图5中电阻率分布结果显示：①电法能较好地反映层状土层分布；②受基岩解理、岩性及不规则剖面等因素影响，电法会产生异常区。

图4和图5表明白云岩的电阻率约为4000Ω，而土壤的电阻率一般小于100Ω，因此高密度电法适用于白云岩区土石界面测定。

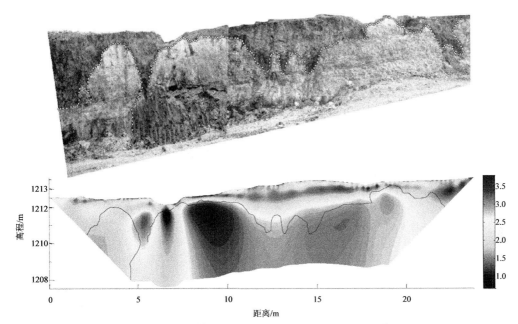

图4　较厚（土壤覆被下白云岩剖面实景照片和ERT反演电阻率分布图

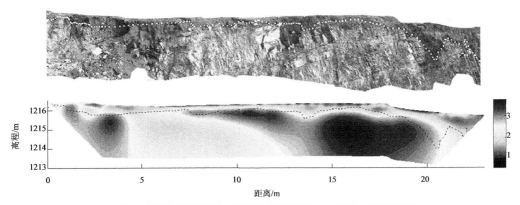

图5　薄层土壤覆被下白云岩剖面实景照片和ERT反演电阻率分布图

4.3　薄层灰岩剖面

本文选取普定县石人寨薄层灰岩剖面作为ERT测试对象，见图6。图6剖面为玉米地，土壤覆盖较厚，大多镶嵌在石牙缝中。图6中电阻率分布结果显示：①电法能很好反映嵌在岩体中的土壤；②距离较近的土块电法难以区分；③薄层灰岩解理较多，裂隙较多，因此薄层灰岩容易蓄水，从而降低了其电阻率，进而导致土壤、岩石电阻率难以区分。ERT反演结果表明，薄层灰岩的电阻率为1000Ω左右，而当薄层灰岩含水时，其电阻率会降至100Ω以下，接近一般土壤的电阻率，因此高密度电法不一定能准确测定出薄层灰岩剖面的土石界面。

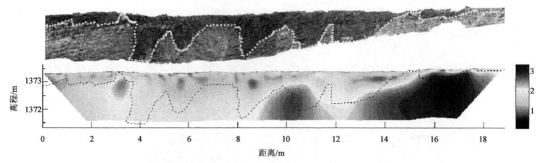

图 6　薄层灰岩剖面实景照片和 ERT 反演电阻率分布图

5　结语

本文使用高密度电法采用双极-双极模式测试了喀斯特五个开挖剖面不同基岩和土壤类型下电阻率分布。研究表明：①高密度电法能很好反映嵌在岩体中的土壤，但对距离较近的土块难以区分；②高密度电法能较好的解译层状土层分布，而基岩解理、岩性及不规则剖面等因素会使电法测定结果产生偏移；③对于基岩较密实的区域（如厚层灰岩、白云岩），由于土壤与岩石电阻率差异较大，因此高密度电法可以清晰得区分土岩界面，而对于基岩较破碎的区域（如薄层灰岩），由于岩石中蓄水，岩石电阻率较低，土壤与岩石电阻率差异较小，因此高密度电法难以清晰的区分土石界面。

参考文献

[1] 李阳兵，王世杰，容丽. 西南岩溶山区生态危机与反贫困的可持续发展文化反思[J]. 地理科学，2004, 24(2): 157-162.

[2] 龙健，江新荣，邓启琼，等. 贵州喀斯特地区土壤石漠化的本质特征研究[J]. 土壤学报，2005, 42(3): 419-427.

[3] 周运超，王世杰，卢红梅. 喀斯特石漠化过程中土壤的空间分布[J]. 地球与环境，2010, 38(1): 1-7.

[4] 夏银行，黎蕾，邓少虹，等. 基于探地雷达的喀斯特峰丛洼地土壤深度和分布探测[J]. 水土保持通报，2016, 36(1): 129-135.

[5] 王升，陈洪松，聂云鹏，等. GEP 算法结合探地雷达估测典型喀斯特坡地土层厚度[J]. 土壤学报，2015(5): 1024-1030.

[6] 王冬青，闫长红，曹小红，等. ERT 在西北干旱区隐伏断裂探测中的应用研究[J]. 地球物理学进展，2016(4): 1492-1498.

[7] 伍开江. 岩石中入渗过程的高密度电阻率成像法研究[D]. 南京：南京大学，2005.

[8] Daily W, Ramirez A, Binley A, et al. Electrical resistance tomography[J]. The Leading Edge, 2004, 23(5): 438-442.

[9] Kemna A. Tomographic inversion of complex resistivity—Theory and application [D]. PhD Thesis, Bochum Ruhr-Univ., Germany (published by: Der Andere Verlag, Osnabrück, Germany), 2000.

锡林河流域地下水开采潜力及超采区划分研究*

崔英杰[1,2]，魏永富[2]，郭中小[2]，廖梓龙[1,2]，龙胤慧[2]

（1. 中国水利水电科学研究院，北京 100044；2. 水利部牧区水利科学研究所，呼和浩特 010020）

摘　要：锡林河流域地表水资源匮乏导致地下水成为该区域最主要的供水水源，近年来过量的地下水开采造成地下水资源紧缺的形势更加严峻。本文利用地下水开采系数法、地下水潜力系数法计算分析研究区地下水开采潜力，同时利用水位下降速率法、超采系数法、引发问题法进行研究区内地下水超采区划分。研究结果表明，锡林浩特市地下水总体开采程度为 46.03%，可开采潜力为 8312.69 万 m³；毛登牧场、市辖区及其周边区域都属于严重超采区，白音锡勒牧场农牧集中区和桃林塔拉分场属于一般超采区，而除此之外其他区域的地下水都具有一定的开采潜力；地下水利用时空差别大。

关键词：锡林河流域；地下水；开采潜力；超采区划分

1 引言

锡林河流域的生态环境及社会发展对地下水资源量具有很强的依赖性[1]；人类对地下水的利用超过一定限制时，会引发诸多的生态问题，如地下水含水层衰竭，水土流失，草场退化，地面沉降等[2-3]。进行科学合理的锡林河流域地下水管理方法和管理制度的研究显得尤为重要；地下水超采区划分方法的研究，为摸清地下水超采现状，以及有效管理与保护地下水资源提供科学依据，成为锡林河流域生态环境保护以及社会发展规划的关键一环[4-6]。考虑到开采量统计及地下水管理依托于行政分区，因此，本文以锡林河流域所在行政区域锡林浩特市为例，通过对锡林浩特市地下水开采潜力评价、超采区划分，分析锡林河流域地下水开发利用现状，探讨锡林河流域地下水超采原因及改善治理方法，为锡林河流域地下水资源管理提供方法依据。

2 研究区概况

锡林浩特市（N43°02′~44°52′，E115°13′~117°06′）位于内蒙古高原中部，大兴安岭西边的低山丘陵边缘上，地势南高北低。全市平均海拔 988.5m，一般海拔为 900~1300m；锡林浩特市境内锡林河多年平均径流量 2551.07 万 m³。

2.1 水文地质条件

含水岩组主要为白垩系碎屑岩、第四系松散沉积物及新生代玄武岩。白垩系碎屑岩主要填充于中、新生代盆地中，除局部隆起区出露地表外，多被巨厚的第四系或新生代玄武岩所覆盖，水力性质以承压水为主。据前人钻孔资料揭示，白垩系碎屑岩裂隙、孔隙水水量不丰富，供水意义不大。第四系松散沉积物广泛分布于锡林河谷冲积平原区和区间沟谷洼地中，新生代玄武岩分布于锡林浩特市南部区。

*基金项目：国家自然科学基金项目（51609153）；中国水利水电科学研究院科研专项（MK2016J11；MK2016J01）。
第一作者简介：崔英杰（1991—），男，天津蓟州区人，硕士研究生，研究方向为水文学及水资源。Email: cuiyj@iwhr.com

2.2 地下水开采特点

锡林浩特市地下水资源的开采主要集中在城市周边地区。在本世纪初期，地下水开采量基本维持在4000 万 m³ 左右，从 2010 年开始，年开采量增加到在 7000 万～8000 万 m³。由于地下水局部地区大量开采，而导致区域性地下水为下降，降落漏斗区形成，包气带增厚，导致垂向补给减少，相应地可开采量也必然减少。锡林浩特市共有各类地下水开采井 1179 眼，其中锡林浩特市周边的锡林河河谷平原约有 400 多眼，每平方千米约有一眼井，井群密度极大。

2.3 地下水动态

锡林浩特市地下水动态总体为渗入—蒸发型。变化规律为 6—8 月，降水入渗和潜水蒸发消耗均较强烈，潜水位出现波状起伏，总的趋势是呈现和缓的上升趋势；9—11 月，水量收支基本接近平衡状态；11 月下旬至次年 4 月下旬，由于地下水的消耗，地下水水位呈现下降趋势，并达到最低；4 月下旬至 5 月中旬，由于冻土层冰体消融及锡林河水下渗补给，地下水水位回升；此后至 7 月，由于降水的入渗补给和潜水的蒸发消耗，地下水为又出现波状起伏。总体来说，4 月末至 9 月末为地下水高水位期，自 11 月末起垂直补给停止，而径流消耗和蒸发水分向冻结层凝聚，又使地下水为逐渐降低，翌年 1—4 月为水位低谷期。

3　地下水超采评价方法

对地下水超采的评价分为地下水开采潜力评价和地下水超采区评价。地下水开采潜力是指在现状开采条件下，相对于地下水开采层的可开采资源评价量的可扩大开采资源量和盈余量[7-8]。

3.1 地下水开采潜力评价方法

地下水开采系数：

$$P = Q_{开采}/Q_{开资} \tag{1}$$

式中：P 为地下水开采系数，%；$Q_{开采}$ 为地下水开采层的开采量，万 m³；$Q_{开资}$ 为开采层的可开采资源量；万 m³。

地下水潜力系数：

$$\alpha = (Q_{开资} + Q_{可扩大开})/Q_{开采} \tag{2}$$

式中：α 为地下水潜力系数；$Q_{开资}$ 为地下水开采层的可开采资源量，万 m³；$Q_{可扩大开}$ 为可扩大的开采资源量，万 m³；$Q_{开采}$ 为地下水开采层的开采量，万 m³。

表 1　地下水潜力分区

地下水潜力系数	分区
$\alpha < 1$	无地下水潜力区
$1 \leqslant \alpha < 1.2$	地下水潜力一般区
$1.2 \leqslant \alpha < 1.4$	地下水潜力较大区
$\alpha \geqslant 1.4$	地下水潜力大区

3.2 地下水超采区评价方法[9]

根据《地下水超采区评价导则》，综合采用水位下降速率法、超采系数法和引发问题法（地面沉降、草地退化等）进行评价。

（1）水位下降速率法。平均地下水水位持续下降速率 V 计算方法如下：

$$V = \frac{H_1 - H_2}{T} \tag{3}$$

式中：V 为年平均地下水数位持续下降速率，m/a；H_1 为地下水开始利用时期之初地下水水位，m；H_2 为地下水开发利用时期之末地下水水位，m；T 为地下水开发利用年数，年。

（2）超采系数法。年平均超采系数 K 计算方法如下：

$$K = \frac{Q_{开} - Q_{可开}}{Q_{可开}} \qquad (4)$$

式中：K 为年平均地下水超采系数；$Q_{开}$ 为地下水开发利用时期内年均地下水开采量，万 m^3；$Q_{可开}$ 为地下水开发利用时期内年均地下水可开采量，万 m^3。

（3）引发问题法。以地下水开采引发的生态与环境地质问题作为评价指标进行超采区划定。主要计算参数包括：年均地面沉降速率、草地退化程度、地下水水质类别、地质灾害等。

将"水位下降速率"法、"超采系数"法和引发问题法三种方法分别圈定的超采区Ⅰ、Ⅱ、Ⅲ进行叠加（图1），圈出三个边界的外包线，先将共同的交集部分划定为超采区（图2中阴影部分面积），对于两种方法的交集部分和非交集部分（图4中非阴影部分面积），综合考虑水文地质条件、开采条件、基础资料的可靠性、评价期前超采情况等因素划定边界。最后对三法圈定的超采边界进行分析调整和修正，划定最终超采区范围。

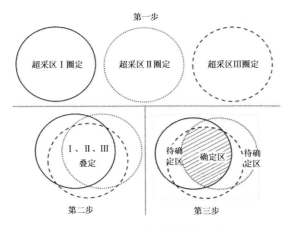

图1　地下水超采区边界划定方法

当三种方法圈定的超采区边界出现较大差异时，需对各方法采用的基础资料进行重新校核，重新划定。对于基础资料无法同时满足三种方法的地区，优先采用水位下降速率法划定，开采系数法和引发问题法作为参考。

4　结果分析

4.1　地下水开发利用现状分析

根据 2007—2011 年《锡林浩特市水资源公报》统计结果，如表2和图2所示，2007—2011 年，锡林浩特市各行业地下水用水量呈显著增加，2011 年地下水用水量为 8816 万 m^3，达到 2007—2011 年期间最高值，2011—2014 年各行业地下水用水量开始缓慢下降。对比年降水量曲线分析，地下水用水量与年降水量有着一定的相关关系，且有时间上的滞后性，但其相关关系及滞后性的量化分析不在本文研究范围。

根据多年平均降雨量分析，2014 年基本接近平水年，其地下水资源开采量可以代表多年平均降水状态下的开采量。本文以 2014 年实际开采为基准，行政区划以苏木乡（镇）为单元，市区按城市规划区范围。如表 2 及图 4 所示，2014 年锡林浩特市总用水量 7162 万 m^3，其中生产用水量最高，其总用水量为 5718 万 m^3，占总水量的 79.8%；生态用水量最低，总用水量为 515 万 m^3，占总水量的 7.2%；居民生活用水量居中，总用水量为 929 万 m^3，占总水量的 13.0%。生产用水中地下水用水量为 5568 万 m^3，占其总用水量的 97.4%，生态用水中地下水用水量为 315 万 m^3，占其总用水量的 61.2%，居民生活用水全部为地下水。

表2　锡林浩特市近年各行业用水量　　　　　　　　　　单位：万 m³

年　份			2007	2008	2009	2010	2011	2012	2013	2014
生产用水	农业	总用水量	1819	2647	2630	3791	4111	2680	2623	3824
		其中地下水	756	2647	2630	3791	4111	2680	2623	3824
	工业	总用水量	675	725	795	2989	3308	3406	3230	1362
		其中地下水	675	525	685	2856	3178	3277	3080	1212
	第三产业	总用水量	210	210	280	454	483	487	460	532
		其中地下水	0	210	280	454	483	487	460	532
	合计	总用水量	2704	3582	3705	7234	7902	6573	6313	5718
		其中地下水	1431	3382	3595	7101	7772	6444	6163	5568
生活用水		总用水量	622	648	755	796	832	907	960	929
		其中地下水	622	648	755	796	832	907	960	929
生态用水		总用水量	100	150	200	403	472	435	460	515
		其中地下水	0	0	0	223	212	214	110	315
总计		总用水量	3426	4380	4660	8433	9206	7915	7733	7162
		其中地下水	2053	4030	4350	8120	8816	7565	7233	6812

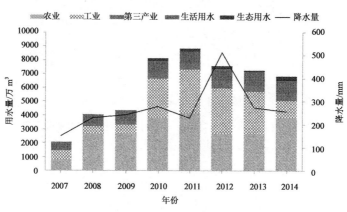

图3　锡林浩特市地下水多年用水量结构图

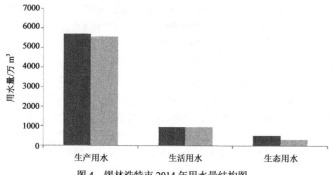

图4　锡林浩特市 2014 年用水量结构图

4.2 地下水开采潜力计算

以锡林浩特市的行政区划进行分析，基于《锡林河流域地下水水位与水量双控管理方案》所作的地下水资源量及可开采量的评价结果，进行开采程度和开采潜力计算。开采程度计算结果（表3）表明，研究区内其浅层地下水只有市辖区处于超采状态，其余行政分区均有盈余，未处于超采状态。锡林浩特市区开采程度最高，为109.08%，其次是毛登牧场，为83.96%；阿尔善宝拉格开发利用程度最低，巴彦宝拉格开采潜力最大。

表3 研究区浅层含水层开采程度

行政分区	地下水资源量/万 m³	可开采量/万 m³	实际开采量/万 m³	盈余量/万 m³	开采程度/%
市区	1303.71	912.6	995.44	-82.84	109.08
毛登牧场	559.24	391.47	328.68	62.79	83.96
朝克乌拉苏木	3893.8	2725.66	1067.69	1657.97	39.17
贝力克牧场	531.15	371.8	181.66	190.14	48.86
宝力根苏木	2373.99	1661.79	680.16	981.63	40.93
白银库伦牧场	2297.28	1608.1	598.15	1009.95	37.20
白音锡勒牧场	5159.58	3611.71	2116.78	1494.93	58.61
巴彦宝拉格苏木	3123.1	2186.17	526.36	1659.81	24.08
阿尔善宝拉格苏木	1898.32	1328.83	317.09	1011.74	23.86
合计	21140.17	14798.13	6812.01	7986.12	46.03

地下水开采潜力由开采盈余量和微咸水可扩大开采量组成。锡林浩特市各行政区除市辖区以外都为正值，即除市辖区以外都具有一定的开采潜力，可开采潜力为8312.69万m³（表4）。

表4 研究区浅层地下水开采潜力

行政分区	面积/km²	盈余量/万 m³	微咸水可开采量/万 m³	可开采潜力/万 m³	可开采潜力模数
市区	319.46	-82.84	0.00	-82.84	0.92
毛登牧场	533.14	62.79	0.00	62.79	1.19
朝克乌拉苏木	1775.22	1657.97	0.00	1657.97	2.55
贝力克牧场	660.01	190.14	0.00	190.14	2.05
宝力根苏木	3335.69	981.63	0.00	981.63	2.44
白银库伦牧场	1365.24	1009.95	0.00	1009.95	2.69
白音锡勒牧场	3151.66	1494.93	0.00	1494.93	1.71
巴彦宝拉格苏木	1389.91	1659.81	326.57	1986.38	4.77
阿尔善宝拉格苏木	2249.67	1011.74	0.00	1011.74	4.19
合计	14780	7986.12	0.00	8312.69	2.17

4.3 地下水超采区评价结果

如图2所示，研究区内部分地区的浅层地下水水位在持续下降，毛登牧场、市辖区及其周边水位下降较快，在1.0m/a左右。研究区西北部及东北部部分地区浅层地下水呈上升趋势。依据《地下水超采区评价导则》，毛登牧场、市辖区及其周边水位下降速率等值线大于1.0m/a包围的区域都属于严重超采区（表5）。

表5 研究区浅层地下水超采区评价

编号	超采区名称	超采区面积/km²	年均水位变幅/m	可开采量/万 m³	实际开采量/万 m³	超采系数	超采区等级
OE-1	白音锡勒牧场	32.09	-0.53	215.47	241.32	0.12	一般超采区
OE-2	毛登牧场	63.11	-0.86	215.74	304.19	0.41	严重超采区
OE-3	桃林塔拉分场	47.36	-0.55	162.07	197.72	0.22	一般超采区
OE-4	市区西部	102.12	-0.92	438.28	696.87	0.59	严重超采区
OE-5	沃原奶牛场	49.65	-0.96	406.25	788.13	0.94	严重超采区
合计				1437.81	2228.23		

对各均衡资源计算单元计算超采系数，超采系数结果见表5、超采区分布见图5和图6所示。依据《地下水超采区评价导则》，超采系数大于0.3的地区属于严重超采区，小于0.3的地区属于一般超采区。研究区域内东南部部分地区的超采系数小于0.3，这些地区的超采量相对较小，其开采模数为0.02万～3.12万 m³/(a·km²)，可开采模数为0.02万～2.57万 m³/(a·km²)，相对差距较小，略有超采。研究区内毛登牧场、沃原奶牛场及其周边部分地区的超采系数大于0.3，其均衡区开采模数为4.66万～16.51万 m³/(a·km²)，可开采模数为1.06万～2.94万 m³/(a·km²)，属于严重超采区。研究区内超采区总面积为294.33km²，占研究区总面积14780km²的1.99%，全部集中在锡林河流域。其中，一般超采区2个，面积为79.45km²，主要分布在白音锡勒牧场农牧集中区和桃林塔拉分场超采区，属于锡林河干流及其支流河谷平原与山丘区的交接带；严重超采区3个，面积为214.88km²，即毛登牧场和沃原奶牛场和城市西部的综合超采区。详见表5和图6。

图5 研究区浅层地下水超采系数分区和水位下降速率分区

图6 研究区浅层地下水超采区划分

5 超采原因及开发利用建议

浅层地下水除市辖区及其周边外的其他地区，普遍没有超采，都具有一定的开采潜力；研究区内的超采区主要为井群分布不合理以及人为过量开采所导致的局部范围内出现漏斗状态的区域。按本文确定的5个超采区，其中2个一般超采区主要超采原因是农业灌溉；严重超采区3个，毛登牧场的超采原因为农业灌溉，市区超采原因较复杂，首要原因是沃原奶牛场万亩饲草料基地灌溉用水和棚蔬菜种植，其次是煤矿开采区采矿用水。

从地下水潜力评价与地下水超采区评价结果可知，锡林浩特市地下水安全开发与合理利用的重点在锡林河流域中下游，而对于锡林浩特市区及周边区域实行地下水严格管控，建议政府对于现状未超采区，制定相关管理方案，维持所在水文地质单元的采补平衡与地下水系统的可再生性，确保水源地供水安全。对于一般超采区，以及严重超采区，强化工业用水疏干排水的回收综合利用，减少地下水的需求量，严格控制用水总量与用水效率，充分发挥地下水的资源经济效益。

6 结语

（1）锡林浩特区域浅层地下水开采程度不同，城市区域开采程度大，开采潜力小；市区以外的其他区域开采程度一般，开采潜力大；造成这种差异的原因是井位分布不合理以及市区人为过量开采。

（2）通过超采区评价划分5个超采区，其中一般超采区2个，超采原因为农业灌溉，严重超采区3个，超采原因主要为草场灌溉和工业生产。

（3）锡林浩特地下水超采开发利用重点在锡林河流域中下游。

参考文献

[1] Amer R, Ripperdan R, Wang T, et al. Groundwater quality and management in arid and semi-arid regions: Case study, Central Eastern Desert of Egypt[J]. JOURNAL OF AFRICAN EARTH SCIENCES, 2012,69(6):13-25.

[2] 李春梅, 高素华. 我国北方干旱半干旱地区水资源演变规律及其供需状况评价[J]. 水土保持学报, 2002,16(2):68-71.

[3] 王文科, 杨泽元, 程东会, 等. 面向生态的干旱半干旱地区区域地下水资源评价的方法体系[J]. 吉林大学学报（地球科学版）, 2011,41(01):159-167.

[4] 唐克旺, 唐蕴, 李原园, 等. 地下水功能区划体系及其应用[J]. 水利学报, 2012,43(11):1349-1356.

[5] 黄晓燕, 冯志祥, 李朗, 等. 江苏省地下水超采区划分方法对比研究[J]. 水文地质工程地质, 2014,41(06):26-31.

[6] 赵辉, 陈文芳, 崔亚莉. 中国典型地区地下水位对环境的控制作用及阈值研究[J]. 地学前缘, 2010,17(06):159-165.

[7] 石建省, 王昭, 张兆吉, 等. 华北平原深层地下水超采程度计算与分析[J]. 地学前缘, 2010,17(06):215-220.

[8] Gorelick S M, Zheng C. Global change and the groundwater management challenge[J]. Water Resources Research, 2015,51(5):3031-3051.

[9] 赵敏, 武鹏林. 基于层次分析法的地下水超采区划分评价[J]. 水电能源科学, 2016(08):71-74.

基于适应性管理的典型草原区地下水调控技术初探*

廖梓龙[1,2]，郭中小[1]，龙胤慧[1]

（1. 水利部牧区水利科学研究所，呼和浩特 010020；2. 中国水利水电科学研究院，北京 100038）

摘　要：以锡林浩特市锡林河流域为代表的典型草原区，在社会经济快速发展和农牧业结构性调整转型过程中，集中连片灌溉田、连续过度放牧导致地下水超采，生态环境系统稳定性受到威胁。本文从区域水资源系统再生性循环及生态系统良性循环角度出发，分析典型草原区水资源管理面临的不确定性，提出典型草原区水资源适应性管理概念，构建基于生态水位与可开采量的地下水调控模型。研究结果表明，锡林浩特市水资源适应性管理思路是改连片集中开采为分散式开发利用，除锡市外，其他区域允许建设保障人畜安全饮水的小型集中水源地，但应严格控制开采规模，巴彦宝力格盆地富水性较好且开发利用程度较低，允许集中开采规模小于 5 万 m^3/d，其余区域均应小于 1 万 m^3/d。

关键词：适应性管理；典型草原区；地下水调控；取水总量控制；水位控制

1　引言

　　水既是生态系统的重要组成要素，也是最为活跃的影响因子。植被生态的发育和维持与水的关系致为密切，水资源的开发利用稍有不慎，就会导致植被生态的逆向演替；反之，如果草地生态系统的植被发生了退化和沙化，从水文学的角度考虑，由于下垫面条件的变化，即产汇流的载体发生了变化，必然会导致产汇流的机制和机理发生变化。

　　国外首先将适应性管理概念应用在流域水资源管理中，Govert D.Geldof 将水资源一体化管理的整体过程看成是一个复杂适应系统，并提出一种适应性平衡策略；M.Sophocleous 基于流域系统复杂性及不确定现象提出流域水资源可持续管理方案；Dniel P Loucks 指出适应性管理在水资源开发、管理和使用方面应对不确定性和保障可持续发展的一个必要条件。在国内，佟金萍等初步提出了流域水资源适应性管理的体系结构；金帅等从管理环境、管理体系、决策机制、管理手段和科学研究职能等 5 个方面对我国流域管理转型提出了政策建议；夏军等分析了过去和未来各 30 年密云水库的来水状况，采用情景分析、多目标分析等方法研究了各种适应性对策的实施效果，提出了最适用的适应性对策；刘芳等识别出山东省水资源适应性管理亟须关注的关键指标，构建了基于 AHP 的水资源适应性管理决策支持模型；刘小峰等对近 20 年来太湖水污染控制历程进行了分析，提出了基于适应性管理的太湖水污染控制体系框架。

　　综上所述，尽管近十几年来国内外学者在水资源系统适应性管理方面做了大量有益的工作，但在实际管理工作中的成功范例还比较短缺，大多停留在设想和理论分析阶段。因此，在区域水资源适应性管理，尤其是生态脆弱的典型草原区地下水系统适应性管理实施过程中，关键核心是确定不同类型草原区不同地貌单元的复合植被生态系统的地下水生态水位阈值，构建基于生态水位与可开采量的地下水调控模型。

---

*基金项目：国家自然科学基金（"51609153"）；中国水利水电科学研究院科研专项（"MK2016J01"，"MK2016J11"）。
第一作者简介：廖梓龙(1987—)，男，广西南宁人，博士，工程师，研究方向为水资源调控与优化配置。Email:liaozl@iwhr.com

2 研究区概况

锡林浩特市隶属于内蒙古自治区锡林郭勒盟，地理坐标为：N43°02′~44°52′，E115°13′~117°06′。总土地面积 14780km²，其中草原面积 13235.49km²，占总土地面积的 89.55%。处于大兴安岭西坡，属中温带半干旱大陆性气候，年降水量 200~350mm，蒸发量 1500~2600mm。境内最大河流为锡林河，属于内陆河。发源于赤峰市克什克腾旗的敖伦诺尔和呼伦诺尔，海拔高度为 1334m，河流从东向西流经赤峰市的克什克腾旗，锡林郭勒盟的阿巴嘎旗，在贝尔克牧场转向西北流经锡林浩特市，最后流入查干诺尔沼泽地自然消失，全长 268.1km，流域面积 10542km²。

进入 21 世纪以来，在国家整体经济尤其是工业经济蓬勃发展的影响和带动下，鉴于牧区经济社会发展严重滞后，传统的草地畜牧业产出效益低下，难以满足牧民群众对生活水平日益提高的要求，当地政府为了发展经济和改善民生，依托牧区丰富的矿产资源不断调整产业结构和经济结构，工业经济的迅速发展和矿产资源的开采力度急剧加大。经济结构和产业结构的变化导致牧区水循环关系面临着新的演替态势：一是由过去以饲草料地灌溉为主兼顾生活用水，向以工业和灌溉业供水为主，兼顾生活供水，工业供水的增加必将导致污水产生量和排污量的增加；二是规模型灌溉饲草料地的发展和工业项目的不断落户，导致生产需水量急剧增加，相应地污水的产生量与排放量及水功能区的纳污负荷也会增加；三是供水方式由过去的分散型向集中式转变，导致取水量集中和排污量集中；四是供水保证率由过去的低保证率向高保证率转变；五是由过去的季节性供水为主向经常性供水为主转变，以上两点的转变，导致取水量连续和排污量连续。人工侧支水循环的变化必然导致自然水循环关系的变化，而这种水循环系统的变化，它的响应是对生态安全和水资源系统可再生性安全的负面影响或损害。

3 基本概念与研究方法

3.1 典型草原区水资源管理不确定性特征分析

区域地下水资源系统尤其是浅层地下水系统，是一个将经济、社会、生态环境及地质环境、自然水循环等纳入整体的复杂巨系统，具有复杂的时空结构，呈现多维性、动态性、开放性、非线性、随机性等特性。这些固有特性的存在，导致在区域地下水资源系统管理中存在大量的不确定因素，并且这些因素会随时间变化而表现出的不规则变化更加复杂，主要体现在以下几个方面：

（1）管理目标的不确定性。关键是在于其目标设定的明确性和可行性，在空间上，由单一到综合，由水源地到局部区域，再到水源地及其含水层所在水文地质单元；在管理目标变化的时序上，由可供水量到可开采量，再由可开采量到"地下水水位与开采总量双控制"。

（2）管理对象自身的不确定性。主要是指地下水含水层系统输入与输入因子的不确定性，所引起含水层系统地下水资源量及其可开采量的不确定性，如地下水埋深（水位或流场）、草地植被盖度等。

（3）管理模型的不确定性。需要建立能够客观反映实际的地下水概念模型和数值模拟模型，通过不断调整参数，使模拟数据和实际数据建立最好的匹配与拟合关系，确保模型有一定的弹性。

3.2 典型草原区水资源适应性管理概念

在生态脆弱的典型草原区，对于区域水资源系统而言，无论是传统的水资源管理，还是适应性管理，最起码的要保证区域水资源系统再生性循环的基本要求，也就是不能因为人类对水资源的开发利用而导致水循环系统的环节缺失，否则，将会对水资源系统整体的健康或可持续性造成灾难性的负面影响，进而对依靠地下水系统维持的植被生态系统造成不可逆的损害。

本研究认为：适应性区域水资源系统管理是以区域水资源系统再生性循环及作为资源部分可以被可持续利用为目标，在不断探索和认识区域水资源系统内在规律及循环转化关系、干扰过程的基础上，统筹水资源系统的资源功能、环境功能和生态功能，提出高管理水平的过程。

3.3 典型草原区水资源适应性管理技术方法

根据适应性管理的基本原理和特点，首先通过地下水禀赋条件及其开发利用存在问题识别，明确适应管理的控制目标；其次通过数学描述和建立水文地质概念模型，构建基于控制目标的地下水资源系统管理模型；然后通过模型检验和结果分析，进一步揭示地下水循环再生规律或恢复规律和修正管理模拟模型；最后根据模拟和预测效果信息对适应性管理模型及方案进行后评估，修改或调整管理目标、重新定义或建立管理模型和制定管理方案与对策、继续实施管理模型与方案。循环往复，不断修正、不断实施。典型草原区水资源适应性管理技术方法具体分为以下五个步骤：

（1）确定典型草原区地下水系统适应性管理总体目标，即区域地下水开采量总量总体控制目标和地下水水位维持总体控制目标等。在以生态功能为主导功能的区划单元，首先应当考虑的是维持植被生态基本补水的生态水位的控制，控制目标应以生态水阈值为上限，而开采量控制目标则应以生态水位阈值对应的开采量为控制目标；在以环境地质功能为主导功能的区划单元，一般地下水水位控制目标应不超过含水层厚度 2/3 对应的标高为上限，地下水开采量控制目标以该水位对应的可开采量为上限。

（2）典型草原区地下水资源系统循环与恢复力辨识、模拟模型建立，明晰地下水含水层系统输入与输出的关系，并率定相关参数，以不同主导功能区的地下水资源开采量控制目标和地下水水位控制目标为约束控制条件，建立基于总体控制管理目标的管理模拟模型。

（3）制定典型草原区地下水适应性管理与总体目标一致的具体目标，在实际的适应性管理中我们不可能以任何一个主导功能区的控制管理目标代表整个开采区的管理目标；即使在一个主导功能区的不同地段或部位，它的地下水开采量控制目标和水位控制目标也是不同的，在实际地下水资源系统适应性管理方案制定中，应当根据总体管理控制目标和管理模型，对不同功能区划分若干管理区，根据总体管理控制目标，转换成开采量与地下水水位"双控制"目标。

（4）论证分析生态脆弱草原区管理方案可行性，根据区域地下水资源可开采量，地下水资源承载现状及问题，地下水资源系统承载客体（用水户）的性质及其对水资源的需求，分析与当地地下水保护行动计划、地下水超采治理方案等的要求相符性及草原生态系统生态要素反馈的合理性。

（5）制定地下水适应性管理方案与保障措施，根据适应性管理方案实施效果监测的需求，建立完善的地下水开采动态监测站网。

4 研究结果分析

4.1 数值模拟模型

根据地下水流场特征和地层结构分析，西边界为锡林河水系与苏尼特古河道水系的自然分水岭，概化为零流量边界；东北部在洪水期与乌拉盖水系汇流后向北流入蒙古国，概化为水头排泄边界；东部边界属于与吉仁高勒河流域的分水岭，概化为零流量边界；东南部为与克什克腾旗境内锡林河上游的自然分界线，受上游来水补给明显，水力坡度较大，概化为水头补给边界；垂向上以钻孔揭露深度 150m 处的基岩作为底部隔水边界。

在水文地质概念模型的基础上，基于 Visual-MODFLOW 软件，考虑计算机容量限制与精度要求，以水平方向 2.5km×2.5km，垂直方向 0.25km 进行空间离散，加密与细化主要开采区和监测区域，共得到 1592 个离散网格单元。根据钻孔资料，具有供水意义的含水岩组主要为第四系松散岩类孔隙水含水岩组与第四系下更新统玄武岩裂隙-孔洞水含水岩组。从含水层岩性来看，各水文地质单元内部的参数具有一致性，可按照参数分区进行赋值（图 1）。共划分为 30 个水文地质参数分区，渗透系数和给水度由山前地带向冲湖积平原、河谷两侧逐渐变化，变化范围分别为 5～65m/d 和 0.02～0.26。

以 2013 年 12 月底的流场作为初始流场，模拟期为 2014 年 1 月至 2015 年 12 月，共 2 个水文年，2015 年 12 月的流场作为拟合流场（图 2）。从浅层流场的拟合情况来看（图 3），平原区流场的拟合情况较好，锡林浩特市中心区域水力坡度较大，水流从东南向西北低洼处汇集。总之，浅层地下水模拟流场与实际流场总体流动方向和趋势是一致的，拟合效果较好。

研究内 13 个水位统测点的拟合结果表明，有 11 个观测点的平均绝对误差小于 1m（如图 3 中 4 号井），2 个观测孔的平均绝对误差大于 2m（如图 3 中 5 号井），但变化趋势始终一致。说明模型能够较好地反映出该点的水位动态趋势。

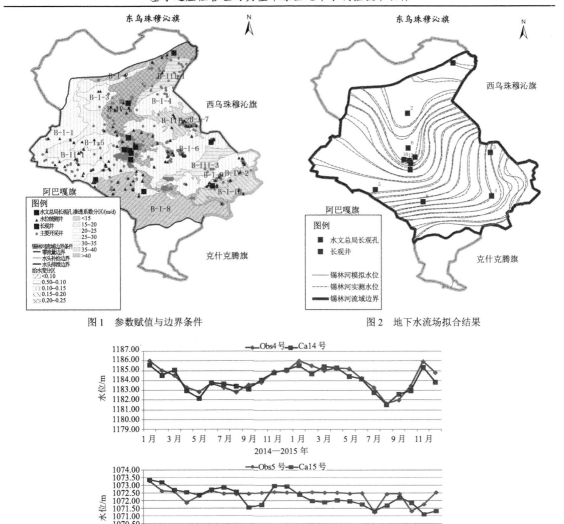

图1　参数赋值与边界条件　　　　　　　　　　图2　地下水流场拟合结果

图3　观测井4号、5号计算水位（蓝线）与实测水位（红线）拟合曲线

4.2　地下水管理分区与主导功能判识

基于考虑县级行政区划、水文地质分区、地下水类型和地下水功能区划，以及水资源配置需求、地下水超采区划分等特点并有利于地下水监控管理需求的基本管理分区或管理单元74个，选取代表性监测井103眼。研究区地下水系统可划分为资源功能、生态功能和环境地质功能一级区7个二级区74个三级区（图1）。按照不同功能区的主导功能，分别识别其地下水资源系统开发利用与管理中主要问题和维持主导功能的主控因子。

研究区不存在环境地质功能主导区。资源主导功能主要分布在锡林河流域河谷平原，地下水单井出水量大于30m³/h，地下水可开采模数大于10×10⁴m³/(a·km²)，地下水矿化度小于1g/L，地下水质量等级优于Ⅲ级，植被覆盖度大于50%，其次分布于锡林河河谷两侧的台地及高平原区、巴彦宝拉格盆地和毛登盆地；生态主导功能主要位于锡林河流域西侧的高阶台地及平原区。

维系生态功能良性循环的主控因子是地下水生态水位，研究区小于3m和3~4m的水位埋深地区的植被覆盖度均值很高，都为30%~60%；介于4~5m和6m以上的水位埋深地区的植被覆盖度均值较低，一般在45%以下。

4.3　典型草原区地下水适应性管理目标及阈值

在一个地下水开采区域，如以地下水为水源的农灌区或大型饲草料地灌区，以及大型城市地下水水源地，很可能存在不同的主导功能区（两个主导功能区以上），在实际的适应性管理中我们不可能以任何一个主导功能区的控制管理目标代表整个开采区的管理目标；即使在一个主导功能区的不同地段或部位，它的地下水开采量控制目标和水位控制目标也是不同的。

（1）严重超采区：直接划为地下水适应性管理重点调控区。

（2）一般超采区：根据地下水系统主导功能确定调控分区。

（3）非超采区：根据地下水系统主导功能和地下水开发利用程度确定调控分区。

结合三条红线要求，基于地下水可开采量、地下水超采区评价、地下水功能区评价，确定重点调控单元和一般调控单元的代表性监测井的地下水位与开采量控制方案，以及不同降水情景下重点调控区的代表性监测井水位控制目标（表 1）。

表 1　地下水适应性管理主要调控区管理目标

编号	管理区名称	调控等级	现状开采量/万 m³	开采量管理目标/万 m³		水位管理目标 ΔH/m	
				2018 年	2020 年	2018 年	2020 年
OE-1	白音锡勒牧场新场部	一般	241.32	220	200	+0.18	+0.13
OE-2	毛登牧场	重点	304.19	245	195	+0.38	+0.26
OE-3	桃林塔拉分场	一般	197.72	175	150	+0.20	+0.15
OE-4	市区西部综合	一般	696.87	550	400	+0.62	+0.51
OE-5	沃原奶牛场万亩基地	重点	788.13	600	380	+0.65	+0.55
	合计		2228.23	1790	1325		

4.4　典型草原区管理方案与措施的可行性及调整

锡林河河谷平原已出现局部地下水超采，地下水开采规模应适当调整或压采，即在非极端干旱气候及水污染突发等供水应急事件时，规划水平年锡林浩特市实际上是处于供需微平衡甚至负均衡的状态，因此，作为锡林浩特市最主要也是最关键的供水水源——地下水，制定合理、安全、科学的地下水位控制与开采量控制"双控管理"方案势在必行。

"双控管理"方案的可实施的"开源"途径主要有：新增水源，新建地下水源地——巴彦宝力格水源地（A 方案）。"节流"的主要途径有：加强节水型社会建设和提高水的利用效率，同时增加非常规水资源供水能力，置换地下水开采量，实施地下水限采、压采和停采（B 方案）；改变农业种植结构，鼓励和推广耐旱作物（C 方案）；削减农灌面积，减小灌溉开采量（D 方案）。

数值模拟结果表明新建水源地（A 方案）实施后地下水恢复的效果最为明显，缓解了市区地下水下降速率，还额外增加了灌溉回归补给量，即使在枯水年降水入渗补给量减少的情境下，地下水依然能够处于抬升趋势。巴彦宝力格盆地距锡林浩特市约 30km，设计供水量占该区域可开采量 1694.9 万 m³ 的 64.61%，而该区域现状地下水开发利用程度仅有 23.81%，从供水距离及供水量来看，该方案都经济可行。

削减农灌面积（D 方案）是"节流"途径中地下水位恢复效果最明显的，从定额法的角度来看，削减灌溉面积，相当于削减地下水开采量（即关闭类似 1 个沃原奶牛场养殖规模的饲草料生产基地），该方案虽然开采量削减量要比 A 方案多 200 万 m³，但其水位恢复效果却没有 A 方案明显，原因在于在水均衡条件下，水位恢复后，以地下水为主的排泄方式在数量上有所减少，地下水埋深变浅，如蒸发等其他排泄项有所增加，而新增水源工程方案相当于给市区本地水资源额外增加水量，地下水位必然恢复迅速。D 方案的难点在于可操作性及削减后农业经济发展受到制约。

节水社会建设与水资源优化配置（B 方案）恢复效果最慢，原因在于锡林浩特市农业灌溉基本已普及喷灌等农业节水技术，节水型社会建设主要是针对生活及第三产业节水，这些节水量与削减农灌开采量相比，只占总开采量的 1/15。此外，再生水因出水水质不利于灌溉，其可置换的水源主要还是工业用水，但因中水处理规模还较小，因此可置换的地下水量还是相对有限。尽管如此，提倡节约用水、用好非常规水资源还是提高水资源利用效率的必要途径。

改变种植结构（C 方案）对地下水流场的影响，与方案 A 和方案 D 相比并不明显，但对区域地下水位回升仍有一定的促进作用，因此，相关管理部门可以尝试多种耐旱饲草料作物进行组合种植。这种方案的缺点是：灌水量都是按照行业用水定额最严格的标准来设置的，后果将是牺牲了农作物的产量和经济效益。

4.5 典型草原区水资源适应性管理方案可行性与调整

结合锡林浩特市地下水资源禀赋条件及地下水开发利用实际，建议改连片集中开采为分散式开发利用，除锡市外，其他区域允许建设保障人畜安全饮水的小型集中水源地，但应严格控制开采规模，巴彦宝力格盆地富水性较好且开发利用程度较低，允许集中开采规模小于 5 万 m^3/d，其余区域均应小于 1 万 m^3/d。

5 结语

本文从区域水资源系统再生性循环及生态系统良性循环角度出发，分析典型草原区水资源管理面临的不确定性，提出典型草原区水资源适应性管理概念，确定不同类型草原区不同地貌单元的复合植被生态系统的地下水生态水位阈值，构建基于生态水位与可开采量的地下水调控模型。

（1）研究区平原区流场的拟合情况较好，市中心区域水力坡度较大，水流从东南向西北低洼处汇集，地下水模拟流场与实际流场总体流动方向和趋势是一致的，拟合效果较好。

（2）根据地下水取水总量与水位"双控管理"模型分析结果，锡林浩特市水资源适应性管理思路是改连片集中开采为分散式开发利用，除锡市外，其他区域允许建设保障人畜安全饮水的小型集中水源地，但应严格控制开采规模，巴彦宝力格盆地富水性较好且开发利用程度较低，允许集中开采规模小于 5 万 m^3/d，其余区域均应小于 1 万 m^3/d。

参考文献

[1] 郭中小，贾利民，李振刚，等. 干旱草原水资源利用问题研究[M]. 北京：中国水利水电出版社，2012.

[2] 焦玮，朱仲元，宋小园，等. 近 50 年气候和人类活动对锡林河流域径流的影响[J]. 中国水土保持科学，2015, 13(6): 12-20.

[3] 黄鹏飞，刘昀竺，王忠静. 从概念演进重新审视地下水可持续开采量[J]. 清华大学学报（自然科学版），2012, 52(6): 771-777.

[4] Shi Fengzhi, Chi Baoming, Zhao Chengyi, et al. Identifying the sustainable groundwater yield in a Chinese semi-humid basin[J]. Journal of hydrology, 2012 (452-453):14-24.

[5] 施枫芝，迟宝明，赵成义，等. 基于流域尺度的地下水可持续开采量的确定-以饮马河流域为例[J]. 第四纪研究，2012, 32(2): 353-360.

[6] 张光辉，申建梅，聂振龙，等. 区域地下水功能及可持续利用性评价理论与方法[J]. 水文地质工程地质，2006, 50(4):62-65.

[7] 陈江. 基于多指标体系的呼和浩特平原地下水可持续性研究[D]. 北京：中国地质科学院，2012.

[8] 鹿海员，谢新民，郭克贞，等. 基于水资源优化配置的地下水可开采量研究[J]. 水利学报，2013, 44(10):1182-1188.

[9] 方樟，谢新民，马喆，等. 河南省安阳市平原区地下水控制性管理水位研究[J]. 水利学报，2014, 45(10):1205-1210.

[10] Hu Yukun, Moiwo J P, Yang Yonghui, et al. Agricultural water-saving and sustainable groundwater management in Shijiazhuang Irrigation District, North China Plain[J]. Journal of hydrology, 2010, (393):219-232.

[11] Shu Yunqiao, Villholth K G, Jensen K H, et al. Integrated hydrological modeling of the North China Plain: Options for sustainable groundwater use in the alluvial plain of Mt. Taihang[J]. Journal of hydrology, 2012, (464-465):79-93.

[12] Walton W C, Mclane C F. Aspects of groundwater supply sustainable yield[J]. Groundwater, 2013, 51(2): 158-160.

[13] 曹建廷. 气候变化对水资源管理的影响与适应性对策[J]. 中国水利，2010(1):7-12.

[14] 夏军，石卫，雒新萍，等. 气候变化下水资源脆弱性的适应性管理新认识[J]. 水科学进展，2015, 26(2): 279-285.

[15] 姜海波，冯斐，周阳. 塔里木河流域水资源脆弱性演变趋势及适应性对策研究[J]. 水资源与水工程学报，2014, 25(2): 81-84.

基于 Copula 函数的贝叶斯预报处理器研究及应用*

刘章君，许新发，成静清，温天福

（江西省水利科学研究院 南昌 330029）

摘　要：以概率分布的形式定量描述和估计水文预报不确定性，据此作出的概率水文预报在理论上更加科学，能为防洪决策提供更多有用的风险信息。本文创新性地采用 Copula 函数取代原有基于正态分位数转换和线性－正态假设的亚高斯模型，推导了贝叶斯似然函数和后验密度的解析表达式，提出了基于 Copula 函数的贝叶斯预报处理器（Copula-BPF），并在三峡水库进行应用和检验。结果表明：后验期望值预报相比确定性预报可以提高预报精度，特别是径流总量相对误差显著地减小。Copula-BPF 推求的概率预报结果合理可靠，预见期 1~3d 的连续概率排位分数值相比确定性预报分别降低 9.12%、14.35% 和 15.65%。Copula-BPF 不需要进行线性－正态假设，能很好地捕捉水文过程的非线性和非正态特征，适用范围广，应用非常灵活，是概率水文预报的一条有效途径。

关键词：概率预报；不确定性；贝叶斯预报处理器；Copula 函数；三峡水库

1　引言

水文预报是防洪抗旱决策、水资源合理利用、生态环境保护以及水利工程运行管理的重要依据。水文模型输入、参数和结构等不确定性的存在，必将导致输出的水文预报结果也存在不确定性[1-2]。然而，目前广泛使用的水文预报大多是确定性的，即以一个确定的点估计值形式输出给用户，无法满足决策者对风险信息的需求。因此，以概率分布的形式定量描述和估计水文预报不确定性，并据此作出概率水文预报具有重要的科学价值和实际意义[3-5]。

美国著名水文学家 Krzysztofowicz 提出的贝叶斯预报处理器（Bayesian Processor of Forecast，BPF）是通过确定性水文模型进行概率预报的一个理论框架，基于建立的预报值与实际值统计关系，可以将确定性预报转化为对应的概率预报。Krzysztofowicz[6]通过线性－正态假设来考虑先验分布和似然函数，提出了线性－正态 BPF，但该处理器只能应用于实际和预报水文变量服从正态分布、且它们之间具有线性和同方差相关结构的情形。由于大量的水文过程却既不是线性的也不是正态的，从而限制了其适用范围。Krzysztofowicz 和 Evans[7]在线性－正态 BPF 的基础上，通过对实际和预报变量进行正态分位数转换，并对转换后的系列进行线性－正态假设，然后采用线性回归方法求得转换空间里的后验密度，再返回原始空间求得后验密度函数的解析表达式，发展了亚高斯 BPF，并应用于美国三个气象站日最高气温的概率预报。陈法敬等[8]以集合预报中的控制预报作为确定性预报，采用亚高斯 BPF 进行了长沙站和武汉站地面气温的概率预报。韩焱红等[9]将亚高斯 BPF 应用于五个不同气候区代表站点的 24h 降水量集合概率预报中。正态分位数转换可以更好地满足线性－正态假设的要求，但这种转换处理在外推极端事件时效果不稳健，而且逆转换时也可能使结果偏离最优值，影响了该法的适用性[10-11]。

事实上，BPF 中似然函数可以看成条件概率密度函数。Copula 函数能够构造边缘分布为任意分布的水文变量联合分布，求解条件分布的解析表达式，较好地模拟水文水资源系统的非线性和非正态特征[12]。

*基金项目：江西省自然科学基金项目（20142BAB21702，2015ZBBF60006）；江西省水利科技计划项目（KT 201508，KT201601）。

第一作者简介：刘章君（1991—），男，江西吉安人，博士，主要从事水文水资源研究。Email: liuzhangjun@whu.edu.cn

本文在 BPF 的框架下，以实际流量的边缘概率密度作为先验密度，利用 Copula 函数推导似然函数的解析表达式，提出基于 Copula 函数的贝叶斯预报处理器（Copula-BPF）。以三峡水库为例，基于所提 Copula-BPF 分析汛期入库流量预报的不确定性并实现概率预报。

2 基于 Copula 函数的贝叶斯预报处理器

如图 1，令 H_k、$S_k(k=1,2,L,K)$ 分别表示待预报的实际流量和确定性预报流量，K 为预见期长度；h_k、s_k 分别为随机变量 H_k、S_k 的实现值。

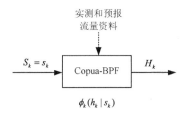

图 1 Copula-BPF 示意图

根据贝叶斯公式，实际流量 H_k 的后验密度函数为[6-7]

$$\phi_k(h_k \mid s_k) = \frac{f_k(s_k \mid h_k) \cdot g_k(h_k)}{\int_{-\infty}^{+\infty} f_k(s_k \mid h_k) \cdot g_k(h_k) \mathrm{d}h_k} \tag{1}$$

式中：$g_k(h_k)$ 为流量先验概率密度，代表了实际流量过程的先验不确定性；对于确定的 $S_k = s_k$，函数 $f_k(s_k \mid h_k)$ 为 H_k 的似然函数，反映了确定性预报模型的预报能力。在建模阶段，通过输入的实际和预报流量资料估计 Copula-BPF 的参数；在预报阶段，Copula-BPF 可以将输入的确定性预报流量 $S_k = s_k$ 转为化对应的实际流量 H_k 的后验密度函数，从而实现概率预报。

2.1 先验分布

实际流量 H_k 的先验密度函数和先验分布函数分别为其相应的边缘密度函数和边缘分布函数，考虑到变量 H_k 具有相同的边缘分布，分别统一记为 $g(h_k)$ 和 $G(h_k)$。

2.2 似然函数

令 H_k、S_k 的边缘分布函数分别为 $u = G(h_k)$，$v = F_k(s_k)$，相应的概率密度函数为 $g(h_k)$ 和 $f_k(s_k)$。利用 Copula 函数，H_k、S_k 的联合分布函数可以表示为

$$F_k(h_k, s_k) = C[G(h_k), F_k(s_k)] = C(u,v) \tag{2}$$

给定实际流量 $H_k = h_k$，预报流量的 S_k 的条件分布函数为

$$F_k(s_k \mid h_k) = P(S_k \leqslant s_k \mid H_k = h_k) \tag{3}$$

借助 Copula 函数，$F_k(s_k \mid h_k)$ 可以进一步进行推导如下[13-15]：

$$F_k(s_k \mid h_k) = P(V \leqslant v \mid U = u) = \frac{\partial C(u,v)}{\partial u} \tag{4}$$

相应的密度函数

$$f_k(s_k \mid h_k) = \mathrm{d}F_k(s_k \mid h_k)/\mathrm{d}s_k = \frac{\partial^2 C(u,v)}{\partial u \partial v} \cdot \frac{\mathrm{d}v}{\mathrm{d}s_k} = c(u,v) \cdot f_k(s_k) \tag{5}$$

式中：$c(u,v) = \frac{\partial^2 C(u,v)}{\partial u \partial v}$ 为二维 Copula 函数的密度函数。从另一个角度看，给定预报流量 $S_k = s_k$ 时，式（5）即为实际流量 H_k 似然函数的解析表达式。

2.3 后验分布

将式（5）代入式（1），推导得到实际流量 H_k 后验密度函数的解析表达式

$$\phi_k(h_k \mid s_k) = \frac{c(u,v)}{\partial C(u,v)/\partial v} \cdot g(h_k) \tag{6}$$

相应的后验分布函数为

$$\Phi_k(h_k \mid s_k) = \int_0^{h_k} \phi(h_k \mid s_k)\mathrm{d}h_k \tag{7}$$

根据数理统计原理，可以计算得到期望值作为确定性预报结果，同时获取给定置信水平下的流量预报区间。实际流量的期望值 h_{ke} 通过下式求解：

$$h_{ke} = \int_0^{\infty} h_k \phi_k(h_k \mid s_k)\mathrm{d}h_k \tag{8}$$

令实际流量取值出现在分布两端的概率为 ξ，就可以定义 H_k 的置信水平为 $(1-\xi)$ 的区间估计。实际流量 H_k 置信区间的两个端点分别由以下两式给出：

$$\int_0^{h_{kl}} \phi_k(h_k \mid s_k)\mathrm{d}h_k = \xi_1 \tag{9}$$

$$\int_0^{h_{ku}} \phi_k(h_k \mid s_k)\mathrm{d}h_k = 1-\xi_2 \tag{10}$$

式中：$\xi_1 + \xi_2 = \xi$，为显著性水平，一般取 $\xi_1 = \xi_2 = \xi/2$。

因此有

$$P(h_{kl} \le H_k \le h_{ku}) = 1-\xi \tag{11}$$

即 $[h_{kl}, h_{ku}]$ 为实际流量 H_k 置信水平 $(1-\xi)$ 的区间估计，根据置信区间可以对 H_k 点估计值的不确定性进行定量评价。

3 应用实例

3.1 研究区域与数据

三峡工程是开发与治理长江的关键性骨干工程，准确、及时的水文预报是三峡水库调度决策的重要依据。目前使用的水文预报属于确定性预报范畴，提供的预报不确定性及风险信息有限。因此，定量估计三峡水库水文预报的不确定性具有重要意义。本文选用 2003—2016 年三峡水库汛期（6 月 1 日至 9 月 30 日）22 场实测入库洪水过程及长江水文气象预报中心发布的预见期 1～3d 相应的确定性预报洪水过程资料。实测值和预报值均为每日 8 时入库流量，预见期 1～3d 的同步样本数均为 707 次。

3.2 边缘分布的确定

选取水文领域中常用的正态分布（NOR）、对数正态分布（log-NOR）、Gumbel 分布（GUM）、Gamma 分布（GAM）和皮尔逊 III 型分布（P3）等 5 种概率分布函数作为日流量边缘分布的备选理论线型。利用 L-矩法估计参数，采用 K-S 检验法进行拟合检验的基础上，选择统计量 D 值最小的线型作为最优的边缘分布。单变量 K-S 检验统计量 D 值结果见表 1。结果表明，在 5% 的显著性水平下，5 种备选分布中除了 NOR 分布以外，log-NOR、GUM、GAM 和 P3 分布的统计量 D 均小于临界值（0.0511）。P3 分布给出的 D 值均为最小，因此选择 P3 分布作为最优的边缘分布。

表 1　4 个随机变量的 K-S 检验统计量 D 值

变量	NOR	log-NOR	GUM	GAM	P3
H	0.0950	0.0395	0.0379	0.0504	0.0258
S_1	0.0942	0.0459	0.0432	0.0527	0.0330
S_2	0.0921	0.0416	0.0382	0.0488	0.0249
S_3	0.0926	0.0442	0.0406	0.0503	0.0293

3.3 联合分布的建立

采用 Gumbel-Hougaard、Clayton 和 Frank 三种常用的 Archimedean Copula 函数分别构造 H_k、S_k 的联合分布，基于不同预见期实际和预报流量同步系列数据，分别得到相应的 Kendall 秩相关系数 τ，根据 τ

与参数 θ 的关系[14]分别计算 Copula 函数的参数值,结果见表 2。二维 K-S 检验统计量 D 和均方根误差 RMSE 值也列于表 2。

表 2 联合分布参数估计、检验及优选结果

变量	Copula 类型	τ	θ	D	$RMSE$
	Gumbel-Hougaard		10.37	0.0152	0.0054
H_1、S_1	Clayton	0.904	18.74	0.0210	0.0068
	Frank		39.76	0.0150	0.0047
	Gumbel-Hougaard		6.25	0.0180	0.0071
H_2、S_2	Clayton	0.840	10.50	0.0260	0.0097
	Frank		23.23	0.0160	0.0055
	Gumbel-Hougaard		4.03	0.0240	0.0101
H_3、S_3	Clayton	0.752	6.06	0.0310	0.0123
	Frank		14.26	0.0235	0.0085

由表 2 可知,在 5%的显著性水平下,3 种备选 Copula 函数的二维 K-S 检验统计量 D 均小于临界值 (0.0511),且 Frank Copula 函数在三个预见期中的 RMSE 值均为最小,因而选择其构造 H_k、S_k 的联合分布。

3.4 基于 Copula-BPF 的概率预报结果

任意给定预报流量 S_k 的取值,就可以求解实际流量 H_k 的后验概率密度和分布函数,实现入库流量概率预报。以预报时刻 2003 年 7 月 5 日、预见期 1d 为例,图 2 给出了三峡水库入库流量的先验和后验密度函数曲线以及先验和后验分布函数曲线。可以看出,后验分布呈现正偏态特征,经过贝叶斯修正之后的后验分布与先验分布相比更加集中,不确定性减小。根据后验密度函数曲线,可以计算得到期望值(后验概率均值)作为概率预报的最终确定性预报结果进行发布。另外,给定显著性水平 ξ=0.1,计算得到后验流量概率分布 5%和 95%的分位数,它们分别给出了 90%的流量预报区间的置信下限和上限值。

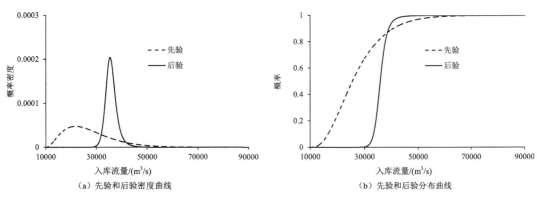

(a)先验和后验密度曲线　　　　　　　　(b)先验和后验分布曲线

图 2 三峡水库 20030705 入库流量先验和后验密度和分布曲线

图 3 给出了三峡水库"20160701"号洪水过程预见期 1~3d 的后验期望值和 90%置信区间及实际值。可以看出,洪水流量的量级越大,相应的不确定性一般也越大。后验期望值预报与实际流量序列拟合效果总体较好,但拟合效果随着预见期的延长而降低。此外,90%预报区间也随着预见期的延长均变宽,预报不确定性增大,但基本上可以包住实际流量,表明概率区间预报是可靠的,可以为水库防洪调度决策提供更多的风险信息。

3.5　Copula-BPF 概率预报结果评价

基于整个研究数据集（样本数为 707），从后验期望值预报的精度、90%置信区间的优良性以及概率预报整体性能等三个方面对 Copula-BPF 概率预报结果进行评价。

（1）后验期望值预报。三峡水库预见期 1～3d 的确定性预报与 Copula-BPF 后验期望值预报结果的精度评价指标 R^2 和 RE 分别见表 3。从表 3 可以看出，对于后验期望值预报结果的 R^2 而言，相比确定性预报均有不同程度的提高。此外，值得注意的是后验期望值预报结果的 RE 显著地减小。由于三峡水库的防洪库容较大，水库运行调度主要受洪水总量控制，因而准确地预报径流总量具有重要意义，相比于确定性预报而言，Copula-BPF 后验期望值预报在这方面显示出了很大优势。还可以发现随着预见期的延长，由于确定性预报精度的下降，导致 Copula-BPF 后验均值预报的精度都相应地降低。

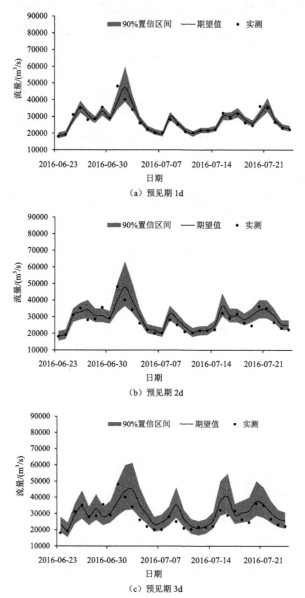

图 3　三峡水库"20160701"号入库洪水流量实测值、期望值与 90%置信区间

表3　不同预见期的确定性预报与 Copula-BPF 后验期望值预报结果

预见期	确定性预报/%		Copula-BPF/%	
	R^2	RE	R^2	RE
1d	96.15	0.09	96.16	0.06
2d	90.75	−0.59	90.94	0.09
3d	80.90	−2.71	82.70	0.23

（2）90%置信区间。表 4 给出了不同预见期的 Copula-BPF 概率预报 90%置信区间评价指标值[16]。由表 4 可知，不同预见期的覆盖率 CR 值均超过 85%，接近指定的置信水平 90%，表明计算得到的 90%流量预报区间是合理可靠的。随着预见期的延长，平均带宽 B 值和平均相对带宽 RB 值均逐渐增大，置信区间的精度下降，表明入库流量的预报不确定性增加。

表4　不同预见期 Copula-BPF 概率预报的 90%置信区间评价指标值

预见期	CR /%	B /(m³/s)	RB /%
1d	88.25	6227	21.16
2d	89.28	9474	33.07
3d	88.40	13366	48.14

（3）概率预报。仅仅对 Copula-BPF 概率预报 90%置信区间进行评价是不够全面的，进一步采用可靠性（α-index）、分辨率（π-index）和连续概率排位分数（CRPS，确定性预报退化为平均绝对误差 MAE）等指标来评定概率预报的整体性能[17-18]。不同预见期的 α-index、π-index 和 CRPS 等指标值列于表 5。可知，不同预见期的 α-index 值均大于或接近 0.9，表明概率预报结果可靠性高。此外，随着预见期的延长，π-index 值逐渐减小，概率预报的分辨率和精度降低，说明入库流量的预报不确定性增加。

表5　不同预见期的 Copula-BPF 概率预报评价指标值

预见期	确定性预报	Copula-BPF			
	CRPS/MAE/ (m³/s)	α-index	π-index	$CRPS$ /(m³/s)	CRPS 降幅/%
1d	1097	0.8974	17.37	997	9.12
2d	1847	0.9304	10.40	1582	14.35
3d	2782	0.9323	6.82	2301	15.65

随着预见期的延长，综合指标 CRPS 值也呈现不断增加的趋势，意味着概率预报的性能和总体效果降低。然而，基于 Copula-BPF 得到的概率预报 CRPS 值，始终小于相应的确定性预报，彰显了概率预报的有效性。预见期 1~3d 的 CRPS 值降低幅度分别为 9.12%、14.35%和 15.65%。

4　结语

利用 Copula 函数推导似然函数的解析表达式，提出了基于 Copula 函数的贝叶斯预报处理器（Copula-BPF），实现了三峡水库入库洪水的概率预报。从后验期望值预报的精度、90%置信区间的优良性以及概率预报整体性能等三个方面对 Copula-BPF 概率预报结果进行评价。结果表明：

（1）Copula-BPF 以概率分布的形式定量描述水文预报不确定性，不需要进行线性－正态假设，可以得到实际流量后验密度函数的解析表达式，能很好地捕捉水文过程的非线性和非正态特征，适用范围广，应用非常灵活，是概率水文预报的一条有效途径。

（2）后验期望值预报相比确定性预报可以提高预报精度，特别是径流总量相对误差 RE 显著地减小。

考虑到三峡水库的防洪库容较大，水库运行调度主要受洪水总量控制，因而 Copula-BPF 后验期望值在预报径流总量方面显示出了很大优势。

（3）不同预见期 90%置信区间的覆盖率 *CR* 值均超过 85%，接近指定的置信水平 90%，表明计算得到的 90%流量预报区间是合理可靠的。随着预见期的延长，平均带宽 B 值和平均相对带宽 RB 值均逐渐增大，置信区间的精度下降，入库流量的预报不确定性增加。

（4）Copula-BPF 较好地捕捉了入库流量预报的真实不确定性，得到的概率预报结果是合理可靠的。随着预见期的延长，概率预报的分辨率和精度降低，入库流量的预报不确定性增加。基于 Copula-BPF 得到的综合指标 *CRPS* 值始终小于相应的确定性预报，彰显了概率预报的有效性。预见期 1~3d 的 *CRPS* 值降低幅度分别为 9.12%、14.35%和 15.65%。

参考文献

[1] 梁忠民, 戴荣, 李彬权. 基于贝叶斯理论的水文不确定性分析研究进展[J]. 水科学进展, 2010, 21(2):274-281.

[2] 王浩, 李扬, 任立良, 等. 水文模型不确定性及集合模拟总体框架[J]. 水利水电技术, 2015, 46(6): 21-26.

[3] 尹雄锐, 夏军, 张翔, 等. 水文模拟与预测中的不确定性研究现状与展望[J]. 水力发电, 2006, 32(10):27-31.

[4] 邢贞相, 芮孝芳, 崔海燕, 等. 基于 AM-MCMC 算法的贝叶斯概率洪水预报模型[J]. 水利学报, 2007, 38(12):1500-1506.

[5] 梁忠民, 蒋晓蕾, 钱名开, 等. 考虑误差异分布的洪水概率预报方法研究[J]. 水力发电学报, 2017, 36(4):18-25.

[6] Krzysztofowicz R. Bayesian forecasting via deterministic model[J]. Risk Analysis, 1999, 19(4): 739-749.

[7] Krzysztofowicz R, Evans W B. Probabilistic Forecasts from the National Digital Forecast Database[J]. Weather and Forecasting, 2008, 23(2): 270-289.

[8] 陈法敬, 矫梅燕, 陈静. 亚高斯贝叶斯预报处理器及其初步试验[J]. 气象学报, 2011, 69(5):872-882.

[9] 韩焱红, 矫梅燕, 陈静, 等. 基于贝叶斯理论的集合降水概率预报方法研究[J]. 气象, 2013, 39(1):1-10.

[10] 刘章君, 郭生练, 李天元, 等. 贝叶斯概率洪水预报模型及其比较应用研究[J]. 水利学报, 2014, 45(9):1019-1028.

[11] Madadgar S, Moradkhani H. Improved Bayesian multimodeling: Integration of copulas and Bayesian model averaging[J]. Water Resources Research, 2014, 50(12): 9586-9603.

[12] 郭生练, 闫宝伟, 肖义, 等. Copula 函数在多变量水文分析计算中的应用及研究进展[J]. 水文, 2008, 28(3): 1-7.

[13] 孙鹏, 张强, 陈晓宏. 基于 Copula 函数的鄱阳湖流域极值流量遭遇频率及灾害风险[J]. 湖泊科学, 2011, 23(2): 183-190.

[14] 冯平, 李新. 基于 Copula 函数的非一致性洪水峰量联合分析[J]. 水利学报, 2013, 44(10): 1137-1147.

[15] 史黎翔, 宋松柏. 基于 Copula 函数的两变量洪水重现期与设计值计算研究[J]. 水力发电学报, 2015, 34(10):27-34.

[16] 董磊华, 熊立华, 万民. 基于贝叶斯模型加权平均方法的水文模型不确定性分析[J]. 水利学报, 2011, 42(9):1065-1074.

[17] Thyer M, Renard B, Kavetski D, et al. Critical evaluation of parameter consistency and predictive uncertainty in hydrological modeling: A case study using Bayesian total error analysis[J]. Water Resources Research, 2009, 45(12), doi: 10.1029/2008WR006825

[18] 李明亮, 杨大文, 陈劲松. 基于采样贝叶斯方法的洪水概率预报研究[J]. 水力发电学报, 2011, 30(3):27-33.

植生滤带削减效率对浅层地下水位的响应*

李 冉[1,2]，郭益铭[1,2]

（1. 中国地质大学(武汉)环境学院，武汉 430074；

（2. 中国地质大学（武汉）盆地水文过程与湿地生态恢复学术创新基地，武汉 430074）

摘 要：植生滤带是一种控制农业面源污染物污染附近水域的生态工程措施。该研究旨在为汉江流域应用植被过滤带控制面源污染物提供理论依据与参考。本研究通过实验室植生滤带模拟实验，探讨了不同深度浅层地下水位条件下，植生滤带对地表径流、悬浮物及总磷的净化效果。结果显示，浅层地下水位深度分别为 8 cm、22 cm、36 cm时，地下水位越深，削减效率越高，当地下水位深度为 36 cm 时，植生滤带对地表径流、悬浮物、总磷的削减效率分别为 64%、79%、88%。其中，地下水位深度改变对悬浮物削减效果不显著（$P > 0.05$），而显著影响地表径流和总磷削减效率（$P < 0.05$）。地下水位深度为 8 cm 和 22 cm 条件下植生滤带削减效果无明显差异，而当地下水位下降到 36 cm 时，削减效果明显提高。这说明较深地下水位更有利于植生滤带削减面源污染。浅层地下水位深度分别为 8 cm、22 cm 与 36 cm 时，入渗水侧向出流总磷相对浓度分别为 0.23、0.31 与 0.38，表明地下水位越深，越多地表径流污染物迁移下渗进入土壤，可能会污染地下水。

关键词：植生滤带；面源污染；浅层地下水位；悬浮物；磷

1 引言

近年来，面源污染已成为严重影响水环境系统、生态环境健康的重要污染源，其中农业面源污染（Agricultural Non-point Source Pollution）尤为严重。农业面源污染主要来自于农业生产活动中使用的化肥、农药、畜禽粪便等造成的污染，其中磷污染为主要影响水体水华现象的营养物质之一。调查表明，我国七大水系水质总体为中度污染，湖泊富营养化问题严重[1-2]。因此，如何科学有效地控制磷流失引起的农业面源污染已成为我国目前亟待解决的重大科学问题。

植生滤带（vegetative filter strips）系指为靠近水域边并与水体发生作用的陆地植被区域，可通过物理、化学及生物等过程有效降低地表径流中悬浮物、磷等营养盐、病原体等污染物对周围水体的影响[3-4]。植生滤带作为控制面源污染的最佳管理措施[5]，在美国、加拿大等许多国家被广泛应用于削减面源污染传输[6-8]。影响植生滤带工作性能的因素很多，包括植生滤带特性、降雨强度、土壤特征等[9-13]。Abu-Zreig 等[14]于加拿大安大略省的牧场，探讨植生滤带抑制磷素迁移的机制。在弗吉尼亚州、印第安纳州等的研究发现，坡度从 3%到 12%的植生滤带可以移除 56%～97%的沉积物[15]。Lambrechts 等[12]研究发现仅四个月大的黑麦草对沉积物的拦截效率就达 50%，比同时期的三叶草效率高出约 10%。有效宽度为 3～8 m 的植生滤带就能够拦截 50%～80%的污染物[16-17]。

河岸带植生滤带通常靠近河流或湖泊，很可能存在浅层地下水位[18]。Dosskey 等[19]和 Simpkins 等[20]

*基金项目：盆地水文过程与湿地生态恢复学术创新基地[BHWER201401(A)]。

第一作者简介：李冉（1990—），女，博士研究生，主要研究方向为非点源污染与数值模拟。Email：r1028601357@163.com

通讯作者：郭益铭（1975—），男，博士，教授。主要研究方向为最佳管理措施、流域生态水文学、时空信息统计学。Email：airkuo@ntu.edu.tw

指出浅层地下水位（小于 1.8 m）是影响植生滤带性能的重要因子之一。Arora 等[21]发现浅层地下水位引起的土壤饱和现象可能是导致地表径流量削减效率降低的原因。Lauvernet and Muñoz-Carpena[22]研究发现地下水位的升降，会改变影响植生滤带性能的重要因子（植生滤带长度，土壤特性等）。Fox[23]通过模拟实验，研究了地下水位对植生滤带削减径流流量的影响。然而，很少有研究量化分析不同浅层地下水位对植生滤带削减地表径流、悬浮物及磷的影响，及对入渗水侧向出流污染物浓度的影响。在汉江流域地下水位明显的季节性变化条件下，如何更好地规划岸边植生滤带是目前需要解决的问题。

本研究通过室外植生滤带实验模拟装置及人工降雨装置，旨在探讨在降雨条件下，不同浅层地下水位对植生滤带削减地表径流、悬浮物及磷的效应影响。并结合溴示踪方法，分析地表出流及地下侧向出流中磷和溴元素迁移行为的相似性与差异性。

2　材料与方法

2.1　试验装置

试验装置包括可移动土槽、入流模拟装置和降雨装置。土槽规格为 200 cm 长×100 cm 宽×60 cm 高，且坡度在 0～50°范围内可调。土槽首末两端均设置有地下水存储箱，其规格为 20 cm 长×100 cm 宽×50 cm 高，用于模拟浅层地下水位。入流模拟装置包括水箱、离心泵、搅拌桶及布水槽。用于收集地表径流出流的集水槽位于土槽末端。模拟降雨的便携式人工降雨模拟装置置于土槽的正上方。

2.2　实验设计

试验共设计 3 组，包括三种浅层地下水位深度（GW）（8 cm、22 cm 和 36 cm），且每组实验重复三次。装填土壤为汉江下游汉川市汉北河附近耕地表层土壤（黏土 15.08%、粉土 62.47% 和砂土 22.45%），并过 2 mm 筛后分层填装，容重为 1.28 g/cm³。植被选择根系发达和耐阴性强的玉龙草。各处理设计降雨强度为 28 mm/h，入流流速为 4.02～4.56 L/min，植被间距（Grass spacing）为 6.69，坡度为 5%。实验开始前，按试验要求配置一定浓度的悬浮物（SS）、总磷（TP）和溴（Br）混合液，模拟农田地表径流，其中 Br 为示踪剂。试验开始 60 min 后，入流改为自来水再运行 30 min。实验开始后，记录出流时间，地表出流和地下侧向出流取样间隔 5 min。收集的样品称重计算质量，并经沉淀、过滤、烘干（105℃，24 h）后测定 SS 质量。过滤后上清液用于测定其 TP 和 Br，其中，过硫酸钾氧化-钼蓝比色法测定 TP，离子色谱仪测定 Br。

2.3　数据分析

径流出流、SS、TP 和 Br 随时间的变化关系，采用 Origin Pro 8.5 绘图软件进行相关分析，并绘制图表。采用 STATISTICA 10 进行显著性分析。削减效率=（入流质量-出流质量）/入流质量×100%。

3　结果与分析

3.1　不同地下水位对植生滤带削减地表径流的影响

植生滤带出流包括地表出流和地下侧向出流。地表径流削减效率随浅层地下水位下降而显著增加（$P < 0.043$）（图 1）。当地下水位深度为 8 cm、22 cm 和 36 cm 时，削减效率分别为（35±1.4）%、（44±2.1）% 和（64±1.8）%。图 2 表明在地下水位为 8 cm 条件下，径流产流时间为（4±0.5）min，随地下水位下降，产流时间延长，说明地下水位的下降降低了地表径流的迁移动力，地表径流水在地表下的流动时间增加。地下水位深度为 8 cm 和 22 cm 条件下，地表出流相对流量（v/v_0）并没有明显差异，该现象可能与土壤毛细作用相关。土壤毛细作用使土壤保持饱和或半饱和状态，降低径流的入渗能力[24]。而当地下水位下降到 36 cm 时，毛细作用对径流入渗的影响降低，地表出流相对流量明显降低。地下水位的变化会引起土壤空隙水压力的变化，进而导致土层变形，而土层变形预示着土壤渗透系数的变化，这对地表径流入渗能力有较大的影响。当地下水位深度为 8 cm、22 cm 和 36 cm 时，地下侧向出流相对流量分别为 52%、60% 和 71%。

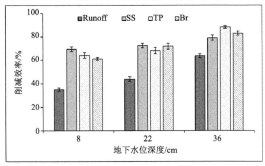

图1 不同地下水位条件下，植生滤带对地表径流、悬浮物、
总磷和溴的削减效率影响

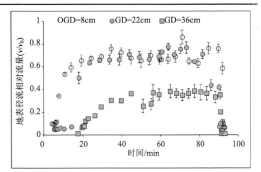

图2 不同地下水位条件下，地表径流出流相对流量
随时间变化关系

3.2 不同地下水位对植生滤带削减 SS 的影响

地表径流 SS 的削减效率为 67-81%，其在不同地下水位深度条件下的变化趋势与地表径流一样，即地下水位越深，削减效率越高，但差异不显著（$P > 0.05$）（图1）。当地下水位深度为 8 cm、22 cm 和 36 cm 时，削减效率分别为（69±2.1）%、（72±1.9）% 和（79±2.4）%。地下水位的降低会增加土壤包气带的深度，进而加快地表径流的入渗速率，降低地表径流的迁移动力，更有利于径流中 SS 的沉积。

不同深度浅层地下水位影响径流出流 SS 的粒径分布（见表1）。地下水位越深，越多的大粒径 SS 在迁移过程中沉积下来。正如 Jin 和 Romkens[25]研究结果，植生滤带优先拦截大粒径 SS。

表1 地表径流出流 SS 粒径分布

GW depth /cm	clay loam/%	silt loam /%	sandy loam /%
8	13.45 (4.3)	61.56 (5.1)	24.99 (4.9)
22	15.71 (4.1)	69.45 (2.0)	14.84 (3.6)
36	18.09 (2.9)	75.01 (5.6)	6.09 (3.4)

注：表中值为平均值，括号内为标准误差；clay loam $d < 2$ μm，2 μm $<$ silt loam $d < 20$ μm, sandy loam $d > 20$ μm。

3.3 不同地下水位对植生滤带削减 TP、Br 的影响

浅层地下水位下降显著提高植生滤带对 TP 和 Br 的削减效率（$P < 0.05$）（见图1），这与地表径流和 SS 削减效率对地下水位的响应相一致。当地下水位深度为 8 cm、22 cm、36 cm 时，植生滤带对 TP 的效率分别为（64±2.3）%、（68±2.7）%、（88±1.1）%；对 Br 的削减效率分别为（61±1.2）%、（68±2.5）%、（82±1.8）%。地下水位越深，地表出流 TP 和 Br 的相对浓度（c/c_0）越低，但差异不明显（见图3）。且实验开始后，出流 Br 浓度变化相对稳定，而 TP 浓度有轻度的波动。当入流为自来水时，Br 的浓度立即降低，接近于零，而 TP 的相对浓度虽立即下降，但大于零。该现象说明，相对 Br 的稳定性，TP 在迁移过程中与表层土壤存在吸附解吸反应。

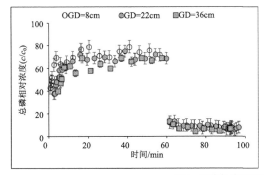

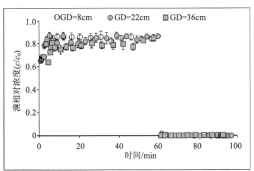

图3 地表径流出流总磷和溴随时间变化关系

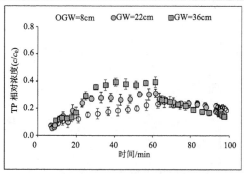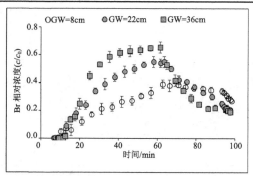

图4　地下侧向出流总磷和溴随时间变化关系

地下侧向出流中 TP 和 Br 浓度随时间变化有一个峰值（见图4），该峰值出现在入流改为自来水之前，且相对浓度升高的速率随地下水位降低而增大，这与径流的高入渗量相关。相对浓度的峰值随地下水位的下降而升高，说明一定深度范围内，地下水位越深，越多的地表径流携带磷污染物进入土壤，到达地下水，虽降低了对地表水的污染，但会影响地下水水质。当地下水位深度为 8 cm、22 cm 和 36 cm 时，地下侧向出流 Br 相对浓度峰值分别为 0.39±0.04、0.55±0.06 和 0.65±0.02；而 TP 相对浓度峰值分别为 0.23±0.02、0.31±0.05 和 0.38±0.03。该现象说明 TP 在土壤中迁移过程中，土壤中介质包括土壤胶体、植被根系分泌的有机酸、铁氧化物等对 TP 有很强吸附性，而 Br 在土壤中吸附性很弱[26-29]。但地表出流和地下侧向出流中 Br 总量最高回收率达 70%，这说明还有一部分 Br 残留在土壤中[30]，而 TP 的最高回收率仅有 50%。

植生滤带在室外实地应用时，地下水位的季节性变化对植生滤带削减面源污染有显著影响。对于吸附性较强污染物，地下水位下降时，污染物在迁移过程中吸附于土壤中，当地下水上升时，土壤中的氧化还原环境发生变化，吸附的污染物就会解析释放到地下水中，一定程度上污染地下水。影响植生滤带削减效应的因子很多，而地下水位的升降也会影响这些因子的重要性，至于如何影响，还需要进一步的研究。

4　结语

本次模拟实验，定量研究了不同地下水位深度下植生滤带对地表径流、悬浮物、总磷的削减效果。研究发现，浅层地下水位的存在可显著影响植生滤带削减地表径流和总磷的效率，但对悬浮物削减效率影响并不显著。植生滤带净化性能随地下水位下降而提高，地下水位深度为 36 cm 时，地表径流量削减率达 64%，悬浮物削减率达 79%，总磷削减率达 88%。

本研究结果可为汉江流域面源污染控制提供理论依据与参考。未来还应做更多的野外实地试验，以研究削减效率再无没有明显变化的地下水位深度限制，同时不同浅层地下水位条件下，如何设置植生滤带，能达到相同的净化效果也值得进行深入探讨。

5　致谢

本文受中央高校基本科研业务费专项资金（CUG130616）、湖北省省基金（2015CFA050）及盆地水文过程与湿地生态恢复学术创新基地（BHWER201401(A)）资助，谨此致谢。

参考文献

[1] 赵其国，骆永明，滕应，等. 当前国内外环境保护形势及其研究进展[J]. 土壤学报，2009, 46(6): 1146-1154.

[2] 白明英. 农业非点源污染及控制对策研究[J]. 安徽农业科学，2010, 38(8): 4228-4230.

[3] Palone R S, Todd A H. Chesapeake bay riparian handbook: a guide for establishing and maintaining riparian forest buffers[M].

USDA Forest Service, 1998.

[4] Boothroyd I K G, Quinn J M, Langer E R, et al. Riparian buffers mitigate effects of pine plantation logging on New Zealand streams - 1. Riparian vegetation structure, stream geomorphology and periphyton[J]. Forest Ecology and Management, 2004, 194(1-3): 199-213.

[5] Barfield B J, Tollner E W, Hayes J C. Filtration of sediment by simulated vegetation I. Steady-state flow with homogeneous sediment. Transactions of ASAE. 1979, 22 (5), 540-545.

[6] Viney N R, Sivapalan M, Deeley D. A conceptual model of nutrient mobilisation and transport applicable at large catchment scales[J]. Journal of Hydrology, 2000, 240(1-2): 23-44.

[7] León L F, Kouwen N, Farquhar G J, et al. Nonpoint source pollution: A distributed water quality modeling approach[J]. Water research, 2001, 35(4): 997-1007.

[8] Li J K, Li H E, Shen B, et al. Effect of non-point source pollution on water quality of the Weihe River[J]. International Journal of Sediment Research, 2011, 26(11): 50-61.

[9] Reichenberger S, Bach M, Skitschak A, et al. Mitigation strategies to reduce pesticide inputs into ground-and surface water and their effectiveness; a review. Sci. Total Environ., 2007, 384, 1-35.

[10] Liu X, Zhang X, Zhang M. Major factors influencing the efficacy of vegetated buffers on sediment trapping: a review and analysis. J. Environ. Qual., 2008(37): 1667-1674.

[11] Muñoz-Carpena R, Fox GA, Sabbagh G J. Parameter importance and uncertainty in predicting runoff pesticide reduction with filter strips. J. Environ. Qual., 2010(39): 630-641.

[12] Lambrechts T, François S, Lutts S, et al. Impact of plant growth and morphology and of sediment concentration on sediment retention efficiency of vegetative filter strips: Flume experiments and VFSMOD modeling[J]. Journal of Hydrology, 2014, 511(7):800-810.

[13] Kuo Y M. Vegetative filter strips to reduce surface runoff phosphorus transport from mining sand tailings in the upper peace river basin of central Florida. [J]. Dissertation Abstracts International, Volume: 69-02, Section: B, page: 1242.; Advisers: Rafael Munoz-, 2007.

[14] Abu-Zreig M. Factors affecting sediment trapping in vegetated filter strips: simulation study using VFSMOD[J]. Hydrol. Process, 2001(15): 1477-1488.

[15] 杨海军，张化永，赵亚楠，等. 用芦苇恢复受损河岸生态系统的工程化方法[J]. 生态学杂志，2005, 24(2): 214-216.

[16] Schmitt T J, Dosskey M G, Hoagland K D. Filter strip performance and processes for different vegetation, widths, and contaminants[J]. Journal of Environmental Quality, 1999, 28(5): 1479-1489.

[17] 申小波，陈传胜，张章，等. 不同宽度模拟植被过滤带对农田径流、泥沙以及氮磷的拦截效果[J]. 农业环境科学学报，2014, 33(4): 721-729.

[18] Carluer N, Lauvernet C, Noll D, et al. Defining context-specific scenarios to design vegetated buffer zones that limit pesticide transfer via surface runoff[J]. Science of the Total Environment, 2017(575):701-712.

[19] Dosskey M G. Toward Quantifying Water Pollution Abatement in Response to Installing Buffers on Crop Land[J]. Environmental Management, 2001, 28(5):577.

[20] Simpkins W W, Wineland T R, Andress R J, et al. Hydrogeological constraints on riparian buffers for reduction of diffuse pollution: examples from the Bear Creek watershed in Iowa, USA[J]. Water Science & Technology A Journal of the International Association on Water Pollution Research, 2002, 45(9):61-68.

[21] Arora K, Mickelson S K, Helmers M J, et al. Review of pesticide retention processes occurring in buffer strips receiving agricultural runoff[J]. Jawra Journal of the American Water Resources Association, 2010, 46(3):618-647.

[22] Lauvernet C, Muñoz-Carpena R. Shallow water table effects on water, sediment and pesticide transport in vegetative filter strips: Part B. model coupling, application, factor importance and uncertainty[J]. Hydrology & Earth System Sciences Discussions, 2017:1-31.

[23] Fox G, Muñoz-Carpena R, Purvis R A. Experimental testing of a new algorithm for analysis of vegetative filter strips with shallow water table effects. ASABE – CSBE/ASABE Joint Meeting Presentation, 2014: 1-12.

[24] Parlange J Y, Haverkamp R, Starr J L, et al. Maximal capillary rise flux as a function of height from the water table.[J]. Soil Science, 1990, 148(5):896-898.

[25] Zhao C, Gao J, Zhang M, et al. Sediment deposition and overland flow hydraulics in simulated vegetative filter strips under varying vegetation covers[J]. Hydrological Processes, 2016, 30(2):163-175.

[26] 张凤娥，张雪，刘义. 新型植物对河道受污染水体中 TN、TP 去除效果的研究[J]. 中国农村水利水电，2010(6):56-58.

[27] Lai D Y F, Kinche L. Phosphorus sorption by sediments in a subtropical constructed wetland receiving stormwater runoff [J]. Ecological Engineering, 2009, 35(5):735-743.

[28] 阳立平，曾凡棠，黄海明，等. 环境介质中磷元素的迁移转化研究进展[J]. 能源环境保护，2015, 29(5):1-7.

[29] 崔力拓，李志伟，王立新，等. 农业流域非点源磷素迁移转化机理研究进展[J]. 农业环境科学学报，2006, 25(s1):362-364.

[30] Yu C, Gao B, Muñoz-Carpena R, et al. A laboratory study of colloid and solute transport in surface runoff on saturated soil[J]. Journal of Hydrology, 2011, 402(1):159-164.

水利工程及支流对汉江中下游水质的影响*

刘文文 [1,2]，郭益铭 [1,2]

（1. 中国地质大学(武汉)环境学院，武汉 430074；

2. 中国地质大学（武汉）盆地水文过程与湿地生态恢复学术创新基地，武汉 430074）

摘　要：南水北调工程及引江济汉工程的运行影响汉江中下游水文条件及水质，并影响支流对汉江干流的影响方式。本文利用最大最小自相关因子分析法及动态因子分析法针对汉江支流污染严重的两个区域（唐白河及汉北河）以及引江济汉工程汇入汉江的区域，从汉江中下游 9 个水质指标中确定两条支流及引江济汉工程对汉江干流的影响方式。实验结果说明：叶绿素 a、COD、TN 和 TP 可以作为评价汉江干流水质的主要因子。同时在这三个区域针对流量对汉江干流水质的影响方式进行了研究。通过相同指标的解释变量与响应变量的相关关系，可知交汇处下游该水质指标受干流或支流影响较为显著。交汇处上游干流或支流的流量均对下游的响应变量产生了影响，说明流量为影响汉江水质的重要指标。流量对交汇处下游水质的影响主要集中在 N 和 P 类营养盐指标，对有机污染的影响不强。通过实验分析，可更有效的对汉江流域的水质进行分析和判断，并提出规划意见。

关键词：南水北调中线工程；引江济汉；汉江中下游；最大最小自相关因子分析；动态因子分析

1 引言

汉江是长江中游最大的支流，也是沿岸带居民工业生活用水的重要来源。自 20 世纪 90 年代以来，流域内污染物排放增加，汉江中下游的水质发生了显著变化[1-2]。N、P 以及有机物质的年平均浓度从 1998—2005 年增加了 20%以上。南水北调中线和引江济汉工程也会对汉江中下游的水质有极大影响[3]。自 2014 年 12 月开始，南水北调中线工程项目每年将从丹江口水库运输 950 亿 m³ 至华北供工业、城市和灌溉使用，改变汉江的水文条件，减少汉江平均流量，从而导致支流对汉江干流水质影响增强[4-5]，2014 年 6 月兴建引江济汉工程以补充南水北调中线工程对汉江中下游的影响。若支流存在较严重的污染现象，则会对汉江干流的水质变差，影响汉江下游的生态环境和社会经济环境[6-7]。

最大最小自相关因子分析（Min/max Autocorrelation Factor Analysis，MAFA）是一种时间序列的主成分分析，该方法考虑瞬时自相关结构，并提取重要的共同趋势的数据[8]。动态因子分析（Dynamic Factor Analysis，DFA）作为降维的统计方法，用于时间序列分析，以揭示多元变量中解释变量（explanatory variables）与共同趋势（common trends）对响应变量（response variables）的影响程度[9]。较之于因子分析与主成分分析，DFA 显性考虑变量与时间的关系，并将影响响应变量的未知因素隐含于共同趋势中，从而在忽略未知因素的情况下，仍能取得良好的拟合效果。这使得 DFA 可以应用于复杂的环境生态系统。近年来，DFA 和 MAFA 在水域生态环境监测[8-10]、地下水水位及水质[11-12]、空气污染[13-15]等领域的应用已广泛发表于国外期刊。

---

*基金项目：湖北省杰出青年基金：南水北调中线及引江济汉工程调水对汉江中下游水环境的影响（2015CFA050）。

第一作者简介：刘文文(1990—)，男，博士研究生，主要研究方向地表水污染控制及环境统计。Email: 13080676501@126.com

通讯作者：郭益铭（1975—），男，博士，教授。主要研究方向为地下水文学与生态研究、潜流带水文学、时空信息统计学。Email：airkuo@ntu.edu.tw

　　本研究，自 2014 年 7 月到 2017 年 4 月每月收集水质样品并分析。应用最大最小自相关因子分析法选择能代表汉江干流水质变化的主要水质指标作为 DFA 模型的响应变量，应用动态因子分析法针对汉江支流污染严重的两个区域（唐白河及汉北河）以及引江济汉工程汇入汉江的区域，从汉江中下游 13 个水质指标中确定两条支流及引江济汉工程对汉江干流的影响方式。此外，也探讨汉江干流水质与支流水质的相互关系，为管理者提供更好的汉江水质调节方式。

2　材料与方法

2.1　研究区域

　　汉江是长江最大的支流，全长 1577 km。汉江中下游流域平均气温 15~16.5℃，多年平均降水量为 700~1300 mm，雨季（4—9 月）集中了汉江全年 80% 的降水[16]。自 21 世纪以来，汉江干流污染程度整体上升，水环境质量明显下降[17]。南水北调中线工程从丹江口水库引水，总渠长 1246 km，自 2014 年底起每年从丹江口水库调水以促进该地区生态环境与社会经济持续发展[18]。南水北调中线工程运行后，水环境的容量将有所降低，水污染防治和生态保护工作的难度将加大[19-20]。为减缓因工程调水可能造成汉江中下游水生态环境的影响，在汉江中下游地区兴建引江济汉工程，以补充汉江下游地区的用水要求，并减缓汉江富营养化污染所造成的不良影响[21-23]。汉江支流中已监测的唐白河（上游唐河与白河汇入后形成）、汉北河等支流污染较重，水质常年低于Ⅳ类，这些水体汇入汉江后，对汉江干流河段的水质也产生一定的影响[3]。

　　调查区域位于汉江中下游，从襄阳市至武汉市共设置了 11 个采样点，主要集中在南水北调中线工程至襄阳、引江济汉工程入汉江上下游处、汉江下游仙桃市至武汉市附近，并监测污染较严重的支流（唐白河及汉北河）以及从汉江流出的支流（东荆河），采样点具体位置及名称见图 1。于 2014 年 6 月至 2015 年 12 月每月上旬采集水质样品。监测指标包括流量（Q）、化学需氧量（COD）、溶解氧（DO）、电导率（EC）、悬浮固体物（SS）、叶绿素 a（Chl-a）、铵态氮（NH_4^+）、硝态氮（NO_3^-）、总氮（TN）和总磷（TP）等共计 10 个指标。其中，SS、EC 和 DO 值立即在现场测定，其他指标带回实验室测定。

2.2　最大最小自因子分析法（MAFA）以及多元统计方法（DFA）

　　MAFA（Min/Max Autocorrelation Factor Analysis）可以看作为一种考虑时间序列的主成分分析法（PCA）。MAFA 用于提取来自多个时间序列的共同趋势，并将初始变量划分为一系列的轴。第一 MAFA 轴（MAF1）是代表初始变量整个时间序列的最主要变化趋势，第二 MAFA 轴（MAF2）是代表初始变量整个时间序列的次主要变化趋势[24]，以此类推。

　　DFA（Dynamic Factor Analysis）将 N 维响应变量分解为以下几个方面：①M 个共同趋势的线性组合（M<N），代表影响响应变量的潜在未知变量；②观测序列中影响响应变量的解释变量；③常数项；④误差项。其数学表达式可归纳如下[25]：

$$S_n(t) = \sum_{m=1}^{M} \gamma_{m,n} \alpha_m(t) + \mu_n + \sum_{k=1}^{K} \beta_{k,n} \upsilon_k(t) + \varepsilon_n(t) \tag{1}$$

$$\alpha_m(t) = \alpha_m(t-1) + \eta_m(t) \tag{2}$$

式中：$S_n(t)$ 为第 n 个响应变量在时间 t 的值；$\sum_{m=1}^{M} \gamma_{m,n} \alpha_m(t)$ 为 M 个共同趋势的线性组合；$\alpha_m(t)$ 为第 m 个共同趋势在时间 t 的值；$\gamma_{m,n}$ 为第 m 个共同趋势对第 n 个响应变量的载荷，代表共同趋势对该响应变量的贡献程度；$\sum_{k=1}^{K} \beta_{k,n} \upsilon_k(t)$ 为 K 个解释变量的线性组合；$\upsilon_k(t)$ 为第 k 个解释变量在时间 t 的值；$\beta_{k,n}$ 为第 k 个解释变量对于第 n 个响应变量的回归系数，代表解释变量对该响应变量的贡献程度，通常利用 t 检验对其进行显著性检验（t 值大于 2）；μ_n 为常数参数，代表模型中的截距项，用来进行模型调整；$\varepsilon_n(t)$ 和 $\eta_m(t)$ 分别为观测量和模型中误差项。

　　式（1）和式（2）中的未知参数采用基于卡尔曼滤波算法（Kalman filter）和最大期望算法（EM）的极大似然估计法进行估计[26-27]。

3　结果与分析

3.1　流量及汉江水质的时空变化趋势

图2显示了汉江中下游自2014年1月至2015年12月降雨和流量的变化。流量从2014年10月到2015年3月逐渐下降，然后从2015年4月至2015年7月迅速增加。变异系数（coefficient of variation，C_V），表征了数据离散程度，其数据大小不仅受变量值离散程度的影响，而且还受变量值平均水平大小的影响。大部分流量测定站点的C_V值都大于0.5，表示流量在检测期间呈现高变化性。其中FC测站的C_V值大于100%，显示在此时间内流量变化明显，可能受到南水北调影响显著。

南水北调工程项目自2014年12月开始全线调水。调水后，丹江口水库下泄总水量减少，从流量过程来看，由于丹江口水库的调蓄作用，调水后干流的枯水流量加大，但中水流量（Q为60~1250 m^3/s）历时减少，干流流量过程趋于均化。引江济汉工程排入汉江的月平均流量（YH测站）是303 m^3/s，占据汉江下游的流量的32%（DJJ测站980 m^3/s）。2014年12月到2015年4月期间YH测站每月排入汉江的流量比较稳定（180 m^3/s）。

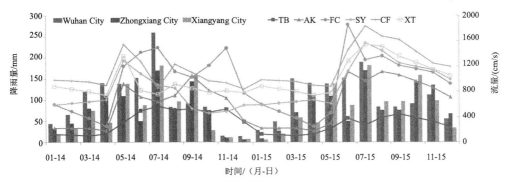

图2　2014年1月至2015年12月汉江中下游流域测站的降雨变化与流量变化。其中，柱状图为降雨变化，线型代表流量变化

表1　汉江11个点位水质指标的平均值及C_V值（其中C_V值在括号中展示）

水质指标	FC	TB	XJ	SY	YH	DJ	DJJ	XT	MT	XG	CF
Chl-a /(μg/L)	4.44 (0.40)	6.04 (0.47)	5.14 (0.38)	4.76 (0.34)	6.51 (0.62)	5.03 (0.25)	5.60 (0.43)	5.66 (0.36)	5.91 (0.30)	7.53 (0.50)	4.81 (0.35)
EC/ (μs/cm)	365 (0.09)	388 (0.20)	367 (0.19)	345 (0.15)	381 (0.13)	408 (0.15)	386 (0.16)	343 (0.25)	367 (0.12)	363 (0.19)	352 (0.16)
DO /(mg/L)	7.31 (0.16)	6.92 (0.15)	7.03 (0.20)	7.57 (0.18)	7.45 (0.13)	6.77 (0.23)	6.18 (0.18)	6.24 (0.24)	6.19 (0.15)	4.28 (0.11)	6.06 (0.19)
COD/ (mg/L)	9.10 (0.50)	13.03 (0.62)	10.99 (0.53)	9.58 (0.48)	10.97 (0.54)	13.37 (0.59)	10.13 (0.44)	12.3 (0.52)	11.14 (0.44)	19.16 (0.70)	13.48 (0.44)
PO_4^{3-} /(mg/L)	0.13 (0.43)	0.13 (0.56)	0.11 (0.47)	0.12 (0.47)	0.12 (0.55)	0.09 (0.47)	0.09 (0.42)	0.11 (0.37)	0.13 (0.52)	0.13 (0.52)	0.19 (0.47)
NH_4-N /(mg/L)	0.59 (0.33)	0.73 (0.31)	0.68 (0.29)	0.55 (0.41)	0.64 (0.36)	0.54 (0.33)	0.61 (0.40)	0.63 (0.360)	0.67 (0.39)	0.68 (0.37)	0.71 (0.34)
NO_3-N/ (mg/L)	0.53 (0.41)	0.93 (0.37)	0.33 (0.33)	0.34 (0.45)	0.33 (0.37)	0.46 (0.29)	0.41 (0.33)	0.36 (0.23)	0.46 (0.36)	0.51 (0.41)	0.35 (0.28)
TP/ (mg/L)	0.24 (0.29)	0.39 (0.35)	0.21 (0.29)	0.26 (0.26)	0.45 (0.41)	0.21 (0.27)	0.24 (0.23)	0.25 (0.27)	0.28 (0.25)	0.38 (0.32)	0.27 (0.28)
TN/ (mg/L)	1.67 (0.32)	2.37 (0.32)	1.91 (0.24)	1.26 (0.20)	2.71 (0.42)	1.49 (0.34)	1.72 (0.19)	1.25 (0.24)	1.01 (0.28)	2.72 (0.28)	1.02 (0.22)

　　表 1 总结了汉江中下游 13 个环境指标的均值和变异系数（C_V）。自 2014 年 8 月至 2015 年 4 月汉江中下游的总体水质下降，从汉江中游至下游污染程度有变严重的趋势。部分支流（唐白河支流和新沟支流）的污染情况比汉江干流的污染情况要严重得多，表示这两条支流所在区域存在污染情况。支流的污染物（TB、XG 和 YH 测站）可能恶化汉江干流的水质，导致汉江下游的水质（DJJ、XJ 和 CF 测站）比在附近的上游测站（FC、SY 和 MT 测站）水质更差。

3.2　最大最小自相关因子分析结果

　　MAFA 通过提取最大最小因子（MAF）代表汉江交汇处下游的水质时空变化趋势。对汉江所有点位的水质指标平均值进行最大最小自相关因子分析，提取出两个最大最小自相关因子轴，其中 MAF1 是最重要的公共提取因子（自相关值为 0.996，$p < 0.001$），呈现明显的周期性，每年的 11 月至次年 4 月逐渐下降，4 月之后水质上升，7—10 月水质进入平稳期。MAF2（自相关值为 0.852，$p < 0.001$）随着时间的推移呈现逐渐递减的特性。

　　因为所有的 MAF 轴都是 lag-one 水质变化数据的自相关，所以 MAF1 和 MAF2 均代表汉江水质变化的共同行为。不同水质指标与两个标准化后的 MAF 轴的相关性描述如表 3 所示。MAF1 轴显示与叶绿素 a 呈显著正相关，与 COD 呈显著负相关（$p < 0.001$）；MAF2 轴显示与 TN、TP 呈现低到中度相关性（$p < 0.001$）。通过对整个汉江中下游流域的 MAFA 结果分析，最后将叶绿素 a、COD、TN 和 TP 作为 DFA 分析的影响因子。

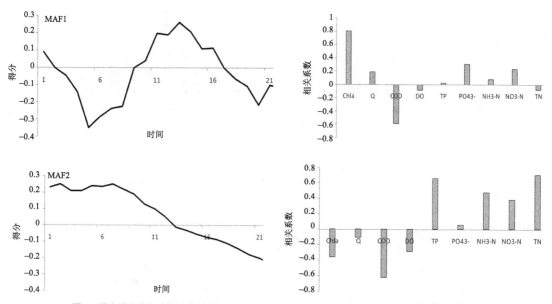

图 3　最大最小自相关因子分析结果 MAF1（左上）及 MAF2（左下）以及每个变量的因子载荷

3.3　动态因子分析结果

　　表 2 显示了 DFA 模型通过使用各种组合的解释变量和共同趋势进行评估的结果。其中响应变量为 MAFA 分析提取出的 4 个变量，解释变量为交汇处上游干流处以及支流的所有水质变量。三个区域的最优 DFA 模型（即最低 AIC）均包含了一个共同的趋势、各种解释变量（如粗体字符）以及一个对称分支协方差矩阵。表 2 表明，在汉江与唐白河交界区域，解释变量（COD-FC、TP-FC、TN-FC、Q-TB、Chl-a-TB）提供了最佳的适合交汇处下游水质变化时间序列的模型，在汉江与引江济汉工程交界区域，解释变量（COD-YH、TN-YH、Q-YH、Q-SY、Chl-a-SY、TP-SY）提供了最佳的适合交汇处下游出水质变化时间序列的模型，在汉江与汉北河交界区域，解释变量（Chl-a-MT、Q-MT、DO-MT、NH₃-N-MT、TN-XG）提供了最佳的适合交汇处下游出水质变化时间序列的模型。

表2 最佳DFA模型的选择及AIC值。最佳模型为AIC值最低的模型，用加粗字体表示

区域	共同趋势	解释变量	AIC
汉江-唐白河区域	1	TP-FC、TN-FC、Q-TB、Chl-a-TB	162
	1	TP-FC、TN-FC、Q-TB、Chl-a-TB、COD-TB	130
	1	COD-FC、TP-FC、TN-FC、Q-TB、Chl-a-TB	154
	2	TP-FC、TN-FC、Q-TB、Chl-a-TB	144
	2	TP-FC、TN-FC、Q-TB、Chl-a-TB、COD-TB	137
	2	**COD-FC、TP-FC、TN-FC、Q-TB、Chl-a-TB**	**125**
汉江-引江济汉工程区域	1	TN-YH、Q-YH、Q-SY、Chl-a-SY、TP-SY	98
	1	COD-YH、TN-YH、Q-SY、Chl-a-SY、TP-SY	85
	1	COD-YH、TN-YH、Q-YH、Q-SY、Chl-a-SY、TP-SY	92
	2	TN-YH、Q-YH、Q-SY、Chl-a-SY、TP-SY	84
	2	COD-YH、TN-YH、Q-SY、Chl-a-SY、TP-SY	87
	2	**COD-YH、TN-YH、Q-YH、Q-SY、Chl-a-SY、TP-SY**	**79**
汉江-汉北河区域	1	Chl-a-MT、Q-MT、DO-MT、NH$_3$-N-XG、TN-XG	122
	1	Chl-a-MT、Q-MT、DO-XG、NH$_3$-N-XG、TN-XG	109
	1	Chl-a-MT、Q-MT、DO-MT、NH$_3$-N-MT、TN-XG	107
	2	Chl-a-MT、Q-MT、DO-MT、NH$_3$-N-XG、TN-XG	111
	2	Chl-a-MT、Q-MT、DO-XG、NH$_3$-N-XG、TN-XG	103
	2	**Chl-a-MT、Q-MT、DO-MT、NH3-N-MT、TN-XG**	**101**

表3 汉江-唐白河区域、汉江-引江济汉工程区域及汉江-汉北河区域解释变量对DFA模型的回归系数。加粗字体表示解释变量的回归系数是显著的（t检验值大于2）

区域	解释变量	响应变量			
		Chl-a	COD	TP	TN
汉江-唐白河区域	COD-TB	**−0.38**	**0.69**	−0.03	0.07
	TP-FC	0.19	−0.01	**0.51**	−0.07
	TN-FC	0.20	0.18	0.14	**0.79**
	Q-TB	0.25	0.03	**0.42**	**−0.21**
	Chl-a-TB	**0.50**	**−0.61**	0.01	**0.23**
汉江-引江济汉工程区域	Q-YH	0.47	0.13	0.32	0.08
	COD-YH	**−0.39**	**0.72**	0.23	−0.25
	TN-YH	**0.68**	**0.92**	**0.66**	−0.08
	Q-SY	0.02	**−0.2**	0.34	**−0.68**
	Chl-a-SY	**0.39**	0.35	**−0.58**	**0.68**
	TP-SY	−0.02	**−0.3**	**0.59**	0.11
汉江-汉北河区域	Q-MT	0.04	0.16	**0.19**	−0.25
	Chl-a-MT	**0.58**	**0.40**	0.14	0.17
	DO-MT	**−0.19**	**0.31**	−0.18	**0.36**
	NH3-N-MT	**0.13**	**0.24**	**0.53**	**0.32**
	TN-XG	**0.21**	**−0.39**	**0.26**	**0.59**

在每个响应变量的时间序列说明每个解释变量的回归参数（$\beta_{k,n}$），并通过 t 检验（t 值 > 2）。

3.4 验证该回归参数的显著水平

通过确认三个区域的总体回归参数可知，流量、COD 与氮磷指标是影响交汇处下游水质变化的主要水质指标。针对单个区域的 DFA 结果分析如下：

（1）汉江-唐白河交汇区域。FC 点的流量对交汇处下游的水质变化影响不明显，TB 点位的流量变化则影响汉江交汇处下游的 TN 及 TP 浓度变化。南水北调中线工程调水以后，FC 点位的平均流量变小（2014 年平均流量 475 m^3/s，2015 年平均流量 370 m^3/s），TB 点位的平均流量（327 m^3/s）所占的汉江下游的流量的比例增大，水质指标的贡献率增大。XJ 点位 COD 浓度主要受 TB 点位的 COD 指标影响，汉江支流相对于交汇处上游干流处对交汇处下游的有机污染的影响更大。由于唐白河支流的水量较小、自净能力差，水质污染状况更为严重，其污染特征也为有机污染类型。唐白河支流入汉江后形成较大的污染带，严重影响了汉江的水环境质量。影响 XJ 点的 Chl-a 浓度主要为 FC 点位的以及 TB 点位的 Chl-a 及 COD 影响显著，XJ 点的 Chl-a 浓度受营养盐指标的影响不强，而受 COD 影响强，一方面说明说明支流对干流的 Chl-a 浓度的影响力强，也说明其上游的 FC 点指标存在不规律性或其他作用影响其对下游 Chl-a 浓度的影响，可能与南水北调中线工程有关。TP 受 FC 点影响较强，TN 则受 TB 点的影响。

（2）汉江-引江济汉工程交汇区域。交汇处上游 SY 点位与引江济汉工程 YH 点位的流量均对交汇处下游的水质变化影响明显。SY 点位的流量变化影响交汇处下游的 COD 与 TN 的浓度变化，YH 点位的流量变化影响交汇处下游的 Chl-a 与 TN 浓度。影响 DJJ 点的 Chl-a 浓度主要为 YH 点位的 COD，TN 以及 SY 点位的 Chl-a 浓度，说明 DJJ 点位的 Chl-a 浓度主要受 YH 点位的污染影响，其 Chl-a 的来源为上游的 SY 点 Chl-a，在 YH 点位的污染物质进入汉江后被影响而产生浓度变化。DJJ 点位 COD 浓度受 YH 点 COD 浓度以及 TN 的浓度影响，同时与 SY 点位的 Q 和 TP 浓度相关，说明运河与上游处对下游的 COD 浓度影响机制不同，有不同的污染物贡献方式。TP 和 TN 与 TP 的影响指标与下游的影响指标不同，说明不同区域的 N 和 P 的污染物类型不同，其影响水质的污染类型不同。

（3）汉江-汉北河交汇区域。MT 点的流量对交汇处下游的水质变化影响明显，主要影响交汇处下游的 TP 及 TN 的浓度变化。MT 点的 Chl-a 浓度与 XGJ 点 Chl-a 浓度显著相关，汉江交汇处下游的 Chl-a 浓度主要受交汇处上游干流的 Chl-a 浓度影响，同时与 MT 点位的 DO、NH3-N 以及 XG 点位的 TN 浓度影响。交汇处下游水质整体受交汇处上游干流的水质指标的影响大，支流水质对汉江干流的影响不强。经调查，汉北河与汉江交界处有闸口控制流入汉江的流量，汉北河汇入汉江的平均流量低，对汉江干流的水质影响不大。

通过对汉江三个区域的水质分析可知：

1）下游的响应变量受上游对应的解释变量影响，通过相同指标的解释变量与响应变量的相关关系，可知交汇处下游该水质指标受干流或支流影响较为显著，同时通过与该水质指标（响应变量）有关的其他解释变量，初步观测影响该水质指标的解释变量。以 COD 为例，汉江-唐白河交汇区域 XJ 点位 COD 受支流唐白河 TB 点位 COD 影响明显，说明支流较干流对汉江交汇处下游的 COD 污染更大，支流可能提供更多的有机污染，影响汉江干流水质。

2）汉江三个区域中，交汇处上游干流或支流的流量均对下游的响应变量产生了影响，说明流量为影响汉江水质的重要指标。其中汉江-引江济汉工程交汇区域及汉江-汉北河交汇区域交汇处上游干流流量对汉江水质的影响较为明显，而于汉江-唐白河交汇区域，支流流量（TB 点位）影响下游水质，说明该区域支流对汉江干流水质影响大，且干流上游的南水北调中线工程对汉江流量及水质亦会造成影响。流量对交汇处下游水质的影响主要集中在 N 和 P 类营养盐指标，对有机污染的影响不强。

3）汉江-引江济汉工程交汇区域及汉江-唐白河交汇区域交汇下游 Chl-a 浓度除受交汇处上游 Chl-a 浓度影响外，还受 COD 指标的显著影响，汉江-汉北河交汇区域交汇处下游 Chl-a 浓度受上游 DO、NH4-N 指标的影响。COD、DO 及 NH4-N 代表水体中的有机污染，说明汉江干流 Chl-a 浓度受有机污染影响明显。

4   结语

本研究应用最大最小自相关因子分析法选择能代表汉江干流水质变化的主要水质指标，应用动态因子分析法针对汉江支流污染严重的两个区域（唐白河及汉北河）以及引江济汉工程汇入汉江的区域，从汉江中下游 9 个水质指标中确定两条支流及引江济汉工程对汉江干流的影响方式。结果表明，叶绿素 a、COD、TN 和 TP 可以作为代表汉江中下游流域水质变化的因子；DFA 的结果表明，流量、COD 与氮磷指标是影响交汇处下游水质变化的主要水质指标，且不同的地域有不同的水质影响方式，唐白河支流及汉北河支流可能提供更多的有机污染，影响汉江干流水质，而流量对对交汇处下游水质的影响主要集中在 N 和 P 类营养盐指标，对有机污染的影响不强。此外，汉江干流下游叶绿素 a 主要是由上游携带而来，支流的污染则会促进汉江干流叶绿素 a 的进一步增长。通过本研究可以初步分析汉江中下游水质变化的影响方式，并为管理者提供更好的管理建议。

5   致谢

本文受湖北省省基金（2015CFA050）及盆地水文过程与湿地生态恢复学术创新基地（BHWER201401(A)）资助，谨此致谢。

参考文献

[1] 窦明，谢平，夏军，等. 汉江水华问题研究[J]. 水科学进展，2002, 13(5): 557-561.

[2] Chen J, Gao X, He D, et al. Nitrogen contamination in the Yangtze River system, China [J]. Journal Of Hazardous Material, 2000, 73 (2): 107-113.

[3] 李权国，张中旺. 汉江中下游流域生态环境保护与可持续发展策略[J]. 贵州农业科学，2010, 38(12): 205-207.

[4] 谢平，夏军，窦明，等. 南水北调中线工程对汉江中下游水华的影响及对策研究（Ⅰ）——汉江水华发生的关键因子分析[J]. 自然资源学报，2004, 19(4): 418-423.

[5] 梁开学，王晓燕，张德兵，等. 汉江中下游硅藻水华形成条件及其防治对策[J]. 环境科学与技术，2012 (Z2): 113-116.

[6] 黄斌. 襄阳市环境保护局 2013 年度襄阳市环境状况公报[EB/OL]. http://www.xfhbj.gov.cn/OtherView.Asp?ID=8008, 2014-06-13.

[7] 殷大聪，黄薇，吴兴华，等. 汉江水华硅藻生物学特性初步研究[J]. 长江科学院院报，2012, 29(2): 6-10.

[8] Kuo Y M, Lin H J. Dynamic factor analysis of long-term growth trends of the intertidal seagrass Thalassia hemprichii in southern Taiwan[J]. Estuarine Coastal & Shelf Science, 2010,86(2):225-236.

[9] Muñoz-Carpena R, Ritter A, Li Y C. Dynamic factor analysis of groundwater quality trends in an agricultural area adjacent to Everglades National Park[J]. Journal of Contaminant Hydrology, 2005,80(1-2):49-70.

[10] Ritter A, Muñoz-Carpena R. Dynamic factor modeling of ground and surface water levels in an agricultural area adjacent to Everglades National Park[J]. Journal of Hydrology, 2006,317(3-4):340-354.

[11] Wang S W, Kuo Y M, Kao Y H, et al. Influence of hydrological and hydrogeochemical parameters on arsenic variation in shallow groundwater of southwestern Taiwan[J]. Journal of Hydrology, 2011,408(3):286-295.

[12] Kuo Y M, Wang S W, Jang C S, et al. Identifying the factors influencing PM2.5 in southern Taiwan using dynamic factor analysis[J]. Atmospheric Environment, 2011,45(39):7276-7285.

[13] Kuo Y M, Chiu C H, Yu H L. Influences of ambient air pollutants and meteorological conditions on ozone variations in Kaohsiung, Taiwan[J]. Stochastic Environmental Research and Risk Assessment, 2015,29(3):1037-1050.

[14] Yu H L, Lin Y C, Kuo Y M. A time series analysis of multiple ambient pollutants to investigate the underlying air pollution dynamics and interactions[J]. Chemosphere, 2015(134):571-580.

[15] Yu H L, Lin Y C, Sivakumar B, et al. A study of the temporal dynamics of ambient particulate matter using stochastic and chaotic

techniques[J]. Atmospheric Environment, 2013(69):37-45.

[16] 郑凌凌，宋立荣，吴兴华，等. 汉江硅藻水华优势种的形态及 18SrDNA 序列分析[J]. 水生生物学报，2009, 33(3): 562-564.

[17] 邓睿，川页，朱绍萍. 汉江襄樊段水环境现状与污染防治分析[J]. 环境科学与技术，2010,33(6E): 222-223.

[18] 周晓农，王立英，郑江，等. 南水北调工程对血吸虫病传播扩散影响的调查[J]. 中国血吸虫病防治杂志，2003, 15(4): 294-297.

[19] 赵德君，程伯禹，贾淑霞. 引江济汉工程可能引发的冷浸田预测[J]. 资源环境与工程，2004, 18(B12): 86-89.

[20] 刘大银，周晓刚，汪翰，等. 汉江中游水污染规律与控制方案研究[J]. 长江流域资源与环境，2001，10(4): 365-372.

[21] 戴裕海，黄水生. 南水北调中线汉江水源补偿工程对湖北省血吸虫病流行影响趋势预测[J]. 中国血吸虫病防治杂志，2004, 16(6): 476-477.

[22] 刘隽，纪洪盛. 汉江流域水环境综合管理[J]. 环境科学与技术，2006, 29(3): 64-65.

[23] 黄水生，廖洪义，刘建兵，等. 南水北调中线与引江济汉水利工程对血吸虫病流行的影响趋势 I 工程区流行现状及干预措施[J]. 中国血吸虫病防治杂志，2005, 17(3): 180-183.

[24] Zuur A F, Ieno E N, Smith G M. Analysing Ecological Data[M]. Springer New York, 2007.

[25] Zuur A F, Pierce G J. Common trends in northeast Atlantic squid time series[J]. Journal of Sea Research, 2004,52(1):57-72.

[26] Molenaar P C M. Dynamic Factor Analysis of Psychophysiological Signals[J]. Advances in Psychophysiology, 1994(5):229-302.

[27] Molenaar P C M, Rovine M J, Corneal S E. Dynamic factor analysis of emotional dispositions of adolescent stepsons towards their stepfathers[J]. Growing Up in Times of Social Changes, 1999:287-319.

Membrane Designing For Membrane Distillation Process*

WANG Ziyi [1,3], TANG Yuanyuan [1], LI Bao'an [2]

(1. School of Environmental Science and Engineering, South University of Science and Technology, Shenzhen, Guangdong 518055; 2. Chemical Engineering Research Center, School of Chemical Engineering and Technology, Tianjin University, Tianjin 300072; 3. School of Environmental Science and Engineering; Nankai University, Tianjin 300072)

ABSTRACT: With excellent permeability as the foremost requirement for membrane used in membrane distillation (MD) process, the co-continuous structure is identified as the best morphology of porous membrane for permeation. Since hydrophobicity is a basic requirement for membrane used in MD process, the membrane wetting and fouling can be effectively alleviated with superhydrophobic surface. In this study, the binary diluent was employed to generate the porous polyvinylidene fluoride (PVDF) hollow fiber membrane with co-continuous structure. A facile method was introduced for superhydrophobic coating with papillae-like structure on PVDF membrane surface. The original membrane with co-continuous structure exhibits narrow pore size distribution and excellent permeability. The MD flux, wetting and fouling resistance were significantly enhanced after superhydrophobic modification. This study proposed a promising strategy to design PVDF membrane with co-continuous structure and improve the performance of PVDF membrane in the MD process.

KEYWORDS: Membrane distillation; PVDF membrane; Co-continuous structure; Superhydrophobic surface

1 INTRODUCTION

Membrane distillation (MD) is a non-isothermal membrane process driven by the vapor pressure difference across the membrane caused by the temperature gradient between the feed and permeate solutions [1]. Thermally induced phase separation (TIPS) method [2] is a promising approach for preparing MD membrane due to several accepted advantages, such as fewer influence factors, easy operation, homogeneous pore size distribution, high porosity, excellent mechanical property and so on. The structure of membrane prepared by TIPS process can be controlled by modifying polymer concentration, composition of the diluent, coagulation bath temperature and other factors [3] when a binary diluent is introduced in the casting solution. In this study, the feasible binary diluent was employed to generate the porous PVDF hollow fiber membrane with co-continuous structure, which is qualified as the most beneficial structure for MD process due to their excellent permeability, by TIPS approach. The morphology, property and operation performance in direct contact membrane distillation (DCMD) of the membrane were characterized.

Besides, the hydrophobicity is a basic requirement for MD process that can prevent the membrane from being

*基金项目：The authors gratefully acknowledge Shenzhen Science and Technology Innovation Committee (Grant No. JCYJ20160429191618506), the Science and Technology Project of Tianjin China (Grant No. 12ZCZDSF02200) and the National Key Technology R&D Program of China (Grant No. 2006BAB03A06).

第一作者简介：WANG Ziyi, Female, Hebei Province, Southern University of Science and Technology, Postdoc, Membrane Fabrication and Modification. Email: wangzy@sustc.edu.cn wetted in the industrial applications. Modification of the hydrophobic surface into superhydrophobic surface could effectively reduce the interaction between the feed solution and the membrane surface, alleviate membrane fouling and improve the efficiency for water treatment in MD process. However, the reported methods for the fabrication of superhydrophobic surface were mostly restricted due to the existence of certain limitations, such as special modification condition, limited applicability, complicated process, expensive material, poor durability and so on [4-9]. In this study, a facile solution immersion method was employed to construct a coating with papillae-like structure on PVDF membrane surface. A variety of experiments were carried out to compare the morphology, WCA, porosity, mean pore size and pore size distribution of the original and modified membranes.

2 EXPERIMENT

2.1 Materials

PVDF powder (FR-904, Mw=2.55×10^5, Mw/Mn=1.9, m.p. 174 ℃, Solvay Solexis) was purchased from Shanghai 3F New Material Co. Ltd., China. PVDF hollow fiber membranes were self-made. PG is a kind of polybasic alcohol mixture with low molecular weight. GBL, DOP, DOA and DOS were analytical reagents (AR grade) and purchased from Guangfu Fine Chemical Research Institute (Tianjin China). N, N-dimethylacetamide (DMAC, AR), anhydrous alcohol (AR) and sodium chloride (NaCl, AR) were supplied from Tianjin Jiangtian Chemical Technology Co. Ltd., China. All chemicals used in this study were not purified further.

2.2 Fabrication of hollow fiber membranes

The GBL was mixed with DOP, DOA and DOS to form casting solutions in different compatibility. Hollow fiber membranes were prepared by an extrusion apparatus. The feasible casting solution were fed to the vessel, heated to 180 ℃ and has been stirring for 2 h under the nitrogen atmosphere. After released the air bubbles for 1 h, the homogeneous casting solution was fed to a spinneret under the nitrogen pressure of 0.2 MPa. Another stream of nitrogen was blown into the spinneret to make a lumen at the center of the fiber. The solution was partly cooled in the air, and then entered into the coagulation bath to induce the phase separation and solidify the membrane. The solidified hollow fiber membranes were collected by a take-up machine and further extracted by immersion in ethanol for 24 h to remove the residual diluent. At last, the wet fibers were dried in the air at room temperature until yielded porous membranes. The membranes prepared from PVDF / GBL / DOP (casting solution a, CA), PVDF / GBL / DOA (casting solution b, CB), and PVDF / GBL / DOS (casting solution c, CC) are named as membrane a (MA), membrane b (MB), and membrane c (MC) respectively.

2.3 Superhydrophobic modification of PVDF membranes

The coating solution was obtained by mixing 2 wt% PVDF powder, 30 wt% PG with DMAC. A homogeneous solution was formed by stirring for 30 minutes. The two sides of the membranes were sealed by epoxy resin, and then immersed in the coating solution for 30 s. The wet membranes were removed into a water bath immediately to solidify the surface. Finally, the solidified membrane was cleaned by deionized water and then dried naturally.

2.4 Membrane characterization

The membranes were freeze-fractured in liquid nitrogen to yield cross section. For better visualization of the morphology, the surface and cross section of the hollow fiber membrane were coated with gold (Hitachi E1020), followed by observation using field emission scanning electron microscopy (SEM, Hitachi, S-4800). The porosity, mean pore size and pore size distribution of the membranes were characterized by pore size analyzer (3H-2000, Beishide Instrument Technology Beijing Co., Ltd.). Several PVDF membranes were assembled and sealed into a module. The MD flux of membrane was measured by a self-made DCMD Apparatus.

3 RESULTS AND DISCUSSION

Figure 1 exhibits the morphology of MA, MB and MC. The casting solutions became the droplets dispersion of polymer-lean phase and polymer-rich phase when the temperature dropped down. Under the driving force of surface energy difference at the interface of two phases, the droplets in the same phase merged together gradually, with eventual growth into larger ones. In CA and CB, the polymer-rich phase droplets grew into the solid spherulites while the merging of polymer-lean phase droplets until the casting solution reached the crystallization curve. The spherulites transformed into cell walls eventually, meanwhile the collision of growing polymer-lean phase droplets became the pores connecting the cells, finally forming the cellular structure [10]. By comparison with CA, the worse compatibility in CB induced the longer coarsening time, allowing greater growth of pores without qualitatively altering the structure (Fig.1b). In the same way, the worst compatibility in CC induced the longest coarsening time. The polymer-rich phase droplets in CC transferred into the spherulites with interconnected pores as temperature dropped down. The boundary among the polymer-lean phase droplets disappeared and gap junction pores were formed gradually during their collision. After the longest coarsening time, the connection of interconnected pores and gap junction pores constituted the co-continuous structure (Fig.1c), which is considered as the best membrane structure with excellent permeability.

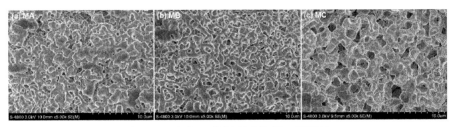

Fig.1 Morphology of MA (a), MB (b) and MC (c)

Figure 2 delineates the porosity and pore size distribution of MA, MB and MC. Since the diluents in the casting solutions were extracted to be the pores while PVDF form the membrane skeleton after the extraction, the fixed PVDF concentration in the casting solution led to the stable porosity of three membranes ranging of 65%-68%. Compared with MA, the weaker compatibility in CB caused the longer coarsening time, further leading to the pores with more uniform size connecting the cells in the cellular structures. The worst compatibility induced the enough time for the growth and connection of interconnected pores and gap junction pores. Therefore, the biggest pore size and narrowest pore size distribution of co-continuous structure were derived in MC.

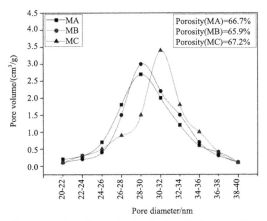

Fig.2 Porosity and pore size distribution of MA, MB and MC

The long-term DCMD operations for MA, MB and MC were conducted within 240 h at operation temperatures of 70 °C when using 3.5 wt% NaCl solution as feed, and the variations in flux were illustrated in Fig.3. As the system proceeded, NaCl in the feed would be saturated or oversaturated and began to crystallize on the surface of the membranes. Besides, the contaminants which have been presented in the feed solution and dust which has entered in MD system during the operation may deposited on the membrane surface and accumulated inside the pores. The formation of fouling layer reduced the temperature difference across the membrane, and thereby caused the less driving force. Therefore, a flux decrease with time over the 240 h of continuous operation in each membrane can be observed, even if the flux can be stable for the first 50 h. The decrease in MC over the 240 h operation is much lower than MA and MB, revealing more excellent long-term performance of MC caused by the relative higher porosity and bigger pores.

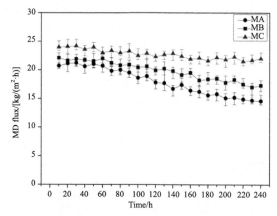

Fig.3　MD flux variation with time in a 240 h operation of MA, MB and MC

Figure 4 shows the surface morphology of MC before and after modification. The addition of PG changed PVDF molecular chain into unimers because of the hydrogen bonding among molecules [11]. Under the driving force of free energy difference, the generated unimers were proposed to aggregate into micelles at critical micelle concentration (CMC), which is defined as the point where there is a sharp increase in the number of PVDF molecules associate into micelles [12]. When the two sides sealed hollow fiber membranes were immersed in the coating solution, the micelles-contained solution adhered on the outer surface of the membrane. The obtained wet membrane was then moved into a coagulating bath) for further solidification. With mass transfer between the coating solution and water, the micelles adhered on the membrane surface relaxed and rearranged gradually during this solidification process, achieving the formation of papillae in micro-and nano-scale. Figure 6 shows a much rougher surface of modified MC with a WCA of 158.6° (Fig.6b) when compared with MC with a WCA of 90.3° (Fig.6a), suggesting that the superhydrophobic surface of the membrane can be successfully constructed by this modification process.

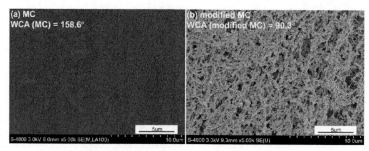

Fig.4　The surface morphology of MC (a) and the modified MC (b).

Fig.7a exhibits the MD flux of MC and modified MC when using water as feed within the first 4 h and adding anhydrous alcohol into the feed afterwards. Within the first 4 h, a slight decrease in MD flux was observed for both MC and modified MC. After adding the anhydrous alcohol to the feed, MC was wetted consequently, causing a dramatic decline of MD flux to negative value. However, the water droplet tends to be suspended on the surface of modified MC, preventing the liquid from penetrating into the surface cavities. Therefore, even after the anhydrous alcohol added into the feed, only a slight decrease of the MD flux was observed for modified MC. After the experiment, it was found that MC was partly wetted while modified MC maintained dry as before. In conclusion, the wetting resistance of modified MC was improved significantly compared to MC.

Fig.7b shows the MD flux attenuation of the two membranes in the process of treating organic solution of 150 mg·L^{-1} humic acid and 3.775 mmol·L^{-1} CaCl$_2$. Almost the same MD flux of 20 kg·m^{-2}·h^{-1} was obtained after running 24 h even with an initial difference in MD flux, which shows a slower decrease in the MD flux for the modified membrane in comparison with the original one. The negatively charged carboxyl groups of humic acid have been reported to be easily interacted with the positively charged calcium ions in the solution, which leads to the deposition of humic acid on the membrane surface [13]. Therefore, the mass transfer resistance of the membrane was enhanced and thus the MD flux decreased. However, the accumulation and deposition rate of humic acid will become much slower on the superhydrophobic surface of the modified membrane, resulting in a much slower decrease in the MD flux.

Fig.7c illustrates the variation in MD flux of the original and modified membranes when using the inorganic solution of 4.3 wt% NaCl, 0.1 wt% CaCl$_2$ and 0.1 wt% MgCl$_2$ as feed. In the process of experiment, the inorganic salts will deposit on the outer surface of the original membrane, leading to a continuous decrease in the MD flux from 29.7 to 20.8 kg·m^{-2}·h^{-1} after 24 h. However, with a slightly lower initial MD flux comparing to the original membrane, a much slower decrease (25.1 to 24.2 kg·m^{-2}·h^{-1}) was observed for the modified membrane due to less inorganic salts adhered on its superhydrophbic surface. From the above results, both organic and inorganic contaminants were prone to deposit on the surface of MC. However, the superhydrophobic surface of modified MC kept the liquid suspending on the top of the papillae, which is supposed to be beneficial for the fouling resistance.

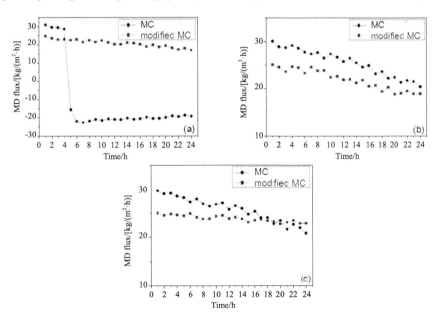

Fig.7   MD flux variation when using water as feed within the first 4 h and adding anhydrous alcohol into the feed afterwards (a), using organic solution of 150 mg·L^{-1} humic acid and 3.775 mmol·L^{-1} CaCl$_2$ as feed (b) and using inorganic solution of 4.3 wt% NaCl, 0.1 wt% CaCl$_2$ and 0.1 wt% MgCl$_2$ as feed (c)

4　CONCLUSIONS

In this study, the binary diluent was employed to generate the porous polyvinylidene fluoride (PVDF) hollow fiber membrane with co-continuous structure. A facile method was introduced for superhydrophobic coating with papillae-like structure on PVDF membrane surface. The original membrane with co-continuous structure exhibits narrow pore size distribution and excellent permeability. The MD flux, wetting and fouling resistance were significantly enhanced after superhydrophobic modification. This study proposed a promising strategy to design PVDF membrane with co-continuous structure and improve the performance of PVDF membrane in the MD process.

ACKNOWLEDGMENTS

The authors gratefully acknowledge Shenzhen Science and Technology Innovation Committee (Grant No. JCYJ20160429191618506), the Science and Technology Project of Tianjin China (Grant No. 12ZCZDSF02200) and the National Key Technology R&D Program of China (Grant No. 2006BAB03A06).

REFERENCES

[1]　M. Khayet, Membranes and theoretical modeling of membrane distillation: a review, Adv. Colloid. Interfac. 164 (2011) 56-88.

[2]　M. Mulder. Basic principles of membrane technology. Dordrecht, The Netherlands: Kluwer Academic; 1996, 71-156.

[3]　J.F. Kim, J.T. Jung, H.H. Wang, S.Y. Lee, T. Moore, A. Sanguineti, E. Drioli, Y.M. Lee. Microporous PVDF membranes via thermally induced phase separation (TIPS) and stretching methods. Journal of Membrane Science, 2016, 509: 94-104.

[4]　J.D. Mackenzie, Applications of the sol-gel process, J. Non-Cryst. Solids 100 (1988) 162-168.

[5]　G Bonizzoni, E Vassallo, Plasma physics and technology; industrial applications, Vacuum, 64 (2002) 327-336.

[6]　M. Xiao, J. Nieto, R. Machorro, J. Siqueirosb, H, Escamilla, Fabrication of probe tips for reflection scanning near-field optical microscopes: chemical etching and heating-pulling methods, J. Vac. Sci. Technol. B 15 (1997) 1516-1520.

[7]　A. Schneider, X.Y. Wang, D.L. Kaplan, J.A. Garlick, C. Egles, Biofunctionalized electrospun silk mats as a topical bioactive dressing for accelerated wound healing, Acta Biomater. 5(2009) 2570-2578.

[8]　A.W. Tan, B. Pingguan-Murphy, R. Ahmad, S.A. Akbar, Review of titania nanotubes: Fabrication and cellular response. Ceram. Int. 38 (2012) 4421-4435.

[9]　H.O. Pierson, Handbook of chemical vapor deposition, principles, technology and applications, second ed., William Andrew, New York, 1999.

[10] D.R. Lloyd, S.S. Kim, K.E. Kinzer. Microporous membrane formation via thermally-induced phase separation. II. Liquid-liquid phase separation. Journal of Membrane Science, 1991, 64: 1-11.

[11] B.C. Clover. Micelles and aggregates formation in amphiphilic block copolymer solutions [D]. US: University of Maryland, 2010.

[12] P. Alexandridis. T.A. Hatton, Poly(ethylene oxide)/poly(propylene oxide)/ poly(ethylene oxide) block copolymer surfactants in aqueous solutions and at interfaces: thermodynamics, structure, dynamics, and modeling, Colloids and Surfaces A: Physicochem. Engin. Aspects 96 (1995) 1-46.

[13] S. Srisurichan, R. Jiraratananon, A.G Fane, Humic acid fouling in the membrane distillation process, Desalination 174 (2005) 63-72.

农业水资源

广西百色右江河谷芒果灌溉制度试验研究*

郭攀[1]，李新建[1]，粟世华[2]，梁梅英[2]，寸德志[1]，蔺珂[1]，赵海雄[2]，黎应和[1]

（1. 广西农业灌溉排水工程技术研究中心，广西桂林 541105；

2. 桂林市农田灌溉试验中心站，广西桂林 541105）

摘　要：为探究广西百色右江河谷地区芒果灌溉制度，在广西田东县建立 13.33 hm² 芒果高效节水灌溉制度大田试验区。通过设置 5 种不同灌溉定额、15 种不同灌溉次数、5 种不同灌溉时间，累计 25 种灌溉处理水平，无灌溉作为对照组。结果表明：①百色右江河谷地区芒果最佳灌溉定额分别为：1500m³/hm²。与无灌溉相比，产量平均增加 70.16%，无胚果单果重平均增加 13.28%，正常果单果重平均增加 7.94%。SS、TSS、VC 含量分别增加 7.07%、19.08%、18.77%，TA 含量减少 24.23%。②百色右江河谷地区芒果最佳灌溉时间和次数分别为：秋梢抽发期灌水 1 次、花芽分化期灌水 1 次、开花挂果期灌水 2 次、果实膨大期灌水 2 次、成熟期不灌溉。与无灌溉相比，亩均增产 61.94%，可食率增加 11.27%，SS 含量增加 9.58%，VC 含量增加 8.87%。研究出芒果灌溉制度可为广西百色地区芒果高效节水灌溉提供技术支撑。

关键词：广西右江河谷；芒果；坡耕地；灌溉制度

芒果属于热带水果，营养价值高、肉质香甜、口感嫩滑，素有"热带果王"之誉称。广西百色右江河谷地区属于亚热带季风气候区，具有光、热能充足，水热同期、夏季高温多雨、干湿季节分明且无冬季的河谷干热气候特征，具备芒果得天独厚的适生环境，种植芒果已有 100 多年历史，目前已逐步成为我国芒果主产区。2016 年该区芒果种植面积已达 80 000hm²，但仅占芒果可种植面积的 16%，在 50% 投产的情况下产值达 30 亿元，种植芒果已成为百色革命老区脱贫致富的主要途径之一。

然而，芒果果实生长发育的大部分时间在旱季，必须补充灌溉才能保证产量与品质。水源或者灌溉设施的匮乏地区致使芒果关键需水时期水分难以得到保证，产量波动大；有灌溉条件芒果园因缺少科学灌溉技术指导，不仅浪费水资源，还会因未根据芒果需水规律灌溉，导致芒果产量与品质下降。因此，急需探究出广西百色右江河谷地区芒果灌溉制度，为百色芒果高效生产提供科学依据。

目前，芒果水分管理方面的研究多侧重于水分对芒果产量与品质的影响[1-3]，而直接用于指导种植的灌溉制度技术研究偏少。王海丽等[4]通过灌溉试验实测资料，探讨了芒果的需水规律并提出需水量计算模型；罗桂仙等[5]研究芒果产量、灌水量、灌水周期相关性，提出基于不同果型条件的灌水定额与周期。W. Spreer 等[6-7]研究泰国北部芒果调亏灌溉条件下的产量与品质关系，经过 2005—2007 年灌溉试验研究得出芒果全生育期调控灌溉处理 RDI（全期每株 1.68m³）、PRD（全期每株 1.62m³）的产量较无灌溉分别提高 17.68% 与 13.68%，较充分灌溉（全期每株 3.17m³）提高 0.58% 及减少 2.83%；调控灌溉处理 RDI、PRD 水分生产率较充分灌溉提高 94.16% 与 88.68%。可见，芒果适宜灌溉制度可

*基金项目：广西水利厅科技计划项目"广西芒果高效节水精准灌溉水肥一体化技术推广应用研究"（KY-201409、KY-201510）。

第一作者简介：郭攀（1988—），男，硕士，从事高效节水灌溉及农田面源污染治理领域研究。Email：swyxgp@163.com

通讯作者：李新建（1957—），男，教授级高级工程师，主要从事高效节水灌溉及农田面源污染治理领域研究。Email：lxj5719@163.com

保证产量与品质。

以上研究成果为芒果高效节水灌溉提供了一定参考价值，但难适用于广西百色右江河谷地区独特气候条件下的芒果种植灌溉。本文通过在白色右江河谷中心区域田东县开展芒果高效节水灌溉试验研究，旨在研究出广西右江河谷独特气候条件下的芒果的最佳灌水时间、灌水定额、灌水次数，为当地芒果种植、科学灌溉管理提供理论与实践依据，无论是对芒果节水灌溉提高产量与品质，帮助革命老区农民脱贫致富都具有十分重要的意义。

1 材料与方法

1.1 试验区概况

试验区选在广西壮族自治区百色市右江河谷田东县祥周镇康元村帝王果园，地理位置北纬 23°40′东经 107°01′，海拔 128m，年平均日照时数 1711.2h，年平均蒸发量 1681.7mm，雨季集中在 6—8 月，年平均降雨量 1213.5mm，年平均气温 22.2℃，无霜期 350d 以上，试验区土质为沙质黏土，土壤基本性状为：土壤容重 $\gamma = 1.26g/m^3$，有机质 1.32%，全氮 0.061%，碱解氮 57mg/kg，有效磷 2mg/kg，速效磷 20mg/kg，速效钾 269 mg/kg。

试验区芒果选用台农一号，2012 年树龄为 8 年，每株间距为 4m×4m，平均每公顷种植 600 株。根据多年统计资料及实地调研，将芒果全生育期划分为 5 个，各生育期起止时间会因当年种植情况略有差异，但相差不大，故确定各生育期及起止时间见表 1。

表 1 广西百色右江河谷芒果生育期划分

生育期	秋梢抽发期	花芽分化期	开花挂果期	果实膨大期	成熟期
起始	7 月 21 日	10 月 21 日	1 月 21 日	4 月 21 日	6 月 21 日
终止	10 月 20 日	1 月 20 日	4 月 20 日	6 月 20 日	7 月 20 日

1.2 试验设计

本次试验从 2012 年 1 月开始至 2017 年 7 月，试验处理采用 3 种方式，分别是：方式一，固定灌水次数和灌水时期，不固定灌水定额；方式二，固定灌水时期和灌水定额，不固定灌水次数；方式三，固定灌水次数和灌水定额，不固定灌水时期。其中：方式一有 5 种处理，方式二有 15 种处理，方式三有 5 种处理。无灌溉（NI）作为对照组，共 26 种处理，每种处理重复 3 次，具体处理见表 2。

表 2 试验处理设计表

处理编号	秋梢抽发期	花芽分化期	开花挂果期	果实膨大期	成熟期	
一	固定灌水次数（4 次）、固定灌水时期					不固定灌溉定额/（m³/亩）
NI	0	0	0	0	0	0
I1	1	1	1	1	0	50
I2	1	1	1	1	0	75
I3	1	1	1	1	0	100
I4	1	1	1	1	0	125
I5	1	1	1	1	0	150
二	固定灌水时期和固定灌水定额（50 m³/亩）					不固定灌水次数
T1	0	1	1	1	0	3
T2	2	1	1	1	0	5

处理编号	秋梢抽发期	花芽分化期	开花挂果期	果实膨大期	成熟期	
T3	4	1	1	1	0	7
T4	1	0	1	1	0	3
T5	1	2	1	1	0	5
T6	1	4	1	1	0	7
T7	1	1	0	1	0	3
T8	1	1	2	1	0	5
T9	1	1	4	1	0	7
T10	1	1	1	0	0	3
T11	1	1	1	2	0	5
T12	1	1	1	4	0	7
T13	1	1	1	1	0	4
T14	1	1	1	1	2	6
T15	1	1	1	1	4	8
三	固定灌水次数和灌水定额（50 m³/亩）					不同灌水时期
S1	2	0	0	0	0	2
S2	0	2	0	0	0	2
S3	0	0	2	0	0	2
S4	0	0	0	2	0	2
S5	0	0	0	0	2	2

1.3 测定项目及方法

（1）芒果产量参数测定。试验测定项目主要为芒果的产量与品质相关参数，其中：芒果产量主要通过测定单株芒果正常果与无胚果个数和单果重，计算得出单株产量；可通过测产验收时，在每株试验处理上随机取 20 个无胚果、10 个正常果（<10 个则全部选定），称重取平均值，分别计算无胚果与正常果的单果重。

（2）芒果品质参数测定。可食率通过称取果肉鲜重占芒果鲜重的比例[8]；可溶性固形物（SS）、VC含量、可溶性总糖（TSS）、可滴定酸（TA）采用鲁如坤主编的《土壤农业化学分析方法》[9]。

2 结果与分析

2.1 不同灌溉定额对芒果产量与品质的影响

2.1.1 不同灌溉定额对芒果产量构成因素的影响

由于芒果全年生长，大年产量高伴随能源消耗不足以保证小年芒果开花结果能量需求，因此芒果产量大小年现象较为普遍[10]。单株产量与单果重是芒果产量的重要表征指标，2014—2017 年不同灌溉定额对芒果产量的影响见图 1。

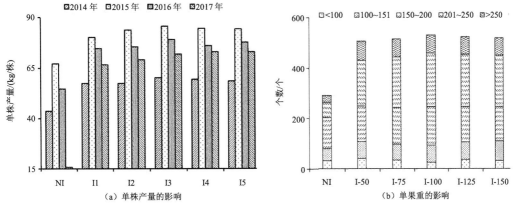

图 1　不同灌溉定额对芒果单株产量及单果重的影响

从图 1（a）中可以看出：灌溉能够大幅度提高芒果的产量，减少芒果产量大小年的影响，4 年灌溉试验中灌溉最高产较无灌溉平均增产 117.73%，其中 2014—2016 年平均增产 36.65%，2017 年增产 360.96%。分析原因主要是 2014—2016 年降雨相对处于多年平均水平，无灌溉区靠降雨补充灌溉仍能保持一定的产量，2017 年项目区降雨较少，芒果关键需水时期得不到降雨补给，生长严重受到抑制，产量大幅度减产。相反，补充灌溉区 4 年产量相对稳定，其中：处理 I1、I2、I3、I4、I5 较 NI 的增产幅度分别为 31.48%~84.08%、31.82%~92.25%、38.26%~96.41%、36.16%~94.07%、34.12%~93.41，平均增幅 59.93%、63.85%、70.16%、66.38%、64.75%，增幅最大的处理为 I3。

灌溉对单果重的影响主要是增加单果在中、大型果的比例和单果重。不同灌溉定额处理中 I1、I2、I3、I4、I5 较 NI 的单果重幅度分别为：无胚果平均增加单果重 11.92%、11.61%、13.28%、12.30%、12.08%；正常果平均增加单果重 6.12%、7.67%、7.94%、7.72%、6.63%。分析原因可能为影响单果重的因素中，灌水量只是其中之一，气候因素、肥料影响可能更加显著。

2.1.2　不同灌溉定额对单株芒果品质的影响

芒果品质直接决定了芒果的商品价值。芒果品质可由 SS、TA、TSS、VC 含量、可食率等指标体现，认为 SS、TSS、VC 含量、可食率高，TA 含量少的芒果品质佳。不同灌溉定额处理芒果品质参数见图 2。

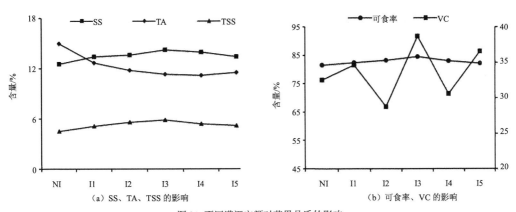

图 2　不同灌溉定额对芒果品质的影响

由图 2（a）可知不同灌溉定额处理中 SS、TSS 含量随着灌溉定额的增加先增加后减少，与 NI 相比，各处理的分别增加为 6.68%、8.35%、13.12%、11.13%、6.92%与 12.94%、14.69%、19.08%、23.25%、28.73%；与 NI 相比，各处理 TA 含量分别减少 12.94%、23.46%、28.73%、19.08%、14.69%。由图 2（b）知不同灌溉定额处理的可食率变化幅度较小，灌溉一定程度上增加了芒果的可食率，各处理较 NI 处理增幅为 0.96%、1.84%、3.40%、1.59%、0.66%，差异产生的主要原因是灌溉定额影响芒果果肉和果核生长。VC

含量变花出现较大波动，在灌溉定额处理 I3 时，VC 含量最高，较 NI 增加 18.77%；处理 I2 含量最低，较 NI 减少 11.61%。可见，适当的灌溉定额有助于提高芒果的品质。

综上所述，认为芒果产量与品质俱佳的灌溉定额处理为 I3。

2.2 不同灌水次数对芒果产量与品质的影响

不同灌水次数处理对芒果产量与品质的结果见表 3。产量上，处理 T8、T11 的单株产量均超过 70kg/株，为各处理中产量最高之一，分别较 NI 处理单株产量提高 57.47%、58.38%。处理 T8 在开花挂果期灌溉 2 次，较 0 次相比补充灌溉水分提高了芒果挂果率；较 4 次提高产量主要原因是 2 次保证有效挂果率，4 次灌溉水分过多易导致芒果挂果过于密集，果实生长后期水分及营养争夺易产生无效挂果。处理 T11 在果实膨大期灌溉 2 次，与该期 0 次相比，2 次灌溉保证了芒果生长所需水分，促进了果实的正常生长；4 次灌溉过于充足，易导致芒果裂果或腐烂，从而影响产量。综合 T8、T11 的结果认为芒果产量最高的灌水处理是秋梢抽发期灌水 1 次、花芽分化期灌水 1 次、开花挂果期灌水 2 次、果实膨大期灌水 2 次、成熟期不灌溉，全生育期灌水 6 次。

表 3 不同灌溉时期及灌水次数对芒果单株产量及产量构成因子的影响

处理编号	无胚果		正常果		单株产量/kg	可食率/%	SS/%	VC/mg	TSS/%	可滴定酸/%
	个数	重量/g	个数	重量/g						
T1	378.56	109.56	50.34	288.56	56.00	83.42	12.78	34.18	5.09	12.34
T2	403.66	110.23	67.45	293.78	64.31	81.56	13.86	34.26	5.18	12.89
T3	389.34	110.17	63.46	290.45	61.33	78.90	13.84	33.98	4.89	12.78
T4	389.56	108.78	51.34	289.45	57.24	81.34	13.91	34.34	5.11	12.78
T5	423.56	110.32	65.36	293.23	65.89	81.78	13.96	34.56	5.12	12.98
T6	419.45	110.12	62.09	291.27	64.27	80.67	13.92	34.12	5.03	13.89
T7	368.67	107.45	51.20	289.67	54.44	81.34	13.81	33.89	5.11	13.24
T8	441.25	112.25	73.48	297.56	71.40	83.48	13.65	34.98	5.18	12.49
T9	401.78	109.78	71.56	294.78	65.20	81.67	13.87	33.91	4.89	13.76
T10	431.67	103.56	70.87	287.89	65.11	81.23	13.82	34.12	5.02	13.89
T11	438.36	113.35	73.35	301.56	71.81	84.67	13.66	35.02	5.19	11.92
T12	435.34	110.56	73.31	298.00	69.98	81.78	13.79	34.23	4.61	13.67
T13	433.07	111.46	71.96	295.67	69.55	82.45	13.78	34.67	5.15	12.67
T14	433.05	111.48	71.93	296.89	69.63	81.76	13.68	34.58	5.11	13.03
T15	433.01	111.52	71.91	297.62	69.69	79.95	13.62	33.23	4.32	13.56
NI	338.58	99.71	41.30	280.39	45.34	81.67	12.58	32.56	4.56	14.98

各处理中芒果可食率 T11 最大、T8 次之，且产量也是最高的，说明生育期合理的灌溉次数可有效提升芒果的可食率；各处理中 SS、VC、TSS 含量变化趋势相似，均在 T11、T8 处理时达到较大值；TA 含量变化与 SS、VC、TSS 的含量变化趋势近似负相关，均在 T11、T8 处理时达到较小值。分析认为开花挂果期灌水、果实膨大期是芒果需水较多时期，此期补充灌溉有助于芒果生殖生长，促进果实营养物质积累。秋梢抽发灌水、花芽分化期、成熟期芒果需水较少，此期少灌或不灌有助于提高芒果的新梢率及花芽分化率以及糖分转化。

综上所述，芒果秋梢抽发期灌水 1 次、花芽分化期灌水 1 次、开花挂果期灌水 2 次、果实膨大期灌水 2 次和成熟期不灌水的处理较好地解决了芒果水分供给问题能够更好地满足芒果的生长发育，可以达到芒果产量与品质俱佳。

2.3 不同灌水时期对芒果产量与品质的影响

不同灌水时期对芒果产量与品质的影响见图3。5种处理中产量最高为处理S4，其次是出S3，最低为S2。处理S4为果实膨大期灌水，此时芒果生殖生长活动旺盛，需要大量的水分补给，灌水可促进芒果果实积累物质，产量提高；处理S3为开花挂果期灌水，此时芒果需求水分较为强烈，一方面水分促使芒果花蕾生长，提高坐果率；另一方面湿润适宜的水分促使芒果雌蕊柱头黏性加大，有助于吸附花粉，更易于受精，提高芒果正常果的比例，从而增加产量；处理S2产量低主要原因是花芽分化期正处于芒果营养生殖与生殖生长的平衡期，过多的水分致使芒果营养生殖占优势，生殖生长受抑制[11]，影响芒果产量。

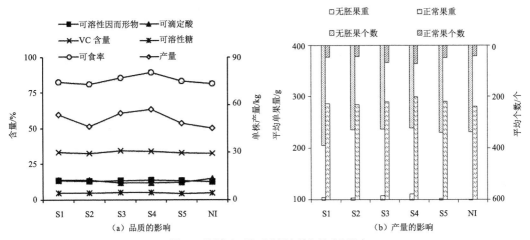

图3　不同灌水时期对芒果产量与品质的影响

不同灌水时期对芒果品质影响中，SS、VC、可食率在整体趋势上有一定的相似，均不同程度的表现在处理S4和S3最多。其中，S4和S3处理的SS较最低处理的NI分别提高7.7%、7.5%；S4和S3处理的VC较最低处理的NI分别提高4.2%、6.1%；S4和S3处理的可食率较最低处理的NI分别提高8.8%、4.8%。各处理TSS的含量为：S4>S3>S2>S1>NI>S5，表明成熟期灌水芒果糖分减少，其他生育期灌水对糖分积累促进效果，分别较NI提高2.2%、2.9%、9.2%、10.1%。灌溉减低了芒果可滴定酸的含量，与NI相比各生育期灌水分别降低8.1%、6.8%、19.8%、21.4%、16.9%。

综上所述，芒果最佳灌水时间为果实膨大期和开花挂果期，此期可适当多灌水可增加芒果坐果率及正常果的比例，提高产量；秋梢抽穗期可根据需要灌水，花芽分化期适当保持干旱，促进花芽分化，提高有效果个数；成熟期不灌水，以保证芒果糖分转化，提高品质。

3 结论与讨论

经过2012年至2017年广西右江河谷地区芒果灌溉制度试验研究表明，灌溉与无灌溉相比芒果产量与品质提高显著，最适宜广西右江河谷地区芒果最佳灌溉定额为100m³/亩，最佳灌水次数6次，最佳灌水时间是秋梢抽发期1次、花芽分化期1次、开花挂果期2次、果实膨胀期2次、成熟期0次。

针对广西右江河谷地区芒果多种植于坡耕地，发展芒果高效节水灌溉势在必行。在水源条件较好地区可采用本研究成果进行补充灌溉；在水源不充足地区，必须进行芒果优化灌溉制度补充灌溉。因暂未开展芒果优化灌溉制度方面研究，仅推荐目前认为可行的节水灌溉制度：全生育期灌水50 m³/亩，全生长期的适宜灌水次数4次，分别为秋梢抽发期0次、花芽分化期0次、开花挂果期2次、果实膨胀期2次、成熟期0次。

随着广西右江河谷地区芒果产业不断壮大，种植科技水平不断提高，传统的灌溉方式已无法满足芒果产业化发展需求，必须加强芒果灌溉施肥技术的精细化水平研发，同时结合物联网技术，实现芒果水肥一体化、精准灌溉施肥、规模化、现代化发展。进一步将深入开展芒果水分胁迫、优化灌溉制度等方面的研究。

参考文献

[1] 刘国银，魏军亚，刘德兵，等. 水分对芒果叶片、产量及果实品质影响的研究进展[J]. 热带农业科学，2015,35(10):1-5.

[2] 刘志田，罗关兴，王军，等. 水分对芒果果实生长及品质的影响[J]. 中国热带农业，2017(1):32-33.

[3] 刘国银，于恩厂，魏军亚，等. 2个芒果品种的叶片含水量与土壤水分的关系[J]. 江苏农业科学，2014,42(2):124-126.

[4] 王海丽，古璇清，王小军，等. 芒果需水规律与适宜土壤水分灌溉调控技术研究[J]. 中国农村水利水电，2016(8):125-128.

[5] 罗桂仙，孙强，补雪梅，等. 攀枝花市芒果节水微灌灌水制度研究[J]. 节水灌溉，2006(4):16-19.

[6] W. Spreer, M. Nagle, S. Neidhart, et al.. Effect of regulated deficit irrigation and partial rootzone drying on the quality of mango fruits(Mangifera indica L., cv. 'Chok Anan')[J]. Agricultural Water Management,2007,88:173-180.

[7] W. Spreer, S. Ongprasert, M. Hegele, et al..Yield and fruit development in mango (Mangifera indica L.cv. Chok Anan)under different irrigation regimes[J].Agricultural Water Management,2009,96:574-584.

[8] 陈业渊，贺军虎. 热带、南亚热带果树种质资源数据质量控制规范[M]. 北京：中国农业出版社，2006.

[9] 鲁如坤. 土壤农业化学分析方法[M]. 北京：中国农业科技出版社，2000.

[10] 刘国银. 不同土壤含水量对芒果叶片及果实的影响[D]. 海口：海南大学，2014.

[11] 陈杰忠，赵红业，叶自行. 水分胁迫对芒果成花效应及内源激素变化的影响[J]. 热带作物学报，2000,21(2):74-79.

芒果管道灌溉施肥对土壤氮磷钾分布的影响

寸德志[1]，李新建[1,2]，郭攀[1]，蔺珂[1]，黎应和[1]

（1. 广西农业灌溉排水工程技术研究中心，广西桂林 541105；

2. 桂林市农田灌溉试验中心站，广西桂林 541105）

摘　要：为了解决百色革命老区芒果种植户的灌溉施肥技术问题，选对灌溉施肥方式，减少劳动力投入，为革命老区精准扶贫提供有效的技术支撑，分析了芒果管道灌溉施肥对不同深度土壤氮磷钾含量变化及产量的影响。结果表明：相同施肥量与人工撒施相比，滴灌施肥氮、磷、钾垂直方向向芒果根系密集区 20～60cm 运移速率最快为 9h，且不同深度土层中氮、磷、速钾残留量少，0～20cm 土层氮、磷、钾残留分别少 68.75%、84.44%、95.09%，20～40cm 土层氮、磷、钾残留分别少 75.27%、61.82%、100%，其他土层均无残留；滴灌施肥芒果产量分别提高 27.18%、25.07%、28.47%、28.25%、32.12%、27.83%，节省肥料用量 50%以上。

关键词：灌溉施肥；芒果；土壤；氮；磷；钾

广西百色市被誉为"中国芒果之乡"，芒果种植面积达 8.05 万 hm^2。百色芒果主要种植在右江河谷地区，气候条件独一无二，干湿季节交替分明，降雨量主要集中在 5—7 月，春旱严重，且地形起伏较大，以丘陵为主，土层较薄，土层保水、保肥能力弱，地下水位较深，水源缺乏，水利灌溉设施极少，在春旱缺水季节，水源供给不足的条件下，肥料供给不及时，肥料利用率降低，严重影响芒果开花挂果，导致芒果减产严重[1]。因此管道灌溉施肥是解决芒果种植区缺水、缺肥的主要途径。

芒果各生育期需肥规律是果农的盲区，不能抓住芒果需肥关键时期，常采用撒施或浇灌施肥，没有先进的灌溉施肥设施，严重制约着水肥效率和芒果产量。这是水肥利用率无法进一步提升和造成芒果产量和品质无法快速提升的瓶颈，严重制约芒果经济效益[2]。因此，解决影响芒果产量和品质的关键问题，适时适量供给水分、养分。需采用管道灌溉施肥，大幅度减少肥料在土壤中的残留[3]。

目前国内在芒果管道灌溉施肥方面的研究报道较少，大多数都是其他水果的管道灌溉施肥研究。杨培丽等[5]研究表明：管道灌溉施肥技术能有效降低生产成本，提高柑橘的产量、品质和经济效益；路永莉等[6]研究表明：管道灌溉施肥技术对提高肥料利用率，促进苹果产量和品质有明显作用；徐淑君等[7]研究表明：可以充分利用水源达到节省灌水量、节省施肥量的目标，提高果业的可持续发展。因此研究芒果管道灌溉施肥技术，提高水肥利用率及芒果产量，降低生产成本，为芒果种植区的规模化发展提供技术支撑，是现阶段芒果种植需解决的关键问题。

1　材料与方法

1.1　研究区概况

试验区选在广西壮族自治区百色市田东县祥周镇康元村帝王果园，地理位置北纬 23°40′东经 107°01′，海拔 128m，年平均日照时数 1711.2h，平均年蒸发量为 1681.7mm，雨季集中为 6—8 月，平均年降雨量为 1165.8mm，年平均气温为 22.2℃，无霜期为 350d 以上，芒果树在 2012 年至 2017 年间，树龄为 8～13 年树龄。试验品种为台农 1 号，平均每亩为 40 株。其土壤背景值见表 1。

表 1 试验区土壤背景值为

成分	有机质	全氮	碱解氮	有效磷	速效钾	pH 值
含量	13.2g/kg	1.44g/kg	100mg/kg	19mg/kg	124 mg/kg	4.89

1.2　试验处理设计

试验时间为 2012—2017 年，本试验共 4 个处理，3 次重复，每个试验区面积为 1 亩（表 2）。施肥方式设计为：T1 滴灌施肥，T2 小管出流施肥，T3 浇灌施肥，CK 人工撒施，施肥量为复合肥 120kg/亩。灌溉定额设计为 100m³/亩。

供施肥料为：复合肥——养分含量为 45%（$N:P_2O_5:K_2O$ =15:15:15）。

表 2 施肥方案

施肥时期	施肥次数	施肥时间	施肥量/（kg/亩）
秋梢抽发期	1	8 月 15 日	20
花芽分化期	1	10 月 25 日	20
开花挂果期	2	1 月 25 日、3 月 5 日	40
果实膨大期	2	4 月 25 日、5 月 25 日	40

1.3　试验观测方法

土壤氮素、磷素、钾素含量分别于 8 月 15 日（施肥前）、8 月 17 日（施肥后），10 月 25 日（施肥前）、10 月 27 日（施肥后），1 月 25 日（施肥前）、1 月 27 日（施肥后），3 月 5 日（施肥前）、3 月 7 日（施肥后），4 月 25 日（施肥前）、4 月 27 日（施肥后），5 月 25 日（施肥前）、5 月 27 日（施肥后）各取样一次。

化验内容有：土壤碱解氮化验（碱解扩散法）；土壤有效磷化验（钼锑抗比色法）；土壤速效钾化验（火焰光度法）。0、3、6、9 为施肥后 0h、3h、6h、9h；施肥前取样编号为 Q，施肥后取样编号为 H。

1.4　数据分析方法

采用 SPSS 20.1 对数据进行分析。

2　结果与分析

2.1　芒果管道灌溉施肥对肥料移动速率的影响

选用管道灌溉施肥，适时适量、均匀的把养分、水分疏松到芒果根系附近，在灌溉施肥过程中能较好保持土壤的通透性[8]，为养分、水分通往根系的途中创造了良好的环境，大大提高了养分水分的移动速率。

2.1.1　芒果管道灌溉施肥对氮素在土壤中移动速率的影响

氮素是芒果叶绿素的重要组成部分，芒果植株体内氮素含量的多少直接影响叶片光合作用，间接掌控芒果植株生长发育[9]。氮素供给快慢关乎芒果植株的发育，施肥过程中氮素到达芒果根系密集区的快慢直接影响氮素损失率的高低，芒果根系密集区为 20～40cm。因此，提高氮素到达根系密集区附近的移动速率很关键。图 1 显示灌溉施肥后随着时间的推移，氮素从土壤表层逐渐往下层移动，9h 内氮素移动速率较快为 T1 灌溉施肥方式，0～20cm 土壤氮素含量下降了 13.17%，20～40cm 土壤氮素含量上升了 34.88%，40～60cm 土壤氮素含量上升了 19.12%，60～80cm 土壤氮素含量保持不变。说明 T1 灌溉施肥方式有利于提高氮素向芒果根系密集区的移动速率，避免途中的挥发损失，及时为芒果提供氮素。9h 内氮素移动较慢为 CK 施肥方式，每层土壤氮素含量没有明显变化。说明仅靠土壤含水率溶解肥料，所需时间较长，而且氮素中途损失较多，大幅度降低氮素利用率，因此施肥与灌溉需密切结合，能有效提高氮素利用率。

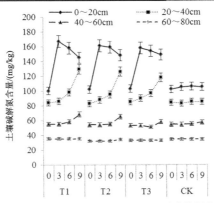

图 1　管道施肥对氮素在土壤中移动速率的影响

2.1.2　芒果管道灌溉施肥对磷素在土壤中移动速率的影响

磷素是促进芒果营养生长和生殖生长的主要元素，是决定芒果品质的主要营养元素，是芒果植株能量产生、消耗、储存的主要元素，适时适量供给芒果磷素促进植株的茁壮成长，为产量形成储备能量[9]。因此，将磷素及时输送到芒果根系密集区，减少磷素中途的损失，是提高磷素利用率，节省生产成本的主要手段。图 2 显示，灌溉施肥后随着时间的推移，磷素在土壤中不断向下移动，9h 内磷素移动速率较快为 T1 灌溉施肥方式，0~20cm 土壤磷素含量下降了 33.33%，20~40cm 土壤磷素含量上升了 57.50%，40~60cm 土壤磷素含量上升了 47.37%，60~80cm 土壤磷素含量保持不变。说明 T1 处理有利于磷素在土壤中的移动，6h 内将磷素输送到芒果根系密集区，有利于提高磷素利用率。9h 内磷素移动速率最慢为 CK 施肥方式，各层土壤中磷素含量保持不变，说明 9h 内仅靠土壤含水量还未达到肥料溶解和移动，中途磷素损失量增大，不利于芒果对磷素的吸收利用，大幅度降低了磷素利用率。

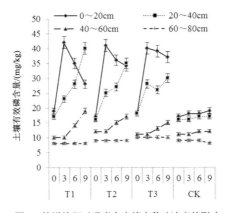

图 2　管道施肥对磷素在土壤中移动速率的影响

2.1.3　芒果管道灌溉施肥对钾素在土壤中移动速率的影响

钾素是有利于芒果生长的一种主要调节元素，钾素能促进芒果对氮素的吸收利用，能提高芒果的抗性，调节芒果叶片气孔开度，因此为芒果植株适时适量供给钾素，促进芒果植株生长，调节植株水分蒸腾，提高芒果抗性，为芒果产量形成提供良好的条件[9]。图 3 显示灌溉施肥后随着时间推移，9h 内钾素向芒果根系密集区移动速率较快为 T1 灌溉施肥方式，0~20cm 土壤钾素含量下降了 16.11%，20~40cm 土壤钾素含量上升了 32.50%，40~60cm 土壤钾素含量上升了 18.33%，60~80cm 土壤钾素含量保持不变。说明 T1 处理有利于钾素在土壤中的移动，9h 内将钾素输送到芒果根系密集区，有利于提高钾素利用率。9h 内钾素移动速率最慢为 CK 施肥方式，各层土壤中钾素含量保持不变，说明 9h 内仅靠土壤含水量还未达到肥料溶解和移动，造成中途钾素损失量较多，不利于芒果对钾素的吸收利用，大幅度降低了钾素利用率。

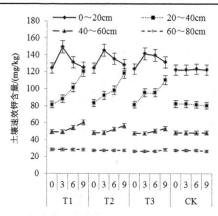

图 3　管道施肥对钾素在土壤中移动速率的影响

2.2　管道施肥前后对土壤氮磷钾含量的影响

2.2.1　滴灌施肥对施肥前后土壤氮素含量变化的影响

土壤中氮素含量的变化,从侧面表达出土壤氮素残留量的多少,了解芒果施肥前后土壤氮素含量的变化情况,有利于芒果合理选择灌溉施肥方式。图 4 显示在芒果整个生育期内,T1 灌溉施肥条件下,0~20cm、20~40cm 土层中每次施完肥土壤不同深度中的氮素含量都会增加,到下一次施肥前,土壤中氮素含量下降到初始值附近,但是比初始值高,说明土壤中有氮素残留,到摘完果开始施肥时,土壤中氮素含量又开始回归到第一次施肥时的土壤氮素含量附近,说明芒果成熟期不施肥刚好能把土壤中残留的氮素吸收利用。1~6 次施肥过程中,0~20cm 土层每次氮素残留量为 15mg/kg、5mg/kg、1mg/kg、7mg/kg、3mg/kg,年残留 10%,20~40cm 土层每次氮素残留量为 15mg/kg、6mg/kg、5mg/kg、5mg/kg、6mg/kg,年残留 6.67%;40~60cm 土层中每次施肥土壤氮素含量上升,下一次施肥前土壤中氮素含量一直呈下降趋势,1~6 次施肥过程中,40~60cm 土层每次氮素降低量为 1mg/kg、2mg/kg、1mg/kg、1mg/kg、2mg/kg,但是总体变化量不大,说明本层深度芒果对氮素吸收量少,因为本层土壤中芒果根系量较少;60~80cm 土层中氮素含量基本无明显变化,说明肥量中氮素移动深度为 0~60cm,本层芒果根系对氮素无明显吸收量。

CK 施肥条件下,0~20cm、20~40cm 土层中施肥前后土壤中氮素含量无明显变化,但是到下一次施肥前,土壤中氮素含量明显上升,说明土壤中有大量氮素残留。0~20cm 土层每次氮素残留量为 27mg/kg、17mg/kg、7mg/kg、6mg/kg、4mg/kg,年残留 32%,20~40cm 土层每次氮素残留量为 16mg/kg、16mg/kg、9mg/kg、11mg/kg、3mg/kg,年残留 26.96%。40~80cm 土层中氮素含量无变化,说明 CK 施肥氮素移动深度较浅,且残留量大、利用率低,因此需改变这种施肥方式。

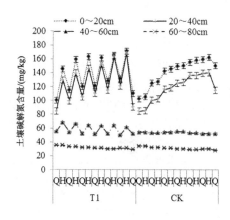

图 4　滴灌施肥对施肥前后土壤氮素含量变化的影响

2.2.2 滴灌施肥对施肥前后土壤磷素含量变化的影响

图 5 显示在芒果整个生育期内，T1 灌溉施肥条件下，0～20cm、20～40cm 土层中磷素含量变化明显，每次施肥前土壤中磷素残留量较小，0～20cm 土层每次磷素残留量为 1mg/kg、1mg/kg、4mg/kg、1mg/kg、2mg/kg，年残留 5%。20～40cm 土层每次磷素残留量为 0mg/kg、-1mg/kg、2mg/kg、0mg/kg、-2mg/kg，无年残留；40～60cm 土层中每次施肥土壤磷素含量上升，40～60cm 土层磷素年变残留 9.09%，说明本层深度磷元素残留量少，因为本层土壤中下移的磷素量较少；60～80cm 土层中磷素含量呈下降趋势，说明肥量中磷素移动深度为 0～60cm，导致本层磷素补充量不足，磷素通过芒果吸收后呈下降趋势。

CK 处理，0～20cm、20～40cm 土层中，施肥前后土壤中磷素含量无明显变化，每次施肥前，土壤中磷素含量明显上升，说明土壤中有大量磷素残留。0～20cm 土层磷素年残留 32.14%，20～40cm 土层磷素年残留 23.81%，说明芒果对 0～20cm、20～40cm 土层的磷素吸收量不充分，磷素残留量多。40～80cm 土层磷素含量呈下降趋势，说明 40～80cm 土层磷素含量得不到补充，因此需改变这种施肥方式。

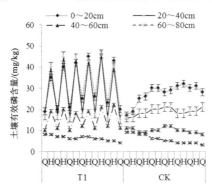

图 5　滴灌施肥对施肥前后土壤磷素含量变化的影响

2.2.3　滴灌施肥对施肥前后土壤钾素含量变化的影响

图 6 显示在芒果整个生育期内，T1 灌溉施肥条件下，0～20cm、20～40cm、40～60cm 土层中每次施完肥土壤不同深度中的钾素含量增加，到下一次施肥前，土壤中钾素含量下降到初始值附近，说明 T1 灌溉施肥有利于芒果对钾素吸收，提高钾素利用率，0～20cm 年残留 1.59%。60～80cm 土层中钾素含量呈下降趋势，说明肥量中钾素移动深度为 0～60cm，无法补充本层土壤中的钾素，但是总体上影响不大，因为 60～80cm 土层中芒果根系分布较少，对磷素吸收量较少。

CK 施肥条件下，0～20cm、20～40cm 土层中施肥前后土壤中钾素含量无明显变化，但是到下一次施肥前，土壤中钾素含量明显上升，说明土壤中有大量钾素残留。0～20cm 土层钾素年残留 32.35%，20～40cm 土层钾素年残留 34.43%。40～60cm、60～80cm 土层中钾素含量呈下降趋势，年减少量分别为 8mg/kg、2mg/kg。说明 CK 施肥钾素移动深度较浅，深层钾素无法得到补给，且表层钾素残留量大、利用率低，因此需改变这种施肥方式。

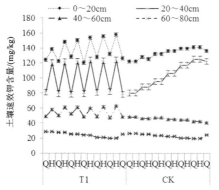

图 6　滴灌施肥对施肥前后土壤钾素含量变化的影响

综上所述，T1 灌溉施肥有利于芒果对氮磷钾的吸收利用，土壤中氮磷钾残留量较少，因此芒果灌溉施肥应采用 T1 灌溉施肥方式。

2.3 管道施肥对芒果产量的影响

2.3.1 相同施肥量不同施肥方式对芒果产量的影响

产量是反应肥料投入效应高低的重要指标，产量也能从侧面反应肥料利用率的高低。图 7 显示相同施肥量、不同的灌溉施肥方式条件下，芒果产量有明显差别，产量最高的灌溉施肥方式为 T1，产量最低的施肥方式为 CK，与 CK 比，T1 各年产量分别高出 27.18%、25.07%、28.47%、28.25%、32.12%、27.83%，与 T2 比，T1 各年产量分别高出 4.29%、2.47%、7.47%、4.25%、7.81%、6.77%，与 T3 比，T1 各年产量分别高出 9.18%、10.39%、11.95%、12.09%、18.70%、17.57%。说明 T1 灌溉施肥方式保护土壤表层结构，保持疏松透气，有利于芒果对肥料的吸收；T2 灌溉施肥方式易在土壤表层少量积水，形成致密土层，降低肥料的下渗速率；T3 灌溉施肥方式易破坏土壤表层结构，形成致密土层和土壤通透性被破坏，肥料下渗速率较慢；CK 施肥模式仅依靠土壤含水量溶解肥料，溶解速率较慢，易在溶解途中损失，以及肥料缺水移动性较差，导致芒果产量较低。

2.3.2 不同施肥量、不同施肥方式对芒果产量的影响

通过 CK 施肥量不变，T1 施肥量减半试验对比，得出图 8 芒果产量。图 8 显示两种施肥量和两种施肥方式得到的芒果产量差异不大，CK 芒果产量比 T1 芒果产量分别高出 6.27%、5.09%、9.92%、9.18%、12.13%、6.15%。说明使 T1 芒果产量与 CK 芒果产量接近，只需要施用 CK 一半的肥料用量。可见 CK 肥料利用率较低，因此改变施肥方式，选用管道施肥能有效提高芒果产量，可节省肥料用量50%以上。

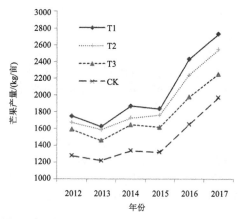
图 7　相同施肥量、不同灌溉施肥方式对芒果产量的影响

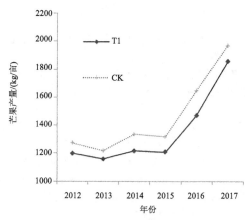
图 8　不同施肥量、不同灌溉施肥方式对芒果产量的影响

3　结论与建议

管道施肥对芒果种植区土壤肥料运移速率、肥料吸收量、芒果产量的影响显著。

（1）通过相同施肥量不同施肥方式对比，得出水肥向芒果根密集区运移速率最好的灌溉施肥方式为滴灌施肥，到达根系密集区时间为 9h，其次是小管出流施肥，浇灌施肥次于小管出流施肥，最差施肥方式为人工撒施。

（2）滴灌施肥土壤中不同深度土层氮磷钾含量变化规律为：肥料能运移到芒果根系密集区 20～60cm 深度，且不同深度土壤中氮磷钾残留较少，有利于芒果对氮磷钾的吸收，滴灌施肥与人工撒施比，0～20cm 土层氮、磷、钾残留分别少 68.75%、84.44%、95.09%，20～40cm 土层氮、磷、钾残留分别少 75.27%、61.82%、100%，其他土层均无残留。

（3）人工撒施肥料有效性差，养分难于运移到芒果根系密集区，且0~40cm土壤中氮磷钾残留量较多，肥料效应偏低，不利于芒果生长发育。

（4）与人工撒施比，6年试验中，滴灌施肥芒果产量分别提高27.18%、25.07%、28.47%、28.25%、32.12%、27.83%，与小管出流施肥比，6年试验中，滴灌施肥芒果产量分别提高4.29%、2.47%、7.47%、4.25%、7.81%、6.77%，与浇灌施肥比，6年试验中，滴灌施肥芒果产量分别提高9.18%、10.39%、11.95%、12.09%、18.70%、17.57%。

（5）以人工撒施芒果产量为目标，滴灌施肥量为人工撒施量的一半时，芒果产量即可达到人工撒施芒果产量，可节省肥料用量50%以上。

因此，在芒果种植过程中，选对施肥方式是提高肥料效应、提高芒果产量、提高水肥运移速率的关键。推荐使用滴灌施肥，达到省工、省肥、高产的目标。

参考文献

[1] 文超. 元谋县芒果高产优质种植技术[J]. 农业与技术，2015(12):109.

[2] 何令祖，吴卫熊，李文斌. 桂西北山丘区芒果高效节水灌溉技术研究与推广[J]. 广西水利水电，2014(6): 85-87.

[3] 周罕觅，张富仓，Roger Kjelgren，等. 水肥耦合对苹果幼树产量、品质和水肥利用的效应[J]. 农业机械学报，2015,46(12):173-183.

[4] 杜晓东，程玉豆，陈光荣. 果树水肥一体化研究进展[J]. 河北农业科学，2016(2):23-26.

[5] 杨培丽，范琪祺，唐志鹏，等. 柑橘水肥一体化对产量和效益的影响[J]. 安徽农业科学，2014,42(14):4266-4268.

[6] 路永前，白凤华，杨宪龙，等. 水肥一体化技术对不同生态区果园苹果生产的影响[J]. 中国生态农业学报，2014,22(11):1281-1288.

[7] 徐淑君，吴雪梅，任铮，等. 滴灌技术对柑橘生长效应的研究[J]. 南方农业，2008,2(7):7-9.

[8] 苏学德，李铭，郭邵杰，等. 干旱区滴灌葡萄园戈壁土壤氮磷钾分布特征研究[J]. 中国农学通报，2014,30(19):123-128.

[9] 董延玲，金长娟. 从氮磷钾对农作物的作用浅谈果树施肥[J]. 中国园艺文摘，2010(1):148-149.

百色芒果 Jensen 模型求解及非充分灌溉影响效应研究*

蔺珂[1]，李新建[1,2]，郭攀[1]，赵海雄[1]，寸德志[1]

(1. 广西农业灌溉排水工程技术研究中心，广西桂林 541105；

2. 桂林市农田灌溉试验中心站，广西桂林 541105)

摘　要：选用 Jensen 模型求解百色芒果各生育期敏感指数，研究非充分灌溉对芒果的影响效应，为田间水分精准管理及优化灌溉制度提供参考依据。利用 spss 软件对芒果水分生产函数 Jensen 模型的各生育期敏感指数进行求解，针对芒果各生育期典型农艺性状，分析非充分灌溉的影响及果树的响应表现。芒果 Jensen 模型求解得到各生育期敏感指数分别为：果实成熟期（A）0.518>开花挂果期花 0.112>秋梢抽发期 0.066>花芽分化期 0.019。研究表明：秋梢抽发期常规灌溉处理较重旱新梢量增加 43 条/株，平均新梢长度增加 7cm，这对芒果生殖生长是不利的；花芽分化期轻旱时花枝率达到峰值 36%，且两性花比例也高达 24%；开花挂果期常规灌溉较重旱不仅增加了 28%的坐果率，更显著提高了有胚果比例 6.5%；果实膨大期常规灌溉较重旱有胚果平均单果重增加 47g，而无胚果平均单果重则无明显增长；成熟期 Brix 呈单峰曲线变化，轻旱条件下 Brix 值达到峰值 30%，并显著降低落果率 4.9%，起到了防减产的作用。有限水量灌溉时，应首先满足果实膨大期与开花挂果期的水分需求，对花芽分化期与成熟期控制水分达轻旱则更加有利于花芽的分化、两性花的形成及芒果品质的提高，以确保产量的最大化。

关键词：芒果；非充分灌溉；农艺性状；影响效应

*基金项目：广西水利厅科技计划项目"广西芒果高效节水精准灌溉水肥一体化技术推广应用研究"（KY-201409、KY-201510）。

第一作者简介：蔺珂（1994—），男，助理工程师，从事高效节水灌溉及农田面源污染治理领域研究。Email: 13132735128@163.com

通讯作者：李新建（1957—），男，教授级高级工程师、广西水利科技首席专家，主要从事高效节水灌溉及农田面源污染治理领域研究。Email: lxj5719@163.com

基于动态因子分析及 BP 神经网络构建叶绿素 a 预测模型*

赵恩民 [1,2]，郭益铭 [1,2]，王雨 [1,2]

（1. 中国地质大学（武汉）环境学院，武汉 430074；

2. 中国地质大学（武汉）盆地水文过程与湿地生态恢复学术创新基地，武汉 430074）

摘　要：以武汉东湖 2004—2015 年环境监测数据为基础，通过动态因子分析（DFA）识别影响叶绿素 a 浓度变化的关键因子，并将这些因子通过 BP 神经网络建立叶绿素 a 预测模型。结果表明，影响武汉东湖叶绿素 a 浓度变化的主要因子为温度、总氮、总磷、降雨及两个未被观测的潜在影响因子。较高的温度及氮磷浓度促进浮游藻类的生长，增加水体叶绿素 a 的浓度；而降雨则会稀释水体浮游藻类数量，降低叶绿素 a 浓度。此外，东湖子湖之一的庙湖由于其过高的总磷浓度（0.625 mg/L），随着水体流动，反而会抑制其他子湖的藻类生长。由于藻类对环境因子的滞后响应，选取 t-1 及 t-2 时间的关键因子及潜在因子构建 BP 神经网络，以预测 6 个月叶绿素 a 的浓度变化。其预测结果对于实测值的百分误差均小于 10%，表明模型具有较好的预测效果。本研究结果可为武汉东湖富营养化治理及水华预警提供参考。

关键词：动态因子分析；BP 神经网络；叶绿素 a；湖泊富营养化；预测模型

1　引言

中国是一个湖泊众多的国家，据统计，我国约有大小湖泊 2.5 万个，总面积 8.3 km²，其中面积大于 1 km² 以上的湖泊 2700 个[1]。自 20 世纪 50 年代开始，随着我国经济发展，湖泊逐渐消亡，水域面积减小，加之营养物质的肆意排放，到 20 世纪 70 年代，很多城市湖泊的水质已经达到富营养化状态。水体富营养化会导致浮游藻类滋生，甚至造成水华暴发，使得大量有毒物质向水体释放，破坏水域生态平衡，造成大量水生生物死亡，促进湖泊消亡，对经济发展与人民生活造成了极大的危害[2]。因此，迫切需要找出影响浮游藻类生长的关键因子，并对浮游藻类丰度进行有效预测与预警，从而减少水华发生概率，保护湖泊水域生态的健康。

叶绿素 a 普遍存在于浮游藻类之中，可间接代表水体中浮游藻类的生物量，其也在一定程度上反应了水体理化性质的动态变化状况，因此叶绿素 a 的浓度常被用作评价流域浮游藻类丰度及水域富营养化程度的指标[3]。世界经济合作与开发组织（OECD）也规定叶绿素 a 含量大于 78 μg/L 为重营养型、11～78 μg/L 为富营养型、3.09～11 μg/L 为中营养型、小于 3.09 μg/L 为贫营养型。因此，在湖泊富营养化研究中，掌握营养盐、水动力学过程及生态因子等影响因素与叶绿素 a 之间的相互关系，并对叶绿素 a 浓度进行预测，对防治水体富营养化具有重要意义。

传统叶绿素 a 预测模型多基于多元回归的统计方法，通过寻找一组自变量（影响因子）与因变量（叶

---

*基金项目：盆地水文过程与湿地生态恢复学术创新基地[BHWER201401(A)]。

作者简介：赵恩民（1992—），男，博士研究生，主要研究方向为环境变量时空信息统计。Email: emzhao@cug.edu.cn

*通讯作者：郭益铭（1975—），男，博士，教授。主要研究方向为地下水文学与生态研究、潜流带水文学、时空信息统计学。Email: airkuo@ntu.edu.tw

绿素a）的线性关系实现预测[4]。但生态系统中往往存在非线性过程，因此多元回归会造成预测结果的不准确。人工神经网络可以模拟生物学习的过程，从而实现对输入信息的非线性响应，因此广泛应用于包括水域生态的各领域复杂系统的研究中，取得一定成果[5-7]。在应用人工神经网络对叶绿素a进行预测的过程中，对于变量的选择极其重要。高维的输入变量，会造成网络结构的剧增，增加网络运算成本，降低网络的收敛性和泛化能力，导致网络的预测精度较差。因此在应用人工神经网络之前，应对输入变量进行降维处理。

动态因子分析是一种对时间序列数据进行降维处理的统计方法，可以识别影响响应变量（叶绿素a）的关键因子，同时提取未被观测的潜在影响因子，已被广泛应用于海洋科学、生态学、大气科学等研究中[8-11]。本研究利用武汉东湖2004—2015年水质数据，通过动态因子模型选取影响叶绿素a浓度的关键因子及潜在影响因子，并利用BP神经网络构建预测模型，以实现对东湖叶绿素a浓度的分析与预测。

2　研究区概况

武汉东湖位于长江南岸，武汉市东郊，水域面积33 km²，平均水深2.2 m，属亚热带季风气候，区域年均降雨量为1204.5 mm，是长江中下游具有代表性的浅水湖泊。由于人工围堤的影响，现已划分为水果湖、汤菱湖、郭郑湖、鹰窝湖、庙湖五个子湖。其中，郭郑湖的水域面积最大，为16.5 km²，占东湖总面积的50%；水果湖水域面积最小，仅为0.12 km²，受到较严重的污染影响；庙湖为水质最差的子湖，水质常年处于劣Ⅴ类，经国家环保部批准，从2009年7月起，不再列入东湖的总体水质评价体系。

东湖曾为我国最大的城中湖，是武汉市生活、工业和农业灌溉用水水源地，同时兼具防汛调蓄，水产养殖等作用，对武汉城市经济发展有重大的影响。自20世纪60年代以来，随着武汉城市的快速发展，大量营养物质被排入湖体，造成东湖水质逐年恶化，逐渐成为重富营养化湖泊。随着水体氮、磷浓度的增加，东湖于20世纪70年代至80年代中期逐年发生水华，严重阻碍了社会的经济发展，影响武汉市的城市建设[12]。后武汉政府大力治理东湖水质，水华现象逐渐得到遏制，但目前东湖水环境形势依然不容乐观，底泥污染较为严重，释放的营养物质依旧对水体造成二次污染，使得东湖依旧具有水华暴发的潜在风险。

图1　武汉东湖监测点分布图

3 研究方法

3.1 数据来源

本研究采用武汉市环保部门数据，包括 2004—2014 年武汉东湖四个子湖（水果湖、汤菱湖、郭郑湖、庙湖）的监测数据，采样点如图 1 所示。监测指标及方法根据《中华人民共和国地表水环境质量标准》（GB 3838—2002）的规定进行选取，水质指标主要选取对藻类影响较大的指标，包括水温（Water temperature，T），酸碱度（pH）、总氮（Total nitrogen，TN）、总磷（Total phosphorus，TP）、氨氮（Ammonia nitrogen，$NH_3\text{-}N$）、化学需氧量（Chemical Oxygen Demand，COD）。此外，亦根据"湖北省雨情分析系统"收集东湖降雨量（rainfall）数据。

3.2 动态因子分析

动态因子分析（dynamic factor analysis，DFA）是一种应用于时间序列分析的降维的统计方法，可以对具有缺失值的非平稳时间序列进行分析。DFA 可以提取多个响应变量（response variables，RV）的共同变化趋势（common trends，CT），并揭示多元变量中解释变量（explanatory variables，EV）与共同趋势对响应变量的影响程度。相对于传统的时间序列分析方法，DFA 可以解决三个方面的问题：①观测变量在时间上的普遍变化模式；②观测变量间的相互作用；③外界因子对特定的观测变量的影响。DFA 模型的数学表达式如下：

$$s_n(t)\sum_{n=I}^{m}\gamma_{m,n}\alpha_m(t)+\mu_n+\sum_{k=1}^{k}\beta_{k,n}X_k(t)+\varepsilon_n(t) \tag{1}$$

$$\alpha_m(t)=\alpha_m(t-1)+\eta_m(t) \tag{2}$$

式中：$s_n(t)$为第 n 个响应变量在时间 t 的值（本研究中为第 n 个湖泊的 Chl-a 浓度）；$\alpha_m(t)$为第 m 个共同趋势在时间 t 的值；$\gamma_{m,n}$为因子载荷，代表第 m 个共同趋势对第 n 个响应变量的影响程度；$X_k(t)$为第 k 个解释变量在时间 t 的值；$\beta_{k,n}$为回归系数，表示第 k 个解释变量对第 n 个响应变量的影响程度，根据 t 检验（$t>2$）判定其显著性；μ_n为常数项；$\varepsilon_n(t)$为误差项，满足均值为 0 的正态分布。此外，亦通过皮尔逊相关系数（$\rho_{m,n}$）衡量共同趋势与响应变量的相关关系。共同趋势可代表未被观测到的影响因素（latent variables），通过 $\rho_{m,n}$ 可以寻找其可能的解释。

DFA 采用池赤信息准则（Akaike's information criterion，AIC）及纳什效率系数（Nash-Sutcliffe coefficient of efficiency，$-\infty < C_{eff} \leqslant 1$）进行最优模型的选择，越小的 AIC 值及越大的 C_{eff} 值表示模型性能约优良。本研究采用 Brodgar 软件构建 DFA 模型，具体信息可参见文献[13]。

3.3 BP 神经网络

BP 神经网络由 Rumelhart 提出[14]，已广泛应用于非线性的数据模拟及预测。BP 神经网络是一种典型的三层式前向网络（feed-forward neural network），包括输入层、隐藏层、输出层，用来模拟生物神经元对信号的处理过程，即加权、求和与信号转移。

BP 神经网络训练过程主要分为两部分：信号的正向传播和误差的反向传播。信号正向传播时，信息通过输入层到隐含层，经过处理后，传到输出层，上层的神经元只能影响到下层的神经元状态。输出层得到了输出结果后，与期望的输出值作比较，如果未达到期望的误差值，将二者误差通过反向传播，误差信号沿着原来的神经元返回，在返回过程中修改各层神经元之间连接的权值，通过这种反复佚代，最后使误差信号在目标范围内。BP 神经网络的训练算法主要基于梯度下降法，通过计算目标函数对神经网络进行修正。本研究亦采用 10 折交叉验证对该算法进行优化，即将原始数据平均分为 10 组子数据集，每组子集内数据随机选择。每次训练时选取 1 组作为验证段数据，其余 9 组作为训练段数据，即训练 10 次，取平均值作为最终结果。

神经网络的拟合效果取决于神经元个数的选取，较少的神经元个数会造成网络无法有效学习，而较多的神经元会造成运算成本的增加及数据的过度拟合（over-fitting）。因此，常用均方根误差（RMSE）及相对误差百分比（MAPE）对模型拟合优度进行评价，较小的 RMSE 及 MAPE 表示模型较为优良。本研究采用 MATLAB 软件构建 BP 神经网络，具体信息可参见文献[14]。

4　结果与讨论

4.1　数据基本统计

表 1 展示了各监测点位环境指标的平均值及变异系数（C_V）。NH₃-N、TP、Chl-a 于大多数点位具有较高的 C_V 值（C_V>50%）。人类活动显著影响营养物质的变化，从而改变水体浮游植物的浓度。此外，TN，TP，COD 于大多数点位超过了Ⅲ类水浓度限值，表明较强的氮磷及有机物污染。庙湖水质最差，为劣Ⅴ类水，且与其余三个点位浓度差异明显。

四个点位各指标浓度与其平均值的相关性表明，T、pH 值于四个点位差异较小，相关性均大于 0.7，但其余指标差异较大，相关性最低仅为 0.18。由于庙湖水质浓度明显高于其他点位，因此单独拿出庙湖，将水果湖、汤菱湖、郭郑湖三个点位数据平均，NH₃-N、TP、TN、COD 浓度与其平均值的相关性明显提高，均大于 0.8。

由上所述，将四个监测点位 T、pH 值平均浓度（T-SGTM，pH-STGM）；庙湖单独及其余三点位 NH₃-N、TP、TN、COD 平均浓度（NH₃-N-STG，NH₃-N-M，TN-STG，TN-M，TP-STG，TP-M，COD-STG，COD-M）作为新的变量进行下一步研究，其中 M 代表庙湖单独，STGM 代表四点位平均，STG 代表三点位平均。

表 1　2004—2014 年水质监测指标的平均值、变异系数（C_V）和各湖泊相关性

变量	平均值与变异系数				相关性	
	水果湖	汤菱湖	郭郑湖	庙湖	四个湖泊与其平均值	三个湖泊与其平均值
T/℃	18.8 (48.9)	18.5 (50.1)	18.6 (49.8)	20.0 (44.3)	0.99~1	—
pH 值	8.30 (5.6)	8.27 (4.9)	8.34 (5.4)	7.94 (5.9)	0.81~0.95	—
NH₃-N /(mg/L)	0.267 (66.7)	0.181 (51.9)	0.194 (53.3)	2.260 (112.7)	0.18~0.99	0.78~0.86
TN /(mg/L)	1.304 (44.2)	0.928 (44.4)	0.993 (36.3)	5.688 (51.9)	0.42~0.94	0.84~0.9
TP /(mg/L)	0.124 (49.3)	0.073 (48.9)	0.102 (48.0)	0.625 (60.9)	0.28~0.95	0.83~0.94
COD /(mg/L)	22.42 (27.2)	17.20 (31.5)	19.98 (32.6)	36.57 (27.7)	0.67~0.81	0.86~0.88
Chl-a /(ug/L)	47.2 (56.2)	28.8 (65.4)	36.2 (53.0)	86.4 (32.4)	0.47~0.55	—

注：括号内为 C_V 值。

4.2　DFA 结果

4.2.1　最佳 DFA 模型的选择

选取四个点位 Chl-a 浓度作为响应变量（RV），通过不同共同趋势（CT）数量及解释变量（EV）的选取，确定最佳模型。通过对不同 DFA 模型进行比较，结果表明 CT 数量为 2，EV 为 T-SGTM，TN-STG，TP-STG，TP-M，rainfall 时，模型拥有最小的 AIC 值（739）及最大的 C_{eff} 值（0.918），因此作为最佳 DFA 模型。

4.2.2　影响 Chl-a 浓度的关键因子

表 2 展示了各指标对 Chl-a 的影响程度。其中，温度对 Chl-a 浓度的影响最为显著。一方面，较高的温度促进水体中藻类和水生植物的生长；另一方面，大量氮磷污染物富集在水体底泥中，温度影响水体

底泥微生物的活动（降解和矿化），从而影响水体营养盐和有机质的释放，加速水体中藻类和水生植物的生长，增加水体 Chl-a 的浓度[15]。TN-STG 与水果湖 Chl-a 浓度有显著正相关关系。水果湖湖域面积较小，受水力扰动和人类活动影响较大，周围多属于建设用地，其氮污染可能来自由周围的生活污水、汽车尾气沉降等。TP-STG 对汤菱湖 Chl-a 浓度有显著的正向影响。汤菱湖周围农业用地较多，含磷污染物随着地表径流汇入湖体，造成 Chl-a 的浓度增高，同时，该湖泊为鱼类集中养殖基地，饵料的投加及鱼类对含磷物质的摄取与排泄显著影响生态系统中磷的循环，从而造成 Chl-a 浓度的改变。TP-M 对水果湖及郭郑湖的 Chl-a 浓度有显著负向影响。庙湖总磷浓度显著高于其余三个湖泊，平均浓度已达到 0.625 mg/L，超过Ⅲ类水标准 12 倍。易文利等[16]模拟不同磷浓度下，藻类的生长过程，发现 TP>0.445 mg/L 的水体中，磷对藻类的生长有限制作用。因此，随着庙湖高磷水体流入其余湖泊，反而抑制了藻类的生长。降雨对庙湖 Chl-a 呈显著负向影响，可能是降雨稀释庙湖 Chl-a，降低 Chl-a 的浓度。

表 2　DFA 最佳模型解释变量

RV	湖泊	R1	R2	T-STGM	TN-STG	TP-STG	TP-M	Rainfall	C_{eff}
Chl-a	水果湖	0.415	0.070	**0.398**	**0.258**	0.105	**−0.229**	0.011	0.827
	汤菱湖	0.334	0.187	**0.368**	0.061	**0.196**	−0.115	−0.026	0.803
	郭郑湖	0.402	0.082	**0.461**	0.123	−0.135	**−0.237**	0.127	0.645
	庙湖	0.516	0.119	**0.392**	−0.042	−0.081	0.144	**−0.163**	0.916

注：加粗体为 t-value 大于 2；R1 和 R2 为共同趋势的因子载荷。

此外，四个点位 Chl-a 浓度也受到两个共同趋势的影响。共同趋势可表示未被观测的潜在变量，其中，CT1 占主要解释成分，对四个湖泊 Chl-a 浓度的因子载荷都较高，均大于 0.3，对庙湖和水果湖载荷最高，分别为 0.516、0.415；CT2 对汤菱湖载荷较高，为 0.187，可以看作是对汤菱湖 Chl-a 浓度变化的补充解释。

根据表 2，水果湖、汤菱湖、郭郑湖、庙湖四个点位实测数据与模型预测 Chl-a 的拟合 C_{eff} 值分别为 0.827、0.803、0.645、0.916，表明除郭郑湖外，其余点位模型可有效拟合实测数据。郭郑湖较差的拟合效果可能由于较多极端值的影响，如图 2 所示。

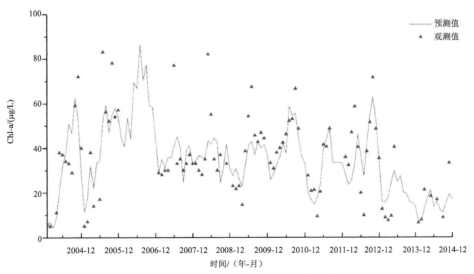

图 2　郭郑湖 Chl-a 实测数据与模型预测数据拟合图

4.3　BP 神经网络模型结果

4.3.1　神经网络的构建

基于数据的连续性，本研究选取汤菱湖、郭郑湖两个子湖，将 2006 年 1 月至 2014 年 10 月共 106 个时间点的数据进行 BP 神经网络的构建，其中前 100 个时间点的数据作为训练段（90 个时间点）与验证段（10 个时间点），最后 6 个时间点作为预测段。

基于最佳 DFA 模型，将影响 Chl-a 浓度变化的关键因子作为输入层，Chl-a 浓度作为输出层。由于浮游藻类对环境因子的响应存在滞后性，因此，确定第（t-1）月 Temp-SGTM、TN-STG、TP-STG、TP-M、rainfall 和第（t-2）月的 Temp-SGTM、TN-STG、TP-STG、TP-M、rainfall 加上 DFA 结果的两个共同趋势共 12 个变量作为输入变量。

隐藏层数量的选择决定模型的收敛效果。一般而言，超过 2 层隐藏层会导致模型收敛困难及出现局部最小值，因此本研究选取 1 个隐藏层进行建模。隐藏层神经元的数量决定模型的预测效果，过多的神经元数量会导致训练过度，样本中包含过多无用信息，出现"过拟合"现象，降低网络的泛化能力[17]。对于隐含层神经元的确定目前并没有确定的方法，较为常用的是试错法，根据经验公式确定一个神经元范围，用同一样本，从最小的初始数目开始训练，逐步增加神经元数目，从中选择网络性能最好的作为所对应的隐含层神经元的数目。在本研究中，选取 3~11 个隐藏层神经元数目进行模型训练。

4.3.2　模型训练及验证结果

图 3 展示了汤菱湖、郭郑湖的变量及变量+共同趋势两种模型不同神经元的比较。整体而言，增加共同趋势作为输入变量的模型具有较好的模型结果。由图 3 可知，汤菱湖、郭郑湖的最佳神经元分别为 3 和 5。

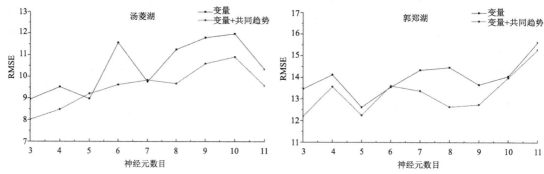

图 3　变量及变量+共同趋势两种模型拟合效果图

4.3.3　模型预测结果

由上所述，选取 Temp-SGTM、TN-STG、TP-STG、TP-M、rainfall 这五个环境变量第（t-1）月和第（t-2）月加上 DFA 结果的两个共同趋势作为输入变量，Chl-a 浓度作为输出变量，汤菱湖、郭郑湖的隐含层神经元分别为 3、5。用训练好的神经网络，对 2014 年 5 月至 2014 年 10 月的 Chl-a 的浓度进行预测。

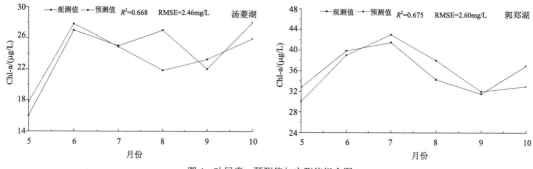

图 4　叶绿素 a 预测值与实测值拟合图

图 4 展示了 Chl-a 实测浓度与预测浓度的拟合效果。汤菱湖、郭郑湖 RMSE 分别为 2.46μg/L、2.60μg/L，分别占其平均值的 8.65%、7.16%。误差均小于 10%，表明神经网络可以有效预测 Chl-a 浓度。

5 结论与展望

（1）DFA 模型可以有效识别影响武汉东湖 Chl-a 浓度变化的关键因子，其影响程度依此为温度、总氮、总磷及降雨，较高的温度及氮磷浓度会促进浮游藻类的生长，改变底泥对氮磷沉积物的释放特性，而降雨会稀释水体浮游藻类，降低 Chl-a 浓度。庙湖由于其污染极为严重，高磷水体流入其余子湖反而会抑制藻类的生长。此外，DFA 模型可以识别未被观测到的影响因子，并以共同趋势的形式提取出来，从而增加模型对 Chl-a 的拟合效果。

（2）基于 DFA 模型所提取的关键因子及共同趋势构建神经网络，可以有效降低神经网络模型的输入层神经元个数，降低运算成本，提高模型精度。同时，加入未被观测到的影响因子与神经网络的输入变量，可以有效降低模型的不确定性，提高模型拟合及预测效果。

（3）本研究所得结果，一方面可以对武汉东湖富营养化治理提供参考，另一方面可以为东湖浮游藻类丰度进行预测及预警，从而使环保部门可以及时响应，避免水华发生造成社会经济的不良影响。但本研究所考虑营养盐仅有 TN、TP、NH$_3$-N 这三个指标，具有一定的局限性，造成模型对于极端情况的模拟及预测结果较差。未来可以通过更多氮磷形态的数据提高模型精度。

致谢

感谢湖北省环境监测中心提供东湖水质监测数据；同时感谢中国地质大学（武汉）盆地水文过程与湿地生态恢复学术创新基地[BHWER201401(A)]对本研究的支持。

参考文献

[1] 马荣华，杨桂山，段洪涛，等. 中国湖泊的数量、面积与空间分布[J]. 中国科学：地球科学，2011,41(3):394-401.

[2] Kuo Y M, Jang C S, Yu H L, et al. Identifying nearshore groundwater and river hydrochemical variables influencing water quality of Kaoping River Estuary using dynamic factor analysis[J]. Journal of Hydrology, 2013,486(4):39-47.

[3] 郑凌凌，宋立荣，吴兴华，等. 汉江硅藻水华优势种的形态及 18S rDNA 序列分析[J]. 水生生物学报，2009,33(3):562-565.

[4] 田玉柱，何万生，夏鸿鸣，等. 基于多元统计和时序方法的渭河水质评价及预测[J]. 数理统计与管理，2014,33(5):780-789.

[5] Tomić A N, Antanasijević D Z, Ristić M, et al. Modeling the BOD of Danube River in Serbia using spatial, temporal, and input variables optimized artificial neural network models[J]. Environmental Monitoring & Assessment, 2016,188(5):300.

[6] Rajaee T, Boroumand A. Forecasting of chlorophyll-a concentrations in South San Francisco Bay using five different models[J]. Applied Ocean Research, 2015,53:208-217.

[7] 梁宵. 神经网络在巢湖水质评价预测中的应用[D]. 合肥：合肥工业大学，2007.

[8] Zuur A F, Pierce G J. Common trends in northeast Atlantic squid time series[J]. Journal of Sea Research, 2004,52(1):57-72.

[9] Kuo Y M, Lin H J. Dynamic factor analysis of long-term growth trends of the intertidal seagrass Thalassia hemprichii in southern Taiwan[J]. Estuarine Coastal & Shelf Science, 2010,86(2):225-236.

[10] Kuo Y, Wang S, Jang C, et al. Identifying the factors influencing PM2.5 in southern Taiwan using dynamic factor analysis[J]. Atmospheric Environment, 2011,45(39):7276-7285.

[11] Kuo Y M, Zhao E, Li M J, et al. Ambient precursor gaseous pollutants and meteorological conditions controlling variations of particulate matter concentrations[J]. Clean – Soil Air Water, 2017,45(8).

[12] Xie L, Xie P. Long-term (1956-1999) dynamics of phosphorus in a shallow, subtropical Chinese lake with the possible effects of cyanobacterial blooms.[J]. Water Research, 2002,36(1):343.

[13] Kuo Y M, Chang F J. Dynamic factor analysis for estimating ground water arsenic trends.[J]. Journal of Environmental Quality,

2010,39(1):176-184.

[14] Rumelhart D E. Learning Internal Representation by Error Propagation[J]. Parallel Distributed Processing, 1986,1.

[15] Søndergaard M, Jensen J P, Jeppesen E. Role of sediment and internal loading of phosphorus in shallow lakes[J]. Hydrobiologia, 2003,506-509(1):135-145.

[16] 易文利, 金相灿, 储昭升, 等. 不同质量浓度的磷对铜绿微囊藻生长及细胞内磷的影响[J]. 环境科学研究, 2004,17(s1):58-61.

[17] Tzafestas S G, Dalianis P J, Anthopoulos G. On the overtraining phenomenon of backpropagation neural networks[J]. Mathematics & Computers in Simulation, 1996,40(5-6):507-521.

盐度缓慢增加对红树植物叶绿素荧光参数的影响*

徐丽[1]，李瑞利[2]，王文卿[1]

（1. 滨海湿地生态系统教育部重点实验室（厦门大学），福建厦门 361102；

2. 北京大学深圳研究生院，环境与能源学院，广东深圳 518055）

摘　要：本研究以桐花树幼苗为试验对象，旨在研究红树植物对盐度缓慢增加的适应性。采用室内控制试验，跟踪盐度缓慢增加（每天增加 5‰）过程中以及盐度缓慢增加到不同梯度后桐花树（*Aegicerascorniculatum*）幼苗叶片的叶绿素荧光参数的变化特征。结果表明，盐度从 0 增加到 5‰后 F_o（初始荧光）、F_m（最大荧光）和 F_v/F_m（PSⅡ最大光化学效率）均显著降低（$P<0.05$）。盐度从 5‰增加至 25‰的过程中，Fo 和 Fv/Fm 变化均不显著（$P>0.05$），F_o 呈降低趋势，而 F_v/F_m 值逐渐升高，并且高于无盐水平。盐度缓慢分别增加至不同盐度（5‰和 25‰，25‰）后的第三天，10‰ 的 PSⅡ光化学效率高于 5‰和 25‰，25‰则为高盐胁迫，PSⅡ光化学效率降低。

关键词：桐花树；盐度；缓慢增加；叶绿素荧光参数；PSⅡ光化学效率；红树植物

随着全球气候变化，海平面上升，海水浸淹的范围延伸，将导致入海河口低盐或中盐区域海水盐度升高。由于潮汐以及季节性降雨等因素影响，河口区海水盐度在一定范围内变化，并且盐度增加或减少具有瞬时性、昼夜性以及季节性。中国红树林主要分布于入海河口区域[1,2]。盐是影响红树林生长和生产力的重要环境因子[3-6]。大多红树植物都有最适的生长盐度范围，桐花树的最适盐度约 8.8‰，低于或高于此盐度，桐花树的生长速率和净光合速率均降低[7]。

红树植物在对环境的长期适应已经演化出自己的一套耐盐机制，目前国内外学者对红树植物耐盐机理研究主要集中于高盐或稳定盐度环境下红树植物形态、生理生化以及分子水平的适应[8-10]。而对红树林植物在盐度变化环境条件下的适应机理研究较少，盐度增加是否会影响红树植物的生长这个问题尚存在争议。有学者认为盐度的增加会抑制红树植物的生长。银叶树通常生长于低盐的较高潮位（盐度<10‰），随着海平面上升，此区域的盐度大于 10‰，导致银叶树地上部分的生物量累积降低，造成部分银叶树退化甚至死亡[11,12]。而 Amzallag 等认为，耐盐植物对盐度增加的速度非常敏感[13]。萌芽白骨壤（*Avicenniagerminans*）幼苗在盐度从 0 慢速增加到 40‰处理下的净光合速率和气孔导度明显高于盐度快速增加[14]。

本文通过控制光照强度、温度、湿度和 CO_2 等环境因子，研究桐花树（*Aegicerascorniculatum*）叶绿素荧光参数对盐度缓慢增加（5‰/d）的响应，探讨桐花树幼苗对不同盐度缓慢增加的适应性，这为预测海平面上升以及水利工程建设和管理对红树林生长造成的影响及红树林湿地的修复提供科学依据。

1　材料和方法

1.1　材料

2016 年 10 月底，从福建漳江口红树林国家级自然保护区（117°24′07″～117°30′00″ E，23°53′45″～23°56′00″ N，109°43′ E）采集当年新萌芽健康桐花树幼苗（1～2 片叶，高约 11.25 cm），在室外进行淡水沙

　　*基金项目：深圳市基础研究项目（JCYJ20160330095549229）；闽三角城市群生态安全保障及海岸带生态修复技术项目（2016YFC0502904）。

培。至 2017 年 3 月初，幼苗已经长出 4～6 片展开叶，共喷施三次叶面肥，两次 0.2%磷酸二氢钾，一次 0.1%复合肥（N:P:K=1:1:1）。将桐花树移栽至塑料网盆中（底径 9cm，口径 11cm，高 12 cm），水能自由进出，陶粒土定植（直径 1.2～1.5 cm），每个塑料网盆种植 1 棵幼苗，置于聚乙烯水箱中，每个聚乙烯水箱 5 盆苗，用 20% Hogland 营养液培养，营养液刚好没至基质表面，每两周更换一次，及时补充聚乙烯水箱中由于蒸发作用散失的水分，光照强度：530～730 μE/(m²·s)，适应性培养 2 周后移至大型植物生长室（TPG-6000，澳大利亚）中进行急剧波动盐度实验。大型植物生长室的培养条件为：光强 600～680 μE/(m²·s)，光照时间 12 h/d（7:00—19:00），温度 24.3～25.0℃，CO_2 浓度为(450～500)×10⁻⁶，湿度 70%～75%。

按盐度梯度分为 4 个组：G0（0‰）、G 5（5‰）、G 10（10‰）和 G 25（25‰），每组处理 15 个重复。盐度每天梯度增加 5‰，直到所需的盐度。在加盐过程中，每天测定各组叶片叶绿素荧光参数。

1.2 方法

盐度标定：用自来水溶解 NaCl（分析纯），并用 AZ-86555 水质检测仪调整盐度。

叶绿素荧光参数测定：每组选择 5 棵测定样株的成熟叶片，在暗适应 30 min 后采用便携式调制叶绿素荧光仪（PAM 2100，德国）进行相应指标的测定，光系统Ⅱ（PSⅡ）最大光化学效率（F_v/F_m）计算公式：

$$F_v/F_m = (F_m - F_o)/F_m$$

式中：F_o 为最小初始荧光，指植物叶片经过暗适应后叶绿体 PSⅡ反应中心全部开放时的荧光水平；F_m 为暗适应下最大荧光，反映的是通过 PSⅡ的电子传递情况；F_v/F_m 为植物叶片原初光能转化效率，是衡量植物是否受到胁迫的重要参数，值的大小不受植物种类的影响[15]。

1.3 数据处理

试验数据采用 Excel 软件对数据进行处理，应用 SPSS 18.0 数据系统软件进行 One-way ANOVA 单因素方差分析和 Tukey 法多重比较，OriginPro 9.1 作图。

2 结果分析

2.1 盐度缓慢增加对桐花树叶片叶绿素荧光参数的影响

盐度缓慢增加（每天增加 5‰）影响桐花树叶片叶绿素荧光参数（图 1）。盐度从 0 增至 5‰处理一天后初始荧光（F_o）和最大荧光（F_m）均显著降低（$P<0.05$），之后随着盐度的逐渐增加，F_o 波动降低，F_m 波动增加，但变化不明显（$P<0.05$）；而 PSⅡ的最大光化学效率（F_v/F_m）在盐度增加至 5‰后降低（$P>0.05$），之后逐渐增加，但方差分析差异不显著（$P>0.05$）。

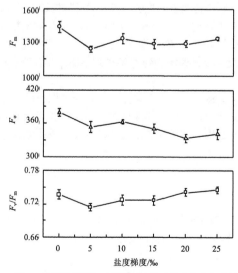

图 1　盐度梯度增加对桐花树叶片叶绿素荧光参数的影响

2.2　盐度增加到不同盐度梯度后桐花树叶片叶绿素荧光参数变化特征

盐度分别缓慢增加到不同梯度（5‰、10‰和25‰，即 G5、G10 和 G25）后的 3d 桐花树幼苗的叶绿素荧光参数出现小幅变化（$P>0.05$，图 2）。G5 和 G25 桐花树幼苗 F_o 先是上升后下降，而 G10 F_o 持续上升，但是变化较小（$P>0.05$）。G5 和 G10 F_v/F_m 呈上升的趋势，G25 出现下降趋势，第三天时 G10 F_v/F_m 高于 G5 和 G25。

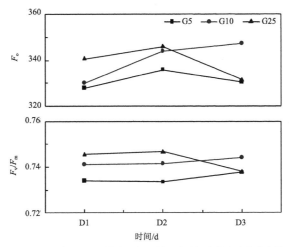

图 2　盐度增加至不同梯度后桐花树叶片叶绿素荧光参数的变化

3　结论与讨论

叶绿素荧光仪的参数能够反应光能转化过程中光化学反应、热耗散和荧光能量的分配。桐花树幼苗根系环境盐度从 0 转变为 5‰后，F_o、F_m 和 F_v/F_m 显著降低（$P<0.05$），说明桐花树幼苗叶片叶绿体 PS II 天线色素的热耗散增加，PS II 反应中心处于完全关闭时的荧光产量降低，叶片发生了光抑制[16]。低盐驯化能够增加植物对高盐环境的适应性[13]，盐度从 5‰继续增加至 25‰的过程中，F_o 和 F_v/F_m 变化均不显著（$P>0.05$），F_o 呈降低趋势，而 F_v/F_m 值逐渐升高，并且比无盐水平高出 4.37%，说明盐度从低盐增加至高盐抑制 PSII 原初光能转换效率，同时提高了桐花树幼苗对高盐的适应能力。

一般认为，红树植物的生长发育需要一定的盐度条件[17-18]，无盐或盐分过多都是一种胁迫[1, 19-20]。植物在盐胁迫环境下，PSII 原初光能转换效率会降低[21]。桐花树幼苗对 5‰和 10‰的盐度适应能力较强，盐度缓慢增加后 F_v/F_m 呈升高的趋势，第三天时 G10 F_v/F_m 高于 G5 和 G25。盐度缓慢增加提高了桐花树幼苗对高盐的适应能力，盐度增至 25‰后的第三天 F_v/F_m 才开始下降，同时伴随着 F_o 下降，说明在高盐环境中 PS II 天线的热耗散增加，原初光能转换效率降低，光化学潜在活性受抑制，但是并未出现 PS II 反应中心失活现象，长期的高盐环境可能会导致低的 PS II 光化学效率，抑制生长[22]。因此，盐度缓慢增加至 5‰~10‰范围促进桐花树幼苗光能转化效率，而 25‰则为胁迫，不利于其生长。

参考文献

[1] Tomlinson PB. The Botany of Mangroves[M]. Cambridge: Cambridge University Press, 1986.

[2] 王文卿，王瑁. 中国的红树林[M]. 北京：科学出版社，2007.

[3] Ball MC. Ecophysiology of mangroves[J]. Trees-Struct Funct, 1988a,2: 129-142.

[4] Duke NC, Ball MC, Ellison C. Factors influencing biodiversity and distributional gradients in mangroves[J]. Global Ecol Biogeogr, 1998, 7: 27-47.

[5] Wang WQ, Yan ZZ, You SY, et al. Mangroves: obligate or facultative halophytes? A review[J]. Trees, 2011, 25: 953-963.

[6]唐密，李昆，向洪勇，等. 盐胁迫对两种红树植物生态、生理及解剖结构的影响[J]. 生态科学，2014, 33(3): 513-519.

[7] Burchett MD, Clarke CJ, Field CD, et al. Growth and respiration in two mangrove species at a range of salinities[J]. PhysiolPlantarum, 1989, 75: 299-303.

[8] Scholander PF. How mangroves desalinate seawater[J]. PhysiolPlant,1968, 21:251-261.

[9] Parida A, Jha B. Salt tolerance mechanisms in mangroves: a review[J]. Trees-Struct Funct,2010, 24:199-219.

[10] 陈燕，刘锴栋，黎海利. 5 种红树植物的叶片结构及其抗逆性比较[J]. 东北林业大学学报，2014, 42(7): 27-31.

[11] HoqueMA,Sarkar MSKA, Khan SAKU, et al. Present Status of Salinity Rise in Sundarbans Area and its Effect on Sundari (Heritierafomes) Species[J]. Journal of Agriculture and Biological Sciences, 2006, 2(3): 115-121.

[12] BanerjeeK, GattiRC, MitraA. Climate change-induced salinity variation impacts on a stenoecious mangrove species in the Indian Sundarbans[J]. Ambio,2017,46:492-499.

[13] Amzallag GN, Lerner HR, Poljakoff-Mauber A.Inductionof increased salt tolerance in Sorghum bicolor by NaCl pretreatment[J]. J Exp Bot,1990, 41:29-34.

[14] Bompy F, Lequeue G, Imbert D, et al. Increasing fluctuations of soil salinity affect seedling growth performances and physiology in three Neotropical mangrove specie[J]. Plant Soil,2014, 380:399-413.

[15]李彦慧，孟庆瑞，李向，等. 紫叶李叶片色素含量及叶绿素荧光动力学参数对 SO2 胁迫的响应[J]. 环境科学学报，2008,28(11):2236-2242.

[16] Xu C C, Li DQ, Zou Q, et al. Effect of drought on chlorophyll fluorescence and xanthophyll cycle components in winter wheatleaves with different ages[J]. ActaPhytophysiologicaSinica, 1999, 25(1):29-37.

[17] Banijbatana D. Mangrove forest in Thailand[C]. Proceedings of the 9th Pacific Science Congress. Bangkok, 1957.

[18] Savage T. Florida mangroves as shoreline stabilizers[J]. Florida Department of Natural Research, Marine Research Laboratory, Florida, 1972.

[19] Ball MC, Pidsley SM. Growth responses to salinity in relation to distribution of two mangrove species, Sonneratia alba and S. lanceolata, in northern Australia[J]. Functional Ecology, 1995, 9(1): 77-85.

[20]王文卿，林鹏. 不同胁迫时间下秋茄幼苗叶片膜脂过氧化作用的研究[J]. 海洋学报，2000, 22(3): 49-54.

[21]张守仁. 叶绿素荧光动力学参数的意义及讨论[J].植物学通报，1999,16(4): 444-448.

[22] Naidoo G, HiralalO, Naidoo Y. Hypersalinity effects on leaf ultrastructure and physiology in the mangrove Avicennia marinaGonasageran[J]. Flora,2011, 206: 814-820.

江苏省小麦生产水足迹与水足迹时空演变分析*

刘静 [1,2]，王智泉 [2]，赵恩 [3]，李彬权 [2,4]

（1. 河海大学 水文水资源与水利工程科学国家重点实验室，南京 210098；2. 河海大学 水文水资源学院，南京 210098； 3. 河海大学设计研究院有限公司，南京 210098；4. 南京水利科学研究院水文水资源研究所，南京 210098）

摘 要：江苏省是我国重要的粮食生产区域，小麦播种面积中仅次于水稻，研究江苏省小麦生产对水资源的影响对指导农业生产和区域水资源管理有重要作用。水足迹为科学评价小麦生产用水数量、用水类型及用水效率提供了一种新思路。本文对江苏省 13 市 2000 年、2014 年小麦生产水足迹及水足迹进行了量化，并分析了 2 个年份间的差异，以揭示其时空演变特征。结果表明：2014 年江苏各地区小麦生产水足迹较 2000 年显著减小，且主体表现为苏北地区>苏南地区>苏中地区；除无锡和苏州受其产量变化不大影响外，其他地区 2014 年的小麦水足迹数值均较 2000 年有了不同程度的提升，且主体呈现苏北地区>苏中地区>苏南地区；绿水为小麦生产消耗的主要水资源类型。为进一步节约区域水资源，建议各区域在合理规划种植面积基础上，改进雨水利用设施与技术，提高灌溉水资源利用效率，同时培育节水或高产作物品种。

关键词：水足迹；蓝水；绿水；小麦；江苏

1 引言

江苏省是我国重要的粮食生产区域，在国家粮食供给安全中有着重要的地位。小麦播种面积中仅次于水稻，是江苏省第二主要粮食作物，研究江苏省小麦生产对水资源的影响对指导农业生产和区域水资源管理有重要作用。

水足迹指的是生产某一产品或服务所消耗的水资源数量[1]；作物生产水足迹指的是生产单位产量作物所消耗的水资源数量，该指标将人类消费终端与水资源利用密切联系起来，为科学评价小麦生产用水数量、用水类型及用水效率提供了一种新思路[2]。

根据水资源类型，可以将国家或地区生产消费过程中所消耗的水资源分成绿水和蓝水。绿水指土壤非饱和含水层（包气带）中的土壤水，以蒸发形式被利用。蓝水指江河湖泊以及地表水和地下水的总和，即通常意义上的水资源。国内外学者针对水足迹的量化[3-5]、案例分析[6-9]和基于水足迹理念的水资源利用评价[10-13]开展了广泛研究，但江苏地区小麦分析相对较少。

综合考虑江苏对中国粮食生产安全和小麦在江苏省农业生产中的重要性，本文对江苏小麦生产水足迹及水足迹时空演变特征进行研究，以期为该地区小麦生产水资源管理提供相关参考。

2 研究方法与数据来源

（1）生产水足迹的计算公式为

---

*基金项目：国家自然科学基金项目（批准号：51609063）、中央高校基本科研业务费专项资金资助（2015B10914）。

第一作者简介：刘静，女，河北沧州人，讲师，博士，主要从事水土资源管理方面的研究。Email：liujing0027@hhu.edu.cn

$$WFP = WFR_{\text{blue}} + WFP_{\text{green}} \tag{1}$$

式中：WFP 为生产水足迹，m^3/kg；WFR_{blue} 为生产蓝水足迹，m^3/kg；WFP_{green} 为生产绿水足迹，m^3/kg。

生产绿水足迹的计算公式为

$$WFP_{\text{green}} = CWU_{\text{green}} / Y \tag{2}$$

$$CWU_{\text{green}} = 10 \times \sum_{d=1}^{\lg P} ET_{\text{green}} \tag{3}$$

$$ET_{\text{green}} = \min(ET_{\text{C}}, P_{\text{eff}}) \tag{4}$$

式中：CWU_{green} 为作物绿水消耗量，m^3/hm^2；Y 为作物单位面积产量，kg/hm^2；10 为将水深单位 mm 转化为单位面积水量 m^3/hm^2 的转换系数；$\sum\limits_{d=1}^{\lg P}$ 为从种植日期第一天到收获日期的积累量；ET_{green} 为作物绿水需水量，mm；ET_{c} 为作物蒸发蒸腾量，mm；P_{eff} 为有效降水量，mm；其余同上。

生产蓝水足迹的计算公式为

$$WFR_{\text{blue}} = CWU_{\text{blue}} / Y \tag{5}$$

$$CWU_{\text{blue}} = 10 \times \sum_{d=1}^{\lg P} ET_{\text{blue}} \tag{6}$$

$$ET_{\text{blue}} = \max(0, ET_{\text{C}}, P_{\text{eff}}) \tag{7}$$

式中：CWU_{blue} 为作物蓝水消耗量，m^3/hm^2；ET_{blue} 为作物蓝水需水量，mm；其余同上。

（2）水足迹计算公式为

$$WF = WF_{\text{blue}} + WF_{\text{green}} \tag{8}$$

式中：WF 为水足迹，m^3；WF_{blue} 为蓝水足迹，m^3；WF_{green} 为绿水足迹，m^3。

蓝、绿水足迹的计算公式分别为：

$$WF_{\text{blue}} = WFR_{\text{blue}} \times P \tag{9}$$

$$WF_{\text{green}} = WFP_{\text{green}} \times P \tag{10}$$

式中：WFR_{blue} 为生产蓝水足迹，m^3/kg；WFP_{green} 为生产绿水足迹，m^3/kg；P 为小麦产量，kg；其余同上。

（3）数据来源。江苏省区域的气象数据包括降雨量、日照时数、平均风数、相对湿度、温度等来自中国气象科学数据共享服务网；农业数据包括作物单产、面积等来自各市统计年鉴和《江苏省统计年鉴》；各作物播种日期和收获日期来自中国种植业信息网中的分省农时数据。

3 结果分析与讨论

受单产和作物耗水量综合影响，2000 年泰州、徐州和南通小麦生产水足迹数值较小，连云港小麦生产水足迹数值则显著高于其他地区，为 1.09 m^3/kg[图 1(a)]。2014 年宿迁、镇江和南京成为小麦生产水足迹较大地区，其数值分别为 0.77 m^3/kg、0.77 m^3/kg 和 0.76 m^3/kg[图 1(b)]。宿迁主要是由于小麦生育期所消耗的水资源数量相对较大，而镇江和南京则与其相对较低的作物单产密不可分。综合各市发现，苏北地区（徐州、淮安、盐城、宿迁、连云港）的小麦生产水足迹最大，苏南地区（南京、常州、镇江、无锡、苏州）次之，苏中地区（扬州、南通、泰州）最小。分析 2014 年和 2000 年差值发现，生产单位产量小麦所消耗的水资源数量明显减少[图 1(c)]。连云港和徐州分别为生产水足迹变化量最大和最小的地区，这与连云港地区的小麦生产技术提升、单产显著增加，而徐州地区产量变化不明显密切相关。

分析江苏省 2000 年与 2014 年小麦生产蓝水足迹发现，各地区的数值均相对较小，这与江苏省降雨资源丰富，小麦生产所消耗的灌溉水资源相对较少密不可分[图 2(a)、2(b)]。2000 年淮安、常州、无锡和苏州 4 个地区的小麦生产所需要水资源仅通过降雨就能得到满足，2014 年常州地区也成为小麦生产无需灌溉的地区。2000 年，小麦生产蓝水足迹为 0.31~0.40 m^3/kg 的主要包括徐州、宿迁和扬州。2014 年，主要受产量增长影响，各区域小麦生产蓝水足迹的数值均不超过 0.10m³/kg。除淮安、常州、无锡和苏州 4 个蓝水资源不消耗地区，分析 2014 年和 2000 年小麦生产蓝水足迹的差值发现，江苏省 7 个地区生产单位产量小麦所消耗的蓝水资源数量有所减少，其中宿迁和扬州的减少量要大于 0.20 m³/kg[图 2(c)]。2014 年连云港与南通的小麦生产蓝水足迹则较 2000 年有所提升，这与该地区生产消耗绿水减少，蓝水起补偿作用有关。

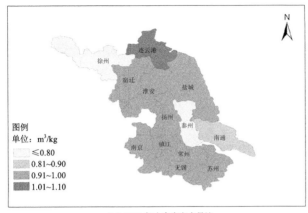

（a）2000 年小麦生产水足迹

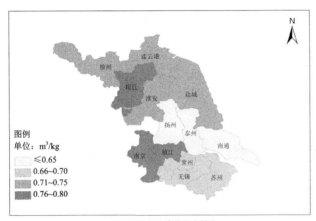

（b）2014 年小麦生产水足迹

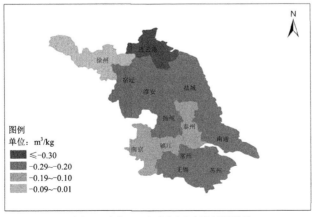

（c）2014 年与 2000 年小麦生产水足迹差值情况

图 1 2000 年、2014 年江苏省小麦生产水足迹空间分布及其差异

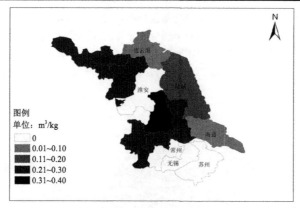

（a）2000 年小麦生产蓝水足迹

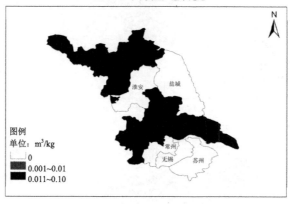

（b）2014 年小麦生产蓝水足迹

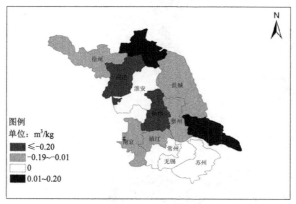

（c）2014 年与 2000 年小麦生产蓝水足迹差值

图 2　2000 年、2014 年江苏省小麦生产蓝水足迹空间分布及其差异

　　受降雨条件与单产影响，2000 年小麦生产绿水足迹较大值主要集中在连云港、淮安、常州、无锡和苏州地区，徐州、扬州和泰州不足 0.50 m³/kg[图 3(a)]。2014 年苏北地区小麦生产绿水足迹最大，苏南地区次之，苏中地区最小[图 3(b)]。这与降雨资源分布相一致。分析 2014 年和 2000 年差值发现，连云港、淮安、南通、常州、无锡和苏州 2014 年生产单位质量小麦较 2000 年消耗绿水减少至少 0.20 m³[图 3(c)]。徐州、宿迁和泰州 2014 年小麦单产虽较 2000 年有所提升，但其生产消耗绿水增多使生产绿水足迹有所增加。

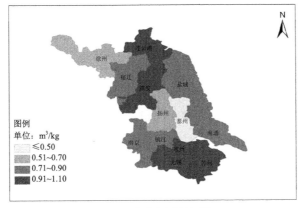

（a）2000年小麦生产绿水足迹

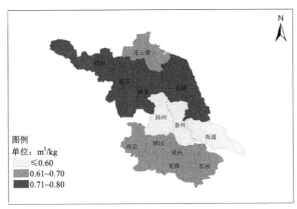

（b）2014年小麦生产绿水足迹

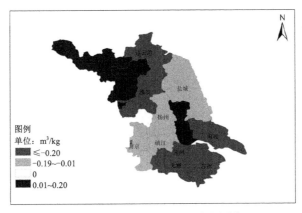

（c）2014年与2000年小麦生产绿水足迹差值

图3　2000年、2014年江苏省小麦生产绿水足迹空间分布及其差异

　　从图中4(a)和(b)可看出，2000年与2014年江苏省小麦水足迹主体呈现从北向南逐渐减小趋势。2000年徐州、淮安和盐城小麦生产所消耗水资源数量大于10亿 m³，而南京与常州不足2亿 m³。2014年，徐州、宿迁、淮安和盐城的小麦水足迹数值均大于12亿 m³，苏中的小麦水足迹数值在4亿~8亿 m³范围波动，苏南地区则不足4亿 m³。分析2014年和2000年水足迹差值发现，除无锡和苏州外，其他地区均有不同程度提升[图4(c)]。这与这些地区产量大幅增加密不可分。无锡和苏州2014年小麦生产水平较2000年有所提升，单位产量所消耗的水资源数量有所减少，产量变化不大，二者综合作用，使得其水足迹数

值呈现减小趋势。

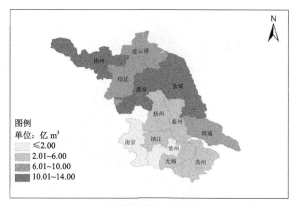

（a）2000 年小麦水足迹

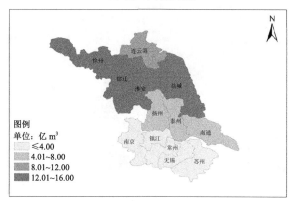

（b）2014 年小麦水足迹

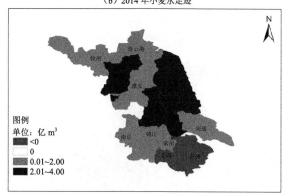

（c）2014 年与 2000 年小麦水足迹差值

图 4　2000 年、2014 年江苏省小麦水足迹空间分布及其差异

　　分析 2000 年小麦蓝水足迹发现，徐州小麦生产消耗的蓝水资源明显多于其他地区，宿迁次之，淮安、常州、无锡和苏州的小麦生产所需要水资源仅通过降雨就能满足，因此其蓝水足迹为 0[图 5(a)]。2014 年常州也成为无需灌溉地区，扬州和泰州则成为蓝水足迹最大地区，其余地区的蓝水足迹小于 1 亿 m³[图 5(a)]。分析 2014 年和 2000 年小麦蓝水足迹差值发现，除连云港和南通外，江苏省 7 个地区小麦生产消耗的蓝水资源有所减少，其中徐州和宿迁的减少量大于 2 亿 m³[图 5(c)]。这主要是由于生产技术提高所带来的使用效率提高。连云港与南通的小麦产量增幅较大，因此尽管其生产效率有所提高，消耗的蓝水数量仍有所增大。

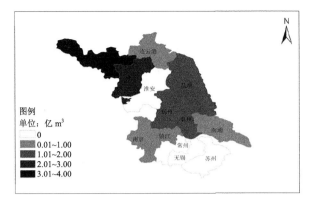

（a）2000 年小麦蓝水足迹

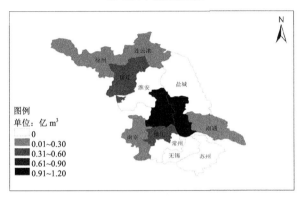

（b）2014 年小麦蓝水足迹

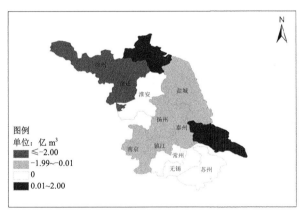

（c）2014 年与 2000 年小麦蓝水足迹差值

图 5   2000 年、2014 年江苏省小麦蓝水足迹空间分布及其差异

从图 6 中(a)和(b)可以看出，受降雨条件与产量综合影响，2000 年江苏省小麦绿水足迹较大区域主要集中在北部地区，其中徐州、淮安和盐城均大于 9 亿 m³，而 2014 年小麦绿水足迹则呈现苏北地区>苏中地区>苏南地区变化趋势。这与江苏省降雨资源的分布相一致。从图 6(c)分析 2014 年和 2000 年小麦绿水足迹的差值发现，除无锡和苏州外，其他地区 2014 年的小麦绿水足迹数值均较 2000 年有了不同程度的增大。这与这些地区的小麦产量大幅增加密不可分。无锡和苏州 2014 年的小麦生产水平较 2000 年有所提升，单位产量所消耗的绿水资源数量有所减少，但其产量变化不大，综合考虑二者作用，绿水足迹数值呈现减小趋势。

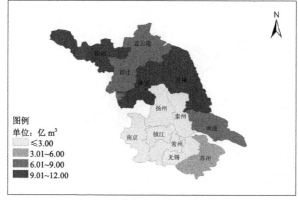

（a）2000 年小麦绿水足迹

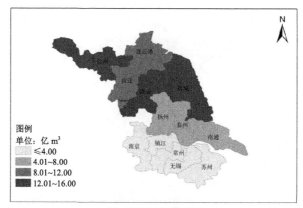

（b）2014 年小麦绿水足迹

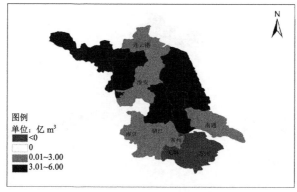

（c）2014 年与 2000 年小麦绿水足迹差值

图 6　2000 年、2014 年江苏省小麦绿水足迹空间分布及其差异

　　江苏省小麦生产水足迹时间变化上主体呈现减小趋势，这在一定程度上说明小麦生产过程中水资源利用效率有所提升，与区域重视小麦生产，种植技术有所提升密不可分。为进一步节约区域水资源，生产水足迹的减少成为我们可采取的途径之一。虽然用水效率有所提升，但区域总的小麦生产用水数量却呈现上升趋势，这主要是由于农民将先进生产技术应用所节约的水资源进一步用于扩大生产造成，也就是产生了水资源领域的杰文斯悖论。未来为实现更大区域的水资源节约，必须将作物种植面积的限定作为一项重要内容，将其与其他的自然、经济、社会条件同时纳入区域水资源管理范畴。对比蓝绿水资源发现，江苏省小麦生产主要依赖绿水资源。相比蓝水资源，绿水资源通常拥有更小的机会成本和环境影响[14]。

因此继续提高区域雨水资源的利用率和利用效率，有利于节约更多的蓝水资源，从而将其用于其他产值更高的行业，也有助于降低生产用水行为对区域环境的影响。

4 结论

江苏各地区小麦生产水足迹随时间变化呈现减小趋势，空间分布主体表现为苏北地区>苏南地区>苏中地区；除无锡和苏州受其产量变化不大影响外，其他地区小麦水足迹2014年数值均大于2000年数值，空间分布主体呈现苏北地区>苏中地区>苏南地区；绿水为小麦生产消耗的主要水资源类型。为进一步节约区域水资源，建议江苏省各区域在合理规划种植面积基础上，改进雨水利用设施与技术，提高灌溉水资源利用效率，同时培育节水或高产作物品种。

参考文献

[1] Hoekstra A Y，Chapagain A K，Aldaya M M，et al . The water footprint assessment manual: setting the global standard [M]. London and Washington，DC：Earthscan，2011 .

[2] Chapagain A K . Water Footprint：Help or Hindrance? [J]. Water Alternatives，2012,5(3):563-581 .

[3] 龙爱华，张志强，徐中民，等. 甘肃省水资源足迹与消费模式分析[J]. 水科学进展，2005,16(3)：418-425 .

[4] Hoekstra A Y，Mekonnen M M . The water footprint of humanity[J]. Proceedings of the National Academy of the Sciences of the United States of America (PNAS)，2012,109(9)：3232-3237 .

[5] 马静，汪党献，来海亮，等. 中国区域水足迹的估算[J]. 资源科学，2005,27(5):96-100 .

[6] Cazcarro I，Hoekstra A Y，Sánchez Chóliz J . The water footprint of tourism in Spain[J]. Tourism Management，2014,40:90-101.

[7] Chapagain A K，Hoekstra A Y . The blue，green and grey water footprint of rice from production and consumption perspectives [J]. Ecological Economics，2011,70(4):749-758 .

[8] Yang H, Pfister S, Bhaduri A. Accounting for a scarce resource: virtual water and water footprint in the global water system[J]. Curr Opin Environ Sustain, 2013,5(6):599-606.

[9] 吴普特，王玉宝，赵西宁. 2010 中国粮食生产水足迹与区域虚拟水流动报告[M]. 北京：中国水利水电出版社，2012 .

[10] Zoumides C, Bruggeman A, Hadjikakou M, et al. Policy-relevant indicators for semi-arid nations: the water footprint of crop production and supply utilization of Cyprus[J]. Ecol Indic, 2014, 43:205-214.

[11] Liu Jing, Wang Yubao, Yu Zhongbo, et al. A comprehensive analysis of blue water scarcity from the production, consumption, and water transfer perspectives[J]. Ecological Indicators, 2017, 72: 870-880.

[12] Schyns J F, Hoekstra A Y, Booij M J. Review and classification of indicators of green water availability and scarcity[J]. Hydrol Earth Syst Sci, 2015, 19 (11):4581-4608.

[13] Yang Z, Liu H, Xu X, et al. Applying the Water Footprint and dynamic structural decomposition analysis on the growing water use in China during 1997–2007[J]. Ecol Indic, 2016, 60:634-643.

[14] Chapagain A K, Hoekstra A Y, Savenije H H G. Water saving through international trade of agricultural products[J]. Hydrol Earth Syst Sci, 2006, 10 (3):455-468.

漓江流域会仙岩溶湿地土壤和底泥氮磷含量分析*

俞陈文炅[1]，代俊峰[1,2]，曾鸿鹄[1,2]，苏毅捷[1]，张丽华[1]，甘婷婷[1]

（1. 桂林理工大学，广西环境污染控制理论与技术重点实验室，广西桂林 541004；

2. 桂林理工大学，岩溶地区水污染控制与用水安全保障协同创新中心，广西桂林 541004）

摘　要：我国是世界上岩溶面积最大的国家，由于岩溶地区独特的地质特征，造成其生态环境极其脆弱，化学元素的迁移具有时空性和多样性等特点，而岩溶湿地是岩溶地区更为罕见的地理环境。本研究对漓江流域会仙岩溶湿地的稻田土和河流底泥分别采样，对土样中的 pH 值、有机质、总氮、总磷四个指标进行分析，来研究漓江流域会仙岩溶湿地土壤和底泥氮磷含量和分布特点，研究结果表明：①会仙岩溶湿地中土壤有机质波动平缓并且明显高于河流底泥有机质，土壤有机质含量为 4%~7%，土壤肥力高，并且土壤和底泥 pH 值波动十分接近，呈弱酸性到中性，适合水稻种植和生长。②会仙岩溶湿地中总氮含量除 5 号点和 8 号点外底泥均高于土壤，而由于磷素在土壤中移动性差，土壤总磷含量波动较小，同时湿地内土壤和底泥总氮和总磷含量均沿各支渠流向逐渐增多，径流冲刷使得土壤氮素和磷素发生迁移，但由于睦洞河和清水江交汇后河道植物较多，使得该点底泥总氮和总磷含量均降低。③对会仙岩溶湿地中 3 号点和 5 号点土壤和底泥有机质和氮磷含量的分析可知，在两地均有大面积稻田的情况下，底泥有机质和总氮含量高低与排水条件有关。

关键词：漓江流域；氮磷；岩溶湿地；土壤

1　引言

　　湿地与森林、海洋并称为全球三大生态保护系统，它是分布于陆地和水生生态之间的具有独特水文、土壤、植被和生物特征的生态系统，在气候调节、涵养水源、净化水质等方面具有重要的环境功能和环境效益，是地球表面重要且极具价值的生态系统，素有"地球之肾"的美称。我国是世界上湿地分布面积最大、湿地种类最齐全的地区之一，在我国不同地区湿地的性质、结构、生态特征和功能都具有较大的差异。在广大的岩溶地区，由于其独特的双层水文结构导致岩溶发育，地表水渗漏严重，在这种情况下，岩溶区的湿地分布是十分罕见的，但是也有一些湿地分布在岩溶区，将这些特殊的湿地类型称为"岩溶湿地"，它包括岩溶湖泊、河流水系和沼泽地等。岩溶湿地与非岩溶湿地的主要区别在于，岩溶湿地的规模小、数量少且稳定性差、相对隐蔽、湿地土壤植被具有特殊性并且受岩溶水系动态变化的影响明显[1]。湿地土壤中的 N、P 元素是湿地生态系统中极为重要的生态因子，湿地生态系统的生产力也受 N、P 元素的显著影响[2]。随着农业生产的迅猛发展，在农业活动中大量使用氮磷肥，使土壤中的氮磷和作物中的氮磷平衡紊乱，造成氮磷在土壤中大量聚集，增加了流失风险，尤其是在施肥初期，农田中的氮磷肥浓度达到最高值，此时伴随着降雨或灌溉，土壤中的氮磷会向水生生态环境过量输入，造成水体污染，导致水体发生严重的富营养化现象[3]。因此，本文以岩溶湿地最为典型的会仙湿地作为研究区域，研究会仙岩溶

────────────

*基金项目：国家自然科学基金（51569007），广西自然科学基金（2015GXNSFCA139004），国际岩溶研究中心国际合作项目开放课题（KDL201601），广西高等学校高水平创新团队项目（002401013001）。

第一作者简介：俞陈文炅（1994—），男，甘肃兰州人，硕士研究生，从事水文学及水资源研究。Email: 1335754629@qq.com

通讯作者：代俊峰（1980—），男，博士，河南许昌人，教授，从事水资源高效利用与水环境研究。Email: whudjf@163.com

湿地土壤和河流底泥中有机质、pH 值、氮磷元素的含量、分布特征，一次来探讨岩溶湿地氮磷含量和分布的独特性，以期能更好地解决湿地水体富营养化、生态系统恢复、合理安排农业施肥等问题。

2　研究方法

2.1　研究区域概况

本文选取漓江流域上游青狮潭灌区会仙岩溶湿地作为研究区域。桂林会仙岩溶湿地是一个以沼泽和湖泊为主的综合湿地，位于珠江水系一级支流漓江流域与柳江流域的分水岭地带、桂林市城区西南部峰林平原与峰丛洼（谷）地的过渡地带，处于桂林西城区、苏桥工业园区和雁山新城之间[4]。地理坐标为：东经 110°09′50″~110°14′30″，北纬 25°05′20″~25°06′45″。桂林会仙岩溶湿地是我国中低纬度、低海拔地区保存良好、面积最大的岩溶湿地，也是我国岩溶湿地的典型代表[5]。该地区位于北回归线附近，属于典型的中亚热带季风气候，四季分明，气候温和、湿润，降雨量充沛且热量丰富，年平均气温为 19.5℃，多年平均降雨量为 1890.4mm，全年雨季主要集中在 4—9 月，尤其以 5—7 月中旬最多。会仙湿地的地形总体上南北高、东西低、中间低平，中低山和丘陵环绕四周，中央为峰林平原。湿地内部主要有两条过境河流为良丰江和相思江，位于湿地东、西边缘分别汇入漓江和柳江[1]。会仙湿地在 1970 年以前自然环境保护的较好，但近 50 年来，由于各种因素，尤其是人为的农业行为，大量施用化肥，使湿地土壤的营养成分发生变化，导致湿地退化明显，水体富营养化逐渐加快[4,6]。

2.2　样品的采集及采样点信息

本研究初期先通过 Google earth 选取两个试区内比较闭合的流域。在会仙试区闭合流域中，共有 5 条河流，分别为古桂柳运河、睦洞河、会仙河、清水江和相思江，其中前四条河流最终分别汇入相思江中；而在金龟河试区的闭合流域中，主要的河流为金龟河、西干渠支流和桃花江。选取闭合流域后再通过 Arcgis10.2 和 SWAT 模型对闭合流域进行模拟，通过模拟所得结果和研究区河流上下游及流向的实际情况进行布点采样（图 1），采样点的具体信息见表 1。采样时间为 2016 年 10 月，采样使用蛇形采样法采集表层 0~10cm 深的土壤，同时利用硬质塑料圆柱采集河泥，会仙试区采样 8 处，金龟河试区采样 8 处，用透明干净的塑料袋密封，带回实验室自然风干，捡出样品中的树叶、落叶、贝壳等杂物，研磨过 100 目筛，保存待测。

图 1　会仙湿地采样点分布图

表 1　研究区采样点信息

采样点号	土壤情况	采样点信息
1，2	稻田土和河流底泥	周围都有大面积农田，1 号为睦洞河和古桂林运河源头
3	稻田土和河流底泥	位于古桂柳运河，周围有农庄和大面积水稻田
4	河流底泥	位于会仙河，周围有大面积水稻田
5	稻田土和河流底泥	人为挖掘的农田支渠，周围有大面积水稻田
6，7	河流底泥	分别为睦洞河出水口和清水江下游
8	稻田土和河流底泥	睦洞河与清水江完全汇流，周围有少量农田

2.3　实验方法

本研究对样品 pH 值、有机质、全氮、全磷四个指标进行分析。实验样品中土壤和底泥的全氮实验采用《中华人民共和国国家环境保护标准》(HJ 717—2014) 中土壤质量全氮的测定凯氏法；总磷采用碱熔-钼锑抗分光光度法；有机质采用重铬酸钾氧化-比色法；另通过便携式 pH 酸度计测量用超纯水混合并静置后的实验样品 pH 值。

3　结果与分析

3.1　研究区域土壤和底泥 pH 值和有机质的差异特征分析

会仙岩溶湿地土壤和底泥有机质含量和 pH 值如图 2 和图 3 所示。

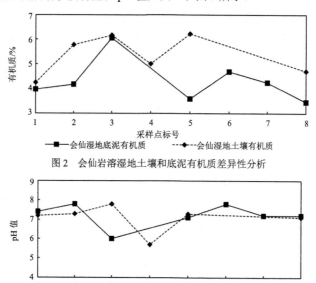

图 2　会仙岩溶湿地土壤和底泥有机质差异性分析

图 3　会仙岩溶湿地土壤和底泥 pH 差异性分析

通过图 2 可以看出，会仙岩溶湿地土壤有机质含量波动比较平缓而底泥有机质含量波动幅度较大，土壤和底泥有机质含量在 1 号点到 3 号点间都逐渐增加，在 3 号点底泥有机质含量达到最高值为 6.06%，随后土壤和底泥有机质含量分别在 5 号点和 6 号点有小幅度的升高，土壤有机质含量在 5 号点达到最高值为 6.22%。这是因为试区内 1 号点作为睦洞河和古桂林运河的源头，其土壤和底泥有机质随着水流的冲刷向下游迁移，造成位于睦洞河和古桂柳运河的 2 号点和 3 号点的有机质含量的增加，同时 6 号点作为睦洞河的出水口，大量聚集了来自上游的底泥有机质，底泥有机质含量较高。试区内的 3 号点和 5 号点，周边均有大面积水稻田，农业活动中施用大量的氮磷肥造成土壤有机质含量的增加[7]，5 号点属于人为挖掘的农田支渠排水条件较差，土壤有机质流失较少，所以底泥有机质含量低，而 3 号点位于运河旁边，排水条件优良，土壤有机质流失较多，并且靠近农庄村民在洗刷农具时也会将土壤带入运河中，造成底泥有机质含量增加。另外会仙湿地土壤和底泥有机质含量的平均值为 5.36% 和 4.32%，可以看出研究区域内土壤有机质的含量明显高于河流底泥有机质的含量，可能是因为土壤中有较多的动植物残体和农业活动中氮磷肥的大量使用，造成土壤有机质含量增加。土壤有机质含量的高低，是影响土壤肥力的重要因素，研究区域中土壤有机质的含量为 4%~7%，土壤肥力高[8]。

通过图 3 可以看出，会仙岩溶湿地土壤和底泥 pH 值波动十分接近，且土壤和底泥的均值分别为 7.1 和 7.2，3 号采样点的底泥和 4 号点的土壤 pH 值最低为 6 和 5.7。由此可见，会仙岩溶湿地土壤和底泥的 pH 呈弱酸性到中性，适合水稻种植和生长。

3.2　研究区域土壤和底泥总氮含量与分布的差异特征分析

会仙岩溶湿地土壤和底泥总氮含量如图 4 所示。

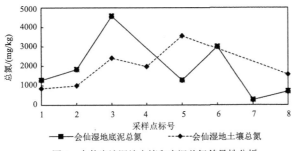

图 4　会仙岩溶湿地土壤和底泥总氮差异性分析

通过图 4 可知，会仙试区土壤和底泥总氮分别呈上升和下降趋势，土壤和底泥总氮含量从 1 号点开始沿各支渠的流向逐渐增多，是由于土壤中氮素的流失形态主要分为溶解态和颗粒态，溶解态直接随径流流失，而颗粒态则通过径流对泥沙的搬运而迁移，但在清水江与睦洞河交会后的 8 号点，底泥总氮含量降低，是因为河道周围和内部有多种植物，植物的生长需要通过吸收水中和底泥里的氮磷等营养物质[9]。从整个流域来看土壤和底泥总氮含量最高分别为 5 号点（3566.434mg/kg）和 3 号点（2325.175mg/kg），两个采样点周边均有大面积农田，由于 5 号点为人工挖掘的农田支渠排水条件差，支渠水流无法直接冲刷土壤，氮素流失较少，所以该地区土壤氮素含量最高[10]，而 3 号点为古桂柳运河紧临农田，排水条件优良，同时运河水流缓慢，聚集了由上游冲刷下来的氮素，所以该地河流底泥氮素最高。此外，试区内除 5 号点和 8 号点外，其余各河流底泥的总氮含量均高于土壤总氮含量，是由于湿地中除 6 号点、7 号点外各支流周围均有面积不等的水稻田，而 8 号点农田离河道较远，水流冲刷影响较小，其余各点土壤中的氮素随着泥沙和水分发生迁移淋失，所以造成河流底泥中的总氮含量高于土壤。

3.3　研究区域土壤和底泥总磷含量与分布的差异特征分析

会仙岩溶湿地土壤和底泥总磷含量如图 5 所示。

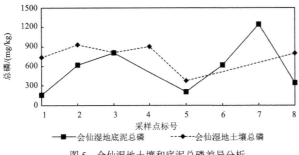

图 5　会仙湿地土壤和底泥总磷差异分析

　　通过图 5 可知，两个研究区内，除 5 号点总磷浓度最低外，土壤总磷浓度波动较小，是因为磷素在土壤溶液中的扩散速度很慢，施入的磷素很快会被土壤吸附固定，磷素在土壤中的移动性较差，所以波动较小，而 5 号点由于与各支流无交汇，磷素补给主要靠化肥，并且排水条件差，造成该点土壤和底泥氮素较低。研究区底泥总磷含量均沿各支渠流向逐渐增多，是由于农业活动使得土壤积累过多的磷素，在径流、降雨和灌溉的作用下，会以溶解态磷和颗粒态磷两种形式进入水体中，并被河流中面积巨大的底泥所吸附，在径流的驱动下，向下游累积[11]，但在会仙试区中清水江与睦洞河交汇后的 8 号点，土壤和底泥总磷含量大幅降低，是由于该点周围无紧邻的农田，土壤磷素补给较少，只积累了来自上游河流底泥中的磷素，同时该河道旁野生植被较多，底泥中的磷素为供给植被生长而反向释放到水中，造成底泥总磷浓度下降[12]。

4　结论与讨论

　　（1）会仙岩溶湿地中土壤有机质波动平缓并且明显高于河流底泥有机质，土壤有机质含量为 4%~7%，土壤肥力高，并且土壤和底泥 pH 值波动十分接近，呈弱酸性到中性，适合水稻种植和生长。

　　（2）会仙岩溶湿地中总氮含量除 5 号点和 8 号点外底泥均高于土壤，而由于磷素在土壤中移动性差，土壤总磷含量波动较小，同时湿地内土壤和底泥总氮和总磷含量均沿各支渠流向逐渐增多，径流冲刷使得土壤氮素和磷素发生迁移，但由于睦洞河和清水江交汇后河道植物较多，使得该点底泥总氮和总磷含量均降低。

　　（3）对会仙岩溶湿地中 3 号点和 5 号点土壤和底泥有机质和氮磷含量的分析可知，在两地均有大面积稻田的情况下，底泥有机质和总氮含量高低与排水条件有关。

参考文献

[1]　蔡德所. 会仙岩溶湿地生态系统研究[M]. 北京：地质出版社，2012.

[2]　Mitsch W J, Gosselin K J. Wetlands[M]. New York: JohnWiley &Sons,2000:155-204.

[3]　维金，孙濮. 磷氮在水田湿地中的迁移转化及径流流失过程[J]. 应用生态学报，1999, 10(3):312-316.

[4]　蔡德所，马祖陆，赵湘桂，等. 桂林会仙岩溶湿地近 40 年演变的遥感监测[J]. 广西师范大学学报（自然科学版），2009, 27(2):111-117.

[5]　吴应科，莫源富，邹胜章. 桂林会仙岩溶湿地的生态问题及其保护对策[J]. 中国岩溶，2006, 25(1):85-88.

[6]　肖飞鹏，王月，李晖. 土地利用方式对会仙岩溶湿地土壤营养元素含量的影响[J]. 广西水利水电，2014(3):75-79.

[7]　高亚军，李生秀. 稻麦轮作条件下长期不同土壤管理对有机质和全氮的影响[J]. 生态环境学报，2000, 9(1):27-30.

[8]　Hou R X, Ouyang Z, Li Y S, et al. Effects of tillage and residue management on soil organic carbon and total nitrogen in the North China Plain.[J]. Soilence Society of America Journal, 2012, 76(1):230.

[9]　姜翠玲，范晓秋，章亦兵. 农田沟渠挺水植物对 N、P 的吸收及二次污染防治[J]. 中国环境科学，2004, 24(6):702-706.

[10]　杨瑞，童菊秀，魏文硕，等. 土壤中氮磷流失试验研究[J]. 灌溉排水学报，2016, 35(8):9-15.

[11]　翟丽华，刘鸿亮，席北斗，等. 农业源头沟渠沉积物氮磷吸附特性研究[J]. 农业环境科学学报，2008, 27(4):1359-1363.

[12]　Nguyen L, Sukias J. Phosphorus fractions and retention in drainage ditch sediments receiving surface runoff and subsurface drainage from agricultural catchments in the North Island, New Zealand.[J]. Agriculture Ecosystems & Environment, 2002, 92(1):49-69.

科尔沁沙丘有无植被覆盖下土壤呼吸特征及对土壤温湿度的响应分析*

马立群，刘廷玺，王冠丽，段利民，韩春雪，何韬

（内蒙古农业大学水利与土木建筑工程学院，呼和浩特 010018）

摘　要： 有无植被覆盖下土壤呼吸是干旱半干旱区碳循环的重要参与者，是了解荒漠生态系统碳循环的重要过程之一，但关于有无植被覆盖下土壤呼吸对不同深度土壤温湿度的响应还存在许多不确定性，难以在区域尺度上准确评估沙丘系统碳排放对土壤温湿度的响应及反馈方向和程度。本文以科尔沁半流动沙丘有无差巴嘎蒿覆盖地为研究对象，分析了有无差巴嘎蒿覆盖下土壤呼吸月动态及不同深度土壤温湿度。结果表明：土壤呼吸速率月变化除受干旱胁迫的 7 月 7 日、7 月 19 日土壤呼吸速率呈有差巴嘎蒿覆盖略低于无差巴嘎蒿覆盖以外，其余月份均呈有差巴嘎蒿覆盖高于无差巴嘎蒿覆盖情况；沙丘土壤呼吸速率月变化与土壤温度相关性不显著，与土壤含水量相关性显著；运用归一化法，通过建立的土壤呼吸 $\ln R_s$ 与土壤温度 T、土壤含水量 $\ln M$ 的双因子回归模型，得出两个变量分别对有无差巴嘎蒿覆盖下土壤呼吸的贡献率。

关键词： 科尔沁沙丘；有无植被覆盖；土壤呼吸；土壤温湿度

1　引言

　　土壤呼吸是全球陆地生态系统碳循环的主要组成部分，也是全球气候变化的关键生态过程[1]。在全球，与气候变暖有关的 CO_2 等温室气体排放问题受到国际社会的高度关注[2-3]，据统计，全球土壤碳库量为 1300~2000PgC，占全球碳总储存量的 67%[4]，土壤碳库的较小变动会显著改变大气中 CO_2 浓度，从而引起气候变化。世界上分布着 $6×10^6 \ km^2$ 的沙丘[5]，其中 $5.6×10^5 km^2$ 分布在我国境内[6]。沙丘是沙粒在风力作用下堆积而成的丘状或垄状地貌。该区域生态环境脆弱，温度日、年差异大，大气与土壤含水量较低，养分及土壤有机质缺乏，植被分布较为单一。迄今为止，土壤呼吸的相关研究主要集中于森林[7]、湿地[8]、草地[2]和农田生态系统[3]，而对于荒漠生态系统土壤呼吸及其与土壤温湿度关系的研究较少，且对于沙丘有无植被覆盖下土壤呼吸的研究更是及其匮乏，目前仍缺乏相关研究来量化科尔沁沙丘土壤呼吸以及相关影响因素对土壤呼吸的贡献。

　　李媛良等[9]、Yildiz 等[10]、吴亚丛等[11]、Marshall 等[12]分析得到了不同植被覆盖下根系对土壤养分、土壤理化性质以及土壤碳储量均有影响，尤其对土壤微生物群落结构的影响很大，而研究荒漠区差巴嘎蒿根系覆盖下的土壤呼吸并不多见。差巴嘎蒿(*Artemisia halodendron*)为流动、半流动半固定沙丘植被建

---

*基金项目： 国家自然科学基金重点国际合作研究与重点、地区项目（51620105003、51139002、51669017）资助；教育部科技创新团队发展计划（IRT-17R60）、科技部重点领域科技创新团队（2015RA4013）、内蒙古自治区草原英才产业创新创业人才团队、内蒙古农业大学寒旱区水资源利用创新团队(NDTD2010-6)资助。

第一作者简介： 马立群（1991—），女，内蒙古通辽人，在读硕士，研究方向为土壤呼吸。Email:maliqunmlq@163.com

通讯作者： 刘廷玺（1966—），男，内蒙古赤峰人，教授，博士，研究方向为干旱区生态水文。Email:txliu1966@163.com

群种，其根系垂直分布深处为0~80cm，其中0~40cm土层内的根系分布最多，占根系总长度的85.28%，水平方向上表现为近密远疏的趋势；整体上根系形态呈主根型"伞"状分布。此植被发达的根系是荒漠区沙生植物吸收水分、适应缺水环境的重要方式。

本文选择科尔沁半流动沙丘有无差巴嘎蒿群落覆盖地为研究对象，对土壤呼吸速率及其影响因子进行观测，探究有无差巴嘎蒿覆盖下土壤呼吸的变化规律，分析影响因素对有无植被覆盖下土壤呼吸速率的影响。为干旱半干旱地区有无植被下土壤碳库管理和荒漠化治理提供理论依据，为构建沙地生态系统碳循环及其对全球变化的响应提供参数。本文研究目标主要包括：①沙丘土壤呼吸研究；②探讨有无植被对土壤呼吸的影响；③运用单因子、双因子回归模型分析土壤温湿度对土壤呼吸的贡献程度。

2　材料与方法

2.1　研究区概况

研究区地理坐标122°33′00″~122°41′00″E，43°18′48″~43°21′24″N，位于内蒙古自治区通辽市科尔沁左翼后旗阿古拉镇，面积55km²，地处科尔沁沙地东南缘，境内海拔最高235m，最低184m。区内沙丘、农田、草甸、湖泊相间分布，为典型的沙丘-草甸相间地区。该区多年平均降水量389mm，且主要集中在6—9月；多年平均水面蒸发量（Φ20cm蒸发皿）1412mm，且主要集中在4—9月，其中5月蒸发量最大；多年平均相对湿度55.8%；多年平均空气温度6.6℃，年极端最低空气温度-33.9℃，年极端最高空气温度36.2℃；年平均风速3~4m/s，7—9月风速最小。主要植物有差巴嘎蒿（*Artemisia halodendron*）、冷蒿（*Artemisia frigid wlid*）、羊草（*Leymuschinensis*）、麻黄（*ephedra*）等，植物生长主要依赖天然降水，草甸地部分湿生植被还依赖地下水。区内沙丘地带性土壤和非地带性土壤广泛发育，交错分布，砂土、壤砂土与砂壤土是主要的土壤类型。沙丘有无差巴嘎蒿覆盖样方内土壤理化性质及其他相关信息见表1。

表1　沙丘有无差巴嘎蒿覆盖土壤呼吸测点土壤物理化学特征参数及相关信息

试验点	土壤类型	砂粒含量/%	粉粒含量/%	干容重/(g/cm³)	土壤有机质/(g/kg)	全氮 TN/(g/kg)	全磷 TP/(g/kg)	全钾 TK/(g/kg)	地下水位埋深/m	植被根系量/(g/800cm³)
有植被覆盖沙丘	砂土	97.44	2.49	1.55	1.93	0.69	0.086	33.64	15.3	8.71
无植被覆盖沙丘	砂土	98.56	1.41	1.74	0.82	0.22	0.055	31.62	16.5	0

注：土壤取样深度为0~10cm；根系量取样深度为0~40cm，分8个层位每层5cm；表中数据均为平均值。

2.2　实验设计

2016年5—10月初，在研究区半流动沙丘波文比-土壤环境监测系统试验点的西南侧，在有无差巴嘎蒿植被覆盖的局域内各选取20m×20m的样方，两个样方内分别随机放置3组PVC塑料环（每组两个PVC塑料环，分别测量5cm和10cm的土壤温度)，进行野外土壤呼吸试验。每次试验前将PVC塑料环内的绿色植物齐地剪除，以防止人为因素和放牧扰动对土壤呼吸的随机影响，同时放置24h后再进行测试。测量时将土壤气室放在测量点附近，检测并设定该时刻土壤表面二氧化碳的浓度值作为对照值，再将土壤气室置于PVC塑料环上进行土壤呼吸测定。整个测量期间均保持PVC塑料环位置不变。

2.3　测定方法

土壤呼吸测定：利用Li-6400便携式气体分析系统（Li·CorInc.，NE，USA）和Li-6400-09土壤呼吸室，按每月3轮，每次2h间隔测定土壤呼吸（测量时间8:00—18:00），其中每月进行一次24h试验（测量时间为8:00至次日6:00)；用Li-6400自带的土壤热电偶探针对5cm和10cm深处的土壤温度进行测定。此外，每次试验结束时，取地表下5cm、10cm、15cm、20cm、30cm、40cm深处土壤测其质量含水量。

环境因子测定：气温和降水量等气象要素通过试验点东北30m处布设的波文比-土壤环境监测系统全天候24h自动采集，气温由距地面2m高处的传感器（HMP45C，Vaisala，Helsinki，Finland）测量，降水量通过距地面0.7m高处的自记雨量计（TE525MM，Texas Electeonices，Dallas，USA）测量，以上数据通过数据采集器（CR1000，Campbell，Logan，USA）每10min在线采集一次，计算平均值，自动存储。

　　根系生物量测定：植物根系生物量即植物地下部分(根)的干重。将取好的根系带回实验室，利用烘箱在 80℃下烘干至恒重，用精度为 0.01g 的电子天平测定。

2.4　数据处理及分析

　　以有无差巴嘎蒿植被覆盖为基本单位，将 3 个重复样点所观测的全部要素进行平均计算，获得小时尺度上的平均值，用于分析有无植被覆盖下土壤呼吸的日变化。将日内小时尺度数据再进行平均计算，获得日平均值，将各月的三次日平均值再次平均获得月平均值，用于分析有无差巴嘎蒿覆盖下土壤呼吸的月变化。

　　用土壤呼吸与土壤温度建立指数模型[13]：

$$Rs = \alpha e^{bT} \tag{1}$$

式中：Rs 为平均土壤呼吸，$\mu mol/(m^2 \cdot s)$；T 为平均土壤温度，℃；a 为温度 0℃时土壤呼吸速率，$\mu mol/(m^2 \cdot s)$；b 为温度反应系数。Q_{10} 为土壤呼吸的温度敏感性指标，是指某一温度下土壤的呼吸速率与低于该温度 10℃下土壤呼吸的比值。一般由下式确定[14]：

$$Q_{10} = e^{10b} \tag{2}$$

　　用土壤呼吸与土壤含水量建立线性模型：

$$Rs = cM^d \tag{3}$$

式中：Rs 为平均土壤呼吸，$\mu mol/(m^2 \cdot s)$；M 为土壤含水量，%；c、d 为系数。

　　由式（1）、式（3）和式（4）式可以看出，$\ln Rs$ 与 T、$\ln M$ 成线性关系，为了分离土壤温度 T、土壤含水量 M 对土壤呼吸 Rs 的贡献率，选用以下双因子回归模型进行分析：

$$\ln Rs^* = \alpha + \beta T^* + \gamma \ln M^* \tag{5}$$

　　为了得到双因子回归模型中土壤温湿度对土壤呼吸的贡献，对 $\ln Rs$、T、$\ln M$ 变量进行归一化计算，采用下式：

$$Y^* = (Y - Y_{\min}) / (Y_{\max} - Y_{\min}) \tag{6}$$

式中：$\ln Rs^*$、T^*、$\ln M^*$ 分别为土壤呼吸的对数 $\ln Rs$、土壤温度 T、土壤含水量的对数 $\ln M$ 的归一化变量；α 为拟合常数；β、γ 分别为土壤温度 T、土壤含水量 M 的贡献系数；Y^* 为归一化变量值，Y、$Y_{\min}$、$Y_{\max}$ 为原变量的试验值、最小试验值、最大试验值。采用 SPSS19.0 软件进行数据统计分析，以 Pearson 相关系数评价不同因子间的相互关系[15]。

3　结果与分析

　　沙丘植被生长季土壤呼吸速率的月变化波动较大[图 1(a)]。在有差巴嘎蒿覆盖下土壤呼吸均值为 $4.48\mu mol/(m^2 \cdot s)$，其中最高值出现在 9 月 5 日[$11.74\mu mol/(m^2 \cdot s)$]，最低值出现在 5 月 19 日[$1.81\mu mol/(m^2 \cdot s)$]；无差巴嘎蒿覆盖下的均值为 $3.3\mu mol/(m^2 \cdot s)$，其中最高值出现在 9 月 5 日[$7.43\mu mol/(m^2 \cdot s)$]，最低值出现在 5 月 9 日[$0.73\mu mol/(m^2 \cdot s)$]。5 月至 10 月初，土壤呼吸速率基本呈现出 5 月开始升高，8 月与 9 月初较大，然后又趋势下降。除 7 月 7 日和 7 月 19 日土壤呼吸速率呈现有差巴嘎蒿覆盖略小于无差巴嘎蒿覆盖以外，其余各测次均呈现出有差巴嘎蒿覆盖大于无差巴嘎蒿覆盖情况。

　　2016 年 5—11 月初差巴嘎蒿生长季的气温的平均值为 17.73℃，而有（无）差巴嘎蒿覆盖下 5cm、10cm 处土壤温度的平均值分别为 21.15（22.53）℃、20.85（21.68）℃，分别高出气温 3.42（4.80）℃、3.12（3.95）℃，无植被覆盖下差值更大[图 1(b)]。

　　试验点 5 月 1 日至 10 月 1 日降雨总量为 351.9mm，差巴嘎蒿生长季土壤含水量的变化趋势与同期降水量大体一致[图 1(c)]。有（无）差巴嘎蒿覆盖下地表下 5cm、10cm、15cm、20cm、30cm 和 40cm 处土壤体积含水量的平均值分别为 0.020%（0.015%）、0.022%（0.021%）、0.026%（0.027%）、0.027%（0.029%）、0.023%（0.031%）和 0.024%（0.036%），有无差巴嘎蒿表层土壤体积含水量基本无差异且季节动态基本一致，这与实际的降雨特征、有无植被下的土壤保水能力及根系吸水等有密切关系[图 1(d)、(e)]。

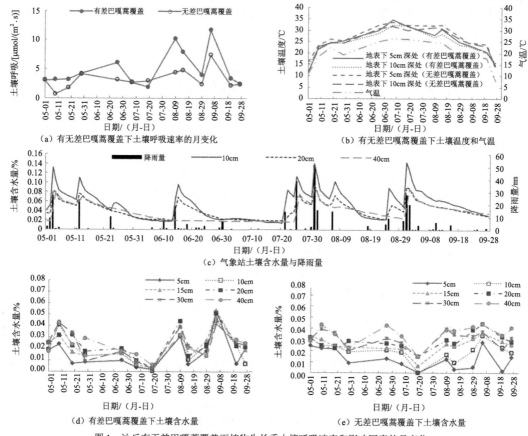

图 1　沙丘有无差巴嘎蒿覆盖下植物生长季土壤呼吸速率和影响因素的月变化

　　本文对生长季半流动沙丘有无差巴嘎蒿覆盖下的土壤呼吸与 5cm、10cm 深处土壤温度进行指数模型拟合,不同深度对比,有差巴嘎蒿覆盖下土壤呼吸的 Q_{10} 值均大于无差巴嘎蒿覆盖情况,有(无)差巴嘎蒿覆盖下土壤呼吸速率与地表下 5cm(10cm)深处土壤温度解释程度更高,但不显著;与 5cm、10cm、15cm、20cm、30cm 和 40cm 深处土壤含水量进行幂函数模型拟合,不同深度土壤含水量状况对土壤呼吸速率存在不同影响,有(无)差巴嘎蒿覆盖下土壤呼吸速率与地表下 5cm(20cm)深处土壤含水量解释程度更高,且相关性显著。按不同深度,对有无差巴嘎蒿覆盖下土壤呼吸解释程度最高的影响因素拟合的模型列入表 2 中,从表 2 中可以看出,与各影响因素的显著性大小因有无差巴嘎蒿覆盖而不同。另外按照不同深度的影响因素解释程度最高,绘制出有无差巴嘎蒿覆盖下土壤呼吸随土壤温度、土壤含水量的变化过程,如图 2 所示,可知随着土壤温度的升高,土壤含水量的增大,有无差巴嘎蒿覆盖下土壤呼吸都是增大的,而且土壤温度最多能解释生长季土壤呼吸的 7.4%,土壤含水量最多能解释生长季土壤呼吸的31.5%。又进一步分析土壤温度、土壤含水量对土壤呼吸的共同作用,对各变量进行归一化处理后,得到的土壤呼吸与土壤温度和土壤含水量的双因子回归模型结果见表 3,其模拟效果比单因子回归模型更好,双因子回归模型中变量前的系数即为该变量对土壤呼吸的贡献率。

表 2　有无差巴嘎蒿覆盖下土壤呼吸速率与影响因素的单因子回归模型

试验点	模型	测试项目	a	b	c	d	m	n	R^2	P
有差巴嘎蒿覆盖	指数模型	地表下 5cm 深处土壤温度	2.515	0.019					0.043	>0.05
	幂函数模型	地表下 5cm 深处土壤含水量			21.41	0.371			0.315	<0.05
无差巴嘎蒿覆盖	指数模型	地表下 10cm 深处土壤温度	1.702	0.023					0.074	>0.05
	幂函数模型	地表下 20cm 深处土壤含水量			25.42	0.592			0.284	<0.05

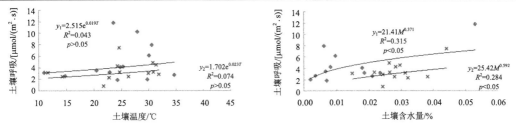

图2　有（y_1）无（y_2）差巴嘎蒿覆盖下土壤呼吸随土壤温度、含水量的变化

表3　有无差巴嘎蒿覆盖下归一化处理后土壤呼吸 $\ln Rs$ 与土壤温度 T、土壤含水量 $\ln M$ 的双因子回归模型

试验点	α	β	γ	R^2	P
有差巴嘎蒿覆盖	−0.530	0.741	1.024	0.541	<0.01
无差巴嘎蒿覆盖	0.213	0.279	0.375	0.294	>0.01

4　结论与讨论

4.1　有无差巴嘎蒿覆盖下土壤呼吸的月变化特征

有无差巴嘎蒿覆盖下沙丘土壤呼吸速率的月变化只有7月7日和7月19日土壤呼吸速率呈现有差巴嘎蒿覆盖略小于无差巴嘎蒿覆盖，且有差巴嘎蒿覆盖下土壤呼吸的下降趋势明显大于无差巴嘎蒿覆盖下土壤呼吸下降程度；其余日期均呈现出有差巴嘎蒿覆盖大于无植被覆盖情况。土壤呼吸速率的增长与植物生理活动的物候期和根系、生物量的增长紧密相关[16]，本文有无差巴嘎蒿覆盖下沙丘根系量差别明显（见表1），这可能是沙丘土壤呼吸速率有差巴嘎蒿覆盖下大于无差巴嘎蒿覆盖情况的主要原因。而土壤含水量是影响土壤呼吸的另一关键因子，7月7日和7月19日两个日期出现反常，其中7月最反常，土壤呼吸速率呈现出有差巴嘎蒿覆盖小于无植被覆盖情况。由气象数据可知7月7日连续7d干旱，7月19日连续19d干旱。对比同生长期的6月26日、8月15日的主要影响要素，由图3可知7月7日和7月19日有差巴嘎蒿覆盖下土壤呼吸下降幅度明显，土壤温度明显升高，土壤含水量和土壤细菌数量急剧下降；而无差巴嘎蒿覆盖下土壤呼吸和各要素变化更平缓。这是由于持续的干旱，使土壤含水量明显降低，水分的缺乏会抑制根系和微生物呼吸，对差巴嘎蒿根系和生物量产生了极大影响（见图3），这导致有差巴嘎蒿覆盖下土壤呼吸速率下降趋势更大，使其呼吸速率小于无差巴嘎蒿覆盖情况。

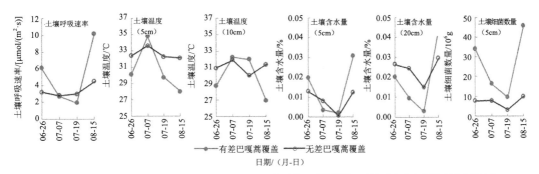

图3　6月26日、7月7日、7月19日和8月15日有无差巴嘎蒿覆盖下土壤呼吸速率和影响因素的变化

4.2　土壤呼吸与土壤温度、土壤含水量的相关性

由回归分析可知，本文分别用指数模型对有无差巴嘎蒿覆盖下的土壤呼吸和土壤温度进行了模拟分析，用幂函数模型对有无差巴嘎蒿覆盖下的土壤呼吸与土壤含水量进行了模拟分析。本文试验测定的有无差巴嘎蒿覆盖下土壤呼吸的月变化与土壤温度没有显著相关性，而韩春雪等[17]、李明峰等[18]、崔骁勇等[19]均得出土壤呼吸与土壤温度有显著的相关性。本文土壤 CO_2 排放量在冬季很低，春季以后随着温度

的不断回升，呼吸速率逐渐增加，并在雨季8月、9月较大，且最大值出现在9月，主要原因是此时较高的土壤温度下根系生长活跃，促进了根系呼吸，同时微生物活性较高，促进了有机质转化，从而增加微生物呼吸，因而产生了较高的土壤呼吸速率[20]，而9月以后气温逐渐降低，土壤呼吸不断减弱。本文结果表明，科尔沁半流动沙丘这一生态系统内，短时间的温度变化对土壤呼吸没有显著的、直接的影响，而是通过影响植物生理活动和土壤微生物呼吸来影响土壤呼吸的。而土壤含水量是影响土壤呼吸月变化的重要条件，本文有（无）差巴嘎蒿覆盖下土壤呼吸速率与地表下5cm（20cm）深处土壤含水量单因子回归模型相关性显著。土壤含水量是影响土壤呼吸的另一关键因子，通过影响根系和微生物的生理过程以及底物和氧气的扩散进而调控土壤呼吸[21]。沙丘土壤含水量较低，加之地下水位埋深较深，土壤含水量主要受降雨的影响。本文7月上中旬和8月中下旬土壤呼吸速率较低，这与测试日土壤含水量较低，受其胁迫是对应的[22]。降雨是土壤水分的主要来源，而土壤水分作为干旱区生物化学过程的重要控制因素，是微生物活动的物质基础，因此水分激发下荒漠生态系统土壤微生物对生态系统碳交换贡献率非常重要。通过整个生长季土壤呼吸速率的变化，可看出降雨对土壤呼吸的重要影响，特别是发生于半干旱地区的阵发式降雨能够促进土壤微生物活性，强烈激发土壤中CO_2的释放量。本文中降水后，沙丘有无差巴嘎蒿覆盖下土壤呼吸速率表现出先降低再增加随后又降低的变化规律，且土壤CO_2释放的最大速率发生在温度最高而土壤湿度适中的时刻，此规律与张丽华等[42]通过人工模拟降水，观测荒漠群落土壤呼吸速率的变化规律结果一致。Huxman等[23]总结前人经验，认为降水能够迅速改变干旱区生态系统土壤碳平衡状况。首先在干旱时期，土壤空隙中储存有大量来自土壤无机碳分解和微生物活动释放出的CO_2，降水经渗漏填充到土壤空隙中，原本储藏其中的CO_2被释放出来，导致土壤呼吸速率增长；其次降水通过改善土壤水分状况，促进微生物活性，加快土壤有机碳分解，从而提高土壤呼吸速率，诸多证据表明：对于荒漠生态系统，即使少量的降水事件也能极大的影响土壤生物化学过程[24-25]。

另外也有报道指出土壤呼吸速率的季节变化是由土壤温度、土壤湿度、土壤微生物和物候期的改变造成的[26-28]。在生长季尺度上，沙丘土壤呼吸虽受环境温度和湿度的影响，但影响程度远不如土壤呼吸日动态那样明显，另一方面也说明由此可知随着沙地的沙化（流动沙丘的活化），土壤呼吸的季节变化与环境温度和湿度的关系受到了很大影响。这可能是因为在较长的时间尺度上影响土壤呼吸的因素还有根系、土壤细菌等很多，这些因素不仅直接对土壤呼吸产生影响，还会削弱土壤呼吸对环境湿度和温度变化的响应程度[29]，而且土地沙漠化也会明显改变影响因素对土壤呼吸影响的途径和程度。因此本文运用归一化方法，建立的土壤呼吸$\ln R_s$与土壤温度T、土壤含水量$\ln M$的双因子回归模型，土壤温度、土壤含水量共同对有无差巴嘎蒿覆盖下土壤呼吸解释，其决定系数均大于二者分别对土壤呼吸的决定系数，表明采用土壤温度、土壤含水量、土壤细菌数量的双因子模型模拟该区域的土壤呼吸有一定可行性。并且这一结果是由于各个影响因子之间是相互促进相互制约共同起作用的[30]。

参考文献

[1] 王新源，李玉霖，赵学勇，等. 干旱半干旱区不同环境因素对土壤呼吸影响研究进展[J]. 生态学报，2012, 32(15):4890-4901.

[2] 刘立新，董云社，齐玉春. 草地生态系统土壤呼吸研究进展[J]. 地理科学进展，2004, 23(4):35-42.

[3] 黄斌，王敬国，龚元石，等. 冬小麦夏玉米农田土壤呼吸与碳平衡的研究[J]. 农业环境科学学报，2006, 25(1):156-160.

[4] Granier A, Ceschia E, DamesinC,Dufrêne E, Epron D, Gross P, Lebaube S, Dantec V L, Goff N L, Lemoine D, Lucot E, Ottorini J M, Pontailler J Y, Saugier B. The carbon balance of a young Beech forest. Functional Ecology, 2000, 14(3):312-325.

[5] 朱震达，赵兴梁，凌裕泉. 治沙工程学[M]. 北京：中国环境出版社，1998.

[6] 李振山，倪晋仁. 挟沙气流输沙率研究[J]. 泥沙研究，2001,(01):1-10.

[7] 侯琳，雷瑞德，王得祥，等. 森林生态系统土壤呼吸研究进展[J]. 土壤通报，2006, 37(3):589-594.

[8] Houghton R A, Hackler J L. Emissions of carbon from forestry and land-use change in tropical Asia. Global Change Biology, 1999, 5(4):481–492.

[9] 李媛良，汪思龙，颜绍馗. 杉木人工林剔除林下植被对凋落层养分循环的短期影响[J]. 应用生态学报，2011,

22(10):2560-2566.

[10] Yildiz O, Cromack K, Radosevich S R, et al. Comparison of 5th- and 14th-year Douglas-fir and understory vegetation responses to selective vegetation removal. Forest Ecology & Management, 2011, 262(4):586-597.

[11] 吴亚丛,李正才,程彩芳,等. 林下植被抚育对樟人工林生态系统碳储量的影响[J]. 植物生态学报,2013,37(2):142-149.

[12] Marshall C B, Mclaren J R, Turkington R. Soil microbial communities resistant to changes in plant functional group composition. Soil Biology & Biochemistry, 2011, 43(1):78-85.

[13] Luo Y Q, Wan S Q, Hui D F, Wallace L L. Acclimatization of soil respiration to warming in a tall grass prairie. Nature, 2001, 413(6856):622-625.

[14] Rey A, Pegoraro E, Tedeschi V, De Parri I, Jarvis P G, Valentini R. Annual variation in soil respiration and its components in a coppice oak forest in central Italy. Global Change Biology, 2002, 8(9):851-866.

[15] Heijden M G A V D, Wagg C. Soil microbial diversity and agro-ecosystem functioning. Plant & Soil, 2013, 363(1-2):1-5.

[16] Scott-Denton L E, Sparks K L, Monson R K. Spatial and temeporal controls of soil respiration rate in a high-elevation, subalpine forest. Soil Biology and Biochemistry, 2003, 35(4):525-534.

[17] 韩春雪,刘廷玺,段利民,等. 科尔沁沙地两种植被类型土壤呼吸动态变化及其影响因子[J]. 生态学报,2017,37(6):1994-2004.

[18] 李明峰,董云社,齐玉春,等. 锡林河流域羊草群落春季 CO_2 排放日变化特征分析[J]. 中国草地,2003,(03):10-15.

[19] 崔骁勇,陈佐忠,杜占池. 半干旱草原主要植物光能和水分利用特征的研究[J]. 草业学报,2001,(02):14-21.

[20] Lou Y S, Li Z P,Zhang T L. Carbon dioxide flux in a subtropical ageicultural soil of China. Water, Air,and Soil Pollution, 2003, 149(1/4) : 281-293(in Chinese)

[21] 熊莉,徐振锋,杨万勤,等. 川西亚高山粗枝云杉人工林地上凋落物对土壤呼吸的贡献[J]. 生态学报,2015,35(14):4678-4686.

[22] 王立刚,邱建军,李维炯. 黄淮海平原地区夏玉米农田土壤呼吸的动态研究[J]. 土壤肥料,2002(6):13-17.

[23] 张丽华,陈亚宁,李卫红,等. 准噶尔盆地两种荒漠群落土壤呼吸速率对人工降水的响应[J]. 生态学报,2009,29(6):2819-2826.

[24] Huxman T E, Snyder K A, Tissue D, Leffler A J, Ogle K, Pockman W T, Sandquist D R, Potts D L, Schwinning S. Precipitation pulses andcarbon fluxes in semiarid and arid ecosystems. Oecologia, 2004, 141(2):254-268.

[25] Adu J K, Oades J M .Physical factors influencing decomposition of organic materials in soil aggregates. Soil Biology and Biochemistry, 1978, 10(2):109-115.

[26] Jin Z, Qi Y C, Dong Y S. Diurnal and seasonal dynamics of soil respiration in desert shrub land of Artemisia Ordosica on Ordos Plateau of InnerMongolia, China.Journal of Forestry research, 2007, 18(3):231-235.

[27] 严俊霞,秦作栋,张义辉,等. 土壤温度和水分对油松林土壤呼吸的影响[J]. 生态学报,2009,29(12):6366-6376.

[28] 张东秋,石培礼,张宪洲. 土壤呼吸主要影响因素的研究进展[J]. 地球科学进展,2005,20(7):778-785.

[29] Yuste J C, Janssens I A, CarraraA, CeulemansR. Annual Q10 of soil respiration reflects plant phonological patterns as well astemperature sensitivity. Global Change Biology, 2004, 10(2):161-169.

[30] 刘绍辉,方精云. 土壤呼吸的影响因素及全球尺度下温度的影响[J]. 生态学报,1997,17(5): 469-476.

锡林河流域草原生物量空间格局分析及其对环境因子的响应*

张俊怡，刘廷玺，段利民

（内蒙古农业大学水利与土木建筑工程学院，内蒙古自治区水资源保护与利用重点实验室，呼和浩特
010018）

摘　要：为探究全球气候变化下典型草原生物量的变化及其对水热等因子的响应，以锡林河流域 77 个采样点的实测数据为基础，分析了生物量的分布特征，探讨了多个环境因子与生物量的关系；并利用多因子插值和 Kriging 插值两种方法，实现样点尺度推移到流域尺度的生物量估测。结果表明：锡林河流域草原地上生物量的均值为 61.86 g/m²，地下生物量的均值为 1338.18 g/m²；地上生物量与高程、湿润度、空气温度、10cm 处的土壤含水量显著相关，地下生物量与高程、湿润度、空气温度、降雨量、风速及 10cm 和 20cm 处的土壤含水量显著相关；空间格局上，锡林河流域东部和南部的地上生物量较高，中部及北部较低，由东南向西北方向地下生物量呈现从高向低过渡的趋势；生物量空间插值数据通过了检验，但本文 Kriging 插值结果更优。

关键词：锡林河流域；地上生物量；地下生物量；插值；空间格局分析

　　草原生态系统占陆地面积的 25%，集中了全球 10%的碳库存[1]，是陆地生态系统的主要组成部分，在全球碳循环和气候调节中起着重要作用[2]。我国草原面积约占国土总面积的 41%[3,4]，占全世界草地面积的 6%~8%[5]，其中 21.1%分布在内蒙古自治区[6]。植被生物量是获取能量能力的主要体现，是生态系统结构组建的物质基础[7]，也是衡量草原生产力大小的重要标准[8]，其对生态系统具有重要影响。

　　相对于地上生物量，草地植被的生物量多分配于地下[9]，通常是地上生物量的 2~5 倍[10]。虽然地下生物量是确定草地植被碳汇功能的基础[9]，但由于观测方法受限[11]，对草地地下生物量的直接观测研究不足 10%[12]。到目前，国内学者基于全球生物量数据库[4,13]、草地清查资料[14,15]、遥感模型[16]及样地调查数据[17,18]，估算了我国草地生物量并给出其空间分布格局[19]。但由于缺少统一方法，尤其是缺少用统一方法获得的实测数据，使得人们对生物量的空间分布认识不足[20]。

　　本研究以锡林河流域草原为研究对象，以野外实地数据为基础，构建样点生物量数据库，再在此基础上，利用 GIS 地统计插值对锡林河流域草原生物量进行估测，探讨基于地统计分析和插值方法在估测区域尺度生物量上的应用，实现样点尺度推移到流域尺度的生物量估测；并分析了草原生物量与环境因子的关系，为草地生态系统在碳循环研究方面提供一定的基础。

1　研究区概况

　　研究区位于内蒙古高原中部，锡林郭勒盟境内，地理坐标 43°24′~44°39′N，115°25′~117°15′E，属于大陆性温带半干旱气候。流域总面积约为 10542km²，长约 175km；年均降水量约为 270mm，年均蒸发量可达 1900mm，年均温 3.0℃左右。锡林河流域主要土壤类型有栗钙土、黑钙土。流域地带性植被类型主要为典

*基金项目：国家自然科学基金重点国际（地区）合作研究项目、重点项目和面上项目（51620105003，51139002，51497086）、内蒙古水利科技项目资助；教育部创新团队发展计划（IRT_17R60）。

第一作者简介：张俊怡（1992—），女，内蒙古锡林浩特人，博士研究生，从事干旱区半干旱区地下水与植被生态研究。
Email: zhangjunyi@emails.imau.edu.cn

型草原，主要草本植物有：羊草（*Leymus chinensis*）、大针茅（*Stipa grandis*）、克氏针茅（*Stipa krylovii*）等。

2　材料与方法

2.1　试验方法及数据获取

考虑高程、地貌、植被类型等特征，并综合考虑样点的空间分布均匀性，在流域范围内共布设了 77 个采样点（图 1）；于 2016 年 6—8 月对采样点进行野外采样调查，共调查 4 次；每个采样点随机选取 3 个 1m×1m 的样方。

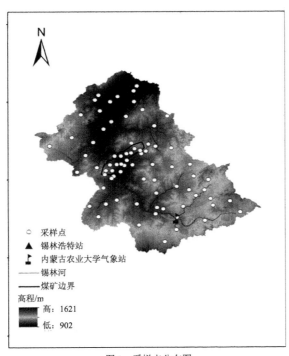

图 1　采样点分布图

生物量、土壤特征数据：采用齐地刈割的方式获取地上生物量，带回实验室，在 65℃ 条件下烘干至恒重并称重；采用根钻法（直径 *D*=80mm）分层取样以获取地下生物量，每个样取 3 钻，取样深度为 50cm，每 10cm 一层，置于纱网中用水冲洗后带回实验室，经过漂洗在 65℃ 条件下烘干至恒重；获取地下生物量的同时，以 10cm 为间隔分层获取土壤样品，带回室内测其含水量。

气象数据：根据流域内的锡林浩特站及周边的阿巴嘎旗站及西乌旗三个国家站和内蒙古农业大学的两个气象站 5—8 月的实测数据，运用 ArcGIS 10.2 进行插值，得到各个采样点的气象数据。

本文的空气湿润度采用伊万诺夫湿润度（以下简称"湿润度"）：$K=R/E$，$E=0.0018(25+T)^2(100-F)$，其中：R 总降水量，T 平均气温，F 平均相对湿度。

高程数据：数值高程模型（DEM）来源于地理空间数据云（http://www.gscloud.cn/），空间分辨率为 30m。

2.2　分析方法

利用 office 2010 对生物量数据进行基本特征分析；利用 IBM SPSS Statistics 19.0 对数据进行相关分析和回归分析。用多因子插值及 Kriging 插值两种方法对生物量进行空间插值，具体如下：

多因子插值：利用相关系数法确定各环境因子的权重，再构建多个因子影响下的生物量模型，最后对插值结果进行检验。

$$\omega_i = R_i^2 / \sum R_i^2 \tag{1}$$

$$BGB = \sum_{i=1}^{n} \omega_i y_i \tag{2}$$

式中：ω_i 为权重；R^2 为复相关系数；BGB 为地下生物量；y_i 为环境因子与生物量的回归方程。

Kriging 插值：在地统计插值前，对数据进行正态检验。运用 GS+和 ArcGIS，进行数据预处理、变异函数计算，理论变异函数的最优拟合及检验。根据决定系数大、残差小的标准选取变异函数模型。运用地统计模块中的子集要素，将 77 个点随机分成两部分，其中 62 个点作为插值点，其余点作为验证点来检验预测结果。最终实现由点到面的预测，结合交叉验证及配对样本检验的结果，检验该法的可行性。

3 结果与分析

3.1 样点数据特征

在地统计插值前，需分析样本数据的分布特征，再根据数据的空间分布特征选择合适的插值方法。首先，检验数据是否符合正态分布，要求数据的均值和中值大致相等。从表 1 可知，锡林河流域草原地上生物量（AGB）的均值和中值分别为 61.86 g/m^2 和 58.78 g/m^2；地下生物量（BGB）的均值和中值分别为 1338.18 g/m^2 和 1214.84 g/m^2，基本符合要求。其次，观察 GS+输出的 QQPlot 图，符合直线分布，因此生物量数据服从正态分布，可以进行地统计插值。

表 1 样点数据特征统计

生物量	最小值	最大值	均值±标准误	中值	标准差	均值取对数	中值取对数
AGB/(g/m^2)	24.1	138.49	61.86±2.86	58.78	25.06	1.79	1.77
BGB/(g/m^2)	542.64	2818.77	1338.18±51.18	1214.84	449.1	3.13	3.08

3.2 草原生物量与环境因子回归分析

对 77 个采样点的生物量与同期环境因子进行相关性分析和回归分析。结果表明：地上生物量与高程呈极显著性相关（$P<0.01$），与湿润度、空气温度、10cm 处的土壤含水量显著性相关（$P<0.05$）；地下生物量与高程、湿润度、空气温度、风速及 10cm 处的土壤含水量呈极显著性相关（$P<0.01$），与降雨量和 20cm 处的土壤含水量显著相关（$P<0.05$）。回归方程见表 2 和表 3，虽然复相关系数较低，但均通过了检验（$P<0.05$）。

表 2 地上生物量与环境因子的关系

环境因子	相关系数	复相关系数	回归方程	权重
高程	0.436**	0.192	$y=e^{(2.268+0.002x)}$	0.480
湿润度	0.232*	0.063	$y=79.677-7.945/x$	0.158
空气温度	-0.284*	0.091	$y=e^{(12.642-0.408x)}$	0.228
SWC-10cm	0.232*	0.054	$y=1.988x+52.305$	0.135

注：SWC 为土壤含水量；**表示在 0.01 水平（双侧）上显著相关；*表示在 0.05 水平（双侧）上显著相关。

表 3 地下生物量与环境因子的关系

环境因子	相关系数	复相关系数	回归方程	权重
高程	0.580**	0.374	$y=0.005x^2-9.024x+5099.457$	0.206
湿润度	0.462**	0.325	$y=-31702.3x^3+51594.7x^2-24973.7x+4868.1$	0.179
空气温度	-0.568**	0.323	$y=-0.629x^3+7221.693$	0.178
降雨量	0.265*	0.107	$y=-0.001x^3+26.325x-200.18$	0.059

续表

环境因子	相关系数	复相关系数	回归方程	权重
风速	-0.526**	0.278	$y=144.474x^2-1893.16x+5920.009$	0.153
SWC-10cm	0.365**	0.144	$y=-0.735x^3+21.5x^2-88.3x+1312.992$	0.079
SWC-20cm	0.242*	0.058	$y=35.274x+1149.468$	0.032
AGB	0.435**	0.207	$y=e^{(6.775+0.006x)}$	0.114

注：SWC 为土壤含水量；AGB 为地上生物量；**表示在 0.01 水平（双侧）上显著相关；*表示在 0.05 水平（双侧）上显著相关。

3.3 生物量多因子插值

乔宇鑫等[21]研究表明，单因素插值结果在空间分布格局上有所差异，存在一定的不确定性。本文运用相关系数法确定了各环境因子的权重；再通过权重值和回归方程（表 2 和表 3），在 ArcGIS 中叠加计算，得到锡林河流域草原生物量的空间分布；最后对其进行插值精度检验。

对地上生物量（AGB）和地下生物量（BGB）进行配对样本 t 检验（表 4），从表 4 中可知：对 2 中，$P>0.05$，比较的数值没有明显的差异；而在对 1 中，$P<0.05$，实际值与预测值有显著的差异。这个结果说明，对于地下生物量，该方法预测精度较高；但是此法并不适用于地上生物量的预测。

从图 2 中可以看出，锡林河流域的地下生物量整体上呈现由东南向西北减少的趋势，这与乔宇鑫[21]研究中的锡林郭勒盟东部区地下生物量大相一致。锡林河上游一般处于有水流状态，湿润度较大，表层土壤含水量较高，蒸发相对慢些，有利于植物生长；而在锡林浩特站以下基本属于断流状态，且中部地区有煤矿区，对植被生长造成了一定的影响。锡林河流域地下生物量的空间分布与气候条件、外界环境比较吻合。

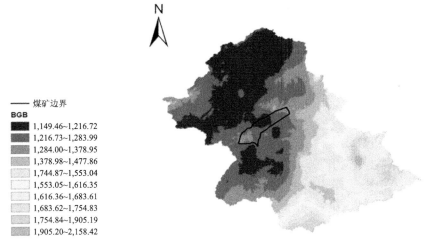

图例
— 煤矿边界
BGB
■ 1,149.46~1,216.72
■ 1,216.73~1,283.99
■ 1,284.00~1,378.95
■ 1,378.98~1,477.86
■ 1,744.87~1,553.04
□ 1,553.05~1,616.35
□ 1,616.36~1,683.61
□ 1,683.62~1,754.83
□ 1,754.84~1,905.19
□ 1,905.20~2,158.42

图 2　锡林河流域地下生物量空间分布

经过检验分析，实测值与预测值之间的均方根误差（RMSE）为 327.69 g/m²，偏离度（E）为 24.31%，平均预测精度为 75.69%。

表4　成对样本 t 检验

项　　目	成对差分			t	df	P(双侧)
	均值	标准差	标准误			
对 1　AGB 实际值-AGB 预测值	-12.429	21.756	2.479	-5.013	76	0
对 2　BGB 实际值-BGB 预测值	-15.108	329.488	37.549	-0.402	76	0.689

3.4 生物量 Kriging 插值

为减小误差，对生物量做对数处理并通过了 K-S 检验，服从正态分布。对于不同变异函数模型，地上生物量最终选取了球状变异函数模型，地下生物量最终选取了指数变异函数模型，采用相关参数（见表 5）和 Kriging 插值法，得到锡林河流域生物量空间分布图（图 3）。

表 5 生物量变异函数的相关参数

指标	模型	决定系数	残差	块金值	基台值	变程	结构比
AGB	球状	0.856	3.721E-05	0.01639	0.03288	37400	50.152%
BGB	指数	0.855	1.560E-05	0.00235	0.03280	6100	92.835%

从图 3 中可以看出，地上生物量在东部和南部较高，中部及北部的地上生物量较低；地下生物量由东南部向西北部逐渐减小；地上、地下生物量在东南部均较高，是因为锡林河上游水热条件较好。由表 5 中可知：地上生物量属于中等变异，约为 50%，说明由人为等随机性因素引起的变异与由自相关引起的空间结构变异相当，随机因素产生了很大的干扰；而地下生物量受外界环境影响较小，由自相关引起的空间变异比达 92.8%，说明地下生物量自相关变异趋势更加显著。

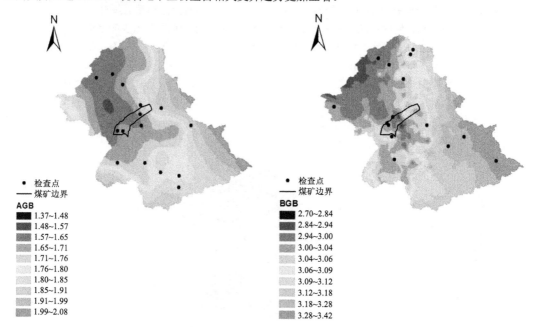

图 3 锡林河流域生物量空间分布图

交叉验证方法标准为：平均值接近 0，均方根预测误差最小，平均标准误差最接近均方根预测误差，标准均方根预测误差最接近 1[22]。按照标准，交叉验证结果是可行的。但仍需进行配对样本 t 检验（表 7），对 3 对 4 中，$P>0.05$，比较的数值没有显著差异。经计算，地上生物量实测值与预测值之间的均方根误差（RMSE）为 0.19，偏离度（E）为 10.9%，平均预测精度为 89.1%；地下生物量实测值与预测值之间的均方根误差（RMSE）为 0.11，偏离度（E）为 3.48%，平均预测精度为 96.52%。

表 6 生物量实测值与预测值交叉验证结果表

指标	误差平均值	误差均方根	平均标准误差	标准平均值	标准均方根误差
AGB	−0.004	0.1815	0.1620	−0.0153	1.1117
BGB	−0.004	0.1279	0.1913	−0.0216	0.6792

表7　成对样本t检验

| 项　目 | 成对差分 | | | t | df | P(双侧) |
	均值	标准差	标准误			
对3　AGB 实际值-AGB 预测值	−0.009	0.193	0.050	−0.187	14	0.854
对4　BGB 实际值-BGB 预测值	0.034	0.108	0.028	1.222	14	0.242

4　讨论

4.1　生物量与环境因子回归分析

马文红等[21]、马安娜等[22]研究表明,地上、地下生物量随年降水量的增加而增加;而本文的结果为地上生物量与降雨量(5—8月)相关性不显著,地下生物量与降雨量显著正相关。大多研究都用多年平均降水量进行分析,本文所用数据时间段为同年生长期的降雨量,这可能是与其他研究结果产生分歧的原因之一;而且放牧干扰的不同也导致草场受破坏程度不一,有的样点在禁牧草场,有些在放牧严重的草地,这也导致了生物量与同期降水量的相关性很弱。

对于干旱半干旱草地,温度升高加快水分蒸发,其产生的水分胁迫会使草地的生产力下降,所以温度是主要限制因素[23],且随温度的升高,生物量有所下降,这与马文红[21]的研究结果相一致。

伊万诺夫湿润度综合了热量和水分两个因素,所以引入伊万诺夫湿润度来探讨其对生物量的影响。本文中,生物量与湿润度呈显著正相关。

本研究中,高程对生物量的影响很大;另外,还分析了风速、含水量与生物量的关系。这也说明了影响植被生长的因素众多。

4.2　生物量空间插值

运用两种方法对锡林河流域生物量进行空间插值,得出锡林河流域的地上生物量在东部和南部较高,中部及北部的地上生物量较低;地下生物量由东南向西北呈现从高向低过渡的趋势;两种方法得出的地下生物量空间分布规律较为一致。

经检验分析,地下生物量多因子空间插值预测精度为75.69%;地上生物量 Kriging 插值预测精度为89.1%;地下生物量 Kriging 插值预测精度为96.52%。本文中,用多因子插值研究地上生物量的空间分布不可行;且该法预测的地下生物量的空间分布精度低于 Kriging 插值法的精度。因为将气象站点的环境因子插值到整个流域再提取至每个采样点会产生一定的误差,随后将各个因子按照权重叠加计算也会有误差,多步计算使误差放大了很多倍,从而也降低了预测精度。而且对于锡林河草原这样的天然草地,承载着放牧等许多人为干扰活动,减少了地上生物量的同时,也为研究带来许多不确定性。

文中利用插值方法,解决了由点到面的尺度推移问题,实现了流域生物量的空间分布。多因子空间插值可以利用相关的环境因子,预测多个因子综合影响下的生物量空间分布;Kriging 插值利用地统计学的变异函数深入了解生物量的空间异质性。虽然多因子空间插值的效果较差,但如果提高每一步的精度,多因子插值的效果可能会提升甚至超过 Kriging 插值结果。

5　结论

锡林河流域草原地上生物量均值为 61.86 g/m², 地下生物量均值为 1338.18 g/m²。空间格局上,锡林河流域东部和南部的地上生物量较高,中部及北部较低;由东南向西北地下生物量呈现从高向低过渡的趋势。

锡林河流域草原地上生物量与高程呈极显著性相关(P<0.01),与湿润度、空气温度、10cm 处的土壤含水量显著性相关(P<0.05);地下生物量与高程、湿润度、空气温度、风速及 10cm 处的土壤含水量呈极显著性相关(P<0.01),与降雨量和 20cm 处的土壤含水量显著相关(P<0.05)。

地下生物量多因子空间插值预测精度为 75.69%;地上生物量 Kriging 插值预测精度为 89.1%;地下生物量 Kriging 插值预测精度为 96.52%;本文 Kriging 插值结果更优。

参考文献

[1] Dai C, Kang M Y, Ji W Y, et al. Responses of belowground biomass and biomass allocation to environmental factors in central grassland of Inner Mongolia[J]. Acta Agrestla Sinica, 2012,20（2）：268-274.

[2] Scurlock J M O, Johnson K. Olson R J. Estimating net primary productivity from grassland biomass dynamics measurements[J].Global Change Biology,2002,8（8）：736-753.

[3] 中华人民共和国农业部畜牧兽医司，全国畜牧兽医总站.中国草地资源[M]. 北京：中国科学技术出版社，1996:175-325.

[4] Ni J. Carbon storage in terrestrial ecosystems of China: Estimates at different spatial resolutions and their responses to climate change[J]. Climate Change, 2001, 49（3）：339-358.

[5] 李博，我国草地生态研究的成就与展望[J]. 生态学杂志，1992.，11（3）：1-7.

[6] 朴世龙，方精云，贺金生，等. 中国草地植被生物量及其空间分布格局[J]. 植物生态学报，2004,28（4）：491-498.

[7] 辛晓平，张保辉，李刚，等. 1982—2003 年中国草地生物量时空格局变化研究[J]. 自然资源学报，2009,24（9）：1582-1592.

[8] 王彦龙，马玉寿，施建军，等. 黄河源区高寒草甸不同植被生物量及土壤养分状况研究[J].草地学报，2011,19（1）：1-6.

[9] 胡中民，樊江文，钟华平，等. 中国草地地下生物量研究进展[J].生态学杂志，2005,24（9）：1095-1101.

[10] Speidel B. Primary production and root activity of a golden oat meadow with different fertilizer treatments[J]. Polish Ecological Studies，1976，2：77-89.

[11] AA Titlyanova，IP Romanova，NP Kosykh. Pattern and process in above-ground and below-ground components of grassland ecosystems[J]. Journal of Vegetation Science，1999，10（10）：307-320.

[12] J.M.O. Scurlock, D.O. Hall. The global carbon sink : a grassland perspective[J]. Global Change Biology，1998，4：229-233.

[13] Ni J. Carbon storage in grassland of China [J]. Journal of Arid Environments，2002，50（2）：205-218.

[14] 方精云，刘国华，徐嵩龄. 中国陆地生态系统的碳库[C]//王庚辰，温玉璞，编著. 温室气体浓度和排放监测及相关过程. 北京：中国环境科学出版社，1996.

[15] Ni J. Forage yield-based carbon storage in grasslands of China [J]. Climate Change，2004，62（2/3）：237-246.

[16] 朴世龙，方精云，贺金生，等.中国草地植被生物量及其空间分布格局[J]. 植物生态学报，2004,28（4）：491-498.

[17] Ni J. Estimating net primary productivity of grasslands from field biomass measurements in temperate northern China [J]. Plant Ecology，2004，174（2）：217-234.

[18] 马文红，方精云.中国北方典型草地物种丰富度与生产力的关系[J].生物多样性，2006,14（1）：21-28.

[19] Bai Y F，Han X G，Wu J G， et al . Ecosystem stability and compensatory effects in the Inner Mongolia grassland[J]. Nature，2004,431（9）：181-184.

[20] 邓蕾，上官周平.陕西省天然草地生物量空间分布格局及其影响因素[J]. 草地学报，2012,20（5）：8251-835.

[21] 乔宇鑫，朱华忠，钟华平，等. 内蒙古草地地下生物量空间格局分析[J]. 草业学报，2016,25（6）：1-12.

[22] 马文红，杨元合，贺金生，等. 内蒙古温带草地生物量及其与环境因子的关系[J]. 中国科学 C辑：生命科学，2008,38（1）：84-92.

[23] 马安娜，于贵瑞，何念鹏，等. 中国草地植被地上和地下生物量的关系分析[J]. 第四纪研究，2014,34（4）：769-776.

[24] 黄耀，孙文娟，张稳，等. 中国草地碳收支研究与展望[J].第四纪研究，2010,30（3）：456-465.

正蓝旗地区杨树同位素月变化及与环境因子的响应关系*

李雪松，贾德彬，张雨强，冯蕴

（内蒙古农业大学水利与土木建筑工程学院，呼和浩特 010018）

摘　要：本文通过对正蓝旗地区杨树叶片 $\delta^{13}C$ 值和枝干 δD、$\delta^{18}O$ 值的月变化趋势及其对取样日当天的降雨量和温度响应模式的研究发现：该地区杨树叶片 $\delta^{13}C$ 值和枝干 δD、$\delta^{18}O$ 值的月变化均呈现雨季底，旱季高的特点；δD、$\delta^{18}O$ 值与降水量没有明显的相关性，而与温度具有良好的负相关关系；$\delta^{13}C$ 值与温度明显没有相关性，而与降水量具有良好的负相关关系。

关键词：正蓝旗；杨树；月变化趋势；响应关系

1　引言

同位素是原子序数相同而质量不同的一类元素，一般可以分为稳定性和放射性同位素两类。稳定性同位素是存在于生物体内的一类天然的且不具有放射性的同位素，其质量组成在很长的时间内可以保持相对恒定[1]，常见的自然界中稳定同位素主要有碳、氢、氧、氮、和硫等元素。研究表明植物叶片稳定同位素变化可以直接沟通植物叶片内部与外界的物质和能量联系。碳同位素组成($\delta^{13}C$ 值)是叶片组织合成过程中光合活动的整合，可以反映一定时间内植物水分散失和碳收获之间的相对关系，常被用来间接指示植物的长期水分利用效率[2]；植物氢氧同位素（δD、$\delta^{18}O$ 值）来源于水，植物利用根部吸水经枝干运输到叶片的过程中不会发生分馏现象，因此枝干中的氢氧同位素常作为示踪剂来追踪植物的吸水来源[3]。降水和温度是影响植物生长发育的一个重要因子，也是决定干旱半干旱环境下植物碳、氢、氧同位素的关键因子[4]。大量研究表明，不同地区降水、温度与植物同位素的相关性因地理和气候因素差别而异。对 C_3 植物而言，植物的叶片 $\delta^{13}C$ 值与水分之间呈现显著负相关关系，年降水量越多的地区 $\delta^{13}C$ 越低，水分利用效率越小；而与温度之间的关系，不同的研究得到的结论不尽一致。植物枝干 δD、$\delta^{18}O$ 值主要受大气降水的影响，与降水量呈现负相关，随着大气降水量的增加，降水中的 δD、$\delta^{18}O$ 会不断地减小；中高纬度地区，与温度表现出正相关的现象。本研究通过对正蓝旗地区杨树叶片 $\delta^{13}C$ 值与枝干 δD、$\delta^{18}O$ 特征及其对采样日降水量和温度的响应模式进行研究，找到当地稳定同位素月变化及与环境因子的响应关系，为当地农牧业、生态环境及社会经济发展提供一定的借鉴。

2　材料与方法

2.1　试验区概况

研究点位于内蒙古自治区锡林浩特盟正蓝旗育草站附近的人工种植的青杨树林，正蓝旗地理位置为东经 116.02°，北纬 12.25°。属于中温带大陆性气候，2015 年度的平均相对湿度为 56%；极端最高温度 39.9 ℃，极端最低气温-39.6 ℃;全年降雨量年均为 365.1 mm，而且集中在 7—9 月，约占全年降雨量的

*基金项目：内蒙古自然基金项目（2017MS0513）国家自然科学基金项目（51269013）。

第一作者简介：李雪松(1992—)，男，黑龙江七台河人，硕士研究生，研究方向为植物同位素研究。Email:446437868@qq.com

80%～90%，其中最大降雨量为 351 mm（6 月 25 日）；冬天有 160 d 的冰雪期，积雪期主要发生在 11 月末到第 2 年的 1 月末。本次试验的采样时间为 2016—2017 年。其中有关气象数据，如气温、相对湿度以及风速等均由距离试验基地 100 m 左右的自动气象站收集获得。

2.2　试验设计

选取研究点内三棵生长情况相似的杨树作为实验材料。从 4 月底开始至 10 底，每个月内选取 3d 连续进行采样，将新鲜的杨树枝去皮后放入保鲜袋中并用锡箔纸包裹带回实验室；6—9 月进行树叶的采集，每个月选取阳光充沛的一天，在 10:00—12:00 采集杨树的叶片，迅速放到 FAA 固定液中带回实验室。

利用低温真空蒸馏法，提取树枝和土壤中的水分，用（LWIA）DLT-100 激光液态水分析仪进行 δD、$\delta^{18}O$ 值测定。将带回来的叶片放入烘箱，先 115℃杀青 10min，然后 70℃烘干 24 h。将烘干后的叶片粉碎、研磨、过 100 目筛，用 Sercon20-22 稳定同位素质谱仪测植物的 $\delta^{13}C$、$\delta^{15}N$ 值。

根据同位素组成的表达式计算 δD、$\delta^{18}O$、$\delta^{13}C$ 值：

$$\delta A = (R_{sample}/R_{standard} - 1) \times 1000$$

式中：δA 为杨树树枝、土壤中水的 δD、$\delta^{18}O$ 值和叶片中 $\delta^{13}C$ 值；R_{sample} 为杨树样品的 D/H、$^{18}O/^{16}O$、$^{13}C/^{12}C$、$^{15}N/^{14}N$ 比值；$R_{standard}$ 为测定过程中标样的 D/H、$^{18}O/^{16}O$、$^{13}C/^{12}C$ 比值；氢、氧、碳同位素计算的最终结果以标准平均海洋水（SMOW）和国际标准物质 PDB 为标准，整个测量误差不超过 0.5‰。

3　结果与讨论

3.1　杨树枝干 δD、$\delta^{18}O$ 值和叶片 $\delta^{13}C$ 值的月变化特征

将三棵杨树的实验结果的平均值作为最终值，各月份 δD、$\delta^{18}O$、$\delta^{13}C$ 值见表 1。δD、$\delta^{18}O$ 值的范围分别为 –58.60‰～–85.61‰、–4.03‰～–9.00‰，平均值为 –73.40‰、–6.48‰。从图 1 可以看出杨树枝干中 δD、$\delta^{18}O$ 值的季节性变化，δD、$\delta^{18}O$ 值呈现大致相同的波动变化，即雨季（6 月、7 月、8 月）同位素值低于旱季。根据钱龙娇等[5]对该地杨树吸水来源的分析发现，正蓝旗地区杨树生长前期和后期主要利用主根吸收地下水和深层土壤水，生长中期利用侧根吸收土壤中的降水水源。降水的 δD、$\delta^{18}O$ 值较低，杨树雨季吸收了降水水源后，表现出比其他月相对较高的趋势。杨树叶片的 $\delta^{13}C$ 为 –24.31‰～–28.14‰，平均值为 –26.092‰，与我国平均值 –26‰[6]相比偏正，为防止过度失水，叶面积减小或气孔密度降低以减少蒸腾作用，使通过气孔进入叶片的 CO_2 减少，引起叶内 CO_2 浓度下降，杨树对 CO_2 的识别能力降低，从而使叶片 $\delta^{13}C$ 值升高，这与正蓝旗地处半干旱环境相符。从图 1 可以看出，该地杨树叶片 $\delta^{13}C$ 值两边高，中间底。5 月降水较少、气温较低，为了在有限的水源下充分利用水分，杨树具有较高的水分利用效率。7 月、8 月降水增多，杨树在该时段处于水分相对较充沛的情况，杨树水分利用效率相对较小。9 月的 $\delta^{13}C$ 值高达 –23.14‰，出现这一现象可能是由于 9 月降水减少、气温降低，杨树本身具有较高的水分利用效率；也可能是因为取样前正蓝旗有强降温，导致杨叶片泛黄，破坏了叶片 ^{13}C 的正常分馏过程。

表 1　不同时期杨树同位素值

日期	δD/‰	$\delta^{18}O$/‰	$\delta^{13}C$/‰
4 月 15 日	–61.37	–5.89	
5 月 15 日	–68.17	–4.06	–24.31
6 月 14 日	–74.35	–7.07	–25.17
7 月 17 日	–82.97	–9.00	–25.53
8 月 15 日	–85.61	–8.50	–26.31
9 月 17 日	–82.73	–6.81	–23.14
10 月 14 日	–58.60	–4.03	

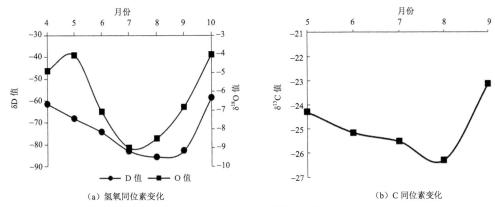

图 1　不同月份同位素的变化

3.2　杨树枝干 δD、$\delta^{18}O$ 值与温度和降雨的响应关系

将取样日期的温度、降雨量同当天杨树枝干 δD、$\delta^{18}O$ 值做相关性分析发现，正蓝旗地区杨树枝干 δD、$\delta^{18}O$ 值与温度和降雨呈现明显不同的关系。从图 2 可以看出，δD、$\delta^{18}O$ 值与温度呈明显的负相关关系（$y = 0.2792x^2 - 10.199x + 13.019$，$R^2 = 0.5628$ 与 $y = 0.2322x^2 - 3.9179x - 71.14$，$R^2 = 0.1019$）而与降水量没有明显的相关关系（$y = -0.0321x^2 + 0.6197x - 8.8094$，$R^2 = 0.4866$ 与 $y = 0.0421x^2 - 0.8268x - 6.8336$，$R^2 = 0.0832$）。

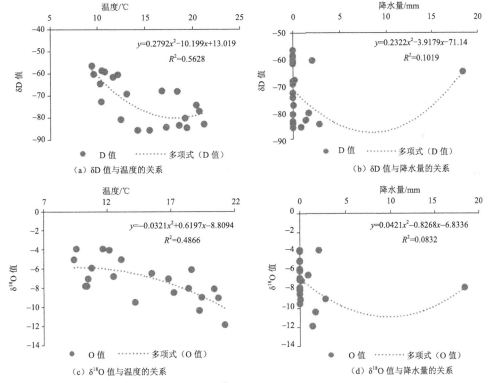

图 2　δD、$\delta^{18}O$ 与温度和降雨的关系图

研究发现氢氧同位素比率（δD、$\delta^{18}O$ 值）来源于水，植物利用根部吸水经枝干运输到叶片的过程中不会发生分馏现象，枝干中氢氧同位素即吸水层位处氢氧同位素。土壤水主要受到降水与地下水补给，而对该地杨树吸水来源的相关研究表明，降水是影响该地杨树氢氧同位素的最主要来源。大气降水中氢氧同位素组成受蒸发和凝结作用，温度是影响降水氢氧同位素组成的最关键的因子。初春正值当地温度

较低时期，降水中氢氧同位素的重同位素贫化，当温度逐渐升高，降水蒸汽中轻同位素开始优先富集，从而导致降水中氢氧重同位素呈现增幅不大的上升；夏季虽然高温，但该时期降水密集分布，导致当地的空气湿度一直保持较大值，降水过程中雨水的再蒸发使得氢氧重同位素富集作用不明显。降水中同位素更易受温度影响，发生蒸发富集，因此当植物吸收了受温度影响的降水水源，呈现出植物枝干氢氧同位素与温度负相关关系。一般来说，植物氢氧同位素与降水量存在一定的负相关关系，但本文中他们之间没有表面处直接的相关性。这是因为正蓝旗属于中温带大陆性季风气候，冬季极寒且漫长，夏季短暂而炎热、蒸发强烈且降水基本都集中在夏季。占主导地位夏季的温度响应极大地掩盖降水量效应。

3.3　杨树树叶 $\delta^{13}C$ 值与降水、温度的响应关系

将杨树叶片中的 $\delta^{13}C$ 值与当天的降水、温度做相关性分析发现，$\delta^{13}C$ 值与温度没有明显的相关性（$y = -0.0298x - 24.882$，$R^2 = 0.0062$），而与降水量有明显的（$y = -0.2021x - 25.03$，$R^2 = 0.4639$）负相关关系。

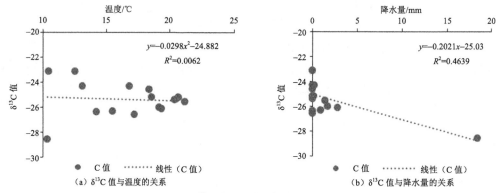

图 2　$\delta^{13}C$ 值与降水、温度的响应关系

目前，人们已经发现温度与碳同位素比值存在一定的关系，但是在温度系数方面还没有取得一致的意见。Korner 等[7]认为二者之间存在高的负相关关系，但是在大多数研究中，人们发现的却都是正的相关关系。Lipp 等[8]测量了冷杉的 $\delta^{13}C$ 值（时间为 1959—1980 年），Stuiver 等[9]提供了松树近 2000 年的 $\delta^{13}C$ 记录，他们主要都是用温度变化来解释树轮中的称变化的，所用的温度系数都呈现正相关性。Saurer 等[10]在瑞典中部平原上调查了两个地点上山毛榉的碳同位素组成，也现温度与 $\delta^{13}C$ 值之间也为正的相关关系。所有这些研究都表明，温度与植物 $\delta^{13}C$ 值之间的关系是比较复杂的，而本文中杨树叶片 $\delta^{13}C$ 与温度之间不存在明显的相关性。本研究显示降水量与 $\delta^{13}C$ 值呈负相关关系，这与目前的绝大部分研究结果[11]一致。C 从大气进入叶片并参与光合作用的过程中发生了两次重要的分馏作用：一是轻同位素（^{12}C）的 CO_2 分子要重同位素（^{13}C）的 CO_2 分子的扩散速度更快，结果造成 $\delta^{13}C$ 值降低 4.4‰左右；另一方面当 CO_2 进入光合循环，由于 $^{13}CO_2$ 健能较 $^{12}CO_2$ 大，参与同化作用较多，导致 $\delta^{13}C$ 值降低 27‰~29‰左右[12]。随着空气湿度和土壤水分状况下降，植物梭化速率会有一定程度的降低，同时为了减少蒸腾作用引起的水分损失，叶片气孔导度也会降低，但气孔导度降低引起胞间 CO_2 浓度降低程度远大于梭化速率降低产生的影响[13]。因此，随着降雨量的减少，$\delta^{13}C$ 值增加，反之，当降雨量增加时，$\delta^{13}C$ 值减小。

参考文献

[1]　易现峰，张晓爱. 稳定性同位素技术在生态学上的应用[J]. 生态学杂志，2005.03:306-314.

[2]　陈平，张劲松，孟平，等. 稳定碳同位素判定水分利用效率的可行性分析—以决明子为例[J]. 生态学报，2014，(19):5453-5459.

[3]　DeNiro M J, Epstein S. Relationship between oxygen isotope ratios of terrestrial plant cellulose, carbon dioxide and water[J]. Science. 1979. 204 (4388) : 51-53.

[4]　刘艳杰，许宁，牛海山. 内蒙古草原常见植物叶片 δ13C 和 δ15N 对环境因子的响应[J]. 生态学报，2016, 36 (01):235-243.

[5] 钱龙娇, 贾德彬, 菅晶. 2015 年度浑善达克沙地杨树的季节性用水模式[J]. 节水灌溉, 2016(09): 62-66.

[6] 刘贤赵, 王国安, 李嘉竹, 等. 中国北方农牧交错带 C3 草本植物 δ13C 与温度的关系及其对水分利用效率的指示[J]. 生态学报, 2011, 31 (1) : 123-136.

[7] Korner C H, Farquhar G D, Wang S C. Carbon isotope discriminate by plants follows latitudinal and altitudinal trends[J]. Oecologia, 1991:8830-8840.

[8] Lipp J, Trimborn P, Fritz P, et al. Stable isotope in tree ring cellulose and climatic change[J]. Tellus, 2010, 43(3): 322-330.

[9] Stuiver M, Braaunas T F. Tree cellulose 13C/12C isotope ratios and climatic change[J]. Nature, 1987,(328): 58- 60.

[10] Saurer M, Sigenthaler U. The climate-carbon isotope relationship in tree rings and the signficance of site conditions[J]. Tellus, 1995,(46B): 320- 330.

[11] 刘贤赵, 张勇, 宿庆, 等. 陆生植物氮同位素组成与气候环境变化研究进展[J]. 地球科学进展, 2014, 29 (2) : 216-226

[12] 张硕,刘勇,李国雷,等. 稳定碳同位素在森林植物水分利用效率研究中的应用[J]. 世界林业研究, 2013, 26 (03) : 39-45.

[13] Farquhar G D, O'leary M H, Berry J A. On the relationship between carbon isolope discrimination and the intercellular carbon dioxide concentration in leaves[J]. Australian Journal of Plant Pysiology, 1982, 9(2) : 121-137.

关中地区卤泊滩农田通量变化研究*

王亚迪，权全，石梦阳，张晓龙，王炎

（西安理工大学西北旱区生态水利工程国家重点实验室，西安 710048）

摘 要：农业发展关乎国家经济命脉，对农田系统中能量和物质运移现象和规律的研究已经引起了人们的广泛关注。根据在关中地区卤泊滩监测得到的通量数据，并通过对通量数据进行质量控制量和数据插补，对研究区内不同时间尺度的通量、不同年份玉米生长期的通量进行研究。结果表明：年尺度上，潜热通量、显热通量等观测要素总体上随太阳辐射的变化而变化。波文比约为 0.56，在能量输出中，潜热输出约占能量总输出 50%，其次为显热输出和土壤热输出。降雨量的增多使该区域水分增多；波文比减小；潜热通量增加。

关键词：关中地区；潜热通量；显热通量；波文比

1 引言

地球和大气之间的水分与能量交换作用是研究陆面过程的重点和热点问题，准确地获得地表的水、热通量并清楚地认识水汽和能量在边界层内的输送过程，对理解气候及水分循环十分重要[1]。地表通量能够直接影响地面温度、水分输送及植被生长发育与生态系统生产力[2]。研究半干旱地区的能量交换过程，有助于进一步了解区域气候系统的能量和物质循环以及气候变化过程[3]。

国内外众多专家学者对通量进行了研究。Jan Vanderbrought 等[4-5]对土壤和土壤-大气界面的水热输送进行了研究。首先，他们介绍了相关的理论和不同的模式概念，这项工作提供了对不同研究领域中用于描述蒸发的模型概念的全面审查，并对系统进行基本的简化。而后，他们对不同方法的简化和参数化的后果进行了数值评估。李玉等[6]用涡度相关法对黄河三角洲芦苇湿地生态系统 2009—2010 年生长季芦苇湿地的净生态系统碳交换量（NEE），感热通量（Hs）和潜热通量（LE）数据进行了分析。结果表明 Hs 和 LE 的日动态均为单峰型，极值都出现在中午前后，生长季生态系统的能量消耗主要以潜热为主，且在日尺度上，热通量和 NEE 有显著的负相关关系。

黄土高原地区是典型的气候变化敏感地带，也是生态和农业脆弱地区，对生态环境和农业生产对降水量变化的响应十分敏感[7-8]。本文以关中地区卤泊滩作为典型研究区域，对农田的通量进行研究，了解其变化特性，分析研究区域水文循环过程及通量的时空分布对合理开发利用水资源具有重要意义。

2 研究区概况

本文研究区位于黄土高原与关中平原交界处，古称"卤阳湖"，现名"卤泊滩"。地处陕西富平县与蒲城县交界处，海拔 375～400m，面积约 8000hm^2，是一个封闭构造的洼地。洼地内开阔平缓，且西部高东部低，由西北向东南方向倾斜，地表水和地下水皆汇集于此[9]；该区域属于半干旱大陆性气候，年均

*基金项目：国家自然科学基金青年基金项目，项目名称为盐渍化农田水-热-盐传输过程与作物生长的特征及模拟（编号 413615048）。

第一作者简介：王亚迪（1995—），女，河北沧州人，硕士研究生，主要从事生态水文学方面的研究。Email: wyd6628@163.com

通讯作者：权全（1980—），女，西安人，副教授，主要从事生态水文学方面的的研究。Email: qq@xaut.edu.cn

气温 13.4℃；夏季最高气温为 41.8℃，冬季最低气温为-22℃；无霜期约 210d；多年平均降水量 484mm，主要集中在 7—9 月[10]；年日照时数约 2400h；年潜在蒸发量大于 1000mm；0℃以上积温约 5000℃；年辐射总量约为 62kcal/cm²[11]。

西安理工大学于 2013 年修建了富平生态监测站（109°22′46.3″E，34°48′00.4″N，海拔 380m），位于卤泊滩富平县境内一块大小为 101m×105m 的改良农田内，实行小麦-玉米轮作制度。在富平生态监测站中，装有观测塔，可以观测光合光量子通量密度、净辐射、冠层温度、降雨、空气温湿度等项目。

3 研究方法

在富平生态监测站中，需要观测的项目包括：土壤热通量、空气温湿度、降雨量、日照时数、太阳净辐射、H_2O/CO_2 浓度变化等。本文中，利用土壤热通量板观测土壤热通量；空气温湿度传感器对空气温湿度进行观测，雨量筒记录降雨量，日照时数传感器观测日照时数，净辐射仪观测太阳净辐射，开路 CO_2/H_2O 气体分析仪以 10Hz 的频率观测并记录 H_2O/CO_2 浓度变化；土壤温湿度传感器记录土壤温湿度等[10-11]。

本文采用 Eddypro 计算得到通量数据，但由于气象条件的不确定性、计算软件的机械性和仪器本身能力的限制，所得通量数据中存在异常值，进而影响数据的质量。因此，为了保障所用数据的可靠性，要对所得通量数据进行质量控制。此外，为了保证对通量数据有整体性认识，需要用连续的观测数据进行模型研究和数据分析[12]。但在实际观测中，很难获得的连续的通量数据，存在数据缺失。这时，需要插补所缺通量数据，以便能分析长时间尺度的通量，加深对研究区域通量的认识。

本文主要采用以下方法进行质量控制方法和数据插补：制定数据异常值剔除标准进行通量数据质量控制；根据数据缺失程度的不同，分别采用查表法（LUT）和平均昼夜变化法（MDV）进行数据插补[13-15]。

4 结果与分析

4.1 农田通量年尺度变化分析

本节选取通量数据较完整的 2015—2016 年玉米-小麦生长年（2015 年 6 月 15 日至 2016 年 6 月 8 日），对年内的气象、土壤、通量等进行分析研究。计算周期为 1d。

图 1 表示太阳净辐射-潜、显热通量关系。由图 1 可知，太阳净辐射-潜热通量呈线性关系，其中，$LE=0.4748·Rn+10.265$，$R^2=0.919$，说明两者线性关系良好。太阳净辐射-显热通量呈线性关系，其中，$H=0.2723·Rn-3.5936$，$R^2=0.8753$，说明两者线性关系良好。

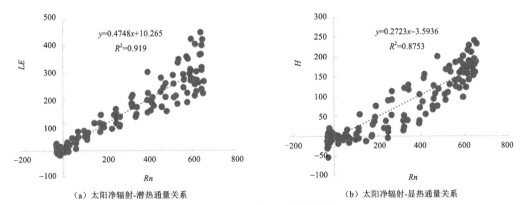

（a）太阳净辐射-潜热通量关系　　　　　（b）太阳净辐射-显热通量关系

图 1　太阳净辐射-潜、显热通量关系

图 2 分别为日潜热、显热通量总量的年内变化和年内蒸散发变化图。由图 2 可知，开春时，小麦处于生长迅速的拔苗期，需要较多的对水分补充生长所需。此外，气温上升，潜热通量、土壤热储量和蒸散量均增加，再加上降雨量减少，因此需要进行灌溉，保证作物有充足的水分。在冬季，显热通量值与

潜热通量数值相等，部分时间段内，显热通量大于潜热通量；在气温上升后，潜热通量增加，最后大于显热通量，成为能量输出的主要项。天气连续晴朗时，蒸散发不仅减小，潜热通量也降低，水分供应不足，要及时灌溉作物，保证水分充足。但是，降雨也会降低潜热通量，降雨结束后潜热通量不断回升并达到正常值。在年尺度上，显热通量在 2016 年 5 月达到最大值，在 2016 年 1 月达到最小值。

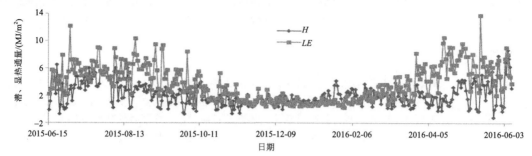

图 2　潜、显热通量年尺度变化图

由表 1 可知，在年尺度内，能量主要输出项为潜热通量，占比高达 45%，显热通量次之，约占 25%，由于土壤导致的能量输出所占比例不足 0.5%。

表 1　研究区通量年尺度统计表

观测项	Rn/(MJ/m²)	G/(MJ/m²)	H/(MJ/m²)	LE/(MJ/m²)	波文比	降雨/mm
观测值	8.6961	0.0407	2.1356	3.8229	0.5586	233.9

结合图 1 和表 1 综合分析，在四季变换过程中，通量表现出较为明显的变化规律，且这种变化规律以年为周期，即夏季达到最大值，冬季达到最小值。但是环境影响因素的不稳定性导致各要素会产生不同程度的波动。由表 1 可知，波文比约为 0.56，说明能量输出主要是由潜热通量导致的。鉴于干空气的热容量远远低于水汽的热容量，主要在水汽运动规律上研究潜热。

4.2　玉米不同生长季通量分析

本文对已有通量数据进行整理后，选取 2014 年玉米季（2014 年 6 月 9 日至 10 月 16 日）、2015 年玉米季（2015 年 6 月 15 日至 10 月 15 日）和 2016 年玉米季（2016 年 6 月 9 日至 10 月 10 日）这三个玉米生长季的湍流通量进行插补与分析。计算时间周期为 1d。

本文对通量数据进行一系列的插补，使其更加连续，以确保数据质量和可靠性。在土壤热通量正常情况下，对 2014 年玉米生长季、2015 年玉米生长季和 2016 年玉米生长季通量数据进行插补，并对插补前后情况进行对比。图 3 表示不同玉米生长季通量数据插补前[图 3（a）]后[图 3（b）]比较。由图 3 可知，通量数据经过插补后线性关系良好，以便对能量的后续分析提供可靠参考依据。

图 4～图 6 分别为 2014 年、2015 年、2016 年的潜、显热通量尺度变化。

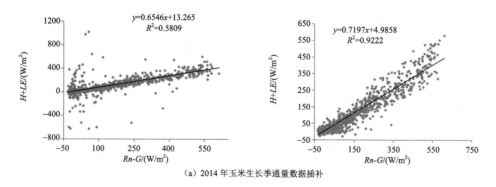

（a）2014 年玉米生长季通量数据插补

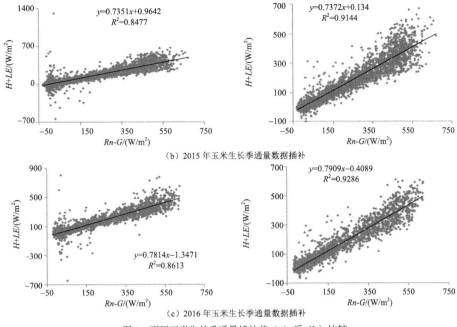

（b）2015 年玉米生长季通量数据插补

（c）2016 年玉米生长季通量数据插补

图 3　不同玉米生长季通量插补前（a）后（b）比较

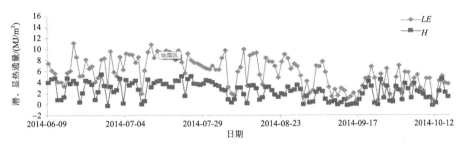

图 4　2014 年玉米季潜、显热通量年尺度变化

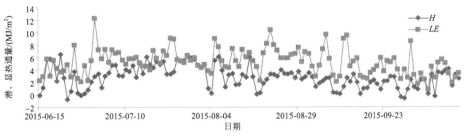

图 5　2015 年玉米季潜、显热通量年尺度变化

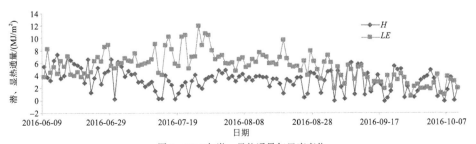

图 6　2016 年潜、显热通量年尺度变化

农业水资源

表2　玉米不同生长季通量统计表

年份	生长天数/d	$Rn/(MJ/m^2)$	$G/(MJ/m^2)$	$H/(MJ/m^2)$	$LE/(MJ/m^2)$	波文比	降雨/mm
2014	129	8.63	0.03	2.21	4.39	0.50	580.7
2015	123	11.08	0.35	2.74	5.20	0.53	489.1
2016	124	14.25	1.27	3.67	6.57	0.56	334.2

综合分析图4~图6和表2可知，2014年降水较多，平均年降雨量与玉米生长季内降雨量近乎相同。降雨量的增多使该区域水分增加，潜热通量也随之增加；波文比随之减小。阴雨天增多，太阳辐射减少；热量输入降低，导致作物生长期延长。在玉米生长季中，能量输出最大项始终为潜热，占比高达50%，显热次之，约占25%，土壤输出的能量所占比例小于10%。天气连续晴朗时，潜热通量不断减少，土壤水分降低，不能满足蒸散发所需水分，此时需要进行农田灌溉以保证作物对水分的需求。但是降雨刚刚结束后，潜热通量突然增加，土壤水分增多，可以满足蒸散发所需水分。在蒸散发量的研究上，虽然3年内最大值出现的时间不尽相同，但主要出现在6月、7月，最小值主要出现在9月和10月。

5　结论

本文以富平生态监测站为基础，对卤泊滩地区的水热通量进行研究，所得主要结论如下：

（1）在农田通量的研究中发现，在年尺度上，潜热通量、显热通量和土壤热均以年为周期发生变化，总体上随太阳辐射的变化而变化。波文比约为0.56，在能量输出中，潜热通量输出占能量总输出最大比重，约为50%，显热通量输出次之，而后是土壤热输出。

（2）在不同年份玉米生长期的通量的研究中发现，降雨量的增多使该区域水分增多；波文比减小；潜热通量增加。连续多天的晴朗天气后，潜热通量会逐渐减少并趋于稳定，此时应注意农田灌溉，保证作物的水分需求；在降雨结束后的几天内，潜热通量会突然增加。

参考文献

[1] Zhang Qiang,Cao Xiaoyan,Wei guoan,et al.Observation and study of land surface parameters over Gobi in typical arid region[J].Adv Atmos Sci,2002,19(1):121-135.

[2] Huenneke L F,Anderson J P,Remmenga M,et al.Desertification alters patterns of aboveground net primary production in Chihuahuan ecosystems[J]. Global Change Biology,2002,8(3):247-264.

[3] 岳平，张强，杨金虎，等. 黄土高原半干旱草地表能量通量及闭合率[J]. 生态学报，2011,31(22):6966-6876.

[4] Jan Vanderbrought, Thomas Fetzer,Klaus Mosthaf,et al.Heat and water transport in soils and across the soil-atmosphere interface: 1. Theory and different model concepts[J].Water resources research, 2017,dol: 10.1002/2016WR019982.

[5] Jan Vanderbrought, Thomas Fetzer,Klaus Mosthaf,et al. Heat and water transport in soils and across the soil-atmosphere interface: 2. Numerical analysis[J].Water resources research, 2017,dol: 10.1002/2016WR019983.

[6] 李玉，康晓明，郝彦宾，等. 黄河三角洲芦苇湿地生态系统碳-水热通量特[J]. 生态学报，2014,34(15):4400-4411.

[7] 张强，王胜. 关于黄土高原陆面过程及其观测试验研究[J]. 地球科学进展，2008,23(2):167-173.

[8] 符淙斌，温刚. 中国北方干旱化的几个问题[J]. 气候与环境研究，2002,7(1):22-29.

[9] 张晓龙. 农田尺度水碳通量观测与研究[D]. 西安：西安理工大学，2015.

[10] 田开迪. 富平生态监测站水热通量研究[D]. 西安：西安理工大学，2016.

[11] 苏建伟. 基于通量站的农田蒸散发研究[D]. 西安：西安理工大学，2014.

[12] 徐自为，刘绍民，徐同仁，等. 涡动相关仪观测蒸散量的插补方法比较[J]. 地球科学进展，2009,04:372-382.

[13] Schmidt A,Wrzesinsky T,Klemm O.Gap filling and quality assessment of CO_2 and water vapour fluxes above an urban area with

radial basis function neural networks[J].Boundary-Layer Meteorology,2008,126(3):389-413.

[14] Moffat A M,Papale D,Reichstein M,et al.Comprehensive comparison of gap-filling techniques for eddy covariance net carbon fluxes[J].Agricultural and Forest Meteorology,2007,147(3):209-232.

[15] Falge E,Baldocchi D,Olson R,et al.Gap filling strategies for defensible annual sums of net ecosystem exchange[J].Agricultural and forest meteorology,2001,107(1):43-69.

农田排水沟渠对氮磷污染物防控的研究进展*

张利勇[1,2]，盛　东[1]，邹　亮[1]，盛　丰[2]

（1. 湖南省水利水电科学研究院，长沙 410007；2. 长沙理工大学水利学院，长沙　410114）

摘　要： 农田排水沟渠作为农业非点源污染物的最初汇聚地、河道和湖泊营养盐的输出源，通过植物吸收、底泥吸附、微生物降解等方式对污染物进行净化，故农田排水沟渠一直是农业非点源污染防控的研究热点。本文通过从农田排水沟渠定义、机理及途径、影响因素和防控措施四个方面对农田排水沟渠对氮磷污染物防控的研究进展进行综述总结，进而提出今后的主要研究方向包括维持农田生态系统生物多样性、揭示沟渠污染物的时空分布特征、构建精确的水体-底泥-植物系统迁移转化机理模型、合理安排农田排水沟渠的整体布局和最佳管理模式等，以期对深入研究农田排水沟渠对农业非点源污染调控具有参考价值。

关键词： 农田排水沟渠；氮；磷；影响因素；生态沟渠

　　农田排水沟渠是指天然形成的裸露在地表或者以排水为目的而挖掘的水道，是农业和农村生活污水进入河流的主要通道，由特殊的植物、土壤、微生物所组成的半自然综合体，通过土壤吸附、植物吸收、生物降解等一系列作用，将流经沟渠的污染物溶解或吸附在土壤颗粒表面，然后随沟渠坡面漫流或沟渠径流迁移，从而降低进入受纳水体中的氮（N）、磷（P）污染物含量[1-2]。沟渠作为农业非点源污染物的最初汇聚地、河道和湖泊营养盐的输出源[3]，因具有排水和截留净化双重功能而成为当前的研究热点[4]。通常人们认可农业非点源污染物种类主要有各种盐分、营养物、农药、挥发物、病菌、重金属等，但其中氮、磷仍是水体富营养化的主要营养物，也是由农田大量施用化学肥料后造成的主要排水污染物[5-6]。当沟渠水体中氮的含量达到 0.2mg/L，磷的含量达到 0.02mg/L，此时极易引起水体富营养化[7]。我国的河流、湖泊等水体的水质下降也主要是由氮磷污染物引起[8]。国内外研究表明，控制农业面源污染（氮磷污染物）一项新的 BMPs 措施是构建生态沟渠系统[9]。沟渠中植物过滤带的存在，增加了地表水流的水力粗糙度，降低了水流速度以及水流作用于土壤的剪切力，延长了水流停留时间，进而减缓了污染物的输移[10]。Wu 等[11]研究也表明，生态沟渠对农业面源污染的氮、磷去除率分别可达 60%和 64%。然而，目前沟渠的截留和净化污染物的作用机理仍不十分明确，且存在二次污染的风险。因此，寻找兼具净化效果好、经济价值高的水生植物，合理安排农田排水沟渠的整体布局和最佳管理模式，以及避免氮磷污染物的二次污染等进行深入探究，将能最大化发挥农田沟渠截留养分的功能，同时又可减少农田养分通过沟渠流失至河湖等水体都具有重要意义。本文着重对农田排水沟渠对氮磷污染物的防控进行了综述，以期为农田排水沟渠的机理研究和对农业面源污染调控提供参考。

1　农田排水沟渠对氮磷污染物防控的机理及途径

　　通常农田排水沟渠一般起始于田间毛沟或农沟，经支沟、干沟或总干沟排入外界大面积水体[12]，其组成结构上层为水生植物的根茎、叶，中间层为水体；底层为植物根系和沟渠的基质底泥。农田排水沟渠

────────────

*基金项目： 水利部公益性行业科研专项经费项目（No.201501055）；湖南省水生态文明评价指标体系与保障技术研究湘水科计[2015]13-34；湘江流域水生态安全指标体系研究湘水科计[2015]186-21。

通讯作者： 盛东（1979—），湖南衡南人，博士，主要从事农业水土环境研究。Email:740330071@qq.com

中的氮主要以有机氮和无机氮[包括氨态氮（NH_4^+与NH_3）和硝态氮（NO_3^-）]的形式存在，磷主要以颗粒态的形式存在。此过程中氮磷迁移转化过程中常常发生物理、化学和生物等复杂交互作用，主要途径有植物吸收、底泥截留以及微生物降解。

1.1 植物吸收

农田排水沟渠的植物不仅能对其边坡起到稳固作用、覆盖还田以便实现养分资源的循环利用[4]，而且还能通过物理、化学和生物的相互作用对沟渠中的水体污染物（如氮磷）等都具有某种程度的净化功能。整个沟渠系统一般都依赖于植物的截留能力，然后利用其根区形成的浓度梯度值，去破坏沟渠底泥-水界面的平衡，以促进此时氮磷在界面处的交互反应，从而加速氮磷污染物向下的迁移速率。已有研究表明，植物的沟渠对渠水中营养物的去除能力高于无植物的沟渠系统[13]。通常植物的氮、磷累积主要集中于植物的上部，采用刈割方式可去除水体中大部分氮、磷[14]。植物吸收氮磷具体表现如下：

（1）农田排水沟渠的氮的迁移转化机制主要有：植物吸收、脱氮作用、沉积作用和渗透作用等。氮通过植物吸收常被合成植物蛋白和有机氮。有机氮在碱性条件下，会被土壤表层吸附，经微生物的铵化作用或矿化作用形成氨氮（NH_4^+-N），然后通过固氮作用供植物利用外，最终产生的硝态氮则以地表径流和渗漏形式流失。此外，不同的植物种类对氮的吸收能力不同。如，张树楠等[15]对沟渠中 5 种植物水生美人蕉、铜钱草、黑三棱、狐尾藻和灯芯草进行一年 2 次的刈割，结果表明狐尾藻全年带走的氮（N）最多。然而，植物对氮的吸收与自身的生长状态密切相关，所以植物吸收并不是去除氮污染物的主要途径。

（2）磷也是植物生长所必需的营养元素，常被植物吸收后组成卵磷脂、核酸及 ATP 等。植物对磷吸收主要取决于器官部位，一般越往下器官含磷的浓度越高。通常可溶性无机磷才可以被植物吸收利用，而有机磷必须经过微生物转化成无机形式后才能被植物吸收。其原理主要是通过根部首先吸收底泥空隙水中的磷，使水体与底泥之间产生浓度梯度，进而促进磷向下迁移，从而提高磷在整个沟渠系统中的净化水平。然而，植物吸收的还是较少，所以，植物吸收也不是去除磷的一个主要途径。

1.2 底泥截留

底泥通常由农田、湿地-沟渠等系统流失的土壤以及自然现象而构成。它为农田排水沟渠的水生植物和微生物提供了良好的生存环境，此过程中涉及了物理、化学、络合等一系列多种反应，然后产生净化水体的功能。翟丽华等[16]就底泥对氮磷污染物的吸附过程进行了研究，通过实验测出对铵态氮、磷酸盐的最大吸附速率可达 160mg/(kg·h)、300 mg/(kg·h)，即底泥对含磷的污染物吸附速率较氮（N）快。同时，底泥又是氮和磷的容纳场所，氮和磷在间隙水与上覆水之间交换过程中，当间隙水中氮和磷的含量超过上覆水中的含量时，此时溶解的氮、磷都会被释放到上覆水中。然而，底泥中对含氮的污染物具有一定的饱和性，且基质的水力传导能力有限，目前对含磷污染物的研究较多。

农田排水沟渠的含磷污染物迁移形式常见的有溶解态和颗粒态两种形式，但沟渠水体中的磷主要以颗粒吸附形态为主。底泥中有机质丰富，团粒结构好，吸附能力强，加之微生物种类和数量繁多，有利于吸附、降解含磷的污染物[17]；同时底泥表层处于好氧环境，铁、铝呈无定型的氧化态形式，在酸性和中性条件下，沟渠中可溶性的无机磷化物很容易与底泥中的 Al^{3+}、Fe^{3+}等发生吸附和沉淀反应，生成溶解度很低的磷酸铁或磷酸铝等，最终通过沉积方式达到去除沟渠磷负荷的目的[18]。因此，人们常常将沟渠底泥对磷的吸附与沉淀作用视为去除磷的主要途径。但需注意的是当底泥对磷的吸附能力出现饱和状态，随着底泥深度的增加，好氧状态逐渐转向缺氧、厌氧状态，吸附-解析的复合动力过程随即发生变化，导致出现磷的二次污染问题。

1.3 微生物降解

微生物对农田排水沟渠的氮磷污染物主要借助沟渠植物光合作用光反应、暗反应交替以及系统内部不同区域对氧消耗量存在差异，从而为植物根区提供一个良好的微生物作用环境。一般情况下，有机 N 通过微生物转化分解方式；而无机氮主要通过微生物的硝化作用、反硝化作用、厌氧氨氧化作用，转化为 N_2O、NO、N_2 等气体逸出[19]。已有研究表明，根区具有明显的硝化作用[20]，硝化作用中主要由氨氧化细菌和氨氧化古菌引起[21]，且硝化作用对 pH 较为敏感，此过程最合适的 pH 值范围为 7~9[22]；而反硝化作用最适 pH 值范围是 7.0~8.0，在 pH 值为 7.5 时，反硝化作用的速度最高，当 pH 值小于 6.5 或大于 9.0 时，反硝化速度下降[23]。反硝化作用主要是针对 NH_4^+-N，通过硝酸还原酶、亚硝酸还原酶、氧化氮还原酶以及氧化亚氮还原酶等微生物催化方式进行[24]。反硝化作用才是永久的去除沟渠系统中氮污染的最佳途径[25]。而具有除磷作用的微生物则依附在土壤和植物茎叶表面的微生物膜，将有机磷及溶解性较差的无机磷酸盐吸附，并经过自身酶系统的分解，将颗粒态含磷化合物和溶解有机磷转化成溶解态的无机磷，进而被植物吸收、吸附、截留等[26]。但在厌氧条件下，厌氧细菌还原产生 PH_3 等气体量不多，故不是去除磷的重要机制。目前，有关沟渠中微生物对氮磷去除效果的研究很少，大都借鉴人工湿地开展了相关研究工作。

2 农田排水沟渠对氮磷污染物防控的影响因素

农田排水沟渠对氮磷污染物的影响因素有很多，主要有沟渠几何特征、水文条件与水力条件、气候条件（季节、温度）、理化性质、水力负荷与滞留时间，以及其他因素如沟渠底泥类型、水生植物种类、人为管理方式等。

2.1 沟渠几何特征

作为农田和水体之间的缓冲带，农田排水沟渠的几何特征影响氮、磷污染物的迁移转化。其表现形式包括沟道的长度、大小以及断面尺寸等。王晓玲等[27]基于对稻田沟渠施肥后降雨径流中氮素迁移规律研究发现，沟渠对氮素具有截留效应，沿沟渠水流方向氮素含量总体上沿程下降。徐红灯等[28]研究发现，沟渠的长度影响着氮磷元素的去除效果，渠水中的氨氮、总氮、TP 沿程呈指数递减变化，即便在降雨径流条件下也呈现相同的规律。且在其他条件保持一致的下，沟渠的处理氮磷污染物的效果在 12.1m 至 743.8m 的长度范围内，随沟渠的长度的增加而愈加明显[29]。王沛芳等[30]研究了宽浅型河道水生生物量要高于深窄型河道，原因在于宽浅型河道接触面大，有利于氮及其化合物被水生植物吸收。但沟渠横断的面水体中总氮质量浓度、底泥中总氮含量分布存在较大不均匀性，其分布特征与断面形态、流量变化过程、流速分布等因素有关[12]。

2.2 水文条件及水力条件

影响氮磷污染物的截留能力主要取决于水文条件（降雨）与水力条件（水位、流速因子）。降雨不但是农田产流产氮、磷的主要驱动力，还是氮、磷元素在沟渠中发生物理迁移的重要条件之一。降雨作用使得沟渠内水流速度加大，导致悬浮颗粒的沉降能力下降，同时河道中充氧能力增强，这样就加快了氮的氧化分解过程。若氮素在降雨或灌溉条件下被冲洗向下迁移，一旦被迁移到作物根部区以下，就很难被作物吸收利用[31]。Jin 等[32]和罗专溪等[33]还对降雨作用下氮磷浓度的空间变异特征也进行了研究。

水位的变化主要影响沟渠的干湿交替现象。对节水灌溉模式而言，干湿交替能明显减低由于降雨或者人工排水造成的非点源污染[34]；对沟渠底泥微生物而言，干湿交替过程实质上是好氧和厌氧环境的交替过程。干涸初期，好氧环境促进微生物的快速生长，当进一步干燥时，可能导致大量微生物死亡；当再淹水时，被这些微生物吸收利用的磷又重新释放出来[35]。但也有学者存在另外观点，夏季洪涝引起的沟渠水位上升可抑制沉积物中氮的释放量，显著增加了氮的淋溶；沟渠底泥因失水干燥而收缩，使表面产生裂隙，又增加了磷的吸附位点[36]。已有研究发现，污染物截留率与水位之间并不是简单的线性关系，一般存在最佳值[37]。此外，沟渠吸收和转化污染物的能力随流速的增加呈现减少趋势。席北斗等[38]通过太湖流域研究表明：流速对河道中，和可溶磷的截留有较大影响，在保证初始条件和外部条件相同的前提下，快速流速为对氮、磷的截留量最小，中速流流速为次之，慢速流流速为对氮、磷的截留量最大。在整个过程中流速对氮的截留基本上是先增加再略有下降，而对磷的截留则是先增加再逐渐趋于平稳[39]。

2.3 气候条件

气候条件主要包括季节和温度两个主要因素。微生物最适宜的生长温度是 20~40℃，在此范围内，温度每增加 10℃，微生物的代谢速率将提高 1~2 倍，因此，夏、秋季适合微生物的生长和繁殖，其对农田排水中的氮、磷化合物的转化速度明显高于冬、春季节[40]。此外，温度影响水环境中各种理化反应、微生物活性的重要因素。在土壤中硝化作用的最佳温度范围是 30~40℃，反硝化作用的温度范围为 10~30℃[41]。在 10℃时以下时，反硝化速率呈下降趋势，原因在于水体升温加速了水及底泥中有机物的物生降解和营养元素的循环有关。同时，温度也影响磷的释放量和释放速度，都会明显增加[42]。Liikanen 等[43]

研究表明，不论在好氧还是厌氧条件下，磷的释放都随温度升高而增加，温度升高 $1\sim13℃$，可使底泥中 TP 的释放增加 $9\%\sim57\%$。这可能是因为温度升高，使底泥吸附磷的能力降低，微生物活力增强，加速了有机质分解[44]；但也有一些研究持另外的观点，水温对磷酸盐的迁移过程影响程度很小，不用考虑微生物环境，原因在于化学沉淀法和物理化学吸附法是磷酸盐最重要的迁移方式，此过程与水温高低无关。

2.4　理化性质

农田排水沟渠的理化性质受 pH 值和溶解氧的影响。

（1）微生物的生命活动都有适宜的 pH 值，其在污水中的适宜值为 $4\sim9.5$，氨化作用的最佳 pH 值是 $6.5\sim8.5$，硝化作用的最佳 pH 值是 $7.5\sim8.6$，反硝化作用的最佳 pH 值是 $7\sim8$[23]。pH 值对氮的影响，在酸性和中性条件下，硝化作用占主导地位，而在碱性条件下，以 NH_3 气体逸出；pH 值对磷的影响，主要是影响沟渠沉积物对磷的吸附和沉淀。在碱性条件下易与底泥中的 Ca^{2+} 发生沉淀作用，而与 Al^{3+}、Fe^{3+} 主要是在酸性或中性环境条件下发生反应[45]。若 pH 值过低，钙结合态磷、铝结合磷易被溶出，导致底泥吸附磷的能力下降；当沟渠水体 pH 值 $\geqslant7$ 时，Al^{3+} 水解形成表面积较大的胶体物质 $Al(OH)_3$，对水体中的磷酸盐具有较强的吸附能力，从而促进水体磷的净化。

（2）溶解氧在低水平对渠道中的氮元素的去除是有利的，而对磷酸盐的迁移影响很小，这是因为，溶解氧的浓度变化主要直接影响沟渠中氮（N）污染物的硝化作用与反硝化作用，但这两个反应并不影响磷酸盐的迁移。

2.5　水力负荷与滞留时间

水力负荷与滞留时间都是影响沟渠有效去除氮磷污染的重要因子。水力负荷过低，易造成沟渠底泥吸附的磷重新释放到水中，使磷的去除效果下降；而水力负荷过大，水流速过大，极易冲击底泥和植物根吸附的氮磷，沟渠中营养元素的去除率造成影响。研究表明，生态沟渠的水力停留时间远远大于混凝土沟渠和土质沟渠，水力停留时间达 48h 时，生态沟渠去除效果稳定且去除率较高[46]。何军等[47]研究了典型沟渠和塘堰对氮磷污染的去除表现出一定的抗冲击自修复性，原位条件下，由于排水沟中水力停留时间都不长，使得种植不同植被的沟段之间对氮磷的去除效应差异性不明显。吴军等[48]研究了不同塘堰湿地与稻田面积比 β 以及湿地水滞留时间对稻田排水中氮磷污染物净化效果的影响，结果表明，湿地最佳水滞留时间为 3d，最佳 β 为 $1:6$ 效果最佳。因此，适当延长水力停留时间，有利于提高沟渠-湿地系统的氮、磷去除效率。

2.6　其他因素

其他因素如底泥类型、水生植物种类、人为管理方式都对氮磷污染物控制产生影响。不同的底泥类型，有机质丰富度不一，微生物作用环境也略有差异，从而使得各类污染物的吸附、降解效果也不相同。水生植物因种类不同而对氮、磷的去除能力有所差异，筛选水生植物需考虑其适应能力、净化能力和根系等方面，从而根据不同的环境背景、地域差异和气候差异，来确定适合当地种植的植物，增强对污水的净化效率。部分植物可以高效吸收氮，有些可更好的富集磷，若能加以组合而不影响其效率，则更能满足物种多样性。人为管理方式主要体现在刈割方式。张树楠等[49]研究了刈割后，水体氮、磷去除效果明显，但过度刈割也不利于生物量的累积。而高永恒等[50]通过在生长季内多次刈割后发现，植物地上部分氮含量和贮存量都得以增加。因此，采取合适的刈割方式和刈割频率，可对氮磷污染物达到最佳的去除效果。

3　农田排水沟渠对氮磷污染物防控的措施方法

近年来，国内对人工湿地的研究较多，主要集中于沟渠-湿地底泥和水体有机质的时空分布、氮磷在灌溉和降雨时的转化机理等方面的研究，常见的沟渠-湿地源头控制措施有：①对农药、化肥的控制；②对畜禽粪便的控制；③对农田的控制（包括农田管理方式和节水灌溉技术）。而对农业排水沟渠的研究较少，曹德君等[51]利用一维水质模型的基础上建立沟道系统水质模型探讨了农业非点源污染在排水沟渠系统中不同级别沟渠间传递关系及迁移规律，但常常需要通过野外原位监测、室内化验分析来对所得模型进行验证，开展工作过程比较繁琐。加之农田排水沟渠作为"源"与"汇"，研究者们主要考虑的是对迁移路径的控制。常见有生态沟渠构建、其他综合管理措施如沟渠底泥清淤、环境经济方面等。

3.1 生态沟渠构建

生态沟渠是国内外目前在灌区普遍采用的较为简单实用的水污染修复技术。它克服了传统型土沟渠容易引起水土流失且保土能力差以及现代型混凝土沟渠虽加强了水土流失且保土能力，但只在农田中起排水作用，也同样会造成环境污染的缺点。生态沟渠不仅具有沟渠应有的排灌功能，还可以强化拦截农田氮磷等养分的流失，且景观效果好，具有广泛的应用前景。通常由植物部分和工程部分组成[52]。殷小锋等[53]就添加微生物的生态沟渠、未添加微生物的生态沟渠、传统沟渠对 TN、TP 平均浓度削减率进行了对比验证，其中去除率分别为 70.3%、66.6%，48.3%、60.6%，30.1%、23.8%。但沟渠中的水生植物在生长季节吸收大量营养物，而冬季又释放氮素磷素，若到衰老期不及时收割植物，其植物残体又重新释放吸收的养分到水体，造成严重的二次污染。因此，在提倡利用经济型植物取代野生型植物同时，还需维护生态多样性和有效防治植物的二次污染问题，以此增加污染物在生态系统中的循环过程，减少污染物质向系统外输出。侯静文等[54]研究发现在一定氮磷质量浓度范围内，生态沟的去除率随着排水中氮磷质量浓度的增加而升高，而当排水中氮磷质量浓度超出生态沟的净化能力时，去除率有所下降，但总体上生态沟对排水中氮磷污染物的去除率高于无控制建筑物下的。何军等[47]建议生态减污型沟塘系统的规划和布置还应充分考虑其对氮磷污染去除的容量问题，即沟塘湿地面积与其所承受排水的农田面积最优比。由于生态沟渠能够有效防治水土流失、净化水体、收割植物解决二次污染问题，因此可作为一项最佳管理措施，实现农业面源污染的控制。

3.2 其他综合管理措施

其他综合管理措施如底泥清淤、植物还田、生化措施等得到广泛应用。底泥清淤措施在国内外得到广泛的应用。殷国玺等[55]研究发现有控制排水设施的排水沟排放的氮浓度比无控制排水设施的氮浓度低一倍。王栋等[56]研究表明五里湖底泥清淤后半年内水体中总磷和溶解磷含量比疏浚前下降 10%～25%。还有学者利用清除底泥的循环流动装置底泥中溶解磷进行了去除[57]。但清淤的底泥怎么处置也是一个有待解决的问题，若将其弃置沟渠旁，底泥中的氮、磷会随降雨淋溶而再次汇入沟渠水体造成二次污染。

沟渠底泥中包含大量植物必需营养元素。目前，对于农作物秸秆还田技术的研究已相当成熟[58]，而采用沟渠植物还田技术也研究很少。如若能实现沟渠植物还田，将有利于植物体内的氮磷元素再次被利用，从而减少无机肥料的投入。已有研究发现，在排水沟渠中投加可回收的氮、磷吸附材料，能收到不错的效果[59-60]。其次沟渠水体适时进行必要的生化措施管理，如投放一些化学物质或外源微生物促进水中氮磷去除效果，从而进一步提高沟渠污水净化效果。在环境经济方面，采用收化肥税、补贴和超标排放罚款等方式来降低污染物浓度对农田排水沟渠的影响[61]。此外，还可充分利用排水净化技术将污染物从水体中迁移和转移，并积累或富集在某些载体上，使之净化水体环境。通过以上方式，不仅改善农业沟渠管理和面源氮、磷污染控制，还能不断地完善农业面源污染的管理。然而，我国农作物对氮、磷等肥料和农药的利用不充分[62]。加之，不同地区存在地域、地貌、地势、气候等差异，必将导致农田排水沟渠截留净化氮磷能力也存在差异。需要考虑成本以及农田排水沟渠的规划和排水配套设施、净化技术之间的相互协调问题。

4 结语

近年来，农田排水沟渠的污染物防控问题，越来越受国内外学者关注。控制氮磷污染物的机理及途径包括植物吸收、底泥截留、微生物降解。影响氮磷污染物的因素有很多，沟渠几何特征、水文条件与水力条件、气候条件、理化性质、水力负荷与滞留时间以及其他因素都对农田排水沟渠对氮磷污染物的防控带来影响。为了更合理的措施农田排水沟渠系统，研究者们提出构建生态沟渠、最佳管理措施如底泥清淤的方式等对农田排水沟渠的污染物进行控制。然而，尽管目前取得了很多成果，但其截留和净化污染物的作用机理仍不十分明确，且存在二次污染的风险。因此，维持农田生态系统生物多样性、揭示沟渠污染物的时空分布特征、构建精确的水体-底泥-植物系统迁移转化机理模型、合理安排农田排水沟渠的整体布局和最佳管理模式仍是当前及未来的主要研究方向。

参考文献

[1] Tanner C C, Nguyen M L, Sukias J P S. Nutrient removal by a constructed wetland treating subsurface drainage from grazed dairy pasture[J]. Agriculture Ecosystems & Environment, 2005, 105(1): 145-162.

[2] Jiang C L, Fan X Q, Cui G B, et al. Removal of agricultural non-point source pollutants by ditch wetlands: implications for lakeeutrophication control[J]. Hydrobiologia, 2007, 581: 319-327

[3] 姜翠玲, 范晓秋, 章亦兵. 非点源污染物在沟渠湿地中的累积和植物吸收净化[J]. 应用生态学报, 2005, 16(7): 1351-1354.

[4] 尹黎明, 张树楠, 李宝珍, 等. 沟渠湿地技术对农业径流中氮去除机理及应用研究进展[J]. 农业现代化研究, 2014, 35(5): 583-587.

[5] Olli G, Darracq A, Destouni G. Field study of phosphorous transport and retention in drainage reaches[J]. Journal of Hydrology, 2009, 365(1-2): 46-55.

[6] Lindau C, Bollich P, Bond Soybean J. Best Management Practices for Louisiana, USA, Agricultural Nonpoint Source Water Pollution Control[J]. Communications in Soil Science and Plant Analysis, 2010, 41(13): 1615-1626.

[7] 司友斌, 王慎强, 陈怀满. 农田氮、磷的流失与富营养化[J]. 土壤, 2000(4): 188-193.

[8] Ahiablame L M, Chaubey l, Smith D R, et al. Effect of tile effluent on nutrient concentration and retention efficiency in agricultural drainage ditches[J].Agricultural Water Management, 2011, 98: 1271-1279.

[9] Cooper C M, Moore M T, Bennett E R, et al. Innovative uses ofvegetated drainage ditches for reducing agricultural runoff[J]. Water Science and Technology, 2004, 49(3): 117-123.

[10] 张燕, 阎百兴, 刘秀奇, 等. 农田排水沟渠系统对磷面源污染的控制[J]. 土壤通报, 2012, 43(3): 745-750.

[11] Wu Y H, Kerr P G, Hu Z Y, et al. Eco-restoration: Simultaneous nutrient removal from soil and water in a complexresidential-cropland area[J]. Environmental Pollution, 2010, 158(7): 2472-2477

[12] 李强坤, 胡亚伟, 宋常吉, 等. 农田排水沟渠水体-底泥中溶质氮分布特征试验研究[J]. 环境科学, 2016, 37(8): 2973-2978.

[13] Kröger R, Moore M T, Locke M A, et al. Evaluating the influence of wetland vegetation on chemical residence time in Mississippi Delta drainage ditches[J]. Agricultural Water Management. 2009, 96(7): 1175-1179.

[14] Menichino N M, Fenner N, Pullin A S, et al. Contrasting response to mowing in two abandoned rich fen plant communities[J] Ecological Engineering, 2016, 86: 210-222.

[15] 张树楠, 贾兆月, 肖润林, 等. 生态沟渠底泥属性与磷吸附特性研究[J]. 环境科学, 2013, 34(3): 1101-1106.

[16] 翟丽华, 刘鸿亮, 席北斗, 等. 农业源头沟渠沉积物氮磷吸附特性研究[J].农业环境科学学报, 2008, 27(4): 1359-1363.

[17] Luo Z X, Zhu B, Tang J L, et al. Phosphorus retention capacity of agricultural headwater ditch sediments under alkaline condition in purple soils area[J] China Ecological Engineering, 2009, 35(1): 57-64.

[18] Reddy K, Conner O, Gale P M. Phosphorus sorption capacities of wetland soils and stream sediments impacted by dairy effluent[J]. Journal of Environmental Quality, 1998, 27(2): 438-447.

[19] Ahn Y H. Sustainable nitrogen elimination biotechnologies: a review[J]. Process Biochemistry, 2006, 41(8): 1709-1721.

[20] Reddy K R D, Angelo E M. Biogeochemical indicators to evaluate pollutant removal efficiency in constructed wetlands[J]. Water Science and Technology, 1997, 35(5): 1-10.

[21] 宋长青, 吴金水, 陆雅海, 等. 中国土壤微生物学研究 10 年回顾[J]. 地球科学进展, 2013, 28(10): 1087-1105.

[22] 丁洪, 蔡贵信, 王跃思, 等. 华北平原几种主要类型土壤的硝化及反硝化活性[J]. 农业环境保护, 2001, 20(6):390-393.

[23] Al-Omari A, Fayyad M. Treatment of domestic wastewater by subsurface flow constructed wetlands in Jordan[J]. Desalination, 2003, 155: 27-39.

[24] Chen Z, Luo X, Hu R, et al. Impact of long-term fertilization on the composition of denitrifier communities based on nitrite reduc-tase analyses in a paddy soil[J]. Microbial Ecology, 2010, 60(4): 850-861.

[25] Eriksson P G and Weisner S E B.Nitrogen removal in a wastewater reservoir:The importance of denitrification by epiphytic biofillms on submersed vegetation[J]. Environ.QuaL, 1997, 26: 905-910.

[26] 陈明利, 吴晓芙, 陈永华, 等. 景观型人工湿地污水处理系统构建及植物脱氮效应研究[J]. 环境科学, 2010, 31(3): 660-666.

[27] 王晓玲, 涂佳敏, 李松敏, 等. 稻田沟渠施肥后降雨径流中氮素迁移规律研究[J]. 水利学报, 2014, 45(9): 1075-1081.

[28] 徐红灯, 席北斗, 王京刚. 水生植物对农田排水沟渠中氮、磷的截留效应[J]. 环境科学研究, 2007, 20(2): 84-87.

[29] 卢少勇, 张彭义, 余 刚, 等. 生态沟渠处理农田排灌水的研究环境污染与防治[J]. 2004, 10; 56-60.

[30] 王沛芳, 王超, 胡颖. 氮在不同生态特征沟渠系统中的衰减规律研究[J]. 水利学报, 2007, 38(9): 1135-1139.

[31] 闫 瑞, 闫胜军, 赵富才, 等. 农业非点源氮污染研究进展分析[J]. 环境保护科学, 2014, 40(4): 49-55.

[32] Jin S K, Seung Y O, Kwang Y O . Nutrient runoff from a Korean rice paddy watershed during multiple stormevents in the growing season[J]. Journal of Hydrology, 2006, 327(1-2): 128-139 .

[33] 罗专溪, 朱 波, 唐家良, 等. 自然沟渠控制村镇降雨径流中氮磷污染的主要作用机制[J]. 环境科学学报, 2009, 29(3): 561-568 .

[34] 周静雯, 苏保林, 黄宁波, 等. 不同灌溉模式下水稻田径流污染试验研究[J]. 环境科学, 2016, 37(3): 963-969.

[35] Qiu S, Mccomb A J. Effects of oxygen concentration on phosphorus release from reflooded air-dried wetland sediments[J]. Australian Journal of Marine and Freshwater Research, 1994, 45(7): 1319-1328.

[36] Nguyen L, Sukias J. Phosphorus fractions and retention in drainage ditch sediments receiving surface runoff and subsurface drainage from agricultural catchments in the North Island New Zealand[J]. Agriculture, Ecosystems & Environment, 2002, 92(1): 49-69.

[37] Hong jie Wang, Weng yi Dong, Ting Li, et al. A modified BAF system configuring synergistic denitrification and chemical phosphorus precipitation: Examination on pollutants removal and clogging development[J]. Bioresource Technology, 2015, 189: 44-52.

[38] 席北斗, 徐红灯, 翟丽华, 等. pH 对沟渠沉积物截留农田排水沟渠中氮、磷的影响研究[J]. 环境污染与防治, 2007, 29(7): 490-494.

[39] 陈 月, 何连生, 席北斗, 等. 流速对河道系统截留氮、磷的影响[J]. 环境科学研究, 2008, 21(4): 99-103.

[40] David V C, Peter J S. Spatial and temporal variations of water quality in drainage ditches within vegetable farms and citrus groves[J]. Agricultural Water Management, 2004, 65: 39-57.

[41] Vymazal J. Removal of nutrients in various types of constructed wetlands[J]. Science of the Total Environment, 2007, 380: 48-65.

[42] 姜敬龙, 吴云海. 底泥磷释放的影响因素[J]. 环境科学与管理, 2008, 33(6): 43-46.

[43] Liikanen A, Murtoniemi T, Tanskanen H, et al. Effects of temperature and oxygen availability on greenhouse gas and nutrient dynamics in sediment of a eutrophic mid-boreal lake[J]. Biogeochemistry, 2002, 59(3): 269-286.

[44] Vaughan R E, Needelman B A, Kleinman PJA, et al. Spatial variation of soil phosphorus within a drainage ditch network[J]. Journal of Environmental Quality, 2007, 36(4): 1096-1104.

[45] Xiong J B, Mahmood Q. Adsorptive removal of phosphate from aqueous media by peat[J]. Desalination, 2010, 259(1-3): 59 - 64.

[46] 王 岩, 王建国, 李 伟, 等. 三种类型农田排水沟渠氮磷拦截效果比较[J]. 土壤, 2009, 41(6): 902-906.

[47] 何 军, 崔远来, 吕 露, 等. 沟渠及塘堰湿地系统对稻田氮磷污染的去除试验[J]. 农业环境科学学报, 2011, 30(9): 1872-1879.

[48] 吴 军, 崔远来, 赵树君, 等. 塘堰湿地对农田排水氮磷净化效果试验研究[J]. 2014, 32(2): 167-172.

[49] 张树楠, 肖润林, 余红兵, 等. 水生植物刈割对生态沟渠中氮、磷拦截的影响[J]. 中国生态农业学报, 2012, 20(8): 1066-1071.

[50] 高永恒, 陈槐, 吴 宁, 等. 刈割对四川篙草高寒草甸植物生物量和氮含量的影响[J] 中国农学通报, 2009, 25: 215-218.

[51] 曹德君, 张展羽, 冯根祥, 等. 灌区排水沟系水质模拟分析[J]. 中国农村水利水电, 2014, 08: 58-61.

[52] 杨林章, 周小平, 王建国, 等. 用于农田非点源污染控制的生态拦截型沟渠系统及其效果[J]. 生态学杂志, 2005, 24(11): 1371-1374.

[53] 殷小锋, 胡正义, 周立祥, 等. 滇池北岸城郊农田生态沟渠构建及净化效果研究[J]. 安徽农业科学, 2008, 22: 9676-9679.

[54] 侯静文, 崔远来, 赵树君, 等. 生态沟对农业面源污染物的净化效果研究[J]. 灌溉排水学报, 2014, 33(3): 7-11.

[55] 殷国玺, 张展羽, 郭相平, 等. 减少氮流失的田间地表控制排水措施研究[J]. 水利学报, 2006, 37(8): 926-931.

[56] 王 栋, 孔繁翔, 刘爱菊, 等. 生态疏浚对太湖五里湖湖区生态环境的影响[J]. 湖泊科学, 2005, 17(3): 263-268.

[57] 王云跃, 黄学文. 农业排水沟渠水质影响因素分析及管理对策[J]. 水土保持应用技术, 2009, 4: 35-36.

[58] Ma E D, Zhang G B, Ma J, et al. Effects of rice straw returning methods on N$_2$O emission during wheat-growing season[J]. Nutrient Cycling in Agroecosystems, 2010, 88(3): 463-469.

[59] 刘秀奇，阎百兴，祝 惠，等.一种污染水体的氨氮吸附材料及制备方法[P]. 专利号：CN102091602A. 2011-06-15.

[60] Penn C J, Bryant R B, Kleinman P J A, et al. Removing dissolved phosphorus from drainage ditch water with phosphorus sorbing materials[J]. Journal of Soil and Water Conservation, 2007, 62(4): 269-276.

[61] 胡宏伟，吴天真，王瑞梅. 基于集体补贴机制的农业非点源污染治理研究[J]. 中国农业大学学报，2015, 20(1): 231-236.

[62] 李世娟，李建民. 氮肥损失研究进展农业环境保护[J]. 2001, 20(5): 377-379.

基于干旱风险指数的东北地区生长季干旱评估*

蔡思扬 [1,2]，左德鹏 [1,2]，徐宗学 [1,2]

（1. 北京师范大学水科学研究院，北京，100875；

2. 城市水循环与海绵城市技术北京市重点实验室，北京 100875）

摘 要：基于东北地区 1960—2016 年 67 个气象站点逐日降水和平均气温数据计算不同时间尺度下的标准化降水蒸散指数（SPEI），再利用干旱等级权重及发生速率权重计算不同时间尺度下每个站点的干旱风险指数（DHI），分析不同时间尺度下东北农田地区在生长季的干旱发生速率和 DHI 值的时空分布特征。结果表明：极旱发生速率随时间尺度增加而增大，而中旱发生速率随时间尺度增加而减小。不同时间尺度下，极旱发生速率在西部高于东部，南部高于北部。黑龙江干旱发生速率最大，其次是辽宁省，吉林省最小。吉林省和辽宁省在 1 个月时间尺度下发生重度干旱，黑龙江省发生中度干旱；3 个月和 6 个月时间尺度下，东北三省均发生重度干旱。

关键词：干旱速率；SPEI；DHI；东北地区；生长季

干旱是因水分供求不平衡而形成的水分短缺现象，是最严重的气象灾害之一[1]。近年来中国干旱呈现出广发频发的态势[2]，农业干旱又是制约我国农业发展和粮食安全的主要因素[3]。大量的事实也揭示了中国北方地区干旱化正在加剧[4-5]，李伟光等[6]发现华北和东北地区干旱化最为显著；赵海燕等[7]通过分析农业受旱面积和播种面积资料，认为东北、内蒙古和西北地区的农业干旱有显著加重趋势；李宝林等[8]发现东北地区的干旱有所加重；马austin勇等[9]通过在 A1B 情景下计算相对湿润指数，预估 2011—2100 年东北地区农作物生长季将持续干旱化；邹旭恺等[10]利用综合气象干旱指数（CI）研究得出，东北地区由于气温升高的原因导致干旱加重；卢洪健等[11]通过标准化降水指数（SPI）发现干旱范围有明显扩大的趋势；杨晓晨等[12]利用干旱危险指数（DHI）与春玉米气候产量进行回归分析，得到中国东北干旱程度在玉米生育后期整体呈增强趋势。

目前普遍使用干旱指数来描述干旱现象。常用的干旱指数有帕尔默干旱指数（Palmer Drought Severity Index，PDSI）[13]、标准化降水指数（Standardized Precipitation Index，SPI）[14]、标准化降水蒸发指数（Standardized Precipitation Evapotranspiration Index，SPEI）[15]及自定义的水分亏缺指数[16]等。但是，关于干旱风险评估的研究较少。

综上所述本文选取东北三省（黑龙江省、吉林省和辽宁省）农田区域作为研究区，选取标准化降水蒸发指数（SPEI）来计算干旱风险指数（DHI）进行分析，文中选取研究区 67 个气象站点 1960—2016 年逐月降水和气温数据，计算在不同时间尺度（1 月、3 月和 6 月）下，东北地区农田地区干旱发生速率和 DHI 值时空分布特征，以期为东北地区防灾减灾及水资源规划等工作提供科技支撑及参考依据。

1 材料与方法

1.1 研究区概况

东北地区位于 120°E~135°E、38°N~56°N 之间，包括黑龙江省、吉林省和辽宁省，面积 78.8 万 km²，

---

*基金项目：水利部公益性行业科研专项（201401036）。

第一作者简介：蔡思扬（1992—），女，辽宁铁岭人，硕士研究生，主要从事水文学及水资源方面研究。Email:caisiyang@mail.bnu.edu.cn

通讯作者：左德鹏（1985—），男，宁夏石嘴山人，硕士生导师，主要从事水文水资源方面研究。Email:dpzuo@bnu.edu.cn

占中国陆地总面积的 8.2%。年平均降水量为 350~1200mm，平均气温为-4.8~11.3℃[13]，无霜期 160~200d。南面有黄海和渤海，东面和北面有鸭绿江、图们江和黑龙江环绕，仅西面为陆界。东北三省受东亚大陆季风气候的控制，四季分明，冬季寒冷漫长，夏季温暖而短促。自南向北跨暖温带、中温带与寒温带。东北地区典型植被有针叶林、针阔叶混交林、落叶阔叶林以及草甸草原等。

1.2　数据来源

本文所采用的资料均来自于中国气象科学数据共享服务网提供的中国地面气候资料月值数据集。选取 1960—2016 年东北地区 67 个气象站点的逐月降水和平均气温数据进行干旱指数计算。

1.3　研究指标与计算方法

1.3.1　标准化蒸散发指数

Vicente-Serrano[15]提出了标准化蒸散发指数 SPEI，计算过程如下。

（1）潜在蒸散量的计算公式为：

$$PET = 16K\left(\frac{10T}{I}\right)^m \tag{1}$$

式中：T 为月平均气温，℃；I 为年热指数，其计算公式为 12 个月指数值的总和；m 为系数，取决于 I：$M = 6.75×10^{-7}I^3 - 7.71×10^{-5}I^2 + 1.79×10^{-2}I + 0.492$；$K$ 为纬度和月份函数的校正系数。

（2）不同时间尺度上月降水量和 PET 的差值，计算公式为

$$D_i = P_i - PET_i \tag{2}$$

式中：D_i 为不同时间尺度的净降水量。

第 j 年第 i 月 $D_{i,j}^k$ 取决于所选择的时间尺度 k，例如，12 个月时间尺度上第 j 年第 i 月的累积差计算公式为：

$$X_{i,j}^k = \sum_{l=13-k+j}^{12} D_{i-1,1} + \sum_{l=1}^{i} D_{i,1}, \quad j < k, X_{i,j}^k = \sum_{l=j-k+1}^{j} D_{i,j}, \quad j \geqslant k \tag{3}$$

式中：$D_{i,j}$ 为第 j 年第 i 月 P 和 PET 之差，mm。

（3）利用对数逻辑斯特（log-logistic）概率分布标准化 D 序列，以获得 SPEI 指数序列，概率密度函数为

$$f(x) = \frac{\beta}{\alpha}\left(\frac{x-y}{\alpha}\right)\left[1+\left(\frac{x-\gamma}{\alpha}\right)\right]^{-2} \tag{4}$$

式中：α、β 和 γ 分别为尺度、形状和位置参数。

因此，D 序列的概率分布函数由下式给出：

$$F(x) = \left[1+\left(\frac{\alpha}{x-\gamma}\right)\right]^{-1} \tag{5}$$

由 $F(x)$ 的标准化值可以计算 $SPEI$：

$$SPEI = W - \frac{C_0 + C_1W + C_2W^2}{1 + d_1W + d_2W^2 + d_3W^3} \tag{6}$$

式中：当 $P \leqslant 0.5$ 时，$W = \sqrt{-2\ln(P)}$，P 是超过 D 值的概率，$P=1-F(x)$；当 $P>0.5$ 时，P 替换为 $1-P$，将所得 SPEI 值反转。常数 $C_0=2.515517$，$C_1=0.802853$，$C_2=0.010328$，$d_1=1.432788$，$d_2=0.189269$ 和 $d_3=0.001308$。基于 SPEI 值将干旱划分为 7 个等级，如表 1 所示。

表 1　基于 SPEI 的旱涝等级划分

干旱等级	SPEI 值
极度干旱	≤-2.00
重度干旱	-1.99 ~ -1.50

干旱等级	SPEI 值
中度干旱	$-1.49 \sim -1.00$
基本正常	$-0.99 \sim 0.99$
中度湿润	$1.00 \sim 1.49$
重度湿润	$1.50 \sim 1.99$
极度湿润	$\geqslant 2.00$

1.3.2　干旱风险指数

干旱风险指数（Drought Hazard Index，DHI）是一种基于离散化思想，分析不同干旱等级出现的概率，先设定一套等级评分体系来评判干旱发生的风险。

$$DHI = (MD_r \times MD_w) + (SD_r \times SD_w) + (VD_r \times VD_w) \tag{7}$$

$$MD_w = \frac{\text{生长季发生中旱的月份之和（1960—2016）}}{\text{全部月份之和（1960—2016）}} \times 100\% \tag{8}$$

式中：DHI 为干旱风险指数；MD_r 为中旱发生速率等级；MD_w 为中旱发生速率权重；SD_r 为重旱发生速率等级；SD_w 为重旱发生速率权重；VD_r 为极旱发生速率等级；VD_w 为极旱发生速率权重。干旱发生速率等级及权重见表 2。基于 DHI 将干旱划分四个等级，结果见表 3。

表 2　干旱等级权重及不同发生速率的权重

SPEI 值	干旱等级	权重	发生速率	速率权重
$\leqslant -2.00$	极度干旱	3	$0 \sim 0.5$	1
			$0.5 \sim 1.0$	2
			$1.0 \sim 1.5$	3
			$1,5 \sim 2.0$	4
$-1.99 \sim -1.50$	重度干旱	2	$0.8 \sim 1.7$	1
			$1.7 \sim 2.6$	2
			$2.6 \sim 3.5$	3
			$3.5 \sim 4.4$	4
$-1.49 \sim -1.00$	中度干旱	1	$3.2 \sim 4.6$	1
			$4.6 \sim 6.0$	2
			$6.0 \sim 7.4$	3
			$7.4 \sim 8.8$	4

表 3　基于 DHI 的干旱等级划分

干旱等级	DHI 值
轻旱干旱	$6 \sim 9$
中度干旱	$9 \sim 13$
重度干旱	$13 \sim 17$
极度正常	$17 \sim 24$

2 结果与分析

根据地球系统科学数据共享网的土地覆盖数据，提取农田区域进行干旱分析。基于1960—2016年作物生长季（4—9月）来计算不同时间尺度下（1个月、3个月和6个月）DHI值，分析东北地区的干旱演变特征。

2.1 干旱发生速率

通过计算生长季干旱发生速率来反映干旱发生的快慢程度，结果如图1所示。

由图1中可知，在不同时间尺度下，极旱平均发生速率分别为0.667%、0.829%和0.829%；重旱平均发生速率分别为2.926%、2.689%和2.81%；中旱平均发生速率分别为5.408%、5.302%和5.143%。不同时间尺度下，极旱发生速率在东北三省西部高于东部，南部高于北部；白城、长春、黑龙江东部地区随着时间尺度增加，干旱发生速率权重增大。重旱发生速率在东北三省中部地区较高；长春、宝清地区随着时间尺度增加，干旱发生速率权重减小；不同时间尺度下，中旱发生速率较多发生在中等速度；在3个月和6个月时间尺度下，吉林中部地区中旱发生速率最低。

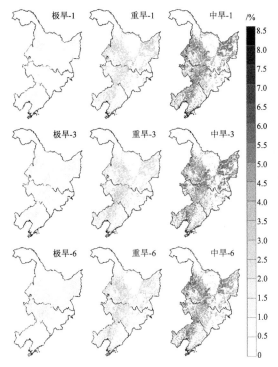

图1 不同时间尺度下东北地区生长季中旱、重旱和极旱的发生速率空间分布图

分别统计黑龙江省、吉林省、辽宁省以及东北三省在不同时间尺度下不同干旱发生速率，结果如图2所示。由图2中可知，在不同时间尺度下，黑龙江省极旱和中旱发生速率分为在3个月时间尺度下达到最大值，分别为0.875%和5.44%；重旱发生速率随时间尺度增加而减小。吉林省和东北三省极旱发生速率随时间尺度增加而增大，而中旱发生速率则随时间尺度增加而减小；重旱发生速率在1个月时间尺度下达到最大，分别为2.828%和2.918%。辽宁省极旱和中旱发生速率随时间尺度增加而增大。

在1个月时间尺度下，极旱发生速率和中旱发生速率均为吉林和辽宁>东北三省>黑龙江，而重旱发生速率则相反；在3个月时间尺度下，黑龙江省的极旱发生速率和中旱发生速率最大，分别为0.876%和5.439%，而重旱发生速率最小，为2.612%；在6个月时间尺度下，重旱和中旱发生速率均为辽宁省>黑龙江省>吉林省，而极旱发生速率则相反。

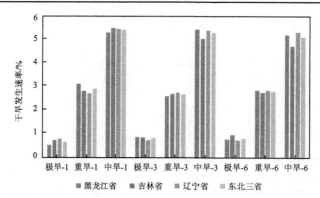

图2　不同时间尺度下的黑龙江省、吉林省、辽宁省和东北三省中旱、重旱和极旱发生速率

2.2　Drought Hazard Index 空间分布

不同时间尺度下的 *DHI* 空间分布如图3所示。由图3中可知，在1个月时间尺度下，黑龙江省北部和辽宁省中部、东部地区发生中旱；黑龙江省南部，吉林省和辽宁省大部分地区发生重旱。在3个月时间尺度下，辽宁省东南部、桦甸、海伦、嫩江和虎林地区发生中度干旱，其他地区发生重旱干旱。在6个月时间尺度下，白城地区发生极度干旱；吉林省东南部、沈阳、黑山、海伦、克山、依兰和哈尔滨地区发生中度干旱；其他地区发生重度干旱。

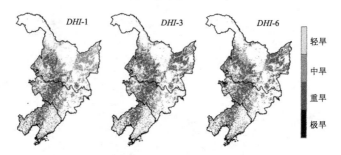

图3　不同时间尺度下东北地区生 DHI 值空间分布图

不同时间尺度下各地区 *DHI* 值如图4所示。由图4中可知，在1个月时间尺度下，*DHI* 值辽宁省>吉林省>黑龙江省，而在3个月时间尺度下黑龙江省>吉林省>辽宁省。对于吉林省和东北三省而言，*DHI* 值随时间尺度增加而增大；而黑龙江省在3个时间尺度下，*DHI* 值分别为12.85、14.07和13.85；辽宁省 *DHI* 值在1个月和6个月时间尺度下均为13.90，在3个月时间尺度下为13.57。

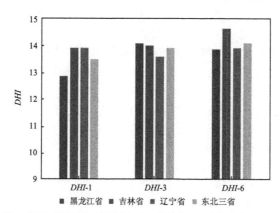

图4　不同时间尺度下的黑龙江省、吉林省、辽宁省和东北三省 DHI 值

3 结论

（1）随着时间尺度的增加，干旱发生速率增大，干旱发生速率高值区域逐步扩大。不同地区不同级别干旱发生速率空间差异性较大。

（2）在1个月和6个月时间尺度下，黑龙江省重旱发生速率最大；在3个月时间尺度下，黑龙江省极旱和中旱发生速率最大。相对来说，吉林省干旱发生速率最小。

（3）黑龙江省明水地区在不同时间尺度下均发生中度干旱；白城地区随时间尺度增加，干旱程度加重；吉林省中部地区在不同时间尺度下都发生重度干旱。

（4）吉林省和辽宁省在1个月时间尺度下发生重度干旱，黑龙江省发生中度干旱；3个月和6个月时间尺度下，东北三省均发生重度干旱。

参考文献

[1]姚小英, 张强, 王劲松, 等. 甘肃冬小麦主产区40年干旱变化特征及影响风险评估[J]. 干旱地区农业研究, 2014,32(2):1-6.

[2]刘文琨, 裴源生, 赵勇, 等. 区域气象干旱评估分析模式[J]. 水科学进展, 2014,25(3):318-326.

[3]王春乙, 娄秀荣, 王建林. 中国农业气象灾害对作物产量的影响[J]. 自然灾害学报, 2007,16(5):37-43.

[4]梁泽学, 江静. 中国北方地区1961—2000年干旱半干旱化趋势[J]. 气象科学, 2005,25(1):9-17.

[5]陆桂华, 闫桂霞, 吴志勇, 等. 近50年来中国干旱化特征分析[J]. 水利水电技术, 2010,41(3):78-82.

[6]李伟光, 易雪, 侯美亭, 等. 基于标准化降水蒸散指数的中国干旱趋势研究[J]. 中国生态农业学报, 2012,20(5):643-649.

[7]赵海燕, 张强, 高歌, 等. 中国1951—2007年农业干旱的特征分析[J]. 自然灾害学报, 2010,19(4):201-206.

[8]李宝林, 周成虎. 东北平原西部沙地的气候变异与土地荒漠化[J]. 自然资源学报, 2001,16(3): 234-239.

[9]马建勇, 潘婕, 许吟隆, 等. SRES A1B情景下东北地区未来干旱趋势预估[J]. 干旱区研究, 2013, 30(2): 329-335.

[10]邹旭恺, 张强. 近半个世纪我国干旱变化的初步研究[J]. 应用气象学报, 2008, 19(6): 679-687.

[11]卢洪健, 莫兴国, 孟德娟, 等. 气候变化背景下东北地区气象干旱的时空演变特征[J]. 地理科学, 2015,(08): 1051-1059.

[12]杨晓晨, 明博, 陶洪斌, 等. 中国东北春玉米区干旱时空分布特征及其对产量的影响[J]. 中国生态农业学报, 2015,23(6):758-767.

[13]Palmer W C. Meteorological drought[J].Research Paper No.45, US Dept. of Commerce, 1965: 1-58.

[14]McKee T B, Doesken N J, Kleist J. The relationship of drought frequency and duration to time scales[J]. Preprints, 8th Conference on Applied Climatology, Anaheim, January 17-22, 1993: 179-184.

[15]SERGIO M, VINCENTE-SERRANO, SANTIAGO Beguería, et al. A Multiscalar Drought Index Sensitive to Global Warming: The Standardized Precipitation Evapotranspiration Index [J]. Journal of Climate, 2010, 23(7): 1696-1719.

[16]魏凤英, 张婷. 东北地区干旱强度频率分布特征及其环流背景[J]. 自然灾害学报, 2009, 18(3): 1-7.

基于小波分析的贾鲁河流域农业干旱演变特征研究

杨　欢[1]，王富强[1,2]，孙美琪[1]

（1. 华北水利水电大学水利学院，郑州　450046；2. 水资源高效利用与保障工程河南省协同创新中心，
郑州　450046）

摘　要：土壤相对湿度可以综合反映土壤水分状况和地表水文过程的大部分信息，是表征农业旱情的一项重要指标，系统分析土壤相对湿度周期变化特征有助于揭示干旱时序数据的演变规律，对旱灾早期预警具有重要意义。本文利用贾鲁河流域郑州、许昌、西华三个气象站点 1991—2013 年的土壤相对湿度旬监测数据，采用小波理论分析了土壤相对湿度变化的周期性特征。结果表明，三个站点土壤相对湿度存在 14 年、10 年和 6 年左右的周期，其中 14 年为主周期；以主周期进行土壤相对湿度变化趋势预测，可知 2013—2020 年贾鲁河流域中度、重度农业干旱发生概率较低；从土壤相对湿度季节分布特征来看，贾鲁河流域春末夏初和初春旱的发生频率较高，伏旱发生频率最低。研究结果有助于了解贾鲁河流域农业干旱变化特征，为区域抗旱减灾提供参考依据。

关键词：小波分析；农业干旱；贾鲁河流域

　　干旱是全球影响范围最广、发生频率最高的气象灾害之一[1]，随着自然灾害对全球经济社会环境破坏程度的日益增大和不确定性的逐步增加，干旱越来越受到水文学家、气象学家及农业科学家的广泛关注[2]。近年来，随着气候变化的加剧，干旱已经成为威胁农业生产安全的重要气象灾害。土壤相对湿度作为农业旱情的重要评价指标，可以综合反映土壤水分状况和地表水文过程信息，在农业抗旱减灾实践中得到了广泛应用[3]。

　　小波分析是 20 世纪 80 年代初发展起来的一种信号时频局部化分析方法，主要应用于时间序列的多种频率成分分析。小波分析可以把信号在时间和频率域上同时展开，得到各频率随时间的变化及不同频率之间的关系。气候系统作为一个多时间尺度系统，在时频中存在多层次时间尺度结构和局部化特征，因此，采用小波分析的方法研究区域干旱周期演变特征，能够达到其他方法不能达到的效果[4]。春季、夏季和秋季是华北地区农作物生长的几个关键阶段，本研究参照气象研究中的季节划分节点，将春季、夏季和秋季三个季节细分为初春、春末夏初、伏期、秋季 4 个阶段，统计分析农业干旱的年际变化特征，并利用 Morlet 小波分析方法对贾鲁河流域三个代表站不同阶段的土壤相对湿度变化周期进行了多时间尺度的分析。旨在深入了解不同时间尺度下贾鲁河流域干旱演变规律，有助于全面认知区域干旱变化特性，并为旱情预测提供参考。

1　数据来源及研究方法

1.1　数据来源

　　本文选取贾鲁河流域郑州站、许昌站、西华站 3 个气象监测站（图 1）1991—2013 年土壤相对湿度旬监测数据，对不同时期的干旱发生频率和土壤相对湿度周期演变规律进行研究。土壤相对湿度数据主要分为 10cm、20cm、50cm、70cm、100cm 五个层次，由于作物根系大都集中于土壤耕作层 20cm 以内的土层中[5]，因此，本文选取 20cm 土壤相对湿度数据进行分析。

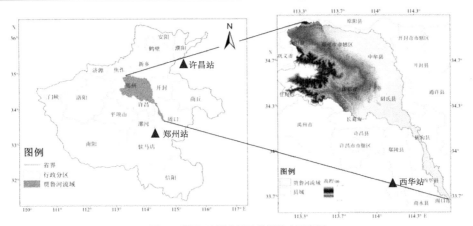

图 1　贾鲁河流域位置及监测站点示意图

1.2　研究方法

Morlet 小波函数是常用的小波函数之一，它可以判别时间序列中所包含多时间尺度周期性的大小及这些周期在时域中的分布，同时给出时间序列变化的振幅和位相信息[6]，采用 Morlet 连续小波函数作为基小波函数进行小波变换，可用于干旱演变过程多时间尺度变化特征的分析[7]。

Morlet 小波函数的一般形式为

$$\varphi(t) = \mathrm{e}^{-\frac{t^2}{2}} \mathrm{e}^{-i\omega t} \tag{1}$$

小波变换系数计算公式为

$$W_f(a,b) = |a|^{-\frac{1}{2}} \int_R f(t) \bar{\psi}\left(\frac{t-b}{a}\right) \mathrm{d}t \tag{2}$$

式中：$W_f(a,b)$ 为小波变换系数；a 为尺度伸缩因子；b 为时间平移因子；$\bar{\psi}\left(\dfrac{x-b}{a}\right)$ 为 $\psi\left(\dfrac{x-b}{a}\right)$ 的复共轭函数。

小波方差随尺度 a 的变化过程，称为小波方差图。通过对小波方差图的分析，可确定要素信号中不同种尺度扰动的相对强度和存在的主要时间尺度[8]。小波方差通过小波系数的平方值在 b 域上积分得到，计算公式为

$$Var(a) = \int_{-\infty}^{\infty} \left| W_f(a,b) \right|^2 \mathrm{d}b \tag{3}$$

2　结果与分析

根据土壤相对湿度旱情等级划分标准分析研究序列内农业干旱出现频次及严重程度，采用小波分析法从初春、春末夏初、伏期和秋季四个阶段对贾鲁河流域三个站点的土壤相对湿度周期变化情况进行研究[9]，结果如下。

2.1　初春

贾鲁河流域三个代表站点初春土壤相对湿度周期变化如图 2 所示。郑州站初春土壤相对湿度年际演变过程存在着 3~6 年、4~12 年、12~16 年三类尺度的周期变化规律，其中 3~5 年时间尺度在 2000 年之前震荡较明显，存在枯-丰交替的准三次震荡；4~12 年时间尺度上存在枯-丰交替的准一次震荡，12~16 年时间尺度上存在丰-枯交替准一次震荡。郑州站初春土壤相对湿度时间序列的周期波动存在 3 个较明显的峰值，分别为 4 年、11 年和 14 年的时间尺度，其中 11 年时间尺度对应最大峰值，为第一主周期。从小波系数图中可以看出：在研究序列内，郑州站土壤相对湿度在 4 年时间尺度上的平均周期为 3 年，共经历 7 个周期的丰枯变化；在 11 年时间尺度上的平均周期为 7 年，且周期震荡强度随时间有所加强；在 14 年时间尺度上的平均周期为 10 年，周期震荡信号平稳。

许昌站土壤相对湿度年际周期演变规律与郑州站存在相似之处，在研究期内存在 4~12 年、12~16 年两类时间尺度的周期变化规律，其中 4~12 时间尺度上存在丰-枯交替的准三次震荡，12~16 年时间尺度上存在枯-丰交替的准一次震荡；许昌站土壤相对湿度时间序列的周期波动存在 3 个较明显的峰值，分别为 7 年、10 年和 14 年的时间尺度，其中 10 年左右的周期震荡最强，为第一主周期，平均周期为 7 年；14 年左右的周期为第二主周期，平均周期为 9 年。

西华站土壤相对湿度存在 3~7 年和 8~16 年的两类时间尺度的周期变化规律，其中 3~7 时间尺度的丰枯震荡在 2000 年之后较稳定，存在丰-枯交替的准三次震荡，8~16 年时间尺度存在枯-丰交替的准一次震荡；西华站土壤相对湿度的周期波动存在 6 年和 12 年时间尺度的峰值，其中 12 年尺度为第一主周期，平均周期为 8 年；6 年时间尺度为第二主周期，平均周期为 4 年。

贾鲁河流域初春土壤相对湿度年际演变特征大致表现为 6 年和 11 年左右的周期性，其中 11 年左右为主周期。时间尺度是一种度量某一物理过程所花费时间的量，一般来讲，物理过程的演变越慢，其时间尺度越长，物理过程涉及的空间范围越大，其时间尺度也越长[10]。

2.2　春末夏初

贾鲁河流域三个代表站点春末夏初土壤相对湿度的演变规律如图 3 所示。郑州站在研究期内存在 4~9 年和 10~16 年时间尺度的周期变化，其中 4~9 年时间尺度存在丰-枯交替的准四次震荡，震荡在整个分析时段表现得非常稳定，具有全域性[11]；10~16 年时间尺度在 2004 年前表现稳定，存在枯-丰交替的准一次震荡。郑州站土壤相对湿度周期波动存在 2 个明显的峰值，分别为 6 年和 14 年时间尺度，其中 14 年左右的周期震荡最强，为第一主周期，平均周期为 8 年；6 年时间尺度为第二主周期，平均周期为 4 年。

许昌站土壤相对湿度存在 4~7 年、3~14 年时间尺度的周期变化规律，其中 4~7 年时间尺度在 2003 年后表现稳定，存在枯-丰交替的准二次震荡；3~14 年时间尺度表现枯-丰交替的准二次震荡，信号不稳定。许昌站土壤相对湿度周期变化存在 2 个峰值，分别为 3 年和 10 年时间尺度，其中 10 年时间尺度周期震荡最强，为第一主周期，平均周期为 7 年；3 年时间尺度为第二主周期，平均周期为 3 年，信号偏弱。

西华站土壤相对湿度存在 3~7 年和 8~12 年时间尺度的周期变化规律，均具有全域性。西华站土壤相对湿度周期变化存在 3 个峰值，分别为 6 年、10 年和 14 年，其中 10 年时间尺度周期震荡最强，为第一主周期，平均周期为 7 年；14 年时间尺度为第二主周期，平均周期为 9 年，信号在后期有所减弱；6 年时间尺度为第三主周期，平均周期为 4 年，信号逐渐增强。

综上所述，贾鲁河流域春末夏初土壤相对湿度年际变化存在 10 年的第一主周期变化，14 年左右的第二主周期变化，6 年左右为第三主周期变化。流域上、下游周期变化相似，信号稳定且具有全域性，中游信号较不稳定。

2.3　伏期

贾鲁河流域三个代表站点伏期土壤相对湿度的演变规律如图 4 所示。

郑州站在研究区间内存在 4~9 年和 10~16 年时间尺度的周期变化，两个尺度震荡均具有全域性。郑州站土壤相对湿度周期波动存在 2 个明显的峰值，分别为 7 年和 14 年时间尺度，其中 14 年时间尺度的周期震荡最强，为第一主周期，平均周期为 9 年，信号稳定；7 年时间尺度的周期为第二主周期，平均周期为 4 年，信号逐渐增强。

许昌站伏期土壤相对湿度存在 4~6 年和 8~14 年时间尺度的周期变化，其中 4~6 年时间尺度周期震荡较明显，经历了丰-枯变化的准五次周期震荡，震荡具有全域性，但信号不稳定；8~14 年时间尺度存在准二次周期震荡，但 2007 年后信号有所波动。许昌站伏期土壤相对湿度周期波动存在 5 年和 11 年时间尺度 2 个峰值，其中 11 年时间尺度的信号最强，为第一主周期，平均周期为 7 年；5 年时间尺度为第二主周期，平均周期为 3 年，周期震荡强度稳定。

西华站伏期土壤相对湿度周期变化情况和许昌站相似，存在 4~9 年和 10~14 年时间尺度的周期变化，两尺度均具有全域性。周期波动存在 2 个峰值，其中 14 年时间尺度对应的周期信号最强，为第一主周期，平均周期为 9 年，信号稳定；7 年时间尺度为第二主周期，平均周期为 4 年，信号整体较弱。

综上所述，贾鲁河流域土壤相对湿度存在 14 年时间尺度上的第一主周期变化，平均周期为 9 年，存在 7 年时间尺度的第二主周期变化，平均周期为 4 年，信号波动较大。流域中上游周期信号强度大且较稳定，下游周期变化尺度单一，信号偏弱。

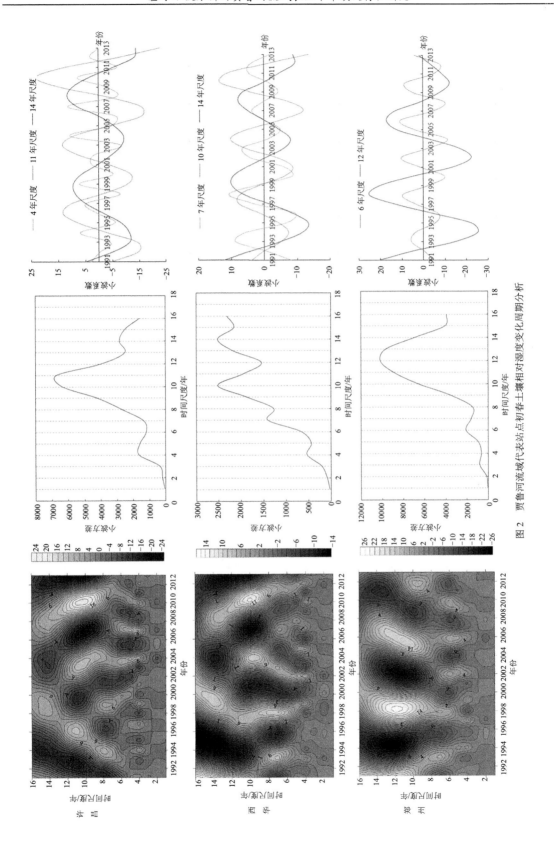

图 2 贾鲁河流域代表站点初春土壤相对湿度变化周期分析

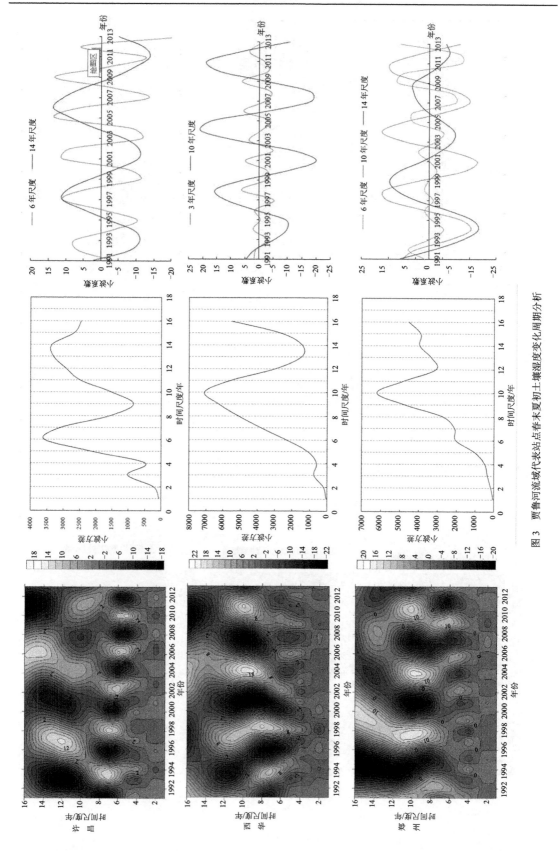

图 3　贾鲁河流域代表站点春末夏初土壤湿度变化周期分析

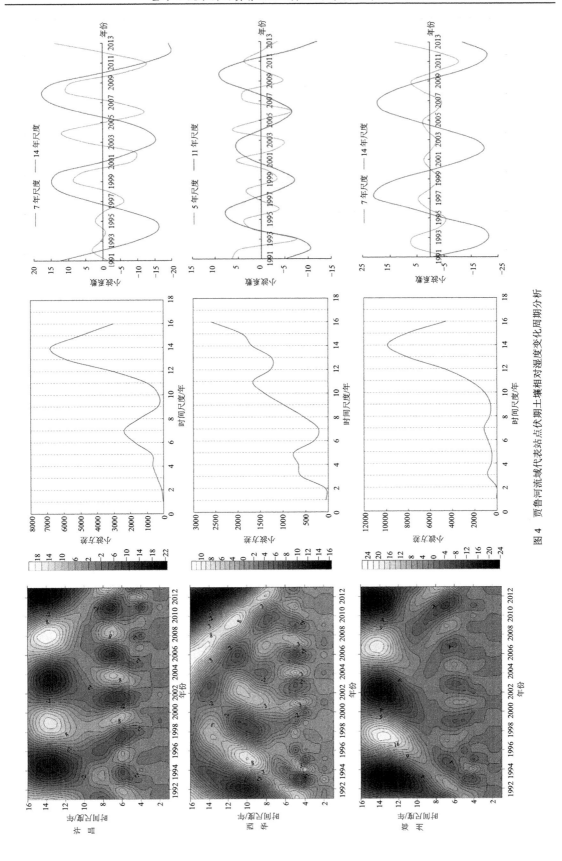

图 4 贾鲁河流域代表站点伏期土壤相对湿度变化周期分析

2.4　秋季

贾鲁河流域三个代表站点秋季土壤相对湿度的演变规律如图 5 所示。

郑州站秋季土壤相对湿度在研究期内存在 4~8 年和 9~16 年时间尺度的周期变化，其中 4~8 年时间尺度在 2006 年之前表现稳定，存在丰-枯交替的准三次震荡；9~16 年时间尺度在 2004 年前表现稳定，存在枯-丰交替的准一次震荡。郑州站土壤相对湿度周期波动存在 6 年、10 年和 14 年时间尺度上的峰值，其中 6 年左右的周期震荡最强，为第一主周期，平均周期为 4 年；14 年时间尺度为第二主周期，平均周期为 9 年；10 年时间尺度为第三主周期，平均周期为 7 年。

许昌站秋季土壤相对湿度存在 4~8 年、9~14 年时间尺度的周期变化规律，其中 4~7 年时间尺度在 2006 年前表现稳定，存在丰-枯交替的准三次震荡；9~14 年时间尺度表现枯-丰交替的准二次震荡，信号不稳定。许昌站土壤相对湿度周期变化存在 3 个明显峰值，分别为 6 年、11 年和 14 年时间尺度，其中 11 年时间尺度周期震荡最强，为第一主周期，平均周期为 7 年；14 年时间尺度为第二主周期，平均周期为 9 年；6 年时间尺度为第三主周期，平均周期为 4 年，信号在 2005 年之后迅速衰减。

西华站秋季土壤相对湿度存在 4~11 年和 12~16 年时间尺度的周期变化，其中 4~11 年时间尺度的周期震荡信号波动较大，12~16 年时间尺度周期信号稳定，存在枯-丰交替的准二次震荡。西华站土壤相对湿度存在 14 年时间尺度的第一主周期变化和 7 年时间尺度的第二主周期变化，第一主周期平均为 9 年，第二主周期平均为 4 年。

综上所述，贾鲁河流域秋季土壤相对湿度存在 14 年左右的第一主周期变化，平均周期为 9 年，10 年左右时间尺度的第二主周期变化，平均周期为 7 年，6 年左右的第三主周期变化，平均周期为 4 年，流域上中游地区周期变化明显，下游地区周期变化较单一。

贾鲁河流域各站点不同季节土壤相对湿度周期变化特征见表 1。

表 1　贾鲁河流域各站点不同季节土壤相对湿度周期变化特征

站点	分类	初春	春末夏初	伏期	秋季
		第一主周期	第一主周期	第一主周期	第一主周期
郑州	时间尺度/年	11	14	14	6
	平均周期/年	7	8	9	4
	周期信号变化	加强	稳定	稳定	稳定
许昌	时间尺度/年	10	10	11	11
	平均周期/年	7	7	7	7
	周期信号变化	稳定	稳定	稳定	加强
西华	时间尺度/年	12	10	14	14
	平均周期/年	8	7	9	9
	周期信号变化	减弱	稳定	稳定	稳定

3　结论

（1）对作物不同生长时期的农业干旱年际分析结果表明：贾鲁河流域上、中游地区发生初春旱的频率最高，其次为春末夏初旱，秋旱发生频率低于春末夏初旱，伏旱发生频率最低；下游地区发生春末夏初旱的频率最高，其次为初春旱，伏旱和秋旱发生频率较低。

（2）小波系数实部等值线分布情况表明：贾鲁河流域三个监测站土壤相对湿度在 4~8 年、8~12 年、12~16 年左右尺度上波动明显，存在土壤相对湿度偏多和偏少的循环交替变化，在 2013 年后以上 3 种尺度的小波正在形成，小波系数为正。

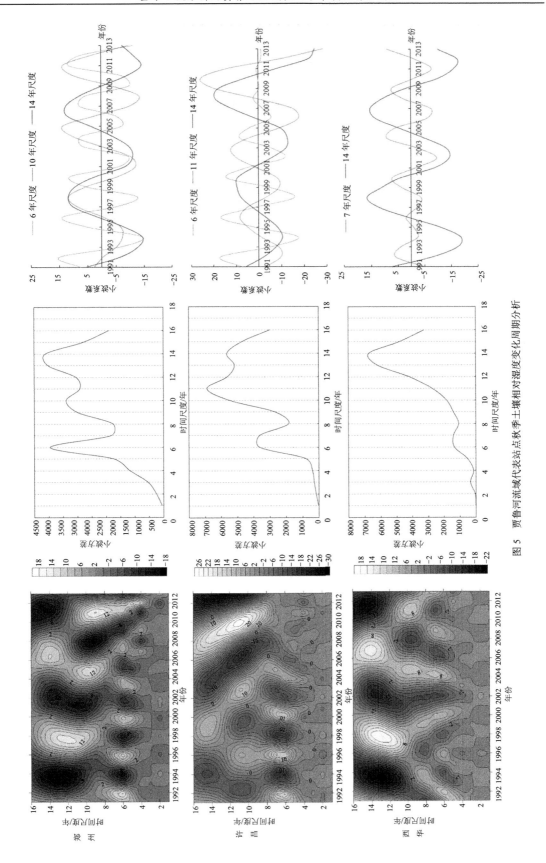

图 5 贾鲁河流域代表站点秋季土壤相对湿度变化周期分析

（3）小波方差分析表明：贾鲁河流域土壤相对湿度总体存在 14 年左右尺度的第一主周期；10 年和 6 年时间尺度分别对应着土壤相对湿度的第二、第三主周期。

（4）小波系数实部变化的过程线表明：贾鲁河流域土壤相对湿度变化规律与时间尺度大小有密切关系，因此对于未来农业干旱趋势的预测应该建立在不同的时间尺度上，以主周期 14 年进行预测，2013—2020 年贾鲁河流域中度、重度农业干旱不易发生。

参考文献

[1]Mishra A K, Desai V R. Drought forecasting using stochastic models [J]. J. Stoch. Environ. Res. Risk Assess. 2005, (19): 526-339.

[2]许凯. 我国干旱变化规律及典型引黄灌区干旱预报方法研究[D]. 北京：清华大学，2015.

[3]Aghakouchak A. A baseline probabilistic drought forecasting framework using standardized soil moisture index: application to the 2012 United States drought[J]. Hydrology & Earth System Sciences, 2014, 11(2):2485-2492.

[4]July F. Drought Risk Assessment in Yunnan Province of China Based on Wavelet Analysis[J]. Advances in Meteorology, 2015, 2016(3):1-10.

[5]宋新山，王宇晖，严登华，等. 基于分形特征的我国干旱灾害小波分析[J]. 系统工程理论与实践，2013, 33(11):2986-2992.

[6]王文圣，丁晶，李耀清. 水文小波分析[M]. 北京：化学工业出版社，2005.

[7]张彦龙，刘普幸，王允. 基于干旱指数的宁夏干旱时空变化特征及其 Morlet 小波分析[J]. 生态学，2015, 34(8):2373-2380.

[8]廖驰远，汪亚峰，郑袁志. 基于小波分析的嫩江、哈尔滨夏季降雨规律研究[J]. 生态与农村环境学报，2007,23(04)：44-48.

[9]王富强，王雷，陈希. 郑州市土壤相对湿度变化特征及影响因素分析[J]. 节水灌溉，2015(2):8-11.

[10]安雪丽，武建军，周洪奎，等. 土壤相对湿度在东北地区农业干旱监测中的适用性分析[J]. 地理研究，2017, 36(5):837-849.

[11]王素萍，张存杰，宋连春，等. 多尺度气象干旱与土壤相对湿度的关系研究[J]. 冰川冻土，2013, 35(4):865-873.

我国农业水价综合改革演变历程问题与建议

冯欣，姜文来

（中国农业科学院农业资源与农业区划研究所，北京 100081）

摘　要：2007 年以来我国开始正式进行农业水价综合改革试点工作，至今已经有近十年的时间，经历了试点开始、试点深入探索阶段，如今已经进入全面推进阶段。本文总结了我国农业水价综合改革的发展历程，对比了两次试点工作在推进情况、资金及主要任务方面的差异。并根据全国各省农业水价综合改革工作的状况总结农业水价综合改革面临的显著问题，同时根据相关问题提出建议。

关键词：农业水价综合改革；试点；进程；问题；建议

每年超过全国总供水量 60%[1]的水资源用于农业，农业成为加剧我国水资源短缺状况的重要因素。由于我国农田水利基础设施薄弱、农业水价机制不健全等因素，造成了我国农业水资源浪费与短缺并存的矛盾[2]，农业用水效率低下。为了提高农业用水效率、缓解水资源供需矛盾，我国不断推进农业水价综合改革工作，将农业水价综合改革作为关键点和突破口实现农业节水，前期的试点工作已经取得阶段性进展，全面推进农业水价综合改革仍面临许多问题和困难，需要认真总结经验和教训，推动农业水价综合改革进一步深入展开。

1　农业水价综合改革演变历程

1.1　农业水价综合改革历程

纵观我国农业综合改革历程，可以将其分为三个阶段，即初始阶段、深入试点阶段和全面推广阶段。我国农业水价综合改革进程见图 1。

1.1.1　初始阶段（2006—2013 年）

农业水价综合改革的关键是末级渠系改造，打通"最后一公里"，保障农业灌溉用水能够到达田间地头，同时在供水末端安装计量设备，精确计量，为收费提供依据。

2006 年，国家发展和改革委员会、水利部下发了《关于加强农业末级渠系水价管理的通知》，参照国有水利工程水价核定原则，要求末级渠系水价体现"多予、少取、放活"的方针，以切实保护农民利益，在明晰产权、清产核资、控制人员、约束成本的基础上，按照补偿农业末级渠系运行和维修养护费用的原则核定农业末级渠系水价[3]，为农业水价综合改革工作积蓄力量、奠定基础。

2007 年，水利部选择了 8 个省（自治区）的 14 个灌区的部分末级渠系作为首批试点项目区，开展了综合改革试点方案以及"农民用水户协会规范化建设规划、末级渠系节水改造规划和农业水价改革规划"的编制工作。2008 年，水利部将农业水价综合改革的试点范围扩大到 14 个粮食主产区和 4 个主要产粮省。财政部也专门从中央财政农田水利建设补助专项资金中，安排部分资金支持开展农业水价综合改革暨末级渠系节水改造试点。这也成为我国农业水价综合改革试点工作的开端，在此阶段里约 7 年的时间内（2007

第一作者简介：冯欣（1994—），女，内蒙古赤峰人，硕士。研究方向：农业水资源管理。

通讯作者：姜文来（1964—），男，辽宁凌源人，博士、博士生导师。研究方向：水资源管理、节水、生态环境和区域发展规划。Email: jiangwenlai@caas.cn

—2013 年），水利部不断扩大试点范围，改进试点工作，累计在全国在 27 个省的 150 多个县开展农业水价综合改革示范区建设[4]，为农业水价综合改革及试点工作打下良好开端。

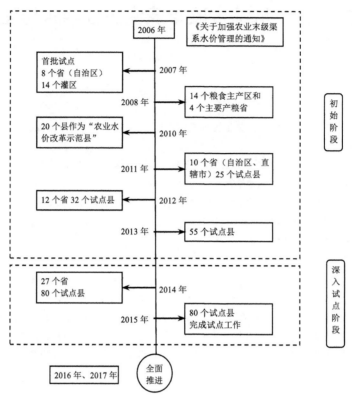

图 1 我国农业水价综合改革进程图

2010 年，全国积极推进农业水价综合改革，探索水价形成新机制，两部制水价、超定额累进加价、终端水价不断推进。水利部在小农水建设重点县中列出 20 个县作为"农业水价改革示范县"推进探索水价综合改革工作。2011 年，试点范围进一步扩大，中央财政安排专项资金支持在 10 个省（自治区、直辖市）25 个小型农田水利建设重点县开展农业水价综合改革示范区建设。2012 年，试点工作进一步扩大，在全国 12 个省选择全国小农水建设重点县中的 32 个县进行"农业水价综合改革试点"，积极推进分区分类改革。2013 年，水利部协调财政部加大支持力度，再次扩大试点范围，选择了 55 个县深入开展农业水价综合改革示范，建设示范区面积 350 多万亩，取得了显著成绩。

1.1.2 深入试点阶段（2014—2016 年）

2014 年，习近平总书记及李克强总理接连就农业水价综合改革作出明确指示，汪洋副总理多次召开有关会议，并明确要求国家发展和改革委员会、财政部、水利部、农业部四部委在过去试点的基础上进一步展开试点工作。在党中央的密切关注下，四部委联合开展水价综合改革试点工作，制定相关政策文件，农业水价综合改革试点工作迈进了新的篇章，在 27 个省 80 个试点县开展农业水价综合试点项目。

2015 年，通过采取管理创新、价格调整、财政奖补、工程配套等综合措施统筹推进农业水价综合改革，完成了全国 27 个省份（西藏、海南、浙江和上海除外）80 个县的试点任务，建成试点区面积 202 万亩，平均每县 2.5 万亩。

1.1.3 全面推进阶段（2016 年至今）

2016 年 1 月国务院办公厅印发《国务院办公厅关于推进农业水价综合改革意见》，明确要求"各地区进一步提高认识，把农业水价综合改革作为重点任务，积极落实"并确定了改革的总体思路、主要任务及保障措施；同时，四部委联合出台两个通知指导农业水价综合改革工作推进。2017 年中央一号文件正式、明确地提出"全面推进农业水价综合改革"，至此，全国农业水价综合改革工作进入全面推进的新阶段。

1.2　农业水价综合改革两次试点对比分析

全国农业水价综合改革试点工作阶段性对比见表1。

表1　农业水价综合改革试点工作对比

阶段	期限	负责部门	资金	涉及范围	探索形式	改革任务
第一阶段	2007—2013年7年	水利部	累计18.8亿元，其中中央投资8.6亿元	累计150个县	不断扩大范围，探索过程	农民用水协会规范化建设；末级渠系节水改造；末级渠系水价改革
第二阶段	2014—2015年1年	水利部国家发改委农业部财政部	累计12.44亿元其中中央投资8亿元	80个县	一次性80个试点，深入实践	明晰农业初始水权；建立合理水价形成机制；建立农业用水精准补贴机制和节水奖励机制；综合推进管理体制改革

（1）试点工作开展进程。表1简要描述了农业水价试点工作两个阶段的基本特征。从推进情况上来说，第一阶段由水利部推行，作为农业水价综合改革试点工作的起始阶段，从2007年开始，持续了近7年时间，采用不断扩大试点范围，属于农业水价综合改革试点工作探索阶段，这一阶段时间跨度长，试点范围广泛，但时间尺度上较为分散，7年来累计在150个县进行试点，资金使用也较为分散，但作为一个不断探索的阶段，第一阶段试点工作为后期深入探索提供了宝贵经验。第二阶段，农业水价综合改革试点深入试点阶段，2014—2015年，由国家发展和改革委员会、财政部、水利部和农业部四部委联合开展，确定了80个试点县，集中开展试点工作目标明确，80个试点县同时展开，涉及不同类型灌区、时间尺度相同，更有对照、示范作用，同时第二阶段试点积极吸收第一阶段的试点经验，改革成效更加显著，对于农业水价综合改革全面展开更具指导意义。

（2）试点工作投资情况。从投资情况上来看，到2013年最多的时候试点达到55个县，7年来累计在150个县进行试点，累计投资18.6亿元，其中中央财政投资8.6亿元，改革面积广、时间跨度大，导致了资金不集中，效益不明显；相比较而言，第二阶段试点，为期1年共投入12.44亿元，其中中央投资8亿元，时间跨度小，资金集中，目的明确，效益成果明显。同时在投资力度上，2014年第二次试点中央投资力度更大，虽然总额同为8亿元，但是第一阶段为期7年，第二阶段仅为1年，第二阶段改革试点过程中中央投资成为改革资金的主要来源，占总投入的64%，显著高于一阶段的45.7%（图2和图3）。

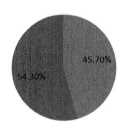

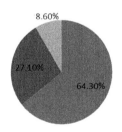

图2　第一阶段试点资金来源	图3　第二阶段试点资金来源

（3）试点工作改革任务、目标。如表1中所示，第一阶段试点工作的主要任务明确，主要进行农民用水协会规范化建设、末级渠系改造及末级渠系水价改革[5]，但定位不够精准，尺度也相对模糊；第二阶段试点工作，试点工作的任务定位非常明确要求：明晰农业初始水权、建立合理水价形成机制、建立农业用水精准补贴机制和节水奖励机制、综合推进管理体制改革等，任务更加具体明确，更具指导意义。

2　农业水价综合改革问题

我国农业水价综合改革已经开展 10 年，虽然取得了明显的进展，但不可否认的是也存在一定问题，主要表现如下。[❶]

2.1　农田水利基础设施依然薄弱

水利基础设施情况是实施农业水价综合改革的基础，我国农田水利基础设施薄弱、老化严重是阻碍农业水价综合改革的重要原因。主要表现在：

（1）农业水利设施老、渗、坏。部分农田水利工程修建时间较久，同时缺少养护，导致老旧、破损、渗漏情况严重。新疆全省农渠长度 20.02 万 km，但防渗率不足 29.1%。

（2）水利工程不配套。黑龙江则存在骨干工程薄弱，配套率不足 50%，与田间设施不配套，导致引水难；末级渠系工程滞后，存在"上通下堵"情况。

（3）末级渠系改造难度大。末级渠系改造工程需要投入大量的资金，资金筹措是改造的重要阻碍；同时，地块分散、数量庞大，末级渠系改造任务重、难度大。

（4）计量设施基础差。农业用水收费历史不久，收费方式多样，计量形式粗略，缺少精确计量设施，部分地区甚至零计量，计量设施基础薄弱；同时很多地区，地块散、毛渠多，为实现精确计量，计量设施需求极大，配套工程推进工作任重道远。

2.2　资金短缺

农业水价综合改革工作的推进需要大量资金的支持，虽然每年中央投入了大量资金进行支援。但是，在 2015 年农业水价综合改革试点工作中，每万亩需投入资金约为 800 万，全面推进农业水价综合改革面临着严峻的资金问题。我国农田水利基础设施薄弱，耕地面积广，改造面积大，资金问题成为制约改革推进的重要因素。

（1）水利基础设施投入大。一方面，水利工程老旧、渗漏情况严重，供水效率低，渠系水利用效率低，改造难度大；田块分散，末级渠系改造数量多、分布广、任务重；计量设施薄弱，基础差，历史欠账多，需要配套的计量设施数量大、投入多。为完善农田水利设施建设需要投入大量的资金。

（2）补贴、奖励资金。农业用水精准补贴资金筹措和改革资金整合难度大。田块面积小，分布零散、数量庞大，以散户种植经营为主，水费承受能力有限，精准补贴资金需求大，财政补贴压力大。

2.3　部分农户存在抵触情绪

我国农业水价长期采取按亩收费的方式，部分农户对于水费收取的必要性存在质疑，而用水成本的支出进一步压缩了农业生产本就有限的经济收益，对于收取水费或增加水费支出，部分农户存在抵触情绪。特别是南方水资源比较丰富地区，农户认识不到水资源的稀缺性及节水的重要性，大部分农民把水费的正常收取误解为增加农民负担，部分地区存在拒缴水费的现象。一些地方水费观念淡薄，农业水价综合改革突出水价，农民一时还难以接受。部分农村地区存在一定的搭车收费问题[6]，造成水价"虚高"，农民对此存在意见，对于农业水费收取存在抵触。

2.4　水利工程管护不足

水利工程管护不足是造成我国水利工程折旧率高的主要原因之一，也因为管护不足造成水利工程老旧、渗漏、损坏严重，供水过程中水资源损耗严重，不利于农业节水的实现，也严重制约了农业水价综合改革的推进。主要原因分为以下几点：

（1）缺钱。水利工程管护维修需要资金，但用于水利工程管护、维修的资金有限，水价难以反映供水成本，更难以维持水利工程管护工作的基本支出。

（2）责任不明确。水利工程管护工作的责任方、执行者不明确。一方面，水利工程的产权不明晰，水利工程管理部门繁多，最终责任归属不确定，导致维护工作难以落实；另一方面，管护人员没有纳入

---

❶ 2016 年全国各省《农业水价综合改革工作进展》。

体制之内，收入、待遇不受保护，工作责任不明确，工作效率低难以避免。

（3）工程数量多、分布广、管护难度大。受耕地及田块分布影响，田间水利工程数量多、分布广，需要投入大量的人力、物力、财力，管护工作推进难度较大。

（4）人员短缺。田间水利工程数量多、分布广，管护工作需要投入大量人力，除了公共大型水利设施之外，小型田间水利工程管护主要依靠农户自身，农村地区青壮劳动力流失严重，只剩"老弱病残"进行农业生产，基本没有管护能力。

2.5 农民用水协会素质、水平差异大

作为农业水价综合改革工作的基层单位，是终端水价的直接管理单位，是改革工作的推进的关键单位。农民用水协会成员来自用水农户，更加了解基层情况，工作推进阻力较小，作为一线管理单位，在农业水价综合改革工作中发挥着至关重要的作用。但是由于各地情况不同，农民用水协会的组成有所不同，存在一部分管理高效、职能突出的农户用水协会的同时，也有大部分农民用水协会存在着诸多问题，难以发挥其作用，主要涉及以下几点：

（1）协会间工作能力、管理水平差异大。目前来说农民用水协会仍处于起步阶段，各地区农民用水协会的组成存在差异，农民用水协会间工作能力、管理水平差异大。一些地区的协会运行情况良好，成为农业水价综合改革工作的主力；但大部分农民用水协会仍存在办公条件有限、人员组织管理能力和自身素质有限等问题，与预期存在一定差距。农民用水协会多属于村民自治组织，部分地区存在农民的管理工作能力不足，受教育水平有限，管理经验不足，管理能力差等问题，制约了协会发挥其功效。

（2）协会受行政干预。部分协会难以脱离基层水利站管理，或者由村、镇干部任组长、会长，行政干预较多，用水农户参与管理程度低，协会工作的自主性、规范性受到限制。

（3）缺少运营资金。协会运营需要资金，部分地区农民用水协会资金筹措难度大，主要来源是农业水费收取，但同时存在水费实收率低、价格水平低等问题，协会运营的资金来源难以保障。

（4）缺少人员。部分地区农村青壮劳力流失严重，从事农业生产的多为"老弱病残"，农村留守人员素质、知识水平有限。

2.6 管理部门改革工作推行难度大

（1）基层单位管理工作存在权责交叉、责任不明确等问题。农业水价综合改革刚刚进入全面推进的阶段，部分地区基层管理部门组成复杂，在具体管理的过程中，存在职权交叉，在改革工作实际操作过程中，政策效率相对较低，责任追溯存在困难；部分单位采用"事业单位，企业化管理"的管理模式，定位不明确，水管单位的责、权、利难以落实到位，成为改革工作推进的重要阻力。

（2）区域差异大，如何借鉴他人经验助力自身发展成为关键问题。农业水价综合改革工作虽然在2016年才开始进行全面推进，但是2007年以来，试点工作不断探索，取得了一定的成绩，也积累了一些改革经验，但是改革区域间实际情况差异较大，如何借鉴他人经验并融入自身改革工作中，也成为管理部门需要率先解决的问题。

（3）部分地区基层管理单位对于水价改革的认识不足。部分基层管理部门缺少对于水价改革的认识，这些地区水资源丰富，长期采用传统灌溉方式，缺少对于水资源稀缺性及商品性的认识，多年形成的陈旧用水观念、惯性思维及老旧体的机制，制约了农业综合水价改革全面推进。

3 推进农业水价综合改革建议

为了进一步推进农业水价综合改革，提出以下建议。

3.1 加大投资力度，吸收多方面资本

在第二阶段农业水价综合改革试点中，中央对80试点县中，各县投资均为1000万元，在实际推进中，地方经济实力成为影响农业水价综合改革试点成效的显著因素。农业水利设施建设、管护维修、协会运转连同末级渠系改造及计量设备配套都需要大量的资金投入，中央财政的支持是有限的，地区建设差异就反映在地方经济实力上。目前，农业水价综合改革工作推进较好的几个地区，主要为北京市、河北省、江苏省及浙江省，均是经济条件较好的地区。在改革工作不断推进的过程中，中央财政投入是固

定的，地方经济实力短期内也难以改善，所以也应从多渠道、多方面解决资金筹措问题，比如引入私人投资或者借鉴精准扶贫的经验实行对口帮扶等方式。

3.2　明晰水利工程产权，提高水利工程管护效率

明确水利工程的产权，将农业水利工程管理权、所有权交给农民用水合作组织、农村集体经济组织、受益农户及新型农业经营主体等基层组织机构。明确水利工程的管护责任，水利工程管护情况直接与私人利益挂钩，能够有效提升管护效率，人作为"理性人"，为保护自身利益将自发地进行管护，并在自然状态下选择最优的管护方式。湖北省在农田水利工程管护上取得了一定的成绩，在试点地区建设农田水利工程完工后，下发产权证书，将产权交由农民用水协会，按照"谁受益、谁管护"的原则，明确末级渠系的管护主体为受益农户，由协会落实管理人员和管护责任，政府部门负责监督，有效提升工程管护效率。

3.3　结合重点工程及农业现代化建设稳步推进

2014 年 5 月，李克强总理召开国务院常务会议，部署加快推进节水供水重大水利工程建设，计划"十三五"期间分布建设 172 项重点工程，农业水价综合改革正处于"十三五"规划推进的关键时期，这是改革工作的重要机遇，农业水价综合改革工作要与重点工程建设有机结合，共同推进。提高水利工程质量、强化建后管护、促进节水增效，加强终端配套设施建设，解决好"最后一公里"问题，这与农业水价综合改革的目的相契合，也为农业水价综合改革的工程、基础设施建设提供了有力的工程支持。

将农业水价综合改革同农业现代化建设整合推进，注意政策统筹，结合高效节水农田、水肥一体化和节水灌溉技术等项目一同落实。一方面有利于整合各类建设投资，将资金落到实处，水利工程建设或提升、计量设施及农业现代化设施配套、节水技术推广、管护责任落实等内容同步推进，有效提高政策、资金落实程度；同时，能够有效提升生产效率，节约生产成本，增产增收，达到高效节水的根本目的；第三，政府在资金上支援农户进行建设，提升工程服务水平，带动农民增收，不增加农民负担，能够提高农户对于农业水价的认同感，提高水费实收率；最后，使得设施运营情况同农户自身收益相关联，收益农户自发维护设施工程良性运转。

3.4　充分发挥用水协会职责

加强农民用水者协会规范化建设，加大协会人员培训力度，提高协会综合事务处理能力。在农民用水协会建立、运营初期，对农民用水协会进行适当补贴，保障其良性运转，对协会成员进行技术、管理能力的培训，组织学习先进地区协会管理运行经验。同时保障农民用水协会的行政独立性，政府部门应提供的是合理支援，而非行政干预。充分发挥农民用水户协会在水利工程建设、农业水价制定、奖补资金筹集、农业水权明晰、用水计量管理和改革政策培训中的主体作用，初步建立了"以奖代补、定额管理、阶梯水价、协会运作"的高效节水农业水价新模式。

3.5　优先发展基础条件好易于开展的地区

全国各省、各地区水利基础设施发展不均衡的情况较为显著，应该把握机会率先在条件好的地区开展改革工作。这些地区基础设施完善，水利工程服务水平高，一方面实现精确计量的投入相对较少、改革效率较高，同时较高的水利工程服务水平，让用水户更容易接受农业水费的收取；而基础条件较差、情况较为复杂的地区采取层层推进的策略。以山西省为例，沿黄、沿汾大中型灌区覆盖的地区，灌溉设施比较完善，泵站、干渠、支渠等主要设施运行状况良好，水管体制先于改革已经基本成型，部分地区已经建立了用水合作组织，运行管理机制相对成熟，只需对末级渠系和计量设施进行必要的完善就具备推进的条件，推进农业水价综合改革相对容易，应率先着力在基础条件较好的地区推进水价改革，在逐渐辐射到条件差的地区。

3.6　完善水管员职责、装备，明确补贴

加强基层水务管理人员及一线水管人员的技术培训,加强水管工作的制度体系建设，保障水管员工资及补贴的发放，完善相关装备配套，明确水管员工作职责、工作标准、工作任务，建设、完善考评制度体制，明确"奖、罚"。在水管员队伍建设上，北京市是非常好的借鉴，显著提高管水员市级补贴，每五年更新一次装备。各区确定水管员区级补贴标准，对水管员实行考核付费制，统筹市区补贴，不搞平均

主义，根据考核结果发放工作补贴。同时，对水管员进行培训，完善装备配置，完善管水员工作职责、工作标准、工作任务，重新核定管水员数量。

参考文献

[1] 中华人民共和国国家统计局. 中国统计年鉴 2014[M]. 北京：中国统计出版社，2014:937.

[2] 王冠军，柳长顺，王健宇. 农业水价综合改革面临的形势和国内外经验借鉴[J]. 中国水利，2015(18):14-17.

[3] 柳长顺. 关于新时期我国农业水价综合改革的思考[J]. 水利发展研究，2010,10(12):16-20.

[4] 戴正宗. 我国农业水价综合改革进入倒计时[J]. 中国财经报，2016.

[5] 郑通汉. 农业水价综合试点项目培训讲义[M]. 北京：中国水利水电出版社，2008.

[6] 崔海峰. 农业水价改革研究[D]. 济南：山东农业大学，2015.

湖南丘陵区典型小流域面源污染调查分析
——以霞山河小流域为例*

盛东[1]，邹亮[1]，刘元沛[1]，周文[2]

（1. 湖南省水利水电科学研究所，长沙 410000；2. 湘潭县水务局，湖南湘潭 411228 ）

摘　要： 湖南丘陵区是湖南农业生产的重要区域，农业面源污染比较严重，调查研究湖南丘陵区面源污染的现状及防治，对于改善河流水质、农村生活环境有重要意义。以湘潭县霞山河小流域为例，对湖南丘陵区典型小流域农业面源污染情况进行调查分析，并提出治理措施建议。调查结果表明：霞山河河道中 TN 污染最严重，其次是 TP 污染，COD 和 NH_4^+-N 无污染；其中 TN、TP 年入河排放总量为 3704.2kg、612.6kg。流域内三大主要污染源对 TN 贡献率排序为：水稻种植业>畜禽养殖业>生活污水；TP 的贡献率排序为畜禽养殖业>水稻种植业>生活污水。故霞山河小流域面源污染防治重点应放在畜禽养殖污染及种植化肥污染。

关键词： 丘陵区；面源污染；小流域；水质

随着经济社会的发展，农业面源污染已成为我国水环境的主要污染源之一。我国农业面源污染来源主要包括农药化肥的过量使用、畜禽养殖业废水、农村生活污水、水土流失。农业面源污染问题日益严重，威胁农作物的质量安全、农村群众的身体健康，同时破坏生态环境，制约着社会的可持续发展。湖南是农业大省，湘东丘陵区、湘中丘陵区和湘南丘陵区是农业生产的重要区域，通过对湖南丘陵区典型小流域霞山河小流域的面源污染状况进行调查，并根据其污染特征提出针对性治理技术及措施建议，为探讨湖南丘陵地区农业面源污染防治，改善湘江水质、促进湖南经济社会发展有重要意义。

1　小流域概况

霞山河位于湖南省湘中丘陵区的湘潭县排头乡，源头位于鳌州村，流经霞山村汇入湘江的二级支流群英渠。霞山河小流域属于亚热带季风气候，冬季温和湿润、夏季高温多雨，四季分明，雨热同期。流域植被属于中亚热带常绿阔叶林带，南岭植物区系，树种资源丰富，林地乔木、灌木均有分布，植被覆盖率高。流域面积为 4.03km²，河长 5.22km，多年平均气温 17.2℃，多年平均降水量 1390mm。每年 3 月上旬至 7 月上旬为雨季，占全年降水量的 41.2%。暴雨多，发生洪水频率较大。

排头乡位于湖南省湘潭县境西南，属低谷岗地地貌，海拔高度为 51.0～207.5m。霞山河小流域户口数 562，总人口为 2211 人，常住人口 1620 人，常住人口占户籍人口的比例分别是 73.3%。小流域内农民年人均纯收入 11600 元，主要来自作物种植和外出打工，低于湘潭市全市水平。种植业和养殖业种类齐

---

*基金项目： 水利部公益性行业科研专项经费项目（No.201501055）、湖南省水生态文明评价指标体系与保障技术研究湘水科计[2015]13-34、湘江流域水生态安全指标体系研究湘水科计[2015]186-21。

第一作者简介： 盛东（1979—），男，博士，高级工程师，主要从事水资源管理工作。Email：740330071@163.com

通讯作者： 邹亮（1990—），男，硕士，主要从事面源污染防治、水资源管理工作。Email：xiazhipiaofu@126.com

全，种植业主要为水稻，包括少量菜地；养殖业主要为畜禽养殖，水产养殖较少。其基本概况在湖南省丘陵区有较好的代表性，属典型的湖南丘陵区小流域。

2　研究方法

2.1　调查方法

调查的内容主要有：农户种植施肥情况、畜禽养殖基本情况、流域水质情况。主要通过资料收集、现场考察与入户调查相结合的方式，制作并发放调查表，调查霞山河小流域农业面源污染情况。

2.2　水质监测方法

按照河流流向以及污染物汇入情况，在相对封闭的霞山村河道设置 7 个河流监测断面（图 1），2 个水井监测点，于 2015 年 9 月至 2016 年 4 月进行水质监测，每月上中下旬分别监测 1 次。主要监测指标包括 COD、TN、NH_4^+-N、TP 等。

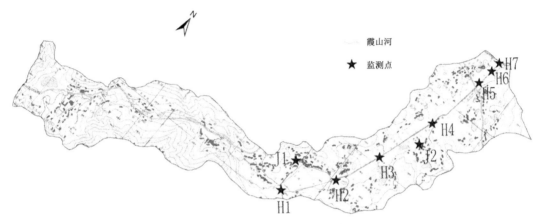

图 1　霞山河小流域采样点布设示意图

样品分析按照国家环保总局《水和废水监测分析方法》[2]的水样化学分析方法进行，详见表 1。

表 1　水质监测指标及方法

监测指标	分析测定方法	方法来源
化学需氧量（COD）	重铬酸钾法	GB 11914
总氮（TN）	过硫酸钾氧化-紫外分光光度法	GB 11894
氨氮(NH_4^+-N)	水杨酸-次氯酸盐光度法	GB 7481
总磷（TP）	钼酸铵分光光度法	GB 11893

3　调查结果分析

3.1　小流域水质分析

通过对 2015 年 9 月至 2016 年 4 月期间，所采集的 13 次水样进行实验分析（其中部分监测点有时候有缺测），按照《地表水环境质量标准》（GB 3838－2002）对各监测点的水质进行分类，并统计见表 2。

表 2　霞山河小流域水质指标质量分类统计表

监测点	NH₄⁺-N			TN						TP						COD_Cr
	I	II	III	I	II	III	IV	V	超V	I	II	III	IV	V	超V	I
XJK	83.4	8.3	8.3	0	0	0	0	0	100	15.4	38.4	23.1	23.1	0	0	100
XJX	100	0	0	0	0	0	23.3	30.3	46.4	23.1	69.2	7.7	0	0	0	100
XSH1	91	9	0	0	8.3	25	16.7	25	25	0	16.7	58.3	16.7	8.3	0	100
XSH2	71.4	14.3	14.3	0	0	25	12.5	37.5	25	0	12.5	50	25	12.5	0	100
XSH3	80	20	0	0	0	16.7	0	0	33.3	0	0	33.3	66.7	0	0	100
XSH4	40	60	0	0	0	0	0	50	50	0	0	50	33.3	16.7	0	100
XSH5	75	25	0	0	0	22.3	33.3	33.3	11.1	0	33.3	55.6	0	11.1	0	100
XSH6	75	25	0	0	0	11.1	22.2	55.6	11.1	0	33.3	55.6	11.1	0	0	100
XSH7	75	25	0	0	0	11.1	44.5	22.2	22.2	0	44.4	44.4	11.2	0	0	100

　　从表 2 可以得出，霞山河小流域内 COD 和 NH₄⁺-N 的浓度都很低，各监测点 COD 浓度全部达到 I 类水标准，NH₄⁺-N 达Ⅲ类水标准比例 100%。对于 TP 来说，两口井与河道内的浓度有明显的区别，霞山小学水井达Ⅲ类标准比例 100%，坎上湾井Ⅲ类标准 76.9%；河道各监测点整体 TP 水质达到Ⅲ类标准比例为 69.6%，只有河道中游 XSH3 一个监测点Ⅲ类水标准比例为 50%以下。各监测点 TN 浓度达到Ⅲ类标准比例在 25%以内，其中坎上湾水井超Ⅴ类比例 100%。

　　由此可知，霞山河小流域内水质污染主要为 TN 污染，其次是 TP 污染。河道监测入口和出口的水质要比中间水质好，这主要是因为河道中间有污水汇入，污染物含量增加，水质会变差，而下游河道植被丰富，污染物会不断被截留，至流域出口水质逐渐变好；两水井水质要比河道内水质更差，因畜禽养殖污染了地下水，水井水质很差，而地下水流动性差，污染物浓度变化较小。

3.2　生活污水

　　农村生活污染源主要考虑人类生活过程中产生的污水以及排泄物。长期以来农村居民生活习惯较差，如随意堆放垃圾、随意排放污水，使得农村生态环境较差。霞山河小流域内集中居住区的生活污水都是通过排污管道和沟渠收集，然后排入排水沟，再流入霞山河中；居住分散的农户生活污水则是直接排入或倒入附近土地。

　　根据实地调查，人均生活污水产生量约为 90 L/d，排污量约为 60L/d。采取小流域内三户居民的生活用水水样进行分析，得到流域内生活污水水质情况如下：COD76.81 mg/L，TN24.21 mg/L，NH₄⁺-N 21.42 mg/L，TP3.22 mg/L。计算可得到霞山河小流域一年内各生活污染指标年排放量：COD7465.9kg，TN 2353.2kg，NH₄⁺-N 2082.0 kg，TP 332.4 kg。

3.3　畜禽养殖业

　　小流域内畜禽养殖主要以分散养殖为主，有少量小型养猪户及小型养鸭户，无规模化养猪场，无其他畜禽集中养殖户。

　　经调查统计，霞山河小流域内共有生猪出栏量约为 2023 头，牛 10 头，羊 34 头，鸡 2050 只，鸭 1030 只。霞山村金家湾地区共有 5 处集中小型养猪户，生猪出栏量共为 650 头。霞山小学附近共 1 处集中养猪场出栏量共 300 头。五户集中养殖场都有沼气池及化粪池，但是沼气池容量不够，很多时候只经过化粪池，未经沼气池直接排出废水，导致金家湾和霞山小学附近的三口水井都不能饮用，对周边环境造成严重影响。另外有 3 家集中养鸭户，年出售量共计 1030 羽，鸭子主要是在附近池塘和田地进行散养，会有大量鸭粪便直接排入池塘及田地中，然后经过排水流入霞山河。

　　采用国家环保总局采用的计算方法[3]对养殖污染物排放量进行计算，公式如下：

　　养殖污染排放总量=畜禽养殖量×畜禽粪尿排泄系数×污染物平均含量

畜禽粪尿排泄系数、污染物平均含量参数见表3。

表3　畜禽粪尿排泄系数和污染物平均含量

项目	排泄系数/(kg/d)	排泄系数/(kg/a)	COD/(kg/t)	TN/(kg/t)	NH_4^+-N/(kg/t)	TP/(kg/t)
牛粪	20	7300	31	4.4	1.7	1.2
牛尿	10	3650	6	0.8	3.5	0.4
猪粪	2	360	52	5.8	3.1	3.4
猪尿	3.3	495	9	3.3	1.4	0.5
羊粪	1.5	730	4.63	7.5	0.8	2.6
羊尿	0.5	182.5	4.63	14	0.8	1.96
鸡粪	0.1	6	45	9.84	4.78	5.37
鸭粪	0.1	6	46.3	11	0.8	6.2

经计算，霞山河小流域内6个小型养猪户及3处养鸭户的各污染指标年排放量如下：COD 23429.1kg、TN 3999.0kg、NH_4^+-N 1926.1kg、TP 1547.1kg。霞山河小流域内畜禽散养产生的各污染指标年排放量如下：COD 41034.8kg、TN 7171.0kg、NH_4^+-N 3447.0kg、TP 2746.6kg。因此，流域内畜禽养殖业各污染物年排放量为：COD 64463.8 kg、TN 11170.0 kg、NH_4^+-N 5373.1kg、TP 4293.3kg。

3.4　水稻种植业

霞山河小流域2015年种植水田950.7亩，其中单季稻350.5亩，双季稻600.2亩。稻田化肥施用情况见表4。

表4　霞山河小流域水稻种植及化肥施用情况

流域名称	稻田面积/亩		化肥用量/（kg/亩）			
			单季稻		双季稻	
	单季稻	双季稻	复合肥	氮肥	复合肥	氮肥
霞山河小流域	350.5	600.2	30	10	50	20

农户主要施用复合肥（20-8-12），少数施用尿素作为氮肥。根据调查数据折算得到，霞山河小流域内单季稻氮素投入量为124.5 kg/hm², 磷素投入量为15.4 kg/hm²；双季稻氮素投入量为219.0kg/hm²，磷素投入量为25.7kg/hm²。计算得到霞山河小流域示范区水稻种植氮素、磷素施肥量为：TN 11672.1Kg、TP 1389.4Kg。

3.5　污染物入河量及贡献率

陈文胜等[4]测算湖南省农业面源污染时，化肥源、畜禽源、生活源的TN的流失入河率均取12%；化肥源TP流失入河率取6%，畜禽源TP入河流失率15%，生活TP流失入河率27%；畜禽源COD流失入河率为11%，生活源COD流失入河率为50%。朱兆良等[5]在长江流域研究表明，长江流域TN入河流失率为30%。吴磊[6]研究表明：2006—2010年小江流域不同土地利用类型的平均入河率TN为23.1%，TP为21.6%；农村居民点污染物平均入河率TN为22.8%，TP为11.4%。参考上述的研究，综合霞山河小流域的地形、土壤及降雨量等因素，确定生活污水各污染物的流失入河率COD为50%、TN为25%、NH_4^+-N为7%、TP为30%。集中畜禽粪便污染物进入水体的流失率COD为15%、TN为20%、NH_4^+-N为7%、TP为15%，分散养殖畜禽粪便污染物进入水体的流失率COD为8%、TN为10%、NH_4^+-N为4%、TP为8%。水稻种植化肥污染物进入水体的流失率TN为15%、TP为8%。

综合上述的调查及分析结果，对霞山河小流域各污染源入河排放量及贡献率进行统计，结果见表5。

表5　霞山河小流域不同污染源的污染物入河量及贡献率

污染源	COD		TN		NH$_4^+$-N		TP	
	入河量/kg	占比例/%	入河量/kg	占比例/%	入河量/kg	占比例/%	入河量/kg	占比例/%
生活污水	3733.0	37.2	588.3	15.9	145.7	37.8	93.9	15.3
畜禽养殖业	6293.8	62.8	1365.1	36.9	239.4	62.2	407.6	62.2
水稻种植业	—		1750.8	47.3	—		111.2	18.1
入河总量	10026.7	100	3704.2	100	385.2	100	612.6	100

从表5可知，各污染物年入河总量为：COD 10026.7kg，TN 3704.2kg，NH$_4^+$-N 385.2kg，TP 612.6kg。TN污染贡献率最大的是水稻种植业，占47.3%，其次是畜禽养殖业，占36.9%；TP污染贡献率最大是畜禽养殖业，占62.2%，其次是水稻种植业，占18.1%。COD和NH$_4^+$-N贡献率最大的畜禽养殖业，分别占62.8%、62.2%。污染物排放绝对量方面，COD排放量最高，但从Ⅲ类水等标污染负荷比较，COD 501.3m^3/a远远低于TN 3704.2 m^3/a和TP 3063.2 m^3/a，最大等标污染负荷由TN决定，控制氮流失是湖南省农业面源污染控制的关键因素。

4　结论与建议

4.1　结论

（1）流域内水质监测结果显示，霞山河小流域水体中污染最严重的是TN污染，其次为TP污染；NH$_4^+$-N和COD无污染。三大污染源的分析结果显示，TN的等标污染负荷比最大，其次是TP，COD和NH$_4^+$-N等标污染负荷比较小，与水质分析结果一致。因此，TN、TP为霞山河小流域的主要污染物。

（2）流域内三大主要污染源对TN贡献率排序为：水稻种植业>畜禽养殖业>生活污水；TP的贡献率排序为畜禽养殖业>水稻种植业>生活污水。水稻种植业是流域内TN污染最大的来源，畜禽养殖业是TP污染最大的来源。因此霞山河小流域面源污染防治应着重治理农田化肥污染及畜禽养殖污染，再综合治理生活污染。

4.2　建议

面源污染特征决定了面源污染控制技术的多样性和复杂性。针对霞山河小流域的面源污染特点，提出以下技术建议措施：

（1）建议在重点畜禽养殖户附近以及人口集中区域建设稻草基质消纳池-人工湿地系统[13-14]，收集养殖废水及生活污水，对排污进行源头控制；在流域出口处建设一个人工湿地，处理霞山河河道的排水，对排污进行终端控制。

（2）建议利用农田排水沟渠建设生态沟，另外可以利用现有池塘，采用生态浮床技术，在池塘中种植植物，吸附消纳池塘截留的氮磷污染物，对农田排水进行过程控制。

（3）对于分散的养殖与生活污水，改良居民家中的化粪池，对污水进行无害化处理；另外，居民可搭配建设潜流湿地，种植生姜、茭白等植物，污水经过潜流湿地的吸附消纳作用后再排入沟渠。

参考文献

[1] 赵燕，张波，徐娣，等. 农业面源污染类型及治理技术[J]. 现代农业科技，2015(10):220-220.

[2] 国家环境保护总局《水和废水监测分析方法》编委会. 水和废水监测分析方法（4版）[M]. 北京：中国环境科学出版社，2002:243-257.

[3] 国家环境保护总局自然生态保护司. 全国规模化畜禽养殖业污染情况调查及防治对策[M]. 北京：中国环境科学出版社，2002:2-78.

[4] 陈文胜，杨顺顺. 农业面源污染的测算与防治——以湖南省为例[J]. 系统工程，2015(6):91-96.

[5] Xing G X, Zhu Z L. Regional nitrogen budgets for China and its major watersheds[J]. Biogeochemistry, 2002, 57-58(1):405-427.

[6] 吴磊. 三峡库区典型区域氮、磷和农药非点源污染物随水文过程的迁移转化及其归趋研究[D]. 重庆：重庆大学，2012.

[7] USEPA. National management measures to control nonpoint source pollution from agriculture[M]. USA: United States Environment Protection Agency, 2003.

[8] Ham JH, Yoon CG, Jeon JH, et al. Feasibility of a constructed wetland and wastewater stabilization pond system as a sewage reclamation system for agricultural reuse in a decentralized rural area[J]. Water Sci Technol,2007,55(1-2):503-511.

[9] 许春华，周琪，宋乐平. 人工湿地在农业面源污染控制方面的应用[J]. 重庆环境科学，2001, 23(3):70-72.

[10] 汪洪，李录久，王凤忠，等. 人工湿地技术在农业面源水体污染控制中的应用[J]. 农业环境科学学报,2007,26(增刊):441-446.

[11] 丁晔，韩志英，吴坚阳，等. 不同基质垂直流人工湿地对猪场污水季节性处理效果的研究[J]. 环境科学学报，2006,26(7):1093-1100.

[12] 何连生，朱仰波，席北斗，等. 循环强化垂直流人工湿地处理猪场污水[J]. 中国给水排水，2004,20(12):5-8.

[13] 李裕元，刘锋，吴金水，等. 一种利用稻草处理养猪场废水的方法：CN103359825A[P]. 2013.

[14] 吴金水，肖润林，李裕元，等. 一种养猪场废水污染减控方法：CN103359881A[P]. 2013.